工业机器人编程与操作

龚仲华　编著

机 械 工 业 出 版 社

本书以焊接（点焊和弧焊）、搬运、通用三大类常用机器人的编程、操作技术为主题，详细阐述了工业机器人基本命令和作业命令的编程格式、编程要点、应用技巧；系统介绍了工业机器人手动操作、示教编程、再现运行的方法和步骤。同时，还对变量编程、平移编程，作业文件编制等高层次编程技术，以及系统设置、参数设定、硬件配置、运行监控、数据备份与恢复、故障诊断与维修等高层次调试、维修操作技术，进行了全面、深入的说明，并提供了丰富的实例。

本书选材典型、内容先进、案例丰富，理论联系实际，面向工程应用，是工业机器人设计、使用、维修人员和高等学校相关专业师生的优秀参考书。

图书在版编目（CIP）数据

工业机器人编程与操作/龚仲华编著. —北京：机械工业出版社，2016.9（2017.11重印）

ISBN 978-7-111-54963-5

Ⅰ.①工… Ⅱ.①龚… Ⅲ.①工业机器人-程序设计 Ⅳ.①TP242.2

中国版本图书馆CIP数据核字（2016）第232646号

机械工业出版社（北京市百万庄大街22号 邮政编码100037）

策划编辑：徐明煜 责任编辑：徐明煜 张沪光

责任校对：赵 蕊 封面设计：马精明

责任印制：李 昂

三河市宏达印刷有限公司印刷

2017年11月第1版第2次印刷

184mm×260mm·23.75印张·629千字

标准书号：ISBN 978-7-111-54963-5

定价：69.00元

凡购本书，如有缺页、倒页、脱页，由本社发行部调换

电话服务

服务咨询热线：010-88361066

读者购书热线：010-68326294

010-88379203

网络服务

机工官网：www.cmpbook.com

机工官博：weibo.com/cmp1952

金书网：www.golden-book.com

教育服务网：www.cmpedu.com

前言

PREFACE

工业机器人是集机械、电子、控制、计算机、传感器、人工智能等多学科先进技术于一体的机电一体化设备，被称为工业自动化的三大支持技术之一。随着社会的进步和劳动力成本的增加，工业机器人在我国的应用已越来越广。

工业机器人是一种功能完整、可独立运行的自动化设备，它有自身的控制系统，能依靠自身的控制能力来完成规定的作业任务，因此，其编程和操作是工业机器人操作、调试、维修人员必须掌握的基本技能。

本书不仅详细阐述了焊接（点焊和弧焊）、搬运、通用三大类常用机器人的基本命令和作业命令的编程格式、编程要点和应用技巧，系统介绍了工业机器人手动操作、示教编程、再现运行的方法和步骤；而且，还对变量编程、平移编程，作业文件编制等高层次编程技术，以及系统设置、参数设定、硬件配置、运行监控、故障诊断与维修、数据备份与恢复等高层次调试维修操作技术进行了全面、深入的说明，并提供了丰富的实例；它可为企业工业机器人设计、使用、调试、维修人员及高校相关专业师生提供参考。

第1章介绍了机器人的产生、发展、分类；工业机器人的组成、特点和技术性能；工业机器人的技术发展简况、主要生产企业及产品情况等。

第2章详细阐述了工业机器人基本命令的编程格式、编程要点、应用技巧；对变量编程、平移编程等高层次编程技术进行了全面说明，并提供了丰富的程序实例。

第3章对点焊机器人作业命令的编程格式、编程要点，作业文件的编制方法进行了详细阐述；对多点连续焊接、电极修磨与检测、工件搬运等高层次编程技术进行了系统说明，并提供了完整的程序实例。

第4章对弧焊机器人作业命令的编程格式、编程要点，作业文件的编制方法进行了详细阐述；对渐变焊接、摆焊焊接等高层次编程技术进行了系统说明，并提供了完整的程序实例。

第5章对搬运、通用机器人作业命令的编程格式、编程要点，作业文件的编制方法进行了详细阐述；对输入/输出信号功能与要求、作业命令与控制信号间的关系等高层次编程需要涉及的内容进行了深入说明，并提供了完整的程序实例。

第6章系统介绍了工业机器人的示教器使用，安全操作、手动操作、示教编程、命令编辑等基本操作的方法和步骤，并对示教条件设定等高层次操作技术进行了详细说明。

第7章系统介绍了工业机器人的程序编辑操作，速度修改、程序点检查及试运行、再现运行等基本操作的方法和步骤，并对变量编辑、程序的平移和镜像转换、程序点调整等高层次操作技术进行了详细说明。

第8章对工业机器人的原点设定、工具文件设定、高级安装设定、用户坐标系设定、运动保护设定等高层次调试操作技术进行了详细说明。

第9章对工业机器人的示教器设置、系统参数设定与硬件配置、系统数据保存恢复和初始化、运行监控、系统报警与故障处理等高层次维修操作技术进行了详细说明。

由于编著者水平有限，书中难免存在疏漏和缺点、错误，殷切期望广大读者批评指正，以便进一步提高本书的质量。

本书的编写参阅了安川公司的技术资料，并得到了安川公司技术人员的大力支持与帮助，在此表示衷心的感谢！

编著者

目录

CONTENTS

第 1 章 工业机器人概述

1.1 机器人的产生与发展

1.1.1 机器人的产生

1. 概念的出现

机器人（Robot）自从1959年问世以来，由于它能够协助人类完成那些单调、频繁和重复、长时间工作，或取代人类从事危险、恶劣环境下的作业，因此其发展较迅速。随着人们对机器人研究的不断深入，已逐步形成了Robotics（机器人学）这一新兴的综合性学科，有人将机器人与数控、PLC（可编程序控制器）并称为工业自动化的三大支持技术。

机器人的英文Robot一词，源自于捷克著名剧作家Karel Čapek（卡雷尔·恰佩克）1921年创作的剧本《Rossumovi univerzální roboti》（罗萨姆的万能机器人，简称R. U. R），由于R. U. R剧中的人造机器被取名为Robota（捷克语，本意为奴隶、苦力），因此，英文Robot一词开始代表机器人。

机器人概念一出现，首先引起了科幻小说家的广泛关注，自20世纪20年代起，机器人成为了很多科幻小说与电影的主人公，如《星球大战》中的C3P等。科幻小说家的想象力是无限的。为了预防机器人的出现可能引发的人类灾难，1942年，美国的科幻小说家Isaac Asimov（艾萨克·阿西莫夫）在《I，Robot（我，机器人）》的第4个短篇《Runaround（转圈圈）》中，首次提出了“机器人学三原则”，它被称为“现代机器人学的基石”，这也是“机器人学（Robotics）”这个名词在人类历史上的首度亮相。机器人学三原则的主要内容如下：

原则1：机器人不能伤害人类，或因其不作为而使人类受到伤害。

原则2：机器人必须执行人类的命令，除非这些命令与原则1相抵触。

原则3：在不违背原则1、原则2的前提下，机器人应保护自身不受伤害。

到了1985年，Isaac Asimov在机器人系列最后作品《Robots and Empire（机器人与帝国）》中，又补充了在“机器人学三原则”之上的“0原则”，即

原则0：机器人必须保护人类的整体利益不受伤害，其他三条原则都必须在这一前提下才能成立。

继Isaac Asimov之后，其他科幻作家还不断提出了对“机器人学三原则”的补充、修正意见，但大都是科幻小说家对想象中机器人所施加的限制。实际上，“人类的整体利益”等概念本身就是模糊的。因此，目前人类的认识和科学技术，实际上还远未达到制造科幻片中的机器人的水平，能制造出具有类似人类智慧、感情、思维的机器人，仍属于科学家的梦想和追求。

2. 机器人的产生

现代机器人的研究起源于20世纪中叶的美国，它从工业机器人的研究开始。

第二次世界大战期间，由于军事、核工业的发展需要，需要有操作机械来代替人类，在原子能实验室的恶劣环境下，进行放射性物质的处理。为此，美国的 Argonne National Laboratory（阿尔贡国家实验室）开发了一种可用于放射性物质生产和处理的遥控机械手（Teleoperator）。接着，又在 1947 年，开发出了一种伺服控制的主从机械手（Master - Slave Manipulator），这些可说是工业机器人的雏形。

工业机器人的概念由美国发明家 George Devol（乔治·德沃尔）最早提出，他在 1954 年申请了专利，并在 1961 年获得授权。1958 年，美国著名的机器人专家 Joseph F. Engelberger（约瑟夫·恩盖尔柏格）建立了 Unimation 公司，并利用 George Devol 的专利技术，于 1959 年率先研制出如图 1.1-1 所示的 Unimate 工业机器人，开创了机器人发展的新纪元。

图 1.1-1　Unimate 工业机器人

Joseph F. Engelberger 对世界机器人工业的发展做出了杰出的贡献，被称为“机器人之父”。1983 年，就在工业机器人销售日渐增长的情况下，他又毅然地将 Unimation 公司出让给了美国 Westinghouse Electric Corporation 公司（西屋电气公司，又译威斯汀豪斯公司），并创建了 TRC 公司，前瞻性地开始了服务机器人的研发。

从 1968 年起，Unimation 公司先后将机器人的制造技术转让给了日本 KAWASAKI（川崎）公司和英国 GKN 公司，机器人开始在日本和欧洲得到了快速发展。

据有关方面的统计，目前世界上至少有 48 个国家在发展机器人，其中，有 25 个国家已在进行智能机器人的开发，美国、日本、德国、法国等都是机器人的研发制造大国，这些国家无论在基础研究或是产品研发制造等方面都居于世界领先水平。

3. 机器人的定义

由于机器人的应用领域众多、发展速度快，加上它又涉及有关人类的概念，因此，对于机器人，世界各国标准化机构，甚至同一国家的不同标准化机构，至今尚未形成一个统一、准确、世所公认的严格定义。

例如，欧美国家一般认为，机器人是一种“由计算机控制、可通过编程改变动作的多功能、自动化机械”。而作为机器人大国的日本，则将机器人分为“能够执行人体上肢（手和臂）类似动作”的工业机器人和“具有感觉和识别能力、并能够控制自身行为”的智能机器人两大类。客观地说，欧美国家的机器人定义侧重其控制和功能，其定义和工业机器人较接近；而日本的机器人定义，更关注机器人的结构和行为特性，并且已经考虑到了现代智能机器人的发展需要。

目前，使用较多的机器人定义主要有以下几种：

1）International Organization for Standardization（ISO，国际标准化组织）定义：机器人是一种“自动的、位置可控的、具有编程能力的多功能机械手，这种机械手具有几个轴，能够借助可编程序操作来处理各种材料、零件、工具和专用装置，执行各种任务”。

2）Japan Robot Association（JRA，日本机器人协会）将机器人分为了工业机器人和智能机器人两大类，工业机器人是一种“能够执行人体上肢（手和臂）类似动作的多功能机器”；智能机器人是一种“具有感觉和识别能力，并能够控制自身行为的机器”。

3）NBS（美国国家标准局）定义：机器人是一种“能够进行编程，并在自动控制下执行某些操作和移动作业任务的机械装置”。

4）Robotics Industries Association（RIA，美国机器人协会）定义：机器人是一种“用于移动各种材料、零件、工具或专用装置的，通过可编程的动作来执行各种任务的，具有编程能力的多功能机械手”。

5）我国 GB/T12643—2013 标准定义：工业机器人是一种“能够自动定位控制，可重复编程的，多功能的、多自由度的操作机，能搬运材料、零件或操持工具，用于完成各种作业”。

以上标准化机构和专门组织对机器人的定义，都是在特定环境、特定时间所得到的结论，且偏重于工业机器人。科学技术对未来是无限开放的，最新的现代智能机器人无论在外观，还是功能和智能化程度等方面，都已超出了传统工业机器人的范畴。机器人正在源源不断地向人类活动的各个领域渗透，它所涵盖的内容越来越丰富，其应用领域和发展空间正在不断延伸和扩大，这是机器人与其他自动化设备的重要区别。

可以想象，未来的机器人不但可接受人类指挥、运行预先编制的程序；而且也可以根据人工智能技术所制定的原则纲领，选择自身的行动；甚至可能像科幻片所描述的那样，脱离人们的意志而自行其是。

1.1.2 机器人的发展

1. 技术发展水平

机器人最早应用于工业领域，主要用来协助人类完成单调、频繁和重复的长时间工作，或进行高温、粉尘、有毒、易燃、易爆等恶劣、危险环境下的作业。但是，随着社会进步、科学技术发展和机器人智能化技术研究的深入，各式各样具有感知、决策、行动和交互能力，可适应不同领域特殊要求的智能机器人相继被研发，机器人已在某些领域逐步取代人类，独立从事相关作业。

根据机器人现有的技术水平，人们一般将机器人产品分为如下三代。

1）第一代机器人：第一代机器人（first generation robots）一般是指可进行编程，并能通过示教操作再现动作的机器人。第一代机器人以工业机器人为主，它主要用来协助人类完成单调、频繁和重复长时间搬运、装卸等作业，或取代人类进行危险、恶劣环境下的作业。

第一代机器人所使用的技术和数控机床十分相似，它既可通过离线编制的程序，控制机器人的运动；也可通过手动示教操作（数控机床称为 Teach in 操作），记录运动过程并生成程序，从而再现动作。第一代机器人的全部行为完全由人控制，它没有分析和推理能力，不具备智能性，但可通过示教操作再现动作，故又称示教再现机器人。

第一代机器人现已实用化、商品化、普及化，当前使用的绝大多数工业机器人都属于第一代机器人。

2）第二代机器人：第二代机器人（second generation robots）装备有一定数量的传感器，它能够获取作业环境、操作对象等的简单信息，并通过计算机的分析与处理，做出简单的推理，并适当调整自身的动作和行为。

例如，在焊接机器人或探测机器人上，通过所安装的摄像头等视觉传感系统，机器人能通过图像的识别，来判断、规划焊接加工或探测车的运动轨迹，它对外部环境具有了一定的适应能力。

第二代机器人已具备一定的感知能力和简单的推理能力，故又称感知机器人或低级智能机器人，其中的部分技术已在焊接工业机器人及服务机器人产品上实用化。

3）第三代机器人：第三代机器人（third generation robots）具有高度的自适应能力，它具有多种感知机能，可通过复杂的推理，做出判断和决策，自主决定机器人的行为。

第三代机器人应具有相当程度的智能，故称为智能机器人。第三代机器人技术目前多用于家庭、个人服务机器人及军事、航天机器人，总体而言，它尚处于实验和研究阶段，截至目前，还只有美国、日本和欧洲的少数发达国家能掌握和应用。

例如，日本HONDA（本田）公司最新研发的图1.1-2a所示的Asimo机器人，不仅能实现跑步、爬楼梯、跳舞等动作，且还能进行踢球、倒饮料、打手语等简单智能动作。日本Riken Institute（理化学研究所）最新研发的图1.1-2b所示的Robear护理机器人，其肩部、关节等部位都安装有测力感应系统，可模拟人的怀抱感，它能够像人一样，柔和地能将卧床者从床上扶起，或将坐着的人抱起，其样子亲切可爱、充满活力。

a) Asimo机器人

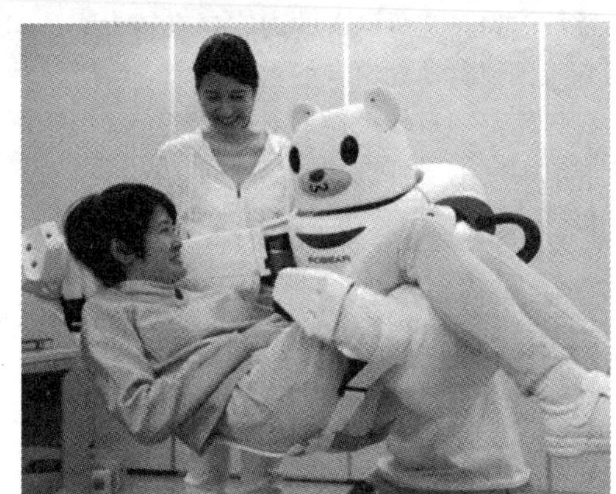

b) Robear机器人

图1.1-2　第三代机器人

机器人问世以来，得到了世界各国的广泛重视，据有关方面的统计，目前世界上至少有48个国家在发展机器人，其中，有25个国家已开始或正在进行智能机器人的研发。美国、日本和德国为机器人的研究、制造和应用大国，此外，英国、法国、意大利、瑞士等国的机器人研发水平也居世界前列。目前，世界主要机器人生产制造国的研发、应用情况如下：

2. 美国的机器人

美国是机器人的发源地，各方面技术均领先全世界。美国的机器人的研究领域广泛，产品技术全面、先进，其机器人的研究实力和产品技术水平在全球占有绝对优势。Adept Technology、American Robot、Emerson Industrial Automation、S－T Robotics、iRobot、Remotec等都是美国著名的机器人生产企业。

美国的机器人研究最初从工业机器人开始，但目前已更多地转向军用、医疗、家用服务等高层次、智能机器人的军事机器人、场地机器人研发。据统计，美国的智能机器人占据了全球约60%的市场，iRobot、Remotec等公司的服务机器人水平领先世界。

美国在军事机器人（Military Robot）方面的研究水平遥遥领先于其他国家，无论在基础技术研究、系统开发、生产配套方面，或是在技术转化、实战应用方面等都具有显著的优势，产品的研发与应用已涵盖陆、海、空、天等诸多兵种。Boston Dynamics（波士顿动力，现已被谷歌公司并购）公司、Lockheed Martin（洛克希德马丁）公司、iRobot公司等，均为世界闻名的军事机器人研发制造企业。美国现有的军事机器人产品包括用于监视和勘察的无人驾驶飞行器、用于深入危险领域获取信息的无人地面车、用来承担补充作战物资的多功能后勤保障机器人、武装机器人战车等多种，其技术水平、应用范围均远远领先于其他国家。

例如，美国的“哨兵”机器人不但能识别声音、烟雾、风速、火等数据；而且还可说300多单词，并向可疑目标发出口令，如目标不能正确回答，便会迅速、准确地瞄准和射击。再如，Boston Dynamics（波士顿动力）公司研制的BigDog（大狗）系列机器人的军用产品LS3（Legged Squad Support Systems，又名阿尔法狗）（见图1.1-3），重达1250lb（约570kg），可在搭载400lb（约181kg）重物情况下，连续行走20mile（约32km），并能穿过复杂地形、应答士官指令；WildCat（野猫）机器人则能在各种地形上，以25km/h以上的速度奔跑跳跃；而最新研发的人形机器人Atlas（阿特拉斯），其四肢共拥有28个自由度，灵活性已接近于人类。

a) BigDog－LS3

b) WildCat

c) Atlas

图1.1-3 美国的军事机器人

美国的场地机器人（Field Robots）研究水平同样令其他各国望尘莫及，其研究遍及空间、陆地、水下，并已经用于月球、火星等天体的探测。

早在1967年，National Aeronautics and Space Administration（NASA，美国国家航空与航天局）所发射的“海盗”号火星探测器已着陆火星，并对土壤等进行了采集和分析，以寻找生命迹象；同年，还发射了“观察者”3号月球探测器，对月球土壤进行了分析和处理。到了2003年，NASA又接连发射了Spirit，MER－A（勇气号）和Opportunity（机遇号）两个火星探测器，并于2004年1月先后着陆火星表面，它可在地面的遥控下，在火星上自由行走，通过它们对火星岩石和土壤的分析，收集到了表明火星上曾经有水流动的强有力证据，发现了形成于酸性湖泊的岩石、陨石等。2011年11月，又成功发射了如图1.1-4a所示的Curiosity（好奇号）核动力驱动的火星探测器，并于2012年8月6日安全着陆火星，开启了人类探寻火星生命元素的历程；图1.1-4b所示为谷歌公司最新研发的Andy（安迪号）月球车。

a) Curiosity火星车

b) Andy月球车

图 1.1-4 美国的场地机器人

3. 日本的机器人

日本目前在工业机器人及家用服务、护理机、医疗等智能机器人的研发上具有世界领先水平。

日本在工业机器人的生产、应用及主要零部件供给、研究等方面居世界领先地位。20 世纪 90 年代，日本就开始普及第一代和第二代工业机器人，截至目前，它仍保持工业机器人产量、安装数量世界领先的地位。据统计，日本的工业机器人产量约占全球的 50%；安装数量约占全球的 23%；机器人的主要零部件（精密减速机、伺服电动机、传感器等）占全球市场的 90% 以上。日本 FANUC（发那科）、YASKAWA（安川）、KAWASAKI（川崎）、NACHI（不二越）等都是著名的工业机器人生产企业。

日本在发展第三代智能机器人上，同样取得了举世瞩目的成就。为了攻克智能机器人的关键技术，自 2006 年起，政府每年都投入巨资用于服务机器人的研发，如前述的 HONDA 公司 Asimo 机器人、Riken Institute 的 Robear 护理机器人等家用服务机器人的技术水平均居世界前列。

4. 德国的机器人

德国的机器人研发稍晚于日本，但其发展十分迅速。在 20 世纪 70 年代中后期，德国政府在“改善劳动条件计划”中，强制规定了部分有危险、有毒、有害的工作岗位必须用机器人来代替人工的要求，它为机器人的应用开辟了广大的市场。据 VDMA（德国机械设备制造业联合会）统计，目前德国的工业机器人密度已在法国的 2 倍和英国的 4 倍以上。

德国的工业机器人以及军事机器人中的地面无人作战平台、水下无人航行体的研究和应用水平，居世界领先地位。德国的 KUKA（库卡）、REIS（徕斯，现为 KUKA 成员）、Carl - Cloos（卡尔 - 克鲁斯）等都是全球著名的工业机器人生产企业；德国宇航中心、德国机器人技术商业集团、karcher 公司、Fraunhofer Institute for Manufacturing Engineering and Automatic（弗劳恩霍夫制造技术和自动化研究所）及 STN 公司、HDW 公司等是有名的服务机器人及军事机器人研发企业。

德国在智能服务机器人的研究和应用上，同样具有世界公认的领先水平。例如，弗劳恩霍夫制造技术和自动化研究所最新研发的服务机器人 Care - O - Bot4，不但能够识别日常的生活用品，而且还能听懂语音命令和看懂手势命令、按声控或手势的要求进行自我学习。

5. 中国的机器人

2013 年，中国的工业机器人销量接近 3.7 万台，占全球销售量（17.7 万台）的 1/5；2014

年的销量为5.7万台，占全球销售量（22.5万台）的1/4。

我国的机器人研发起始于20世纪70年代初期，到了90年代，先后研制出了点焊、弧焊、装配、喷漆、切割、搬运、包装码垛等工业机器人，在工业机器人及零部件研发等方面取得了一定的成绩。上海交通大学、哈尔滨工业大学、天津大学、南开大学、北京航空航天大学等高校都设立了机器人研究所或实验室，进行工业机器人和服务机器人的基础研究；广州数控、南京埃斯顿、沈阳新松等企业也开发了部分机器人产品。但是，总体而言，我国的机器人研发目前还处于初级阶段，和先进国家的差距依旧十分明显，产品以低档工业机器人为主，核心技术尚未掌握，关键部件几乎完全依赖进口，国产机器人的市场占有率十分有限，目前还没有真正意义上的完全自主机器人生产商。

高端装备制造产业是国家重点支持的战略性新兴产业，工业机器人作为高端装备制造业的重要组成部分，有望在今后一段时期得到快速发展。

1.2 机器人及其分类

1.2.1 机器人的分类

机器人的分类方法很多，但是，由于人们观察问题的角度有所不同，直到今天，还没有一种分类方法能够满意地对机器人进行世所公认的分类。总体而言，常用的机器人分类方法主要有专业分类法和应用分类法两种，简介如下：

1. 专业分类法

专业分类法通常是机器人设计、制造和使用厂家技术人员所使用的分类方法，其技术性较强，业外人士较少使用。目前，专业分类可按机器人的控制系统技术水平、机械机构形态和运动控制方式三种方式进行分类。

1）按控制系统水平分类：根据机器人目前的控制系统技术水平，一般可分为前述的示教再现机器人（第一代）、感知机器人（第二代）、智能机器人（第三代）三类。第一代机器人已实用和普及，绝大多数工业机器人都属于第一代机器人；第二代机器人的技术已部分实用化；第三代机器人尚处于实验和研究阶段。

2）按机械结构形态分类：根据机器人现有的机械结构形态，有人将其分为圆柱坐标（Cylindrical Coordinate）、球坐标（Polar Coordinate）、直角坐标（Cartesian Coordinate）及关节型（Articulated）、并联结构型（Parallel）等，以关节型机器人为常用。不同形态机器人在外观、机械结构、控制要求、工作空间等方面均有较大的区别。例如，关节型机器人的动作和功能则类似人类的手臂；而直角坐标、并联结构型机器人的外形和控制要求与数控机床十分类似，有关内容可参见本书第2章。

3）按运动控制方式分类：根据机器人的控制方式，一般可分为顺序控制型、轨迹控制型、远程控制型、智能控制型等。顺序控制型又称点位控制型，这种机器人只需要规定动作次序和移动速度，而不需要考虑移动轨迹；轨迹控制型需要同时控制移动轨迹和移动速度，故可用于焊接、喷漆等连续移动作业；远程控制型可实现无线遥控，它多用于特定行业，如军事机器人、空间机器人、水下机器人等；智能控制型机器人就是前述的第三代机器人，多用于服务、军事等行业，该类机器人目前尚处于实验和研究阶段。

2. 应用分类

应用分类是根据机器人应用环境（用途）进行分类的大众分类方法，其定义通俗，易为公众所接受。例如，日本分为工业机器人和智能机器人两类；我国分为工业机器人和特种机器人两类等。然而，由于对机器人的智能性判别尚缺乏科学、严格的标准；加上工业机器人和特种机器人的界线较难划分。因此，本书参照国际机器人联合会（IFR）的相关定义，根据机器人的应用环境，将机器人分为工业机器人和服务机器人两类；前者用于环境已知的工业领域；后者用于环境未知的服务领域。如进一步细分，目前常用的机器人，基本上可分为图 1.2-1 所示的几类。

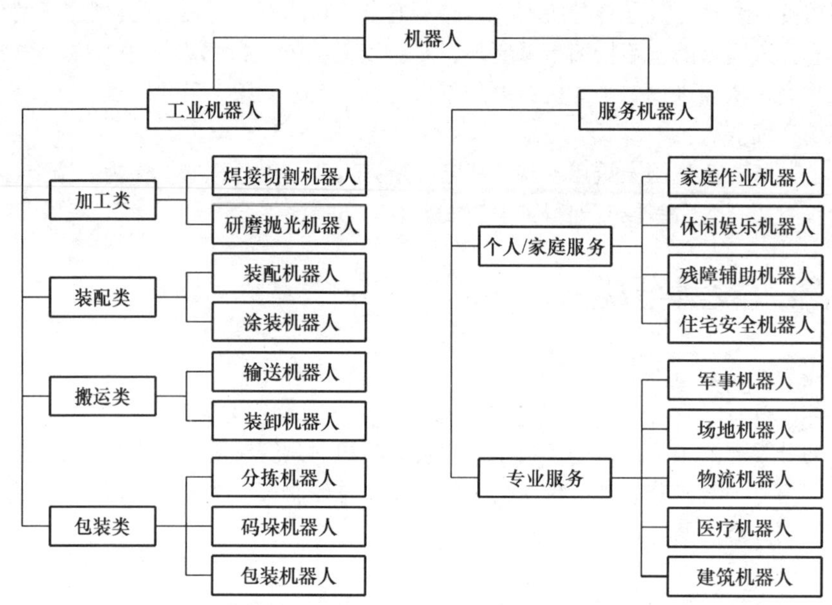

图 1.2-1　机器人的分类

1）服务机器人：服务机器人（Personal Robot，PR）是除工业机器人之外、服务于人类非生产性活动的机器人总称，它在机器人中的比例高达 95% 以上。根据 IFR 的定义，服务机器人是一种半自主或全自主工作的机械设备，它能完成有益于人类健康的服务工作，但不直接从事工业品的生产。

服务机器人的涵盖范围更广，简言之，除工业生产用的机器人外，其他所有的机器人均属于服务机器人的范畴。因此，人们根据其用途，将服务机器人分为个人/家庭服务机器人（Personal/Domestic Robots）和专业服务机器人（Professional Service Robots）两类，在此基础上还可对每类进行细分。

2）工业机器人：工业机器人（Industrial Robot，IR）是指在工业环境下应用的机器人，它是一种可编程的多用途、自动化设备。当前实用化的工业机器人以第一代示教再现机器人居多，但部分工业机器人（如焊接、装配等）已能通过图像来识别、判断来规划或探测途径，对外部环境具有了一定的适应能力，初步具备了第二代感知机器人的一些功能。

工业机器人的涵盖范围同样很广，根据其用途和功能，又可分加工、装配、搬运、包装四大类；在此基础上，还可对每类进行细分。

以上两类产品研发、应用的简要情况如下。

1.2.2　服务机器人概况

1. 基本情况

服务机器人是服务于人类非生产性活动的机器人总称。从控制要求、功能、特点等方面看，服务机器人与工业机器人的本质区别在于，工业机器人所处的工作环境在大多数情况下是已知的，因此，利用第一代机器人技术已可满足其要求；然而，服务机器人所面临的工作环境在绝大多数场合是未知的，故都需要使用第二代、第三代机器人技术。

从行为方式上看，服务机器人一般没有固定的活动范围和规定的动作行为，它需要有良好的自主感知、自主规划、自主行动和自主协同等方面的能力，因此，服务机器人较多地采用仿人或生物、车辆等结构形态。

早在1967年，在日本举办的第一届机器人学术会议上，人们就提出了两种描述服务机器人特点的代表性意见。一种意见认为服务机器人是一种“具有自动性、个体性、智能性、通用性、半机械半人性、移动性、作业性、信息性、柔性、有限性等特征的自动化机器”；另一种意见认为具备如下三个条件的机器，可称为服务机器人：

1）具有类似人类的脑、手、脚等功能要素；

2）具有非接触和接触传感器；

3）具有平衡觉和固有觉的传感器。

当然，鉴于当时的情况，以上定义都强调了服务机器人的“类人”含义，突出了由“脑”统一指挥、靠“手”进行作业、靠“脚”实现移动；通过非接触传感器和接触传感器，使机器人识别外界环境；利用平衡觉和固有觉等传感器感知本身状态等基本属性，但它对服务机器人的研发仍具有参考价值。

服务机器人的出现虽然晚于工业机器人，但由于它与人类进步、社会发展、公共安全等诸多重大问题息息相关，应用领域众多、市场广阔，因此，其发展非常迅速、潜力巨大。有国外专家预测，在不久的将来，服务机器人产业可能成为继汽车、计算机后的另一新兴产业。据国际机器人联合会（IFR）2013年世界服务机器人统计报告等有关统计资料显示，目前已有20多个国家在进行服务型机器人的研发，有40余种服务型机器人已进入商业化应用或试用阶段。2012年全球服务机器人的总销量约为301.6万台，约为工业机器人（15.9万台）的20倍；其中，个人/家用服务机器人的销量约为300万台，销售额约为12亿美元；专业服务机器人的销量为1.6万台，销售额为34.2亿美元。

在服务机器人中，个人/家用服务机器人（Personal/Domestic Robots）为大众化、低价位产品。在专业服务机器人中，则以涉及公共安全的军事机器人（Military Robot）、场地机器人（Field Robots）、医疗机器人的产量较大。

在服务机器人研发领域，美国不但在军事、场地、医疗等高科技专业服务机器人的研究上遥遥领先于其他国家；而且在个人/家用服务机器人的研发上，同样占有绝对的优势，其服务机器人总量约占全球服务机器人市场的60%。此外，欧洲的德国、法国也是服务机器人的研发和使用大国；日本的个人/家用服务机器人产量约占全球市场的50%。我国在服务机器人领域的研发起步较晚，直到2005年才开始初具市场规模，总体水平与发达国家相比存在很大差距；目前，我国的个人/家用服务机器人主要有吸尘、教育娱乐、保安、智能玩具等；专用服务机器人主要有医疗及部分军事、场地机器人等。

2. 个人/家用机器人

个人/家用服务机器人（Personal/Domestic Robots）泛指为人们日常生活服务的机器人，包括家庭作业机器人、娱乐休闲机器人、残障辅助机器人、住宅安全机器人等。个人/家用服务机器人产业是被人们普遍看好的未来具备发展潜力的新兴产业之一。

在个人/家用服务机器人中，家庭作业机器人和娱乐休闲机器人的产量占个人/家用服务机器人总量的90%以上；残障辅助机器人、住宅安全机器人的普及率目前还较低，但市场前景被人们普遍看好。

家用清洁机器人是家庭作业机器人中最早被实用化和最成熟的产品之一。早在 20 世纪 80 年代，美国已经开始吸尘机器人的研究，iRobot 公司是目前家用服务机器人行业公认的领先企业，其产品技术先进、市场占有率全球领先；德国的 Karcher 公司也是知名的家庭作业机器人生产商，它在 2006 年研发的 Rc3000 家用清洁机器人是世界上率先能够自行完成所有家庭地面清洁工作的家用清洁机器人；此外，美国的 Neato、Mint，日本的 SHINK、PANASONIC（松下），韩国的 LG、三星等公司也都是全球较知名的家用清洁机器人研发、制造企业。在我国，由于家庭经济收入和发达国家的差距巨大，加上传统文化的影响，大多数家庭的作业服务还是由自己或家政服务人员承担，所使用的设备以传统工具和普通吸尘器、洗碗机等简单设备为主，家庭作业服务机器人的使用率非常低。

3. 专业服务机器人

专业服务机器人（Professional Service Robots）的涵盖范围非常广，简言之，除工业生产用的工业机器人和为人们日常生活服务的个人/家用机器人外，其他的机器人均属于专业服务机器人，如军事、场地和医疗机器人等。

1）军事机器人：军事机器人（Military Robots）是为了军事目的而研制的自主式、半自主式或遥控的智能化武器装备，它可用来帮助或替代军人，完成战术或战略任务。军事机器人具备全方位、全天候的作战能力和极强的战场生存能力，可在超过人类承受能力的恶劣环境，或在遭到毒气、冲击波、热辐射等袭击时，继续进行工作。军事机器人也不存在人类的恐惧心理，可严格地服从命令、听从指挥，有利于战局的掌控。在未来战争中，机器士兵完全可能成为军事行动中的主力。

军事机器人研制早在 20 世纪 60 年代就开始，产品已从第一代的遥控操作器，发展到了现在的第三代智能机器人。目前，世界各国的军用机器人已达上百个品种，其应用涵盖侦察、排雷、防化、进攻、防御及后勤保障等各方面。用于监视、勘察、获取危险领域信息的无人驾驶飞行器（UAV）和地面车（UGV）、具有强大运输功能和精密侦察设备的机器人武装战车（ARV）、在战斗中担任补充作战物资的多功能后勤保障机器人（MULE）是军事机器人的主要产品。

美国的军事机器人应用已涵盖陆、海、空、天等诸兵种。据报道，美军已装配了超过 7500 架的无人机和 15000 个的地面机器人，目前正在大量研制和应用无人作战系统、智能机器人集成作战系统，以系统提升陆、海、空军事实力。此外，德国的智能地面无人作战平台、反水雷及反潜水下无人航行体的研究和应用；英国的战斗工程牵引车（CET）、工程坦克（FET）、排爆机器人的研究和应用；法国的警戒机器人和低空防御机器人、无人侦察车、野外快速巡逻机器人的研究和应用；以色列的机器人自主导航车、“守护者（Guardium）”监视与巡逻系统、步兵城市作战用的手携式机器人的研究和应用等，都已达到世界领先水平。

2）场地机器人：场地机器人（Field Robots）是除军事机器人外，其他可大范围运动的服务机器人的总称。场地机器人多用于科学研究和公共事业服务，如太空探测、水下作业、危险作业（如防爆、排雷）、消防救援、园林作业等。

美国的场地机器人研究始于 20 世纪 60 年代，其产品已遍及空间、陆地和水下，从 1967 年的海盗号火星探测器，到 2003 年的 Spirit MER - A（勇气号）和 Opportunity（机遇号）火星探测器、2011 年的 Curiosity（好奇号）核动力驱动的火星探测器，都无一例外地代表了全球空间机器人研究的水平。此外，俄罗斯和欧盟在太空探测机器人等方面的研究和应用也居世界领先水平；例如，俄罗斯早期的空间站飞行器对接、燃料加注机器人；德国于 1993 年研制、由哥伦比亚号航天飞机携带升空的 ROTEX 远距离遥控机器人等产品，都代表了当时的空间机器人技术水平。

我国在探月、水下机器人方面的研究也取得了较大的进展。

3）医疗机器人：医疗机器人是今后专业服务机器人的重点发展领域之一。医疗机器人主要用于伤病员的手术、救援、转运和康复，包括诊断机器人、外科手术辅助机器人、康复机器人等。例如，通过外科手术机器人，医生可利用其精准性和微创性，大面积减小手术伤口、迅速恢复正常生活等。据统计，目前全世界已有30个国家、近千家医院成功开展了数十万例机器人手术，手术种类涵盖泌尿外科、妇产科、心脏外科、胸外科、肝胆外科、胃肠外科、耳鼻喉科等学科。

当前，医疗机器人的研发与应用大部分都集中于美国、欧洲、日本等发达国家，发展中国家的普及率还很低。美国的 Intuitive Surgical（直觉外科）公司是全球领先的医疗机器人研发、制造企业，该公司研发的达芬奇机器人是目前世界上最先进的手术机器人系统，它可模仿外科医生的手部动作，进行微创手术，目前已经成功用于普通外科、胸外科、泌尿外科、妇产科、头颈外科及心脏等手术。

1.2.3 工业机器人概况

工业机器人（Industrial Robot，IR）是用于工业生产环境的机器人总称。用工业机器人替代人工操作，不仅可保障人身安全、改善劳动环境、减轻劳动强度、提高劳动生产率，而且还能够起到提高产品质量、节约原材料消耗及降低生产成本等多方面作用，因而，它在工业生产各领域的应用也越来越广泛。工业机器人自1959年问世以来，经过五十多年的发展，在性能和用途等方面都有了很大的变化；现代工业机器人的结构越来越合理、控制越来越先进、功能越来越强大。

根据工业机器人的功能与用途，其主要产品大致可分为前述图1.2-1所示的加工、装配、搬运、包装四大类。

1. 加工机器人

加工机器人是直接用于工业产品加工作业的工业机器人，目前主要有焊接、切割、折弯、冲压、研磨、抛光等。此外，也有部分用于建筑、木材、石材、玻璃等行业切割、研磨、抛光加工机器人。

焊接、切割、研磨、抛光加工的环境恶劣，加工时所产生的强弧光、高温、烟尘、飞溅、电磁干扰等都有害于人体健康。这些行业采用机器人自动作业，不仅可改善工作环境，避免加工对人体的伤害；而且还可自动连续工作，提高工作效率和改善加工质量。

焊接机器人（Welding Robot）被广泛用于汽车、铁路、航空航天、军工、冶金、电器等行业。自1969年美国GM（通用汽车）公司在美国 Lordstown 汽车组装生产线上装备汽车点焊机器人以来，机器人焊接技术已日臻成熟，通过机器人的自动化焊接作业，可提高生产率、确保焊接质量、改善劳动环境，它是当前工业机器人应用的重要方向之一。

材料切割是工业生产不可缺少的加工方式，从传统的金属材料火焰切割、等离子切割、到可用于多种材料的激光切割加工都可通过机器人完成。目前，薄板类材料的切割大多采用数控火焰切割机、数控等离子切割机和数控激光切割机等数控机床加工；但异形、大型材料或船舶、车辆等大型废旧设备的切割已开始逐步使用工业机器人。

研磨、抛光机器人主要用于汽车、摩托车、工程机械、家具建材、电子电气、陶瓷卫浴等行业的表面处理。使用研磨、抛光机器人不仅能使操作者远离高温、粉尘、有毒、易燃、易爆的工作环境，而且能够提高加工质量和生产效率。

2. 装配机器人

装配机器人（Assembly Robot）是将不同零件或材料组合成部件或成品的工业机器人，常用的主要有装配和涂装两大类。

计算机（Computer）、通信（Communication）和消费性电子（Consumer Electronic）行业（简称3C行业）是目前装配机器人最大的应用市场。3C行业是典型的劳动密集型产业，采用人工装配，不仅需要使用大量的员工，而且操作工人的工作高度重复、频繁，劳动强度极大；此外，随着电子产品不断向轻薄化、精细化方向发展，产品对零部件装配的精细程度在日益提高，部分作业人工已无法完成。

涂装机器人用于部件或成品的油漆、喷涂等表面处理，这类处理通常含有影响人体健康的有害、有毒气体，采用机器人自动作业后，不仅可改善工作环境，避免有害、有毒气体的危害；而且还可自动连续工作，提高工作效率和改善加工质量。

3. 搬运机器人

搬运机器人（Transfer Robot）是从事物体移动作业的工业机器人的总称，常用的主要有输送机器人和装卸机器人两大类。

工业生产中的输送机器人以无人搬运车（Automated Guided Vehicle，AGV）为主。AGV具有自身的计算机控制系统和路径识别传感器，能够自动行走和定位停止，可广泛应用于机械、电子、纺织、卷烟、医疗、食品、造纸等行业的物品搬运和输送。在机械加工行业，AGV大多用于无人化工厂、柔性制造系统（Flexible Manufacturing System，FMS）的工件、刀具搬运、输送，它通常需要与自动化仓库、刀具中心及数控加工设备、柔性加工单元（Flexible Manufacturing Cell，FMC）的控制系统互连，以构成无人化工厂、柔性制造系统的自动化物流系统。

装卸机器人多用于机械加工设备的工件装卸（上下料），它常和数控机床组合，以构成柔性加工单元（FMC），成为无人化工厂、柔性制造系统（FMS）的一部分。装卸机器人还经常用于冲剪、锻压、铸造等设备的上、下料，以替代人工完成高风险、高温等恶劣环境下的危险作业或繁重作业。

4. 包装机器人

包装机器人（Packaging Robot）是用于物品分类、成品包装、码垛的工业机器人，常用的主要有分拣、包装和码垛三类。

计算机、通信和消费性电子行业（3C行业）和化工、食品、饮料、药品工业是包装机器人的主要应用领域。3C行业的产品产量大、周转速度快，成品包装任务繁重；化工、食品、饮料、药品包装由于行业特殊性，人工作业涉及安全、卫生、清洁、防水、防菌等方面的问题；因此，都需要利用装配机器人，来完成物品的分拣、包装和码垛作业。

1.3 工业机器人及产品

1.3.1 技术发展与产品应用

1. 技术发展简史

工业机器人自1959年问世以来，经过五十多年的发展，在性能和用途等方面都有了很大的变化；现代工业机器人的结构越来越合理、控制越来越先进、功能越来越强大、应用越来越广泛。世界工业机器人的简要发展历程、重大事件和重要产品研制的简况如下。

1959年：Joseph F. Engelberger（约瑟夫·恩盖尔柏格）利用George Devol（乔治·德沃尔）的专利技术，研制出了工业机器人Unimate。该机器人具有水平回转、上下摆动和手臂伸缩3个自由度，可用于点对点搬运。

1961 年：美国 GM（通用汽车）公司首次将 Unimate 工业机器人应用于生产线，机器人承担了压铸件叠放等部分工序。

1968 年：美国斯坦福大学率先研制出了具有感知功能的第二代机器人 Shakey。同年，Unimation 公司将机器人的制造技术转让给了日本 KAWASAKI（川崎）公司，日本开始研制、生产机器人。次年，瑞典的 ASEA 公司（阿西亚，现为 ABB 集团）率先研制出了喷涂机器人，并在挪威投入使用。

1972 年：日本 KAWASAKI（川崎）公司率先研制出了日本的工业机器人“Kawasaki – Unimate2000”。次年，日本 HITACHI（日立）公司率先研制出了装备有动态视觉传感器的工业机器人；而德国 KUKA（库卡）公司则率先研制出了六轴工业机器人 Famulus。

1974 年：美国 Cincinnati Milacron（辛辛那提·米拉克隆，著名的数控机床生产企业）公司率先研制出了微机控制的商用工业机器人 Tomorrow Tool（T3）；瑞典 ASEA 公司（阿西亚，现为 ABB 集团）率先研制出了微机控制、全电气驱动的五轴涂装机器人 IRB6；全球著名的数控系统（CNC）生产商、日本 FANUC（发那科）公司开始研发、制造工业机器人。

1977 年：日本 YASKAWA（安川）公司开始工业机器人研发生产，并率先研制出了采用全电气驱动的机器人 MOTOMAN – L10（MOTOMAN 1 号）。次年，美国 Unimate 公司和 GM（通用汽车）公司联合研制出了用于汽车生产线的垂直串联型（Vertical Series）可编程序通用装配机器人 PUMA（Programmable Universal Manipulator for Assembly）；日本山梨大学研制出了水平串联型（Horizontal Series）自动选料、装配机器人 SCARA（Selective Compliance Assembly Robot Arm）；德国 REIS（徕斯，现为 KUKA 成员）公司率先研制出了具有独立控制系统、用于压铸生产线的工件装卸的六轴机器人 RE15。

1983 年：日本 DAIHEN（大阪变压器集团 Osaka Transformer Co.，Ltd 所属，国内称 OTC 或欧希地）公司率先研发出了具有示教编程功能的焊接机器人。次年，美国 Adept Technology（娴熟技术）公司率先研制出了电机直接驱动、无传动齿轮和铰链的 SCARA 机器人 Adept One。

1985 年：德国 KUKA（库卡）公司率先研制出了具有三个平移自由度和三个转动自由度的 Z 型六自由度机器人。

1992 年：瑞士 Demaurex 公司率先研制出了采用三轴并联结构（Parallel）的包装机器人Delta。

2005 年：日本 YASKAWA（安川）公司推出了新一代、双腕七轴工业机器人。次年，意大利 COMAU（柯马，菲亚特成员、著名的数控机床生产企业）公司率先推出了 WiTP 无线示教器。

2008 年：日本 FANUC（发那科）公司、YASKAWA（安川）公司的工业机器人累计销量相继突破 20 万台。次年，ABB 公司研制出六轴小型机器人 IRB 120。

2013 年：谷歌公司开始大规模并购机器人公司，至今已相继并购了 Autofuss、Boston Dynamics（波士顿动力）、Bot & Dolly、DeepMind（英）、Holomni、Industrial Perception、Meka、Redwood Robotics、Schaft（日）、Nest Labs、Spree、Savioke 等多家公司。

2014 年：ABB 公司率先研制出世界上真正实现人机协作的机器人 YuMi。同年，德国 REIS（徕斯）公司并入 KUKA（库卡）公司。

2. 产品应用

根据国际机器人联合会（IFR）等部门的最新统计，当前工业机器人的应用行业分布情况大致如图 1.3-1 所示。其中，汽车制造业、电子电气工业、金属制品及加工业是目前工业机器人的主要应用领域。

汽车及汽车零部件制造业对工业机器人的使用量长期保持在工业机器人总量的 40% 以上，

使用的产品以加工、装配类机器人为主，是焊接、研磨、抛光及装配、涂装机器人的主要应用领域。

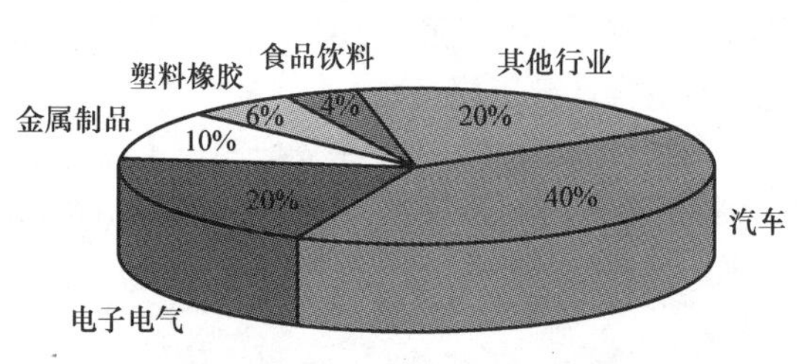

图 1.3-1　工业机器人的应用

电子电气（包括计算机、通信、家电、仪器仪表等）是工业机器人应用的另一主要行业，其使用量也保持在工业机器人总量的 20% 以上，使用的主要产品为装配、包装类机器人。

金属制品及加工业的机器人用量大致在工业机器人总量的 10% 左右，使用的产品主要为搬运类的输送机器人和装卸机器人。

建筑、化工、橡胶、塑料以及食品、饮料、药品等其他行业的机器人用量都在工业机器人总量的 10% 以下，橡胶、塑料、化工、建筑行业使用的机器人种类较多；食品、饮料、药品行业使用的机器人通常以加工、包装类为主。

1.3.2　主要企业及产品

目前，全球工业机器人的主要生产厂家有日本 FANUC（发那科）、YASKAWA（安川）、KAWASAKI（川崎）、NACHI（不二越）、DAIHEN（OTC 或欧希地）、PANASONIC（松下），以及瑞士 ABB，德国 KUKA（库卡）、REIS（徕斯，现为 KUKA 成员），意大利 COMAU（柯马），奥地利 IGM（艾捷默），韩国的 HYUDAI（现代）等公司。

FANUC、YASKAWA、ABB、KUKA 公司是工业机器人生产的代表性企业；KAWASAKI、NACHI 公司是全球早期从事工业机器人研发生产的企业；DAIHEN 公司的焊接机器人是知名品牌，以上企业的产品在我国的应用较为广泛。这些企业从事工业机器人研发的时间，基本分为图 1.3-2所示的 20 世纪 60 年代末、70 年代中、70 年代末三个时期。

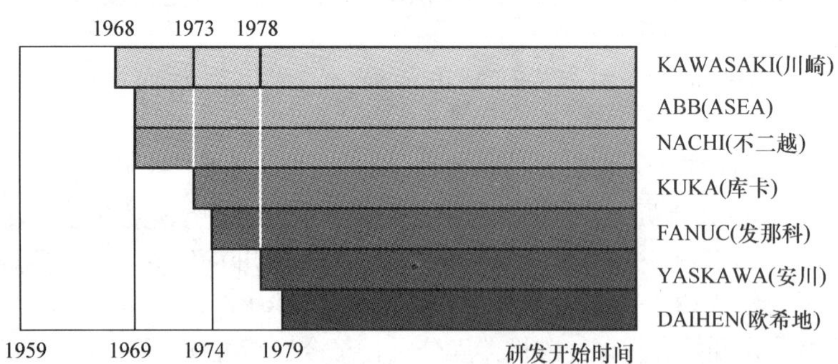

图 1.3-2　工业机器人研发起始时间

根据生产国及研发时间，以上主要工业机器人生产企业以及与工业机器人相关的主要产品研发情况简介如下。

1. KAWASAKI（川崎）公司

KAWASAKI（川崎）公司成立于 1878 年，是具有悠久历史的日本知名大型企业集团，集团公司以川崎重工业株式会社（KAWASAKI）为核心，下辖有车辆、航空宇宙、燃气轮机、机械、通用机、船舶等公司和部门及上百家分公司和企业。KAWASAKI（川崎）公司的业务范围涵盖航空、航天、军事、电力、铁路、造船、工程机械、钢结构、发动机、摩托车、机器人等众多领域，产品代表了日本科技的先进水平。

KAWASAKI（川崎）公司的主营业务为机械成套设备，产品包括飞机（特别是直升飞机）、坦克、桥梁、电气机车及火力发电、金属冶炼设备等。日本早期的蒸汽机车、新干线的电气机车等大都由 KAWASAKI（川崎）公司制造，显示了该公司在装备制造业的强劲实力。

KAWASAKI（川崎）公司也是世界知名的摩托车和体育运动器材生产厂家。KAWASAKI（川崎）公司的摩托车产品主要为运动车、赛车、越野赛车、美式车及四轮全地形摩托车等高档车，它是世界上早期批量生产 DOHC 并列四缸式发动机摩托车的厂家，所生产的中量级摩托车曾连续四年获得世界冠军。KAWASAKI（川崎）公司所生产的羽毛球拍是世界两大品牌之一，此外其球鞋、服装等体育运动产品也很有名。

KAWASAKI（川崎）公司的工业机器人研发始于 1968 年，是日本早期研发、生产工业机器人的知名企业，曾率先研制出了日本工业机器人“川崎 - Unimation2000”和全球率先用于摩托车车身焊接的弧焊机器人等产品，在焊接机器人技术方面居世界领先水平。

2. NACHI（不二越）公司

NACHI（不二越）公司是日本知名的机床企业集团，其主要产品有轴承、液压元件、刀具、机床、工业机器人等。

NACHI（不二越）公司从 1925 年的锯条研发起步，1928 年正式成立公司。1934 年，公司产品拓展到综合刀具生产；1939 年开始批量生产轴承；1958 年开始进入液压件生产；1969 年开始研发生产机床和工业机器人。

NACHI（不二越）公司是日本早期研发生产和世界知名的工业机器人生产厂家之一，其焊接机器人、搬运机器人技术居世界领先水平。不二越（NACHI）公司曾在 1979 年率先研制出了电机驱动多关节焊接机器人；2013 年，成功研制出 300mm 往复时间达 0.31s 的轻量机器人 MZ07；这些产品都代表了当时工业机器人在某一方面的先进技术水平。NACHI（不二越）公司的中国机器人商业中心成立于 2010 年，该公司进入中国市场较晚。

3. FANUC（发那科）公司

FANUC（发那科）是目前全球知名的数控系统（CNC）生产厂家和产量居全球前列的工业机器人生产厂家，其产品的技术水平居世界领先地位。FANUC（发那科）公司的工业机器人及关键部件的研发、生产简况如下。

1972 年：FANUC 公司正式成立。

1974 年：开始进入工业机器人的研发、生产领域；并从美国 GETTYS 公司引进了直流伺服电机的制造技术，进行商品化与产业化生产。

1977 年：开始批量生产、销售 ROBOT - MODEL1 工业机器人。

1982 年：FANUC 和 GM 公司合资，在美国成立了 GM Fanuc 机器人公司（GM Fanuc Robotics Corporation），专门从事工业机器人的研发、生产；同年，还成功研发了交流伺服电机产品。

1992 年：FANUC 在美国成立了全资子公司 GE Fanuc 机器人公司（GE Fanuc Robotics Corporation）；同年，和我国原机械电子工业部北京机床研究所合资，成立了北京发那科（FANUC）机电有限公司。

1997 年：和上海电气集团合资，成立了上海发那科（FANUC）机器人有限公司，成为早期进入中国市场的国外工业机器人企业之一。

2003 年：智能工业机器人研发成功，并开始批量生产。

2008 年：工业机器人总产量位居全世界前列，成为全球突破 20 万台工业机器人的生产企业。

2009 年：并联结构工业机器人研发成功，并开始批量生产。

2011 年：成为全球突破 25 万台工业机器人的生产企业，工业机器人总产量继续位居全世界前列。

4. YASKAWA（安川）公司

YASKAWA（安川）公司成立于 1915 年，是全球著名的伺服电机、伺服驱动器、变频器和工业机器人生产厂家，其工业机器人的总产量名列全球前两名，主要产品的技术水平居世界领先地位，同时也是早期进入中国的工业机器人企业。YASKAWA（安川）公司的工业机器人及关键部件的研发、生产简况如下。

1915 年：YASKAWA（安川）公司正式成立。

1954 年：与 BBC（Brown. Boveri & Co.，Ltd）德国公司合作，开始研发直流电机产品。

1958 年：发明直流伺服电机。

1977 年：垂直多关节工业机器人 MOTOMAN－L10 研发成功，创立了 MOTOMAN 工业机器人品牌。

1983 年：开始产业化生产交流伺服驱动产品。

1990 年：带电作业机器人研发成功，MOTOMAN 机器人中心成立。

1996 年：北京工业机器人合资公司正式成立，成为早期进入中国的工业机器人企业。

2003 年：MOTOMAN 机器人总销量突破 10 万台，成为当时全球工业机器人产量领先的企业之一。

2005 年：推出新一代双腕、七轴工业机器人，并批量生产。

2006 年：安川 MOTOMAN 机器人总销量突破 15 万台，继续保持工业机器人产量全球领先地位。

2008 年：安川 MOTOMAN 机器人总销量突破 20 万台，与 FANUC 公司同时成为全球工业机器人总产量超 20 万台的企业。

2014 年：安川 MOTOMAN 机器人总销量突破 30 万台。

5. DAIHEN（欧希地）公司

DAIHEN 公司为日本大阪变压器集团（Osaka Transformer Co.，Ltd，OTC）所属企业，因此，国内称为“欧希地（OTC）”公司。

DAIHEN 公司是日本著名的焊接机器人生产企业。公司自 1979 年起开始从事焊接机器人生产；在 1983 年，率先研发了具有示教编程功能的焊接机器人；在 1991 年，率先研发了协同作业机器人焊接系统；这些产品的研发，都对工业机器人的技术进步和行业发展起到了重大的促进作用。

DAIHEN 公司自 2001 年起开始和 NACHI（不二越）公司合作研发工业机器人。自 2002 年起，先后在我国成立了欧希地机电（上海）有限公司、欧希地机电（青岛）有限公司及欧希地机电（上海）有限公司广州、重庆、天津分公司，进行工业机器人产品的生产和销售。

6. ABB 集团公司

ABB（Asea Brown Boveri）集团公司是由原总部位于瑞典的 ASEA（阿西亚）和总部位于瑞士的 Brown. Boveri & Co.，Ltd（布朗勃法瑞，简称 BBC）两个具有百年历史的知名电气公司于 1988 年合并而成。ABB 集团公司的总部位于瑞士苏黎世，低压交流传动研发中心位于芬兰赫尔辛基；中压传动研发中心位于瑞士；直流传动及传统低压电器等产品的研发中心位于德国法兰克福。

在组建 ABB 集团公司前，ASEA 公司和 BBC 公司都是全球知名的电力和自动化技术设备大型生产企业。

ASEA公司成立于1890年。在1942年，率先研发制造了120MVA/220kV变压器；1954年，率先建造了100kV高压直流输电线路等重大产品和工程；1969年，ASEA公司率先研发出喷涂机器人，开始进入工业机器人的研发制造领域。

BBC公司成立于1891年。在1891年，成为全球早期高压输电设备生产供应商；在1901年，率先研发制造了欧洲的蒸汽涡轮机等重大产品。BBC又是知名的低压电器和电气传动设备生产企业，其产品遍及工商业、民用建筑配电、各类自动化设备和大型基础设施工程。

ABB公司的工业机器人研发始于1969年的瑞典ASEA公司，它是全球早期从事工业机器人研发制造的企业之一。

ABB公司的工业机器人累计销量已超过20万台，其产品规格全、产量大，是世界知名的工业机器人制造商和我国工业机器人的主要供应商。ABB公司的工业机器人及关键部件的研发、生产简况如下。

1969年：ASEA公司率先研制出了喷涂机器人，并在挪威投入使用。

1974年：ASEA公司率先研制出了微机控制、全电气驱动的五轴涂装机器人IRB6。

1998年：ABB公司率先研制出了Flex Picker柔性手指和Robot Studio离线编程和仿真软件。

2005年：ABB在上海成立机器人研发中心，并建成了机器人生产线。

2009年：研制出当时全球精度最高、速度最快、重量为25kg的六轴小型工业机器人IRB 120。

2010年：ABB大型工业机器人生产基地和喷涂机器人生产基地——中国机器人整车喷涂实验中心建成。

2011年：ABB公司率先研制出快速码垛机器人IRB 460。

2014年：ABB公司率先研制出当前真正意义上可实现人机协作的机器人YuMi。

7. KUKA（库卡）公司

KUKA（库卡）公司的创始人为Johann Josef Keller和Jakob Knappich，公司于1898年在德国巴伐利亚州的奥格斯堡（Augsburg）正式成立，取名为“Keller und Knappich Augsburg”，简称KUKA。KUKA（库卡）公司最初的主要业务为室内及城市照明；后开始从事焊接设备、大型容器、市政车辆的研发生产；1966年，成为欧洲市政车辆的主要生产商。

KUKA（库卡）公司的工业机器人研发始于1973年；1995年，其机器人事业部与焊接设备事业部分离，成立KUKA机器人有限公司。KUKA（库卡）公司是世界知名的工业机器人制造商之一，其产品规格全、产量大，是我国目前工业机器人的主要供应商。KUKA（库卡）公司的工业机器人及关键部件的研发、生产简况如下：

1973年：率先研发出六轴工业机器人FAMULUS。

1976年：研发出新一代六轴工业机器人IR 6/60。

1985年：率先研制出具有3个平移和3个转动自由度的Z型6自由度机器人。

1989年：研发出交流伺服驱动的工业机器人产品。

2007年：“KUKA titan”六轴工业机器人研发成功，产品被收入吉尼斯纪录 。

2010年：研发出工作范围3100mm、载重300kg的KR Quantec系列大型工业机器人。

2012年：研发出小型工业机器人产品系列KR Agilus。

2013年：研发出概念机器车moiros，并获2013年汉诺威工业展机器人应用方案冠军和Robotics Award大奖。

2014年：德国REIS（徕斯）公司并入KUKA（库卡）公司。

1.4 工业机器人的技术特性

1.4.1 工业机器人的组成

1. 工业机器人的系统组成

工业机器人是一种功能完整、可独立运行的典型机电一体化设备，它有自身的控制器、驱动系统和操作界面，可对其进行手动、自动操作及编程，它能依靠自身的控制能力来实现所需要的功能。广义上的工业机器人是由如图 1.4-1 所示的机器人及相关附加设备组成的完整系统，它总体可分为机械部件和电气控制系统两大部分。

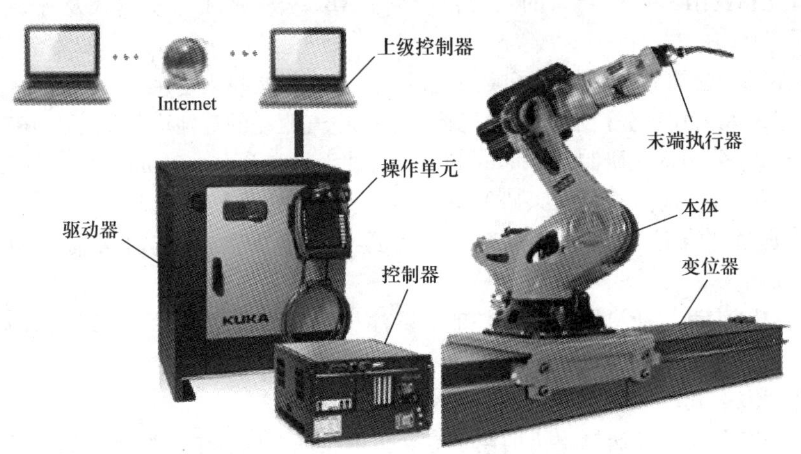

图 1.4-1 工业机器人的系统组成

工业机器人（以下简称机器人）系统的机械部件主要包括机器人本体、变位器、末端执行器等部分；控制系统主要包括控制器、驱动器、操作单元、上级控制器等。其中，机器人本体、控制器、驱动器、操作单元是机器人的基本组件，所有机器人都必须配备；变位器是用于机器人或工件的整体移动或进行系统协同作业的附加装置，它可根据需要选配；末端执行器又称工具，它是安装在机器人手腕上的操作机构，与作业对象、作业要求密切相关，末端执行器的种类繁多，一般需要由机器人制造厂和用户共同设计、制造与集成。

在电气控制系统中，上级控制器是用于机器人系统协同控制、管理的附加设备，既可用于机器人与机器人、机器人与变位器的协同作业控制，也可用于机器人和数控机床、机器人和自动生产线其他机电一体化设备的集中控制，此外，还可用于机器人的编程与调试。上级控制器同样可根据实际系统的需要选配，在柔性加工单元（FMC）、自动生产线等自动化设备上，上级控制器的功能也可直接由数控机床所配套的数控系统（CNC）、生产线控制用的 PLC 等承担。

2. 机器人本体

机器人本体又称操作机，它是用来完成各种作业的执行机构，包括机械部件及安装在机械部件上的驱动电机、传感器等。机器人本体的形态各异，但绝大多数都是由若干关节（Joint）和连杆（Link）连接而成，以常用的六轴垂直串联型（Vertical Articulated）工业机器人为例，本体的典型结构如图 1.4-2 所示，其主要组成部件包括手部、腕部、上臂、下臂、腰部、基座等，末端执行器需要用户根据具体作业要求设计、制造，它不属于机器人本体的范围。

垂直串联型机器人的运动主要包括整体回转（腰关节）、下臂摆动（肩关节）、上臂摆动（肘关节）、腕回转和弯曲（腕关节）等。机器人的手部用来安装末端执行器，它既可以安装类似人类的手爪，也可以安装吸盘或其他各种作业工具；腕部用来连接手部和手臂，起到支撑手部的作用；上臂用来连接腕部和下臂。上臂可在下臂上摆动，以实现手腕大范围的上下（俯仰）运动；下臂用来连接上臂和腰部。上臂可在腰部上摆动，以实现手腕大范围的前后运动；腰部用来连接下臂和基座，它可以在基座上回转，以改变整个机器人的作业方向；基座是整个机器人的支持部分。机器人的基座、腰、下臂、上臂称为机身；机器人的腕部和手部通称为手腕。

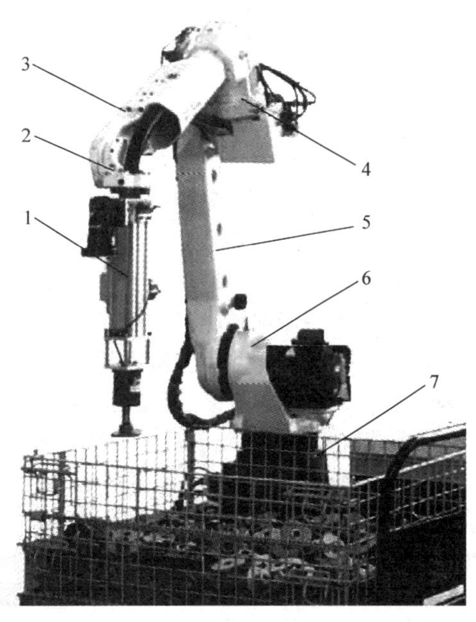

图 1.4-2　工业机器人本体的典型结构
1—末端执行器　2—手部　3—腕部
4—上臂　5—下臂　6—腰部　7—基座

3. 常用附件

工业机器人常用的机械附件主要有变位器、末端执行器两大类。变位器主要用于机器人整体移动或协同作业，它既可选配机器人生产厂家的标准部件，也可根据用户需要设计、制作；末端执行器是安装在机器人手部的操作机构，它与机器人的作业要求、作业对象密切相关，一般需要由机器人制造厂和用户共同设计与制造。

1）变位器：变位器是用于机器人或工件整体移动，进行协同作业的附加装置，它可根据需要选配。变位器的作用和功能如图 1.4-3 所示。

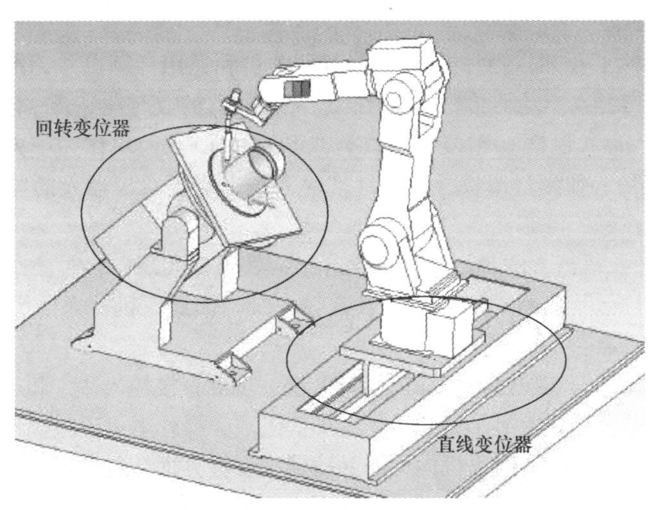

图 1.4-3　变位器的作用

通过选配变位器，可增加机器人的自由度和作业空间。此外，还可实现作业对象或其他机器人的协同运动，增强机器人的功能和作业能力。简单机器人系统的变位器一般由机器人控制器进行控制，多机器人复杂系统的变位器需要由上级控制器进行集中控制。

根据用途，机器人变位器可分通用型和专用型两类。专用型变位器一般用于作业对象的移动，其结构各异、种类较多，难以尽述。通用型变位器既可用于机器人移动，也可用于作业对象移动，它是机器人常用的附件。根据运动特性，通用型变位器可分回转变位、直线变位两类，根据控制轴数又可分单轴、双轴、三轴变位器。

通用型回转变位器与数控机床的回转工作台类似，常用的有单轴和双轴两类。单轴变位器可用于机器人或作业对象的垂直（立式）或水平（卧式）360°回转，配置单轴变位器后，机器人可以增加一个自由度。双轴变位器可实现一个方向的360°回转和另一方向的局部摆动；配置双轴变位器后，机器人可以增加两个自由度。三轴变位器一般有两个水平360°回转轴和一个垂直方向回转轴，可用于回转类工件的多方位焊接或工件的自动交换。

通用型直线变位器与数控机床的移动工作台类似，以水平移动变位器为常用，但也有垂直方向移动的变位器和两轴十字运动变位器。

2）末端执行器：末端执行器又称工具，它是安装在机器人手腕上的操作机构。末端执行器与机器人的作业要求、作业对象密切相关，一般需要由机器人制造厂和用户共同设计与制造。例如，用于装配、搬运、包装的机器人则需要配置吸盘、手爪等用来抓取零件、物品的夹持器；而加工类机器人需要配置用于焊接、切割、打磨等加工的焊枪、割枪、铣头、磨头等各种工具或刀具等。

4. 电气控制系统

在机器人电气控制系统中，上级控制器仅用于复杂系统各种机电一体化设备的协同控制、运行管理和调试编程，它通常以网络通信的形式与机器人控制器进行信息交换，因此，实际上属于机器人电气控制系统的外部设备；而机器人控制器、操作单元、伺服驱动器及辅助控制电路，则是机器人控制必不可少的系统部件。

1）机器人控制器：机器人控制器是用于机器人坐标轴位置和运动轨迹控制的装置，输出运动轴的插补脉冲，其功能与数控装置（CNC）非常类似，控制器的常用结构有工业PC型和PLC型两种。

工业计算机（又称工业PC）型机器人控制器的主机和通用计算机并无本质的区别，但机器人控制器需要增加传感器、驱动器接口等硬件，这种控制器的兼容性好、软件安装方便、网络通信容易。PLC（可编程序控制器）型控制器以类似PLC的CPU模块作为中央处理器，然后通过选配各种PLC功能模块，如测量模块、轴控制模块等，来实现对机器人的控制，这种控制器的配置灵活，模块通用性好、可靠性高。

2）操作单元：工业机器人的现场编程一般通过示教操作实现，它对操作单元的移动性能和手动性能的要求较高，但其显示功能一般不及数控系统，因此，机器人的操作单元以手持式为主，习惯上称之为示教器。

传统的示教器由显示器和按键组成，操作者可通过按键直接输入命令和进行所需的操作。目前常用的示教器为菜单式，它由显示器和操作菜单键组成，操作者可通过操作菜单选择需要的操作。先进的示教器使用了目前智能手机同样的触摸屏和图标界面，这种示教器的最大优点是可直接通过WiFi连接控制器和网络，从而省略了示教器和控制器间的连接电缆；智能手机型操作单元的使用灵活、方便，是适合网络环境下使用的新型操作单元。

3）驱动器：驱动器实际上是用于控制器的插补脉冲功率放大的装置，实现驱动电机㊀位置、速度、转矩控制，驱动器通常安装在控制柜内。驱动器的形式决定于驱动电机的类型，伺服电机

㊀ 本书中电机均为电动机。

需要配套伺服驱动器、步进电机则需要使用步进驱动器。机器人目前常用的驱动器以交流伺服驱动器为主，它有集成式、模块式和独立型三种基本结构形式。

集成式驱动器的全部驱动模块集成一体，电源模块可以独立或集成，这种驱动器的结构紧凑、生产成本低，是目前使用较为广泛的结构形式。模块式驱动器的电源模块为公用，驱动模块独立，驱动器需要统一安装。集成式、模块式驱动器不同控制轴间的关联性强，调试、维修和更换相对比较麻烦。独立型驱动器的电源和驱动电路集成一体，每一轴的驱动器可独立安装和使用，因此，其安装使用灵活、通用性好，其调试、维修和更换也较方便。

4）辅助控制电路：辅助电路主要用于控制器、驱动器电源的通断控制和接口信号的转换。由于工业机器人的控制要求类似，接口信号的类型基本统一，为了缩小体积、降低成本、方便安装，辅助控制电路常被制成标准的控制模块。

尽管机器人的用途、规格有所不同，但电气控制系统的组成部件和功能类似，因此，机器人生产厂家一般将电气控制系统统一设计成图 1.4-4 所示的通用控制柜型结构。其中，示教器是用于工业机器人操作、编程及数据输入/显示的人机界面，为了方便使用，一般为可移动式悬挂部件；在采用工业计算机型机器人控制器的系统上，控制器也常采用图 1.4-1 所示的独立布置结构。系统的其他控制部件通常统一安装在控制柜内，但驱动器与驱动电机可根据机器人规格选配。

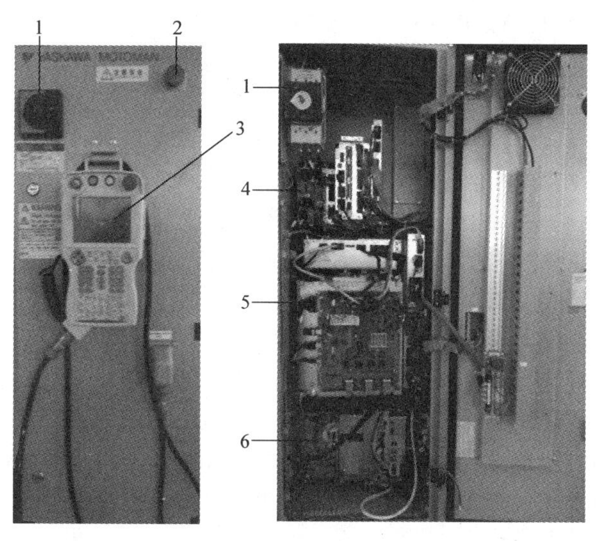

图 1.4-4 电气控制系统结构

1—电源开关 2—急停按钮 3—示教器 4—辅助控制电路 5—驱动器 6—机器人控制器

1.4.2 工业机器人的特点

1. 基本特点

工业机器人是集机械、电子、控制、检测、计算机、人工智能等多学科先进技术于一体的典型机电一体化设备，是制造业自动化的重要基础，机器人技术和数控技术、PLC 技术并称为工业自动化的三大支持技术。总体而言，工业机器人的基本技术特点有以下几点。

1）柔性：工业机器人一般有完整、独立的控制系统，它可通过编程来改变其动作和行为，以适应工作环境变化；此外，工业机器人还可通过安装不同的末端执行器，来改变其用途，以满足不同的应用要求，它具有适应对象变化的柔性。

2）拟人：在机械结构上，大多数工业机器人的本体有类似人类的腰转、大臂、小臂、手腕、手爪等部件，并接受其控制器（计算机）的控制。在部分智能工业机器人上，还安装有模拟人类等生物的传感器，如模拟感官的接触传感器、力传感器、负载传感器、光传感器；模拟视觉的图像识别传感器；模拟听觉的声传感器、语音传感器等；这样的工业机器人具有类似人类的环境自适应能力。

3）通用：除了部分专用工业机器人外，大多数工业机器人都可通过更换工业机器人手部的末端操作器，如更换手爪、夹具、工具等，来完成不同的作业。因此，它具有一定的、执行不同作业任务的通用性。

工业机器人、数控机床、机械手三者在结构组成、控制方式、行为动作等方面有许多相似之处，以致非专业人士很难区分，有时引起误解。以下通过三者的比较，来介绍相互间的区别。

2. 工业机器人与数控机床

数控机床出现于1952年，它由美国麻省理工学院率先研发成功，其诞生比工业机器人早7年，因此，工业机器人的很多技术都来自于数控机床。

George Devol（乔治·德沃尔）初期设想的机器人实际就是工业机器人，他所申请的专利就是利用数控机床的伺服轴驱动连杆机构动作，然后通过操纵、控制器对伺服轴的控制，来实现机器人的功能。按照相关标准的定义，工业机器人是“具有自动定位控制、可重复编程的多功能、多自由度的操作机”，这点也与数控机床十分类似。

因此，工业机器人和数控机床的控制系统类似，它们都有控制面板、控制器、伺服驱动等基本部件，操作者可利用控制面板对它们进行手动操作或进行程序自动运行、程序输入与编辑等操作控制。但是，由于工业机器人和数控机床的研发目的有着本质的区别，因此，其地位、用途、结构、性能等各方面均存在较大的差异。

1）作用和地位：机床是用来加工机器零件的设备，是制造机器的机器，故称为工作母机；没有机床就几乎不能制造机器，没有机器就不能生产工业产品。因此，机床被称为国民经济基础的基础，在现有的制造模式中，它仍然处于制造业的核心地位。

工业机器人尽管发展速度很快，但目前绝大多数还只是用于零件搬运、装卸、包装、装配的生产辅助设备，或是进行焊接、切割、打磨、抛光等简单粗加工的生产设备，它在机械加工自动生产线上（焊接、涂装生产线除外）所占的价值一般只有15%左右。

因此，除非现有的制造模式发生颠覆性变革，否则，工业机器人的体量很难超越机床；所以，那些认为“随着自动化大趋势的发展，机器人将取代机床成为新一代工业生产的基础”的观点，至少在目前看来是不正确的。

2）目的和用途：研发数控机床的根本目的是解决轮廓加工的刀具运动轨迹控制问题；而研发工业机器人的根本目的是用来协助或代替人类完成那些单调、重复、频繁或长时间、繁重的工作或进行高温、粉尘、有毒、易燃、易爆等危险环境下的作业。由于两者研发目的不同，因此，其用途也有本质的区别。简言之，数控机床是直接用来加工零件的生产设备；而大部分工业机器人则是用来替代或部分替代操作者进行零件搬运、装卸、装配、包装等作业的生产辅助设备；因此，两者目前尚无法相互完全替代。

3）结构形态：工业机器人需要模拟人的动作和行为，在结构上以回转摆动轴为主、直线轴为辅（可能无直线轴），多关节串联、并联轴是其常见的形态；部分机器人（如无人搬运车等）的作业空间也是开放的。数控机床的结构以直线轴为主、回转摆动轴为辅（可能无回转摆动轴），绝大多数都采用直角坐标结构；其作业空间（加工范围）局限于设备本身。

然而，随着技术的发展，两者的结构形态也在逐步融合，如机器人有时也采用直角坐标结构；采用并联虚拟轴结构的数控机床也已有实用化的产品等。

4）技术性能：数控机床是用来加工零件的精密加工设备，其轮廓加工能力、定位精度和加工精度等是衡量数控机床性能最重要的技术指标。高精度数控机床的定位精度和加工精度通常需要达到0.01mm或0.001mm的数量级，甚至更高，且其精度检测和计算标准的要求高于机器人。数控机床的轮廓加工能力决定于工件要求和机床结构，通常而言，能同时控制五轴（五轴联动）的机床，就可满足几乎所有零件的轮廓加工要求。

工业机器人是用于零件搬运、装卸、码垛、装配的生产辅助设备，或是进行焊接、切割、打磨、抛光等粗加工的设备，强调的是动作灵活性、作业空间、承载能力和感知能力。因此，除少数用于精密加工或装配的机器人外，其余大多数工业机器人对定位精度和轨迹精度的要求并不高，通常只需要达到0.1～1mm的数量级便可满足要求，且精度检测和计算标准的低于数控机床。但是，工业机器人的控制轴数将直接决定自由度、动作灵活性等关键指标，其要求很高；理论上说，需要工业机器人有六个自由度（六轴控制），才能完全描述一个物体在三维空间的位姿，如需要避障，还需要有更多的自由度。此外，智能工业机器人还需要有一定的感知能力，故需要配备位置、触觉、视觉、听觉等多种传感器；而数控机床一般只需要检测速度与位置，因此，工业机器人对检测技术的要求高于数控机床。

3. 工业机器人与机械手

用于零件搬运、装卸、码垛、装配的工业机器人功能和自动化生产设备中的辅助机械手类似。例如，国际标准化组织（ISO）将工业机器人定义为“自动的、位置可控的、具有编程能力的多功能机械手”；日本机器人协会（JRA）将工业机器人定义为“能够执行人体上肢（手和臂）类似动作的多功能机器”，表明两者的功能存在很大的相似之处。但是，工业机器人与生产设备中的辅助机械手的控制系统、操作编程、驱动系统均有明显的不同。

1）控制系统：工业机器人需要有独立的控制器、驱动系统、操作界面等，可对其进行手动、自动操作和编程，因此，它是一种可独立运行的完整设备，能依靠自身的控制能力来实现所需要的功能。机械手只是用来实现换刀或工件装卸等操作的辅助装置，其控制一般需要通过设备的控制器（如CNC、PLC等）实现，它没有自身的控制系统和操作界面，故不能独立运行。

2）操作编程：工业机器人具有适应动作和对象变化的柔性，其动作是可变的，如需要，最终用户可随时通过手动操作或编程来改变其动作，现代工业机器人还可根据人工智能技术所制定的原则纲领自主行动。但是，辅助机械手的动作和对象是固定，其控制程序通常由设备生产厂家编制；即使在调整和维修时，用户通常也只能按照设备生产厂的规定进行操作，而不能改变其动作的位置与次序。

3）驱动系统：工业机器人需要灵活改变位姿，绝大多数运动轴都需要有任意位置定位功能，需要使用伺服驱动系统；在无人搬运车（Automated Guided Vehicle，AGV）等输送机器人上，还需要配备相应的行走机构及相应的驱动系统。而辅助机械手的安装位置、定位点和动作次序样板都是固定不变的，大多数运动部件只需要控制起点和终点，故较多地采用气动、液压驱动系统。

1.4.3 工业机器人的结构形态

从运动学原理上说，绝大多数机器人的本体都是由若干关节（Joint）和连杆（Link）组成的运动链。根据关节间的连接形式，多关节工业机器人的典型结构形态主要有垂直串联、水平串联（或SCARA）和并联三大类。

1. 垂直串联型

垂直串联（Vertical Articulated）是工业机器人最常用的结构形式，可用于加工、搬运、装配、包装等各种场合。

垂直串联结构机器人的本体部分，一般由5~7个关节在垂直方向依次串联而成，典型结构为如图1.4-5所示的六关节串联。图中用实线表示的轴能在四象限进行360°或接近360°回转的旋转轴，称为回转轴（Roll）；用虚线表示的轴只能在三象限进行小于270°回转，称摆动轴（Bend）。

六轴垂直串联结构的机器人可以模拟人类从腰部到手腕的运动。六个运动轴分别为腰部回转轴S（Swing）、下臂摆动轴L（Lower Arm Wiggle）、上臂摆动轴U（Upper Arm Wiggle）、腕回转轴R（Wrist Rotation）、腕弯曲轴B（Wrist Bending）、手回转轴T（Turning）。机器人的末端执行器作业点的运动，由手臂和手腕、手的运动合成；其中，腰、下臂、上臂三个关节，可用来改变手腕基准点的位置，称为定位机构；手腕部分的腕回转、弯曲和手回转三个关节，它用来改变末端执行器的姿态，称为定向机构。

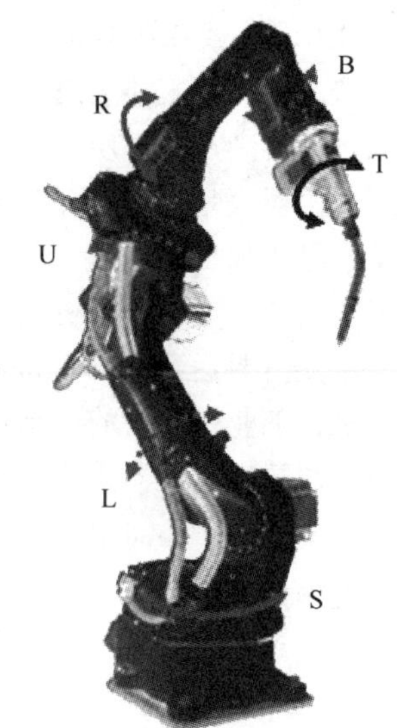

图1.4-5　机器人典型结构

通过腰回转轴S的运动，机器人可绕基座的垂直轴线回转，以改变机器人的作业面方向；通过下臂摆动轴L的运动，它可使机器人的大部进行垂直方向的偏摆，实现手腕参考点的前后运动；通过上臂摆动轴U的运动，它可使机器人的上部，进行水平方向的偏摆，实现手腕参考点的上下运动（俯仰）。

腕回转轴R、弯曲轴B、手回转轴T的运动通常用来改变末端执行器的姿态。回转轴R用于手腕的回转运动；弯曲轴B用于手及末端执行器的上下或前后、左右摆动；手回转轴T可实现末端执行器的回转运动。

六轴垂直串联结构机器人通过以上定位机构和定向机构的串联，较好地实现了三维空间内的任意位置和姿态控制，它对于各种作业都有良好的适应性，因此，可用于加工、搬运、装配、包装等各种场合。

但是，六轴垂直串联结构机器人的也存在固有的缺点。第一，末端执行器在笛卡儿坐标系上的三维运动（X、Y、Z轴），需要通过多个回转、摆动轴的运动合成，且运动轨迹不具备唯一性，X、Y、Z轴的坐标计算和运动控制比较复杂，加上X、Y、Z轴位置无法直接检测，因此，要实现高精度的位置控制非常困难。第二，由于结构所限，这种机器人存在运动干涉区域，限制了作业范围。第三，在典型结构上，所有轴的运动驱动机构都安装在相应的关节部位，机器人上部的质量大、重心高，高速运动时的稳定性较差，承载能力也受到一定的限制等。因此，在部分固定作业场合，有时采用图1.4-6所示的四轴、五轴简化结构，以增加刚性、方便控制；而在复杂作业的场合，则需要采用七轴结构，利用下臂回转轴LR（Lower Arm Rotation）来避让作业干涉区；大型、重载的搬运机器人则经常采用平行四边形连杆机构驱动上臂和腕弯曲，以增加驱动力矩、提高负载能力，降低重心，增加运动稳定性。

2. 水平串联型

水平串联（Horizontal Articulated）结构机器人是日本山梨大学在1978年发明的一种机器人结构形式，又称SCARA（Selective Compliance Assembly Robot Arm）结构。这种机器人为3C行业（计算机Computer、通信Communication、消费性电子Consumer Electronic）的电子器件、LED、太

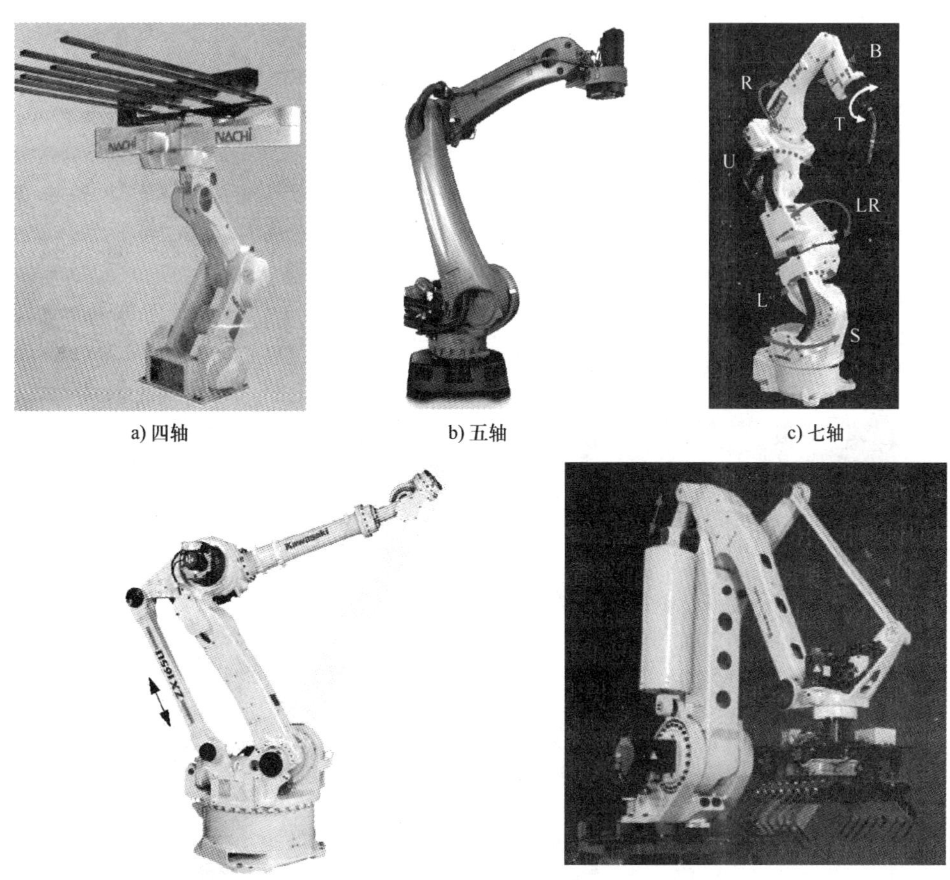

a) 四轴　b) 五轴　c) 七轴

d) 连杆驱动

图 1.4-6　变形结构

阳电池等安装研制，适合于平面装配、焊接或搬运等作业。

用于3C行业的水平串联机器人的典型结构如图 1.4-7 所示，它一般有三个臂和四个控制轴。机器人的三个手臂依次沿水平方向串联延伸布置，各关节的轴线相互平行，每一臂都可绕垂直轴线回转。垂直轴 Z 用于三个手臂整体升降或手腕升降。

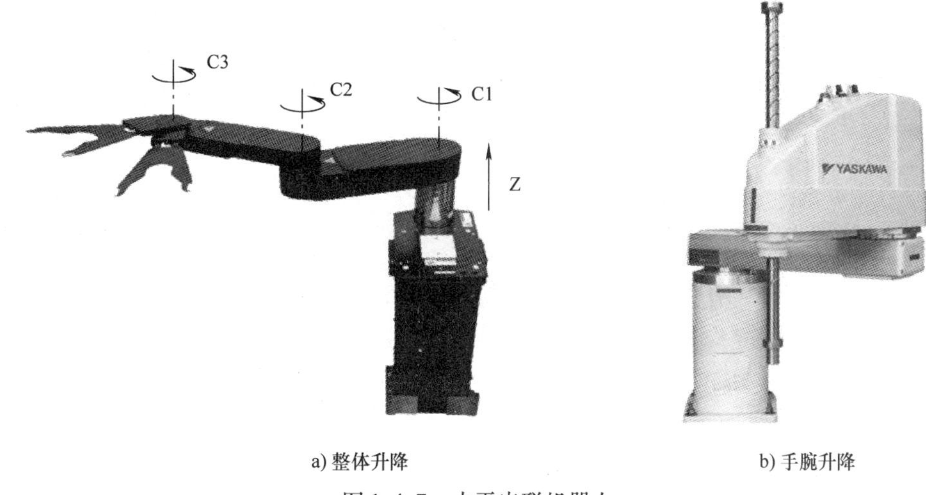

a) 整体升降　b) 手腕升降

图 1.4-7　水平串联机器人

水平串联结构的机器人具有结构简单、控制容易，垂直方向的定位精度高、运动速度快等优点，但其作业局限性较大，因此，多用于3C行业的电子器件安装，以及光伏行业的LED、太阳电池安装等高速平面装配和搬运作业。

3. 并联型

并联结构（Parallel Articulated）机器人是用于电子电工、食品药品等行业装配、包装、搬运的高速、轻载机器人。并联结构是工业机器人的一种新颖结构，它由瑞士Demaurex公司在1992年率先应用于包装机器人上。

并联结构机器人的外形和运动原理如图1.4-8所示。这种机器人一般采用悬挂式布置，其基座上置，手腕通过空间均布的三根并联连杆支撑。机器人可通过连杆的摆动，实现手腕在圆柱空间内的定位和定向运动。

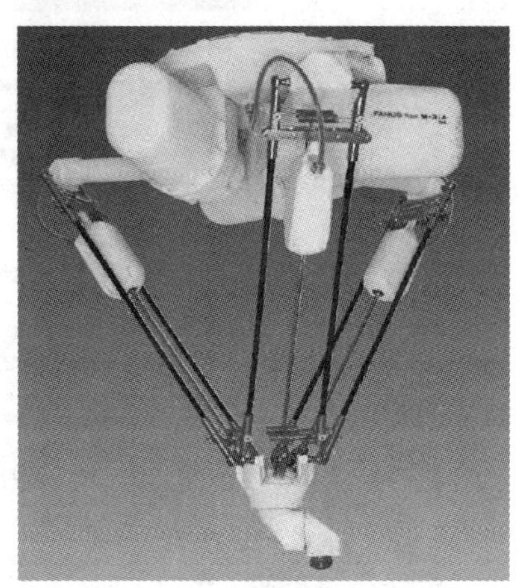
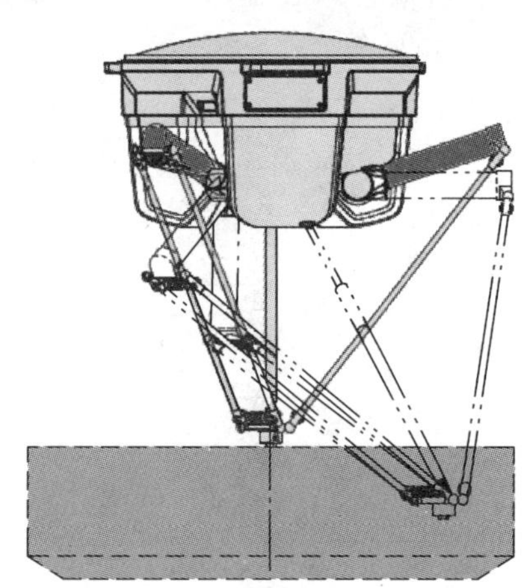

图1.4-8　并联结构机器人

并联结构和前述的串联有本质的区别，它可以说是工业机器人结构发展史上的一次重大变革。在传统的串联结构机器人上，从基座至末端执行器，需要经过腰部、下臂、上臂、手腕、手部等多级运动部件的串联；因此，当腰部回转时，安装在腰部上的下臂、上臂、手腕、手部等都必须进行相应的空间移动；当下臂运动时，安装在下臂上的上臂、手腕、手部等也必须进行相应的空间移动等；即后置部件必然随同前置轴一起运动，这无疑增加了前置轴运动部件的重量。因此，串联结构的机器人存在移动部件质量大、系统刚度低等固有缺陷。而并联结构的机器人手腕和基座采用的是3根并联连杆连接，手部受力可由3根连杆均匀分摊，每根连杆只承受拉力或压力，不承受弯矩或扭矩，因此，这种结构理论上具有刚度高、重量轻、结构简单、制造方便等特点。

1.4.4　工业机器人的技术参数

1. 主要技术参数

由于机器人的结构、用途和要求不同，机器人的性能也有所不同。一般而言，机器人样本和说明书中所给的主要技术参数有控制轴数（自由度）、承载能力、工作范围（作业空间）、运动速度、位置精度等；此外，还有安装方式、防护等级、环境要求、供电电源要求、机器人外形尺寸与重量等与使用、安装、运输相关的其他参数。以ABB公司IRB 140T和安川公司MH6通用型机器人为例，产品样本和说明书提供的主要技术参数见表1.4-1。

表 1.4-1 6轴通用机器人主要技术参数表

机器人型号		IRB140T	MH6
规 格 (Specification)	承载能力 (Payload)	6kg	6kg
	控制轴数 (Number of axes)	6	
	安装方式 (Mounting)	地面/壁挂/框架/倾斜/倒置	
工作范围 (Working Range)	第1轴 (Axis 1)	360°	-170° ~ +170°
	第2轴 (Axis 2)	200°	-90° ~ +155°
	第3轴 (Axis 3)	-280°	-175° ~ +250°
	第4轴 (Axis 4)	不限	-180° ~ +180°
	第5轴 (Axis 5)	230°	-45° ~ +225°
	第6轴 (Axis 6)	不限	-360° ~ +360°
最大速度 (Maximum Speed)	第1轴 (Axis 1)	250°/s	220°/s
	第2轴 (Axis 2)	250°/s	200°/s
	第3轴 (Axis 3)	260°/s	220°/s
	第4轴 (Axis 4)	360°/s	410°/s
	第5轴 (Axis 5)	360°/s	410°/s
	第6轴 (Axis 6)	450°/s	610°/s
重复精度定位 (Position repeatability, RP)		0.03mm/ISO 9238	±0.08/JISB8432
工作环境 (Ambient)	工作温度 (Operation temperature)	5 ~ 45℃	0 ~ 45℃
	储运温度 (Transportation temperature)	-25 ~ 55℃	-25 ~ 55℃
	相对湿度 (Relative humidity)	≤95% RH	20% ~ 80% RH
电源 (Power Supply)	电压 (Supply voltage)	200 ~ 600V/50 ~ 60Hz	200 ~ 400V/50 ~ 60Hz
	容量 (Power consumption)	4.5kVA	1.5kVA
外形 (Dimensions)	长/宽/高 (Width/Depth/Height) /mm	800 × 620 × 950	640 × 387 × 1219
重量 (Weight)		98kg	130kg

多关节机器人的工作范围是三维空间的不规则球体，运动可能存在干涉区，故有的产品也使用图 1.4-9 所示的作业空间图来表示工作范围。

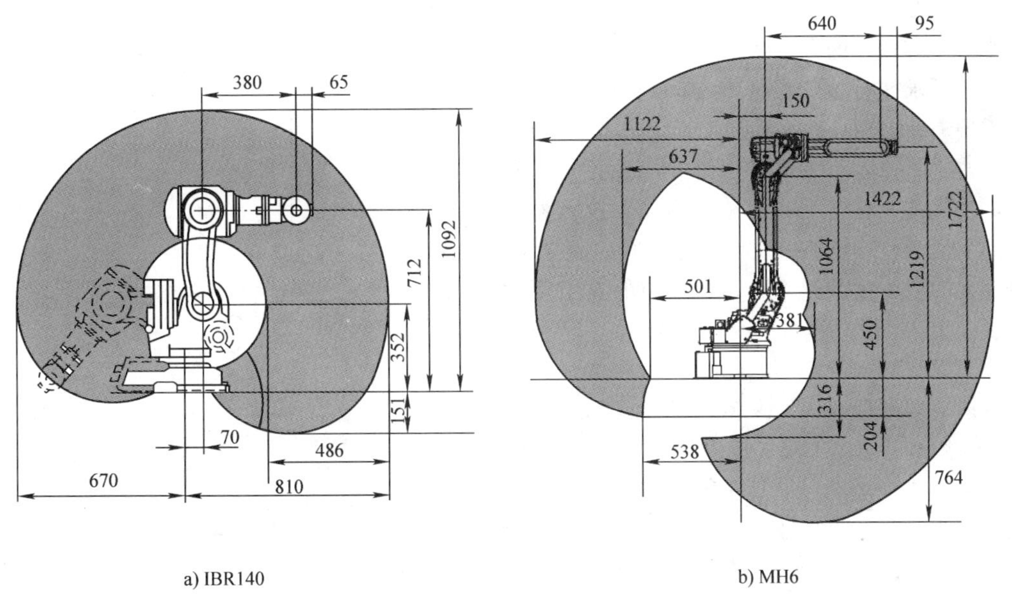

a) IBR140　　b) MH6

图 1.4-9 工业机器人的作业空间

工业机器人的技术性能要求与用途有关，大致而言，不同类别的机器人主要技术性能见表1.4-2。

表1.4-2　各类机器人的主要技术性能表

类别		控制轴数（自由度）	承载能力	重复定位精度
加工类	弧焊	6~7	3~20kg	0.05~0.1mm
	其他	6~7	50~350kg	0.2~0.3mm
转配类	转配	4~6	2~20kg	0.05~0.1mm
	涂装	6~7	5~30kg	0.2~0.5mm
搬运类	装卸	4~6	5~200kg	0.1~0.3mm
	输送	4~6	5~6500kg	0.2~0.5mm
包装类	分拣、包装	4~6	2~20kg	0.05~0.1mm
	码垛	4~6	50~1500kg	0.5~1mm

机器人的安装方式与结构有关。一般而言，直角坐标型机器人大都采用底面（Floor）安装，并联结构的机器人则采用倒置安装；水平串联结构的多关节型机器人可采用底面和壁挂（Wall）安装；而垂直串联结构的多关节机器人除了常规的底面（Floor）安装方式外，还可根据实际需要，选择壁挂式（Wall）、框架式（Shelf）、倾斜式（Tilted）、倒置式（Inverted）等安装方式。

2. 自由度

自由度（Degree of Freedom），是整个机器人本体能产生的独立运动数，包括本体的直线运动和回转、摆动，但不包括执行器的运动。机器人每一个自由度的运动，原则上都需要有一个伺服轴驱动，因此，在样本和说明书中，通常以控制轴数（Number of Axes）表示。

自由度是衡量机器人动作灵活性的重要指标，自由度越多，执行器的动作就越灵活，机器人的作业能力也就越强，但其机械结构和控制也就越复杂。因此，对于作业要求不变的批量作业机器人来说，在满足作业要求的前提下，可适当减少自由度；而对于多品种、小批量作业的机器人，则需要有较多的自由度。

如果要求执行器能在三维空间内进行自由运动，机器人需要有图1.4-10所示的X/Y/Z方向直线运动和绕X/Y/Z轴的回转运动A/B/C共6个自由度。这也就意味着，如果机器人具备上述6个自由度，执行器就可在三维空间上任意改变姿态，实现三维空间的完全位置控制。当机器人的自由度超过6个时，多余的自由度称为冗余自由度（Redundant Degree of Freedom），它一般用来回避障碍物。

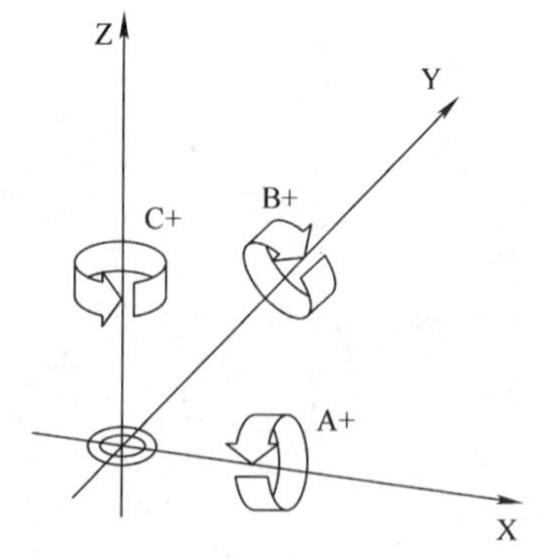

图1.4-10　三维空间自由度

从运动学原理上说，大多数机器人的运动都是由关节（Joint）和连杆（Link）产生，一个关节可使执行器产生一个或几个运动，但真正能控制并产生驱动力的运动往往只有一个，这一自由度称为主动自由度；其他的运动称为被动自由度。关节的主动自由度一般有平移、回转和摆动三种，在结构示意图中，它们可分别用图1.4-11所示的符号表示。

多关节串联机器人的自由度表示，只需要根据其机械结构，依次连接各关节。例如，六轴垂直串联与三轴SCARA结构机器人的自由度的表示方法如图1.4-12所示。

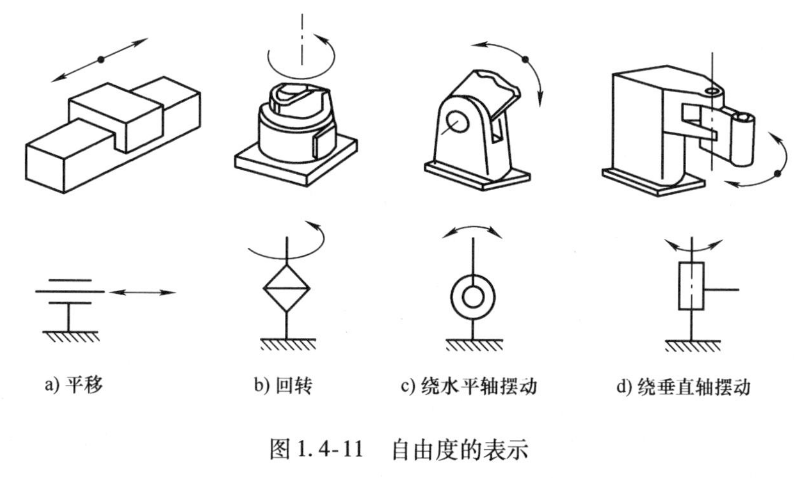

图 1.4-11　自由度的表示

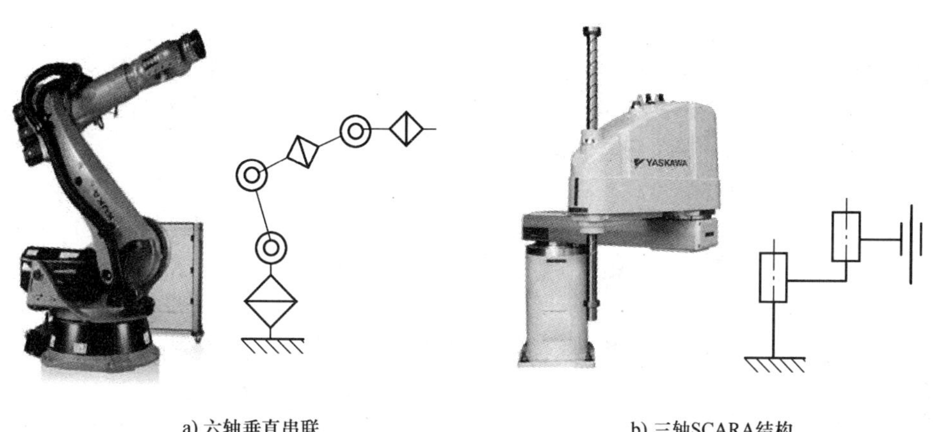

图 1.4-12　多关节串联机器人的自由度表示

3. 工作范围和作业空间

工作范围（Working Range）又称作业空间，它是衡量机器人作业能力的指标，工作范围越大，机器人能够进行作业的区域也就越大。样本和说明书中所提供的工作范围是指机器人在未安装末端执行器时，其手腕基准点所能到达的空间。

工作范围应剔除机器人运动时产生自身碰撞的干涉区域，实际作业时还应剔除执行器与机器人碰撞的干涉区域。机器人的工作范围内还可能存在奇异点（Singular Point）。所谓奇异点是由于结构的约束，导致关节失去某些特定方向的自由度的点，奇异点通常存在于作业空间的边缘；如奇异点连成一片，则称为“空穴”。机器人运动到奇异点附近时，由于自由度的逐步丧失，关节的姿态需要急剧变化，这将导致驱动系统承受很大的负荷而产生过载；因此，如果机器人存在奇异点，其工作范围还需要剔除奇异点和空穴。

机器人的工作范围主要决定于定位机构的结构形态。作为典型结构，机器人的定位机构主要有 3 轴直线运动（直角坐标型）、2 轴直线加 1 轴回转或摆动（圆柱坐标型）、1 轴直线加 2 轴回转或摆动（球坐标型）、3 轴回转或摆动（关节型、并联型）几种形式，其工作范围分别如图 1.4-13 所示。

1）直角坐标型和并联型。直角坐标型和并联型结构机器人的工作范围基本涵盖坐标轴的全部运动区域，可进行的全范围作业。直角坐标型机器人（Cartesian Coordinate Robot）的定位通过X/Y/Z轴运动实现，其作业空间为实心立方体；并联型机器人（Parallel Robot）的定位通过三个并联轴的摆动实现，其作业空间为锥底圆柱体。

2）圆柱坐标型、球坐标型和关节型。圆柱坐标型、球坐标型和关节型机器人存在运动死区，它们只能进行部分空间作业。圆柱坐标型机器人（Cylindrical Coordinate Robot）的定位通过2轴直线和1轴回转实现，其作业范围为部分圆柱体；水平串联结构（SCARA结构）机器人的定位方式与圆柱坐标型机器人类似。球坐标型机器人（Polar Coordinate Robot）的定位通过1轴直线和2轴回转实现，其作业范围为部分球体。垂直串联关节型机器人（Articulated Robot）的定位通过3轴回转、摆动实现，其作业范围为不规则球体。

4. 承载能力

承载能力（Payload）是指机器人在作业空间内所能承受的最大负载，其含义与机器人用途有关，通常以重量、力、转矩等技术参数表示。例如，搬运、装配、包装类机器人指的是机器人能够抓取的物品重量；切削加工类机器人是指机器人加工时所能够承受的切削力；焊接、切割加工的机器人则指能安装的末端执行器重量等。

机器人的实际承载能力与机械传动系统结构、驱动电机功率、运动速度和加速度、末端执行器的结构与形状等诸多因素有关。对于搬运、装配、包装类机器人，样本和说明书中所提供的承载能力，一般是指不考虑末端执行器的结构和形状、假设负载重心位于手腕基准点时，机器人高速运动可抓取的物品重量。当负载重心位于其他位置时，则需要以允许转矩（Allowable Moment）或图表形式，来表示重心在不同位置时的承载能力。例如，承载能力为6kg的ABB公司IBR140和安川公司MH6工业机器人，其承载能力随负载重心位置变化的规律如图1.4-14所示。

5. 运动速度和定位精度

运动速度决定了机器人工作效率，它是反映机器人水平的重要参数。样本和说明书中所提供的运动速度，一般是指机器人在空载、稳态运动时所能达到的最大运动速度。机器人运动速度一般用单位时间内能移动的距离（mm/s或cm/min）、转过的角度或弧度（°/s或rad/s）表示，多轴同时运动时的空间运动速度是所有参与运动轴的合成速度。

运动速度与机器人的结构刚性、运动部件的质量和惯量、驱动电机的功率、实际负载的大小等因素有关。对于多关节串联结构的机器人，越靠近末端执行器的运动轴，运动部件的重量、惯量就越小，能够达到的运动速度就越快、加速度也越大；越靠近安装基座的运动轴，对结构部件的刚性要求就越高，运动部件的重量、惯量就越大，能够达到的运动速度就越低、加速度也越小。此外，机器人实际工作速度还受加速度的影响，特别在运动距离较短时，由于加减速的影响，机器人实际上可能达不到样本和说明书中的运动速度。

机器人的定位精度是指机器人定位时，执行器实际到达的位置和目标位置间的误差值。样本和说明书中所提供的定位精度一般是机器人的重复定位精度（Position Repeatability，RP），部分产品有时也提供了轨迹重复精度（Path repeatability，RT）。

由于大多数机器人的定位需要通过关节的旋转和摆动实现，其空间位置的控制和检测远比以直线运动为主的数控机床困难，因此，机器人的位置测量方法和精度计算标准都与数控机床不同。目前，工业机器人的位置精度检测标准一般采用ISO 9283：1998《Manipulating industrial robots; performance criteria and related test methods（操纵型工业机器人，性能规范和试验方法）》或JIS B8432（日本）；而数控机床则普遍使用ISO 230－2、VDI/DGQ 3441（德国）、JIS B6336（日本）、NMTBA（美国）或GB10931（国标）等，两者的测量要求和精度计算方法都不相同，数控机床的标准要求高于机器人。

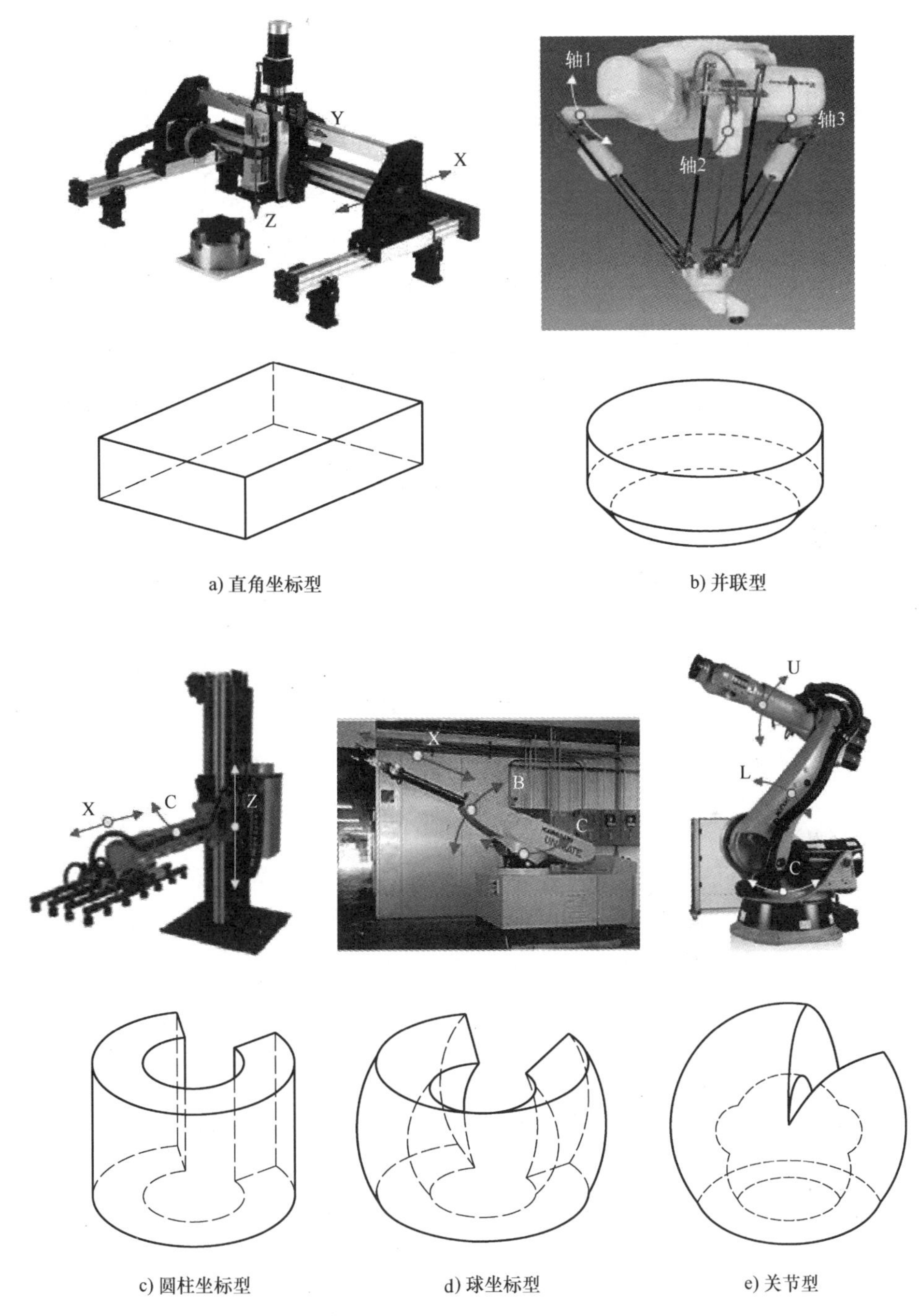

a) 直角坐标型

b) 并联型

c) 圆柱坐标型

d) 球坐标型

e) 关节型

图 1.4-13 典型机器人的作业范围

机器人的定位需要通过运动学模型来确定末端执行器的位置，其理论位置和实际位置之间本身就存在误差；加上结构刚性、传动部件间隙、位置控制和检测等多方面的原因，其定位精度与数控机床、三坐标测量机等精密加工、检测设备相比，还存在较大的差距，因此，它一般只能用作零件搬运、装卸、码垛、装配的生产辅助设备，或是用于位置精度要求不高的焊接、切割、打磨、抛光等粗加工。

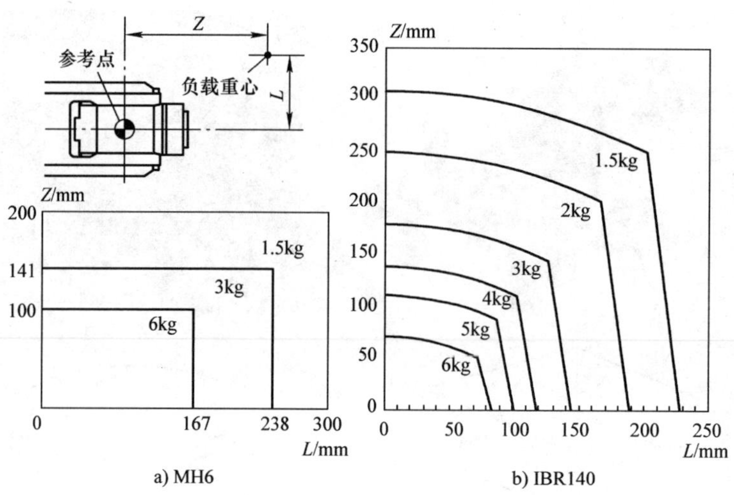

a) MH6　　b) IBR140

图 1. 4-14　重心位置变化时的承载能力

2

第 2 章 工业机器人基本命令编程

2.1 工业机器人编程要点

2.1.1 程序结构与实例

1. 程序

由于工业机器人的工作环境多数为已知，故以第一代的示教再现机器人居多。第一代机器人没有分析和推理能力，不具备智能性，机器人全部行为需要由人对其进行控制。

工业机器人是一种能够独立运行的自动化设备，为了使得机器人能根据执行作业任务，就必须将作业要求以控制系统能够识别的命令形式，告知机器人，这些命令的集合就是机器人的作业程序，简称程序；编写程序的过程称为编程。

由于多种原因，工业机器人目前还没有统一的编程语言。例如，安川公司使用的编程语言称 INFORM Ⅲ，而 ABB 公司称 RAPID、FANUC 公司称 KAREL、KUKA 公司称 KRL 等。从这一意义上说，现阶段工业机器人的程序还不具备通用性。采用不同编程语言的程序，在程序形式、命令表示、编辑操作上有所区别，但程序结构、命令功能及编程的方法类似。例如，程序都由程序名、命令、结束标记组成；对于点定位（关节插补）、直线插补、圆弧插补运动，安川机器人的命令为 MOVJ、MOVL、MOVC；ABB 机器人为 MoveJ、MoveL、MoveC 等，因此，只要掌握了一种编程方法，其他机器人的编程也较容易。

安川机器人是目前使用最广的代表性产品之一，现行产品所使用的控制系统以 DX100 为主，新产品已开始使用 DX200 系统。由于 DX200 是 DX100 的升级版系统，两者的编程操作方法几乎完全一致，因此，本书将以 DX100 为例来介绍机器人的编程操作技术，它也同样适用于 DX200 系统，对此，书中不再一一叙述。

2. 编程方法

第一代机器人的程序编制方法一般有示教编程（在线编程）和离线编程两种。

1）示教编程：示教编程是通过作业现场的人机对话操作，完成程序编制的一种方法。所谓示教就是操作者对机器人所进行的作业引导，它需要由操作者按实际作业要求，通过人机对话操作，一步一步地告知机器人需要完成的动作；这些动作可由控制系统，以命令的形式记录与保存；示教操作完成后，程序也就被生成。如果控制系统自动运行示教操作所生成的程序，机器人便可重复全部示教动作，这一过程称为“再现”。

示教编程需要有专业经验的操作者，在机器人作业现场完成，故又称在线编程。示教编程简单易行，所编制的程序正确性高，机器人的动作安全可靠，它是目前工业机器人最为常用的编程方法，特别适合于自动生产线等重复作业机器人的编程。

示教编程的不足是程序编制需要通过机器人的实际操作完成，编程需要在作业现场进行，其时间较长，特别是对于高精度、复杂轨迹运动，很难利用操作者的操作示教，故而，对于作业要求变更频繁、运动轨迹复杂的机器人，一般使用离线编程。

2）离线编程：离线编程是通过编程软件直接编制程序的一种方法。离线编程不仅可编制程序，而且还可进行运动轨迹的离线计算、并虚拟机器人现场，对程序进行仿真运行，验证程序的正确性。

离线编程可在计算机上直接完成，其编程效率高，且不影响现场机器人的作业，故适合于作业要求变更频繁、运动轨迹复杂的机器人编程。离线编程需要配备机器人生产厂家提供的专门编程软件，如安川公司的 MotoSim EG、FANUC 公司的 ROBOGUIDE、ABB 公司的 RobotStudio、KUKA 公司的 Sim Pro 等。离线编程一般包括几何建模、空间布局、运动规划、动画仿真等步骤，所生成的程序需要经过编译，下载到机器人，并通过试运行确认。由于离线编程涉及编程软件安装、操作和使用等问题，不同的软件差异较大，本书不再对其进行专门的介绍。

3. 程序结构

以安川机器人为例，其程序的结构如图 2.1-1 所示，程序由标题、命令、结束标记三部分组成。

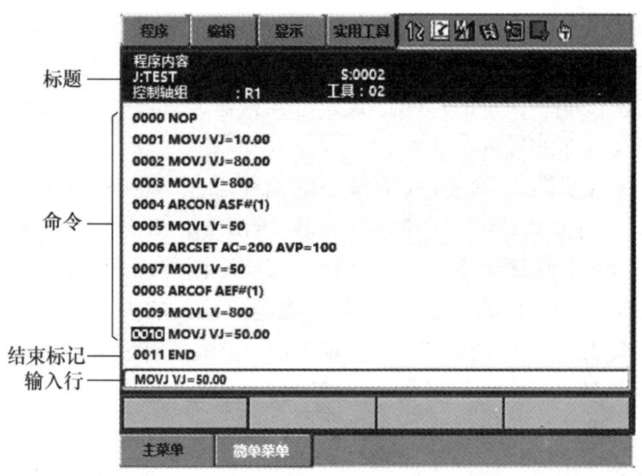

图 2.1-1 安川机器人的程序结构

1）标题：程序标题一般由程序名、注释、控制轴组等组成。程序名是程序的识别标记，机器人可根据不同的作业要求，利用不同的程序来控制其运行，程序名就是用来区别不同程序的标记。程序名一般由英文字母、数字、汉字或字符组成，在同一系统中具有唯一性，它不能被重复定义。注释是对程序名的解释性说明，同样由英文字母、数字、汉字或字符组成；注释可根据需要添加，也可不使用。控制轴组用来规定程序的控制对象，对于复杂系统，一套控制系统可能需要同时控制多个机器人，或控制除机器人本体外的其他辅助运动轴，为此，需要通过“控制轴组”来规定程序的控制对象。

2）命令：命令用来控制机器人的运动和作业，是程序的主要组成部分。命令以“行号”开始，每一条命令占一行；行号代表命令的执行次序，利用示教器编程生成程序时，行号可由系统自动生成。

机器人程序的命令一般分基本命令和作业命令两大类。基本命令用于机器人本体动作、程序运行、数据处理等控制，在采用相同系统的机器人上可通用；作业命令是控制执行器（工具）

动作的命令，它与机器人用途有关，不同机器人有所区别。在安川机器人控制系统 DX100 上，基本命令有移动命令、输入/输出命令、程序控制命令、平移命令、运算命令等，作业命令分通用（加工）、搬运、弧焊、点焊等；每一类又有若干功能不同的命令可供选择。例如，移动命令可以是点定位 MOVJ（关节插补）、直线插补 MOVL、圆弧插补 MOVG、自由曲线插补 MOVS、增量进给 IMOV 命令等；作业命令可以是控制工具的启动、停止的 TOOLON、TOOLOF 命令，或设定焊接条件的 ARCSET 命令、启动焊接（引弧）的 ARCON 命令、关闭焊接（熄弧）的 ARCOF 命令等。

3）结束标记：表示程序的结束，结束标记通常为控制命令 END。

4. 程序实例

以使用安川弧焊机器人为例，进行图 2.1-2所示的焊接作业的机器人程序如下：

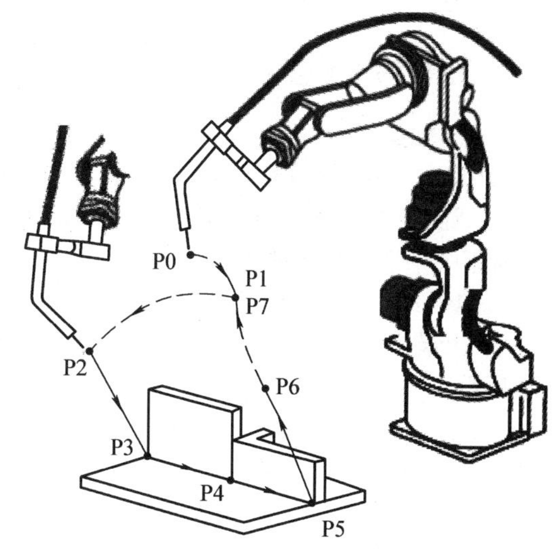

图 2.1-2 焊接作业动作图

```
TEST                              //程序名
0000 NOP                          //空操作命令,无任何动作
0001 MOVJ VJ=10.00                //P0→P1 点定位、移动到程序起点,速度倍率为 10%
0002 MOVJ VJ=80.00                //P1→P2 点定位、调整工具姿态,速度倍率为 80%
0003 MOVL V=800                   //P2→P3 点直线插补,速度为 800cm/min
0004 ARCONASF#(1)                 //P3 点引弧、启动焊接,焊接条件由引弧文件 1 设定
0005 MOVL V=50                    //P3→P4 点直线插补焊接,移动速度为 50cm/min
0006 ARCSET AC=200 AVP=100        //P4 点修改焊接条件,电流为 200A、电压为 100%
0007 MOVL V=50                    //P4→P5 点直线插补焊接,移动速度为 50cm/min
0008 ARCOF AEF#(1)                //P5 点熄弧、关闭焊接,关闭条件由熄弧文件 1 设定
0009 MOVL V=800                   //P5→P6 点插补移动,速度为 800cm/min
0010 MOVJ VJ=50.00                //P6→P7 点定位(关节插补),速度倍率为 50%
0011 END                          //程序结束
```

上述程序中的 MOVJ 命令为关节坐标系的点定位命令（称关节插补命令），它可通过若干关节的同时运动，将机器人移动到目标位置，命令对运动轨迹无要求。机器人定位命令与数控机床定位指令的区别是，首先，机器人定位命令中一般不给定目标位置的坐标值，这一目标位置需要操作者通过现场示教操作确定；其次，定位速度以关节最大移动速度倍率的形式定义，如命令 VJ=10.00 代表倍率为 10% 等；此外，还可根据需要通过 PL、ACC/DEC 等添加项，规定定位精度（位置等级）、加/减速倍率等。

MOVL 命令为直线插补命令，它可通过若干关节的合成运动，将控制点以规定的速度、移动到目标位置，运动轨迹为连接起点和终点的一条直线。直线插补的终点同样需要由操作者现场示教确定，移动速度可通过 V=800cm/min 或 133.0mm/s 等形式指定；直线插补命令也可通过 PL、CR、ACC/DEC 等添加项，来规定定位精度、转角半径、加/减速倍率等。

ARCONASF#（1）、ARCSET AC=200 AVP=100、ARCOF AEF#（1）命令为弧焊作业命令，用来确定保护气体、焊丝、焊接电流和电压、引弧/熄弧时间等作业条件，作业条件可用 ASF#

(1)、AEF# (1) 文件的形式引用，也可直接以 AC = 200 AVP = 100 形式设定。

由上述程序实例可见，机器人程序中的命令实际上并不完整，程序中所缺少的要素都需要通过示教编程操作、系统参数进行补充与设定。

2.1.2 控制轴组与坐标系

1. 控制轴组

工业机器人的系统组成形式多样。在复杂系统上，一套电气控制系统可能需要同时控制多个机器人，或除机器人本体外的其他辅助运动轴。为此，在进行机器人操作或编程时，需要用“控制轴组”来选定控制对象。

DX100 系统的控制轴组分机器人、基座轴、工装轴三类，其定义如图 2.1-3 所示。

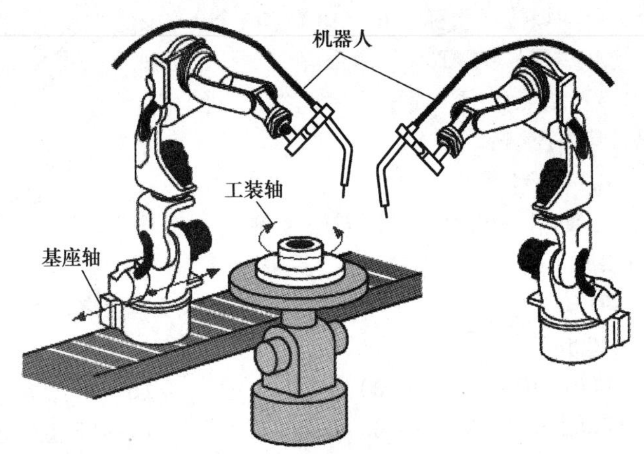

图 2.1-3 DX100 系统的控制轴组

1）机器人：机器人轴组用于多机器人控制系统的机器人选择，对于单机器人系统，控制组为机器人 1 (R1)。机器人轴组一旦选定，程序的控制对象就被规定为相应机器人的本体运动轴。

2）基座轴：基座轴是实现机器人整体移动的辅助坐标轴。基座轴的形式一般有直线运动（RECT - X/RECT - Y/RECT - Z）、二维平面运动（RECT - XY/RECT - XZ/RECT - YZ）及三维空间运动（RECT - XYZ）三种。基座轴组一旦选定，程序的控制对象就被规定为控制机器人整体移动的辅助坐标轴。

3）工装轴：工装轴是控制工装（工件）运动的辅助坐标轴。工装轴的基本形式一般有通用轴、回转轴等；点焊机器人的伺服焊钳控制轴，也属于工装轴。工装轴组一旦选定，程序的控制对象就被规定为控制工件运动的辅助坐标轴。

基座轴、工装轴统称“外部轴”，轴的结构形式、运动速度和运动范围等参数，需要通过控制系统的“硬件配置”操作予以定义，有关内容将在第 9 章 9.2 节详述。机器人操作时，控制轴组可通过示教操作面板选择；在程序中，控制轴组需要在程序标题上选定。

2. 机器人定位坐标系

改变机器人控制点（又称工具控制点 TCP，下同）空间位置的运动称为定位。为了确定控制点的空间位置、运动方向，需要在工业机器人设定坐标系。多关节型机器人的运动复杂多样，控制系统一般可选择图 2.1-4 所示的五种坐标系，坐标轴的方向符合右手定则。

1）关节坐标系：关节坐标系是与机器人本体关节运动轴对应的基本坐标系，例如，对于六轴垂直串联机器人，有腰回转 S、下臂摆动 L、上臂摆动 U、手腕回转 R、腕摆动 B、手回转 T 共 6 个坐标轴；在七轴机器人上，则需要增加下臂回转轴 E 等。选择关节坐标系时，可直接控制机器人的关节运动。

2）直角坐标系：直角坐标系是机器人本体上的虚拟笛卡儿坐标系。选择直角坐标系时，可通过 X/Y/Z 来规定机器人控制点的运动。

3）圆柱坐标系：圆柱坐标系由平面极坐标运动轴 r、θ 和垂直运动轴 Z 构成。极坐标的角度

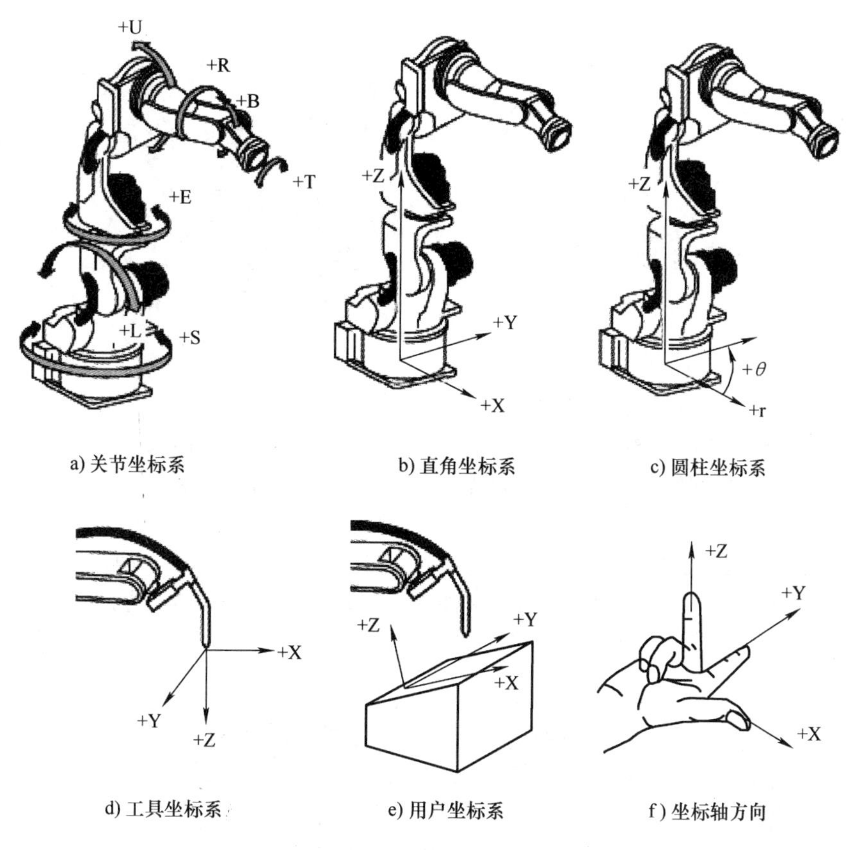

图 2.1-4　工业机器人的坐标系

θ一般直接由腰回转轴控制；半径 r 和 Z 轴的运动需要由若干关节的运动合成。选择圆柱坐标系时，可通过转角、半径、高度来规定机器人控制点的运动。

4）工具坐标系：工具坐标系是用来指定末端执行器端点（工具端点）位置的虚拟笛卡儿坐标系，它以工具端点为原点、以工具接近工件的有效方向为 Z 轴正向的直角坐标系。选择工具坐标系时，可通过 X/Y/Z 来规定机器人工具端点的运动。

5）用户坐标系：用户坐标系是以工件为基准来指定末端执行器端点（工具端点）位置的虚拟笛卡儿坐标系，用户坐标系的 XY 平面一般为工件安装平面、Z 轴通常以工具离开工件的方向为正向。选择用户坐标系时，机器人将以工件为基准，通过 X/Y/Z 来规定工具端点的运动。

工具、用户坐标系与工具、工装密切相关，在使用多工具、多工装的机器人上，可能有多个工具坐标系和用户坐标系。工具坐标系和用户坐标系需要通过机器人控制系统的“系统设置”操作或用户坐标系设定命令进行定义，有关内容将在第 8 章 8.2 节详述。

3. 工具定向坐标系

改变机器人工具（末端执行器）姿态的运动称为工具定向。工业机器人的工具定向运动有“控制点不变”和“变更控制点”两种方式。控制点又称 TCP 点（Tool Control Point），它是执行器（工具）的作业点，控制点保持不变的定向运动如图 2.1-5 所示，这是一种工具作业端点位置保持不变、只改变工具姿态的定向运动。

机器人的工具定向运动主要通过绕 X、Y、Z 回转的坐标轴实现，在 DX100 系统上称为 Rx、

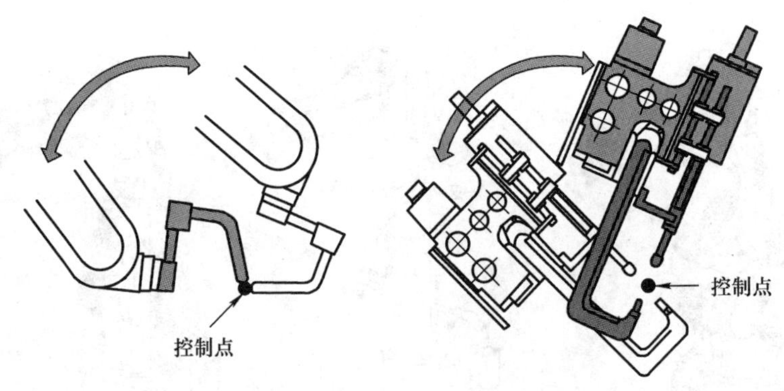

图 2.1-5　控制点不变的定向

Ry、Rz 轴。在六轴垂直串联机器人上，实现工具的定向运动主要坐标轴是手腕回转轴 R、摆动轴 B、手回转轴 T 和腰回转轴 S；在七轴机器人上，下臂回转轴 E（第 7 轴）也是用于定向控制的主要轴。

工具定向运动可在机器人的直角坐标系、圆柱坐标系、工具坐标系、用户坐标系上进行，在用户和工具坐标系上，Rx、Ry、Rz 轴的定义如图 2.1-6 所示，坐标轴的方向可通过右手螺旋定则确定。

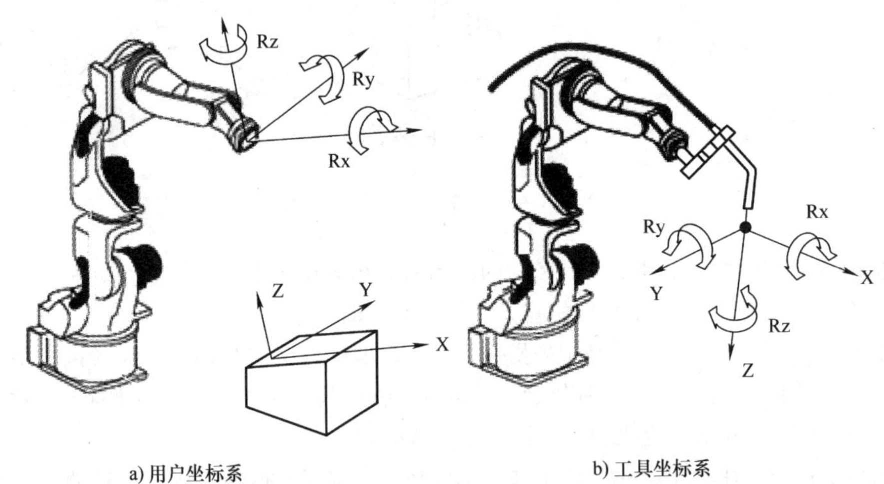

图 2.1-6　工具定向坐标系

4. 机器人姿态

机器人控制点的空间位置可通过两种方式描述：一是以各关节轴的坐标原点为基准，直接通过 S/L/U/R/B/T 轴伺服电机转过的脉冲数来描述；二是通过控制点在不同坐标系上的 X/Y/Z、Rx/Ry/Rz 坐标来描述。

由于工业机器人的伺服驱动系统均采用带断电保持功能的绝对型编码器，关节轴的坐标原点一经设定，任何时刻的 S/L/U/R/B/T 轴伺服电机距原点的脉冲数都是一个确定的值。因此，利用脉冲数描述的控制点位置与机器人的坐标系无关。在安川 DX100 系统上，直接通过脉冲数指定的位置称为“脉冲型位置”。

当控制点位置通过直角或圆柱坐标系描述时，控制点的运动需要通过多个关节的旋转、摆动实现，其运动形式复杂多样，即使对于同一空间位置，也可采用多种形式的运动实现定位。因此，在实际编程操作时，还需要通过“姿态”来规定机器人的状态和运动方式。在安川 DX100 系统上，通过坐标值指定的位置称为“XYZ 型位置”。

机器人的姿态一般通过“本体形态”和“手腕形态”进行描述。确定六轴机器人的本体形态的参数有腰回转轴 S 的角度、手臂的前/后位置和正肘/反肘；确定手腕形态的参数有手腕回转轴 R、T 的角度、腕摆动轴 B 的俯/仰。

机器人的基准姿态与结构有关。例如，安川 MH6 机器人的本体形态和手腕形态的规定如图 2.1-7a 所示。

1）本体形态：机器人本体的形态通过腰回转轴 S 的角度、手臂的前/后和正肘/反肘描述及含义：

S 轴形态：机器人本体的腰回转轴 S 用“S<180°”和“S≥180°”描述形态。当 S 轴的角度处于图 2.1-7b 所示 -180°<S≤+180°位置时，称为 S<180°；如 S>+180°或 S≤-180°，则称为 S≥180°。

前/后：机器人本体上/下臂摆动轴 L/U 的形态用“前”和“后”来描述。机器人的前/后位置以通过腰回转中心的垂直平面作为基准面，以手腕摆动轴 B 的回转中心作为判别点，如果 B 轴回转中心点处在基准平面的前方区域，称为“前”；处于基准平面的后方区域，则称为“后”。

机器人的前/后位置与腰回转轴 S 有关。如图 2.1-7c 所示，当 S=0°时，基准平面就是机器人直角坐标系的 YZ 平面，因此，只要 B 轴回转中心位于 +X 向，就是“前”。而当 S=180°时，机器人的“前”侧变成了 B 轴回转中心位于 -X 向的区域。

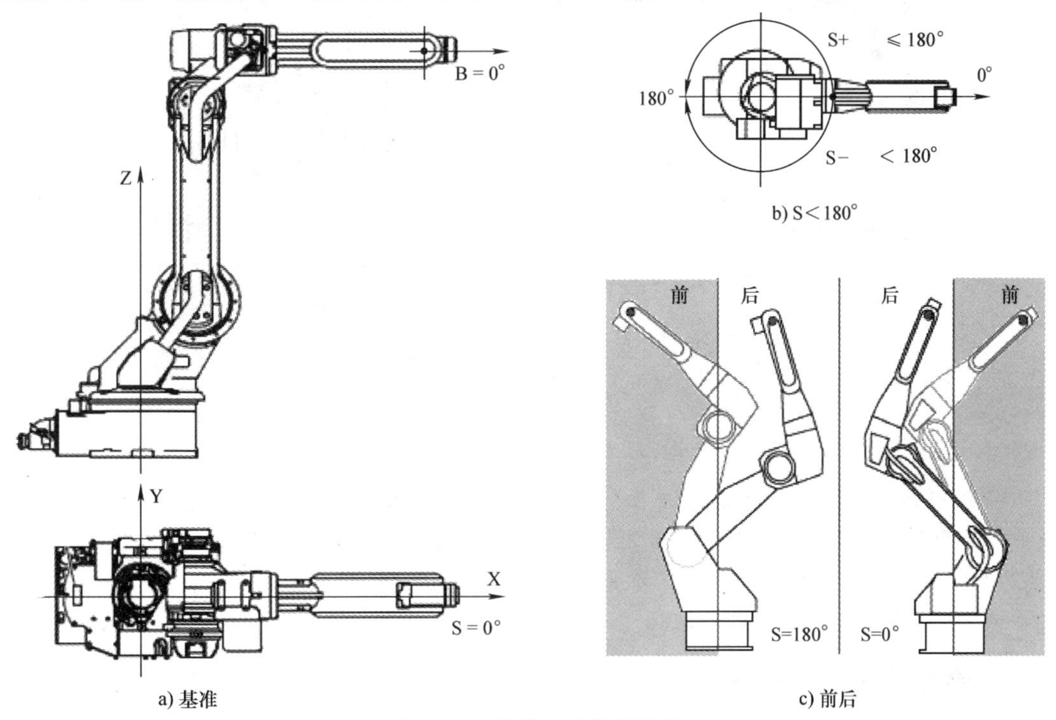

a) 基准　b) S<180°　c) 前后

图 2.1-7　机器人本体的形态

正肘/反肘：正肘/反肘用来描述机器人上臂回转轴 U 的形态。U 轴回转角以图 2.1-8 所示的、垂直于下臂中心线的轴线作为 0°基准位置，当 -90°<U≤+90°时，称为“正肘”；如 U>+90°或 U≤-90°，则称为“反肘”。

2）手腕形态：机器人的手腕形态用俯/仰及手腕回转轴 R、手回转轴 T 的角度描述及含义：

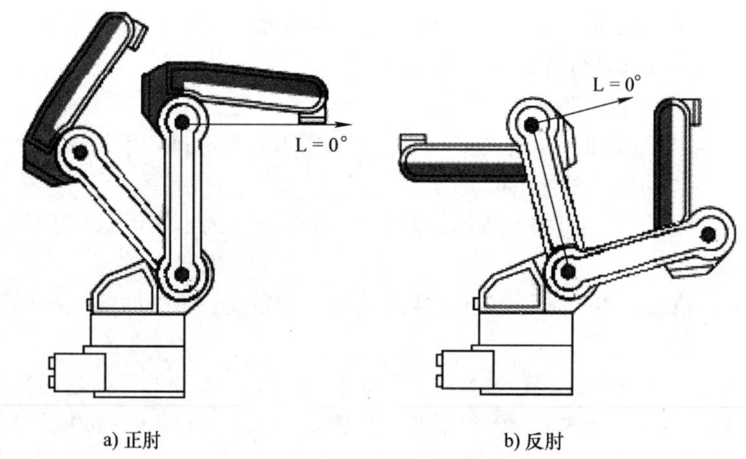

图 2.1-8　机器人的正肘和反肘

俯/仰：俯仰用来描述机器人手腕摆动轴 B 的形态。安川 MH6 机器人的规定如图 2.1-9a 所示，B 轴以前臂的中心线作为 0°基准位置，如逆时针向上摆动，摆动角为正，称为“仰”；如顺时针向下摆动，摆动角为负，称为“俯”。

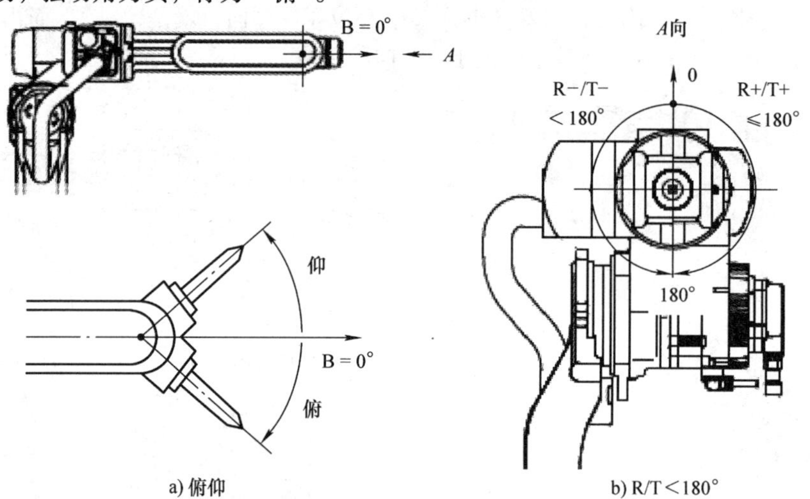

图 2.1-9　机器人手腕的形态

R/T 轴形态：机器人手腕回转轴 R、手回转轴 T 的形态，用“R（或 T）<180°”和“R（或 T）≥180°”描述。对于安川 MH6 机器人，当 R（或 T）轴的回转角处于图 2.1-9b 所示的 −180° < R（或 T）≤ +180°位置时，称为 R（或 T）<180°；如 R（或 T）> +180°或 R（或 T）≤ −180°，则称为 R（或 T）≥180°。

2.1.3　命令分类与使用条件

机器人的命令一般分基本命令和作业命令两大类，每类又根据功能与用途，分若干小类。在使用 DX100 控制系统的安川机器人上，程序中可使用的基本命令和作业命令以及它们的使用条件分别如下：

1. 基本命令、参数及变量

1）基本命令：控制系统的基本命令用来控制机器人本体的动作，如果机器人所采用的控制系统相同，基本命令便可通用。基本命令除了直接用于机器人运动控制的移动命令外，实际上还包括了程序控制、平移、运算等其他辅助命令。DX100 系统的基本命令分移动命令、输入/输出命令、程序控制命令、平移命令、运算命令五类，其作用与功能见表 2.1-1。

表 2.1-1　DX100 系统的基本命令与分类表

类别		命令	作用与功能	简要说明
移动命令		MOVJ	机器人定位	关节坐标系运动命令
		MOVL	直线插补	移动轨迹为直线
		MOVC	圆弧插补	移动轨迹为圆弧
		MOVS	自由曲线插补	移动轨迹为自由曲线
		IMOV	增量进给	直线插补、增量移动
		REFP	作业参考点设定	设定作业参考位置
		SPEED	再现速度设定	设定程序再现运行的运动速度
输入/输出命令		DOUT	DO 信号输出	系统通用 DO 信号的 ON/OFF 控制
		PULSE	DO 信号脉冲输出	DO 信号的输出脉冲控制
		DIN	DI 信号读入	读入 DI 信号状态
		WAIT	条件等待	在条件满足前，程序处于暂停状态
		AOUT	模拟量输出	输出模拟量
		ARATION	速度模拟量输出	输出移动速度模拟量
		ARATIOF	速度模拟量关闭	关闭移动速度模拟量输出
程序控制命令	程序执行控制	END	程序结束	程序结束
		NOP	空操作	无任何操作
		NWAIT	连续执行（移动命令添加项）	移动的同时，执行后续非移动命令
		CWAIT	执行等待	等待移动命令完成（与 NWAIT 配对用）
		ADVINIT	命令预读	预读下一命令，提前初始化变量
		ADVSTOP	停止预读	撤销命令预读功能
		COMMENT	注释（即'）	仅在示教器上显示注释
		TIMER	程序暂停	暂停指定时间
		IF	条件判断（命令添加项）	作为其他命令添加项，判断执行条件
		PAUSE	条件暂停	IF 条件满足时，程序进入暂停状态
		UNTIL	跳步（移动命令添加项）	条件满足时，直接结束当前命令
	程序转移	JUMP	程序跳转	程序跳转到指定位置
		LABEL	跳转目标（即 * ）	指定程序跳转的目标位置
		CALL	子程序调用	调用子程序
		RET	子程序返回	子程序结束返回
平移命令		SFTON	平移启动	程序点平移功能生效
		SFTOF	平移停止	结束程序点平移
		MSHIFT	平移量计算	计算平移量

（续）

类别		命令	作用与功能	简要说明
运算命令	算术运算	ADD	加法运算	变量相加
		SUB	减法运算	变量相减
		MUL	乘法运算	变量相乘
		DIV	除法运算	变量相除
		INC	变量加 1	指定变量加 1
		DEC	变量减 1	指定变量减 1
	函数运算	SIN	正弦运算	计算变量的正弦值
		COS	余弦运算	计算变量的余弦值
		ATAN	反正切运算	计算变量的反正切值
		SQRT	平方根运算	计算变量的平方根
	矩阵运算	MULMAT	矩阵乘法	进行矩阵变量的乘法运算
		INVMAT	矩阵求逆	求矩阵变量的逆矩阵
	逻辑运算	AND	与运算	变量进行逻辑与运算
		OR	或运算	变量进行逻辑或运算
		NOT	非运算	指定变量进行逻辑非运算
		XOR	异或运算	变量进行逻辑异或运算
	变量读写	SET	变量设定	设定指定变量
		SETE	位置变量设定	设定指定位置变量
		SETFILE	文件数据设定	设定文件数据
		GETE	位置变量读入	读入位置变量
		GETS	系统变量读入	读入系统变量
		GETFILE	文件数据读入	读入指定的文件数据
		GETPOS	程序点读入	读入程序点的位置数据
		CLEAR	变量批量清除	清除指定位置、指定数量的变量
	坐标变换	CNVRT	坐标系变换	转换位置变量的坐标系
		MFRAME	坐标系定义	定义用户坐标系
	字符操作	VAL	数值变换	将 ASCII 数字转换为数值
		ASC	编码读入	读入首字符 ASCII 编码
		CHR $	代码转换	转换为 ASCII 字符
		MID $	字符读入	读入指定位置的 ASCII 字符
		LEN	长度计算	计算 ASCII 字符长度
		CAT $	字符合并	合并 ASCII 字符

2）系统参数：基本命令是可用于所有采用相同系统机器人的通用命令。由于不同机器人的结构、规格、作业范围、控制要求各不相同。因此，使用基本命令时，还需要根据机器人的实际情况，对其增加相应的使用条件，如坐标原点、作业区间、工具形状与尺寸、轴最大移动速度、移动范围等，才能保证机器人的运动安全、可靠、准确。DX100 系统的参数可分别通过“系统

设定”和“系统参数”进行规定，有关内容详见第5章和第6章。

3）变量：程序命令中的坐标轴位置、移动速度、加速度等程序数据，既可用数值的形式直接给定，也可以是运算结果或操作设定的数值。在机器人程序中，需要通过计算、设定确定的数据称为“变量”；变量可直接替代数值，在程序中使用。

利用变量编程的程序，其使用更灵活、通用性更强。例如，对于机器人定位命令MOVJ的运动速度，既可通过添加项VJ＝50.00、用数值给定；也可通过变量I，以VJ＝I000的形式给定。

变量是纯数值量，其单位决定于命令添加项的基本单位。例如，VJ的倍率单位规定为0.01%，因此，当变量I000的值为5000时，VJ＝I000就相当于VJ＝50.00（%）；如果用V＝I000来定义机器人直线插补速度，由于V的基本单位为0.1mm/s，因此，其速度就是500.0mm/s等。有关DX100系统的变量类别及编程方法详见2.5节。

2. 作业命令与作业文件

1）作业命令：作业命令用来控制执行器（工具）的动作，它随着机器人用途的不同而不同，原则上说，每类机器人只能使用其中的一类命令。安川DX100系统的作业命令分类情况见表2.1-2。

表2.1-2 DX100系统的作业命令分类一览表

机器人类别	命令	作用与功能	简要说明
弧焊作业	ARCON	引弧	输出引弧条件和引弧命令
	ARCOF	熄弧	输出熄弧条件和熄弧命令
	ARCSET	焊接条件设定	设定部分焊接条件
	ARCCTS	逐步改变焊接条件	以起始点为基准，逐步改变焊接条件
	ARCCTE	逐步改变焊接条件	以目标点为基准，逐步改变焊接条件
	AWELD	焊接电流设定	设定焊接电流
	VWELD	焊接电压设定	设定焊接电压
	WVON	摆焊启动	启动摆焊作业
	WVOF	摆焊停止	停止摆焊作业
	ARCMONON	焊接监控启动	启动焊接监控
	ARCMONOF	焊接监控停止	结束焊接监控
	GETFILE	焊接监控数据读入	读入焊接监控数据
点焊作业	SVSPOT	焊接启动	焊钳加压、启动焊接
	SVGUNCL	焊钳加压	焊钳加压
	GUNCHG	焊钳装卸	安装或分离焊钳
通用作业	TOOLON	工具启动	启动作业工具
	TOOLOF	工具停止	作业工具停止
	WVON	摆焊启动	启动摆焊作业
	WVOF	摆焊停止	停止摆焊作业
搬运作业	HAND	抓手控制	接通或断开抓手控制输出信号
	HSEN	传感器控制	接通或断开传感器输入信号

2）作业文件：机器人作业命令不但需要通过机器人控制器，控制机器人的运动，而且还需要通过执行器的控制装置，控制执行器的动作，因此，命令同样需要利用添加项，来定义作业

参数。

由于机器人的用途不同，执行器和控制要求各不相同，因此，作业命令所需要的作业参数差别也很大。例如，对于弧焊机器人，不仅需要有焊接保护气体种类、焊丝种类、焊接电流、焊接电压、引弧时间、熄弧时间等焊接特性参数；而且，对于摆焊作业，还需要规定焊枪的摆动方式、摆动速度、摆动频率、摆动距离等焊接动作参数。

机器人作业命令所需要的参数众多，直接通过添加项对其进行逐一定义，命令将变得十分冗长，因此，通常需要以“文件”的形式来进行统一定义，这一文件称为“作业文件”或“条件文件”。作业文件可由作业命令调用，文件一经调用，全部作业参数将被一次性定义；如需要，也可通过命令添加项，对个别参数进行单独修改。有关作业文件的编制及编程方法可参见第3章。

2.2　移动命令的编程与实例

2.2.1　编程格式与要求

1. 命令格式

移动命令用来控制机器人本体或基座、工装的运动，在程序中使用较广。在机器人控制系统上，移动命令通常包括控制机器人本体坐标轴、基座轴、工装轴运动的命令以及用来规定机器人的作业参考点、再现运行速度的命令。

安川 DX100 系统的移动命令一般由命令符和添加项两部分组成，其基本格式如下：

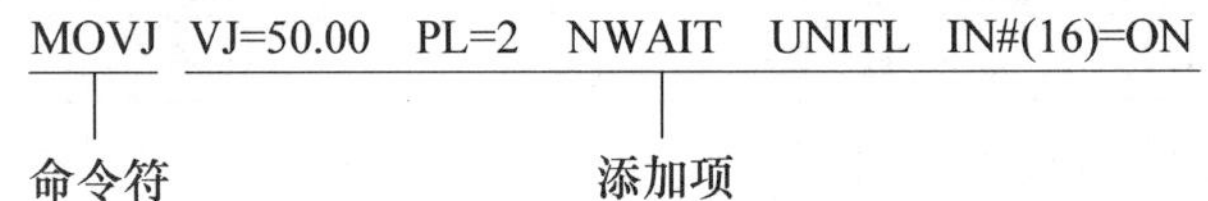

1）命令符：命令符又称操作码，它用来定义命令的功能，如点定位、直线插补、增量进给、圆弧插补、自由曲线插补，设定作业参考点，规定再现速度等。通俗地说，命令符告诉系统需要做什么，因此，程序中的每一条移动命令都必须且只能有一个命令符。

2）添加项：添加项就是操作数，它用来指定命令的操作对象、执行条件。例如，规定再现运行时的速度、加速度、定位精度；程序跳步、直接执行非移动命令等。通俗地说，添加项告诉系统用什么去做，因此，添加项的数量与命令本身有关。移动命令添加项的添加项可根据需要选择，不同添加项的作用与编程要求详见后述。

移动命令的起点为机器人执行命令时的当前位置，目标位置是移动命令需要到达的目标点，运动轨迹可通过命令符区分。在机器人上，移动命令的目标点通常需要通过示教操作定义，因此，它一般不在移动命令上指令和显示。

安川 DX100 系统可使用的移动命令及编程格式见表 2.2-1，命令的基本功能和编程要求如下，命令添加项的功能与编程方法详见后述。

表 2.2-1　DX100 系统移动命令的编程格式

命令	名　称	编程格式与示例	
MOVJ	点定位（关节插补）	基本添加项	VJ
		可选添加项	PL、NWAIT、UNTIL、ACC、DEC
		编程示例	MOVJ VJ = 50.00 PL = 2 NWAIT UNTIL IN#（16）= ON

（续）

命令	名　称	编程格式与示例	
MOVL	直线插补	基本添加项	V 或 VR、VE
		可选添加项	PL、CR、NWAIT、UNTIL、ACC、DEC
		编程示例	MOVL V = 138 PL = 0 NWAIT UNTIL IN#（16） = ON
MOVC	圆弧插补	基本添加项	V 或 VR、VE
		可选添加项	PL、NWAIT、ACC、DEC、FPT
		编程示例	MOVC V = 138 PL = 0
MOVS	自由曲线插补	基本添加项	V 或 VR、VE
		可选添加项	PL、NWAIT、ACC、DEC
		编程示例	MOVS V = 120 PL = 0
IMOV	增量进给	基本添加项	P＊＊或 BP＊＊、EX＊＊； V 或 VR、VE； RF 或 BF、TF、UF#（＊＊）
		可选添加项	PL、NWAIT、UNTIL、ACC、DEC
		编程示例	IMOV P000 V = 120 PL = 1 RF
REFP	作业参考点设定	基本添加项	参考点编号
		可选添加项	—
		编程示例	REFP 1
SPEED	再现速度设定	基本添加项	VJ 或 V、VR、VE
		可选添加项	—
		编程示例	SPEED VJ = 50.00

2. MOVJ 命令编程

MOVJ 命令是以命令执行时的当前位置作为起点，以示教编程操作指定的目标位置为终点的“点到点”定位命令。执行 MOVJ 命令时，机器人轴、基座轴、工装轴，均可直接从起点移动到终点，MOVJ 命令的控制点定位直接通过关节的运动实现，故又称关节插补。

MOVJ 命令对机器人运动轨迹无要求，它可用于图 2.2-1 所示的无干涉自由运动空间的快速定位。MOVJ 命令的实际运动轨迹还与定位精度等级 PL 的设定有关，对于图 2.2-1b 所示的 P1→P2→P3 连续点定位，如果 PL 的值设定较大，机器人实际将不会到达定位点 P2，而是直接从 P1 点连续运动至 P3 点。

执行 MOVJ 命令时，各关节轴的最高运动速度、加/减速时的最大加速度，均由机器人生产厂家在系统设定参数上设置，用户一般不应修改。但是，在程序中，可通过命令添加项 VJ、ACC/DEC，以倍率的形式，调整再现运行时的关节运动速度、加速度。添加项 VJ 的允许输入范围均为 0.01～100.00(%)、ACC/DEC 的允许输入范围均为 20～100(%)。

添加项 VJ、ACC/DEC 既可用数值的形式直接给定，如 VJ = 50.00（%）、ACC = 50（%）等；也可用变量 I（整数型变量）给定，如 VJ = I000、ACC = I001 等。当 VJ、ACC/DEC 以变量形式给定时，其单位将被自动转换，例如，当变量 I000 = 2000、I001 = 50 时，相当于 VJ = 20.00（%）、ACC = 50（%）。

如果需要，MOVJ 命令还可增加后述的连续执行添加项“NWAIT”、条件判断“UNTIL IN#

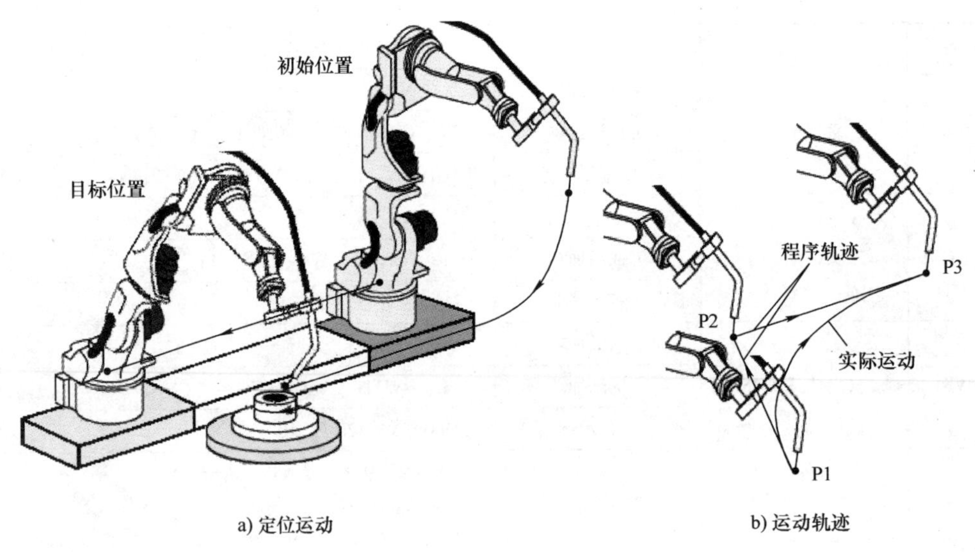

图 2. 2-1　MOVJ 命令功能

（ ** ） = ** ” 等。

3. MOVL 命令编程

直线插补命令 MOVL 是以机器人执行命令前的起始位置作为起点、以示教编程操作指定的目标位置为终点的直线移动命令，控制点的运动轨迹为连接起点和终点的直线。

MOVL 命令多用于焊接、切割作业的机器人。为了保证机器人移动时的工具姿态不变，机器人执行 MOVL 命令时，系统通常还需要同时控制手腕的定向运动，对工具的姿态进行图 2. 2-2 所示的自动调整。

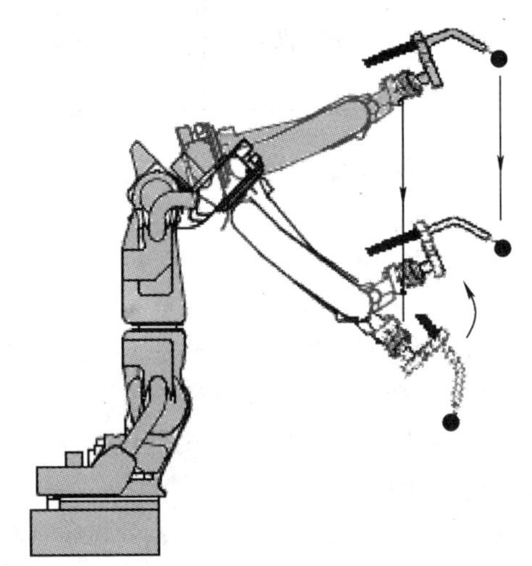

图 2. 2-2　MOVL 命令功能

为了提高效率，命令 MOVL 也可通过定位精度等级添加项 PL，使运动变为连续。对于连续的 MOVL 命令，还可通过添加项 CR（单位 0. 1mm），直接指定 2 条直线相交处的拐角半径，实现直线相交处的圆弧过渡连接；添加项 CR 的允许输入范围均为 1. 0 ~ 6553. 5mm。

MOVL 命令的移动速度为各轴运动的合成速度，它可通过命令添加项 V 指定，速度单位通常为 0. 1mm/s，但也可通过系统参数 S2C221 的设定，选择 cm/min、mm/min 或 inch/min。如果需要，还可通过 ACC/DEC、NWAIT、UNTIL IN#（ ** ）等添加项，改变再现运行时的启制动加速度和命令执行条件。

MOVL 命令添加项 CR、V、ACC/DEC 等均可用变量代替数值，添加项以变量形式定义时，其单位将被自动转换。例如，当变量 I010 = 8000、I011 = 200、I012 = 30，速度单位为 0. 1mm/s 时，添加项 V = I010、CR = I011、ACC = I012 相当于 V = 800. 0（mm/s）、CR = 20. 0（mm）、ACC

=30（%）。

4. MOVC 命令编程

圆弧插补命令 MOVC 可使机器人的控制点沿圆弧轨迹移动，如需要，还可通过系统参数 S2C425 的设定自动调整工具姿态。工业机器人的圆弧插补一般利用三点法定义，命令的运动轨迹为经过三个示教点 P1、P2、P3 的部分圆弧；移动速度为圆弧切向的速度。

DX100 系统 MOVC 命令的特殊编程要求见表 2.2-2，MOVC 命令的添加项 PL、V、ACC/DEC 的编程方法同 MOVL。

表 2.2-2 MOVC 命令特殊编程要求

动作与要求	运动轨迹	程序
如 MOVC 命令起点 P1 和上一移动命令终点 P0 不重合，P0→P1 点自动成为直线插补	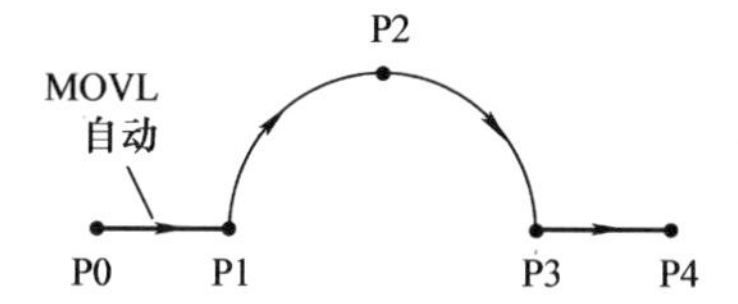 P2 MOVL 自动 P0 P1 P3 P4	MOVJ VJ = * *　//示教点 P0 … MOVC V = * *　//示教点 P1、P2、P3 MOVL V = * *　//示教点 P4 …
两圆弧连接时，如连接处的曲率发生改变，应在 MOVC 命令间，添加 MOVL（或 MOVJ）命令 或在 MOVC 命令中增加添加项 FPT	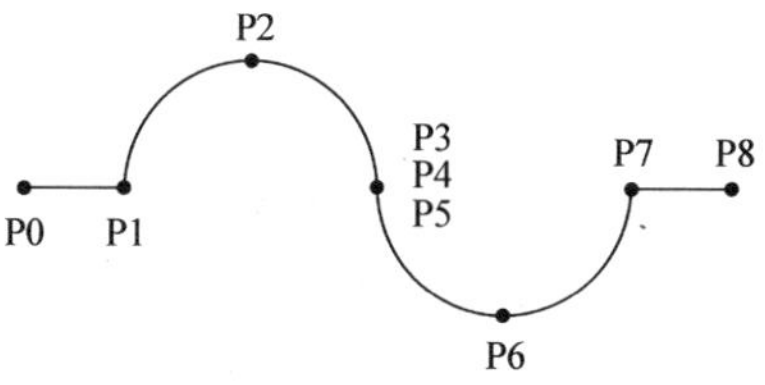 P2 P3 P4 P5 P7 P8 P0 P1 P6	MOVJ VJ = * *　//示教点 P0 … MOVC V = * *　//示教点 P1、P2、P3 MOVL V = * *　//示教点 P4 MOVC V = * *　//示教点 P5、P6、P7 MOVL V = * *　//示教点 P8 …
	或 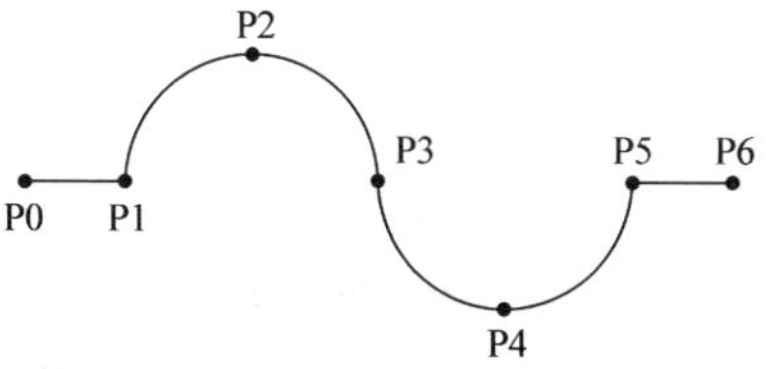 P2 P3 P5 P6 P0 P1 P4	MOVJ VJ = * *　//示教点 P0 … MOVC V = * *　//示教点 P1、P2 MOVC FPT　//示教点 P3 MOVC V = * *　//示教点 P4、P5 MOVL V = * *　//示教点 P6 …

5. MOVS 命令编程

MOVS 命令可控制机器人控制点沿自由曲线移动。工业机器人的自由曲线插补轨迹通常为三点定义的抛物线，移动速度为抛物线的切向速度。进行自由曲线插补示教编程时需要注意，三个示教点的间距应尽可能均匀，否则，再现运行时可能出现错误的动作。

DX100 系统 MOVS 命令的特殊编程要求见表 2.2-3。MOVS 命令的添加项 PL、V、ACC/DEC 的编程方法同 MOVL。

6. IMOV 命令编程

增量进给 IMOV 命令可使机器人控制点，以直线插补的方式移动指定的距离。IMOV 命令的移动距离、运动方向需要通过位置变量 P（机器人轴）或 BP（基座轴）、EX（工装轴）指定；此外，还需要通过添加项 BF（基座坐标系）、RF（机器人坐标系）、TF（工具坐标系）UF#（用户坐标系）规定坐标系。

表 2.2-3　MOVS 命令动作和编程要求

动作与要求	运动轨迹	程　序
如 MOVS 命令起点 P1 和上一移动命令终点 P0 不重合，P0→P1 点自动成为直线插补	MOVL 自动 P2 P0　P1　P3　P4	MOVJ VJ = ＊＊　//示教点 P0 … MOVS V = ＊＊　//示教点 P1、P2、P3 MOVL V = ＊＊　//示教点 P4 …
两自由曲线可以直接连接，不需要插入 MOVL（或 MOVJ）、FPT 命令	P2 P5　P6 P0　P1　P3 P4	MOVJ VJ = ＊＊　//示教点 P0 … MOVS V = ＊＊　//示教点 P1 ~ P5 MOVL V = ＊＊　//示教点 P6 …

安川 DX100 系统的机器人位置变量 P 的说明可参见 2.1.2 节。机器人本体轴的运动方向，可根据所选坐标系上的轴方向，通过运动距离的正负号规定；机器人的形态，需要通过 2.1.2 节所述的“前/后”“正肘/反肘”“俯/仰”及腰回转轴 S、手腕回转轴 R、手回转轴 T 的角度描述。

7. REEP 和 SPEED 命令编程

命令 REEP 可将机器人的当前位置设定为作业参考点（如摆焊作业的开始点等）。作业参考点一经设定，示教操作时便可直接通过示教器操作面板上的“【参考点】＋【前进】”键，使机器人自动定位到参考点，从而简化示教编程与操作。REEP 命令一般不能用于点焊、电动焊钳及通用作业的机器人控制系统。

再现速度设定命令 SPEED 可直接规定程序再现运行时的移动速度 VJ、V、VR、VE。SPEED 命令一旦执行，后续的移动命令便可省略对应的添加项，直至新的移动速度被指定。此外，SPEED 命令所设定的速度，也不能在程序再现运行时，通过再现运行的速度修改操作改变。SPEED 命令的作用如下：

```
…
MOVJ VJ=80.00                //点定位,速度倍率为 80.00%
MOVL V=138.0                 //直线插补,速度为 138.0mm/s
SPEED VJ=50.00 V=276.0       //设定 VJ=50.00% ,V=276.0mm/s
MOVJ                         //点定位,使用 SPEED 命令设定值,VJ=50.00%
MOVL                         //直线插补,使用 SPEED 命令设定值,V=276.0mm/s
…
MOVJ VJ=30.00                //点定位,撤销 SPEED 命令设定,VJ 为 30.00%
…
MOVL V=66.0                  //直线插补,撤销 SPEED 命令设定,V 为 138.0mm/s
…
```

2.2.2　编程技巧与实例

移动命令可根据需要增加相应的添加项，以调整速度、加速度、移动轨迹或增加执行控制条件。添加项在不同的命令中有所区别，编程时，需要对照表2.2-1添加。安川DX100系统的移动命令添加项包括如下几类。

1. 速度和加速度调整

移动命令在程序再现运行时的移动速度，称再现速度。再现速度和加速度，可通过移动命令添加项VJ、V、VR、VE、ACC、DEC调整，添加项的含义如下：

VJ：定义点定位命令MOVJ在程序再现运行时的定位速度。点定位时的关节运动速度，需要以关节轴最大移动速度倍率的形式规定，VJ的单位为0.01%，允许输入范围为0.01～100.00。关节轴的最大移动速度，需要通过系统参数进行设定。

V：定义直线插补MOVL、圆弧插补MOVC、自由曲线插补MOVS、增量进给IMOV命令的控制点移动再现速度。直线、圆弧、自由曲线插补及增量进给的速度，可直接以速度值的形式指定，V的单位可通过系统参数S2C221设定（mm/s、cm/min等）。直线、圆弧、自由曲线插补命令对控制点的移动轨迹、目标位置均有要求，系统需要同时控制多关节运动，执行器的移动速度是多个关节运动速度的合成。

VR：定义直线插补MOVL、圆弧插补MOVC、自由曲线插补MOVS、增量进给IMOV命令的工具定向再现速度。机器人的工具定向主要通过手腕及腰的回转和摆动实现，移动速度以回转的形式规定，VR的单位为0.1°/s，允许输入范围为0.1～180.0。

VE：定义直线插补MOVL、圆弧插补MOVC、自由曲线插补MOVS、增量进给IMOV命令的外部轴（基座或工装轴）再现速度。外部轴运动是整体改变机器人或工件位置的定位命令，速度同样以坐标轴最大移动速度倍率的形式规定，VE的单位为0.01%，允许输入范围为0.01～100.00。外部轴的最大移动速度，需要通过系统参数进行设定。

ACC：程序再现运行时的轴启动加速度。移动命令的加速度以轴最大加速度倍率的形式规定，ACC的单位为1%，允许输入范围为20～100。轴的最大加速度需要通过系统参数进行设定。

DEC：程序再现运行时的轴制动加速度，指定方法及编程格式同ACC。

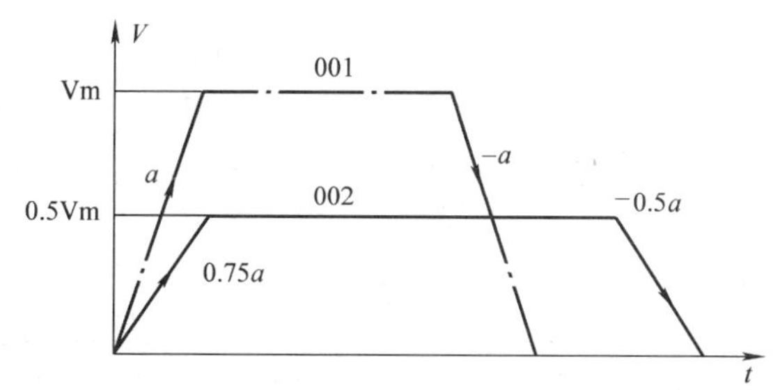

图2.2-3 速度/加速度添加项的功能

例如，对于如下移动命令，其再现运行时的运动过程如图2.2-3所示。

```
001 MOVJ VJ=100.00
002 MOVJ VJ=50.00 ACC=75.00 DEC=50.00
…
```

2. 轨迹调整

移动命令在程序再现运行时的运动轨迹，可通过命令添加项PL、CR以及FPT、P∗∗/BP∗∗/EX∗∗、BF/RF/TF/UF#（∗∗）调整，其中，添加项CR只能用于命令MOVL；添加项FPT只能用于命令MOVC；添加项P∗∗/BP∗∗/EX∗∗、BF/RF/TF/UF#（∗∗）只能用于IMOV命令；添加项PL则可用于命令MOVJ、MOVL、MOVC、MOVS、IMOV。轨迹定义添加项的含义：

PL：定义目标点的定位精度等级（Positioning Level）。定位精度等级在安川说明书上有时被译为“位置等级”或“定位等级”等。由于工业机器人大多是用于零件搬运、装卸、码垛、装配的生产辅助设备，或是进行焊接、切割、打磨、抛光等粗加工的设备，除少数用于精密加工或装配的机器人外，大多数工业机器人对定位点和运动轨迹的精度要求并不高，特别是在执行非作业定位命令时，对点定位点的精度要求就更低。为了提高效率，可通过降低定位精度等级，使点到点的定位运动变为图2.2-4所示的平滑、连续运动。

在DX100系统上，移动命令的定位精度等级可通过图2.2-4b所示的PL值规定，PL值的允许输入范围为0~8，等级0为准确定位（FINE）；PL值设定越大，移动命令对定位点的精度要求就越低，运动连续性就越好。定位精度等级P1~P8的定位允差值，可通过系统参数S1CxG033~S1CxG040进行设定。

使用PL添加项时，相邻移动命令的轨迹夹角应在25°~155°范围内。PL添加项对插补命令MOVL、MOVC、MOVS同样有效。

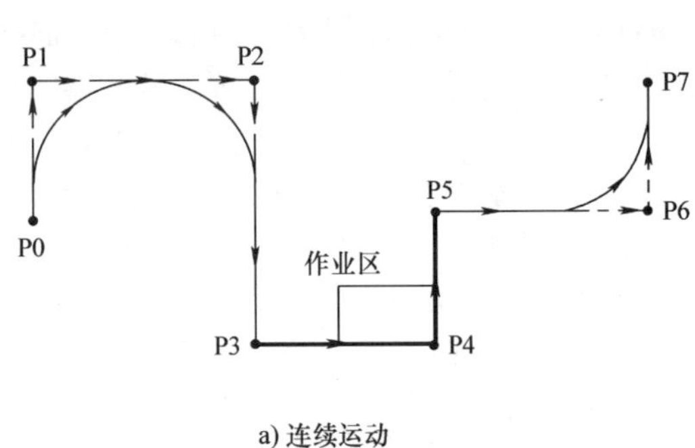

a) 连续运动

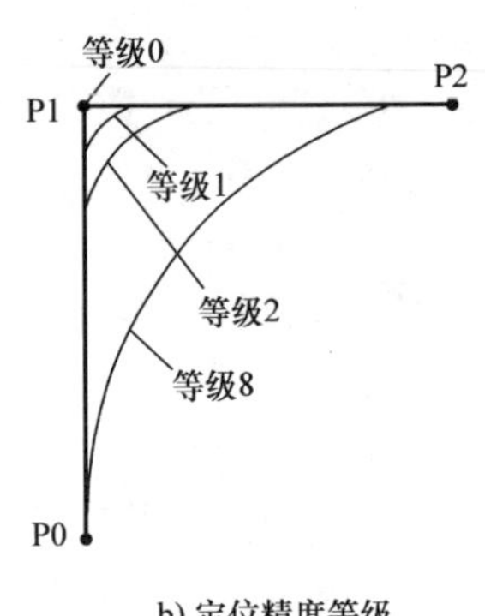

b) 定位精度等级

图2.2-4　定位精度等级

CR：直线插补拐角半径，只能用于直线插补命令MOVL。指定相邻直线连接处的拐角半径，CR的单位为0.1mm，允许输入的范围为1.0~6553.5mm。

FPT：连续圆弧插补点定义，FPT可将指定点定义为2条圆弧插补命令的交点，从而省略MOVC命令间需要添加的MOVL或MOVJ命令（见表2.2-2）。

P/BP/EX：增量进给命令IMOV的距离和方向定义变量，P**、BP**、EX**分别为机器人轴、基座轴、工装轴的位置变量号，位置变量的形式可参见2.1.2节。

BF/RF/TF/UF#（**）：增量进给命令IMOV的坐标系选择，BF、RF、TF、UF#(**）分别为基座坐标系、机器人坐标系、工具坐标系、用户坐标系。

3. 执行控制

移动命令的执行过程可通过添加项NWAIT和UNTIL进行控制，NWAIT可用于MOVJ、MOVL、MOVC、MOVS、IMOV命令；UNTIL通常只用于MOVJ、MOVL、IMOV命令，并且需要增加判别条件。

NWAIT：连续执行。移动命令MOVJ、MOVL、MOVC、MOVS、IMOV增加添加项NWAIT后，机器人可在执行移动命令的同时，执行后续的非移动命令，以缩短程序处理时间、提高作业效率。

例如，对于如下程序，机器人在执行移动命令MOVL V=800.0的同时，可连续执行后续的命令DOUT OT（#12）ON、接通DX100系统的通用输出OUT12。

```
…
MOVL V=800.0 NWAIT
DOUT OT (#12) ON
```

```
…
```

如果后续的非移动命令中，包含了部分可连续执行命令和部分不能连续执行命令，则程序中需要添加控制命令 CWAIT（执行等待），禁止非移动命令的连续执行。

例如，如果需要在机器人在执行移动命令 MOVL V = 800.0 的同时，接通 DX100 系统的通用输出 OUT12；在移动命令执行完成后，接通通用输出 OUT11、断开通用输出 OUT12 的程序如下：

```
…
MOVL V = 800.0 NWAIT          //连续执行非移动命令
DOUT OT（#12）ON              //通用输出 OUT12 接通(连续执行)
CWAIT                         //禁止非移动命令的连续执行
DOUT OT（#12）OFF             //断开 OUT12
DOUT OT（#11）OFF             //接通 OUT11
…
```

UNTIL：跳步控制。当后续的条件满足时，可立即结束当前命令、直接执行后续的命令。例如，对于如下程序，当系统输入 IN#16 信号 ON 时，可如图 2.2-5 所示，立即中断 P1→P2 的直线插补移动，并直接从中断点开始向 P3 点作直线插补移动。

```
…
MOVJ V = 50.00
    //P1 点定位
MOVL V = 100.0 UNTIL IN#(16) = ON
    //P1→P2 直线插补(跳步控制)
MOVL V = 800.0
    //P2→P3 直线插补
…
```

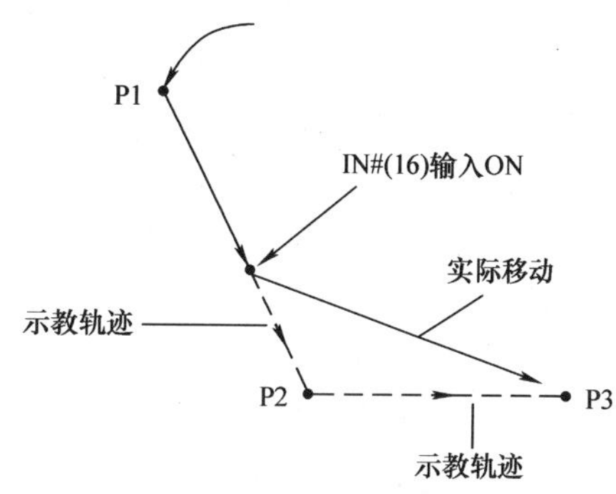

图 2.2-5 跳步控制功能

2.3 输入/输出命令编程与实例

2.3.1 I/O 信号及功能

安川 DX100 系统的输入/输出命令一般用来监控机器人辅助部件的动作。例如，通过开关量输入信号（Data Input，DI）检查辅助部件的状态；通过开关量输出信号（Data Output，DO）控制辅助部件执行装置的通断；利用模拟量输入（Analog Input，AI）/输出信号（Analog Output，AO）检查/控制外部执行器的电压、电流、转速等。

安川 DX100 系统的 DI/DO 信号，分为系统内部信号和外部信号两大类，每类又可分若干小类，信号的分类及功能如下：

1. 系统内部信号

系统内部信号可 PLC 程序设计或机器人作业程序状态监控用，但不能连接外部检测开关和执行元件。DX100 系统的内部信号主要有系统通用 DI/DO、系统专用 DI/DO 及 PLC 内部继电器三类。

系统通用 DI/DO、PLC 内部继电器通常用于 PLC 程序，信号功能可由用户定义，信号输出状态可由 PLC 程序控制。系统通用 DI/DO 的 PLC 编程地址为 0 * * * * /1 * * * *；PLC 内部继电器的 PLC 编程地址分别为 7 * * * *。

系统专用 DI/DO 信号既可用于 PLC 程序，也可用于机器人作业程序；但其地址、功能由系统生产厂家规定，输出信号的状态由系统自动生成，用户不能通过 PLC 程序或机器人作业程序改变其状态。系统专用 DI/DO 在 PLC 程序中的编程地址为 4 * * * * /5 * * * *；在机器人作业程序中的地址为 SIN#（*）/SOUT#（*）。

2. 系统外部信号

系统外部信号可直接连接外部检测开关和执行元件，其功能、状态均可以改变。DX100 系统的外部信号主要分驱动器直接输入、机器人专用 DI/DO、外部通用 DI/DO、模拟量输入/输出（AI/AO）四类。

在以上信号中，驱动器直接输入、AI/AO 信号一般用于机器人特殊的作业控制，其使用较少。驱动器直接输入信号需要连接到驱动器的伺服控制板上，每 1 轴可连接一个输入信号，六轴机器人的信号地址为 RIN#（1）～RIN#（6）。AI/AO 一般只用于弧焊机器人，它们需要连接到弧焊控制板（JANCD－YEW01－E）上，其输入/输出各为双通道，AI 为 DC ±5V 输入，AO 为 DC ±14V 输出；AI、AO 信号的功能可由用户自行定义，信号在机器人作业程序中的地址分别为 AI#（1）/AI#（2）、AO#（1）/AO#（2）。

机器人专用 DI/DO 和外部通用 DI/DO 信号是 PLC 程序和机器人作业程序中使用最多的信号，它们可通过系统的 I/O 单元（JZNC－YIU01－E）、弧焊控制板（JANCD－YEW01－E）等部件连接；每一 I/O 单元最大可连接 40/40 点 DI/DO 信号；弧焊控制板可连接 4 点 DI 信号、6 点 DO 信号及 2/2 通道 AI/AO。DI/DO 信号的功能与使用方法如下：

1）机器人专用 DI/DO：机器人专用 DI/DO 信号的功能由机器人生产厂家规定，且在不同用途的机器人上有所区别，机器人使用厂家一般不可改变。控制机器人专用 DI/DO 信号的 PLC 程序设计已在机器人生产厂家完成；在机器人作业程序中，用户可直接通过机器人作业命令，如 ARCON/ARCOF、TOOLON/TOOLOF 等进行控制。

DX100 系统基本的机器人专用 DI 信号主要有两类：一是用来连接外部操作面板、上级控制器的系统操作控制信号，如操作模式选择、主程序调用、报警清除等；二是用于机器人状态检测的信号，如干涉检测、碰撞检测、作业检测等。DX100 系统的基本机器人专用输入信号为 16 点，其 PLC 编程地址为#20010～#20017、#20020～#20027。

DX100 系统基本的机器人专用输出信号同样有两类：一是系统的工作状态输出，如系统报警、伺服 ON、现行操作模式等；二是机器人的当前状态输出，如当前加工区、作业原点、实际作业状态等。DX100 系统的机器人专用输出信号为 16 点，其 PLC 编程地址为#30010～#30017、#30020～#30027。

在安川弧焊机器人，弧焊控制板还连接有 4/6 点弧焊机器人专用 DI/DO 信号。DI 信号用于断气、断弧、断丝等检测，其 PLC 编程地址为#22550～#22553；DO 信号用于送气、送丝、起弧、粘丝等控制，其 PLC 编程地址为#32551～#32555、#32557。

2）外部通用 DI/DO 信号：外部通用 DI/DO 信号是用于机器人辅助控制部件状态检测和执行器控制的信号，信号连接端和 PLC 编程地址在不同用途的机器人上稍有区别。外部通用 DI/DO 信号的功能可由用户自由定义，它们不但可通过用户 PLC 程序进行控制，而且还可利用后述的输入/输出命令，在机器人作业程序中直接进行控制。

外部通用 DI/DO 信号的数量与系统所配置的 I/O 单元数有关。DX100 系统的标准配置为 1 个 I/O 单元，DI/DO 总点数为 40/40，其中的 16/16 点作为机器人专用 DI/DO 信号，剩余的 24/

24 点为外部通用 DI/DO。外部通用 DI/DO 信号的名称为 IN01 ~ IN24/OUT01 ~ OUT24。外部通用 DI 信号的 PLC 编程地址为#20030 ~ #20037、#20040 ~ #20047、#20050 ~ #20057；在机器人作业程序中，可通过命令添加项 IN#(1) ~ IN#(24)指定。外部通用 DO 信号的 PLC 编程地址为#30030 ~ #30037、#30040 ~ #30047、#30050 ~ #30057；在机器人作业程序中，可通过命令添加项 OUT#(1) ~ OUT#(24)指定。

有关 DX100 系统及 I/O 单元 DI/DO 信号的硬件连接方法、连接要求，以及信号名称、功能、PLC 编程地址等内容，在本书作者编著由机械工业出版社于 2016 年 3 月出版的《工业机器人从入门到应用》一书中已有详细说明，需要时可参考。DI/DO 信号的状态可以通过第 9 章 9.4 节的方法进行检查。

2.3.2 编程格式与要求

1. 命令格式

安川 DX100 系统的输入/输出命令多用于外部通用 DI/DO 控制，但也可用于机器人专用 DI/DO 信号及 AO 信号的处理。输入/输出命令同样由命令符和添加项两部分组成，其基本格式如下：

PULSE　OT#（12）T=0.60

命令符　添加项

命令符：用来定义输入/输出功能，如 DI 信号状态读入、DO 信号状态输出等。

添加项：用来指定命令的控制对象或执行条件，例如，确定 DI/DO 点、进行多点 DI/DO 的成组操作，或规定 DO 信号的输出脉冲宽度等。

安川 DX100 系统可使用的输入/输出命令及编程格式见表 2.3-1。

表 2.3-1　DX100 系统输入/输出命令的编程格式

命令	名　称	编程格式与示例	
DOUT	DO 信号输出	基本添加项	OT#（*）或 OGH#（*）、OG#（*）
		可选添加项	ON、OFF、B*
		编程示例	DOUT OT#（12）ON
PULSE	DO 信号脉冲输出	基本添加项	OT#（*）或 OGH#（*）、OG#（*）
		可选添加项	T=*
		编程示例	PULSE OT#（10）T=0.60
DIN	DI 信号读入	基本添加项	B*、IN#（*）或 IGH#（*）、IG#（*）、OT#（*）、OGH#（*）、OG#（*）、SIN#（*）、SOUT#（*）
		可选添加项	—
		编程示例	DIN B016 IN#（16）; DIN B002 IG#（2）
WAIT	条件等待	基本添加项	T=*
		可选添加项	IN#（*）=*、IGH#（*）=*、IG#（*）=*、OT#（*）=*、OGH#（*）=*、OG#（*）=*、SIN#（*）=*、SOUT#（*）=*、B*=*
		编程示例	WAIT T=1.00; WAIT IN#（12）=ON T=5.00

（续）

命令	名　称	编程格式与示例	
AOUT	模拟量输出	基本添加项	AO#（＊）＊＊
		可选添加项	—
		编程示例	AO#（1）12.7
ARATION	速度模拟量输出	基本添加项	AO#（＊）、BV＝＊、V＝＊
		可选添加项	OFV＝＊
		编程示例	ARATION AO#（1）BV＝10.00 V＝200.0 OFV＝2.00
ARATIOF	速度模拟量关闭	基本添加项	AO#（＊）
		可选添加项	—
		编程示例	ARATIOF AO#（1）

2. 添加项功能

DX100系统的输入/输出命令可根据需要增加添加项IN、IGH、IG、OT、OGH、OG、SIN、SOUT、AO等，添加项在不同命令中有所区别，编程时需要对照表2.3-1添加；根据系统参数S2C395的设定，添加项也可使用信号名。输入/输出命令的添加项，主要用来确定信号类别及数量、处理方式，其功能如下：

1）信号类别及数量：输入/输出命令DOUT、PULSE、DIN、WAIT的操作对象与信号类别有关，例如，输入命令可用于DI、DO信号状态的读取；而输出命令则只能用来控制DO、AO的输出状态等。在命令中，添加项中的字母“IN”代表外部通用DI信号，“SIN”代表系统内部专用DI信号；“OUT”代表外部通用DO信号，“SOUT”代表系统内部专用DO信号；“AO”代表模拟量输出信号。

对于外部通用DI/DO信号，命令DOUT、PULSE、DIN、WAIT不仅能以二进制位（IN#/OT#）的形式，对指定的DI/DO点进行独立处理；而且，还可通过添加项，以4位（IGH#/OGH#）或8位（IG#/OG#）二进制信号的形式，进行成组处理。DI/DO的IN/OT号、IGH/OGH及IG/OG组号的规定见表2.3-2。

表2.3-2　I/O单元通用DI/DO的组号规定表

通用输入	信号名称	IN01	IN02	IN03	IN04	IN05	IN06	IN07	IN08
	IN号	IN#（1）	IN#（2）	IN#（3）	IN#（4）	IN#（5）	IN#（6）	IN#（7）	IN#（8）
	IGH组号	IGH#（1）				IGH#（2）			
	IG组号	IG#（1）							
	信号名称	IN09	IN10	IN11	IN12	IN13	IN14	IN15	IN16
	IN号	IN#（9）	IN#（10）	IN#（11）	IN#（12）	IN#（13）	IN#（14）	IN#（15）	IN#（16）
	IGH组号	IGH#（3）				IGH#（4）			
	IG组号	IG#（2）							
	信号名称	IN17	IN18	IN19	IN20	IN21	IN22	IN23	IN24
	IN号	IN#（17）	IN#（18）	IN#（19）	IN#（20）	IN#（21）	IN#（22）	IN#（23）	IN#（24）
	IGH组号	IGH#（5）				IGH#（6）			
	IG组号	IG#（3）							

（续）

通用输出	信号名称	OUT01	OUT02	OUT03	OUT04	OUT05	OUT06	OUT07	OUT08
	OT 号	OT#（1）	OT#（2）	OT#（3）	OT#（4）	OT#（5）	OT#（6）	OT#（7）	OT#（8）
	OGH 组号	OGH#（1）				OGH#（2）			
	OG 组号	OG#（1）							
	信号名称	OUT09	OUT10	OUT11	OUT12	OUT13	OUT14	OUT15	OUT16
	OT 号	OT#（9）	OT#（10）	OT#（11）	OT#（12）	OT#（13）	OT#（14）	OT#（15）	OT#（16）
	OGH 组号	OGH#（3）				OGH#（4）			
	OG 组号	OG#（2）							
	信号名称	OUT17	OUT18	OUT19	OUT20	OUT21	OUT22	OUT23	OUT24
	OT 号	OT#（17）	OT#（18）	OT#（19）	OT#（20）	OT#（21）	OT#（22）	OT#（23）	OT#（24）
	OGH 组号	OGH#（5）				OGH#（6）			
	OG 组号	OG#（3）							

2）信号处理方式：安川 DX100 系统的输入/输出信号处理方式，可通过不同的添加项，选择如下三种。

IN/OT/SIN/SOUT/AO #(n)：二进制位操作，可用于所有输入/输出信号的处理。其中，IN/OT/SIN/SOUT/AO 用来选择信号类别；n 为 I/O 单元或弧焊控制板上的输入/输出编号，n 可以是十进制常数或变量，其输入范围决定于系统的硬件配置。例如，I/O 单元的外部通用 DI 信号为 IN01 ~ IN24；外部通用 DO 信号为 OUT01 ~ OUT24，因此，添加项 IN#(n) 和 OUT#(n) 中的 n 输入范围为 1 ~ 24；IN#（1）指定外部通用输入 IN01；OUT#（1）指定外部通用输出 OUT01 等。

DI/DO 信号进行二进制位处理时，信号状态可直接用 ON 或 OFF 表示。例如，命令“DOUT OT#（12）ON”，可接通 I/O 单元的外部通用输出点 OUT12；命令“WAIT IN#（12）= ON”，可等待 I/O 单元的外部通用输入点 IN12 成为“1”状态等。AO 信号的状态可直接用电压值表示，如命令“AO#（1）10.0”，可在模拟量输出通道 CH1 上输出 DC10V 电压等。

IGH/OGH#(n)、IG/OG #(n)：4 位、8 位二进制成组操作，它只能用于外部通用 DI/DO 信号的处理。IGH/OGH#(n) 为 4 位二进制信号处理，n 为 I/O 单元的 IGH/OGH 组号；组号可用十进制常数或变量的形式指定，其输入范围为 1 ~ 6。IG/OG#（n）为 8 位二进制信号处理，n 为 I/O 单元的 IG/OG 组号；组号也可用十进制常数或变量的形式指定，其输入范围为 1 ~ 3。成组处理 DI/DO 信号时，信号的状态需要用 1 字节二进制变量 B 表示。

3）变量的使用：输入/输出命令的信号地址，即命令添加项 IN/OT/SIN/SOUT/AO#（n）、IGH/OGH#（n）、IG/OG #（n）中的 n 值，以及成组处理外部通用 DI/DO 信号时的信号状态等，均可使用变量 B 来表示。使用变量 B 编程时需要注意，在系统内部，变量 B 是以二进制格式存储，但利用变量设定命令 SET 对变量 B 进行设定时，程序中所使用的数值仍为十进制格式；如果变量 B 用来定义 DI/DO 地址，它可被自动转换为十进制形式。

例如，通过输出命令 DOUT，一次性将 8 点 DO 信号 OUT24 ~ OUT17 的状态，设定为“0001 1000”（OUT20、OUT21 输出 ON，其余输出 OFF）的程序如下：

```
…
SET B000 24               //变量 B000 设定为十进制 24(二进制 0001 1000)
DOUT OG#(3) B000          //OG#(3)组(OUT24 ~ 17)输出状态为 0001 1000，OUT20、OUT21
```

```
                输出 ON
…
```

再如，利用变量 B000 定义地址，接通外部通用 DO 信号 OUT24 的程序如下：

```
…
SET B000 24              //变量 B000 设定为十进制 24(二进制 0001 1000)
DOUT OT#(B000) ON        //地址号自动转换为十进制 n = 24,OUT24 接通
…
```

2.3.3 编程实例

1. DOUT 命令编程

输出命令 DOUT 可用来控制 I/O 单元的外部通用 DO 信号通断。例如，执行以下命令，可直接接通输出 OUT01、断开输出 OUT02。

```
…
DOUT OT#(1) ON                  //OUT01 接通
DOUT OT#(2) OFF                 //OUT02 断开
…
```

如果需要，DOUT 命令还可通过添加项 OGH、OG 及变量 B，成组控制多点 DO 信号的通断；添加项中的 DO 信号地址也可用变量指定。

2. PULSE 命令编程

利用脉冲输出命令 PULSE，可在指定的外部通用 DO 上输出一个脉冲信号。PULSE 命令的输出脉冲宽度，可通过添加项 T 定义，T 的单位为 0.01s，允许输入范围为 0.01 ~655.35s；如省略添加项 T，则系统自动取 T =0.30s。

PULSE 命令添加项中的 DO 信号地址、定时值可用变量指定。如需要，命令还可通过添加项 OGH、OG，在多个 DO 信号上同时输出相同脉冲。

例如，执行以下程序，可在输出 OUT05、OUT20、OUT21 上，得到图 2.3-1 所示的脉冲信号。

```
…
SET B000 24              //变量 B000 设定为十进制 24(二进制 0001 1000,选择 DO 输出
                           OUT20、OUT21)
PULSE OG#(3) B000        //OG#(3)组的 OUT20、OUT21 输出宽度 0.3s 的脉冲信号
PULSE OT#(5) T = 1.00    //OUT5 输出宽度 1.0s 的脉冲信号
…
```

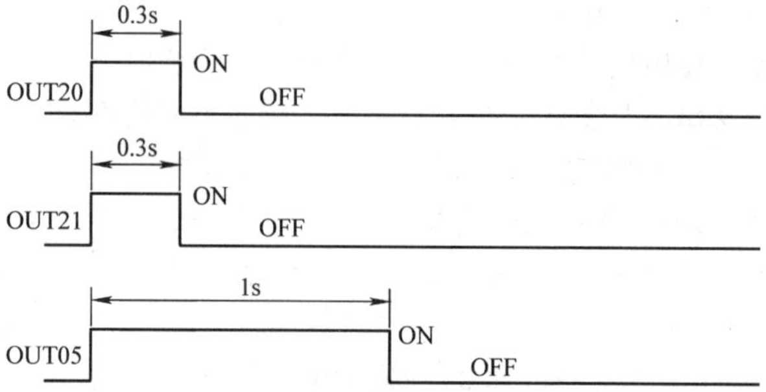

图 2.3-1 脉冲输出

3. DIN 命令编程

DI 信号读入命令 DIN 可将指定的 DI 信号状态，读入到 1 字节二进制变量 B 中。例如，通过以下程序，可将外部通用 DI 信号 IN16 的状态，读入到变量 B002 中：

```
…
DIN B002 IN#(1)              //将输入 IN01 的状态读入到变量 B002 中
…
```

如果 IN01 的状态为 ON，命令执行后，B002 的状态为“1”（0000 0001）；如 IN01 的状态为 OFF，则 B002 的状态为“0”。

DIN 命令不仅可用来读取外部通用 DI 信号的状态，而且，还可用来读取外部通用输出信号 DO、系统内部专用 DI/DO 信号 SIN/SOUT 的状态。DIN 命令添加项中的信号地址也可用变量给定，如需要，还可通过添加项 IGH/IG、OGH/OG，成组读入多个外部通用 DI/DO 信号的状态。

4. WAIT 命令编程

WAIT 为条件等待命令，如命令条件满足，系统可继续执行后续命令；否则，将处于暂停状态。命令的等待条件可以是判别式，也可直接用添加项 T 规定等待时间，或两者同时指定。当条件判别式和等待时间被同时指定时，只要满足其中的一项（条件满足或时间到达），便可继续执行后续的命令。例如

```
…
WAIT T = 1.00                //等待 1s 后执行后续命令
…
WAIT IN#(1)  = ON            //等待到 IN01 信号 ON 后,执行后续命令
…
WAIT IN#(1)  = OFF T = 1.00  //IN01 信号 OFF 或 1s 延时到达后,执行后续命令
…
```

WAIT 命令的判别条件既可为外部通用 DI/DO 信号，也可为系统内部专用 DI/DO 信号 SIN/SOUT；命令添加项中的地址也可用变量给定；如需要，还可通过添加项 IGH/IG、OGH/OG，一次性对多个信号的状态进行判断。

例如，利用如下程序，可同时判断 DI 信号 IN04、IN05 状态：

```
…
SET B000 1                //变量 B000 设定为十进制 1(选择组号 1)
SET B002 24               //变量 B002 设定为十进制 24(二进制 0001 1000,选择通用 DI 信
                            号 IN04、IN05)
WAIT IG#(B000) = B002     //等待 IN04、IN05 的状态同时为 ON
…
```

5. AOUT 命令编程

安川 DX100 系统的弧焊控制板 JANCD - YEW01 - E 上，安装有双通道、DC ±14V 模拟量输出接口 CH1、CH2；其中，CH1 为焊接电压输出，CH2 为焊接电流输出。接口 CH1、CH2 的模拟量输出值可通过命令 AOUT、直接以电压值的形式给定，命令添加项中的地址也可用变量的形式给定。例如

```
…
AOUT AO#(1)10.0              //CH1 输出 DC10V 电压
…
```

6. ARATION/ ARATIOF 命令编程

ARATION 命令是速度模拟量输出命令，利用该命令，可在弧焊控制板的模拟量输出接口 CH1、CH2 上，输出与机器人移动速度对应的模拟电压。ARATIOF 命令是速度模拟量输出关闭命令，它可取消接口 CH1、CH2 上的速度模拟量输出。

速度模拟量输出的电压值，可通过 ARATION 命令的添加项 BV、V 及 OFV 定义。其中，BV 为基准速度所对应的输出电压，单位为 0.01V，允许输入范围为 -14.00 ~ 14.00；V 为基准速度值，单位通常为 0.1mm/s，允许输入范围为 0.1 ~ 1500.0mm/s；OFV 为偏移调节值，单位为 0.01V，允许输入范围为 -14.00 ~ 14.00。

例如，对于如下程序：

```
…
ARATION AO#(1) BV=10.00 V=1000.0 OFV=0.20      //设定 CH1 速度模拟量输出
MOVL V=800.0                                   //接口 CH1 输出 DC8.2V 电压
MOVL V=500.0                                   //接口 CH1 输出 DC5.2V 电压
…
ARATIOF AO#(1)                                 //CH1 输出速度模拟量关闭
…
```

在上述程序中，因命令 ARATION 设定了基准速度 V = 1000.0mm/s 所对应的输出电压为 10V、电压偏移为 0.2V，因此，当移动速度为 V = 800.0mm/s 时，CH1 的输出电压为

$$u = \left(\frac{800}{1000} \times 10 + 0.2\right)\text{V} = 8.2\text{V}$$

当移动速度为 V = 500.0mm/s 时，CH1 的输出电压为

$$u = \left(\frac{500}{1000} \times 10 + 0.2\right)\text{V} = 5.2\text{V}$$

2.4 程序控制命令编程与实例

2.4.1 执行控制命令编程实例

1. 命令概述

程序控制命令包括程序执行控制命令和程序转移命令两类，程序执行控制命令用来控制当前程序的结束、暂停、命令预读、跳步等；程序转移命令可实现当前执行程序的跨区域跳转或直接调用其他程序等。

安川 DX100 系统可使用的程序控制命令及编程格式见表 2.4-1，部分命令（如 END、NOP 等）的操作对象为系统本身，故无需添加项。

表 2.4-1 DX100 系统程序控制命令的编程格式

类别	命令	名 称	编程格式与示例
程序执行控制命令	END	程序结束	无添加项，结束程序
	NOP	空操作	无添加项，命令无任何动作
	NWAIT	连续执行	移动命令的添加项，移动的同时，执行后续非移动命令

（续）

类别	命令	名　称	编 程 格 式 与 示 例	
程序执行控制命令	CWAIT	执行等待	无添加项，与带 NWAIT 添加项的移动命令配对使用，撤销 NWAIT 的连续执行功能	
	ADVINIT	命令预读	无添加项，预读下一命令，提前初始化变量	
	ADVSTOP	停止预读	无添加项，撤销命令预读功能	
	COMMENT（即'）	注释	仅显示字符	
	TIMER	程序暂停	基本添加项	T = *
			可选添加项	—
			编程示例	TIMER T=2.00
	IF	条件比较（添加项）	基本添加项	* = *、
			可选添加项	* > *、* < *、* < > *、* < = *、* > = *
			编程示例	PAUSE IF IN#（12） =OFF
	PAUSE	条件暂停	基本添加项	IF *
			可选添加项	—
			编程示例	PAUSE IF IN#（12） =OFF
	UNTIL	跳步	基本添加项	IN#（*），移动命令的添加项
			可选添加项	—
			编程示例	MOVL V=300.0 UNTIL IN#（10） =ON
程序转移命令	JUMP	程序跳转	基本添加项	*（字符）
			可选添加项	JOB：（*）、IG#（*）、B*、I*、D*、UF#*、IF
			编程示例	JUMP JOB：TEST1 IF IN#（14） =OFF
	LABEL（即*）	跳转目标	基本添加项	字符（1~8个）
			可选添加项	—
			编程示例	*123
	CALL	子程序调用	基本添加项	JOB：（*）
			可选添加项	IG#（*）、B*、I*、D*、UF#*、IF
			编程示例	CALL JOB：TEST1 IF IN#（24） =ON
	RET	子程序返回	基本添加项	—
			可选添加项	IF
			编程示例	RET IF IN#（12） =ON

在程序执行控制命令中，END、NOP、ADVINIT、ADVSTOP 等命令无添加项，其含义明确、编程简单；NWAIT、UNITIL 命令通常只作移动命令的添加项使用，CWAIT 命令需要与 NWAIT 命令配合使用，命令功能和编程方法可参见前述移动命令的添加项编程说明。其他程序控制命令的功能和编程方法如下：

2. 注释命令编程

注释命令可对需要解释或说明的命令行或程序段，添加相关的文本说明，以方便程序阅读。注释命令可通过按示教器操作面板上的【命令一览】键、选定［控制］命令组后，通过选择［COMMENT］输入。

安川 DX100 系统注释文本允许的最大字符数为 32 个；执行注释命令，系统可在示教器上显示注释文本，但系统和机器人不会产生任何动作。例如，以下程序便是利用注释，添加了作业流程说明的程序示例。

```
NOP
'Go to Waiting Position          //显示注释 Go to Waiting Position(移动到待机位置)
MOVJ VJ=100.00
'Welding Start                   //显示注释 Welding Start(焊接开始)
MOVL V=800.00
ASCON ASF#(1)
MOVL V=138.0
'Welding End                     //显示注释 Welding End(焊接结束)
ASCOF AEF#(1)
MOVL V=800.00
'Go back Waiting Position        //显示注释 Go back Waiting Position(回到待机位置)
MOVJ VJ=100.00
END
```

3. TIMER 命令编程

利用程序暂停命令 TIMER，可使系统暂停执行程序，以便外部控制装置完成相关的动作。TIMER 命令的暂停时间可通过命令添加项 T 规定，时间 T 的单位为 0.01s；允许输入范围为 0.01~655.35s。程序暂停命令 TIMER 的应用示例如下：

```
…
MOVL V=800.0 NWAIT          //机器人移动的同时，执行后述的非移动命令
DOUT OT (#12) ON            //接通外部通用 DO 信号 OUT12
CWAIT                       //禁止连续执行后述的非移动命令
TIMER T=1.00                //暂停 1s
DOUT OT (#12) OFF           //断开外部通用 DO 信号 OUT12 输出
DOUT OT (#11) ON            //接通外部通用 DO 信号 OUT11
…
```

4. PAUSE 命令编程

执行条件暂停命令 PAUSE，系统将判别添加项 IF 规定的条件，如果 IF 项条件满足，程序将进入暂停状态；否则，将继续执行后续命令。条件暂停命令 PAUSE 的应用示例如下：

```
…
MOVL V=800.0
PAUSE IF IN# (12) =OFF      //如外部通用 DI 信号 IN12 输入 OFF，程序暂停
ASCON ASF# (1)
MOVL V=138.0
…
```

2.4.2 程序转移命令编程实例

程序转移命令可实现当前执行程序的跨区域跳转、程序跳转及子程序调用等功能。安川 DX100 系统的程序转移命令的功能和编程方法如下：

1. JUMP 命令编程

程序跳转命令 JUMP 用于当前执行程序的跨区域跳转和程序跳转。

JUMP 命令用于当前执行程序的跨区域跳转时，跳转目标应通过添加项“*+字符”指定。跳转目标标记最大允许使用8个字符，在同一程序上不能重复使用相同的目标标记；但是，不同程序中的目标标记可以相同。跳转标记命令可通过按示教器操作面板上的【命令一览】键、选定［控制］后，通过选择［LABEL］输入。

JUMP 命令用于程序跳转时，目标程序以添加项“JOB：(程序名)”的形式指定。如目标的程序名为纯数字（不能为0），跳转目标也可用变量 B（1字节二进制变量）、变量 I（整数变量）、变量 D（双字长整数变量）、1字节通用 DI 信号 IG#（*）状态等方式指定。

JUMP 命令还可通过添加项 IF 规定执行跳转的条件，实现条件跳转功能。因此，灵活使用程序跳转命令 JUMP，可实现无条件跳转、条件跳转、程序循环执行等多种功能，命令的应用示例如下：

1）当前执行程序的跳转：

```
…
MOVJ VJ=80.00
JUMP *A001 IF IN#（14） =ON    //IN14 输入 ON，跳转至*A001，否则继续执行后续命令
MOVJ VJ=50.00                  //IN14 输入 OFF 时继续执行的程序
…
JUMP *pro_ end                 //无条件跳转至*pro_ end，程序结束
*A001                          //IN14 输入 ON 的跳转目标
MOVL V=138.0                   //IN14 输入 ON 时执行的程序
…
*pro_ end                      //无条件跳转目标
END
```

2）程序跳转：JUMP 命令可通过添加项“JOB：(程序名)”，实现程序跳转功能；如增加添加项 IF，可实现条件跳转。

```
…
JUMP JOB：TEST1IF IN#（14） =ON    //IN14 输入 ON，跳至 TEST1，否则继续
MOVL V=138.0
…
JUMP JOB：TEST2                    //无条件跳转至程序 TEST2
END
```

如跳转目标程序的名称为纯数字（不能为0），JUMP 命令可用变量、DI 信号状态 IG#（*）等指定跳转目标。

```
…
MOVJ VJ=80.00
SET I001 1000                  //定义变量 I000=1000
JUMP I001 IF IN#（17） =ON     //IN17 输入 ON 时，跳转到程序 1000
```

```
MOVJ VJ =50.00                  //IN17 输入 OFF 时，继续执行的程序
…
DIN B002 IG# (2)                //输入 IN09 ~ IN16 的状态读入到变量 B002 中
JUMP *pro_ end IF B002 =0       //如 IN09 ~ IN16 输入 B002 为 0，跳转到 *pro_ end 结束
JUMP IG# (2)                    //B002 不为 0，跳转程序由 IG# (2) 选择
*pro_ end
END
```

3）循环运行：如程序跳转目标位于跳转命令之前的位置，可实现程序的循环运行功能。

```
NOP
*cycle                               //跳转目标标记
JUMP JOB: TEST1 IF IN# (1) =ON       //IN01 输入 ON，调用程序 TEST1
JUMP JOB: TEST2 IF IN# (2) =ON       //IN02 输入 ON，调用程序 TEST2
JUMP *cycle                          //IN01/N02 均 OFF，跳转至 * cycle、程序无限
                                       循环
END
```

2. CALL/RET 命令编程

子程序调用命令 CALL 用于子程序调用，命令需要调用的子程序名称可通过添加项"JOB：(程序名)"指定；如目标程序名使用的是纯数字（不能为 0），跳转目标也可用变量 B（1 字节二进制变量）、变量 I（整数变量）、变量 D（双字长整数变量）或 1 字节通用 DI 信号的输入值 IG#（*）等方式指定。

子程序应使用返回命令 RET 结束，以便返回到原程序、继续执行后续命令。CALL、RET 命令还可通过添加项 IF，规定子程序调用条件和返回条件。

CALL/RET 命令的应用示例如下：

主程序：

```
NOP
CALL JOB: TEST1 IF IN# (1) =ON     //IN01 输入 ON，调用程序 TEST1
CALL JOB: TEST2 IF IN# (2) =ON     //IN02 输入 ON，调用程序 TEST2
CALL IG# (2) IF IN# (3) =ON        //IN03 输入 ON，调用输入 IN09 ~ IN16 选定的程序
END
```

子程序 TEST1：

```
NOP
MOVJ VJ =80.00
…
RET                                //返回到主程序
END
```

子程序 TEST2：

```
NOP
RET IF IN# (03) =ON                //IN03 输入 ON，返回主程序
MOVJ VJ =50.00
…
RET                                //返回到主程序
END
```

2.5 变量和平移命令编程与实例

2.5.1 变量的分类与使用

变量（Variable）不仅可在前述的移动命令、输入/输出命令、程序执行控制命令中，代替添加项的数值，而且是运算命令、平移命令必须使用的基本操作数。安川 DX100 系统的变量分为系统变量和用户变量两大类。

系统变量是反映控制系统本身状态的量，如机器人的当前位置、报警号等；系统变量的前缀字符为“$”，如$B＊＊、$PX＊＊、$ERRNO 等。系统变量的功能由控制系统生产厂家定义，用户可在程序中使用，但不能改变功能。使用系统变量需要编程人员对控制系统有全面、深入的了解，因此，在普通的机器人作业程序中一般较少使用。

用户变量是可供用户自由使用的变量，它既可用于位置、速度、算术运算结果等数值的设定和保存，还可用于 DI/DO 信号状态、逻辑运算结果等二进制数据的设定和保存，因此，在机器人程序中使用广泛。DX100 系统的变量功能和编程方法如下：

1. 用户变量

用户变量分为公共变量和局部变量两类。

1）公共变量：公共变量有时直接称为用户变量或变量，它是系统中所有程序可共同使用的变量。公共变量在系统中具有唯一性，且具有断电保持功能。根据变量存储器的长度和数据存储格式，公共变量可分为数值型（包括字节型、整数型、双整数型、实数型）、文字型、位置型三类，DX100 系统可使用的公共变量数量、变量号及主要用途见表 2.5-1。

表 2.5-1 DX100 系统公共变量表

变量种类		数量	变量号	数据范围	用　途
数值型	字节型	100	B000 ~ B099	0 ~ 255	十进制整数、二进制逻辑状态
	整数型	100	I000 ~ I099	-32768 ~ +32767	十进制整数、速度、时间等
	双整数型	100	D000 ~ D099	-2^{31} ~ $+2^{31}-1$	十进制整数
	实数	100	R000 ~ R099	-3.4E38 ~ +3.4E38	实数
文字型		100	S000 ~ S099	16 个字符	ASCII 编码字符
位置型		128	P000 ~ P127	复合数据	机器人轴位置
		128	BP000 ~ BP127	复合数据	基座轴位置
		128	EX000 ~ EX127	复合数据	工装轴位置

2）局部变量：局部变量（Local Variable）是供某一程序使用的临时变量，它只对本程序有效，程序一旦执行完成，变量将自动无效；但对于使用子程序调用命令 CALL 的主程序来说，主程序中的局部变量可在子程序执行完成、RET 命令返回后，继续生效。

局部变量的种类和公共变量相同，变量号需要加前缀“L”，即字节型为 LB＊＊、整数型变量为 LI＊＊、双整数型变量为 LD＊＊、实数型变量为 LR＊＊、文字型变量为 LS＊＊、机器人轴/基座轴/工装轴的位置型变量分别为 LP＊＊/LBP＊＊/LEX＊＊；每一类局部变量的数据存储范围、用途都与同类公共变量一致，如字节型变量 LB＊＊的数据存储范围为 0 ~ 255、可用于十进制整数及二进制逻辑状态存储等。

一个程序需要使用的局部变量的数量，应在程序标题编辑页面上，通过第 7 章 7.1 节所述的操作事先设定。所有局部变量的起始编号均为 0，程序标题编辑页面所设定的 LB、LI 等值，为可使用的最大变量数。例如，当程序需要使用 20 个字节型局部变量 LB、10 个整数型局部变量 LI 时，应在程序标题编辑页面设定 LB = 10、LI = 20，这样，该程序便可使用局部变量 LB000 ~ LB019、LI000 ~ LI009。

2. 用户变量编程

在机器人程序中，用户变量的值既可通过设定命令 SET 直接设定，也可通过运算式计算产生；变量值一经设定，变量便可直接替代命令添加项中的数值或状态，在命令中使用。变量编程需要注意以下问题。

1）数据格式：在 DX100 系统中，用户变量的数据均以二进制格式存储，但在程序中通过设定命令 SET 对变量进行设定时，命令中的数值需要以十进制格式设定；如果变量用来代替以十进制格式表示的添加项，它仍可由系统自动转换为十进制数。

例如，对于以下程序：

```
0000 NOP
0001SET B000 3                    //设定 B000 = 3（二进制 0000 0011）
0002 DOUT OT#（B000）ON           //OUT03 输出 ON
0003 DOUT OG#（B000） = B000      //OUT17、OUT18 输出 ON
…
```

程序中的命令行 0001 用于变量设定，字节型变量 B000 设定为“3”，转换为二进制后，存储器的内容为“0000 0011”。

程序中的命令行 0002 为输出命令，变量 B000 用来替代命令添加项 OT#（n）中的输出点编号 n，由于 n 为十进制格式，因此，OT#（B000）就相当于 OT#（3），执行命令可接通外部通用输出 OUT03。

程序中的命令行 0003 仍为输出命令，变量 B000 一方面用来替代命令添加项 OG#（n）中的组号 n，n 为十进制格式，因此，OG#（B003）就相当于 OG#（3），外部通用输出组 3（OUT24 ~ OUT17）被选定；同时，变量 B000 又被用来定义输出组的输出状态，变量 B000 将以二进制存储形式“0000 0011”输出，因此，输出 OUT17、OUT18 将被接通。

2）数据单位：当变量用来定义位置、速度、时间等添加项时，数值的单位为对应添加项的基本单位。

例如，对于以下程序：

```
0000 NOP
0001 SET I000 2000          //设定 I000 = 2000
0002 MOVJ VJ = I000         //定位速度（倍率）为 20%
0003 MOV V = I000           //直线插补速度为 200mm/s
0004 TIMER T = I000         //暂停时间为 20s
…
```

程序中的命令行 0001 用于变量设定，整数型变量 I000 设定为“2000”。

在命令行 0002 上，变量 I 用来定义机器人点定位速度 VJ，由于 VJ 的基本单位为 0.01%，因此，变量 I 的值“2000”被自动转换为 20.00%。

在命令行 0003 上，变量 I 用来定义机器人直线插补速度 V，由于 V 的基本单位为 0.1mm/s，因此，变量I的值“2000”被自动转换为200.0mm/s。

在命令行0004上，变量I用来定义程序暂停时间，由于T的基本单位为0.01s，因此，变量I的值“2000”被自动转换为20.00s。

3）变量运算：二进制逻辑运算的状态、结果实际上都是1位二进制数，但在机器人作业程序上，不能使用PLC程序那样的逻辑运算累加器，因此，逻辑运算的状态、结果都需要用字节变量B来存储，且其处理不像PLC程序那样方便。此外，对于十进制数学运算，使用变量时还需要注意其数据存储范围，防止运算结果溢出。有关内容可参见后述的运算命令编程。

2.5.2 变量读写命令编程实例

1. 命令格式与功能

安川DX100系统的运算命令主要用于程序数据的处理，命令包括变量读写、变量运算和变量转换三大类。变量读写命令用于变量的设定和清除；变量运算命令用于变量的算术运算、函数运算、矩阵运算和逻辑运算；变量转换命令可用于坐标变换和ASCII字符操作。

变量读写命令的格式、功能和编程示例见表2.5-2。

表2.5-2 DX100系统变量读写命令的编程格式

类别	命令	名 称	编程格式、功能与示例	
变量设定	SET	变量设定	命令格式	SET（添加项1）（添加项2）
			命令功能	添加项1 = 添加项2
			添加项1	B＊、I＊、D＊、R＊、S＊、P＊、BP＊、EX＊
			添加项2	B＊、I＊、D＊、R＊、S＊、常数
			编程示例	SET I012 I020
	SETE	位置变量设定	命令格式	SETE（添加项1）（添加项2）
			命令功能	添加项1 = 添加项2
			添加项1	P＊（＊）、BP＊（＊）、EX＊（＊）
			添加项2	D＊
			编程示例	SETE P012（3）D005
	SETFILE	文件数据设定	命令格式	SETFILE（添加项1）（添加项2）
			命令功能	添加项1 = 添加项2
			添加项1	WEV#（＊）（＊）
			添加项2	常数、D＊
			编程示例	SETFILE WEV#（1）（1）D000
	CLEAR	变量批量清除	命令格式	CLEAR（添加项1）（添加项2）
				CLEAR STACK（清除堆栈）
			命令功能	清除部分变量或全部堆栈
			添加项1	B＊、I＊、D＊、R＊、$B＊、$I＊、$D＊、$R＊
			添加项2	（＊）、ALL
			编程示例	CLEAR B000 ALL

（续）

类别	命令	名称	编程格式、功能与示例	
变量读入	GETE	位置变量读入	命令格式	GETE（添加项1）（添加项2）
			命令功能	添加项1 = 添加项2
			添加项1	D *
			添加项2	P *（ * ）、BP *（ * ）、EX *（ * ）
			编程示例	GETE D006 P012（4）
	GETS	系统变量读入	命令格式	GETS（添加项1）（添加项2）
			命令功能	添加项1 = 添加项2
			添加项1	B *、I *、D *、R *、PX *
			添加项2	$B *、$I *、$D *、$R *、$PX *、$ERRNO *
			编程示例	GETS B000$B000
	GETFILE	文件数据读入	命令格式	GETFILE（添加项1）（添加项2）
			命令功能	添加项1 = 添加项2
			添加项1	D *
			添加项2	WEV#（ * ）（ * ）
			编程示例	GETFILE D000 WEV#（1）（1）
	GETPOS	程序点读入	命令格式	GETPOS（添加项1）（添加项2）
			命令功能	添加项1 = 添加项2
			添加项1	PX *
			添加项2	STEP#（ * ）
			编程示例	GETPOS PX000 SETP#（1）

2. 变量设定命令编程

安川 DX100 系统的变量有前述的字节型、整数型、双整数型、实数型、文字型、位置型等多种，由于不同变量的存储格式不同，其设定方法也不尽相同。例如，直接通过常数设定变量时，常数的格式、取值范围应与变量的格式、取值范围一致等。变量设定命令的编程格式与要求如下：

1）SET 命令：SET 命令可直接将命令添加项 1 设定为添加项 2 指定的数据，添加项 2 可以为常数或同类变量。命令编程示例如下：

```
…
SET B000 12            //设定 B000 = 12（常数，以十进制格式指定）
SET I000 1200          //设定 I000 = 1200（十进制整数）
SET B000 B001          //设定 B000 = B001（字节型变量）
SET I012 I011          //设定 I012 = I011（整数型变量）
…
```

2）SETE 命令：SETE 命令用于位置变量的设定，它可将命令添加项 1 指定的轴位置数据设定为添加项 2 指定的值。由于位置变量包含有多个轴的位置，因此，设定时需要通过变量号 P * 和元素号（ * ），选定变量与需要设定的坐标轴；此外，由于位置数据为双字长整数，故添加项 2 需要使用双整数型变量 D。位置变量的元素号规定如下：

P＊(0)：所有轴的位置数据；

P＊(1)/P＊(2)/P＊(3)：X/Y/Z 轴位置数据；

P＊(4)/P＊(5)/P＊(6)：Rx/Ry/Rz 轴位置数据。

SETE 命令的编程示例如下：

```
…
SET D000 0                    //设定 D000 =0
SET D001 100000               //设定 D001 =100000
SETE P012 （1） D000          //设定位置变量 P012 的 X 轴数据为 0
SETE P012 （2） D001          //设定位置变量 P012 的 Y 轴数据为 100.000
…
```

3）SETFILE 命令：SETFILE 命令用于作业文件的数据设定，它可将命令添加项 1 指定的作业文件数据设定为添加项 2 指定的值。作业文件同样包含有多个数据，因此，设定时需要通过文件号 WEV#＊和元素号（＊），选定作业文件与需要设定的数据号；文件数据的值通过添加项 2，以双整数型变量 D 或常数的形式规定。SETFILE 命令的编程示例如下：

```
…
SET D000 15                       //设定 D000 =15
SETFILE WEN# （1）（1） D000      //设定作业文件 （1） 的数据 1 为 15
SETFILE WEN# （1）（2） 2         //设定作业文件 （1） 的数据 2 为 2
…
```

4）CLEAR 命令：CLEAR 命令用于变量的批量清除，它既可用于指定类别、指定数量的变量清除，也可用于程序调用堆栈的清除。

当 CLEAR 命令用于指定类别、指定数量的变量清除时，命令添加项 1 用来指定变量类别及需要清除的起始变量号；添加项 2 用来指定需要清除的变量数量；如添加项 2 定义为“ALL”，命令将清除起始变量号以后的全部变量。CLEAR 命令的编程示例如下：

```
…
CLEAR B000 1                  //清除变量 B000
CLEAR I010 10                 //清除 I010 ~ I019 共 10 个变量
CLEAR D010 ALL                //清除 D010 以后的全部 D 变量 （D010 ~ D099）
…
```

当 CLEAR 命令用于程序调用堆栈清除时，只需要使用添加项“STACK”，它将清除程序调用堆栈的全部变量。CLEAR STACK 命令的功能和编程示例如图 2.5-1 所示。

程序调用堆栈是用来临时保存程序数据的存储器，这些数据可用于程序返回时的状态恢复。在正常情况下，程序调用堆栈的数据可通过程序结束命令 END 或子程序返回命令 RET，自动清除；如果使用了“CLEAR STACK”命令清除堆栈，将不能执行程序返回操作。

3. 变量读入命令编程

变量读入命令主要用于系统内部数据的读取，它可以将系统的轴位置数据、系统变量、作业文件数据、程序点等转换为相应的变量值。变量读入命令的编程格式与要求如下：

1）GETE 命令：GETE 命令的功能与 SETE 相反，它可将命令添加项 2 指定的轴位置数据，读入到添加项 1 指定的变量中。读入位置变量时，同样需要在添加项 2 上指定变量号 P＊和元素号（＊），选定需要读入的变量和坐标轴；添加项 1 则需要使用双整数型变量 D。位置变量的元素号规定和 SETE 命令相同。GETE 命令的编程示例如下：

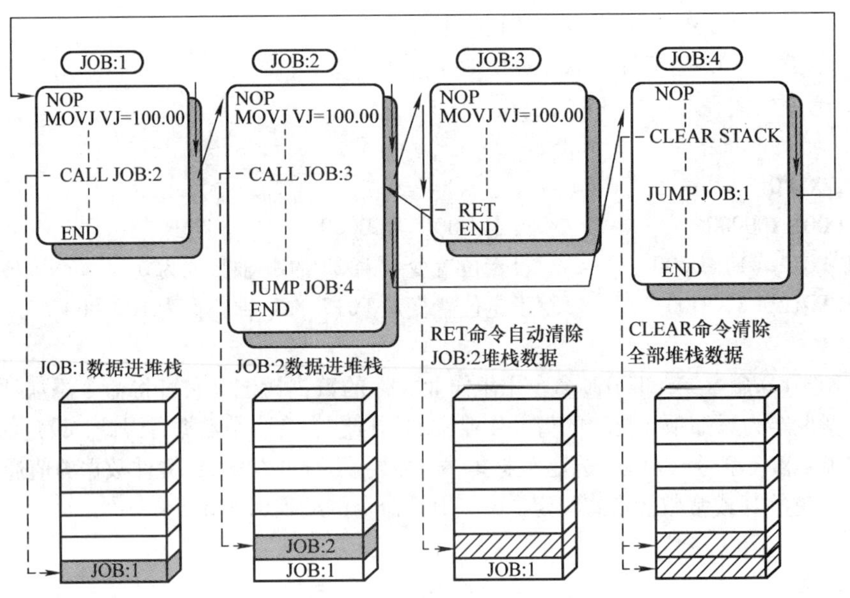

图 2. 5-1　CLEAR 命令的功能和编程示例

```
…
GETE D000 P012 (1)          //位置变量 P12 的 X 轴数据读入到 D000
GETE D001 P012 (2)          //位置变量 P12 的 Y 轴数据读入到 D001
…
```

2）GETS 命令：GETS 命令用于系统变量的读取，它可将命令添加项 2 指定的系统变量读入到添加项 1 指定的用户变量中。读入系统变量时，添加项 1 和添加项 2 的变量类型需要统一。GETS 命令的编程示例如下：

```
…
GETS B000 $B000          //字节型系统变量$B000 读入到 B000
GETS I000$I [1]          //整数型系统变量$I [1] 读入到 I000
GETS PX001$PX000         //机器人当前位置读入到程序点位置变量 PX001
…
```

3）GETFILE 命令：GETFILE 命令的功能与 SETFILE 相反，它可将命令添加项 2 指定的作业文件数据，读入到添加项 1 指定的变量中。读入文件数据时，需要通过文件号 WEV#＊和元素号（＊），选定作业文件与需要读取的数据号；添加项 1 需要使用双整数型变量 D。GETFILE 命令的编程示例如下：

```
…
GETFILE D000 WEN# (1) (1)          //作业文件（1）的数据 1 读入到 D000
GETFILE D001 WEN# (1) (2)          //作业文件（1）的数据 2 读入到 D001
…
```

4）GETPOS 命令：GETPOS 命令用于程序点位置的读取，它可将命令添加项 2 指定的程序点读入到添加项 1 指定的程序点位置变量 PX 中。GETPOS 命令的编程示例如下：

…

```
GETPOS PX001 STEP#（1）      //程序点 1 读入到变量 PX001
GETPOS PX002 STEP#（10）     //程序点 10 读入到变量 PX002
…
```

2.5.3 变量运算命令编程实例

1. 命令格式与功能

变量运算命令可用于变量的算术运算、函数运算、矩阵运算和逻辑运算处理，命令的格式、功能和编程示例见表 2.5-3。

表 2.5-3 DX100 系统变量运算命令的编程格式

类别	命令	名　称	编程格式、功能与示例	
算术运算	ADD	加法运算	命令格式	ADD（添加项 1）（添加项 2）
			命令功能	添加项 1 =（添加项 1）+（添加项 2）
			添加项 1	B＊、I＊、D＊、R＊、P＊、BP＊、EX＊
			添加项 2	常数、B＊、I＊、D＊、R＊、P＊、BP＊、EX＊
			编程示例	ADD I012 100
	SUB	减法运算	命令格式	SUB（添加项 1）（添加项 2）
			命令功能	添加项 1 =（添加项 1）－（添加项 2）
			添加项 1	B＊、I＊、D＊、R＊、P＊、BP＊、EX＊
			添加项 2	常数、B＊、I＊、D＊、R＊、P＊、BP＊、EX＊
			编程示例	SUB I012 I013
	MUL	乘法运算	命令格式	MUL（添加项 1）（添加项 2）
			命令功能	添加项 1 =（添加项 1）×（添加项 2）
			添加项 1	B＊、I＊、D＊、R＊、P＊（＊）、BP＊（＊）、EX＊（＊）
			添加项 2	常数、B＊、I＊、D＊、R＊
			编程示例	MUL P000（3）2
	DIV	除法运算	命令格式	DIV（添加项 1）（添加项 2）
			命令功能	添加项 1 =（添加项 1）÷（添加项 2）
			添加项 1	B＊、I＊、D＊、R＊、P＊（＊）、BP＊（＊）、EX＊（＊）
			添加项 2	常数、B＊、I＊、D＊、R＊
			编程示例	DIV P000（3）2
	INC	变量加 1	命令格式	INC（添加项）
			命令功能	添加项 =（添加项）+1
			添加项	B＊、I＊、D＊
			编程示例	INC I043
	DEC	变量减 1	命令格式	DEC（添加项）
			命令功能	添加项 =（添加项）－1
			添加项	B＊、I＊、D＊
			编程示例	DEC I043

（续）

类别	命令	名　称	编程格式、功能与示例	
函数运算	SIN	正弦运算	命令格式	SIN（添加项 1）（添加项 2）
			命令功能	添加项 1 = sin（添加项 2）
			添加项 1	R＊
			添加项 2	常数、R＊
			编程示例	SIN R000 R001
	COS	余弦运算	命令格式	COS（添加项 1）（添加项 2）
			命令功能	添加项 1 = cos（添加项 2）
			添加项 1	R＊
			添加项 2	常数、R＊
			编程示例	COS R000 R001
	ATAN	反正切运算	命令格式	ATAN（添加项 1）（添加项 2）
			命令功能	添加项 1 = arctan（添加项 2）
			添加项 1	R＊
			添加项 2	常数、R＊
			编程示例	ATAN R000 R001
	SQRT	平方根	命令格式	SQRT（添加项 1）（添加项 2）
			命令功能	添加项 1 = $\sqrt{(添加项 2)}$
			添加项 1	R＊
			添加项 2	常数、R＊
			编程示例	SQRT R000 R001
矩阵运算	MULMAT	矩阵乘法	命令格式	MULMAT（添加项 1）（添加项 2）（添加项 3）
			命令功能	添加项 1 = （添加项 2） × （添加项 3）
			添加项 1	P＊
			添加项 2	P＊
			添加项 3	P＊
			编程示例	MULMAT P000 P001 P002
	INVMAT	矩阵求逆	命令格式	INVMAT（添加项 1）（添加项 2）
			命令功能	添加项 1 = （添加项 2）$^{-1}$
			添加项 1	P＊
			添加项 2	P＊
			编程示例	INVMAT P000 P001
逻辑运算	AND	与运算	命令格式	AND（添加项 1）（添加项 2）
			命令功能	添加项 1 = （添加项 1） & （添加项 2）
			添加项 1	B＊
			添加项 2	B＊、常数
			编程示例	AND B000 B001

（续）

类别	命令	名　称	编程格式、功能与示例	
逻辑运算	OR	或运算	命令格式	OR（添加项1）（添加项2）
			命令功能	添加项1 =（添加项1）or（添加项2）
			添加项1	B＊
			添加项2	B＊、常数
			编程示例	OR B000 B001
	NOT	非运算	命令格式	NOT（添加项1）（添加项2）
			命令功能	添加项1 = $\overline{(添加项2)}$
			添加项1	B＊
			添加项2	B＊、常数
			编程示例	NOT B000 B001
	XOR	异或运算	命令格式	XOR（添加项1）（添加项2）
			命令功能	添加项1 =（添加项1）xor（添加项2）
			添加项1	B＊
			添加项2	B＊、常数
			编程示例	XOR B000 B001

2. 算术运算命令编程

算术运算命令可对命令添加项1和添加项2，进行加、减、乘、除、加1、减1运算，运算结果保存在添加项1中。其中，作为被加数、被减数、被乘数、被除数的添加项1，还需要用来保存运算结果，故必须为变量；加数、减数、乘数、除数则可以是变量或常数；命令中的添加项1和添加项2的变量类型应相同。

算术运算的编程简单，但需要注意命令添加项的数据格式。不同算术运算命令的添加项格式要求如下：

1）加减运算：添加项1和添加项2可以是字节型变量B、整数型变量I、双整数型变量D、实数型变量R和位置型变量P/BP/EP；加数、减数（添加项2）还可使用常数。程序示例如下：

```
…
SET I012 2000          //定义 I012 = 2000
SET I013 1000          //定义 I013 = 1000
ADD I012 I013          //I012 = 3000
SUB I012 1600          //I012 = 1400
…
```

2）加1/减1运算：只需要使用1个添加项，添加项只能是字节型变量B、整数型变量I或双整数型变量D。程序示例如下：

```
…
SET B000 0          //定义 B000 = 0
SET B001 10         //定义 B001 = 10
…
INC B000            //B000 = 1
```

```
DEC  B001             //B000 = 9
…
```

3）乘除运算：添加项 1 可以是变量 B、变量 I、变量 D、变量 R、位置型变量 P/BP/EP、位置变量的指定轴数据 P∗(∗)；添加项 2 只能是常数或变量 B、I、D、R；位置型变量之间的乘除运算，需要通过后述的矩阵运算命令实现。当添加项 1 使用 P∗(∗) 型位置变量时，乘除运算可对指定轴的位置数据进行，轴数据的选择方法可参见 SETE 命令说明。乘除运算的程序示例如下：

```
…
SET  I000  12           //定义 I000 = 12
SET  I001  4            //定义 I001 = 4
MUL  I000  I001         //I000 = 48
DIV  I001  2            //I001 = 2
MUL  P000 (0) 2;        //P000 的所有轴位置数据乘以 2
DIV  P000 (3) I001;     //P000 的 Z 轴位置数据除以 2
…
```

3. 函数运算命令编程

函数运算命令可对添加项 2 指定的常数或实数，进行三角函数或求二次方根运算，运算结果保存在添加项 1 中。函数运算的结果通常带小数，故命令添加项 1 必须为实数型变量 R，对于求二次方根运算，还必须大于等于 0；命令添加项 2 可为实数型变量 R 或常数。函数运算的程序示例如下：

```
…
ATAN  R001  1           //R001 = 45
SIN  R002  30           //R002 = 0.5
COS  R003  R001         //R003 = 0.707
SQRT  R004  R002        //R004 = 0.707
…
```

4. 矩阵运算命令编程

位置型变量有多个元素组成，变量间的乘除运算需要通过矩阵运算命令实现。矩阵乘法命令 MULMAT，可进行位置型变量添加项 2 和位置型变量添加项 3 的乘法运算，结果保存在添加项 1 中。位置型变量和位置型变量的除法，需要通过矩阵求逆命令 INVMAT，计算出逆矩阵后，再利用矩阵乘法实现。矩阵运算命令中的所有添加项都必须为位置型变量 P，程序示例如下：

```
…
MULMAT  P002  P000  P001       //P002 = (P000) × (P001)
INVMAT  P003  P001             //P003 = (P001)^-1
MULMAT  P004  P000  P003       //P004 = (P000) × (P001)^-1
…
```

5. 逻辑运算命令编程

逻辑运算命令可用于二进制字节型变量的“与”“或”“非”“异或”等逻辑运算处理，程序示例如下：

```
…
DIN  B000  IN# (1)             //将输入 IN01 的状态读入到变量 B000 中
DIN  B001  IN# (2)             //将输入 IN02 的状态读入到变量 B001 中
AND  B000  B001                //B000 = IN01&IN02
```

DOUT OT# (1) ON IF B000 = 1 //如 B000 为 1，OUT01 输出 ON
DOUT OT# (1) OFF IF B000 = 0 //如 B000 为 0，OUT01 输出 OFF
…
DIN B000 IG# (2)　　//将输入 IN08 ~ IN01 的状态读入到变量 B000 中

DIN B000 IG# (1)　　//将输入 IN08 ~ IN01 的状态读入到变量 B000 中
DIN B001 IG# (2)　　//将输入 IN16 ~ IN09 的状态读入到变量 B001 中
NOT B002 B001　　//输入 IN16 ~ IN09 的状态取反保存到变量 B002 中
AND B001 B000　　//B001 = (IN16 ~ IN09) & (IN08 ~ IN01)
DOUT OG# (1) = B001　　//OUT08 ~ OUT01 = (IN16 ~ IN09) & (IN08 ~ IN01)
OR B002 B000　　//B002 = $\overline{(\mathrm{IN16} \sim \mathrm{IN09})}$ or (IN08 ~ IN01)
DOUT OG# (2) = B002　　//OUT16 ~ OUT09 = $\overline{(\mathrm{IN16} \sim \mathrm{IN09})}$ or (IN08 ~ IN01)
…

2.5.4 变量转换命令编程实例

1. 命令格式与功能

变量转换命令可用于坐标变换和 ASCII 字符操作；命令的编程格式、功能和示例见表 2.5-4。

表 2.5-4 DX100 系统变量转换命令的编程格式

类别	命令	名称	编程格式、功能与示例	
坐标变换	CNVRT	坐标系变换	命令格式	CNVRT (添加项 1)(添加项 2)(添加项 3)
			命令功能	添加项 2 转换为添加项 3 指定坐标系的添加项 1
			添加项 1	PX *
			添加项 2	PX *
			添加项 3	BF、RF、TF、UF# (*)、MTF
			编程示例	CNVRT PX000 PX001 BF
	MFRAME	用户坐标系定义	命令格式	MFRAME (添加项 1)(添加项 2)(添加项 3)(添加项 4)
			命令功能	3 点定义用户坐标系
			添加项 1	UF# (*)
			添加项 2 ~ 4	PX *
			编程示例	MFRAME UF# (1) PX000 PX001 PX002
字符操作	VAL	数值变换	命令格式	VAL (添加项 1)(添加项 2)
			命令功能	将添加项 2 的 ASCII 数字转换为数值
			添加项 1	B * 、I * 、D * 、R *
			添加项 2	ASCII 字符、S *
			编程示例	VAL B000 "123 "
	ASC	编码读入	命令格式	ASC (添加项 1)(添加项 2)
			命令功能	读取添加项 2 的首字符 ASCII 编码
			添加项 1	B * 、I * 、D *
			添加项 2	ASCII 字符、S *
			编程示例	ASC B000 "ABC "

（续）

类别	命令	名　称	编程格式、功能与示例	
字符操作	CHR$	代码转换	命令格式	CHR$（添加项 1）（添加项 2）
字符操作	CHR$	代码转换	命令功能	将添加项 2 的编码转换为 ASCII 字符
字符操作	CHR$	代码转换	添加项 1	S＊
字符操作	CHR$	代码转换	添加项 2	常数、B＊
字符操作	CHR$	代码转换	编程示例	CHR$ S000 65
字符操作	MID$	字符读入	命令格式	MID$（添加项 1）（添加项 2）（添加项 3）（添加项 4）
字符操作	MID$	字符读入	命令功能	读入添加项 2 中指定位置的 ASCII 字符
字符操作	MID$	字符读入	添加项 1	S＊
字符操作	MID$	字符读入	添加项 2	ASCII 字符串
字符操作	MID$	字符读入	添加项 3	常数、B＊、I＊、D＊；指定起始字符
字符操作	MID$	字符读入	添加项 4	常数、B＊、I＊、D＊；指定字符数
字符操作	MID$	字符读入	编程示例	MID$ S000 “123ABC456“ 4 3
字符操作	LEN	长度计算	命令格式	LEN（添加项 1）（添加项 2）
字符操作	LEN	长度计算	命令功能	计算添加项 2 的 ASCII 字符编码的长度
字符操作	LEN	长度计算	添加项 1	B＊、I＊、D＊
字符操作	LEN	长度计算	添加项 2	S＊、ASCII 字符串
字符操作	LEN	长度计算	编程示例	LEN B000 “ABCDEF“
字符操作	CAT$	字符合并	命令格式	CAT$（添加项 1）（添加项 2）（添加项 3）
字符操作	CAT$	字符合并	命令功能	将添加项 2、3 的 ASCII 字符合并，保存到添加项 1
字符操作	CAT$	字符合并	添加项 1	S＊
字符操作	CAT$	字符合并	添加项 2	S＊、ASCII 字符串
字符操作	CAT$	字符合并	添加项 3	S＊、ASCII 字符串
字符操作	CAT$	字符合并	编程示例	CAT$ S000 “ABC“ “DEF“

2. 坐标变换命令编程

1）CNVRT 命令编程：命令 CNVRT 可用于程序点位置变量的坐标系变换，它可将添加项 2 指定的程序点位置值，转换为添加项 3 所指定坐标系上的位置值，并保存到添加项 1 指定的程序点位置变量上。程序示例如下：

```
…
CNVRT  PX010  PX000  TF      //将程序点位置 PX000 转换为工具坐标系的位置 PX010
CNVRT  PX020  PX001  UF      //将程序点位置 PX001 转换为用户坐标系的位置 PX020
…
```

2）MFRAME 命令编程：命令 MFRAME 可用 3 点法建立用户坐标系。命令添加项 1 用来指定用户坐标系编号 UF#（n），n 的允许范围为 1～24；添加项 2 用来指定坐标原点的位置 ORG；添加项 3 是用户坐标系 +X 轴上的任意点 XX（除原点外），它用来确定 X 轴的位置和方向；添加项 4 是用户坐标系 XY 平面第 I 象限上的任意一点 XY（除原点外），它用来确定 Y 轴的方向；Z 的方向可通过右手定则决定。

通过 ORG、XX、XY 三点所建立的用户坐标系如图 2.5-2 所示，点 ORG、XX 将直接决定坐标原点和 X 轴的位置，位置数据需要准确定义；点 XY 只用于 Y 轴方向定义，可以为第 I 象限上的任意一点。

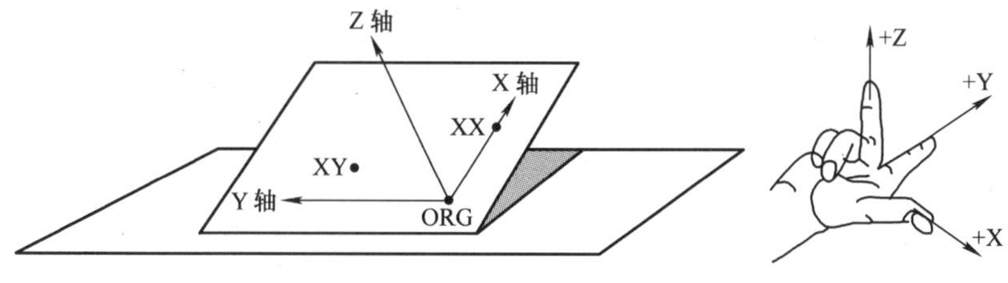

图 2.5-2 用户坐标系的定义

MFRAME 命令编程示例如下：

```
…
MFRAME UF# (1) PX000 PX001 PX002      //创建用户坐标系 1
MFRAME UF# (2) PX010 PX011 PX012      //创建用户坐标系 2
…
```

当 PX000/PX001/PX002、PX010/PX011/PX012 的位置选择如图 2.5-3 所示时，所创建的用户坐标系 UF#（1）和 UF#（2）分别如图 2.5-3a 和图 2.5-3b 所示。

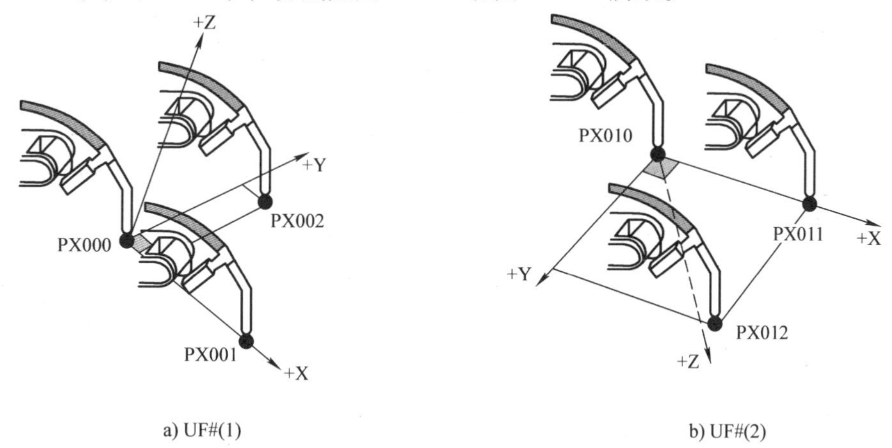

a) UF#(1)　　b) UF#(2)

图 2.5-3 MFRAME 命令编程示例

3. 字符操作命令编程

1）ASCII 编码：工业机器人的文字字符一般采用 ASCII 编码。ASCII 是美国标准信息交换编码（American Strand Code for Information Interchange）的简称，它被广泛用于计算机、CNC、PLC、工业机器人控制器的数据通信、文本显示、打印等场合。利用 ASCII 编码方式表示的字符，称为 ASCII 字符。ASCII 编码是利用 7 位二进制 00 ~ 7F，来代表不同字符的编码方式，每一字符的 ASCII 编码都需要使用 1 字节存储器。

ASCII 编码与文字字符的对应关系见表 2.5-5，编码的高 3 位二进制值用表中水平方向的数字表示；低 4 位二进制值用垂直方向的数字表示。例如，字符“A”的 ASCII 编码为十六进制“41”；而字符串“one”对应的 ASCII 编码为十六进制数“6F 6E 65”等。十六进制数一般用后缀“H”表示，故以上字符“A”、字符串“one”的 ASCII 编码又可被记为“41H”“6F 6E 65H”等。

表 2.5-5　ASCII 编码表

十六进制代码	0	1	2	3	4	5	6	7
0		DLE	SP	0	@	P		p
1	SOH	DC1	!	1	A	Q	a	q
2	STX	DC2	”	2	B	R	b	r
3	ETX	DC3	#	3	C	S	c	s
4	EOT	DC4	$	4	D	T	d	t
5	ENQ	NAK	%	5	E	U	c	u
6	ACK	SYN	&	6	F	V	f	v
7	BEL	ETB	’	7	G	W	g	w
8	BS	CAN	(	8	H	X	h	x
9	HT	EM	)	9	I	Y	i	y
A	LF	SUB	*	:	J	Z	j	z
B	VT	ESC	+	;	K	[	k	{
C	FF	FS	,	<	L	\	l	|
D	CR	GS	.	=	M	]	m	}
E	SO	RS	,	>	N	^	n	~
F	SI	US	/	?	O	_	o	DEL

2）VAL 命令编程：VAL 命令可将添加项 2 上、以 ASCII 字符形式表示的数字，或者，文字型变量 S＊中以 ASCII 字符形式表示的数字，直接转换成数值，并保存到添加项 1 上。VAL 命令编程程序示例如下：

```
…
VAL B000 "123 "        //ASCII 字符"123"转换为数值 123，执行结果 B000 = 123
…
```

以上程序中的 ASCII 字符“123”在存储器上的实际 ASCII 编码为“31 32 33H”，但 VAL 命令可以将其转换为十进制数值 123。

3）ASC 命令编程：ASC 命令可将添加项 2 上的首字符的 ASCII 编码，保存到添加项 1 上。ASC 命令编程程序示例如下：

```
…
VAL B000 "ABC "        //执行结果 B000 = 65（十进制）
…
```

上述程序中字符串“ABC”的首字符为 A，字符 A 的 ASCII 编码为十六进制 41H，转换为十进制后的数值为 65，故命令执行后，B000 的十进制值为 65。

4）CHR$命令编程：CHR$命令可将添加项 2 用常数、变量 B 指定的数值，或字符串的字符编码，保存到添加项 1 指定的文字型变量 S 上。CHR$命令编程程序示例如下：

```
…
CHR$ S000 65        //十进制常数 65 的十六进制值为 41H，S000 的文字为"A"
CHR$ S001 B000      //当 B000 = 65（十进制，即 41H）时，S001 的文字为"A"
…
```

5）MID$命令编程：MID$命令可在添加项2的字符串中选择部分字符，将其保存到添加项1指定的文字型变量S上；添加项3用来选定字符串的起始位置；添加项4用来指定字符数量。MID$命令编程程序示例如下：

```
…
MID$ S000 "123ABC456" 4 3      //字符ABC被保存到文字变量S000上
…
```

6）LEN命令编程：LEN命令可计算字符串添加项2或文字型变量S的ASCII字符编码长度（字节），并将编码长度保存到添加项1指定的变量B或变量I、变量D上。LEN命令编程程序示例如下：

```
…
LEN B000 "123ABC456"      //ASCII字符为6个，长度6字节，B000=6
…
```

7）CAT$命令编程：CAT$命令可将添加项2、添加项3指定的字符串或文字型变量合并，并保存到添加项1指定的文字变量S上。CAT$命令编程示例如下：

```
…
CAT$ S000 "123A" "BC456"      //合并后，S000的内容为字符"123ABC456"
…
```

2.5.5 平移命令编程实例

1. 命令功能

平移命令是将机器人程序中的程序点进行整体偏移的功能，它可简化示教编程操作、提高编程效率和程序可靠性。

例如，在图2.5-4所示的多工件作业的机器人上，通过对作业区1的程序点平移，便可直接在作业区2上完成与作业区1相同的作业，而无需再进行作业区2的示教编程操作。

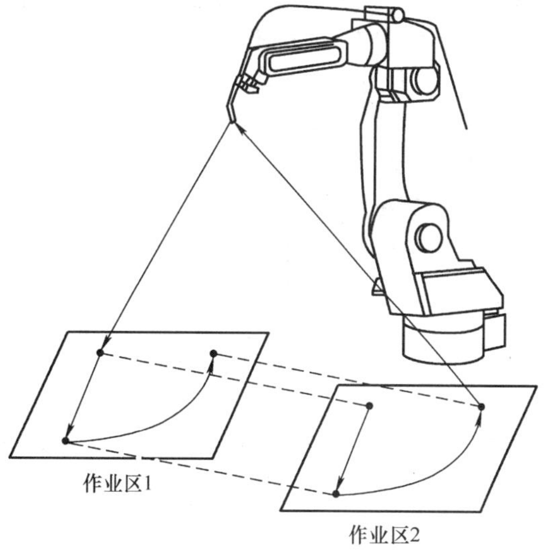

图2.5-4 平移功能

如果平移功能和程序跳转、子程序调用等命令同时使用，还可实现程序中所有程序点的整体平移功能，这一功能称程序平移转换功能。

安川DX100系统用于平移的命令有平移启动、平移停止及平移量计算3条，编程格式、功能和示例见表2.5-6。

表2.5-6 DX100系统平移命令的编程格式

命令	名称	编程格式、功能与示例	
SFTON	平移启动	命令格式	SFTON（添加项1）（添加项2）
		命令功能	启动平移
		添加项1	P＊、BP＊、EX＊
		添加项2	BF、RF、TF、UF#（＊）
		编程示例	SFTON P000 UF#（1）

（续）

命令	名　称	编程格式、功能与示例	
SFTOF	平移停止	命令格式	SFTOF
		命令功能	结束平移
		添加项	—
		编程示例	SFTOF
MSHIFT	平移量计算	命令格式	SFTON（添加项 1）（添加项 2）（添加项 3）（添加项 4）
		命令功能	添加项 1 =（添加项 4） -（添加项 3）
		添加项 1	PX *
		添加项 2	BF、RF、TF、UF#（*）、MTF
		添加项 3	PX *
		添加项 4	PX *
		编程示例	MSHIFT PX000 RF PX001 PX002

平移命令中的 SFTON 命令用来启动平移功能，它可将后续移动命令中的程序点位置，在添加项 2 指定的坐标系上，整体偏移添加项 1 所指定的距离。命令 SFTOF 为平移停止命令，它可撤销 SFTON 命令的平移功能，使后续命令中的程序点到恢复正常的位置。命令 MSHFIT 用于平移量的自动计算，它可根据添加项 4 指定的目标点和添加项 4 指定的基准点，自动计算需要平移的距离，并将其保存到添加项 1 中。

2. SFTON/SFTOF 命令编程

以图 2. 5-5 所示的机器人码垛作业为例，可利用平移命令 SFTON/SFTOF，通过以下程序，方便地实现堆垛作业。

程序中假设堆垛高度为 6 个工件；工件的高度已经在变量 D000 上设定；工件抓手的夹紧/松开采用气动控制，电磁阀连接在通用输出 OUT01 上，电磁阀 OFF 时夹紧工件、电磁阀 ON 时松开工件；抓手夹紧/松开状态的检测开关输入为 IN01/IN02。作业程序如下：

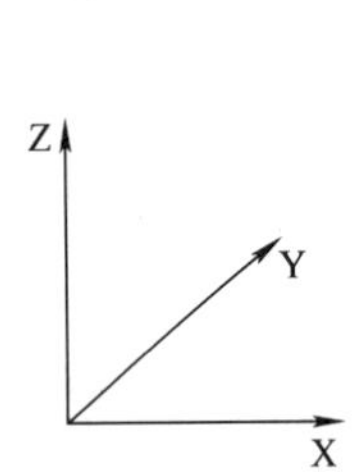

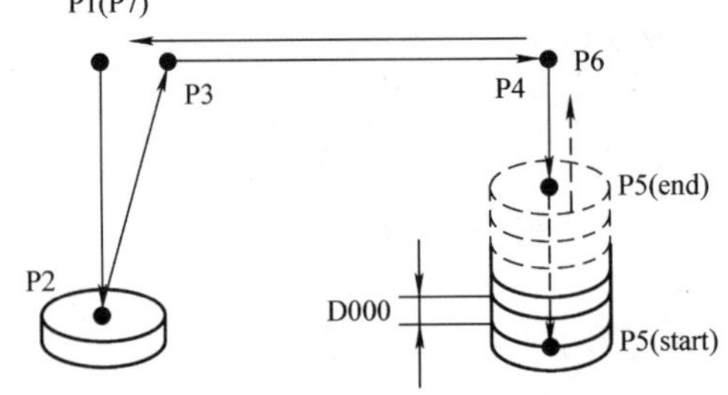

图 2. 5-5　码垛作业程序示例

```
NOP
MOVJ VJ=50.00                    //机器人定位到作业起点 P1 点
SET B000 0                       //设定堆垛计数器 B000 的初始值为 0
SET P001 (3) D000                //在 P001 的 Z 轴上设定平移量
SUB P000 P000                    //将平移变量 P000 的初始值设定 0
 * A001                          //程序跳转标记
```

```
JUMP  *A002 IF IT# (2) ON       //如抓手已松开 (IN02 输入 ON), 跳至*A002
DOUT OT# (1) ON                  //接通 OUT01、松开抓手
WAIT IT# (2) ON                  //等待抓手松开 IN02 信号 ON
*A002                            //跳转标记
MOVL V=300.0                     //P1→P2 直线运动
TIMER T=0.50                     //暂停 0.5s
DOUT OT# (1) OFF                 //断开 OUT01, 抓手夹紧、抓取工件
WAIT IT# (1) ON                  //等待抓手夹紧检测 IN01 信号 ON
MOVL V=500.0                     //P2→P3 直线运动
MOVL V=800.0                     //P3→P4 直线运动
SFTON P000UF# (1)                //启动平移
MOVL V=300.0                     //P4→P5 直线运动
SFTOF                            //平移停止
TIMER T=0.50                     //暂停 0.5s
DOUT OT# (1) ON                  //接通 OUT01, 抓手松开、放下工件
WAIT IT# (2) ON                  //等待抓手松开检测 IN02 信号 ON
ADD P000 P001                    //平移变量 P000 增加平移量 P001 (D000)
MOVL V=800.0                     //P5→P6 直线运动
MOVL V=800.0                     //P6→P1 直线运动 (P7 和 P1 点重合)
INC B000                         //堆垛计数器 B000 加 1
JUMP  *A001 IFB000<6             //如 B000<6, 跳转至*A001 继续
END
```

执行以上程序时，P5 点将在 Z 轴方向向上平移 6 次，首次的平移量为 0，以后每次的平移量为 D000 设定的距离。

3. MSHIFT 命令编程

命令 MSHIFT 用于平移量的计算，它可通过目标位置的程序点变量 PXm 和基准位置的程序点变量 PXn，自动计算需要平移的距离。程序点变量 PXm、PXn 既可直接在程序中设定，也可通过示教操作确定。MSHIFT 命令的编程示例如下：

```
…
MSHIFT PX010 UF# (1) PX000 PX001   //直接计算平移量 PX010 = PX001 - PX000
…
MOVJ VJ=20.00                      //利用示教操作，将机器人移动到平移基准点
GETS PX002 $PX000                  //当前位置 (系统变量$PX000) 读入 PX002
MOVJ VJ=20.00                      //利用示教操作，将机器人移动到平移目标点
GETS PX003 $PX000                  //当前位置 (系统变量$PX000) 读入 PX003
MSHIFT PX020 UF# (1) PX002 PX003   //计算平移量 PX020 = PX003 - PX002
…
```

平移是机器人控制系统特有的功能，它不但可以通过平移命令实现程序点的偏移，简化程序和示教编程操作；而且还可以在再现运行时，通过系统的平移和转换功能设定，对全部或部分程序进行整体平移，从而使机器人或工装位置改变时，仍然能够快速完成程序的转换功能，避免重复编程。有关平移和转换功能的说明和设定方法详见第 7 章 7.4 节。

3

第3章 点焊机器人作业命令编程

3.1 焊接机器人概述

3.1.1 焊接的基本方法

焊接是一种以加热、高温或高压方式，接合金属或其他热塑性材料（如塑料）的制造工艺与技术，它是制造业的重要生产方式之一。焊接加工的环境恶劣，加工时产生的强弧光、高温、烟尘、飞溅、电磁干扰等，均有害于人体健康；甚至可能给人体造成烧伤、触电、视力损害、有毒气体吸入、紫外线过度照射等危害。焊接作业采用工业机器人，不仅可改善操作者的工作环境、避免人体伤害；而且还可实现自动连续工作、提高工作效率、改善加工质量。因此，焊接是最适合使用工业机器人的领域，同时也是工业机器人应用最广泛的领域，据统计，目前在企业所使用的工业机器人中，焊接机器人所占的比例高达50%左右。

金属焊接是工业上使用最广、最重要的焊接制造工艺，其工艺和方法多达40余种，总体可分钎焊、熔焊和压焊三大类。

1. 钎焊

钎焊是用比工件熔点低的金属材料作填充料（钎料），将钎料加热至熔化、但低于焊件熔点的温度，然后利用液态钎料填充间隙，使钎料与焊件相互扩散、实现焊接的方法。

钎焊最典型的应用是电子产品的元器件焊接，钎焊作业有烙铁焊、波峰焊及表面安装（SMT）等专门的工艺与技术，较少使用机器人焊接，本书将不再对此进行介绍。

2. 熔焊

熔焊是通过加热，使工件（Parnt Metal，又称母材）、焊件（Weld Metal）以及焊丝焊条等熔填物局部熔化、形成熔池（Weld Pool），冷却凝固后接合为一体的焊接方法。熔焊不需要对焊接部位施加压力。

熔化金属材料的方法有很多种，例如，使用电弧、气体火焰、等离子、激光、摩擦和超声波等。其中，电弧熔化焊接（Arc Welding，简称弧焊）是目前金属熔焊中使用最广的方法，它可分TIG焊、MIG焊、MAG焊、CO_2焊等多种；用于弧焊作业的工业机器人称为弧焊机器人。气体火焰、激光、等离子的用途多样，它们不仅可用于焊接，而且还经常用于材料切割加工，其编程方法与弧焊机器人类似。有关弧焊机器人的概念说明及焊接作业命令的编程方法，将在第4章进行详细介绍。

3. 压焊

压焊又称固态焊接，它是在加压条件下，使工件和焊件在固态下实现原子间结合的焊接方法。压焊一般不使用填充材料，但需要对焊接件施加压力，由于没有材料的熔化过程，压焊不会像熔焊那样引起有益合金元素烧损和有害元素的侵入，其焊接过程简单、安全、卫生；同时，由于压焊的加热时间短、温度比熔焊低，因而其热影响区小，许多难以采用熔焊的材料，往往可通过压焊进行焊接。

现代压焊最常用的方法是电阻焊。电阻焊可通过电极，对工件和焊件通电；由于工件和焊件接触处的电阻很大，通入大电流后这一区域可被迅速加热至塑性状态；在电极轴向压力的作用下，工件和焊件将连接成为一体。目前常用的点焊机器人，一般都是以电阻焊为主的压焊工业机器人。

锻打焊接是最古老的金属固态焊接方法。

3.1.2 焊接机器人及应用

1. 产品与应用

顾名思义，焊接机器人（Welding Robot）是用于焊接作业的工业机器人。焊接机器人如图3.1-1所示，它被广泛用于汽车、工程机械、能源设备制造以及铁路、航空航天、军工、冶金、电器等行业，是目前工业机器人中产量最大、应用最广的产品，其总量约占现有工业机器人总量的50%左右。

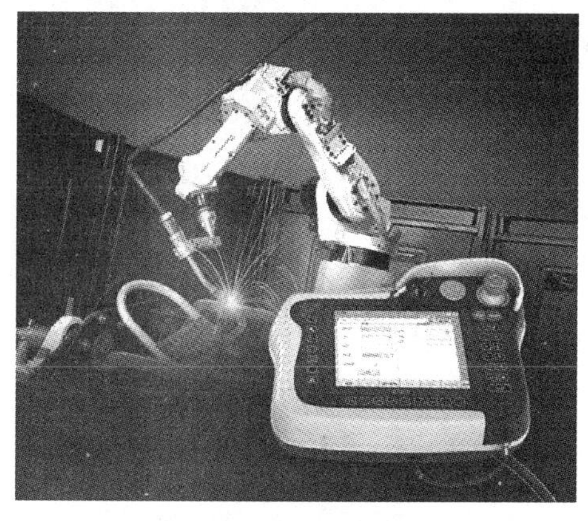

a) FANUC焊接机器人

b) 汽车焊接生产线

图3.1-1 焊接机器人及应用

自1969年美国GM（通用汽车）公司率先在Lordstown汽车组装生产线上装备汽车点焊机器人以来，机器人焊接技术已日臻成熟，目前已发展出电阻点焊、电弧焊、激光焊、电子束焊、搅拌摩擦焊等多种，焊接系统也由最初的单一机器人发展到了多机器人协同作业的工作站或生产线控制。

汽车车身焊接是目前应用焊接机器人较广的领域。每台汽车的车身通常都有3000~5000个焊点和焊缝，在大型汽车厂，每天需要完成数百万个焊接作业任务，因此，必须采用多机器人焊接生产线才能完成作业。例如，在德国梅赛德斯－奔驰的Rastatt工厂，其车身采用了由380台KUKA－IR360点焊机器人组成的大型焊接生产线，来完成每台车身上约290个部位、3900个焊点的焊接任务；我国天津长城汽车的哈弗SUV生产线，也采用了由27台ABB公司IRB6640/7600机器人组成的焊接生产线，来完成4000多个焊点和焊缝的焊接任务；大幅度提高了焊接的效率和焊接质量。

汽车车身等焊接作业的机器人数量虽然众多，但每一机器人的作业重复性很高，因此，目前所使用的焊接机器人仍以第一代的示教再现型机器人为主；但在先进的焊接机器人上，已开始逐步采用接触式检测、光视觉传感等技术，具有了一定的感知能力，具备了焊缝自动寻位、自动跟踪等功能，在某些方面已达到了第二代感知机器人的水平。具有多种感知机能，可通过复杂的推理，做出判断和决策，自主决定机器人的行为的第三代智能焊接机器人，目前尚处于研究阶段。

焊接机器人有点焊、弧焊、激光焊、等离子焊、搅拌摩擦焊等多种，其中，点焊和弧焊是目前使用最为广泛的两种机器人产品，简介如下：

2. 点焊机器人

点焊机器人如图 3.1-2 所示，它可用于点焊（Spot Welding）和滚焊（缝焊）作业。纯点焊的机器人对控制系统的要求简单，原则上只需要具备点定位功能；用于缝焊的机器人需要有连续轨迹控制功能。点焊机器人对控制点的定位精度要求不高，因此，它是焊接机器人中研发最早的产品。

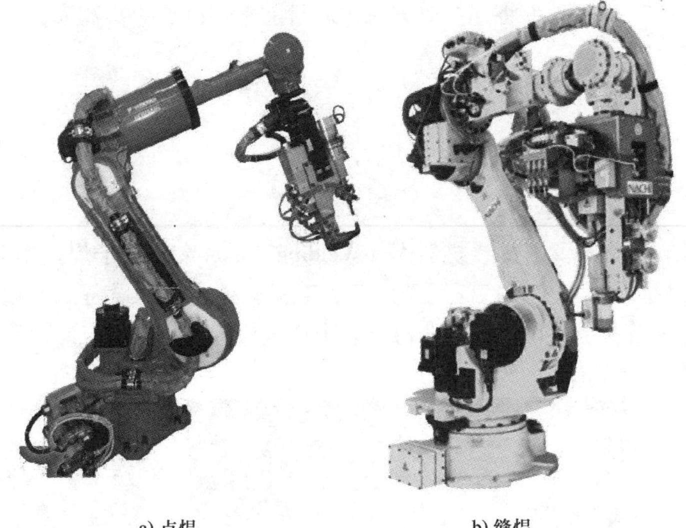

a) 点焊　　b) 缝焊

图 3.1-2　点焊机器人

点焊机器人通常采用电阻焊工艺，其作业工具为焊钳。焊钳需要有电极张开、闭合、加压等动作，因此，需要安装相应的控制机构。根据焊钳的开/合控制方式，机器人目前使用的焊钳主要有图 3.1-3 所示的气动焊钳或伺服焊钳两种。

a) 气动焊钳

b) 伺服焊钳

图 3.1-3　点焊机器人的焊钳

气动焊钳是传统的自动焊接工具，它的电极开/合位置、开/合速度、压力均由气缸进行控制，焊钳结构简单、制造成本低，是目前点焊机器人使用较普遍的作业工具。气动焊钳的开/合位置、速度、压力需要通过气缸位置、气压、流量进行调节，参数一旦调定，就不能随意改变，因此，其作业灵活性较差。

伺服焊钳是先进的自动焊接工具，它的开/合位置、开/合速度、压力均可由伺服电机进行控制，其开/合位置、开/合速度、电极压力可随时改变，焊钳的动作快速、运动平稳，作业效率高、适应性强、焊接质量好，是点焊机器人理想的作业工具。

点焊机器人的焊钳需要安装气动元件、伺服电机及相关的控制装置，一体型焊钳还需要安装阻焊变压器，其工具的重量较大。对于常用的点焊作业，分离型焊钳的总重量大约为 30～50kg、一体型焊钳的总重量大约为70～100kg，它对机器人的承载能力要求较高。此外，由于点焊的焊点分布范围较广、数量较多，因此，它对机器人的作业范围、定位速度、作业灵活性要求均较高，通常需要中大型机器人才能满足点焊作业的要求。

目前企业所使用的点焊机器人，其承载能力通常为50～350kg、作业半径为2～3m、重复定位精度为0.1～0.5mm。安川的VS50/80/120、ES165D/RD、ES200D/RD、ES280D；FANUC前期的M－900iA/R－1000iA/R－2000iB及最新的RM－900iB/iC、RR－2000iB/iC；ABB的IRB 6600/6640/7600；KUKA的KR180/KR280/KR360/KR500/KR1000等，都是点焊机器人的典型产品。

3. 弧焊机器人

弧焊机器人如图3.1-4所示，它主要用于电弧熔焊作业，其焊接工艺可为MIG焊、MAG焊、CO_2焊等熔化极气体保护电弧焊；也可用于非熔化极气体保护电弧焊（TIG焊）及等离子弧焊(Plasma)。

弧焊机器人需要进行焊缝的连续焊接作业，机器人需要具备直线、圆弧等连续轨迹控制能力，对控制系统的插补性能有较高的要求；为了保证焊接准确、焊缝均匀，它对机器人的运动速度平稳性和定位精度的要求也较高。

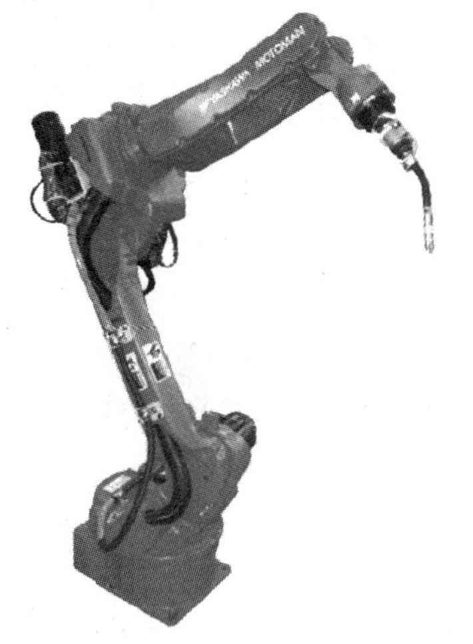

a) 内置焊枪

b) 外置焊枪

图3.1-4 弧焊机器人

弧焊机器人的作业工具通常为图3.1-5所示的焊枪。如果焊枪及气管、电缆、焊丝通过支架安装在机器人的手腕上，气管、电缆、焊丝从手腕、手臂外部引入，这种焊枪称为外置焊枪；如果焊枪直接安装在手腕上，气管、电缆、焊丝从机器人手腕、手臂内部引入，这种焊枪称为内置焊枪。外置焊枪、内置焊枪的重量均较小，因此，弧焊对机器人的承载能力的要求并不高，绝大多数中小规格的机器人都可满足弧焊机器人的承载要求。

弧焊机器人的承载能力通常为3～20kg、作业半径为1～2m、重复定位精度为0.1～0.2mm。安川公司的VA1400、MA1400/1800/1900/3100；FANUC公司的ARC100/120iC；ABB公司的IRB 1520/1600/2600；KUKA公司的KR5/KR16arc，都是弧焊机器人的典型产品。

4. 焊接机器人的本体结构

焊接机器人（点焊、弧焊、激光焊接等）的典型结构如图3.1-6所示。焊接作业对机器人的作业空间和灵活性要求较高，因此，机器人本体几乎都采用垂直串联结构。六轴垂直串联机器人（简称六轴机器人）是目前最为常用的结构，七轴垂直串联机器人（简称七轴机器人）是近

a) 外置焊枪

b) 内置焊枪

图 3.1-5　弧焊机器人的焊枪

年推出的新产品。

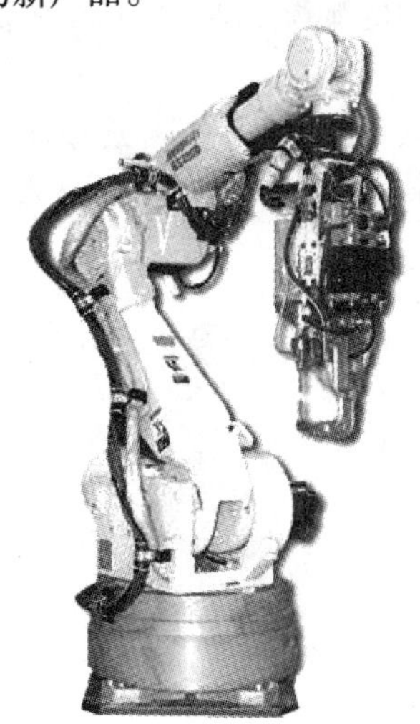
a) 六轴点焊

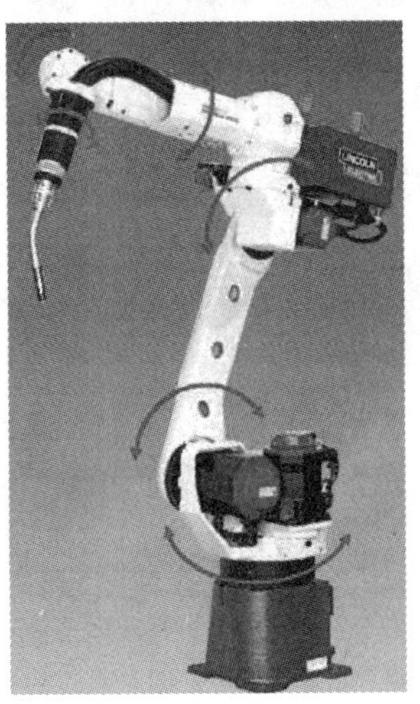
b) 六轴弧焊

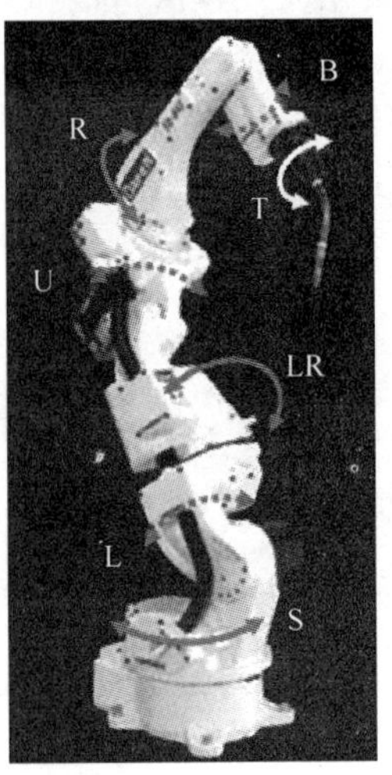

c) 七轴弧焊

图 3.1-6　焊接机器人本体典型结构

七轴机器人在六轴机器人的基础上，增加了下臂回转轴（Lower Arm Rotation，LR），使工具的姿态调整更加方便、作业更加灵活。例如，它可通过下臂的回转避让干涉区，在图 3.1-7 所示的上部或正面运动受限时，完成六轴机器人无法完成的下方和反向作业。

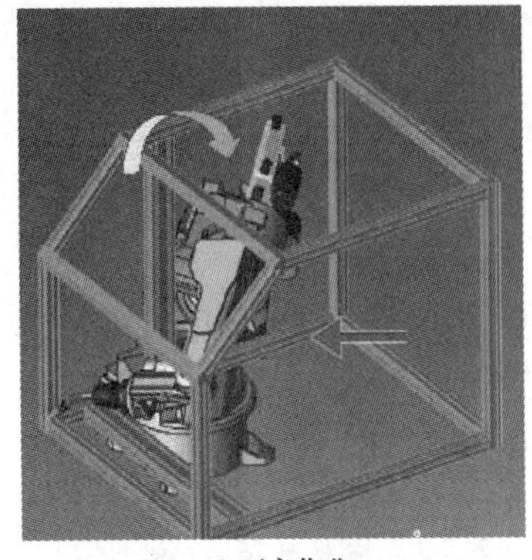
a) 下方作业

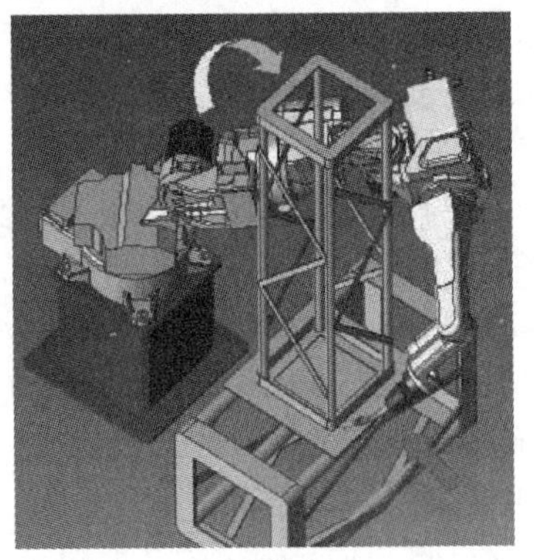
b) 反向作业

图 3.1-7　机器人的干涉区作业

3.2 机器人点焊系统

3.2.1 电阻焊原理与工具

1. 电阻焊原理

电阻焊（Resistance Welding）属于压焊，常用的电阻焊有点焊和滚焊两种。电阻焊的原理如图3.2-1所示，工件2和焊件3一般被装配成搭接的接头，焊接时，它们可通过电极1、4进行压紧；由于工件和焊件都是导电材料，两者被电极压紧后，其接触处的电阻将大于其他部位，因此，如果在电极上施加大电流，接触处的温度将急剧升高、并迅速达到塑性状态；工件和焊件便可在轴向压力的作用下将形成焊核，冷却后两者便连为一体。

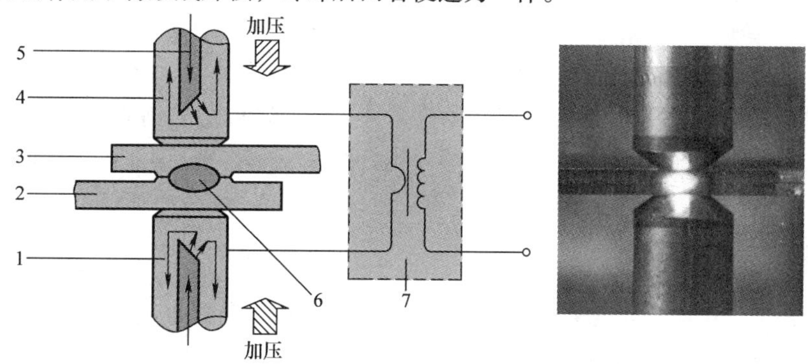

图3.2-1 电阻焊原理

1、4—电极 2—工件 3—焊件 5—冷却水 6—焊核 7—阻焊变压器

当电极与工件、焊件之间为固定点接触时，电阻焊所产生的焊核为“点”状，这样的焊接称为“点焊（Spot Welding）”；如果电极可在工件和焊件上连续滚动，所形成的焊核便成为一条连续的焊缝，称为“缝焊”或“滚焊”。

电阻焊的工艺简单、控制方便、作业环境清洁，它是薄板焊接常用的方式，如汽车的壳体焊接目前一般都采用电阻点焊和滚焊成型。

2. 焊钳

压焊必须对焊件施加压力，因此，电极通常都安装在钳形工具上，利用杠杆原理加压，这种焊接工具称为焊钳。点焊常用的焊钳形状有图3.2-2所示的两种。

一般而言，用于上下薄板点焊的焊钳呈C形，称为C形焊钳；用于前后薄板点焊的焊钳呈X形，称为X形焊钳。C形焊钳的电极通常以一侧固定、一侧移动（称单行程）居多；X形焊钳的电极则可以为一侧固定、一侧移动（单行程），或两侧同时移动（称双行程）。

3. 阻焊变压器

电阻焊在接触面所产生的热量与接触面电阻R、通电时间t及流过接触面的电流二次方I^2成正比（$Q=I^2Rt$）。为了使焊接部位能够迅速升温，采用电阻焊时，需要在电极上施加大电流，为此，必须利用图3.2-1中的变压器7，将高电压、小电流的输入电源，变换成低电压、大电流的焊接电源，这一变压器称为“阻焊变压器”。

阻焊变压器可安装在机器人机身上，也可直接安装在焊钳上，前者称分离型焊钳，后者称一体型焊钳。由于阻焊变压器的二次侧输出用来连接电极，连接导线需要承载数万安培的大电流，故其截面积很大，并进行水冷，如连接线过长，不仅线路损耗大，而且机器人运动较为困难，易

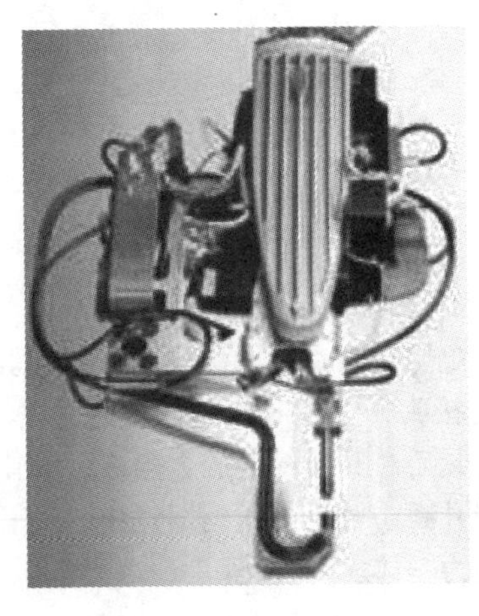
a) C形

b) X形

图 3. 2-2　焊钳的形状

影响和干涉机器人作业。因此，点焊机器人通常采用一体型焊钳。焊钳需要直接安装在机器人手腕上，如果变压器的容量较大，一体型焊钳的体积、重量都将很大，因此，对机器人的承载能力要求较高。

3. 2. 2　机器人点焊系统

用于点焊作业的单机器人系统一般如图 3. 2-3 所示，作业系统由机器人基本部件、焊接设备和系统附件三大部分组成。

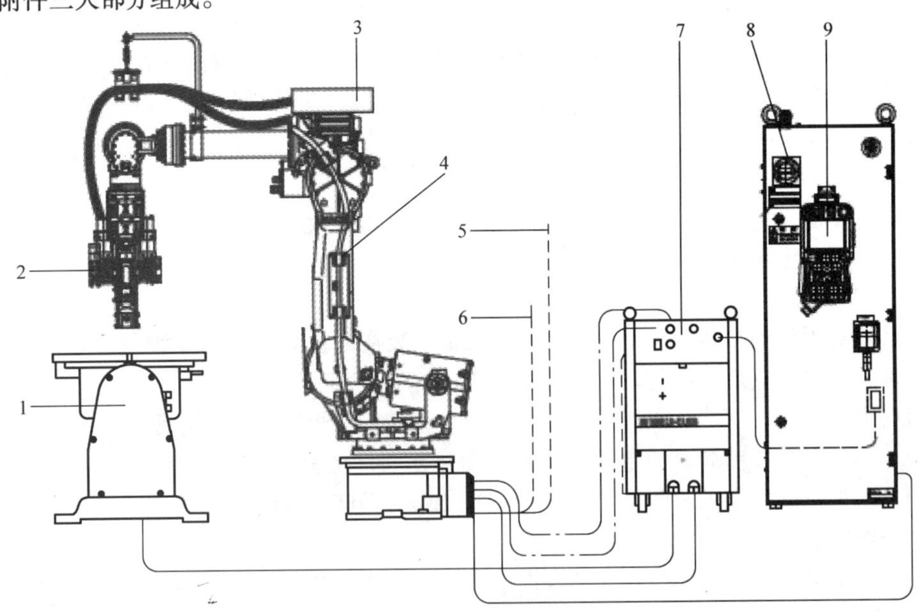

图 3. 2-3　点焊机器人系统组成

1—变位器　2—焊钳　3—焊钳控制部件　4—机器人本体　5、6—水管、气管　7—焊机　8—控制柜　9—示教器

1. 机器人基本部件

图 3. 2-3 中的机器人本体 4、控制柜 8、示教器 9 是用于机器人本体运动控制、对机器人进行操作编程的基本部件，在任何机器人系统上都必不可少。点焊机器人的基本部件和其他同结构

的机器人并无区别，但由于点焊作业工具（焊钳）的体积大、重量重，对机器人的承载能力、作业范围、作业灵活性的要求较高，因此，机器人需要采用中、大规格的六轴或七轴垂直串联型机器人。

2. 焊接设备

焊接设备是焊接作业的基本部件，它包括焊钳2、焊钳控制部件3、焊机7，以及配套的冷却水、压缩空气等辅助装置及管路。其中，焊机和焊钳是系统中最主要的焊接作业设备。

1）焊机：电阻点焊机（简称阻焊机）外观如图3.2-4所示，它主要用于焊接电流和焊接时间等焊接参数及焊机冷却等的自动控制与调整。

图3.2-4 电阻点焊机

阻焊机主要有单相交流工频焊机、三相次级整流焊机、中频逆变焊机、交流变频焊机几类，机器人使用的焊机以逆变焊机、交流变频焊机居多。

单相交流工频焊机、三相次级整流焊机属于传统的普通设备，焊机的体积大、效率低，通常用于手工焊接或普通焊接。其中，单相交流工频焊机一般通过晶闸管的移相控制调节焊接电流，对电网的冲击和谐波影响较大；三相次级整流焊机对电网影响相对较小，主要用于大功率的凸焊，但也可以用于闪光对焊和缝焊。

中频逆变焊机、交流变频焊机是点焊和缝焊工业机器人常用的先进焊机，两者的原理类似，都是采用交流逆变技术的焊接电源。与传统的焊机相比，其功率因数高、电流调节速度快、三相负载平衡，阻焊变压器的体积可大为减小，节能效果明显。

交流逆变通常采用的是图3.2-5所示的“交－直－交”逆变电路。电网输入的三相工频交流电首先由三相桥式整流电路转换成直流，直流电再经过IGBT的逆变，转换为宽度可调的1000～3000Hz中频脉冲。中频脉冲经阻焊变压器变为低压、大电流的脉冲信号，然后再经单相全波整流转换为直流后加到电极。

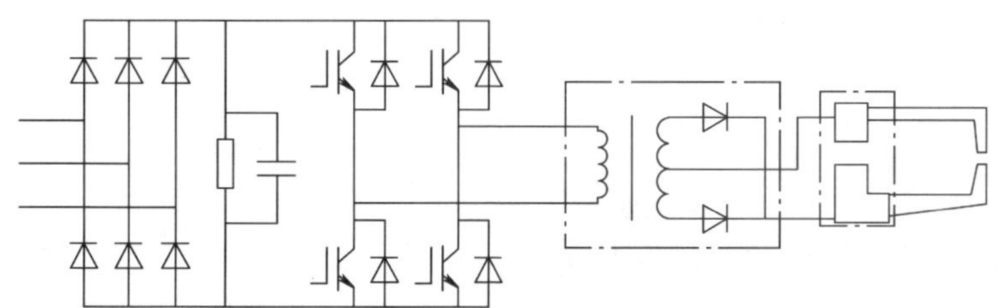

图3.2-5 逆变焊机电源主电路

电阻焊的焊接电路电阻通常为微欧级，为此，电极上的电压必须很低（10～24V），但电流则高达数万安培，特别在铝合金或钢轨点焊时，甚至可达150～200kA。由此造成变流器件和导线发热十分严重。焊机和焊钳一般都需要安装强制水冷、过热检测等保护装置。

2）焊钳：焊钳是点焊作业的基本工具。焊钳控制部件是用于焊钳的电极开/合位置、速度、压力及焊钳冷却控制的装置，阻焊变压器用来产生低电压、大电流。在使用伺服焊钳的机器人上，电极的开合位置、速度、压力利用伺服电机进行控制，伺服驱动一般都直接作为机器人的辅助轴（工装轴）、由机器人控制系统直接控制。

3. 系统附件

点焊系统常用的附件如图3.2-6所示，主要有变位器、电极修磨器以及焊钳自动更换装置等，它们可以根据系统的实际需要选配。

a) 变位器

b) 电极修磨器

图3.2-6　系统附件

变位器用来安装工件，实现工件的移动、回转、摆动或自动交换功能，它可以改变工件和机器人的相对位置、增加机器人系统的总自由度，提高系统的作业效率和自动化程度。变位器的种类很多，控制轴的数量及类型（回转、摆动、直线移动）、结构外观等均可根据需要选择。变位器既可由机器人生产厂家配套提供，也可由用户自行设计、制造，或者选配标准部件。但是，如果变位器采用的伺服控制，则其位置、速度需要机器人控制系统进行协同控制，因此，一般需要选配机器人生产厂家配套提供的产品，或者由用户与机器人生产厂家联合设计、制造。

电极修磨器和焊钳自动更换装置一般为机器人生产厂家配套提供的产品。电极修磨器用来修磨电极表面的氧化层，以改善焊接效果、提高焊接质量；焊钳自动更换装置用于焊钳的自动更换。它们可通过焊钳夹紧（空打）命令及输入/输出命令，由机器人控制系统的通用输出DO信号控制，有关内容可参见SVGUNCL命令说明。

3.3　点焊作业文件的编制

3.3.1　控制信号与作业命令

1. 焊接控制信号

焊接机器人进行焊接作业时，除了需要控制机器人本体的运动外，还需要对焊机、焊钳、焊枪等进行控制，点焊机器人的一般控制要求如下：

1）焊机控制信号：中频焊机的常用控制信号有焊机启动/停止（电源通/断）、焊接启动/停止（焊接电流输出通/断）、故障清除等基本信号；此外，还需要有焊钳类型、焊钳编号、焊接电流、焊接时间等焊接条件选择信号。焊机的工作状态信号有焊接结束、焊机启动、焊机冷却故障等。

2）焊钳控制信号：焊钳需要进行电极开合位置、速度、压力及装卸、冷却等控制，在使用伺服焊钳的机器人上，电极的开合位置、速度、压力利用伺服电机进行控制，伺服驱动一般都直接作为机器人的辅助轴（工装轴）、由机器人控制系统直接控制。因此，焊钳控制信号主要有冷却故障、阻焊变压器过热、气压/水压过低等。

在使用焊钳自动更换装置的机器人系统上，焊钳还需要增加夹紧/松开（焊钳安装/分离）、装卸、单/双行程切换等气动控制装置，以及焊钳和防护罩位置检测、焊钳编号识别、电极磨损等检测开关。

在安川机器人控制系统 DX100 上，焊机和焊钳需要利用系统 I/O 单元上的外部通用 DI/DO 信号控制，标准配置的焊机和伺服焊钳控制信号及编程地址见表 3.3-1。

表 3.3-1 DX100 系统 DI/DO 信号及编程地址表

代号	名称	编程地址		信号说明
		PLC 程序	作业程序	
IN09	焊机冷却异常	20050	IN#（9）	焊机输入，信号 ON，机器人停止、报警
IN10	焊钳冷却异常	20051	IN#（10）	焊钳输入，信号 ON，机器人停止、报警
IN11	变压器过热	20052	IN#（11）	焊钳输入，信号 OFF，机器人停止、报警
IN12	压力过低	20053	IN#（12）	焊机输入，信号 ON，机器人停止、报警
IN13	焊接结束	20054	IN#（13）	输入 ON，焊接完成、机器人执行下一命令
—	焊接故障	外部通用 DI，自定义		输入 ON，焊接故障、机器人停止并报警
—	焊钳大开	外部通用 DI，自定义		输入 ON，焊钳处于“大开”位置
—	焊钳小开	外部通用 DI，自定义		输入 ON，焊钳处于“小开”位置
—	电极加压	外部通用 DI，自定义		输入 ON，电极处于加压位置（夹紧）
—	电极已更换	外部通用 DI，自定义		输入 ON，电极更换完成，清除打点次数
—	其他	外部通用 DI，自定义		焊钳编号、焊钳夹紧/松开（安装/分离）等
OUT09	焊机启动	30050	OT#（9）	DX100 输出，信号 ON，启动焊机
OUT10	故障清除	30051	OT#（10）	DX100 输出，信号 ON，清除焊机故障
OUT11	焊接条件 1	30052	OT#（11）	DX100 输出，焊接条件选择
…	…	…	…	…
OUT15	焊接条件 5	30056	OT#（15）	DX100 输出，焊接条件选择
OUT16	电极修磨或更换	30057	OT#（16）	DX100 输出，需要修磨或更换电极
—	焊接条件	外部通用 DO	OG#（1 或 3）	二进制格式、最大 255 个焊接条件选择信号
—	焊接启动	外部通用 DO，自定义		输出 ON，电极通电（也可从焊接条件输出）
—	其他	外部通用 DO，自定义		焊钳夹紧/松开（安装/分离）、单行程/双行程切换、防护罩打开/关闭等

表 3.3-1 中，部分焊机和伺服焊钳的控制信号的 DI/DO 地址已在 DX100 系统出厂时进行设定；其余信号的地址，需要用户在 I/O 单元的外部通用 DI/DO 上进行定义，也可以不使用。如果需要，用户也可通过外部通用 DI/DO，增加焊钳编号识别、焊钳夹紧/松开（安装/分离）、焊钳防护罩打开/关闭等气动阀控制和位置检测信号。

2. 手动操作键

点焊机器人的焊接启动/关闭、焊钳开/合、电极加压等动作既可通过后述的作业命令，利用程序进行控制，也可直接通过示教器的操作面板，利用手动操作按键进行控制。安川 DX100 点焊控制系统的手动操作按键布置如图 3.3-1 所示，按键的功能如下。

图 3.3-1　点焊系统手动操作按键布置

【焊接 通/断】：当机器人选择示教操作模式时，可通过同时按操作面板的“【联锁】 + 【焊接 通/断】”键，通断焊接启动信号，启动/关闭焊机，焊机启动后按键指示灯亮。

【0/手动条件】：当机器人选择示教操作模式时，可通过该键直接选定手动焊接条件文件，确定手动操作时的焊钳形式、电极压力等参数。有关手动焊接条件文件的编制方法可参见 3.3.4 节。

【2/空打】：当机器人选择示教操作模式时，在按【0/手动条件】键、选定手动焊接操作参数后，如同时按操作面板的“【联锁】 + 【2/空打】”键，可以直接进行手动焊钳夹紧操作。

【·/焊接】：当机器人选择示教操作模式时，在按【0/手动条件】键、选定手动焊接操作参数后，如同时按操作面板的“【联锁】 + 【·/焊接】”键，可以直接进行手动焊接操作。

【8/加压】、【9/放开】：一般用于气动焊钳手动开/合操作，使用伺服焊钳的机器人焊钳手动开/合，需要在示教操作模式下，通过下述操作实现。

1）按示教器上的【外部轴切换】键，选定用于焊钳开合控制的伺服轴，外部轴选定后，按键上的指示灯亮。在同时使用变位器控制外部轴的机器人上，可通过重复按【外部轴切换】键，切换外部轴、选定焊钳开合轴。

2）按示教器上的手动速度【高】/【低】键，设定手动焊钳开合速度。由于焊钳的行程短，手动速度原则上应选择低速。

3）按示教器上的轴方向键【X +/S +】或【X -/S -】键，焊钳将以选定的手动焊钳开合速度开/合。

3. 点焊作业命令

安川 DX100 系统配套伺服焊钳时，点焊机器人可使用的作业命令及编程格式见表 3.3-2，命令添加项可以根据实际需要选择，作业命令的编程方法详见后述。

表 3.3-2　DX100 系统点焊作业命令及编程格式

命令	名称	编程格式、功能与示例	
SVSPOT	焊接启动	命令格式	SVSPOT（添加项 1）…（添加项 10）
		命令功能	焊钳加压、电极通电、启动焊接
		添加项 1	GUN#（n），n：焊钳 1 特性文件号，输入允许 1 ~ 12
		添加项 2	PRESS#（n），n：焊钳 1 压力文件号，输入允许 1 ~ 255
		添加项 3	WTM = n，n：焊机 1 特性文件号，输入允许 1 ~ 255
		添加项 4	WST = n，n：焊钳 1 启动选择，输入允许 0 ~ 2

（续）

命令	名称	编程格式、功能与示例	
SVSPOT	焊接启动	可选添加项5	BWS = ＊：焊钳1焊接开始位置，单位0.1mm
		添加项6	GUN#（n），n：焊钳2特性文件号，输入允许1～12
		添加项7	PRESS#（n），n：焊钳2压力文件号，输入允许1～255
		添加项8	WTM = n，n：焊机2特性文件号，输入允许1～255
		添加项9	WST = n，n：焊钳2启动选择，输入允许0～2
		可选添加项10	BWS = ＊：焊钳2焊接开始位置，单位0.1mm
		编程示例	MOVL V = 1000 SVSPOT GUN#（1）PRESS#（1）WTM = 1 WST = 2 BWS = 10.0 MOVL V = 1000
SVSPOTMOV	间隙焊接	命令格式	SVSPOTMOV（添加项1）…（添加项9）
		命令功能	按照规定的间隙，进行多点连续焊接
		添加项1	V = ＊，指定直线移动速度
		添加项2	PLIN = ＊，指定焊接启动点定位精度等级
		添加项3	PLOUT = ＊，指定焊接完成退出点定位精度等级
		添加项4	CLF#（n），n为间隙文件号，输入允许1～32
		添加项5	GUN#（n），n：焊钳特性文件号，输入允许1～12
		添加项6	PRESS#（n），n：焊钳压力文件号，输入允许1～255
		添加项7	WTM = n，n：焊机特性文件号，输入允许1～255
		添加项8	WST = n，n：焊接启动信号输出选择，输入允许0～2
		添加项9	WGO = n，n：焊接组输出，输入0～15或1～16
		编程示例	MOVL V = 1000 SVSPOTMOV V = 1000 PLIN = 0 PLOUT = 1 CLF#（1）GUN#（1）PRESS#（1）MTW = 1 WST = 1 WGO = 1 SVSPOTMOV V = 1000 PLIN = 0 PLOUT = 1 CLF#（1）GUN#（1）PRESS#（1）MTW = 1 WST = 1 WGO = 1
SVGUNCL	焊钳夹紧（空打）	命令格式	SVGUNCL（添加项1）（添加项2）（添加项3）
		命令功能	焊钳夹紧、电极加压（不通电空打）
		添加项1	GUN#（n），n：焊钳特性文件号，输入允许1～12
		添加项2	PRESSCL#（n），n：空打压力文件号，输入允许1～15
		添加项3	磨损量检测/电极安装误差功能设定 TWC－A：检测OFF，固定极空打接触电极磨损检测 TWC－B：检测OFF，移动极传感器电极磨损检测 TWC－AE：检测ON，固定极空打接触电极安装误差检测 TWC－BE：检测ON，移动极传感器电极安装误差检测 TWC－C：固定焊钳空打接触电极磨损检测 ON：焊钳夹紧，用于工件搬运模式的工件夹持 OFF：焊钳松开，用于工件搬运模式的工件松开
		编程示例	MOVL V = 1000 SVGUNCL GUN#（1）PRESSCL#（1） MOVL V = 1000

（续）

命令	名称	编程格式、功能与示例	
GUNCHG	焊钳更换	命令格式	SVGUNCL（添加项1）（添加项2）
		命令功能	焊钳自动装卸
		添加项1	GUN#（n），n：焊钳特性文件号，输入允许1~12
		添加项2	伺服控制设定，PICK：伺服接通；PLACE：伺服断开
		编程示例	GUNCHG GUN#（1）PICK

3.3.2 焊机特性文件编制和I/O设定

1. 作业文件和系统设定

机器人点焊系统中的焊机、焊钳等焊接设备，通常都是采用专业厂家生产的通用设备，采用不同的产品，其性能也有所不同，因此，进行点焊作业时，机器人控制系统需要根据实际使用的焊机、焊钳要求，利用系统输入/输出信号控制其工作。

焊机和焊钳的控制信号和参数众多，如果在作业命令上对其进行一一定义，其命令将会复杂和冗长，因此，在机器人控制系统中，它们需要以作业条件文件的形式进行统一定义；作业命令可通过调用不同的作业条件文件，一次性改变焊机、焊钳的控制信号和参数。在安川DX100机器人控制系统上，用来定义焊机控制要求和参数的作业条件文件，称为“焊机特性文件”；用来定义焊钳控制要求和参数的作业条件文件，称为“焊钳特性文件”，这是点焊机器人最基本的作业条件文件，需要在执行作业命令前，在系统中预先编制。

焊机是点焊的基本控制装置，它主要用来提供焊钳电极上的焊接电流。焊机一般由专门厂家设计与制造，不同厂家的焊机虽然规格、外形、结构、性能各异，但功能相似，其输出电压、电流、输出时间等参数，均可在焊机上调整。为了能够通过作业命令控制焊机运行，机器人所配套的焊机必须具有外部控制功能，即能够根据不同的焊接条件，利用外部输入信号来控制输出电压、电流和时间等焊接参数；同时还能够输出焊机故障、焊接完成等状态信号。在机器人焊接系统上，焊机的焊接条件输入信号，来自机器人控制系统的通用DO信号输出；焊机的工作状态输出信号，是机器人控制系统的通用DI信号输入。

在安川DX100系统上，系统对焊机的控制可通过“焊机特性文件”和“I/O分配”进行设定，不同的焊机可编制不同的焊机特性文件；在焊接启动命令SVSPOT中，可通过添加项WTM，选择不同的焊机特性文件。焊机特性文件编制和I/O分配设定的基本操作如下：

1）机器人操作模式选择【示教（TEACH）】。

2）按示教器上的【主菜单】键，并选择子菜单［点焊］，示教器便可显示图3.3-2所示的点焊系统设定菜单页面。

在点焊系统设定菜单显示页面上，可根据需要选择［焊钳压力］［空打压力］［焊钳特性］［电焊机特性］［电极安装管理］等选项，显示和编辑焊接作业命令SVSPOT、SVGUNCL、GUNCHG所需要的全部作业文件，以及进行焊机、焊钳DI/DO信号地址、电极间隙等参数的设定。

3）选择［电焊机特性］选项，示教器将显示焊机特性文件。

4）设定或修改焊机参数，完成焊机特性文件编辑后，选择图3.3-2点焊系统设定菜单页面的［I/O分配］选项，设定焊机控制信号，再进行机器人控制系统和焊机的连接设置。

图 3. 3-2　点焊系统设定菜单

2. 焊机特性文件的编制

在图 3. 3-2 所示的点焊系统设定菜单页面上，选择［点焊机特性］选项，示教器便可显示图 3. 3-3 所示的焊机特性文件，进行文件的编辑操作。焊机特性文件中各参数的含义及设定要求如下：

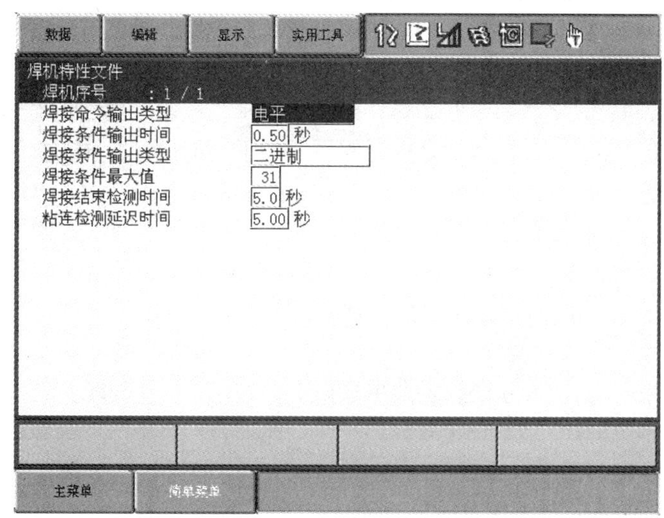

图 3. 3-3　焊机特性文件显示

焊机序号：当前所使用的焊机编号，在机器人的焊接启动命令 SVSPOT 上，焊机编号可添加项 WTMn 中的 n 指定，文件编辑时可通过按示教器操作面板上的【翻页】键改变 n 号，DX100 系统的 n 范围为 1 ~ 255。

焊接命令输出类型：用来设定焊接启动命令 SVSPOT 中的“焊接启动信号（WST）”的类型，这一信号用来控制电极的通电、启动焊接。在 DX100 系统上，WST 信号可根据焊机的要求，选择图 3. 3-4 所示的“电平”“脉冲”或“开始信号”三种不同形式的输出。

如 WST 选择为电平输出，信号输出后，可一直保持到焊机输出焊接结束信号为止；如果 WST 选择为脉冲输出，信号的 ON 状态只保持参数“焊接条件输出时间”所设定的时间。以上两种情况的焊接电流均从信号 ON 时即开始输出。

如 WST 选择为“开始信号”输出，信号的 ON 状态同样只保持参数“焊接条件输出时间”所设定的时间，但焊接电流从信号由 ON 变为 OFF 状态时才开始输出。

焊接条件输出时间：用来设定 DX100 系统的 WST 信号、焊接条件等通用 DO 信号的信号保持时间。

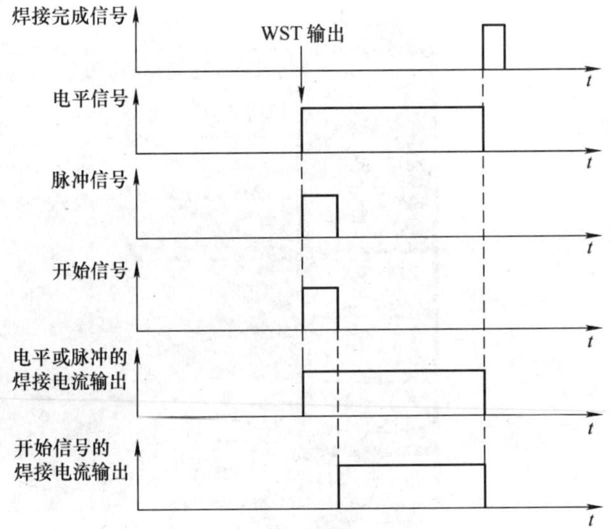

图 3.3-4　焊接命令输出类型选择

焊接条件输出类型：用来设定 DX100 系统的焊接条件信号的输出方式，当选择“二进制”输出时，可通过系统的 8 点 DO 输出，指定最大 255 个不同的焊接条件。

焊接条件最大值：本参数用来设定焊机实际使用的焊接条件数量，以减少系统的通用 DO 点数。例如，当焊机实际只能使用 31 种焊接方式时，可将参数设定为 31 时，这时，DX100 系统只需要使用 5 点通用 DO，以二进制格式输出焊接条件。

焊接结束检测时间：设定从系统开始焊接到检测焊机焊接结束信号的时间，焊接结束信号的输入地址需要通过下述的［I/O 分配］设置。

粘连检测延迟时间：设定从系统开始焊接到检测焊机粘连信号的延迟时间，粘连检测信号多数情况下不使用，如果需要，其输入地址同样需要通过下述的［I/O 分配］设置。

3. I/O 信号分配

点焊机器人用于焊接控制的系统输入/输出信号，实际上包括焊机控制信号、焊钳控制信号两部分。用于焊钳控制的 DI/DO 信号需要在“焊钳特性文件”上设定，有关内容将在后述的焊钳特性文件编制中介绍；用于焊机控制的 DI/DO 信号，需要通过系统的［I/O 分配］设定操作确定，方法如下：

在前述图 3.3-2 所示的点焊系统设定菜单页面上，选定［I/O 分配］选项，示教器将显示图 3.3-5 所示的系统通用 DI/DO 地址设定页面。

在 DI/DO 地址设定页面上，选择下拉菜单［显示］中的［输入分配］选项，便可设定焊机的状态输出信号与 DX100 系统通用 DI 点（IN01 ~ IN24）的连接地址；选择下拉菜单［显示］中的［输出分配］选项，便可设定焊机输入控制信号与 DX100 系统通用 DO 点（OUT01 ~ OUT24）的连接地址。

安川 DX100 系统出厂默认的 DI 信号一般有焊机冷却异常（IN09）、焊钳冷却异常（IN10）、变压器过热（IN11）、压力过低（IN12）、焊接结束（即焊接完成，IN13）等；用户也可根据实际焊接要求，通过［I/O 分配］设定及后述的焊钳特性文件编辑，增加或取消其他焊接控制 DI 信号。

DX100 系统出厂默认的 DO 信号一般有焊机启动（OUT09，即焊接命令）、故障清除（OUT10）、焊接条件（OUT11 ~ OUT15，可选择 31 种焊接方式）、电极修磨旋转请求（OUT16）

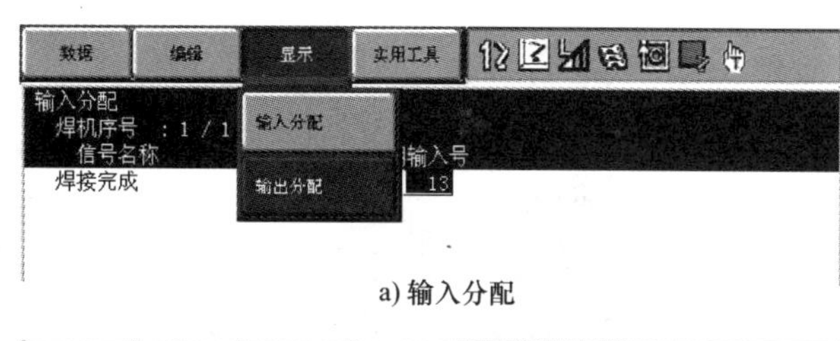

a) 输入分配

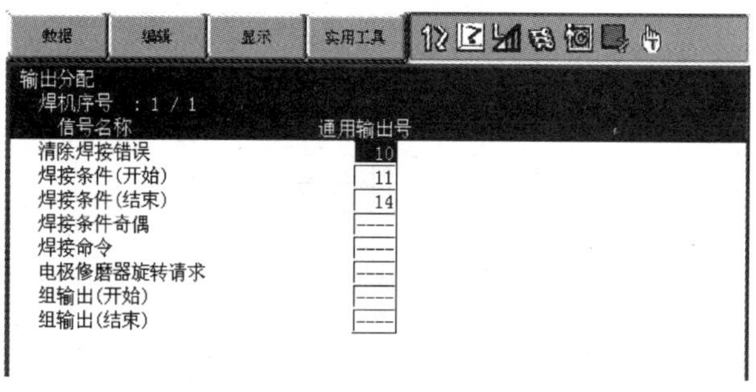

b) 输出分配

图 3.3-5 通用 DI/DO 地址设定页面

等。用户也可根据实际焊接要求，通过［I/O 分配］设定及后述的焊钳特性文件编辑，增加或取消其他焊接控制 DO 信号。

在示教器的输出分配页面上，焊接条件的数量及 DX100 系统的通用 DO 输出地址，可通过“焊接条件（开始）”“焊接条件（结束）”的起始/结束地址进行统一设定。例如，设定焊接条件（开始）地址为 OUT11、焊接条件（结束）地址为 OUT15 时，可利用 OUT11 ~ OUT15 的二进制组合，使用 31 个焊接条件等。此外，还可根据焊机需要，通过设定“焊接条件奇偶”信号，来满足焊机对输入信号的“奇”“偶”性要求。

“组输出（开始）”“组输出（结束）”用来设定间隙焊接命令 SPSPOTMOV 的焊接组信号的起始/结束通用 DO 地址，有关内容可参见 SPSPOTMOV 命令编程说明。

3.3.3 焊钳特性文件编制

焊钳是点焊机器人的基本作业工具，其结构形式、开合行程、压力、速度等都与机器人的运动密切相关。机器人使用的焊钳种类繁多，不同焊钳的结构参数各不相同，故在机器人控制系统中，需要以“焊钳特性文件”的形式，来一次性定义焊钳的全部特性参数，在机器人焊接作业命令上，可通过添加项 GUN#（n），来选择不同的焊钳。

在使用伺服焊钳的机器人上，焊钳驱动属于控制系统的“工装轴”，焊钳的结构形式；机械传动系统的类型、行程范围、减速比、丝杠螺距等结构参数；驱动系统的电气连接参数（硬件），以及伺服电机的最高转速、转向、加速度、负载惯量比等规格参数，均需要通过控制系统的硬件配置高级应用设定操作，进行事先设定，有关内容详见第 9 章 9.2 节。

在系统的焊钳特性文件上，则包含了焊钳类型、开合行程与压力、速度以及电极接触与磨损等诸多应用设定参数，这些参数需要在命令执行前，通过系统设定操作设定。焊钳特性文件可利用示教编程操作编制，在图 3.3-2 所示的点焊系统设定菜单显示页面上，选择［焊钳特性］选项，便可在示教器上显示焊钳特性文件，并对焊钳参数进行设定或修改操作，完成焊钳特性文件的编辑。

DX100 系统的焊钳特性文件上的焊钳基本参数显示共有 3 页，第 1 页显示如图 3.3-6 所示，该页面的参数含义与设定方法如下：

焊钳序号：用来选定点焊作业命令 SVSPOT、SVGUNCL、GUNCHG 添加项 GUN#（n）中的焊钳号 n，文件编辑时可通过按示教器操作面板上的【翻页】键选择 n 号，DX100 系统的 n 范围为 1 ~ 12。

焊钳类型：焊钳的结构形式选择。DX100 系统可根据实际需要，在系统选项中，选择 C 型、X 型单行程、X 型双行程三种焊钳之一。

数据 编辑 显示 实用工具

焊钳特性文件
焊钳序号：1 / 1

设定 未完成
焊钳类型 C型焊钳
焊机序号 1
转矩方向 +

	脉冲	行程	转矩	压力
1	0	0.0 mm	0 %	0 N
2	0	0.0 mm	0 %	0 N
3	0	0.0 mm	0 %	0 N
4	0	0.0 mm	0 %	0 N
5	0	0.0 mm	0 %	0 N
6	0	0.0 mm	0 %	0 N
7	0	0.0 mm	0 %	0 N
8	0	0.0 mm	0 %	0 N
9	0	0.0 mm	0 %	0 N
10	0	0.0 mm	0 %	0 N

主菜单 简单菜单

图 3.3-6 焊钳特性设定页 1

设定：焊钳特性文件的编辑状态显示。“未完成”代表该特性文件的参数已被修改，当参数设定完成后，将光标定位到“未完成”上，按示教器的【选择】键，便可使显示成为“完成”状态。

焊机序号：设定焊钳所对应的焊机号。

转矩方向：该参数用于命令 SVSPOT 和 SVGUNCL，设定电极加压时的伺服电机转向。伺服电机正转加压时，选择“+”；伺服电机反转加压时，则选择“-”。

转矩特性：该参数用于命令 SVSPOT 和 SVGUNCL。伺服焊钳的电极加压利用伺服电机驱动，电极的压力主要决定于伺服电机的输出转矩，但两者无确定的对应关系，因此，焊钳的转矩特性需要以表格的形式，通过离散点数据，来设定焊钳夹紧时的伺服电机输出转矩、角位移（脉冲数）与电极行程、压力间的对应关系。

通过离散点确定的伺服电机转矩特性如图 3.3-7 所示，DX100 系统最多可设定 12 点（第 11 点、第 12 点在焊钳特性文件的第 2 页上显示）数据，离散点的数据需要通过对实际焊钳的测量获得并设定。两个相邻离散点间的其他电极压力，系统将自动按照线性比例来推算伺服电机的输出转矩。

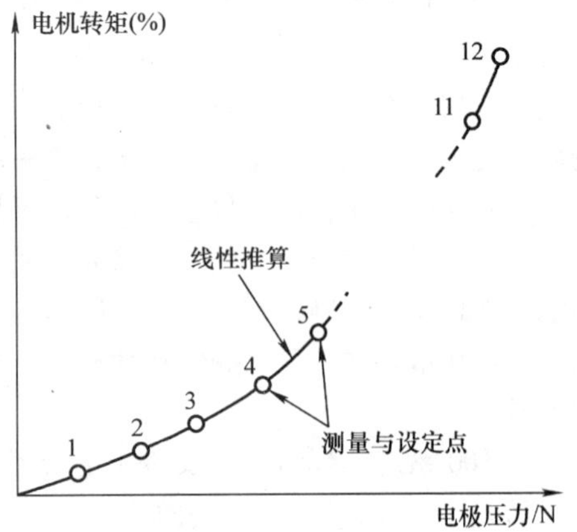

图 3.3-7 焊钳转矩特性

焊钳特性文件的第 2 页显示如图 3.3-8 所示，显示页的前 3 行为接续第 1 页的焊钳转矩特性数据，其他参数含义与设定方法如下：

最大压力：该参数用于命令 SVSPOT 和 SVGUNCL，可设定电极允许施加的最大压力值，当压力超过最大值时，系统报警并停止。

接触检测延迟时间：设定焊钳电极开始接触到系统检测接触的延迟时间，该参数用于焊接启动命令 SVSPOT 和焊钳夹紧命令 SVGUNCL。

初始接触速度：电极接触速度设定，该参数用于命令 SVSPOT 和 SVGUNCL。

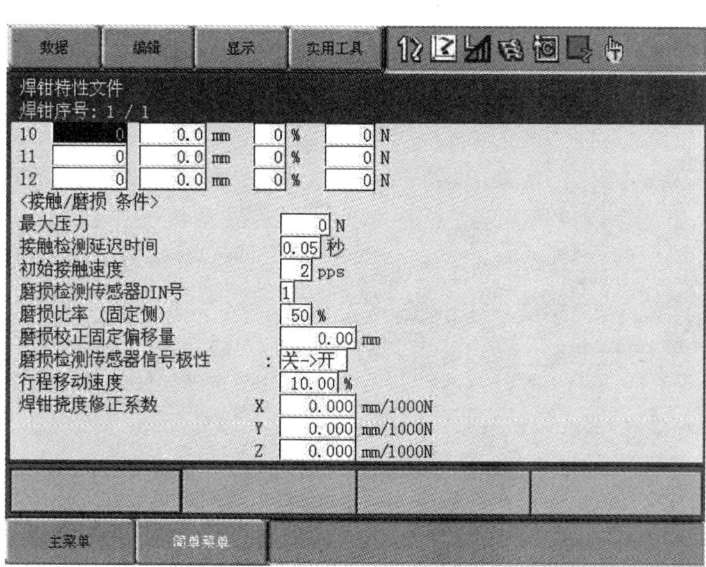

图 3.3-8 焊钳特性设定页 2

磨损检测传感器 DIN 号：该参数用于命令 SVGUNCL 的电极磨损检测作业，如果焊钳使用了电极磨损检测传感器，在该参数上设定传感器的输入地址（通用 DI 点号）。

磨损比率（固定侧）：该参数用于命令 SVGUNCL 的电极磨损检测作业，当焊钳夹紧（空打）命令 SVGUNCL 使用了固定焊钳磨损检测添加项“TWC－C”，该参数用来设定单行程固定焊钳的固定侧电极磨损量（百分比）。

磨损校正固定偏移量：系统电极磨损补偿生效时，该参数可设定加到固定侧电极上的磨损补偿偏移量。

磨损检测传感器信号极性：磨损检测传感器的 DI 信号输入极性设定，如磨损检测信号为常开（动合）触点输入，选择“关→开（OFF→ON）”；如磨损检测信号为常闭（动断）触点输入，选择“开→关（ON→OFF）”。

焊钳闭合后电极动作比例（下侧）：此选项仅在焊钳类型选择“X 形焊钳（双行程）”时显示，参数可设定焊钳闭合时的上/下侧电极动作比，设定值为下侧电极所占的比例。

传感器检测电极的动作比例（上侧）：此选项仅在焊钳类型选择“X 形焊钳（双行程）”时显示，参数可设定利用传感器检测电极磨损时，在上侧电极通过传感器检测区域时的上/下侧电极动作比，设定值为上侧电极所占的比例。

行程移动速度：该参数用于焊接启动命令 SVSPOT，当命令使用添加项 BWS 时，设定焊钳向焊接开始点进行不加压运动时的空程移动速度（倍率值），添加项 BWS 的含义可参见后述的 SVSPOT 命令说明。

焊钳挠度修整系数：此选项用于焊钳类型选择“C 形焊钳”或“X 形焊钳（单行程）”设定，设定值为压力 1000N 时，电极在 X、Y、Z 方向的变形量。

焊钳特性文件的第 3 页显示如图 3.3-9 所示，第 1、2 行为接续第 2 页的 Y、Z 向焊钳挠度修整系数，其他参数含义与设定方法如下：

压力补偿：设定焊钳在图 3.3-10 所示的不同姿态下的电极压力补偿值。由于焊钳的质量较大，当机器人的姿态从正常设定的图 3.3-10a 所示的焊钳垂直向下加压，改变到图 3.3-10c 所示的电极垂直向上加压时，在焊钳重力的影响下，电极压力将减小，因此，需要在焊钳姿态改变

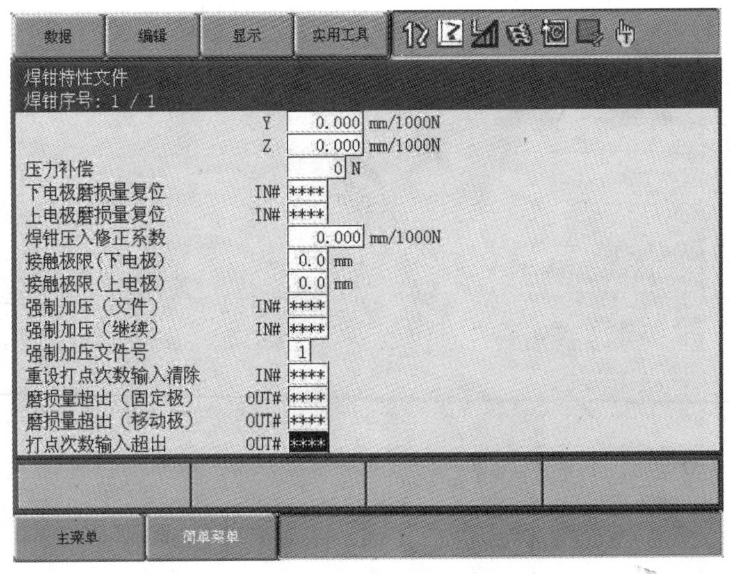

图 3.3-9　焊钳特性设定页 3

时，通过提高伺服电机的输出转矩，来补偿因焊钳重力引起的压力降低。参数设定的是电极垂直向上加压时的最大压力补偿值，图 3.3-10b 所示焊钳倾斜作业时的压力补偿值，可由 DX100 系统自动计算。

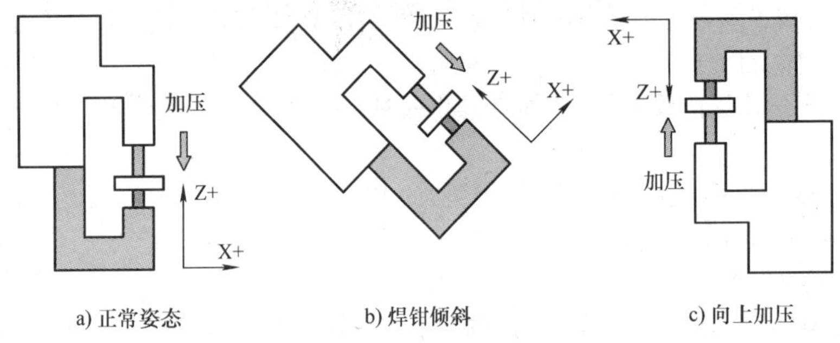

图 3.3-10　压力补偿

上/下电极磨损量复位：可分别设定用于上/下电极磨损量“当前值”清除的信号输入地址（通用 DI 点号）；电极磨损量的当前值可在后述的［焊接诊断］显示页面显示。不使用该信号时，输入 0、示教器显示“＊＊＊”（下同）。

焊钳压入修整系数：该参数用于电极加压后的变形量补偿，参数设定的是电极压力为 1000N 时的变形量。

上/下电极接触极限：该参数用于命令 SVSPOT、SVGUNCL 的电极加压控制，可分别设定的上/下电极最大移动量。

强制加压（文件）：该参数用于 SVGUNCL 命令的空打作业，它用来设定选择空打压力文件的系统通用 DI 信号地址；信号 ON 时，电极按照下述“强制加压文件号”项所设定的“空打压力条件文件”进行加压。

强制加压（继续）：该参数用于 SVGUNCL 命令的空打作业，设定用来启动空打作业的输入信号地址（通用 DI 点号）；信号 ON 时，将启动空打作业。

强制加压文件号：该参数用于 SVGUNCL 命令的空打作业，当前述“强制加压（文件）”项所设定的DI信号ON时，系统所使用的“空打压力条件文件”编号。

重设打点次数输入清除：设定用来清除电极打点次数“当前值”的通用DI信号地址。电极打点次数的当前值可在后述的［焊接诊断］显示页面显示。

固定极/移动极磨损量超出：分别设定固定极/移动极超过“电极磨损量允许值”时的输出信号地址（通用DO点号）。电极磨损量的允许值可在后述的［焊接诊断］显示页面上进行显示和设定。

打点次数输入超出：设定SVSPOT命令的执行次数（打点次数）超过“打点次数允许值”时的通用DO输出地址。电极打点次数的允许值可在后述的［焊接诊断］显示页面上进行显示和设定。

3.3.4 焊钳开合和手动焊接设定

1. 焊钳开合位置设定

点焊作业需要有焊钳开/合、加压、电极通电等一系列动作。在机器人进行点焊作业前，首先需要打开焊钳，将电极中心定位到焊点上；然后闭合焊钳、使得电极与工件接触；接着，开始对焊钳夹紧、使电极通电、以完成焊接；焊接结束后，则需要打开焊钳、离开焊接位置，进行下一焊点的定位与焊接，如此循环。

在使用伺服焊钳的机器人上，焊钳的开/合动作同样可由伺服电机进行控制，焊钳的开/合位置可在焊钳允许的动作范围内任意设定和调整。

DX100系统的伺服焊钳开/合位置一共可预设16个，其中，“大开”和“小开”位置各为8个，开/合位置及参数需要通过示教编程操作进行设定与选择。

在示教编程操作模式下，选择【主菜单】→子菜单［点焊］，显示图3.3-2所示的点焊系统设定菜单后，可根据需要，按图3.3-11所示的点焊机器人示教器上的专用控制键【大开】（数字键3）或【小开】（负号键-），使示教器显示图3.3-12所示的“大开”或“小开”位置设定页面。该页面的参数含义与设定方法如下：

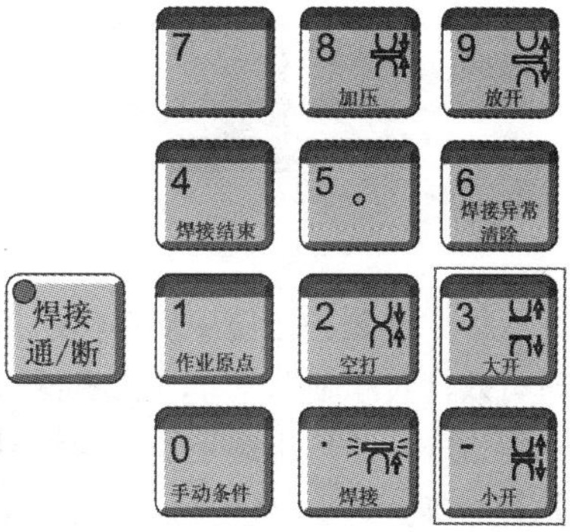
7
8
加压
9
放开
4
焊接结束
5
。
6
焊接异常清除
焊接通/断
1
作业原点
2
空打
3
大开
0
手动条件
·
焊接
-
小开

图3.3-11 点焊机器人专用控制键

焊机序号：用来选定点焊作业命令SVSPOT、SVGUNCL、GUNCHG添加项GUN#（n）中的焊钳号n，文件编辑时可通过按示教器操作面板上的【翻页】键选择n号，DX100系统的n范围为1~12。

选择：用标记“●”来选择所需要的焊钳大开或小开位置，标记可通过同时按示教器的【修改】+【回车】键输入。

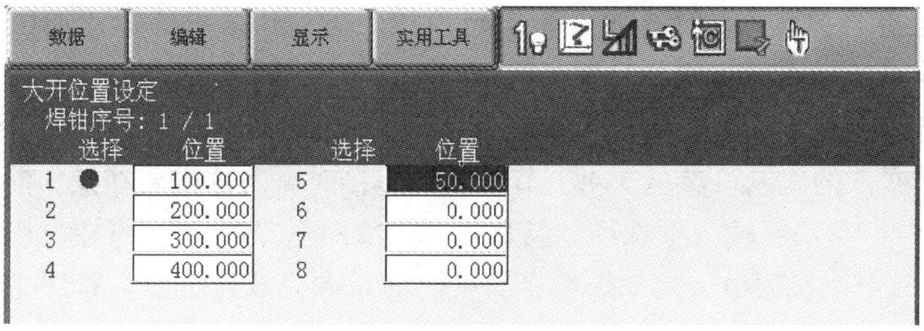
数据
编辑
显示
实用工具
大开位置设定
焊钳序号：1 / 1
选择
位置
选择
位置
1 ● 100.000
2 200.000
3 300.000
4 400.000
5 50.000
6 0.000
7 0.000
8 0.000

图3.3-12 焊钳开/合位置设定页面

位置：用于大开或小开位置（焊钳开度）的设定，可以直接设定焊钳的开合位置值。

2. 手动焊接条件设定

点焊机器人的焊接启动/关闭、焊钳开/合、电极加压等动作既可通过后述的作业命令，利用程序进行控制；也可直接通过示教器的操作面板，在机器人选择示教操作模式后，利用3.3.1节所述的“【联锁】+【2/空打】”、“【联锁】+【·/焊接】”等手动操作按键进行控制。手动焊接时，首先需要通过【0/手动条件】键，选定手动焊接条件文件，确定手动操作时的焊钳形式、电极压力等参数。手动焊接条件文件的编制方法如下：

机器人选择示教操作模式，按【0/手动条件】键，示教器可显示图3.3-13所示的手动焊接条件文件，通过设定与修改文件参数，便可完成文件的编辑。手动焊接条件文件的参数含义与设定方法如下：

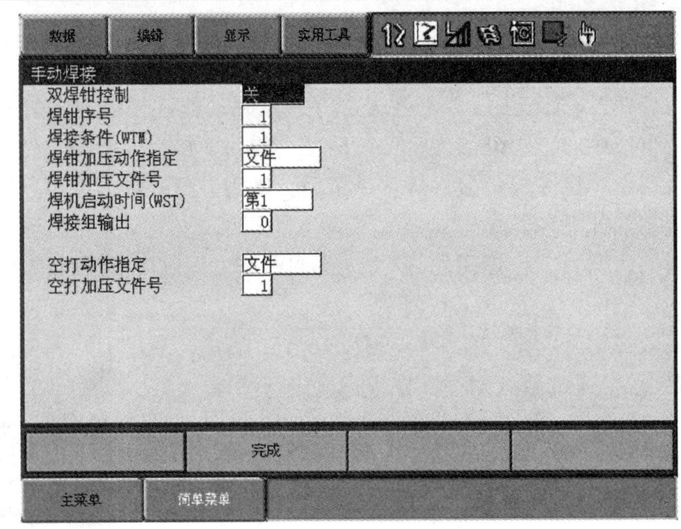

图3.3-13　手动焊接条件文件显示

双焊钳控制：在使用双焊钳的机器人上，可在输入框上选择“开”，使得两焊钳的手动操作同时有效；对于通常的单焊钳机器人，选择“关”，撤销双焊钳控制功能。

焊钳序号：用来选定手动操作时的焊钳号n，文件编辑时可通过按示教器操作面板上的【翻页】键选择n号，DX100系统的n范围为1~12。

焊接条件（WTM）：用来选定手动焊接的焊机特性文件号，输入框中可输入焊机特性文件的WTM的n号，输入范围为1~255。焊机特性文件的编制方法见前述，手动焊接时，文件同样需要在操作前编制完成。

焊钳加压动作指定：定义焊钳的加压动作与参数，DX100系统的焊钳加压需要通过“焊钳压力条件文件”定义，输入框应选择“文件”。

焊钳加压文件号：在输入框中输入焊钳压力条件文件PRESS#（n）的文件号n，输入范围为1~255。焊机特性文件的编制可参见3.4.1节，手动焊接时，文件需要在操作前编制。

焊机启动时间（WST）：输入框选择“接触”或“第1”“第2”，可在电极接触工件或在第1次、第2次加压时对电极通电、启动焊接，有关内容可参见3.4.1节。WST信号的形式可在前述的焊机特性文件中设定。

焊接组输出：用来设定间隙焊接作业命令的焊接组输出地址，手动操作一般不使用。

空打动作指定：定义手动焊钳夹紧（空打）时的加压动作与参数。输入框选择“文件”时，手动焊钳夹紧（空打）的电极压力用“空打压力条件文件”的形式定义；输入框选择“固定加压”时，手动焊钳夹紧（空打）的压力为固定值。

空打压力文件号/固定压力：当空打动作指定选择“文件”时，在输入框中输入空打压力条件文件 PRESSCL#（n）的文件号 n，输入范围为 1～15。空打压力条件文件的编制方法可参见 3.4.3 节，手动焊接时，文件同样需要在操作前编制完成。当空打动作指定选择“固定加压”时，输入框直接输入焊钳夹紧（空打）时的压力值。

3.3.5 电极参数和 TCP 点设定

1. 电极参数设定

点焊机器人焊钳的电极参数包括［焊接诊断］参数和［电极安装管理］参数两部分，前者用来设定电极的使用次数、固定侧/移动侧电极磨损量和安装基准、工具控制点（TCP 点）和焊钳行程修整等基本参数；后者用来设定电极的安装位置。

电极参数的设定同样可在示教编程操作模式下进行。在图 3.3-2 所示的点焊系统设定菜单显示页面上，如选择［焊接诊断］选项，便可进行电极基本参数的设定；如选择［电极安装管理］选项，便可进行电极安装位置的设定。电极参数的含义及设定方法如下：

1）电极基本参数设定：在示教编程操作模式下的点焊系统设定菜单显示页面上，如选择［焊接诊断］选项，示教器可显示图 3.3-14 所示的焊接诊断页面，在该页面上可进行电极基本参数的设定，参数含义与设定方法如下：

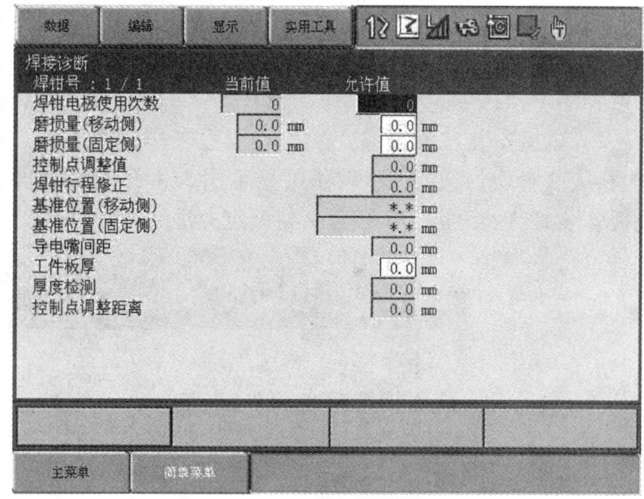

图 3.3-14 焊接诊断显示页面

焊钳号：用来选定点焊作业命令添加项 GUN#（n）中的焊钳号 n，文件编辑时可通过按示教器操作面板上的【翻页】键选择 n 号，DX100 系统的 n 范围为 1～12。

焊钳电极使用次数：用来显示和设定电极的使用寿命，“当前值”为电极已执行 SVSPOT 命令的使用次数显示；“允许值”为电极使用寿命设定值。当电极使用次数超过允许值时，焊钳特性文件中“打点次数输入超出”参数所设定的通用 DO 输出信号将 ON，提醒操作者更换电极；电极更换后，可通过焊钳特性文件中“重设打点次数输入清除”参数所设定的通用 DI 信号，清除电极使用次数的当前值，重新开始计数。

电极使用次数的当前值也可通过图 3.3-15 所示下拉菜单［数据］中的“清除当前值”选项，直接通过手动操作进行清除。

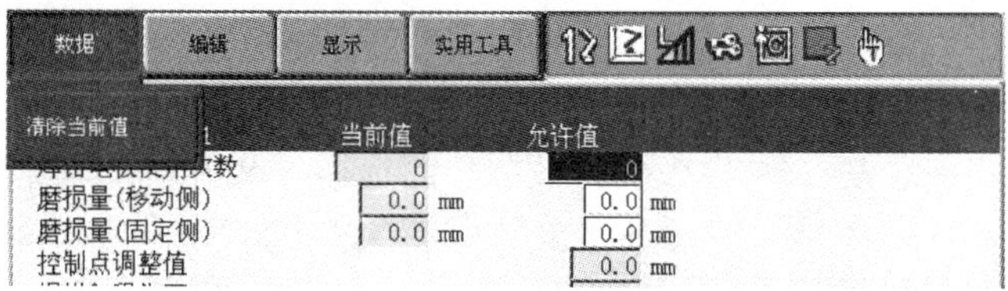

图 3.3-15 打点次数当前值的清除

移动侧/固定侧磨损量：用来显示和设定电极的磨损量，“当前值”为电极当前的磨损量；“允许值”为电极允许的磨损量设定值。当电极磨损超过允许值时，焊钳特性文件中“移动极/固定极磨损量超出”参数所设定的通用 DO 输出信号将 ON，提醒操作者更换电极；电极更换后，可通过焊钳特性文件中“上/下电极磨损量复位”参数所设定的通用 DI 信号，清除电极磨损量的当前值，重新计算磨损量。

电极磨损量的当前值也可通过图 3.3-15 所示下拉菜单［数据］中的“清除当前值”选项，直接通过手动操作进行清除。

控制点调整值：可显示工具控制点（TCP 点）的电极磨损位置补偿值。

焊钳行程修整：可显示焊钳用于电极磨损的开度补偿值。

移动侧/固定侧基准位置：可显示电极磨损检测的基准位置。

以上电极磨损参数，可通过机器人的焊钳夹紧（空打）命令 SVGUNCL 进行自动检测与设定，有关内容可参见 SVGUNCL 命令编程说明。

导电嘴间距：可显示和设定焊钳两侧电极距离，该参数用于移动电极接触示教时的工具控制点（TCP 点）调整，详见下述的工具坐标系和 TCP 点设置。

工件板厚：可显示和设定移动电极接触示教时的工件板厚，该参数同样用于移动电极接触示教时的 TCP 点调整，详见下述的工具坐标系和 TCP 点设置。

控制点调整距离：可显示移动电极接触示教时的 TCP 点的距离调整值，详见下述的工具坐标系和 TCP 点设置。

2）电极安装参数设定：在示教编程操作模式下的点焊系统设定菜单显示页面上，如选择［电极安装管理］选项，示教器可显示图 3.3-16 所示的电极安装显示页面，在该页面上可进行电极安装参数的设定，参数含义与设定方法如下：

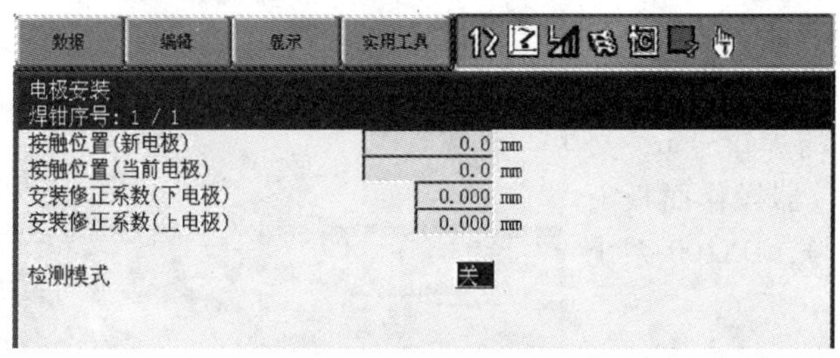

图 3.3-16　电极安装参数显示页面

焊钳序号：用来选定点焊作业命令添加项 GUN#（n）中的焊钳号 n，文件编辑时可通过按示教器操作面板上的【翻页】键选择 n 号，DX100 系统的 n 范围为 1～12。

接触位置（新电极）：显示新电极的空打接触位置。该参数可在新电极安装后，利用焊钳夹紧（空打）作业命令 SVGUNCL，进行自动检测和设定，有关内容可参见 SVGUNCL 命令编程说明。

接触位置（当前电极）：可显示当前电极的空打接触位置。

安装修整系数（下电极）：显示固定侧电极的安装误差补偿值。

安装修整系数（上电极）：显示移动侧电极的安装误差补偿值。

检测模式：电极安装误差检测/电极磨损检测功能选择。设定“关”，电极磨损检测功能生效，计算电极磨损量；设定“开”，生效电极安装误差检测功能、清除电极磨损量。

以上电极安装参数可利用焊钳夹紧（空打）作业命令 SVGUNCL，进行自动检测和设定，有关内容可参见 SVGUNCL 命令编程说明。

2. 工具坐标系和 TCP 点的设定与调整

点焊机器人作业时，需要正确设定工具坐标系和工具控制点。工具控制点（Tool Control Point，TCP 点）是机器人示教编程时的示教点和运动程序的指令点，机器人定位的移动命令都是针对此点进行；TCP 点通常也是工具坐标系的原点。

为了能够正确检测电极磨损、电极安装误差，并对电极磨损量、安装误差进行自动补偿，点焊机器人必须按照图 3. 3-17 所示的要求设定工具坐标系和 TCP 点。

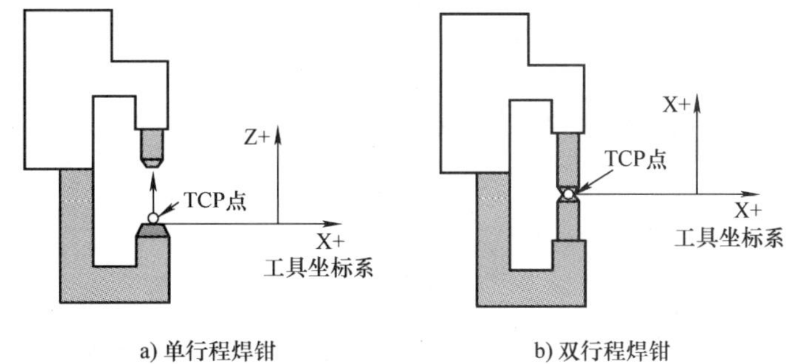

图 3. 3-17　工具坐标系和 TCP 点设定

图 3. 3-17a 是一侧电极固定、一侧电极移动的单行程焊钳，其 TCP 点需要设定在固定侧电极的中心点上；同时，需要将移动侧电极打开焊钳的方向，设定为工具坐标系的 Z 轴正向。

图 3. 3-17b 是两侧电极均可移动的双行程焊钳，其 TCP 点需要设定在两侧电极闭合后的中心点上；同时，需要将下侧电极向上侧电极运动的焊钳闭合方向，设定为工具坐标系的 Z 轴正向。

由于单行程焊钳的 TCP 点为固定侧电极的中心点，因此，在进行示教编程操作时，应以固定侧电极为基准，来指定程序点。然而，在实际操作时，固定电极很可能位于工件的内侧或下侧，其位置较难观察，为此，可利用移动侧电极接触工件的操作，通过前述［焊接诊断］参数中的“导电嘴间距”“工件板厚”参数设定，自动计算出“控制点调整距离”参数，并调整 TCP 位置。

移动侧电极接触的控制点调整和示教操作方法如图 3. 3-18 所示，操作步骤如下：

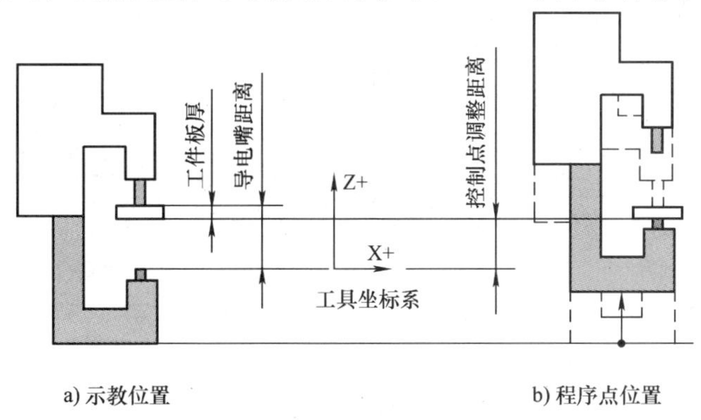

图 3. 3-18　焊钳更换接触示教操作

1）机器人操作模式选择【示教（TEACH)】。

2）按示教器【主菜单】键，并选择子菜单［点焊］→［焊接诊断］，显示焊接诊断页面。

3）手动输入“导电嘴间距”“工件板厚”参数。

4）按示教器【主菜单】键，并选择子菜单［程序内容］，显示程序页面。

5）移动机器人到图3.3-18a所示的示教位置，使移动侧电极接触工件。

6）同时按示教器的“【转换】+【回车】”键，系统将自动计算固定侧电极的位置调整量，调整量=（导电嘴间距）-（工件板厚）。

7）按示教器的【前进】键，机器人将以调整后的位置作为示教程序定位点，沿工具坐标系的Z+方向，移动到图3.3-18b所示的程序点位置，使固定侧电极接触工件。

8）确认程序点位置准确后，同时按示教器的“【转换】+【回车】”键，控制点调整距离将自动写入焊接诊断页面的参数“控制点调整距离”。

3.4 点焊作业命令编程与实例

3.4.1 点焊命令编程实例

1. 编程格式

命令SVSPOT是点焊机器人的焊接启动命令，单焊钳机器人的命令编程格式为

SVSPOT	GUN#(1)	PRESS#(1)	WTM=1	WST=2	BWS=10.0
命令符	焊钳选择	压力选择	焊机选择	启动选择	焊接开始点

如果机器人使用双焊钳，可在上述命令的添加项后，再添加第2焊钳的添加项。命令添加项的含义：

1）焊钳选择：焊钳以GUN#（n）的形式指定，n的范围可为1～12。焊钳特性文件的编制方法见3.3节，文件需要在命令执行前编制完成。

2）压力选择：焊接压力以PRESS#（n）的形式指定，n的范围可为1～255。电阻点焊时，电极需要多次加压，因此，在系统中需要以“焊钳压力条件文件”的形式来定义电极的加压参数，添加项PRESS#（n）中的n就是系统的压力条件文件号。压力条件文件需要在命令执行前设定，文件的编辑方法见下述。

3）焊机选择：焊机以WTM=n的形式指定，n为系统焊机特性文件号，n的输入范围可为1～255。焊机特性文件的编制方法见3.3节，文件需要在命令执行前编制完成。

4）启动选择：电阻点焊焊接在电极通电后才正式启动。焊接启动的时刻可通过WST选择。添加项WST=0或1、2的含义如图3.4-1所示，它可选择电极在接触工件或在第一次、第二次加压时通电启动。

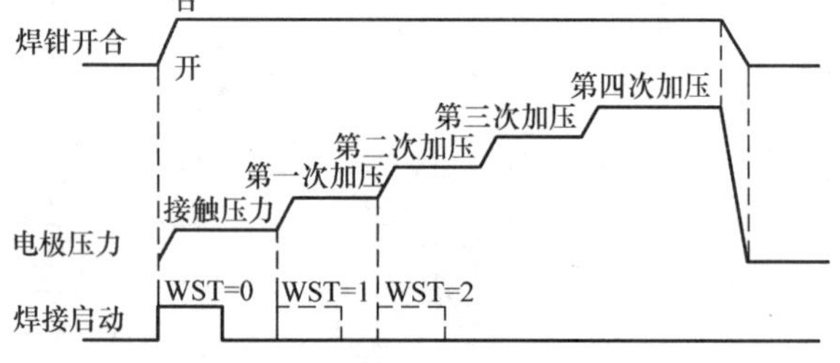

图3.4-1 焊接启动信号选择

WST信号的形式可为“电平”、“脉冲”或“开始信号”，它需要在添加项WTM所指定的焊机特性文件中设定，有关内容可参见3.3节。

5）焊接开始点：焊接开始点添加项BWS为可选添加项，其作用如图3.4-2所示。如果不使用添加项BWS，SVSPOT命令可直接启动焊钳，进行接触→加压的焊接动作，电极动作如图3.4-2a所示；如果使用添加项BWS，执行SVSPOT命令时，焊钳先向BWS指定的焊接开始点“空程”运动，到焊接开始点后，再进行接触→加压的焊接动作，电极动作如图3.4-2b所示；电极的空程运动速度可以单独设定。

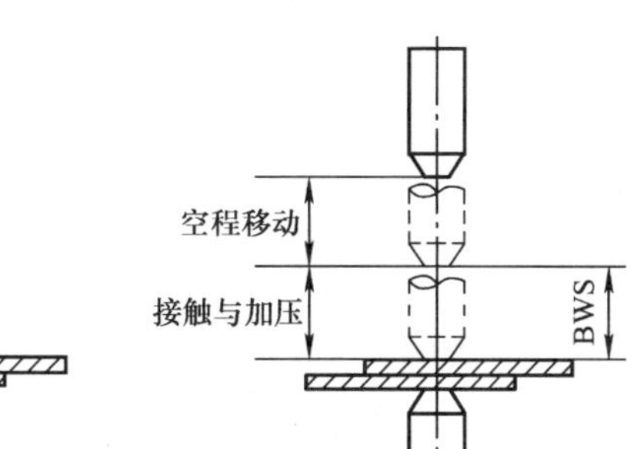

图 3.4-2　BWS 选项功能

2. 命令执行过程

SVSPOT 命令用于点焊作业，机器人执行命令的动作过程如图 3.4-3 所示。

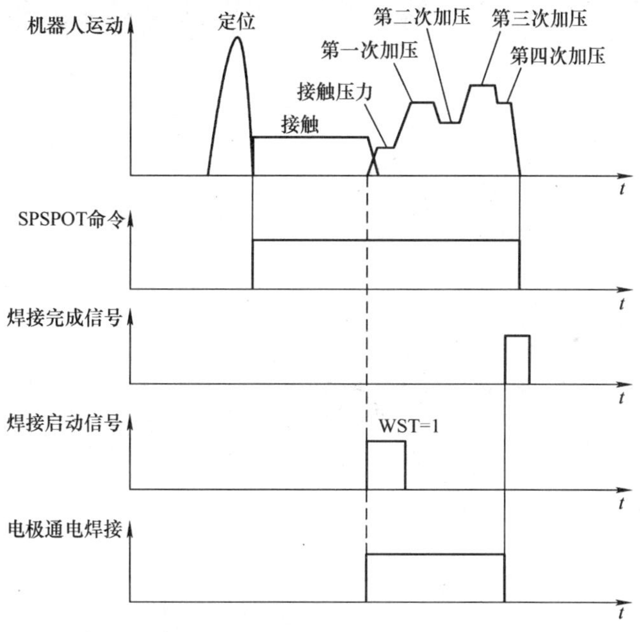

图 3.4-3　SVSPOT 命令的执行过程

当机器人完成焊点定位、命令启动后，首先闭合焊钳、使电极接触工件；当电极压力到达接触压力后，依次进行第一～四次加压；在此过程中，将根据添加项 WST 的设定，输出焊接启动信号、对电极通电、启动焊接；直到［I/O 分配］设定所定义的焊接结束信号输入 ON，结束焊接动作。

SVSPOT 命令中的电极接触压力、第一～四次加压压力及保持时间等参数，均可在系统的“焊钳压力条件文件”上设定；如果命令使用了添加项 BWS，电极接触时将增加向焊接开始点运动的空程移动动作。

3. 焊钳压力条件文件的编制

SVSPOT 命令的“焊钳压力条件文件”，需要通过 DX100 示教模式下的系统设定操作编制，文件的编制方法与焊机、焊钳特性文件类似，它可在 3.3 节图 3.3-2 所示的点焊系统设定菜单页面上，通过选定［焊钳压力］选项、显示焊钳压力条件文件后，通过对文件参数的设定或修改，完成文件的编辑。

DX100 系统的焊钳压力条件文件显示如图 3.4-4 所示，参数的含义与设定方法如下：

条件号：焊钳压力条件文件号，用来选定 PRESS#（n）中的文件号 n，文件编辑时可通过按示教器操作面板上的【翻页】键选择 n 号，DX100 系统的 n 范围为 1 ~ 255。

设定：焊钳压力条件文件的编辑状态显示。"未完成"代表该文件的参数已被修改，当参数设定完成后，将光标定位到"未完成"上，按示教器的【选择】键，便可使显示成为"完成"状态。

接触速度：设定焊钳闭合时的动作速度，设定值为伺服电机最大转速的百分率（%），通常应设定 5% ~ 10%。

注释：如果需要，可对焊钳压力条件文件增加 32（半角）/16（全角）字符的注释，也可不使用。

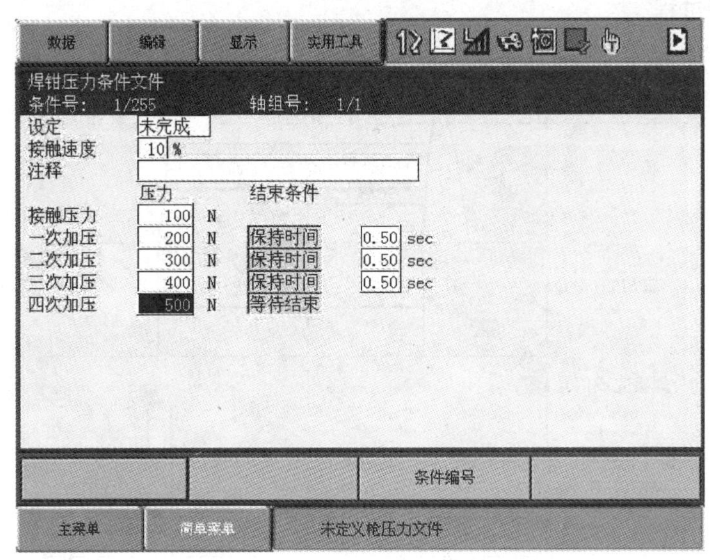

图 3.4-4 焊钳压力条件文件显示

加压特性：可分别对接触压力，以及第一 ~ 四次加压的压力、结束条件进行设定。其中，接触压力的设定值应大于电极摩擦阻力（一般为 100N）、小于第一次加压的压力；其余压力值可以根据实际焊接需要设定。

DX100 系统的加压结束条件可选择"保持时间"和"等待结束"两种。选择"保持时间"时，系统将显示随后的时间设定选项，电极将以规定的压力加压设定的时间，设定时间到达后，继续下一加压；选择"等待结束"时，系统将保持本次加压压力，直到焊接结束信号输入；后续的加压设定将无效。

4. 编程示例

安川点焊机器人的焊接作业，可直接通过 SVSPOT 命令实现，对于图 3.4-5 所示的单行程焊钳点焊作业，SVSPOT 命令的编程示例如下：

```
…
MOVJ  VJ = 80.0                    //机器人定位到作业起始点 P1
MOVL  V = 800.0                    //P1→P2 直线移动，接近作业点
```

```
MOVL V=200.0                              //P2→P3 直线移动，到达作业点
SVSPOT GUN#(1) PRESS#(1) WTM=1 WST=1
                                          //在 P3 点启动焊接
MOVL V=800.0                              //P3→P4 直线移动，退出焊钳
MOVL V=800.0                              //P4→P5 直线移动，回到起始点
…
```

以上程序在示教编程时，应按照以下要求选择定位点。

P1：作业起始点，在该点上应保证焊钳为打开状态，同时，需要调整工具姿态，使电极中心线和工件表面垂直。

P2：接近作业点，P2 点应位于焊点的正下方（工具坐标系的 Z 负向），并且保证机器人从 P1 到 P2 点移动、电极进入工件作业面时，不会产生运动干涉。

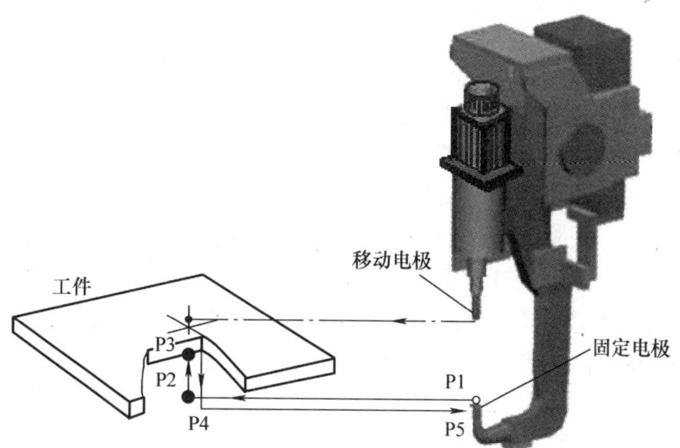

图 3.4-5 点焊作业程序示例

P3：焊接作业点，应保证 P3 点位于工具坐标系 P2 点的 Z 轴正方向，且使得固定电极到达工件的焊接位置。

P4：焊钳退出点，一般应通过程序点重合操作，使之与接近作业点 P2 重合。

P5：作业完成退出点，为了便于循环作业，一般应通过程序点重合操作，使之与作业起始点 P1 重合。

3.4.2 连续焊接命令编程实例

1. 编程格式

命令 SVSPOTMOV 是点焊机器人的多点连续焊接命令，它可按照系统“间隙文件”所规定的间隙要求，自动确定焊钳在焊接点定位移动时的位置，完成多点连续焊接作业，命令的编程格式为

SVSPOTMOV	V=1000	PLIN=0	PLOUT=1	CLF#(1)	GUN#(1)	PRESS#(1)	WTM=1	WST=2	WGO=10
命令符	移动速度	起点精度等级	退出点精度等级	间隙文件	焊钳选择	压力选择	焊机选择	启动选择	输出组

命令添加项的含义：

V：基本添加项，指定间隙焊接时的机器人移动速度。

PLIN：指定间隙焊接起点的定位精度等级，输入允许 0～8。

PLOUT：指定间隙焊接退出点的定位精度等级，输入允许 0～8。

CLF#（1）：选择间隙焊接的间隙文件，n 为间隙文件号，输入允许 1～32。

GUN#（n）：焊钳选择，n 为焊钳特性文件号，输入允许 1～12。

PRESS#（n）：焊钳压力选择，n 为焊钳压力文件号，输入允许 1～255。

WTM：焊机选择，n 为焊机特性文件号，输入允许 1～255。

WST：焊接启动信号输出选择，n 输入允许 0～2。

WGO：焊接组输出选择信号，输入允许0～15或1～16。

以上程序添加项中，PLIN、PLOUT的定位精度等级（Positioning Level）设定方法，可参见第2章的移动命令说明；CLF#（1）用于间隙焊接文件的选择，该文件需要在执行命令前编制完成；添加项GUN#（n）～WST的含义同焊接启动命令SVSPOT；添加项WGO为焊接组输出信号，其地址可通过前述的［I/O分配］进行设定，如果需要，输出信号可用于焊机的选择与控制，也可不使用。

2. 命令执行过程

SVSPOTMOV命令可将示教编程所指定的定位点，自动转换成间隙文件所规定的定位点，并进行多点连续焊接作业。对于采用单行程焊钳的机器人，当焊接点P1～Pn用“下电极示教”方式指定、间隙文件规定的上/下电极离工件的距离为A/B、工件的板厚为C时，执行命令SVSPOTMOV的机器人运动如图3.4-6所示。

进行间隙焊接作业时，机器人首先将TCP点（固定电极的中心点）定位到焊接示教点P1所对应的间隙焊接开始点P11上，使电极和工件保持间隙文件规定的间隙。然后，再移动到焊接示教点P1，闭合移动极、进行P1点的焊钳加压和焊接作业。P1点焊接完成后，先松开移动电极，接着，将焊钳退至焊接开始点P11点，然后，机器人在定位到焊接示教点P2所对应的焊接开始点P21上，再移动到焊接示教点P2、重复焊接动作。如此循环、以实现多点连续焊接作业。

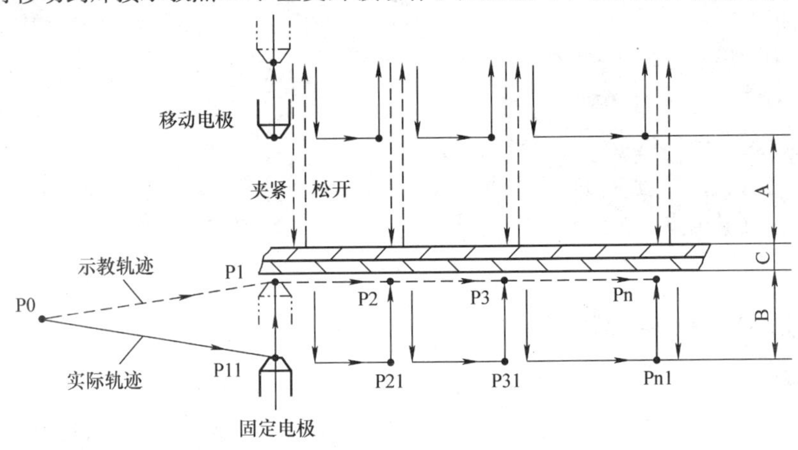

图3.4-6　SVSPOTMOV命令的执行过程

为了提高作业效率、加快焊点定位速度，机器人进行间隙焊接时的定位轨迹可通过图3.4-7所示的两种方式改变。

1）在间隙文件上，将“动作方式”设定为“斜开”或“斜闭”，间隙焊接的定位运动轨迹将成为图3.4-7a所示的斜线运动。

2）利用添加项PLOUT、PLIN，增大焊接完成退出点、焊接开始点的定位精度等级，使间隙焊接的运动轨迹变成图3.4-7b所示的连续运动。

3. 间隙文件的编制

SVSPOTMOV命令的“间隙文件”，需要通过DX100示教模式下的系统设定操作编制，文件的编制方法与焊机、焊钳特性文件类似，它可在3.3节中图3.3-2所示的点焊系统设定菜单页面上，选定［间隙设定］选项，通过参数的设定和修改完成文件编辑。

DX100系统的间隙文件显示如图3.4-8所示，文件中各参数的含义与设定方法如下。

条件序号：用来选定间隙焊接命令添加项CLF#（n）中的间隙文件号n，文件编辑时可通过

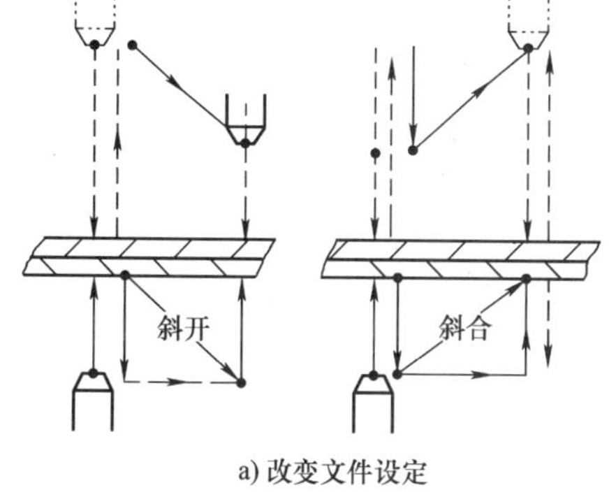

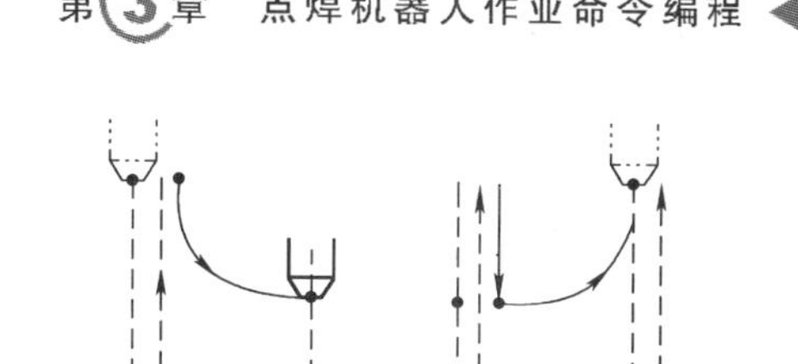
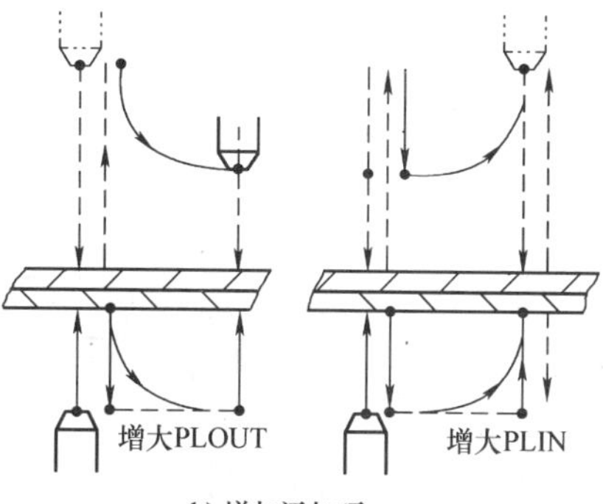

a) 改变文件设定　　　　b) 增加添加项

图 3.4-7　定位轨迹的改变

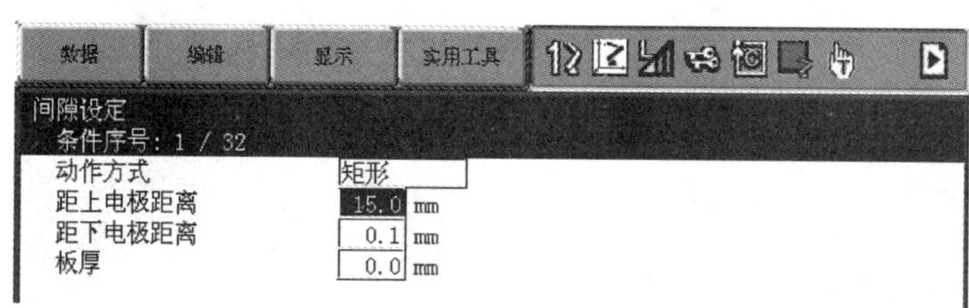

图 3.4-8　间隙文件显示

按示教器操作面板上的【翻页】键选择 n 号，DX100 系统的 n 范围为 1 ~ 32。

动作方式：用来设定机器人在两个焊接示教点间进行间隙定位的运动轨迹。选择“矩形”，机器人在间隙焊接开始（退出）点和焊接示教点间的焊钳接触工件、退出移动，都在垂直方向上（工具坐标系的 Z 方向）进行，两个焊接示教点间的运动轨迹为图 3.4-6 所示的矩形。选择“斜开”，焊接结束退出时，机器人可直接从焊接示教点，沿倾斜直线移动到下一间隙焊接开始点；但焊钳接触工件的移动仍在垂直方向上（工具坐标系的 Z 方向）进行（见图 3.4-7）。选择“斜闭”，焊接结束退出的运动在垂直方向上（工具坐标系的 Z 方向）进行；但在下一焊接点接触工件时，机器人可直接沿倾斜直线移动到焊接示教点（见图 3.4-7）。

距上电极的距离：设定焊钳位于间隙焊接开始点时，图 3.4-6 中的工件上表面离上电极距离 A（单位 0.1mm）。

距下电极的距离：设定焊钳位于间隙焊接开始点时，图 3.4-6 中的工件下表面离下电极距离 B（单位 0.1mm）。

板厚：设定图 3.4-6 中的工件厚度 C（单位 0.1mm）。

4. 编程示例

采用单行程焊钳的机器人，进行如图 3.4-9 所示多点连续间隙焊接作业的程序如下：

```
…
MOVJ  VJ = 80.0                                                   //定位到作业起始点 P0
SVSPOTMOV  V = 1000  CLF#(1)GUN#(1)PRESS#(1)WTM = 1  WST = 1  //P1 点焊接
SVSPOTMOV  V = 1000  CLF#(1)GUN#(1)PRESS#(1)WTM = 1  WST = 1  //P2 点焊接
SVSPOTMOV  V = 1000  CLF#(1)GUN#(1)PRESS#(1)WTM = 1  WST = 1  //P3 点焊接
…
SVSPOTMOV  V = 1000  CLF#(1)GUN#(1)PRESS#(1)WTM = 1  WST = 1  //Pn 点焊接
MOVL  V = 1000                                                    //回到作业起始点 P0
…
```

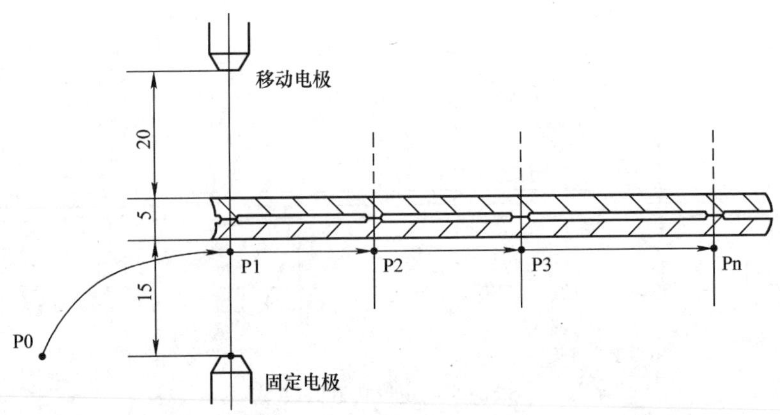

图 3.4-9　间隙焊接程序示例

在 DX100 系统上，执行程序前，应完成工具坐标系、控制轴组等的设定与选择，并将间隙文件 1 的参数设定如下：

动作方式：矩形；

距上电极距离：20.0mm；

距下电极距离：15.0mm；

板厚：5.0mm。

焊接点 P1 ~ Pn 及间隙焊接命令的输入，可通过以下示教操作完成。

1）操作模式选择【示教（TEACH)】，按【主菜单】键、显示主菜单。

2）选择子菜单［设置］，并选定［示教条件设定］选项，示教器显示图 3.4-10 所示的示教条件设定显示页面。

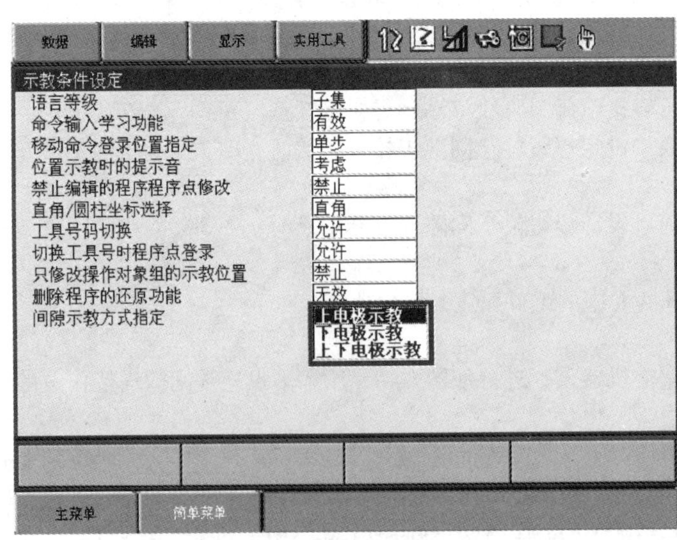

图 3.4-10　间隙焊接程序示例

3）选择［间隙示教方式指定］选项，示教器可显示“上电极示教”“下电极示教”和“上下电极示教”设定项，可根据需要选定焊接点的示教方式。对于单行程焊钳、利用固定极（下电极）接触工件指定焊接点时，一般选择“下电极示教”。

4）返回主菜单、选择［程序内容］，进入示教编程模式。

5）移动机器人到程序起始点 P0，输入命令 MOVJ。

6）移动机器人焊接作业点 P1，在该点上使焊钳下电极与工件接触。

7）同时按示教器操作面板的“【转换】 + 【插补方式】”，示教器的输入行可显示命令 SVSPOTMOV，根据程序要求，完成命令的编辑，并输入。

8）依次手动移动机器人到焊接作业点 P2 ~ Pn、并在焊接作业点重复操作步骤 6）、7），完成 P2 ~ Pn 的间隙焊接命令编程。

9）移动机器人到程序起始点 P0，输入命令 MOVL，结束焊接程序。

3.4.3 空打命令与拓展应用实例

1. 编程格式

命令 SVGUNCL 是点焊机器人的焊钳夹紧命令，焊钳夹紧是只对电极加压、而不进行通电焊接的操作，故又称“空打”。SVGUNCL 命令的编程格式为

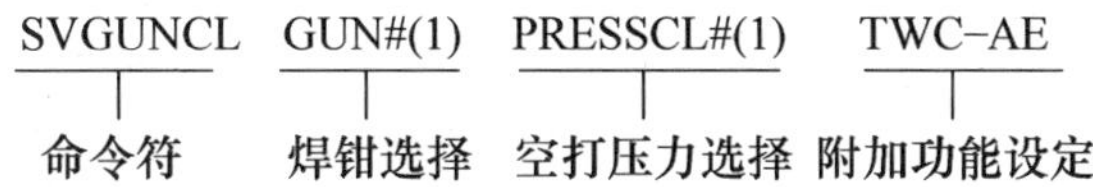

SVGUNCL 命令不但可用于电极锻压整形、电极修磨，而且，还可通过附加功能添加项的选择，进行电极磨损检测、电极安装误差检测、小型轻量工件的搬运等操作。命令添加项的含义如下：

1）焊钳选择：焊钳以 GUN#（n）的形式指定，n 的范围可以是 1 ~ 12。焊钳特性文件的编制方法见 3.3 节，文件需要在命令执行前编制完成。

2）空打压力选择：焊钳夹紧（空打）命令的电极压力用 PRESSCL#（n）指定，n 的范围可以是 1 ~ 15。焊钳夹紧（空打）时，电极同样可进行多次加压，因此，在系统中需要以“空打压力条件文件”的形式来定义电极的加压参数，添加项 PRESSCL#（n）中的 n 就是系统的空打压力条件文件号。空打压力条件文件中包含了开钳时间、合钳时间、接触速度、空打接触压力、每次加压的压力、保持时间、输出信号等参数，这些参数同样需要在命令执行前设定，空打压力条件文件的编辑方法见下述。

3）附加功能设定：该添加项可以用来选择 SVGUNCL 命令的附加功能，DX100 系统可使用的添加项如下：

TWC – A：空打接触、固定极电极磨损检测；

TWC – B：空打接触、移动极传感器电极磨损检测；

TWC – AE：空打接触、固定极电极安装误差检测（测量模式 ON）；

TWC – BE：空打接触、移动极传感器电极安装误差检测（测量模式 ON）；

TWC – C：固定焊钳电极磨损检测；

ON：工件搬运模式、焊钳夹紧；

OFF：工件搬运模式、焊钳松开。

有关电极磨损、电极安装误差检测及工件搬运的方法，可参见后述的编程示例。

2. 命令执行过程

SVGUNCL 命令的基本用途是用于电极锻压整形和电极修磨，机器人执行命令的动作过程如图 3.4-11 所示。

SVGUNCL 命令的机器人动作与 SVSPOT 类似，执行命令时，首先闭合焊钳（合钳）、使电极

接触工件；当电极压力到达接触压力后，依次进行第一～四次加压，并输出第一～四次加压状态信号；加压结束后，焊钳自动打开（开钳）。电极的接触压力、第一～四次加压压力、保持时间、输出信号地址等参数，均可在系统的“空打压力条件文件”上设定。

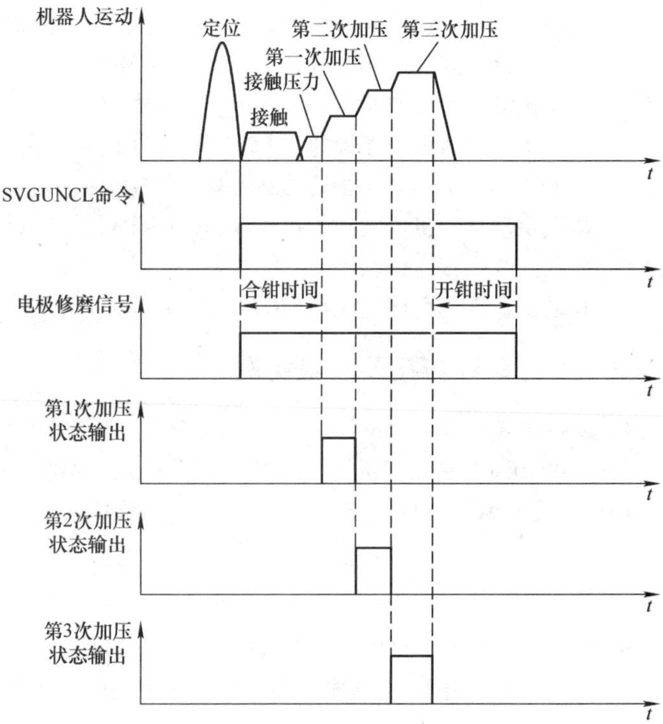

在焊钳闭合到打开的整个执行过程中，电极修磨信号将一直保持输出 ON 状态，以控制修磨器进行电极修磨。电极修磨信号的输出地址可通过 3.3 节所述的［I/O 分配］操作，利用“电极修磨器旋转请求”选项设定。

如果命令使用了附加添加项，系统还可以启动电极磨损检测或电极安装误差检测功能，或者进行小型、轻量工件的搬运作业。

图 3.4-11　SVGUNCL 命令的执行过程

3. 空打压力条件文件的编制

SVGUNCL 命令的“空打压力条件文件”，可通过 DX100 示教模式下的系统设定操作编制，文件的编制方法与焊机、焊钳特性文件类似，它可在 3.3 节中图 3.3-2 所示的点焊系统设定菜单页面上，通过选定［空打压力］选项、显示空打压力条件文件后，通过对文件参数的设定或修改，完成文件的编辑。

DX100 系统的空打压力条件文件显示如图 3.4-12 所示，参数的含义与设定方法如下：

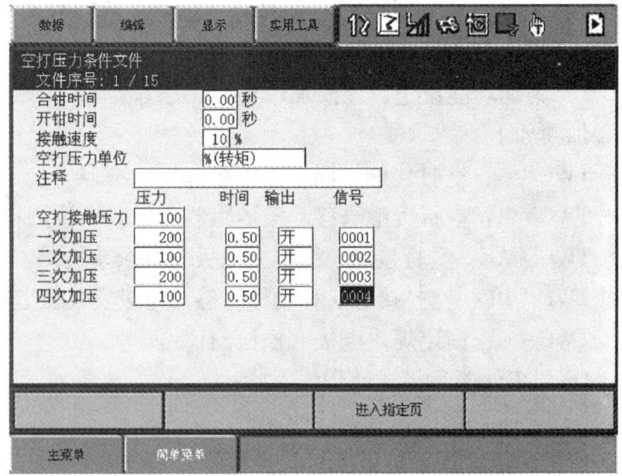

图 3.4-12　空打压力条件文件显示

文件序号：空打压力条件文件号，用来选定 PRESSCL#（n）中的文件号 n，文件编辑时可通过按示教器操作面板上的【翻页】键选择 n 号，DX100 系统的 n 范围为 1～15。

合钳时间：设定焊钳闭合的动作时间，在该时间内，电极从打开状态变为接触工件状态，同时对电极施加规定的空打接触压力。

开钳时间：设定焊钳打开的时间，在该时间内，电极将从最后一次加压状态变为焊钳打开状态。焊钳的开/合位置可通过 3.3 节所述的焊钳开合位置设定操作事先设定。

接触速度：设定焊钳闭合时的动作速度，设定值为伺服电机最大转速的百分率（%），通常应设定为5%以下。

空打压力单位：空打压力条件文件中的压力单位可选择“N”或“%（转矩）”；选择“%（转矩）”时，将以伺服电机最大输出转矩的百分比进行加压。

注释：如果需要，可对空打压力条件文件增加32（半角）/16（全角）字符的注释，也可不使用。

加压特性：可分别对接触压力，以及第1~4次加压的压力、结束条件进行设定。其中，接触压力的设定值应大于电极摩擦阻力（一般为100N）、小于第1次加压的压力；其余压力值以及加压的时间，均可根据实际需要设定。如果电极只需要进行第1、2次加压，可将第3、4次加压的压力、加压时间设定为“0”，取消第3、4次加压动作。

如果加压选项“输出”选择为“开”，进行电极加压时，系统还可同时输出加压状态信号，输出信号的地址可在系统通用DO点OUT01~OUT24上选择。

4. 编程示例

SVGUNCL命令用于电极锻压整形和电极修磨时，只需要将机器人移动到指定位置，直接执行SVGUNCL命令便可。当命令用于电极安装误差检测和电极磨损检测时，对于图3.4-13所示的单行程焊钳，SVGUNCL命令的编程示例如下：

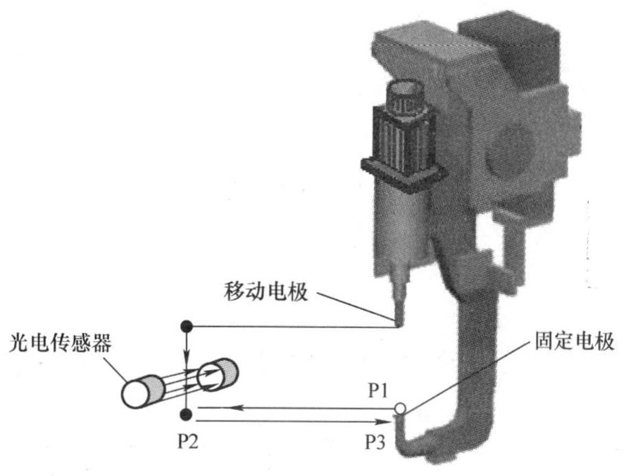

图3.4-13 电极安装误差和磨损检测程序示例

1）电极安装误差检测：在新电极安装完成后，执行以下程序，系统可自动进行电极安装误差的检测和设定，并清除电极磨损量。

```
…
MOVJ VJ=80.0                                  //机器人定位到起始点P1
SVGUNCL GUN#（1）PRESSCL#（1）TWC-AE          //在P1点空打，检测固定极安装误差
MOVL V=800.0                                  //直线移动到传感器检测位置P2
SVGUNCL GUN#（1）PRESSCL#（1）TWC-BE          //在P2点空打，检测移动极安装误差
MOVL V=800.0                                  //在P2→P1，回到起始位置
…
```

以上程序中的P1点可任意选择，P2点由传感器的实际安装位置确定，检测时应保证执行焊钳夹紧时，移动侧电极能通过传感器的全部检测区域。

如果3.3节所述的［电极安装管理］显示页面中的“检测模式”选项设定为“开”，以上程序中的命令添加项TWC-AE、TWC-BE可直接用TWC-A、TWC-B替代。由于电极安装误差检测将自动清除磨损量，因此，安装误差检测完成后，必须将“检测模式”选项重新设定为“关”，否则，系统就无法进行电极磨损检测和补偿。

如果需要，DX100系统还可以通过系统参数A1P56~ A1P58的设置，生效电极安装误差超差报警功能，参数A1P56~ A1P58的含义：

A1P56：电极安装误差超差报警信号输出地址（系统外部通用DO点号）；

A1P57：移动侧电极安装允差，单位0.001mm；

A1P58：固定侧电极安装允差，单位0.001mm。

例如，设定 A1P56 = 5、A1P57 = 1500、A1P58 = 2000 时，如检测的移动侧电极安装误差大于 1.5mm，或者固定侧电极安装误差大于 2mm，系统的电极安装误差超差报警信号输出 OUT05 将 ON。

2）电极磨损检测：在进行电极修磨后，必须进行电极磨损检测操作，以补偿电极修磨量。电极磨损检测可在焊接作业过程中进行，进行电极磨损检测时，必须确认［电极安装管理］显示页面中的“检测模式”选项设定为“关”的状态。

执行以下程序，系统可自动进行电极磨损检测和电极磨损补偿；电极磨损的补偿量在焊接启动命令 SVSPOT 前的移动命令定位点上加入。

```
…
MOVJ VJ = 80.0                                    //机器人定位到起始点 P1
SVGUNCL GUN#（1）PRESS#（1）TWC - A               //在 P1 点空打，检测固定极磨损
MOVL V = 800.0                                    //直线移动到传感器检测位置 P2
SVGUNCL GUN#（1）PRESS#（1）TWC - B               //在 P2 点空打，检测移动极磨损
MOVL V = 800.0                                    //在 P2→P1，回到起始位置
…
MOVL V = 800.0                                    //磨损补偿功能生效
SVSPOT GUN#（1）PRESS#（1）WTM = 1 WST = 1        //焊接作业程序
MOVL V = 800.0
SVSPOT GUN#（1）PRESS#（1）WTM = 1 WST = 1
…
GETS D000 $D030                                   //移动侧电极磨损量读入到变量 D000
GETS D001 $D031                                   //移动侧电极磨损量读入到变量 D001
…
```

利用 SVGUNCL 命令检测的电极磨损量保存在 DX100 系统变量$D030 ~ $D053 上，其中，$D030/$D031 分别为焊钳 1 的移动侧（上侧）/固定侧（下侧）电极磨损量；$D032/$D033 分别为焊钳 2 的移动侧（上侧）/固定侧（下侧）电极磨损量……，$D052/$D053 分别为焊钳 12 的移动侧（上侧）/固定侧（下侧）电极磨损量。如果需要，磨损量可通过基本命令 GETS，读入到用户变量上，在程序中进行相关运算处理。

3）工件搬运作业：利用 SVGUNCL 命令的焊钳夹紧/松开功能，也可进行轻量、小型工件的搬运作业。此时，焊钳上的电极最好更换为相应的工件夹持工具，同时，应根据工件夹紧/松开的压力要求，正确设定 SVGUNCL 命令的空打压力文件。

以图 3.4-14 所示的单行程焊钳搬运作业为例，利用 SVGUNCL 命令进行工件搬运的编程示例如下：

```
…
MOVJ VJ = 80.0                                 //机器人定位到作业起始点 P1
MOVL V = 800.0                                 //P1→P2 直线移动，接近夹紧点
MOVL V = 200.0                                 //P2→P3 直线移动，到达夹紧点
SVGUNCL GUN#（1）PRESSCL#（1）ON               //在 P3 点空打、夹持工件
MOVJ VJ = 50.0                                 //P3→P4 移动，搬运工件
SVGUNCL GUN#（1）PRESSCL#（1）OFF              //在 P4 点空打、放开工件
```

…

以上程序在示教编程时，定位点P1、P2、P3的位置选择可参见焊接启动命令SVSPOT的编程示例。程序中的添加项ON、OFF为工件夹持、松开命令，该添加项可以通过以下操作编辑。

1）在示教编程的程序显示页面，按操作面板的【命令一览】键，显示命令一览表。

2）选择［作业］→［SVGUNCL］后，进入图3.4-15所示的SVGUNCL命令详细编辑页面。

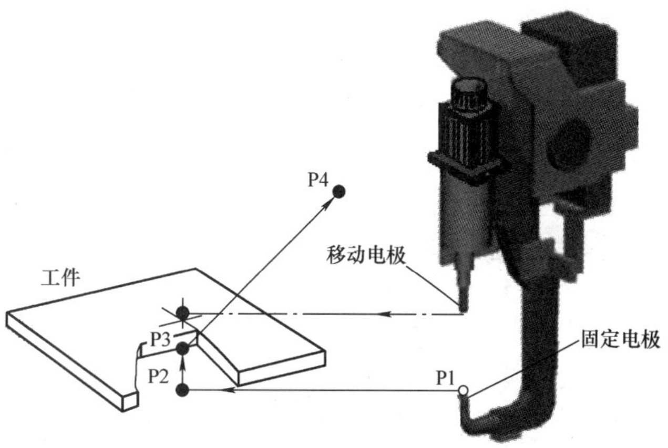

图3.4-14　工件搬运程序示例

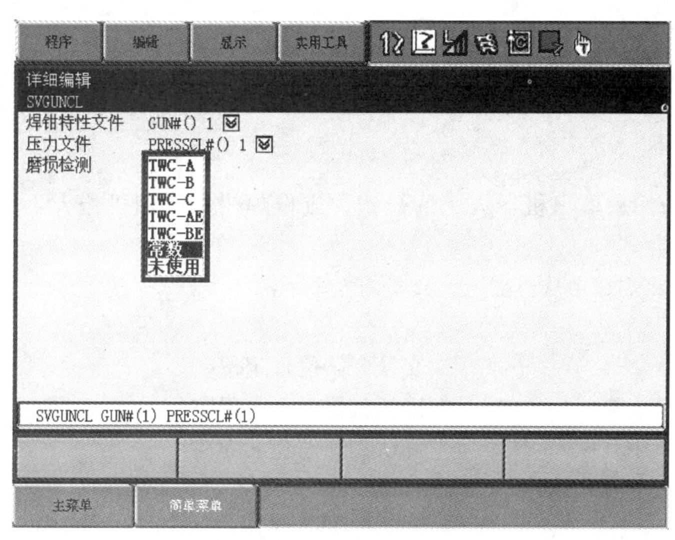

图3.4-15　SVGUNCL命令编辑页面

3）将命令编辑选项“磨损检测”设定为“常数”，此时，编辑选项“磨损检测”将变为“开/关”选项。

4）选择“开”，可在SVGUNCL命令后增加工件夹持添加项“ON”；选择“关”，则可在SVGUNCL命令后增加工件松开添加项“OFF”。

3.4.4　焊钳更换命令编程实例

1. 编程格式与要求

命令GUNCHG是点焊机器人的焊钳更换命令，该命令通常只用于带焊钳自动交换功能的机器人，命令的编程格式如下：

GUNCHG　GUN#（1）PICK（或PLACE）

命令添加项GUN#（n）为焊钳号，n的范围可为1～12。焊钳的参数需要在焊钳特性文件上设定，文件的编制方法参见3.3节，特性文件需要在命令执行前编制完成。

命令添加项 PICK 或 PLACE 为焊钳伺服电机控制选项，选择“PICK”为焊钳伺服电机电源接通；选择“PLACE”为焊钳伺服电机电源关闭。

焊钳自动交换功能需配套焊钳自动交换装置，并利用系统的通用 DI/DO，连接相关的控制信号。DX100 系统的焊钳自动交换装置控制信号一般按照表 3.4-1 连接。

表 3.4-1 焊钳自动交换装置的控制信号连接表

类别	信号名称	信号连接地址	功能
通用 DI	焊钳夹紧	IN01	1：机器人上的焊钳已夹紧
	焊钳松开	IN02	1：机器人上的焊钳已松开
	焊钳安装检测	IN03	1：机器人上已安装焊钳
	装卸位焊钳检测	IN04	1：焊钳位于装卸位上
	装卸门打开	IN05	1：装卸门已打开
	装卸门关闭	IN06	1：装卸门已关闭
	焊钳识别信号	IN23 ~ IN21	二进制编码 001 ~ 110 对应焊钳编号 1 ~ 6
通用 DO	焊钳松开	OUT01	ON：松开焊钳；OFF：焊钳夹紧
	装卸门打开	OUT02	ON：打开装卸门；OFF：关闭装卸门

2. 编程示例

焊钳更换命令可用来取出机器人上的焊钳，或将焊钳安装到机器人上，其程序示例分别如下：

1）取出焊钳：将焊钳 1 从机器人上分离的程序示例如下：

```
NOP
MOVJ  VJ = 30.0                //交换开始位置定位
WAIT  IN# (3)  = ON            //确认机器人上有焊钳
WAIT  IN# (4)  = OFF           //确认装卸位置无焊钳
DOUT  OT# (2)  = ON            //打开装卸门
WAIT  IN# (5)  = ON            //等待装卸门打开
MOVL  V = 500.0                //机器人定位到装卸位上方
MOVL  V = 100.0  PL = 0        //机器人精准定位到装卸位置
WAIT  IN# (4)  = ON            //确认机器人上的焊钳已位于装卸位置
GUNCHG  GUN# (1)  PLACE        //断开伺服电机电源、更换焊钳
TIMER  T = 0.2                 //暂停等待伺服电机电源断开
DOUT  OT# (1)  = ON            //机器人上的焊钳松开
WAIT  IN# (2)  = ON            //确认机器人上的焊钳已经松开
MOVL  V = 1000                 //机器人离开装卸位
WAIT  IN# (4)  = ON            //确认焊钳已留在装卸位
DOUT  OT# (2)  = OFF           //关闭装卸门
WAIT  IN# (6)  = ON            //确认装卸门已关闭
MOVJ  VJ = 30.0                //回到交换开始位置
END
```

2）安装焊钳：将焊钳 2 从装卸位置安装到机器人上的程序示例如下：

```
NOP
MOVJ VJ=30.0                    //交换开始位置定位
WAIT IN#（3） =OFF              //确认机器人上无焊钳
WAIT IN#（2） =ON               //确认机器人为焊钳松开状态
WAIT IN#（4） =ON               //确认装卸位置上有焊钳
DOUT OT#（2） =ON               //打开装卸门
WAIT IN#（5） =ON               //等待装卸门打开
MOVL V=500.0                    //机器人定位到装卸位上方
MOVL V=100.0 PL=0               //机器人精准定位到装卸位置
WAIT IN#（3） =ON               //确认焊钳已安装到机器人上
DOUT OT#（1） =OFF              //机器人夹紧焊钳
WAIT IN#（1） =ON               //确认机器人上的焊钳已经夹紧
GUNCHG GUN#（2）PICK            //接通伺服电机电源、更换焊钳
TIMER T=0.2                     //暂停等待伺服电机电源接通
MOVL V=1000                     //机器人离开装卸位
WAIT IN#（4） =OFF              //确认装卸位的焊钳已被机器人取走
DOUT OT#（2） =OFF              //关闭装卸门
WAIT IN#（6） =ON               //确认装卸门已关闭
MOVJ VJ=30.0                    //回到交换开始位置
END
```

4

第 4 章 弧焊机器人作业命令编程

4.1 机器人弧焊系统

4.1.1 弧焊原理与方法

电弧熔化焊接简称弧焊（Arc Welding）是目前金属熔焊中使用最普遍的方法，它属于熔焊的范畴。弧焊的方法有 TIG 焊、MIG 焊、MAG 焊、CO_2 焊等多种，简要说明如下。

1. 气体保护焊原理

熔焊是通过加热，使工件（Parnt Metal，又称母材）、焊件（Weld Metal）以及焊丝、焊条等熔填物局部熔化，形成熔池（Weld Pool），冷却凝固后接合为一体的焊接方法。

无论采用何种方法加热，熔焊加工都需要形成高温熔池。由于大气存在氧、氮、水蒸气，高温熔池如果与大气直接接触，金属或合金元素就会被氧化或产生气孔、夹渣、裂纹等缺陷，因此，通常需要用图 4.1-1 所示的方法，通过焊枪的导电嘴将氩、氦气、二氧化碳或其混合气体连续喷到焊接区，来隔绝大气，保护熔池，这种焊接方式称为气体保护电弧焊。

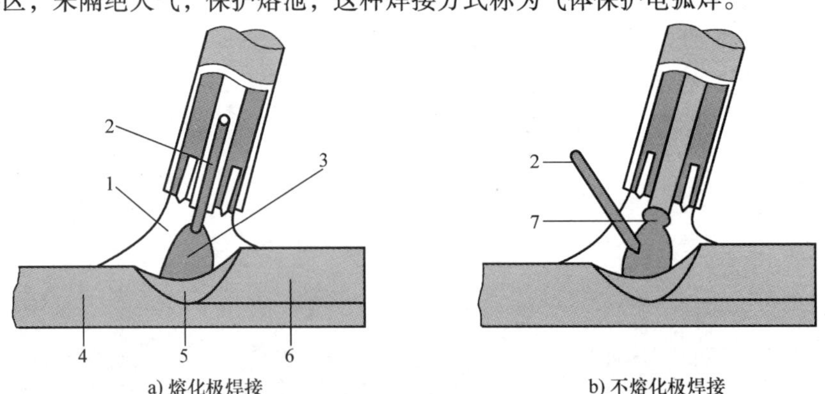

a) 熔化极焊接　　b) 不熔化极焊接

图 4.1-1　气体保护电弧焊原理

1—保护气体　2—焊丝　3—电弧　4—工件　5—熔池　6—焊件　7—钨极

弧焊需要通过电极和焊接件间的电弧来产生高温熔化金属，如弧焊使用焊丝、焊条等熔填物，熔填物既可如图 4.1-1a 所示，直接作为电极熔化，也可如图 4.1-1b 所示，由熔点极高的电极（一般为钨）加热后，随同工件、焊接件一起熔化。熔填物作为电极熔化的焊接，称为“熔化极气体保护电弧焊”，它主要有 MIG 焊、MAG 焊、CO_2 焊三种；电极不熔化的焊接称为“不熔化极气体保护电弧焊”，它主要有 TIG 焊、原子氢焊、等离子弧焊等，以 TIG 焊为常用。两种焊接方式的电极极性正好相反。

2. MIG 焊、MAG 焊与 CO_2 焊

根据所使用的保护气体种类，熔化极气体保护电弧焊主要有 MIG 焊、MAG 焊、CO_2 焊三种，它们均采用可熔化的焊丝作为电极，以连续送进的焊丝与工件、焊件之间燃烧的电弧来熔化焊丝、工件及焊件，实现金属熔合、冷凝后形成焊缝的焊接方法。MIG 焊、MAG 焊、CO_2 焊的区别如下：

MIG 焊：MIG 焊是惰性气体保护电弧焊（Metal Inert - Gas Welding）的简称，它所使用的保护气体为氩气（Ar）、氦气（He）等惰性气体。使用氩气（Ar）作为保护气体的 MIG 焊又称"氩弧焊"。MIG 焊几乎可用于所有金属的焊接，对铝及合金、铜及合金、不锈钢等材料尤为适合。

MAG 焊：MAG 焊是活性气体保护电弧焊（Metal Active - Gas Welding）的简称，它所使用的保护气体为惰性气体和氧化性气体的混合物，如在氩气（Ar）中加入氧气（O_2）、二氧化碳（CO_2）或两者的混合物（O_2+CO_2）。我国常用的活性气体为80% Ar+20% CO_2，由于混合气体中氩气的比例较大，故又称"富氩混合气体保护电弧焊"。MAG 焊主要适用于碳钢、合金钢和不锈钢等黑色金属的焊接，特别在不锈钢焊接中应用十分广泛。

CO_2 焊：CO_2 焊是二氧化碳（CO_2）气体保护电弧焊的简称，它所使用的保护气体为二氧化碳（CO_2）或二氧化碳（CO_2）和氩气（Ar）的混合气体。由于二氧化碳气体的价格低廉、焊缝的成形良好，如使用含脱氧剂的焊丝，还可获得无内部缺陷的高质量焊接效果，所以它是目前碳钢、合金钢等黑色金属材料最主要的焊接方法之一。

3. TIG 焊

不熔化极气体保护电弧焊主要有 TIG 焊、原子氢焊及等离子弧焊（Plasma）等，其中，TIG 焊是最常用的方法，原子氢焊在生产中目前已很少应用。

TIG 焊是钨极惰性气体保护电弧焊（Tungsten Inert - Gas Welding）的简称。TIG 焊可利用钨电极与工件、焊件间产生的电弧热，熔化工件、焊件和焊丝，实现金属熔合、冷凝后形成焊缝的焊接方法。

TIG 焊所使用的保护气体一般为惰性气体氩气（Ar）、氦气（He）或氩氦混合气体，在特殊应用场合，也可添加少量的氢气（H_2）。用氩气（Ar）作为保护气体的 TIG 焊称为"钨极氩弧焊"，用氦气（He）作为保护气体的 TIG 焊称为"钨极氦弧焊"。由于氦气的价格昂贵，目前工业上使用以钨极氩弧焊为主。

钨极氩弧焊几乎可用于所有金属和合金的焊接，但对铅、锡、锌等低熔点、易蒸发金属的焊接较困难。由于钨极氩弧焊的成本较高，故多用于铝、镁、钛、铜等有色金属及不锈钢、耐热钢等材料的薄板焊接。

4.1.2 机器人弧焊系统

用于电弧熔焊作业的机器人简称弧焊机器人，单机器人弧焊系统的组成如图 4.1-2 所示，它由机器人基本部件、焊接设备和系统附件及其他相关装置组成。

机器人本体、控制柜、示教器是用于机器人本体运动控制、对机器人进行操作编程的基本部件，在任何机器人系统上都必不可少。焊接设备是焊接作业的基本部件，它可以根据不同的焊接工艺要求配套选用。变位器、焊枪清洗装置、焊枪自动交换装置等系统附件，用来扩大机器人的作业范围、提高自动化程度，是自动化生产线、自动焊接工作站常用的配套附件。对于安全性要求较高的场合，系统还需要配备防护罩、警示灯等其他安全保护装置，以构成安全运行的弧焊工作站。

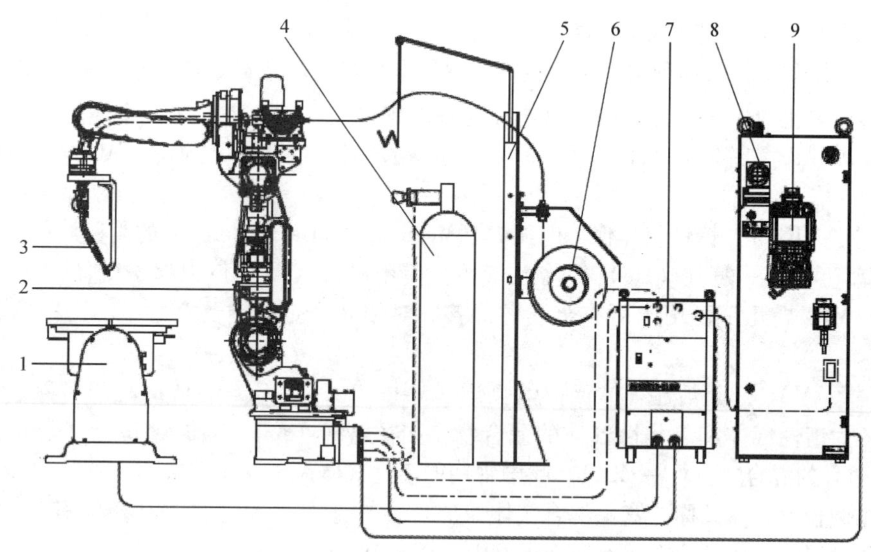

图 4.1-2　弧焊机器人系统组成

1—变位器　2—机器人本体　3—焊枪　4—保护气体　5—焊丝架　6—焊丝盘　7—焊机　8—控制柜　9—示教器

1. 机器人基本部件

弧焊机器人本体一般采用六轴或七轴垂直串联结构，机器人的基本部件与同结构的其他机器人并无区别。弧焊作业的工具为焊枪，其体积、重量均较小，对机器人的承载能力要求不高。因此，通常以承载能力 3 ~20kg、作业半径 1 ~2m 的中小规格机器人为主。弧焊机器人需要进行焊缝的连续焊接作业，机器人需要具备直线、圆弧等连续轨迹的控制能力，故对控制系统的插补性能、运动速度平稳性和定位精度的要求相对较高。

弧焊机器人的控制系统需要配套专门的弧焊控制板。在安川 DX100 系统上，弧焊基本控制板的信号为 JANCD - YEW01 - E，如果需要，还可选配 JANCD - YEW、JANCD - XEW02 等增强型控制板。

2. 焊接设备

焊接设备是焊接作业的基本部件，弧焊机器人多采用 MIG 焊、MAG 焊、CO_2 焊及 TIG 焊等气体保护焊，其焊接设备主要包括焊枪 3、焊机 7 以及保护气体 4、送丝机构等辅助装置及管路。

弧焊机器人的焊枪上安装有保护气体导电嘴和电极。MIG 焊、MAG 焊、CO_2 焊等熔化极气体保护电弧焊，直接以焊丝作为电极熔化；不熔化极气体保护电弧焊一般使用熔点极高的钨电极（TIG 焊），电极不熔化。弧焊机器人的焊枪结构有外置焊枪和内置焊枪两种，有关内容可参见第 3 章 3.1 节。

以焊丝作为填充料的弧焊，在焊接过程中焊丝将不断被熔化、填充到熔池中，因此，需要有焊丝盘、送丝机构来保证焊丝的连续输送。此外，还需要通过气瓶、气管，向导电嘴连续提供保护气体。

弧焊机是用于焊接电压、焊接电流、焊接时间等焊接工艺参数自动控制与调整的电源设备。常用的弧焊机有交流弧焊机和逆变弧焊机两大类。

从原理上说，交流弧焊机只是一种把电网电源变成适合于弧焊的低压、大电流交流电的特殊变压器，故又称弧焊变压器。交流弧焊机的结构简单、制造成本低、维修容易，且空载损耗小、效率较高，但其焊接电流为正弦波，电弧的稳定性较差，功率因数低，故一般用于手动弧焊等简单设备。

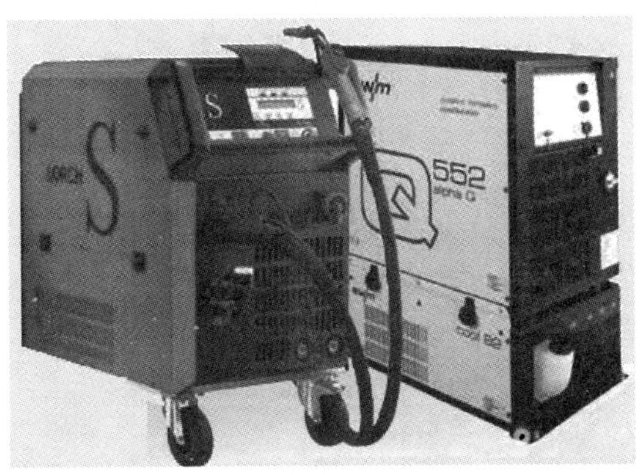
图 4. 1-3　逆变弧焊机

逆变弧焊机的外观如图 4. 1-3 所示，它是以 IGBT、MOSFET 等电力电子器件为开关元件、采用脉宽调制（Pulse Width Modulated, PWM）逆变技术的先进焊机，是目前工业机器人广泛使用的焊接设备。

在逆变弧焊机上，电网输入的工频 50Hz 交流电首先经过整流、滤波转换为直流电，然后，逆变成 10 ~ 500kHz 的中频交流电；中频交流电再通过变压、二次整流和滤波，得到焊接所需的低电压、大电流直流焊接电流。逆变弧焊机的焊接电流的大小和升降过程均可通过逆变管的 PWM 技术方便地进行控制，焊接开始时，焊接电流可以逐步上升、进行“引弧”，焊接结束时，焊接电流可逐步下降、进行“熄弧”；焊接时的电流可通过设定调节。因此，逆变弧焊机不仅体积小、重量轻、功率因数高、空载损耗小，而且还可获得理想的电弧特性。

根据焊接电流的输出形式，逆变弧焊机又分为逆变式直流焊机（简称直流焊机）和逆变式直流脉冲焊机（简称脉冲焊机）两类。

直流焊机在正常焊接时的输出电流保持恒定，电极、焊件、焊丝之间通过稳定的电弧加热熔化、熔入熔池，冷却后形成焊缝。

脉冲焊机工作时可输出基本电流（又称基值电流）和脉冲电流（又称峰值电流）两种电流，基本电流用来维持电弧的稳定燃烧；脉冲电流用来加热熔化工件。脉冲电流的每一个输出脉冲可形成一个点状熔池，熔池在脉冲间隙期间凝固成焊点，当下一个脉冲输出时，在已部分凝固的焊点上，又有部分填充金属和母材被熔化、形成新的熔池；调节焊速和脉冲间隙，可得到由相互搭接的焊点所形成的连续焊缝。由于脉冲焊机的基本电流、脉冲电流以及它们的脉冲宽度、输出频率均可独立调节，因此，它可有效控制焊缝的深度、减小焊接变形、减少气孔和不熔合现象，故可用于高质量、高要求的薄板焊接。

3. 系统附件

弧焊系统常用的附件主要有变位器、焊枪清洗装置、焊枪自动交换装置等。

变位器可用来安装工件，实现工件的移动、回转、摆动或自动交换功能，以改变工件和机器人的相对位置、增加机器人系统的总自由度，提高系统的作业效率和自动化程度。弧焊机器人的变位器形式多样，例如，对于小型工件的弧焊作业，图 4. 1-4a 所示的回转变位器是弧焊系统常用的附件，它可改变工件位置、扩大作业范围；而对于图 4. 1-4b 所示的大型零件焊接作业，不仅工件需要变位，且机器人也需要安装变位器进行整体移动，扩大作业范围。变位器既可由机器人生产厂家配套提供，也可由用户自行设计、制造，或者选配标准部件；由机器人生产厂家配套提供的变位器一般都采用伺服控制，它可直接由机器人控制系统的工装轴、基座轴进行控制，其位置、速度均可在机器人程序上编程。

图 4. 1-5 所示的焊枪清洗装置和焊枪自动交换装置是高效、自动化弧焊作业生产线或工作站常用的配套附件。

焊枪经过长时间使用，必然会导致电极磨损、导电嘴焊渣残留等问题，从而影响焊接质量和作业效率。因此，在自动化焊接工作站或生产线上，一般都需要通过如图 4. 1-5a 所示的焊枪自动清洗装置，对焊枪定期进行导电嘴清洗、防溅喷涂、剪丝等调整，以保证气体畅通、减少残渣附着、保证焊丝干伸长度不变。图 4. 1-5b 所示的焊枪自动交换装置用来实现焊枪的自动更换，

a) 小范围作业

b) 大范围作业

图 4.1-4　弧焊机器人变位器

a) 焊枪清洗站

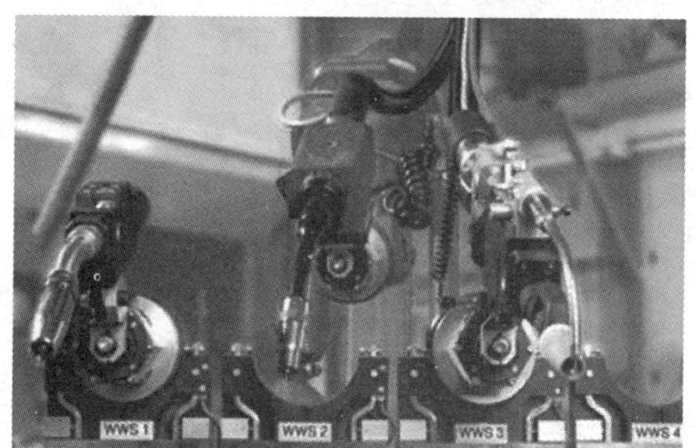

b)焊枪自动交换装置

图 4.1-5　自动化作业附件

以改变焊接工艺、提高机器人作业柔性和作业效率。

4. 其他附件

弧焊机器人系统上的保护气体、送丝机构的管线较多，自动作业时，气管、焊丝等都需要运动，如果不采取相应的保护措施，会给安全生产带来一定的隐患。为此，对于需要长时间自动化作业的中、小规格弧焊机器人系统，一般采用图 4.1-6 所示的封闭式焊接工作站结构形式，以提高安全性。

图 4.1-6　焊接工作站

在焊接工作站上，机器人、变位器、保护气体和送丝机构、焊枪清洗装置、焊枪自动交换装置等运动部件，均可通过安全防护罩进行防护；控制系统、示教器、焊机等装置则置于防护罩外部，以方便操作、调试。焊接作业时，防护罩上的安全门可自动关闭，从而大大提高了焊接作业的安全性和可靠性。

4.2 弧焊系统配置文件的编制

4.2.1 弧焊控制与作业命令

1. 弧焊控制信号

弧焊机的控制较为复杂，它不但需要有引弧/熄弧、送丝/退丝等开关量控制信号及断气、断丝、弧焊启动、粘丝等状态输出信号，而且还需要有焊接电流、电压等参数连续调节和监控的模拟量输入/输出信号，因此，在机器人控制系统一般需要选配专门的控制板。

在安川机器人控制系统 DX100 上，弧焊基本控制板的规格为 JANCD－YEW01－E，它和弧焊机连接的 DI/DO 信号及 PLC 编程地址见表 4.2-1。

表 4.2-1　DX100 系统弧焊控制信号及地址表

代号	名称	PLC 地址	信号说明
GASOF	气压不足	22550	焊机输入，信号 ON，保护气体压力不足
WIRCUT	焊丝断	22551	焊机输入，信号 ON，焊丝断
ARCOFF	弧焊关闭	22552	焊机输入，信号 ON，弧焊关闭
ARCACT	弧焊启动	22553	焊机输入，信号 ON，弧焊已启动
STICK	粘丝	22554	焊机输入，信号 ON，粘丝
AI－CH1	焊接电压输入	—	焊接电压检测输入
AI－CH2	焊接电流输入	—	焊接电流检测输入
ARCON	弧焊启动（引弧）	32551	系统输出，信号 ON，启动弧焊
WIRINCH	送丝	32552	系统输出，信号 ON，送丝
WIRBACK	退丝	32553	系统输出，信号 ON，退丝
SEARCH	搜寻	32555	系统输出，信号 ON，焊缝搜寻
GASON	气体输出	32567	系统输出，信号 ON，输出保护气体
AO－CH1	焊接电压输出	—	系统输出，焊接电压指令
AO－CH2	焊接电流输出	—	系统输出，焊接电流指令

弧焊机器人的 DI/DO 信号一般为系统专用 DI/DO，它们直接由机器人作业命令和 PLC 程序进行控制，通常不能通过机器人程序中的输入/输出命令对其进行编程。

如果机器人需要使用弧焊监控功能，DX100 系统需选配弧焊监控用的模拟量输入/输出（AI/AO）接口板 JANCD－YEW02，该控制板带有双通道模拟量输入（AI）/双通道模拟量输出（AO）接口，模拟量输入用来连接弧焊监控的焊接电流、焊接电压测量反馈信号；模拟量输出可用来连接显示仪表或其他控制装置。JANCD－YEW02 的双通道 AI 均为 DC0～5V 模拟电压输入接口，其输入分辨率为 0.01V。其中，CH1 用来焊接电压测量反馈输入；CH2 用来焊接电流测量反馈输入。弧焊监控功能可通过 ARCMONON/ARCMONOF 命令启动/关闭，有关内容可参见 4.3 节。

2. 手动操作键

弧焊机器人的焊接启动/关闭、送丝/退丝、保护气体通/断，既可通过后述的作业命令利用程序进行控制，也可直接通过示教器的操作面板利用手动操作按键进行控制。安川 DX100 弧焊控制系统的手动操作按键布置如图 4.2-1 所示，按键的功能如下：

【焊接开/关】：当系统安全模式选择“管理模式”时，可以直接利用该键启动/关闭焊接，焊接启动后按键指示灯亮。

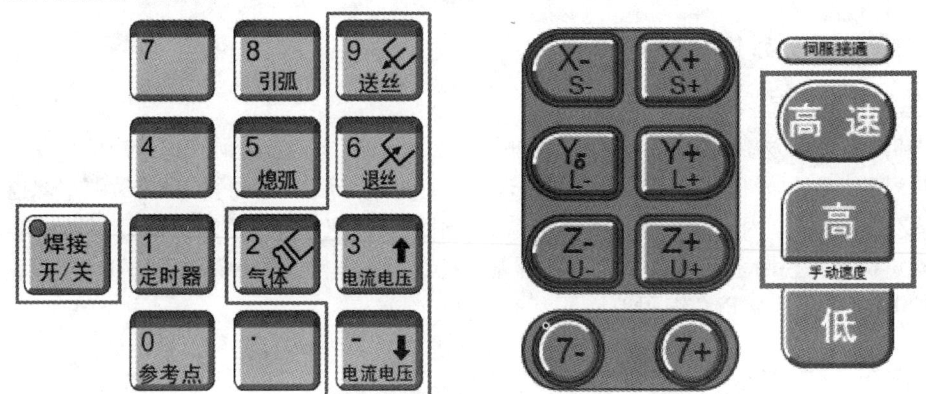

图 4.2-1　手动操作按键布置

【2/气体】：机器人选择示教操作模式时，按住该键，可直接在导电嘴上输出保护气体。

【9/送丝】/【6/退丝】、【高速】/【高】：机器人选择示教操作模式时，按住【9/送丝】/【6/退丝】键，可进行手动低速送丝/退丝操作。如同时按住“【9/送丝】 + 【高】”键，可进行手动中速送丝操作；如同时按住“【9/送丝】或【6/退丝】 + 【高速】”键，则可进行手动高速送丝或退丝操作。手动送丝/退丝速度可通过系统参数 AxP011/012 设定。

【3/↑电流电压】/【 -/↓电流电压】：机器人选择再现操作模式时，按对应键，可直接进行焊接电流、电压的升降调节。

操作面板的【8/引弧】、【5/熄弧】等其他按键，用于弧焊作业命令的输入与编辑。

3. 增强版软件选择

DX100 系统的弧焊控制软件有标准版、增强版两种版本，增强版可增添如下功能。

1）焊接启动时，可以先通过“引弧条件文件”规定的焊接电流/电压“引弧”，然后，再通过“焊接条件文件”规定的焊接电流/电压进行正常焊接作业；焊接过程中，还可通过焊接参数设定命令 ARCSET，将“引弧条件文件”的焊接参数转换为正常焊接时的焊接参数。有关内容可参见 4.3 节“焊接条件设定命令编程”说明。

2）焊接关闭可使用两次收弧功能，在第 1 次收弧（填弧坑 1）的基础上，增加第 2 次收弧（填弧坑 2）动作，以改善填弧坑效果。有关内容可参见 4.3 节 ARCOF 命令编程说明。

3）可使用模拟量输出通道 3/4，并通过焊接参数设定 ARCSET 等命令的添加项 AN3、AN4 进行设定或控制“渐变”，实现诸如焊接电流/电压倍率控制、焊接参数辅助控制等功能。有关内容参见 4.3 节“焊接条件设定命令编程”。

如果作业命令需要使用增强版软件功能，应通过如下操作，选定增强版软件。

1）按住示教器的【主菜单】键、接通系统电源，将系统安全模式进入高级管理模式——维护模式，示教器显示维护模式主菜单。

2）选择菜单［系统］、子菜单［设置］，示教器显示图 4.2-2 所示的系统设置页面。

3）在系统设置页面上，选择［选项功能］，示教器可显示图 4.2-3 所示的系统选项功能设定页面。

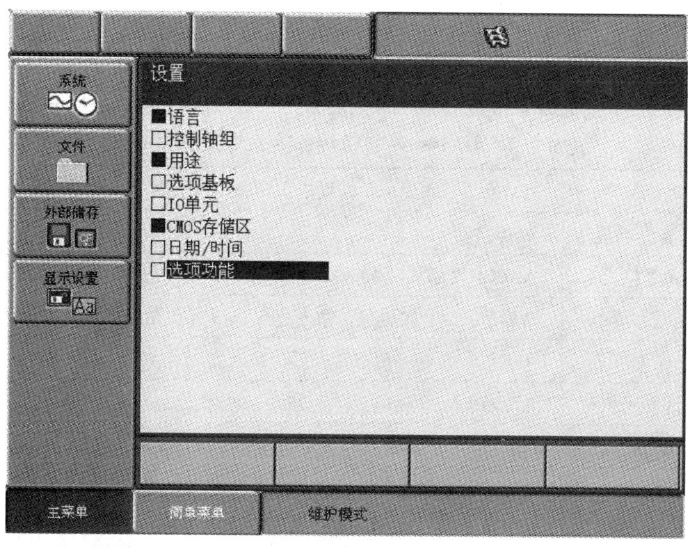

图 4.2-2　系统设置显示页面

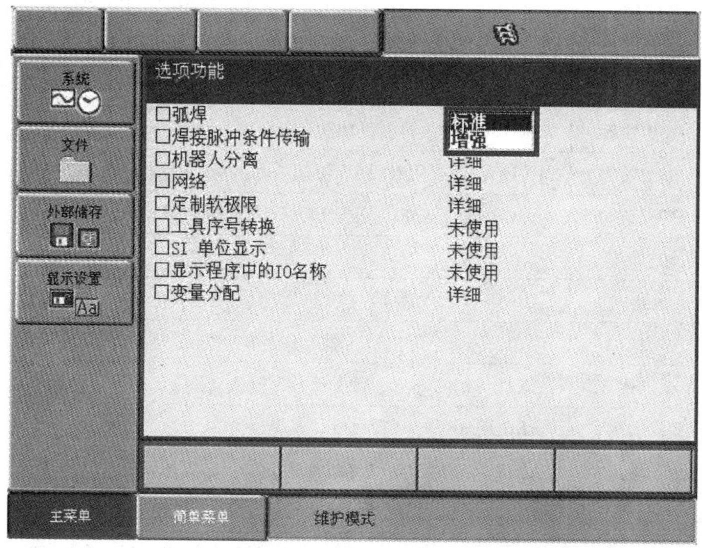

图 4.2-3　系统选项功能设定页面

4）在系统选项功能设定页面上，将光标定位到［弧焊］对话框，并选择其中的设定项“增强”。

5）弧焊“增强”功能选择后，示教器将弹出对话框［修改吗？是/否］，在弹出框中选择“是”，确认修改操作。

6）修改操作确认后，示教器将继续弹出对话框［初始化相关文件吗？ARCSRT. CND 是/否］，在弹出框中选择“是”，系统可进行“引弧条件文件”的初始化。

7）引弧条件文件初始化完成后，示教器将继续弹出对话框［初始化相关文件吗？ARCEND. CND 是/否］，在弹出框中选择“是”，系统可进行“熄弧条件文件”的初始化。

8）初始化完成后，关闭系统电源并重新启动，完成软件版本修改。

4. 弧焊作业命令

配套安川 DX100 系统的弧焊机器人可使用的作业命令及编程格式见表 4.2-2，命令添加项可以根据实际需要选择，作业命令的编程方法详见后述。

表 4.2-2　DX100 系统弧焊作业命令及编程格式

命令	名称	编程格式、功能与示例	
ARCON	引弧	命令功能	弧焊启动
		命令格式 1	ARCON（添加项 1）（添加项 2）
		添加项 1	WELDn，n：焊机号，输入允许 1 ~ 8（仅用于多焊机系统）
		添加项 2	ASF#（n），n：引弧文件号，输入允许 1 ~ 48，可使用变量
		编程示例 1	ARCON ASF#（1）
		命令格式 2	ARCON（添加项 1）（添加项 2）…（添加项 7）
		添加项 1	WELDn，n：焊机号，输入允许 1 ~ 8（仅用于多焊机系统）
		添加项 2	AC = ＊＊，焊接电流给定，输入允许 1 ~ 999A，可使用变量
		添加项 3	AV = ＊＊，焊接电压给定，可使用变量，输入允许 0.1 ~ 50.0，或 AVP = ＊＊，焊接电压百分率给定，可使用变量，输入允许 50 ~ 150
		添加项 4	T = ＊＊，引弧时间，可使用变量，输入允许 0.01 ~ 655.35s
		添加项 5	V = ＊＊，焊接速度，可使用变量，输入允许 0.1 ~ 1500.0mm/s
		添加项 6	RETRY，生效再引弧功能
		添加项 7	REPLAY，使用 RETRY 添加项时，指定再引弧启动模式
		编程示例 2	ARCON AC = 200 AVP = 100 T = 0.30 RETRY REPLAY
ARCOF	熄弧	命令功能	弧焊关闭
		命令格式 1	ARCOF（添加项 1）（添加项 2）
		添加项 1	WELDn，n：焊机号，输入允许 1 ~ 8（仅用于多焊机系统）
		添加项 2	AEF#（n），n：熄弧文件号，输入允许 1 ~ 12，可使用变量
		编程示例 1	ARCOF AEF#（1）
		命令格式 2	ARCOF（添加项 1）（添加项 2）…（添加项 5）
		添加项 1	WELDn，n：焊机号，输入允许 1 ~ 8（仅用于多焊机系统）
		添加项 2	AC = ＊＊，焊接电流给定，输入允许 1 ~ 999A，可使用变量
		添加项 3	AV = ＊＊，焊接电压给定，可使用变量，输入允许 0.1 ~ 50.0，或 AVP = ＊＊，焊接电压百分率给定，可使用变量，输入允许 50 ~ 150
		添加项 4	T = ＊＊，引弧时间，可使用变量，输入允许 0.01 ~ 655.35s
		添加项 5	ANTSTK，生效自动粘丝解除功能
		编程示例 2	ARCOF AC = 180 AVP = 80 T = 0.30 ANTSTK
ARCSET	焊接条件设定	命令功能	设定焊接条件
		命令格式 1	ARCSET（添加项 1）（添加项 2）（添加项 3）
		添加项 1	WELDn，n：焊机号，输入允许 1 ~ 8（仅用于多焊机系统）
		添加项 2	ASF#（n），n：引弧文件号，输入允许 1 ~ 48，可使用变量
		添加项 3	ACOND = 0：按照引弧文件的引弧条件更改参数； ACOND = 1：按照引弧文件的正常焊接条件更改参数

（续）

命令	名称	编程格式、功能与示例	
ARCSET	焊接条件设定	编程示例1	ARCSET ASF#（1）ACOND=0
		命令格式2	ARCSET（添加项1）（添加项2）…（添加项6）
		添加项1	WELDn，n：焊机号，输入允许1~8（仅用于多焊机系统）
		添加项2	AC=**，焊接电流给定，输入允许1~999A，可使用变量
		添加项3	AV=**，焊接电压给定，可使用变量，输入允许0.1~50.0，或 AVP=**，焊接电压百分率给定，可使用变量，输入允许50~150
		添加项4	V=**，焊接速度，可使用变量，输入允许0.1~1500.0mm/s
		添加项5	AN3=**，模拟量输出3，输入允许-14.00~14.00V，可使用变量
		添加项6	AN4=**，模拟量输出4，输入允许-14.00~14.00V，可使用变量
		编程示例2	ARCSET AC=200 V=80.0 AN3=10.00
AWELD	焊接电流设定	命令功能	设定焊接电流
		命令格式	AWELD（添加项1）（添加项2）
		添加项1	WELDn，n：焊机号，输入允许1~8（仅用于多焊机系统）
		添加项2	常数-14.00~14.00V，直接设定焊接电流模拟量输出值
		编程示例	AWELD 12.00
VWELD	焊接电压设定	命令功能	设定焊接电压
		命令格式	VWELD（添加项1）（添加项2）
		添加项1	WELDn，n：焊机号，输入允许1~8（仅用于多焊机系统）
		添加项2	常数-14.00~14.00V，直接设定焊接电压模拟量输出值
		编程示例	VWELD 2.50
ARCCTS	起始区间渐变	命令功能	在焊接过程中逐渐改变焊接条件
		命令格式	ARCCTS（添加项1）（添加项2）…（添加项6）
		添加项1	WELDn，n：焊机号，输入允许1~4（仅用于多焊机系统）
		添加项2	AC=**，焊接电流给定，输入允许1~999A，可使用变量
		添加项3	AV=**，焊接电压给定，可使用变量，输入允许0.1~50.0，或 AVP=**，焊接电压百分率给定，可使用变量，输入允许50~150
		添加项4	AN3=**，模拟量输出3，输入允许-14.00~14.00V，可使用变量
		添加项5	AN4=**，模拟量输出4，输入允许-14.00~14.00V，可使用变量
		添加项6	DIS=**，渐变区间，渐变开始点离起点距离，可使用变量
		编程示例	ARCCTS AC=150 AV=16.0 DIS=100.0
ARCCTE	结束区间渐变	命令功能	在焊接过程中逐渐改变焊接条件
		命令格式	ARCCTE（添加项1）（添加项2）…（添加项6）
		添加项1	WELDn，n：焊机号，输入允许1~4（仅用于多焊机系统）
		添加项2	AC=**，焊接电流给定，输入允许1~999A，可使用变量
		添加项3	AV=**，焊接电压给定，可使用变量，输入允许0.1~50.0，或 AVP=**，焊接电压百分率给定，可使用变量，输入允许50~150

（续）

命令	名称	编程格式、功能与示例	
ARCCTE	结束区间渐变	添加项 4	AN3 = ＊＊，模拟量输出 3，输入允许 -14.00 ~ 14.00V，可使用变量
		添加项 5	AN4 = ＊＊，模拟量输出 4，输入允许 -14.00 ~ 14.00V，可使用变量
		添加项 6	DIS = ＊＊，渐变区间，渐变开始点离终点距离，可使用变量
		编程示例	ARCCTE AC = 150 AV = 16.0 DIS = 100.0
ARCMONON	弧焊监控启动	命令功能	当前焊接参数读入到焊接监视文件
		命令格式	ARCMONON（添加项 1）（添加项 2）
		添加项 1	WELDn，n：焊机号，输入允许 1 ~ 4（仅用于多焊机系统）
		添加项 2	AMF#（n），n：监视文件号，输入允许 1 ~ 100，可使用变量
		编程示例	ARCMONON AMF#（1）
ARCMONOF	弧焊监控关闭	命令功能	结束焊接参数采样
		命令格式	ARCMONOF（添加项）
		添加项	WELDn，n：焊机号，输入允许 1 ~ 4（仅用于多焊机系统）
		编程示例	ARCMONOF
GETFILE	焊接参数读入	命令功能	焊接监视文件中的数据读入到变量中
		命令格式	GETFLIE（添加项 1）（添加项 2）…（添加项 6）
		添加项 1	变量号，D 或 LD
		添加项 2	WEV#（n），n：摆焊文件号，输入允许 1 ~ 16，可使用变量；或 AMF#（n），n：焊接监视文件号，输入允许 1 ~ 50，可使用变量
		添加项 3	（n），数据号，n 可为常数 1 ~ 255 或变量 B/LB
		编程示例	GETFILE D000 AMF#（1）2
MVON	摆焊启动	命令功能	启动摆焊作业
		命令格式 1	MVON（添加项 1）（添加项 2）
		添加项 1	RBn，n：机器人号，输入允许 1 ~ 8（仅用于多机器人系统）
		添加项 2	WEV#（n），n：摆焊文件号，输入允许 1 ~ 16，可使用变量
		编程示例	MVON WEV#（1）
		命令格式 2	MVON（添加项 1）（添加项 2）…（添加项 6）
		添加项 1	RBn，n：机器人号，输入允许 1 ~ 8（仅用于多机器人系统）
		添加项 2	AMP = ＊＊，摆动幅度，允许输入 0.1 ~ 99.9mm，可使用变量
		添加项 3	FREQ = ＊＊，摆动频率，允许输入 1.0 ~ 5.0Hz，可使用变量
		添加项 4	ANGL = ＊＊，摆动角度，允许输入 0.1° ~ 180.0°，可使用变量
		添加项 5	DIR = ＊＊，摆动方向，0 为正向，1 为负向，可使用变量
		编程示例	MVON AMP = 5.0 FREQ = 2.0 ANGL = 60 DIR = 0
MVOF	摆焊结束	命令功能	结束摆焊作业
		命令格式	MVOF（添加项 1）
		添加项 1	RBn，n：机器人号，输入允许 1 ~ 8（仅用于多机器人系统）
		编程示例	MVOF

4.2.2 焊机特性文件编制

1. 作业文件的编辑操作

机器人弧焊系统中的焊机通常采用专业厂家生产的通用设备，采用不同的产品，其性能也有所不同，因此，进行弧焊作业时，机器人控制系统需要根据实际使用的焊机要求，利用系统弧焊控制板上的输入/输出信号控制其工作。

弧焊机和点焊机一样，它主要用来控制焊接电压和电流，但需要设定焊接电压、焊接电流、保护气体种类、焊丝直径、焊丝伸出长度等诸多参数及再启动、粘丝自动解除功能，在机器人控制系统中，它们也需要以作业条件文件的形式进行统一定义。在作业程序中，作业命令可通过调用不同的作业条件文件，一次性定义焊接参数。

在安川 DX100 机器人控制系统上，弧焊机的控制功能和焊接参数，可以通过［焊机特性］［弧焊辅助条件］［弧焊管理］三个基本文件进行定义。其中，焊机特性文件主要用来定义焊接电压、焊接电流、保护气体种类、焊丝直径、焊丝伸出长度等基本焊接参数；弧焊辅助条件文件和弧焊管理用来定义断弧再启动、粘丝自动解除、导电嘴更换和清洗等辅助功能；它们是弧焊启动（引弧）、关闭（熄弧）作业最基本的条件文件，需要在执行作业命令前，在系统中预先编制。［引弧条件］［熄弧条件］［摆焊条件］是焊接作业命令 ARCON、ARCOF、MVON 所需要的特殊作业条件文件，其参数的含义及文件编辑方法将在作业命令进行说明。

弧焊机作业文件编制的基本操作如下：

1）机器人操作模式选择【示教（TEACH）】。

2）按示教器上的【主菜单】键，并选择子菜单［弧焊］，示教器便可显示图 4.2-4 所示的弧焊系统设定菜单页面。

图 4.2-4　弧焊系统设定菜单

3）根据需要选择所需要的文件选项，示教器将显示对应的条件文件。

4）设定或修改文件参数，完成作业文件的编辑。

2. 焊机特性文件编辑

在图 4.2-4 所示的弧焊系统设定菜单页面上，选择［焊机特性］选项，示教器便可显示焊机特性文件，进行文件的编辑操作。焊机特性文件共有 2 页显示，第 1 页显示如图 4.2-5 所示，各参数的含义及设定要求如下：

焊机序号：当前所使用的焊机编号，在机器人的焊接作业命令中，焊机编号可添加项 WELDn 中的 n 指定，文件编辑时可通过按示教器操作面板上的【翻页】键改变 n 号，DX100 系统的 n 范围为 1 ~ 8。

设置：焊钳特性文件的编辑状态显示。“未完成”代表该特性文件的参数设定已被修改，当参数设定完成后，将光标定位到“未完成”上，按示教器的【选择】键，便可使显示成为“完成”状态。

焊机名称：可输入 32（半角）/16（全角）字符的焊机名称。

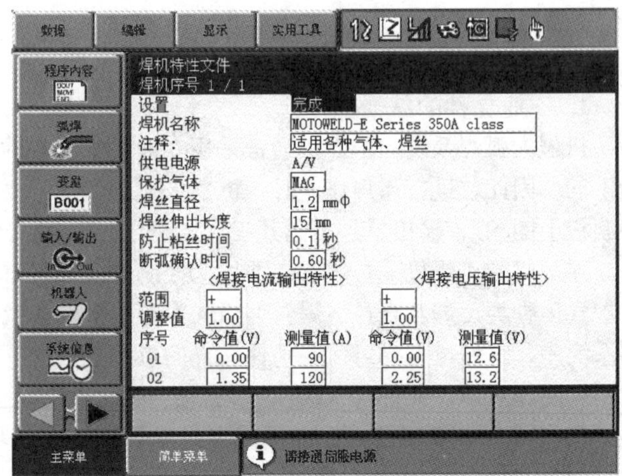

图 4.2-5　焊机特性文件显示页 1

注释：如需要，焊机特性文件可增加 32（半角）/16（全角）字符注释，也可不使用。

供电电源：显示焊接文件和焊接作业命令中的焊接电压表示方法，显示 A/V 时，焊接电压的单位为伏特（V）；显示 A/% 时，焊接电压的单位为百分率（%）；在安川使用手册上，将前者称为“个别”，将后者称为“一元”。供电电源参数一旦修改，焊机特性文件以及引弧条件文件、熄弧条件文件、焊接辅助条件文件等都将被初始化，因此，参数的修改需要通过后述的文件读写操作，在下拉菜单［数据］中，选择［读入］选项，从机器人生产厂家出厂文件或已保存的用户文件中重新读入全部参数。

保护气体：设定焊接所使用的保护气体种类，使用“氩 + 氧（Ar + O_2）”、“氩 + 二氧化碳（Ar + CO_2）”等活性气体保护弧（Metal Active - Gas Welding）时，应选择“MAG”；使用二氧化碳（CO_2）气体保护弧焊时，选择“CO_2”。

焊丝直径：设定所使用的焊丝直径，允许输入范围为 0.0 ~ 9.9mm。

焊丝伸出长度：设定焊丝从导电嘴中伸出段的长度，允许输入范围为 0 ~ 99mm。

防止粘丝时间：设定焊接结束时进行防止粘丝处理的时间，允许输入范围为 0.0 ~ 9.9s。

断弧确认时间：设定焊接中发生断弧时，从系统检测到断弧信号，到机器人停止运动的时间，允许输入范围为 0.00 ~ 2.55s。

焊接电流/电压输出特性：设定焊机的焊接电流、焊接电压输出特性曲线，即图 4.2-6 所示的系统命令输出（模拟电压）和焊机的实际焊接电流、焊接电压的关系曲线。由于系统命令输出与焊机实际输出无确定的对应关系，因此，输出特性需要通过对实际值的测量，以离散点的形式定义。在安川 DX100 系统上，焊接电流、电压的输出特性各可定义 8 个离散点，选择焊机特性文件第 2 页，可显示其余 6 个测量点的数据，输出特性参数的含义如下：

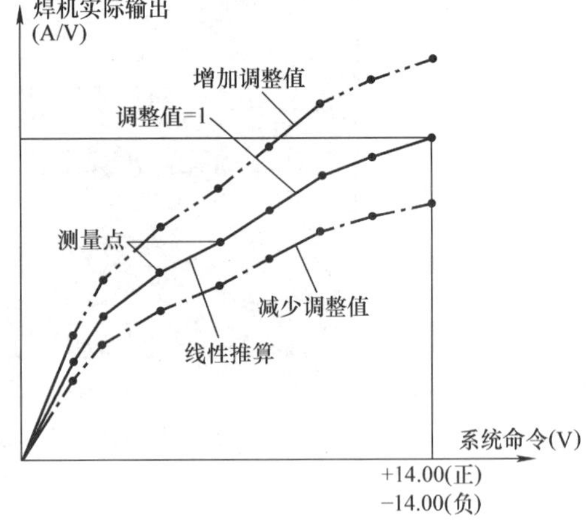

图 4.2-6　焊接电流/电压输出特性

范围：设定控制系统的命令输出（模拟电压）的极性，选择“ + ”，命令值输出为 0 ~ 14.00V 正电压；选择“ - ”，输出为 - 14.00 ~ 0V 负电压。

调整值：设定系统命令值输出（模拟电压）的比例调整系数，比例调整的范围为0.80～1.20；改变调整值参数，可对由测量点确定的焊接电流、电压输出特性，进行整体调整。

序号/命令值/测量值：分别为离散测量点编号及该离散点的实际测量数据，测量数据就是图4.2-6中的系统焊接电流/电压命令输出（命令值）所对应的焊机实际焊接电流/电压输出值；相邻离散点间的输出特性按线性关系推算。

3. 焊机特性文件读写

安川DX100系统出厂时已设定24种焊机特性文件，在此基础上，用户可增添最多64种焊机特性文件。焊机特性文件可以通过以下操作，一次性读取或写入全部文件参数。

1）在图4.2-4所示的弧焊系统设定菜单页面，选择［焊机特性］选项，显示焊机特性文件页面。

2）选择下拉菜单［数据］，示教器显示图4.2-7所示的文件［读入］［写入］选项。

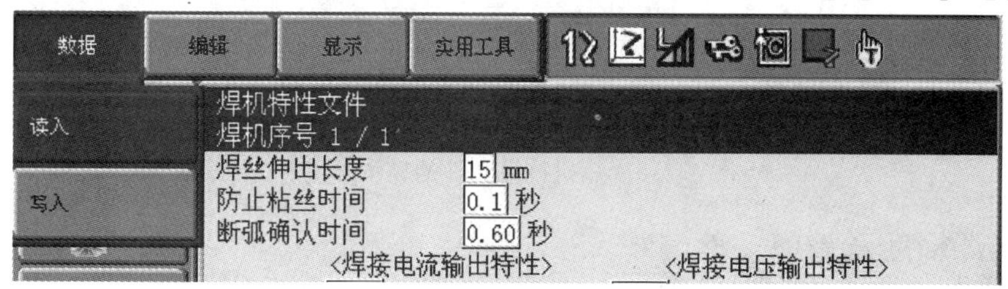

图4.2-7　焊机文件读写页面

选择［读入］选项，系统可显示图4.2-8所示的已保存在系统中的焊机特性文件一览表，图4.2-8a所示为系统出厂设定的焊机特性文件；图4.2-8b所示为用户设定焊机特性文件。两者可通过【选页】键切换。

选择［写入］选项时，示教器只能显示用户设定焊机特性文件一览表。

3）需要将已有文件中的全部参数，一次性读入到编辑页面时，在选定文件后，按［读入］选项；如需要将编辑完成的参数，保存到用户焊机特性文件时，选择［写入］选项。然后，选择"是"，便可完成读/写操作。

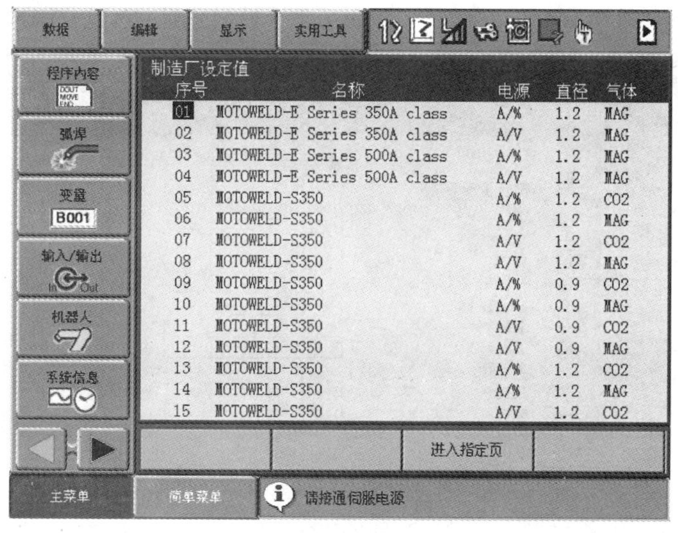

制造厂设定值

序号	名称	电源	直径	气体
01	MOTOWELD-E Series 350A class	A/%	1.2	MAG
02	MOTOWELD-E Series 350A class	A/V	1.2	MAG
03	MOTOWELD-E Series 500A class	A/%	1.2	MAG
04	MOTOWELD-E Series 500A class	A/V	1.2	MAG
05	MOTOWELD-S350	A/%	1.2	CO2
06	MOTOWELD-S350	A/%	1.2	MAG
07	MOTOWELD-S350	A/V	1.2	CO2
08	MOTOWELD-S350	A/V	1.2	MAG
09	MOTOWELD-S350	A/%	0.9	CO2
10	MOTOWELD-S350	A/%	0.9	MAG
11	MOTOWELD-S350	A/V	0.9	CO2
12	MOTOWELD-S350	A/V	0.9	MAG
13	MOTOWELD-S350	A/%	1.2	CO2
14	MOTOWELD-S350	A/%	1.2	MAG
15	MOTOWELD-S350	A/V	1.2	CO2

a) 出厂设定

图4.2-8　焊机特性文件的显示

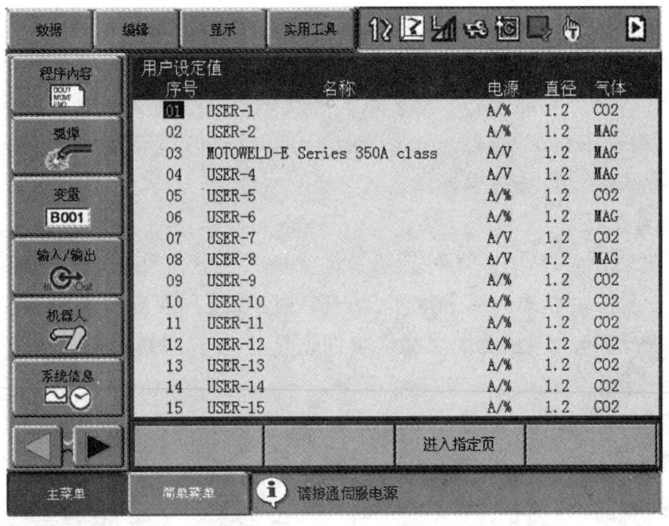

序号	名称	电源	直径	气体
01	USER-1	A/%	1.2	CO2
02	USER-2	A/%	1.2	MAG
03	MOTOWELD-E Series 350A class	A/V	1.2	MAG
04	USER-4	A/V	1.2	MAG
05	USER-5	A/%	1.2	CO2
06	USER-6	A/%	1.2	MAG
07	USER-7	A/V	1.2	CO2
08	USER-8	A/V	1.2	MAG
09	USER-9	A/%	1.2	CO2
10	USER-10	A/%	1.2	CO2
11	USER-11	A/%	1.2	CO2
12	USER-12	A/%	1.2	CO2
13	USER-13	A/%	1.2	CO2
14	USER-14	A/%	1.2	CO2
15	USER-15	A/%	1.2	CO2

b) 用户设定

图 4.2-8　焊机特性文件的显示（续）

4.2.3　弧焊辅助及管理文件编制

1. 文件编辑

弧焊辅助条件文件用于焊接过程中出现断弧、断气、断丝等现象时的“再启动”功能设定，以及当焊接结束时出现粘丝现象时的“自动粘丝解除功能”设定。在部分版本的系统上，还可用于引弧失败时的“再引弧”功能的设定。

弧焊管理文件可用于导电嘴更换、清洗时间以及再引弧、再启动、自动粘丝解除次数的设定。

在图 4.2-4 所示的弧焊系统设定菜单页面上，如选择［弧焊辅助条件］选项，示教器便可显示图 4.2-9 所示的弧焊辅助条件文件，设定与修改再启动、自动粘丝解除等辅助功能参数；如选择［弧焊管理］选项，即可显示后述的弧焊管理文件，进行导电嘴更换、清洗时间以及系统可以进行的再引弧、再启动、自动粘丝解除最大执行次数的设定。修改文件的参数，便可进行文件的编辑操作。

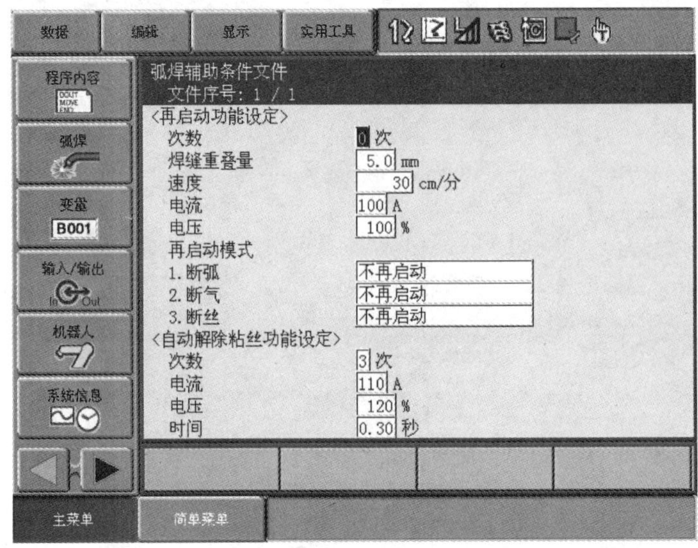

图 4.2-9　弧焊辅助条件文件显示

2. 再启动功能与设定

再启动功能设定用于焊接过程中出现断弧、断气、断丝现象时的系统处理方式选择，它包括再启动参数设定与再启动模式选择两方面内容。

1）再启动参数：用来设定断弧、断气、断丝时“自动再启动”或“半自动再启动”模式的再启动参数。

自动再启动功能如图 4. 2-10a 所示，它通常只能用于断弧时的焊接作业中断处理。选择自动再启动模式时，焊接过程中一旦检测到断弧，系统可自动按照再启动参数重新引弧、并将机器人退回指定的距离，进行焊缝“搭接”，然后，按照原焊接文件的参数，继续后续的焊接作业。

半自动再启动功能如图 4. 2-10b 所示，它可以用于断弧、断气、断丝时的焊接作业中断处理。选择半自动再启动模式时，焊接过程中一旦检测到断弧、断气、断丝，系统将立即停止机器人运动和焊接作业；操作者可根据焊接中断的故障情况，将机器人退出作业中断点，并进行相关的处理；在排除故障后，将机器人重新移动到作业中断点；然后，按示教器操作面板上的程序启动按钮【START】，系统便可按照再启动参数重新引弧、并将机器人退回指定的距离，进行焊缝“搭接”，然后，按照原焊接文件的参数，继续后续的焊接作业。

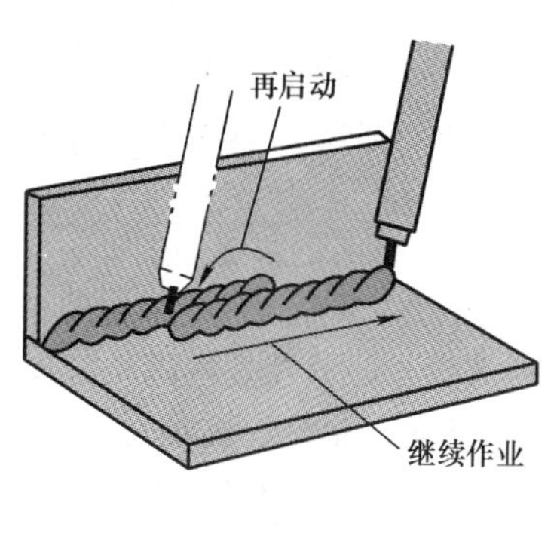

a) 自动

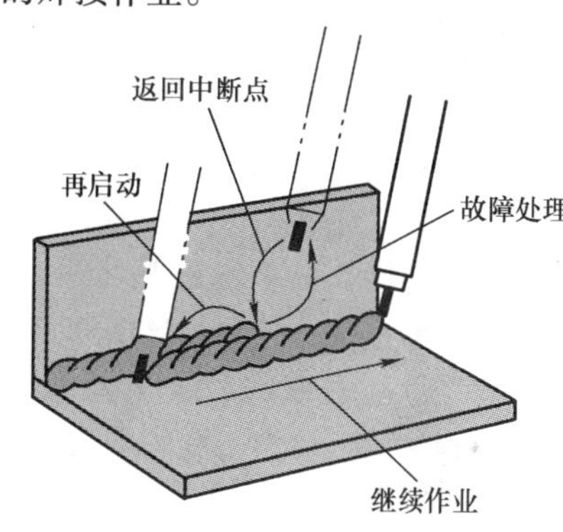

b) 半自动

图 4. 2-10　再启动功能

弧焊辅助条件文件的再启动参数及含义：

次数：在同一焊接作业区间，可重复进行的最多再启动次数，允许输入 0 ~ 9。参数值不能超过后述弧焊管理文件中设定的系统最大允许执行次数。

焊缝重叠量：再启动时的焊缝“搭接”区长度，允许输入 0 ~ 99. 9mm。

速度：机器人从中断点返回时的移动速度，允许输入 0 ~ 600cm/min。

电流：机器人从中断点返回时的焊接电流，允许输入 1 ~ 999A。

电压：机器人从中断点返回时的焊接电压，允许输入 0 ~ 50. 0V 或 50% ~ 150%。

2）再启动模式选择：可通过选择对话框中的系统选项，对断弧、断气、断丝中断的再启动模式分别进行设定。

断弧可选择的再启动模式如下：

不再起动：再启动功能无效；出现断弧时，系统报警、机器人停止。

继续熄弧动作：保持熄弧状态，示教器显示“断弧，再启动处理中”信息，但机器人继续运动；走完焊接区间后，示教器显示“断弧，再启动处理实施完成”信息，继续正常的焊接动作。

自动再启动：执行前述的自动再启动动作，按再启动参数重新引弧、回退搭接焊缝后，按原焊接文件的参数，继续后续的焊接作业。

半自动再启动：执行前述的半自动再启动动作，机器人运动和焊接作业停止，操作者完成故障处理、机器人返回作业中断点后，可通过程序启动按钮【START】，进行再启动引弧、回退搭接焊缝，完成后继续后续的正常焊接作业。

断气、断丝时可选择的再启动模式如下：

不再起动：再启动功能无效；出现断气、断丝时，示教器仅显示断气、断丝信息，机器人继续运动。

移动到焊接终点后报警：再启动功能无效；出现断气、断丝时，机器人继续运动；到达焊接终点后，系统输出报警信息，机器人停止。

半自动再启动：执行前述的半自动再启动动作，机器人运动和焊接作业停止，操作者完成故障处理、机器人返回作业中断点后，可通过程序启动按钮【START】，进行再启动引弧、回退搭接焊缝，完成后继续后续的正常焊接作业。

3. 自动粘丝解除功能与设定

如弧焊结束时的熄弧参数选择不当，如电压过低，焊丝规格、干伸长度、送丝速度不合适等，或工件的坡口不规范，就可能在焊接结束时出现焊丝粘连在工件上的现象，这一现象称为“粘丝”。为了防止发生粘丝，在焊接结束时可以通过提高焊接电压的方法预防，这一功能称为“防粘丝”功能。如果焊接结束时发生了粘丝，则需要通过控制系统的自动粘丝解除功能解除粘丝。

自动粘丝解除功能如图 4.2-11 所示，它可通过熄弧命令 ARCOF 的添加项选择。自动粘丝解除功能生效时，如果系统检测到粘丝信号 STICK，将自动按照弧焊辅助条件文件中的自动粘丝解除功能设定参数，重新引弧、熔化焊丝、解除粘丝。如果需要，自动粘丝解除的处理可进行多次，如规定次数到达后，仍然不能解除粘丝，则系统输出“粘丝”报警、机器人进入暂停状态。

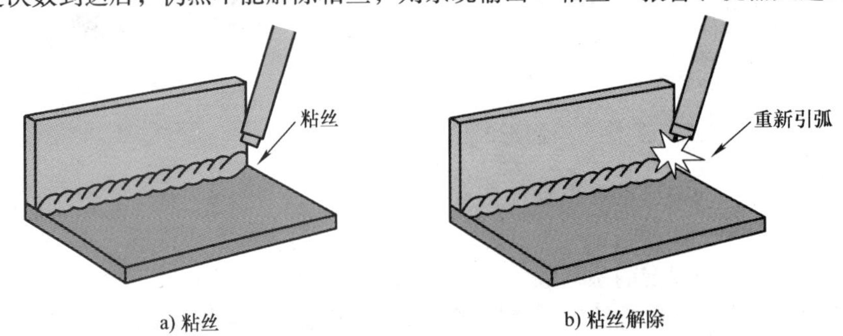

图 4.2-11　粘丝解除功能

弧焊辅助条件文件的自动粘丝解除功能参数及含义：

次数：粘丝解除处理的最多次数，允许输入 0 ~ 9。参数值不能超过后述弧焊管理文件中设定的系统最大允许执行次数。

电流：解除粘丝时的焊接电流，允许输入 1 ~ 999A。

电压：解除粘丝时的焊接电压，允许输入 0 ~ 50.0V 或 50% ~ 150%。

时间：解除粘丝的时间，允许输入 0 ~ 2.00s。

4. 再引弧功能与设定

弧焊启动（引弧）时，如果引弧部位存在锈斑、油污、氧化皮等污物时，将影响电极导电性能，导致电弧无法正常发生，此时，需要调整引弧位置、进行重新引弧，这一功能称为“再

引弧”功能。

在安川部分版本的 DX100 系统上，“再引弧”功能可以在弧焊辅助条件文件上进行设定。再引弧功能生效时，如果机器人在焊接开始点执行弧焊启动命令、进行引弧时，检测到断弧信号，系统可自动进行图 4.2-12 所示的“再引弧”处理。

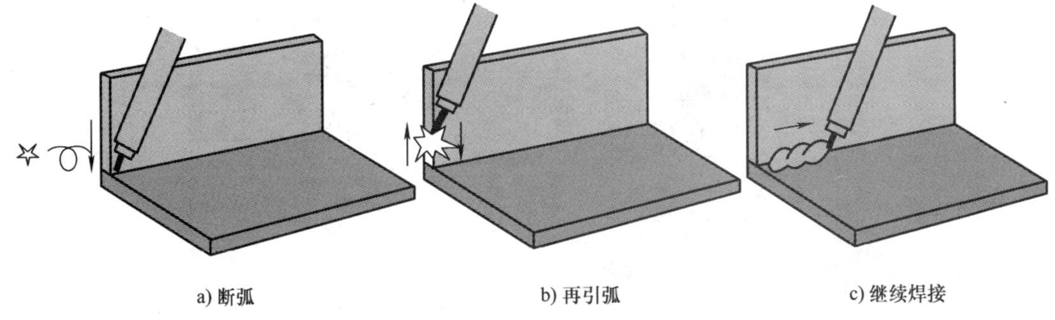

a) 断弧　　b) 再引弧　　c) 继续焊接

图 4.2-12　再引弧功能

再引弧时，一方面，送丝机构将自动回缩焊丝，同时，机器人沿原轨迹，向前一程序点回退规定的距离，然后，在新的位置重新引弧。引弧成功后，机器人即以规定的速度和规定的焊接电流、焊接电压，返回焊接开始点，然后，继续后续的正常焊接。如果需要，这样的再引弧处理可以进行多次。如规定次数到达后，仍然不能引弧，则系统输出“断弧”报警，机器人进入暂停状态。

弧焊辅助条件文件的再引弧功能设定页面如图 4.2-13 所示，设定参数及含义：

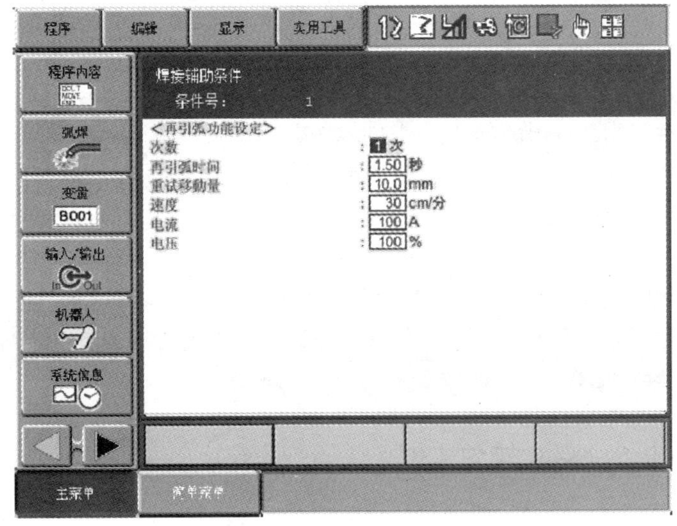

图 4.2-13　再引弧功能设定页面

次数：再引弧处理的最多次数，允许输入 0 ~ 9。参数值不能超过后述弧焊管理文件中设定的系统最大允许执行次数。

再引弧时间：再引弧时的焊丝回缩时间，允许输入 0 ~ 2.50s。

重试移动量：再引弧时，机器人沿原轨迹回退的距离，允许输入 0 ~ 99.9mm。

速度：再引弧时，机器人从回退点返回焊接开始点的移动速度，允许输入 0 ~ 600cm/min。

电流：再引弧时，机器人从回退点返回焊接开始点的焊接电流，允许输入 1 ~ 999A。

电压：再引弧时，机器人从回退点返回焊接开始点的焊接电压，允许输入 0 ~ 50.0V 或 50% ~ 150%。

5. 弧焊管理文件的编辑

安川 DX100 系统的［弧焊管理］页面显示如图 4.2-14 所示，它可用于导电嘴更换、清洗时间及再引弧、再启动、自动粘丝解除次数的设定。弧焊管理文件的参数含义及设定方法如下：

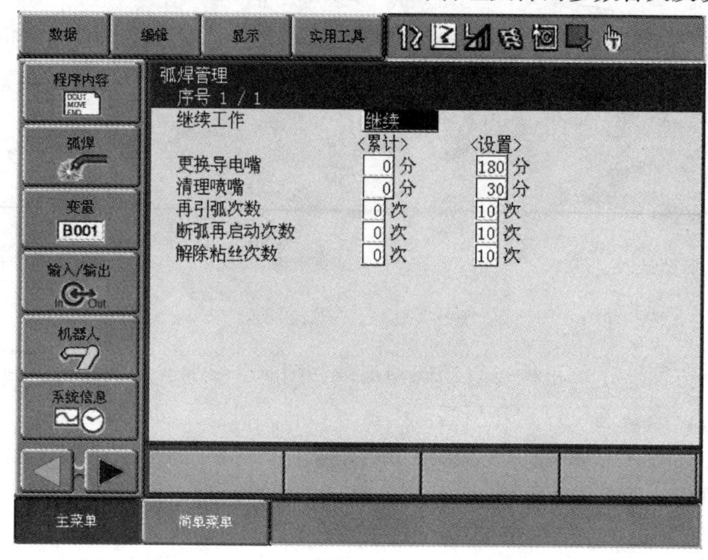

图 4.2-14　弧焊管理显示页面

继续工作：用来选择中断焊接、程序重新启动后的剩余焊接区的工作方式。选择“继续”，程序重启后，将通过再引弧功能重新启动焊接，完成剩余行程的焊接作业；选择“中断”，程序重启后，机器人只进行剩余行程的移动，但不进行焊接作业。

更换导电嘴/清理喷嘴：“累计”框可显示导电嘴已使用/清洗导电嘴后已使用的时间；“设置”框可显示和设定导电嘴/清洗导电嘴后的允许工作/时间，该时间也可通过系统参数 AxP013/AxP014 设定。

再引弧次数/断弧再启动次数/解除粘丝次数：“累计”框可显示系统已执行的再引弧/再启动/解除粘丝次数；“设置”框可显示和设定系统允许的再引弧/再启动/解除粘丝最大执行次数，时间也可通过系统参数 AxP015 ~ AxP017 设定。

4.3　弧焊作业命令编程实例

4.3.1　引弧命令编程实例

ARCON 命令是弧焊机器人的焊接启动命令，执行命令，系统可向焊机输出引弧信号、启动焊接，故又称引弧命令。在使用多焊机的系统上，命令可通过添加项 WELD1 ~ WELD8，选择不同的焊机；对于大多数使用单焊机的机器人系统，添加项 WELDn 可省略。

单焊机机器人的弧焊启动命令 ARCON 有“通过添加项指定条件”“使用引弧条件文件”以及“ARCON 单独使用”三种编程格式。ARCON 单独使用时，命令执行前需要利用程序中的 ARCSET 命令设定焊接条件，有关 ARCSET 命令的编程方法详见后述；其他两种格式的编程方法

如下：

1. 通过添加项指定条件

利用添加项指定焊接条件时，ARCON 命令的编程格式如下：

ARCON AC =200 AV =16.0 T =0.50 V =60 RETRY REPLAY

命令中的添加项含义：

AC = ＊＊：焊接电流设定。“＊＊”可以是常数形式的焊接电流值，也可通过用户变量B/I/D或局部变量 LB/LI/LD 设定焊接电流值；电流单位为 A，允许输入范围为 1 ~999。

AV = ＊＊或 AVP = ＊＊：焊接电压设定，直接指定焊接电压值时，以“AV = ＊＊”形式定义；以额定电压倍率的形式定义输出电压时，使用“AVP = ＊＊”形式。＊＊可以是常数，也可为用户变量 B/I/D 或局部变量 LB/LI/LD；焊接电压的单位为 0.1V，允许输入范围 0.1 ~50.0。

T = ＊＊：引弧时间。设定机器人在引弧点暂停的时间，＊＊可以是常数，也可为整数型用户变量 I 或局部变量 LI；暂停时间单位为 0.01s，允许输入范围为 0 ~655.35s。不需要暂停时，可省略添加项。

V = ＊＊：焊接速度。指定焊接时的机器人移动速度，＊＊可以是常数，也可为用户变量B/I/D或局部变量 LB/LI/LD；焊接速度的单位通常为 0.1mm/s，允许输入范围 0.1 ~1500.0。焊接速度也可直接通过程序中的移动命令进行设定，此时可以省略添加项；如果两者被同时设定，机器人的移动速度可通过系统参数 AxP005 的设定，选择优先使用哪一速度。

RETRY：再引弧功能生效。该添加项被编程时，可在引弧失败或焊接过程中出现断弧时，进行重新引弧或再启动。

REPLAY：再启动模式生效。当添加项 RETRY 被编程时，必须使用本添加项指定再启动模式。

命令的编程示例如下：

```
…
MOVJ VJ =80.0                       //机器人定位到焊接起始点
ARCON AC =200 AV =16.0 T =0.50      //焊接启动（引弧，不使用再引弧功能）
MOVL V =100.0                       //焊接作业，焊接速度为 100mm/s
…
ARCOF                               //焊接关闭（熄弧）
…
```

2. 使用引弧条件文件

当 ARCON 命令使用引弧条件文件时，全部焊接参数均可通过引弧条件文件一次性定义，命令的编程格式如下：

ARCON ASF#（n）

命令中的 ASF#（n）为引弧条件文件号，n 的范围为 1 ~48。

引弧条件文件需要通过系统的【示教（TEACH）】操作模式，在前述图 4.2-4 所示的弧焊系统设定菜单页面上，选择［引弧条件］选项，通过设定或修改文件中的参数，完成引弧条件作业文件的编辑。

选定［引弧条件］选项后，示教器首先显示的是“焊接条件”页面，显示页面有“提前送气”“引弧条件”“焊接条件”“其他”四个设定标签，如需要，可通过示教器的光标移动键，选择标签、进入相应的参数设定页面，进行相关参数的显示和设定。不同显示页的参数含义和设定方法如下：

1）焊接条件：“焊接条件”是引弧条件文件的基本参数设定页面，其显示如图4.3-1所示，该显示页各参数含义及设定方法如下：

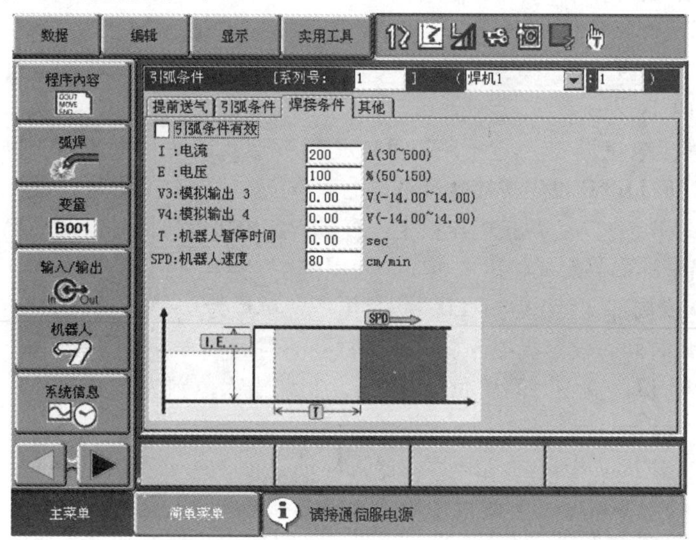

图4.3-1　焊接条件页面显示

序列号：显示和设定引弧条件文件号，系列号和ARCON、ARCSET等命令的添加项ASF#(n)中的n对应，其编号可以为1~48。在使用多焊机的系统上，可通过系列号后续的输入框，将引弧条件文件分配给不同的焊机。

引弧条件有效：如果引弧时的焊接参数和正常焊接时不同，可以通过该选项生效“引弧条件”设定参数，并通过选择“引弧条件”标签，进行引弧参数的设定。

I（电流）：设定正常焊接时的输出电流值，参数设定范围为30~500A。

E（电压）：设定正常焊接时的输出电压值，直接指定焊接电压值时，参数设定范围为12.0~45.0V；以额定电压倍率的形式定义输出电压时，参数设定范围为50%~150%。

V3（模拟输出3）：在使用弧焊控制板YEW、XEW02及“增强版”软件的系统上，可设定正常焊接时的AO通道CH3的输出电压值，参数设定范围为-14.00~14.00V。

V4（模拟输出4）：使用弧焊控制板YEW、XEW02及“增强版”软件的系统上，可设定正常焊接时的AO通道CH4的输出电压值，参数设定范围为-14.00~14.00V。

T（机器人暂停时间）：当“引弧条件有效”选项未选定时，可显示和设定机器人在引弧点的暂停时间（引弧时间），参数设定范围为0~10.00s；在“引弧条件有效”选项被选择时，本选项不显示，引弧时间需要在“引弧条件”页面设定。

SPD（机器人速度）：指定正常焊接时的机器人移动速度，参数设定范围为1~600cm/s。焊接速度也可直接通过程序中的移动命令进行设定，此时，机器人的移动速度可通过系统参数AxP005的设定，选择优先使用哪一速度。

2）引弧条件：当“焊接条件”显示页的“引弧条件有效”选项被选定时，选择［引弧条件］标签，示教器可显示引弧条件页面，该页面的参数含义及设定方法如下：

渐变：该选项可生效/撤销“渐变”功能。渐变有效时，可显示图4.3-2a所示的页面，焊机从引弧转入正常焊接时，焊接电流、电压逐步变化；功能无效时，示教器可显示图4.3-2b所示的页面，从引弧转入正常焊接时，将立即输出正常焊接时的焊接电流、电压。

I（电流）/E（电压）/V3（模拟输出3）/V4（模拟输出4）：设定引弧时的输出电流、

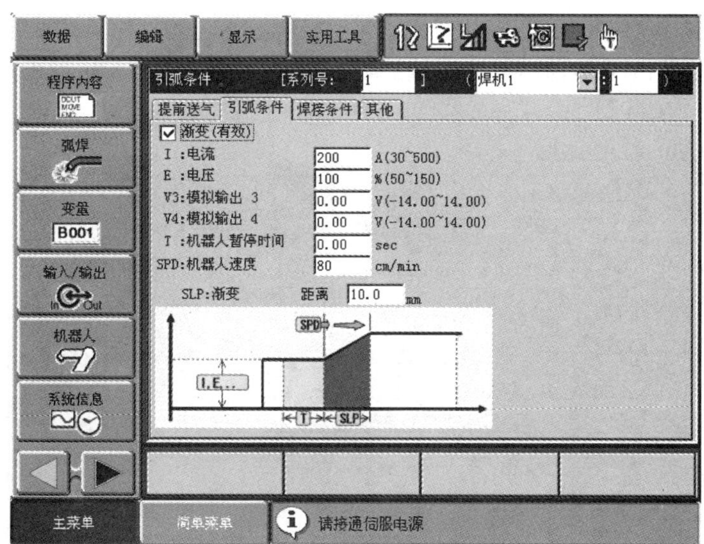

a) 渐变有效

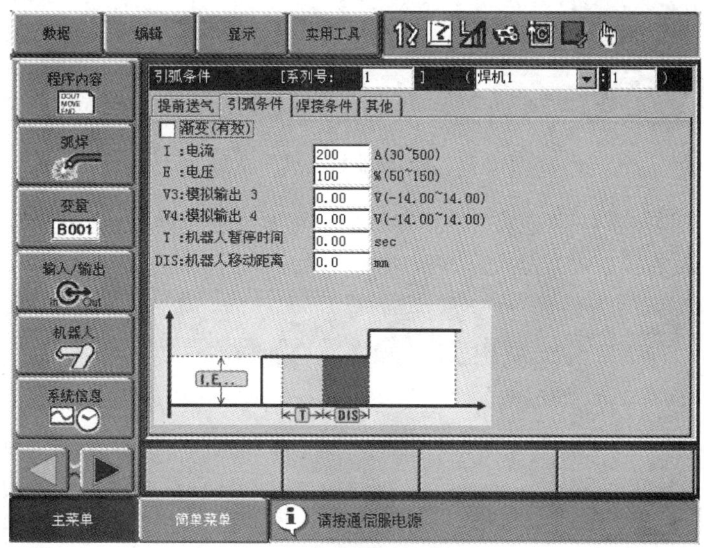

b) 渐变无效

图 4.3-2 引弧条件页面显示

电压及“增强版”系统的 AO 通道 CH3、CH4 的输出电压值，参数的含义和设定范围同“焊接条件”。

T（机器人暂停时间）：可显示和设定机器人在引弧点的暂停时间（引弧时间），参数设定范围为 0～10.00s。

SPD（机器人速度）/DIS（渐变距离）：渐变有效时，可设定引弧暂停时间到达、机器人由暂停转入正常焊接时的初始移动速度和变化区间（渐变距离），速度的设定范围为 1～600cm/s；距离可根据实际需要，在机器人允许范围内自由指定。

DIS（机器人移动距离）：渐变无效时，可设定引弧暂停时间到达、机器人由暂停转入正常焊接时，继续保持引弧电流、电压，以焊接速度移动的区间（距离）。

3）提前送气：在“焊接条件”显示页选择［提前送气］标签，示教器可显示图 4.3-3 所示的提前送气页面，在该页面上，可通过“保护气：提前送气时间”输入框，输入机器人在向引弧点移动时，在到达引弧位置前需要提前多少时间输出保护气体。如果机器人的移动距离较短或提前时间设定过长，实际到达引弧点的移动时间可能小于提前送气时间，这时，保护气体在机器人开始向引弧点移动的时刻输出。

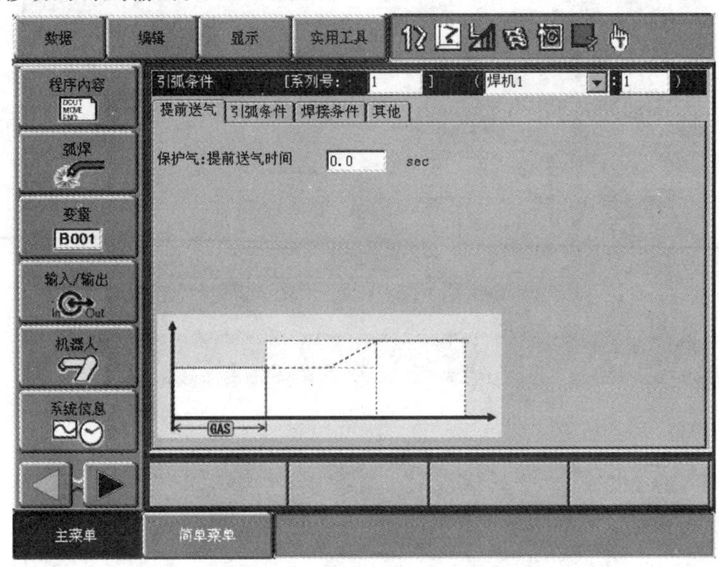

图 4.3-3　提前送气页面显示

4）其他：在“焊接条件”显示页选择［其他］标签，示教器可显示图 4.3-4 所示的其他参数设定页面，该页面的参数含义及设定方法如下：

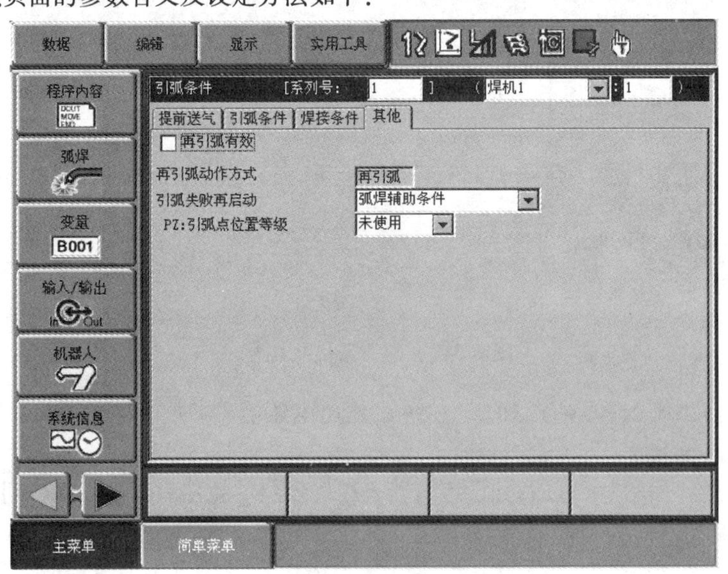

图 4.3-4　其他设定页面显示

再引弧有效：该选项可生效/撤销“再引弧”功能。

再引弧动作方式：如果“再引弧功能有效”功能被选择，该选项可选择断弧时的再启动模式。

引弧失败再启动：可以设定和选择引弧失败时的再启动模式，选择“弧焊辅助条件”选项时，再引弧动作可以通过前述的“弧焊辅助条件”文件进行设定。

PZ（引弧点位置等级）：可设定和选择引弧点的定位精度等级 PL，增加位置精度等级，可以提前进行引弧。

4.3.2 熄弧命令编程实例

ARCOF 命令是弧焊机器人的焊接结束关闭命令，执行命令，系统可向焊机输出熄弧信号、关闭焊接，故又称熄弧命令。

ARCOF 命令的编程格式与 ARCON 命令类似，在使用多焊机的系统上，命令可通过添加项 WELD1 ~ WELD8，选择不同的焊机；对于大多数使用单焊机的机器人系统，添加项 WELDn 可省略。命令同样有“通过添加项指定条件”“使用熄弧条件文件”以及“ARCOF 单独使用”三种编程格式。ARCON 单独使用时，命令执行前需要利用程序中的 ARCSET 命令设定焊接结束条件，有关 ARCSET 命令的编程方法见后述；另两种格式的编程方法如下：

1. 通过添加项指定条件

利用添加项指定焊接条件时，ARCOF 命令的编程格式如下：

ARCOF AC = 160 AVP = 70 T = 0.50 ANASTK

命令中的添加项含义：

AC = ＊＊：焊接电流设定。“＊＊”可以是常数形式的焊接电流值，也可通过用户变量 B/I/D或局部变量 LB/LI/LD 设定焊接电流值；电流单位为 A，允许输入范围为 1 ~ 999。

AV = ＊＊或 AVP = ＊＊：焊接电压设定，直接指定焊接电压值时，以“AV = ＊＊”形式定义；以额定电压倍率的形式定义输出电压时，使用“AVP = ＊＊”形式。＊＊可以是常数，也可为用户变量 B/I/D 或局部变量 LB/LI/LD；焊接电压的单位为 0.1V，允许输入范围 0.1 ~ 50.0。

T = ＊＊：熄弧时间。设定机器人在熄弧点暂停的时间，＊＊可以是常数，也可为整数型用户变量 I 或局部变量 LI；暂停时间单位为 0.01s，允许输入范围为 0 ~ 655.35s。不需要暂停时，可省略添加项。

ANTSTK：粘丝自动解除功能生效。该添加项被编程时，可在出现粘丝时，自动按照弧焊辅助条件文件中的自动粘丝解除功能设定参数，重新引弧、熔化焊丝、解除粘丝。

命令的编程示例如下：

```
…
MOVJ  VJ = 80.0                                  //机器人定位到焊接起始点
ARCON  AC = 200  AV = 16.0  T = 0.50             //焊接启动(引弧)
MOVL  V = 100.0                                  //焊接作业
…
ARCOF  AC = 160  AV = 12.0  T = 0.50  ANTSTK     //焊接关闭(熄弧,粘丝自动解除)
…
```

2. 使用熄弧条件文件

当 ARCOF 命令使用熄弧条件文件时，焊接结束时的全部焊接参数均可通过熄弧条件文件一次性定义，命令的编程格式如下：

ARCOF AEF#（n）

命令中的 AEF#（n）为熄弧条件文件号，n 的范围为 1 ~ 12。

熄弧条件文件需要通过系统的【示教（TEACH）】操作模式，在前述图 4.2-4 所示的弧焊系统设定菜单页面上，选择［熄弧条件］选项，通过设定或修改文件中的参数，完成熄弧条件作业文件的编辑。

弧焊结束时，如果直接关闭焊接电流和电压（熄弧），在焊缝终端会形成低于焊缝高度的凹陷坑，称为弧坑（Arc Crater）。为了防止出现弧坑，熄弧前一般需要用较小的电流（一般小于60%正常焊接电流），在结束处停留一定时间，待焊丝填满弧坑（熔池）后，再熄弧、结束焊接，这一过程称为“收弧”或“填弧坑（Arc Crater Filling）”作业。因此，在安川DX100系统中，熄弧条件又称“填弧坑条件”。

选定熄弧条件选项后，示教器首先显示的是“填弧坑条件1”页面，显示页面有“填弧坑条件2”“其他”三个设定标签，如需要，可通过示教器的光标移动键，选择标签、进入相应的参数设定页面，进行相关参数的显示和设定。不同显示页的参数含义和设定方法如下。

1）填弧坑条件1：“填弧坑条件1”是熄弧条件文件的基本参数设定页面，其显示如图3.5-5所示，该显示页各参数含义及设定方法如下：

序列号：显示和设定熄弧条件文件号，系列号和ARCOF、ARCSET等命令的添加项AEF#(n)中的n对应，其编号可以为1~12。在使用多焊机的系统上，可通过系列号后续的输入框，将熄弧条件文件分配给不同的焊机。

渐变：该选项可生效/撤销收弧时的“渐变”功能。渐变有效时，示教器可显示图4.3-5a所示的页面，焊机从正常焊接进入收弧时，焊接电流、焊接电压将逐步减小；功能无效时，示教器可显示图4.3-5b所示的页面，焊机从正常焊接进入收弧时，将立即输出收弧电流、收弧电压。

I（电流）/E（电压）/V3（模拟输出3）/V4（模拟输出4）：设定收弧时的输出电流、电压及模拟量输出通道CH3、CH4的输出电压值，参数的含义和设定范围与引弧命令ARCON相同，可参见前述的说明。

T（机器人暂停时间）：可显示和设定机器人在熄弧点的暂停时间（收弧时间），参数设定范围为0~10.00s。

SPD（机器人速度）：渐变有效时，可设定由正常焊接转入收弧时，机器人结束移动时的末

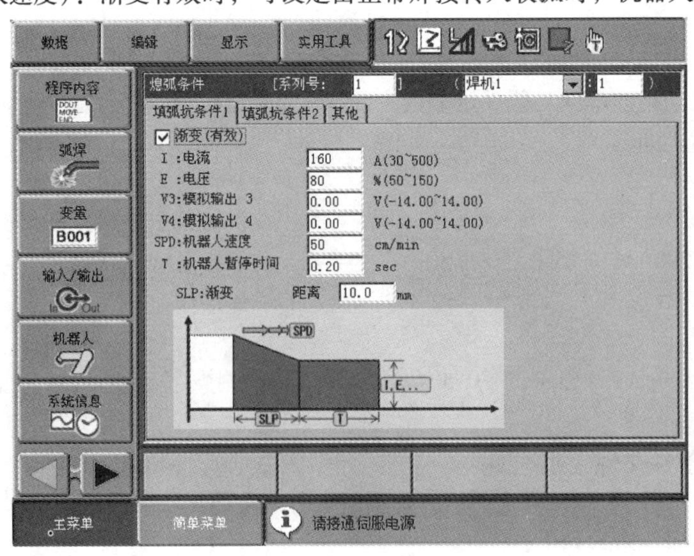

a) 渐变有效

图4.3-5　填弧坑条件1页面显示

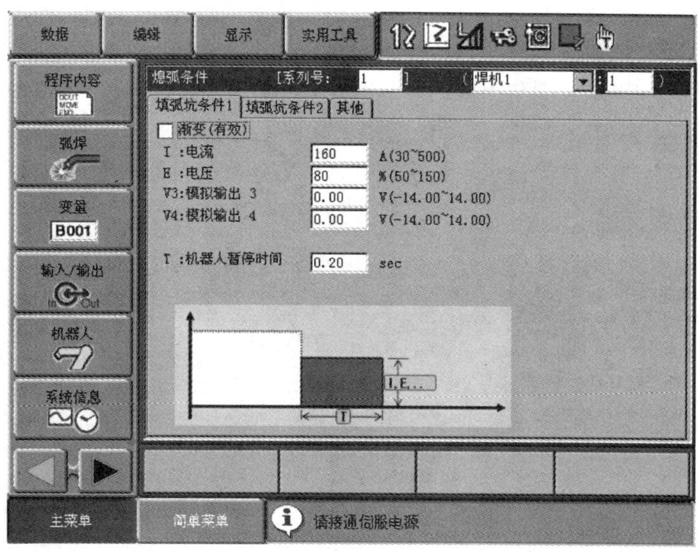

b) 渐变无效

图 4.3-5 填弧坑条件 1 页面显示（续）

速度，速度的设定范围为 1 ~ 600cm/s。

SLP（渐变距离）：渐变有效时，可设定机器人由正常焊接速度变为收弧末速度的变化区间（距离），距离可根据实际需要，在机器人允许范围内自由设定。

2）填弧坑条件 2："填弧坑条件 2"用于"增强版"软件的 2 级收弧控制，它可在"填弧坑条件 1"收弧的基础上，再增加第 2 次收弧动作，以改善填弧坑的效果。在"增强版"软件上，选择"熄弧条件"显示页的［填弧坑条件 2］标签，示教器可显示图 4.3-6 所示的"填弧坑条件 2"显示页面。

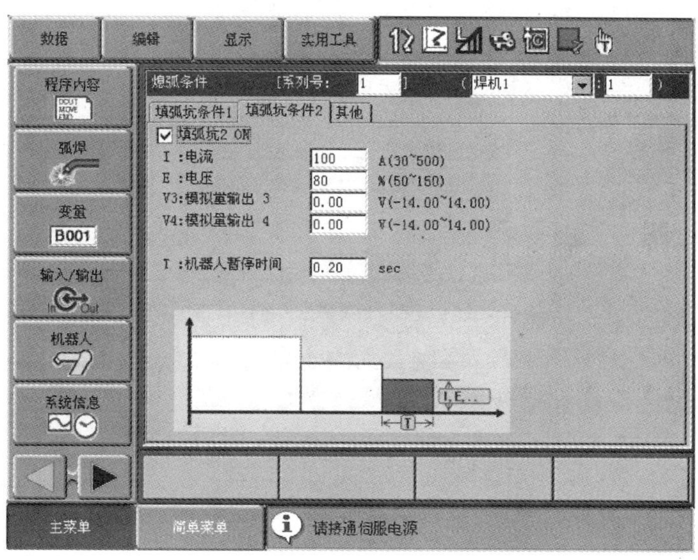

图 4.3-6 填弧坑条件 2 页面显示

“填弧坑条件 2”的参数只能在“填弧坑 2 ON”选项被选择时，才能进行显示和设定；参数用来规定第 2 次收弧时的输出电流、电压、模拟量输出通道 CH3/CH4 的输出电压值、机器人暂停时间，参数的含义和设定范围与引弧命令 ARCON 相同，可参见前述的说明。

3）其他：在“填弧坑条件 1”显示页选择［其他］标签，示教器可显示图 4.3-7 所示的熄弧辅助参数设定页面，可进行熄弧点定位精度等级、粘丝检测时间、保护气体关闭延时及自动粘丝解除功能生效/撤销等设定。

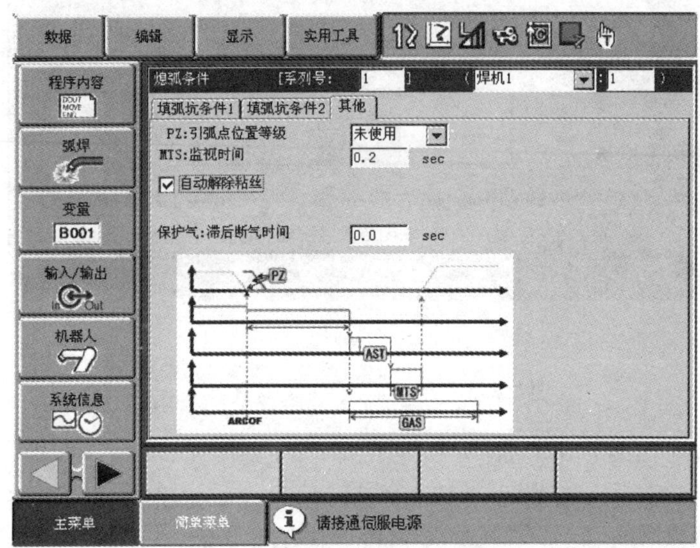

a) 自动解除粘丝有效

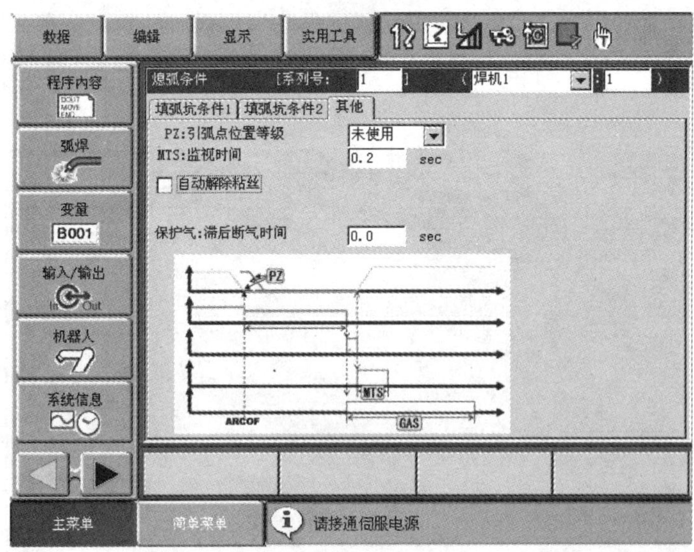

b) 自动解除粘丝无效

图 4.3-7　其他设定页面显示

自动粘丝解除功能选择“有效”和“无效”时，机器人动作与显示有图 4.3-7 所示的不同：功能有效时，熄弧后首先进行防粘丝处理（AST），然后，进行粘丝检测（MTS），完成后，机器

人执行下一命令；功能无效时，熄弧后直接进行粘丝检测（MTS），与此同时，机器人执行下一命令。显示页的辅助参数含义及设定方法如下：

PZ（熄弧点位置等级）：可设定和选择熄弧点的定位精度等级 PL，增加位置精度等级，可以提前进行收弧。由于软件翻译的问题，在部分系统上，该显示为“引弧点位置等级”，这是不正确的。

MTS（监视时间）：可设定焊接结束后，粘丝检测的时间。

自动解除粘丝：该选项可生效/撤销“自动粘丝解除”功能。自动粘丝解除功能的参数，可在前述的弧焊辅助条件文件中设定。

保护气（滞后断气时间）：可设定熄弧到关闭保护气体的延迟时间。

4.3.3 焊接条件设定命令编程实例

1. 命令与功能

安川 DX100 弧焊系统的焊接条件设定命令有 ARCSET、AWELD、VWELD 三条。ARCSET 命令不仅可用于焊接电压、焊接电流、焊接速度、CH3/CH4 的模拟量输出等参数的独立或同时设定，而且还能够直接调用引弧条件文件中的参数进行一次性设定，它是最常用的焊接条件设定命令。AWELD、VWELD 命令是专门用于焊接电流、焊接电压设定的命令，它们需要以模拟量输出的形式设定，实际使用较少。

焊接条件设定命令可直接设定焊机的焊接参数。命令既可在引弧命令 ARCON 前编程，也可在 ARCON 命令之后、弧焊过程中编程；如果在 ARCON 命令前已由 ARCSET 命令设定了焊接参数，引弧命令 ARCON 可不再使用添加项。但是，在后述的“渐变”命令有效时，不能通过焊接条件设定命令改变焊接参数。

2. ARCSET 命令编程

ARCSET 命令可以根据需要，采用“使用添加项”和“使用引弧条件文件”两种格式进行编程。

1）使用添加项：ARCSET 命令使用添加项编程格式时，可以对一个或多个焊接参数进行设定，命令的编程格式为

ARCSET WELD1 AC = 200 AVP = 100 V = 80 AN3 = 12.00 AN4 = 2.50

命令中的添加项含义如下：

WELDn：n 为焊机号，输入允许 1 ~ 8，此添加项仅用于多焊机系统；单焊机系统通常直接省略。

AC = * *：焊接电流设定。“* *”可以是常数形式的焊接电流值，也可通过用户变量 B/I/D或局部变量 LB/LI/LD 设定焊接电流值；电流单位为 A，允许输入范围为 1 ~ 999。

AV = * * 或 AVP = * *：焊接电压设定，直接指定焊接电压值时，以“AV = * *”形式定义；以额定电压倍率的形式定义输出电压时，使用“AVP = * *”形式。* * 可以是常数，也可为用户变量 B/I/D 或局部变量 LB/LI/LD；焊接电压的单位为 0.1V，允许输入范围 0.1 ~ 50.0。

V = * *：焊接速度。指定焊接时的机器人移动速度，* * 可以是常数，也可为用户变量 B/I/D或局部变量 LB/LI/LD；焊接速度的单位通常为 0.1mm/s，允许输入范围 0.1 ~ 1500.0。焊接速度也可直接通过程序中的移动命令进行设定，此时可省略添加项；如果两者被同时设定，机器人的移动速度可通过系统参数 AxP005 的设定，选择优先使用哪一速度。

AN3 = * * /AN4 = * *：在使用增强型弧焊控制板 YEW、XEW02 的 DX100 系统上，可以通过模拟量输出通道 CH3/CH4（通常情况，可通过系统参数 AxP010 改变），来实现诸如焊接电

流/电压的倍率控制、焊接参数辅助控制等功能。添加项 AN3、AN4 可设定焊接时的模拟量输出通道 CH3/CH4 的输出电压值，其参数的设定范围为 -14.00 ~ 14.00V。

2）使用引弧条件文件：ARCSET 命令使用引弧条件文件编程格式时，可以对全部焊接参数进行一次性设定，命令的编程格式为

ARCSET ASF#（1） ACOND = 0

命令中的添加项 ASF#（n）为引弧条件文件号。由于引弧条件文件可能有［引弧条件］和［焊接条件］两组设定参数（参见 ARCON 命令编程），为此，在使用“增强版”软件的 DX100 系统上，ARCSET 命令可通过添加项 ACOND，来选择所需要的焊接参数；“ACOND = 0”选择［引弧条件］参数组；“ACOND = 1”选择［焊接条件］参数组。

ARCSET 命令的编程示例如下：

```
…
MOVJ  VJ = 80.0                    //机器人定位到焊接起始点
ARCSET  ASF#(1)  ACOND = 1         //焊接条件设定,使用引弧文件 ASF#(1)的焊接条件
ARCON                              //焊接启动
MOVL  V = 100.0                    //焊接作业,焊接速度为 100mm/s
…
ARCSET  AC = 180  AVP = 80         //焊接条件设定,改变焊接电流、电压
MOVL  V = 80.0                     //焊接作业,焊接速度为 80mm/s
…
ARCOF                              //焊接关闭(熄弧)
…
```

3. AWELD/VWELD 命令编程

AWELD 命令用于焊接电流的设定，VWELD 命令用于焊接电压的设定，两个命令的编程格式如下：

AWELD 12.00

或　VWELD 2.50

AWELD/VWELD 命令可用常数的形式，来直接设定机器人控制系统的焊接电流、焊接电压的模拟量输出值（系统命令值），常数的范围为 -14.00 ~ 14.00。系统命令值所对应的焊机实际焊接电流/电压输出值，决定于“焊机特性”文件中所设定的焊接电流/电压输出特性（参见图 3.4-8）。由于使用 AWELD/VWELD 命令编程及程序的阅读，不及 ARCSET 命令直观、方便，因此，实际程序中较少使用。

4.3.4　渐变命令编程实例

1. 命令功能

所谓“渐变”就是在焊接作业的同时，逐步改变焊接电流、焊接电压的过程。正确使用渐变功能，可提高焊接质量。例如，对于导热性好的薄板类零件焊接，如果零件的面积较小、但焊接的时间较长，随着焊接的进行，零件本身的温度可能会大幅度上升，以致在焊接结束阶段出现工件烧穿、断裂等现象。为此，需要在焊接过程中，逐步减小焊接电流、电压，以补偿零件的温升，改善焊接质量。

安川 DX100 系统的渐变命令有起始区间渐变 ARCCTS 命令、结束区间渐变 ARCCTE 命令，命令的功能如图 4.3-8 所示。ARCCTS 命令可控制焊接电流、电压在焊接移动的起始区间线性增

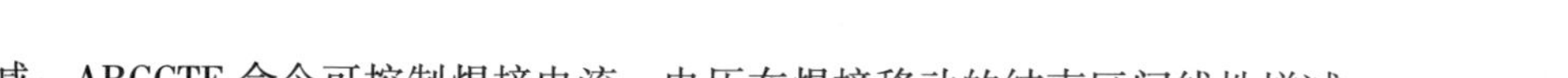

减；ARCCTE 命令可控制焊接电流、电压在焊接移动的结束区间线性增减。

DX100 系统的 ARCCTS、ARCCTE 命令有以下特点：

1）渐变命令只对编程的命令行有效。

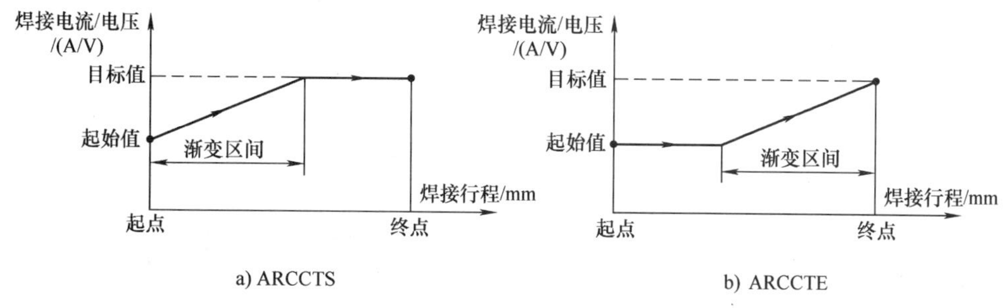

a) ARCCTS　　b) ARCCTE

图 4. 3-8　渐变命令功能

2）渐变命令的渐变区间可通过命令添加项定义。但是，当实际焊接移动行程小于命令中的渐变区间设定，或者，当渐变区间设定为“0”时，系统将自动以实际焊接移动行程作为渐变区间。

3）ARCCTS、ARCCTE 命令是允许在同一命令行编程的特殊命令，在这种情况下，系统首先执行 ARCCTS 命令，然后在剩余区间执行 ARCCTE 命令。如果命令行的焊接移动行程小于等于 ARCCTS 命令定义的渐变区间，执行 ARCCTS 命令后的剩余焊接行程将为“0”，此时，系统只按 ARCCTE 命令改变焊接参数，但机器人无 ARCCTE 命令的运动。

4）渐变命令所定义的焊接电流、电压优先于焊接条件设定命令 ARCSET、AWELD、VWELD，故而，ARCCTS、ARCCTE 命令一旦执行，后续的 ARCSET、AWELD、VWELD 命令将无效。

2. ARCCTS 命令编程

ARCCTS 命令用于焊接起始区间的焊接参数渐变控制，命令的编程格式为

ARCCTS WELD1 AC = 200 AVP = 100 AN3 = 12. 00 AN4 = 2. 50 DIS = 20. 0

命令中的添加项含义：

WELDn：n 为焊机号，输入允许 1 ~ 8，此添加项仅用于多焊机系统；单焊机系统通常直接省略。

AC = ＊＊：设定焊接电流的渐变目标值。“＊＊”可以是常数形式的焊接电流值，也可通过用户变量 B/I/D 或局部变量 LB/LI/LD 设定的焊接电流值；电流单位为 A，允许输入范围为 1 ~ 999。

AV = ＊＊或 AVP = ＊＊：设定焊接电压的渐变目标值。直接指定焊接电压值时，以“AV = ＊＊”形式定义；以额定电压倍率的形式定义输出电压时，使用“AVP = ＊＊”形式。＊＊可以是常数，也可为用户变量 B/I/D 或局部变量 LB/LI/LD；焊接电压的单位为 0. 1V，允许输入范围 0. 1 ~ 50. 0。

AN3 = ＊＊/AN4 = ＊＊：在使用增强型弧焊控制板 YEW、XEW02 的 DX100 系统上，可设定模拟量输出通道 CH3/CH4 的输出电压渐变目标值，参数设定范围为 - 14. 00 ~ 14. 00V。模拟量输出通道 CH3/CH4 的功能同 ARCSET 命令。

DIS = ＊＊：设定焊接电压、电流等参数的渐变区间。“＊＊”为从命令起始点到渐变结束位置的距离，它可为常数形式的距离值，也可以是用户变量 B/I/D 或局部变量 LB/LI/LD 设定的

距离值；距离单位为0.1mm，它可根据实际需要，在机器人允许范围自由定义。

例如，对于图4.3-9所示的焊接，ARCCTS命令的编程示例如下：

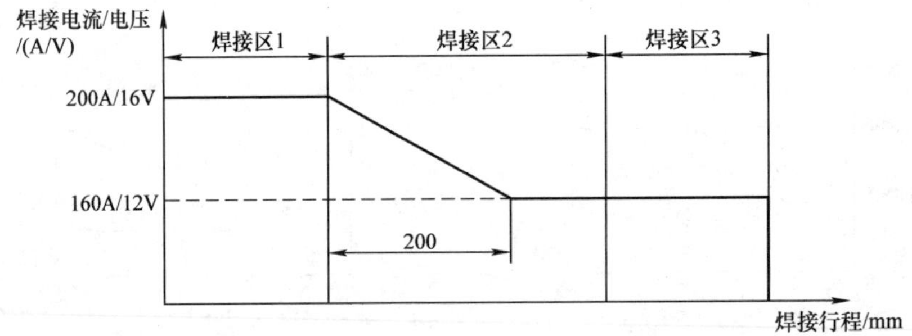

图4.3-9 ARCCTS命令编程示例

```
…
MOVJ VJ=80.0                          //机器人定位到焊接起始点
ARCON AC=200 AV=16.0 T=0.50           //焊接启动
MOVL V=100.0                          //焊接区1;I=200A,E=16V
ARCCTS AC=160 AV=12.0 DIS=200.0       //焊接区2;I=200~160A,E=16~12V
MOVL V=80.0                           //焊接区3(I=160A,E=12V)
ARCOF                                 //焊接关闭(熄弧)
…
```

3. ARCCTE命令编程

ARCCTE命令用于焊接结束区间的焊接参数渐变控制，命令的编程格式为

ARCCTE WELD1 AC=200 AVP=100 AN3=12.00 AN4=2.50 DIS=20.0

命令中的添加项DIS用来定义设定焊接电压、电流等参数的渐变区间，它是渐变开始位置离移动命令终点的距离，可通过常数或用户变量B/I/D、局部变量LB/LI/LD设定；距离的单位为0.1mm，它可根据实际需要，在机器人允许范围自由定义。

ARCCTE命令的其他参数含义同ARCCTS命令。

例如，对于图4.3-10所示的焊接，ARCCTE命令的编程示例如下：

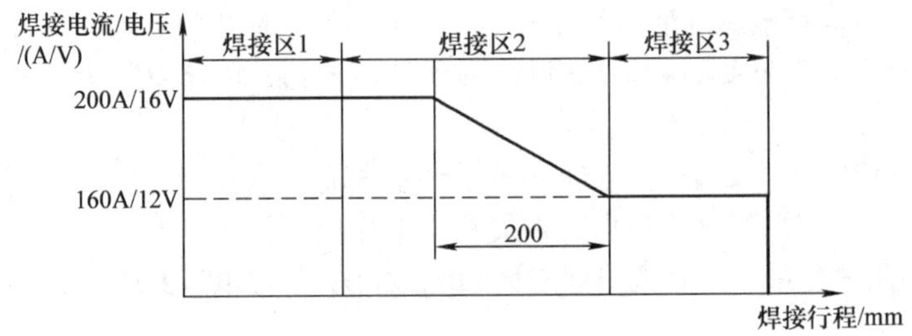

图4.3-10 ARCCTE命令编程示例

```
…
MOVJ VJ=80.0                          //机器人定位到焊接起始点
ARCON AC=200 AV=16.0 T=0.50           //焊接启动
```

```
MOVL  V = 100.0                              //焊接区1;I = 200A,E = 16V
ARCCTE  AC = 160  AV = 12.0  DIS = 200.0     //焊接区2;I = 200 ~ 160A,E = 16 ~ 12V
MOVL  V = 80.0                               //焊接区3(I = 160A,E = 12V)
ARCOF                                        //焊接关闭(熄弧)
…
```

4.3.5 弧焊监控命令编程实例

1. 功能与要求

弧焊监控是对指定焊接区间的实际焊接电流和电压，进行监视、分析、管理的功能。进行弧焊监控的焊接作业区间，可通过程序中的弧焊监控启动命令 ARCMONON、弧焊监控关闭命令 ARCMONOF 选定；作业区间的实际焊接电流、电压测量值，可由系统软件自动进行统计分析，并得到统计平均值和偏差；计算结果可保存到弧焊监视文件中，并在示教器上显示；如果需要，监控数据还可以利用机器人基本命令 GETFILE（文件数据读入），读入到程序变量中，进行相关的运算及处理。

弧焊监控需要对实际焊接电流、电压进行采样，为此，机器人控制系统必须配置带有焊接电流、电压测量反馈输入接口的专用控制板，并连接焊接电流、电压测量反馈信号。在安川 DX100 系统上，弧焊监视控制板的型号为 JANCD - YEW02，该控制板带有 2/2 通道模拟量输入/输出（AI/AO）接口，其中，双通道模拟量输入（AI）分别用来连接焊接电流、焊接电压测量反馈信号；如果需要，双通道模拟量输出（AO）可用来连接显示仪表或其他控制装置等，显示或输出实际焊接电流、焊接电压。

DX100 系统的弧焊监视控制板 JANCD - YEW02 的双通道 AI 接口，均为 DC0 ~ 5V 模拟电压输入接口，其输入分辨率为 0.01V；其中，CH1 用来焊接电压测量反馈输入；CH2 用来焊接电流测量反馈输入。DX100 系统出厂时设置的最大焊接电流、电压分别为 500A、50V，因此，焊接电流的测量分辨率为 1A、焊接电压的测量分辨率为 0.1V。

由于导线电阻、环境温度、外部干扰等因素的影响，焊接电流、电压的测量反馈值和实际值之间可能存在差异，因此，实际使用时，一般需要通过 DX100 的系统参数 S2C453 ~ S2C456（焊机 1）、S2C457 ~ S2C460（焊机 2）、…、S2C481 ~ S2C484（焊机 8），对焊接电流、电压的实际测量范围、测量值进行增益和偏移的调整。

增益和偏移调整参数的作用如图 4.3-11 所示。例如，对于焊机 1，系统参数 S2C453/S2C455 可用来设定焊接电流/电压的测量反馈增益（单位%）；S2C454/ S2C456 可用来设定焊接电流/电压的测量反馈偏移（单位为 1A/0.1V）。如图 4.3-11a 所示，若设定 S2C453/S2C455 = 200（%），则当通道 CH1/CH2 的输入 AI 为 5V 时，分别代表焊机 1 的焊接电流/电压输出为 1000A/100V；如果如图 4.3-11b 所示，在设定增益参数 S2C453/S2C455 = 200（%）的基础上，再设定偏移参数 S2C454/S2C456 = 10，则当通道 CH1/CH2 的输入 AI 为 0V 时，分别代表焊机的焊接电流/电压输出为 10A/1V 等。

2. ARCMONON/ARCMONOF 命令编程

弧焊监控启动/关闭命令 ARCMONON/ARCMONOF 用来选定弧焊监控的作业区间，以及用来保存采样数据的统计分析结果的弧焊监视文件号。命令的编程格式为

```
ARCMONON  WELD1  AMF# (1)        //启动监控
ARCMONOF  WELD1                  //关闭监控
```

命令中的添加项含义：

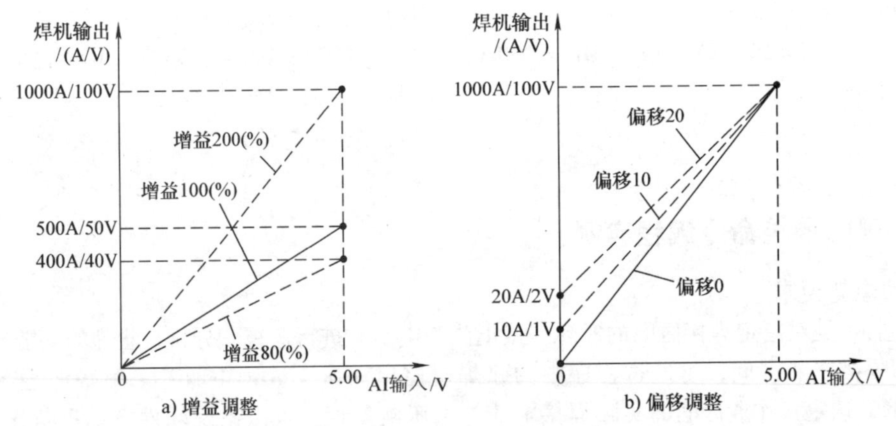

图 4.3-11　增益/偏移的调整

WELDn：n 为焊机号，输入允许 1～8，此添加项仅用于多焊机系统；单焊机系统通常直接省略。

AMF#（n）：n 为弧焊监视文件号，可用常数或用户变量 B/I/D、局部变量 LB/LI/LD 指定，输入允许 1～100；弧焊监视文件用来保存采样数据的统计分析结果。

ARCMONON/ARCMONOF 命令的编程示例如下：

```
…
MOVJ  VJ = 80.0                    //机器人定位到焊接起始点
ARCON  ASF#(1)                     //焊接启动
ARCMOON  AMF#(1)                   //启动弧焊监控
MOVL  V = 100.0                    //焊接作业
ARCMOOF                            //关闭弧焊监控
ARCOF                              //焊接关闭(熄弧)
…
```

通过以上程序，机器人焊接作业期间的实际焊接电流、电压测量值以及统计分析结果，将被保存在弧焊监视文件 AMF#（1）中。

3. 弧焊监视文件显示

在选配了弧焊监视功能的 DX100 系统上，弧焊监视文件可通过【示教（TEACH）】操作模式，在前述图 4.2-4 所示的弧焊系统设定菜单页面上，选择［弧焊监视］选项，示教器便可显示图 4.3-12 所示的弧焊监视文件。

弧焊监视文件的数据为实际焊接电流/电压测量值的统计分析结果，它只可显示、不能修改；但是，可以通过下拉菜单［数据］中的［清除数据］选项，进行数据初始化操作、一次性清除全部文件数据。弧焊监视文件的显示参数的含义：

文件序号：弧焊监视文件号显示，文件号可通过示教器的【翻页】键改变。

<结果>："电流""电压"栏可分别显示弧焊监控期间（命令 ARCMONON 至命令 ARCMONOF 区间）的焊接电流、电压平均值；"状态"栏可显示弧焊监视的结论，如果焊接电流/电压的变化均在系统允许的范围内，显示"正常"，否则，显示"异常"。

<统计数据>："电流平均/偏差""电压平均/偏差"栏可分别显示弧焊监控期间（命令 ARCMONON 至命令 ARCMONOF 区间）的焊接电流、电压的平均值/标准偏差；"数据数（正常/

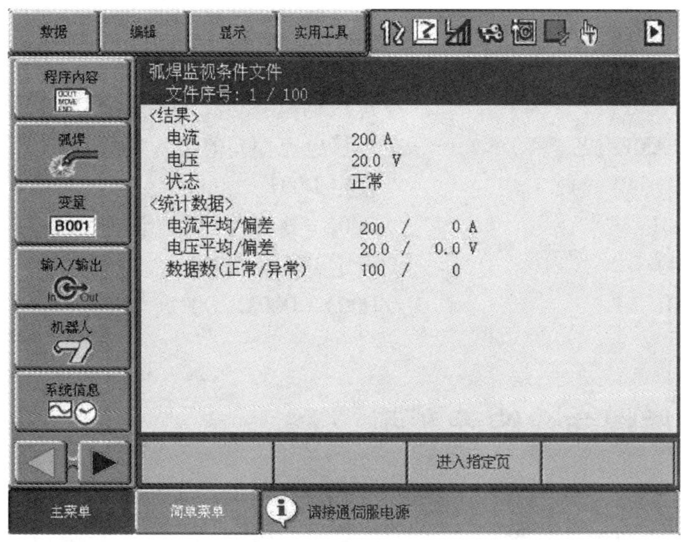

图 4.3-12　弧焊监视文件显示

异常)”栏显示弧焊监视期间，所得到的正常采样数据与异常采样数据的个数。

4. 弧焊监视数据读入

弧焊监视文件中的数据可以通过机器人基本命令 GETFILE（文件数据读入），读入到用户变量 D 或局部变量 LD 中，在程序中进行相关运算与处理。读入弧焊监视数据的命令编程格式如下：

GETFILE D000 AMF#（1）（2）

命令中的添加项含义：

D＊＊＊：变量号，输入允许 D000 ~ D099，弧焊监视数据为 32 位整数，需要使用双整数型变量 D 或 LD。

AMF#（n）（m）：n 为弧焊监视文件号，可用常数或用户变量 B/I/D、局部变量 LB/LI/LD 指定，输入允许 1 ~ 100（实际有效 1 ~ 50）。m 为元素号，它用来选定弧焊监视数据，可用常数或用户变量 B/LB 指定，输入允许 1 ~ 255（实际有效 1 ~ 9）。

GETFILE 命令的元素号 m 和监视文件数据的对应关系见表 4.3-1。

表 4.3-1　元素号 m 和监视文件数据的对应表

弧焊监视文件数据名称		GETFILE 命令元素号 m
<结果>	状态	1
	电流	2
	电压	3
<统计数据>	电流（平均）	4
	电流（偏差）	5
	电压（平均）	6
	电压（偏差）	7
	数据数（正常）	8
	数据数（异常）	9

GETFILE 命令的编程示例如下：

```
…
GETFILE D000AMF#(1) (4)        //焊接电流平均值读入变量 D000
GETFILE D001AMF#(1) (5)        //焊接电流偏差值读入变量 D001
SET D002 D000                  //设定 D002 = D000
ADD D002 D001                  //D002 = D002 + D001(计算最大平均电流)
SET D003 D000                  //设定 D003 = D000
SUB D003 D001                  //D003 = D003 - D001(计算最小平均电流)
…
```

4.4 摆焊及摆焊命令编程实例

4.4.1 摆焊要求与摆焊参数

摆焊（Swing Welding）作业如图 4.4-1 所示，这是一种焊枪在沿焊缝方向前进的同时，进行横向、有规律摆动的焊接工艺。采用摆焊不仅能够增加焊缝宽度、提高焊接强度，而且还能够改善根部透度和结晶性能，形成均匀美观的焊缝，提高焊接质量，因此，在金属材料、特别是不锈钢材料的角连接焊接作业时使用较广泛。

使用摆焊作业命令时，需要通过命令添加项或摆焊条件文件，事先规定如下参数。

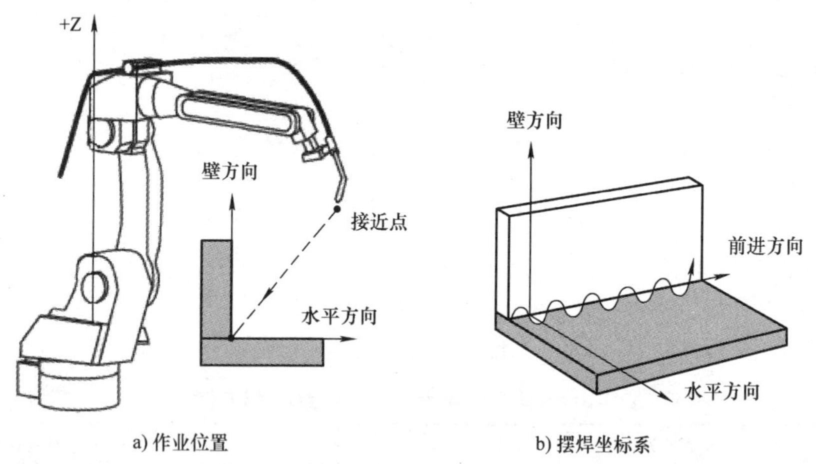

a) 作业位置　　b) 摆焊坐标系

图 4.4-1　摆焊作业

1. 摆动方式

机器人摆焊通常用于角形连接件的焊接，摆焊作业时的摆动方式有机器人移动摆动和定点摆动两类，说明如下：

1）机器人移动摆动：机器人移动摆动是指机器人在摆动时，需要同时进行焊接方向移动的摆焊作业，它可分图 4.4-2 所示的单摆、三角形摆、L 形摆三种。

采用单摆焊接时，焊枪在沿焊缝方向前进的同时，可在指定的倾斜平面内横向摆动，焊枪的运动轨迹为倾斜平面上的三角波。单摆的倾斜角度（摆动角度）、摆动幅度和频率等参数可通过命令添加项或摆焊文件进行定义。

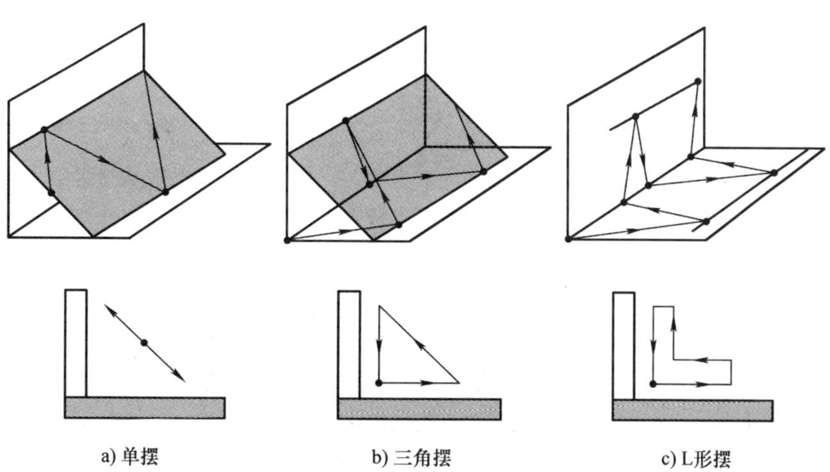

图 4. 4-2 机器人移动摆焊

采用三角摆焊接时，焊枪在沿焊缝方向前进的同时，先沿水平（或垂直）方向运动，接着在指定的倾斜平面内运动，然后沿垂直（或水平）方向回到基准线；焊枪的运动轨迹为三角形螺旋线。三角形摆焊接的倾斜角度（摆动角度）、纵向摆动距离、横向摆动距离和频率等参数可通过摆焊条件文件进行定义。

采用 L 形摆焊接时，焊枪在沿焊缝方向前进的同时，先沿水平（或垂直）方向运动，回到基准线后，接着沿垂直（或水平）方向摆动；焊枪运动轨迹在截面上的投影为 L 形。L 形摆焊的纵向摆动距离、横向摆动距离和频率等参数可通过摆焊条件文件进行定义。

2）定点摆动：定点摆动如图 4. 4-3 所示，这是一种通过工件运动实现摆动焊接的作业方式。定点摆焊作业时，机器人只进行摆动，其摆动起点与终点重合；焊接移动需要通过工件和焊枪的相对运动实现。

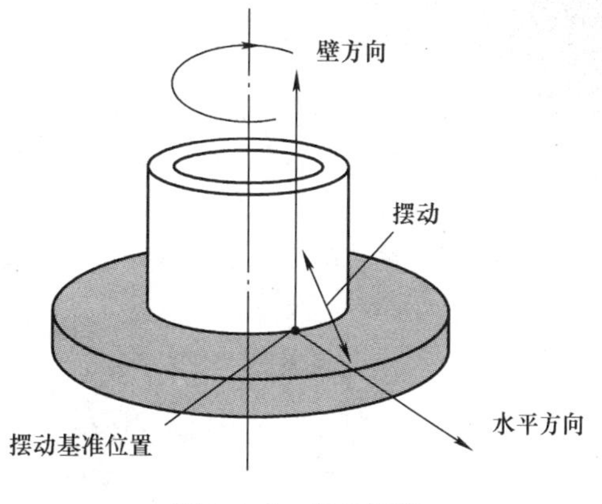

图 4. 4-3 定点摆焊

2. 摆焊坐标系的建立

机器人摆焊时，为了对摆动方式、摆焊角度、摆动幅度等参数进行控制，需要建立摆焊坐标系。对于大多数情况，摆焊时的机器人和工件的相对位置如图 4. 4-1a 所示，即焊件的壁方向（纵向）与机器人的 Z 轴方向相同，摆焊作业前的“接近点”位于作业侧，在这种情况下，系统可自动生成图 4. 4-1b 所示的摆焊坐标系。

但是，当工件的壁方向与机器人的 Z 轴方向呈图 4. 4-4a 所示倾斜时，为了确定摆焊坐标系的壁方向，需要在摆焊启动命令之前，将机器人移动到图 4. 4-4b 所示、壁平面上的任意一点；然后，利用第一参考点设定命令 REFP1，将其定义为第一作业参考点 REFP1；系统便可根据焊接起始点和 REFP1 点的位置，自动生成摆焊坐标系。

利用第一作业参考点 REFP1，建立摆焊坐标系的程序示例如下：

```
…
MOVJ VJ = 80.0                //机器人定位到接近点
```

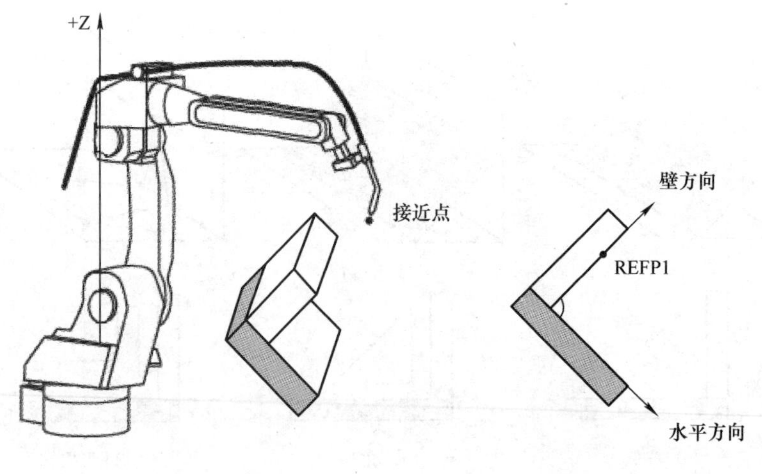

图 4.4-4　REFP1 点的定义

```
MOVL  V=800                //机器人移动到 REFP1 点
REFP1                      //设定第一作业参考点,建立摆焊坐标系
ARCONASF#(1)               //引弧、启动焊接
MVON  WEV#(1)              //摆焊启动
MOVL  V=50                 //摆焊作业
…
MVOF                       //摆焊结束
ARCOF  AEF#(1)             //熄弧、关闭焊接
…
```

如果焊接开始前机器人的接近点位于图 4.4-5a 所示、工件壁的后侧，为了确定摆焊坐标系的水平方向，需要在摆焊启动命令之前，将机器人移动到图 4.4-5b 所示、摆焊坐标系第Ⅰ象限（工件壁的前侧）上的任意一点；然后，利用程序中的第二参考点设定命令 REFP2，将其定义为第二作业参考点 REFP2；系统便可根据焊接起始点和 REFP2 点的位置，自动生成摆焊坐标系。

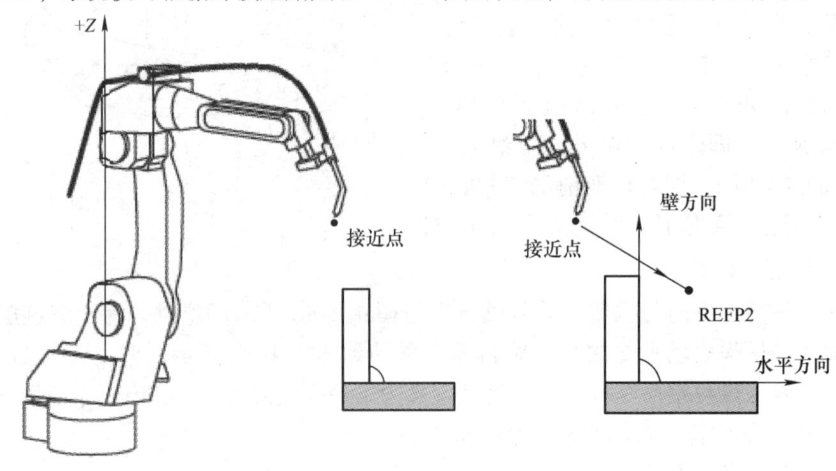

图 4.4-5　REFP2 点的定义

利用第二作业参考点 REFP2 建立摆焊坐标系的程序示例如下：

```
…
MOVJ  VJ=80.0                    //机器人定位到接近点
MOVL  V=800                      //机器人移动到 REFP2 点
REFP2                            //设定第二作业参考点,建立摆焊坐标系
ARCONASF#(1)                     //引弧、启动焊接
MVON  WEV#(1)                    //摆焊启动
MOVL  V=50                       //摆焊作业
…
MVOF                             //摆焊结束
ARCOF  AEF#(1)                   //熄弧、关闭焊接
…
```

对于图 4.4-6 所示的定点摆动，由于摆动起点与终点重合，故需要在摆焊启动命令之前，将机器人移动到相对运动方向上的任意一点；然后，利用程序中的第三参考点设定命令 REFP3，将其定义为第三作业参考点 REFP3；系统便可根据焊接基准位置和 REFP3 点的位置，自动生成摆焊坐标系。

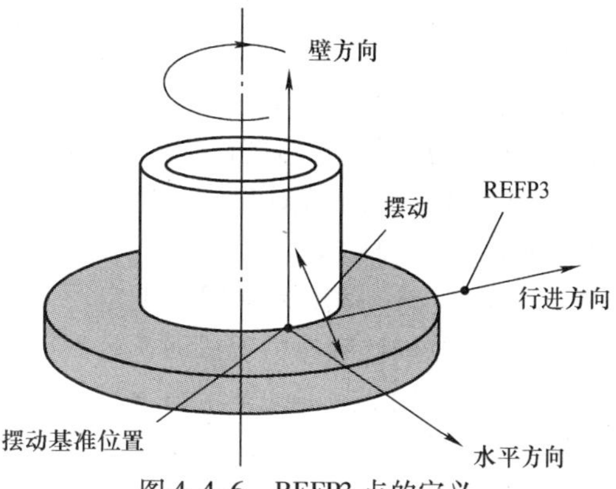

图 4.4-6　REFP3 点的定义

利用第三作业参考点 REFP3，建立定点摆焊坐标系的程序示例如下：

```
…
MOVJ  VJ=80.0                    //机器人定位到接近点
MOVL  V=800                      //机器人移动到 REFP3 点
REFP3                            //设定第三作业参考点,建立摆焊坐标系
ARCONASF#(1)                     //引弧、启动焊接
MVON  WEV#(1)                    //摆焊启动
MOVL  V=50                       //机器人移动到摆焊基准位置,启动定点摆动
MVOF                             //摆焊结束
ARCOF  AEF#(1)                   //熄弧、关闭焊接
…
```

定点摆焊的摆动时间（停止信号）可由摆焊条件文件进行设定。

3. 摆动参数

摆焊作业的主要参数有摆动幅度、摆动频率、摆动角度、摆动方向等，摆动参数需要通过摆动启动命令的添加项或摆焊条件文件进行事先定义。

摆焊参数的含义：

1）摆动幅度和摆动距离：摆动幅度用来定义单摆方式的单侧摆动幅值，含义如图 4.4-5a 所示；DX100 系统允许设定的范围为 0.1～99.9mm，但受摆动频率的限制（见后述）。

对于三角形摆动和 L 形摆动，需要通过图 4.4-7b、图 4.4-7c 所示纵向距离、横向距离参数来分别定义壁方向、水平方向的摆动幅值；DX100 系统允许设定的纵/横向距离为 1.0～25.0mm。

2）摆动角度：摆动角度用来定义单摆摆动平面的倾斜角度或三角摆、L 形摆的水平方向与

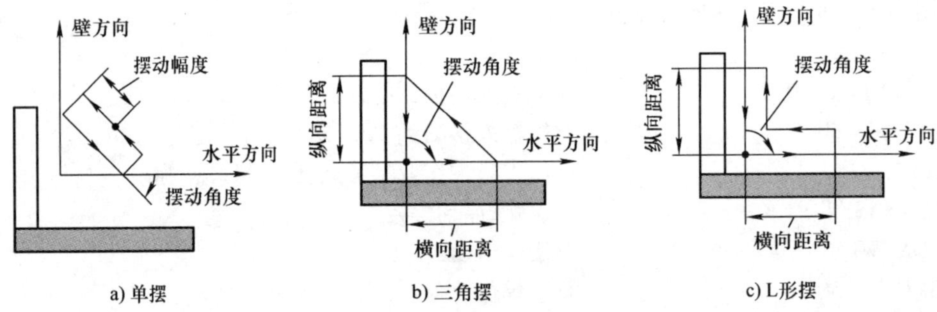

图 4.4-7　摆动幅值、距离和角度的定义

壁方向的夹角。对于单摆方式，摆动角度是图 4.4-7a 所示的、摆动平面与水平方向的夹角，顺时针为正；对于三角摆、L 形摆方式，摆动角度是图 4.4-7b 所示的、水平方向与壁方向的夹角，顺时针为正。DX100 系统允许设定的摆动角度范围为 0.1°～180.0°。

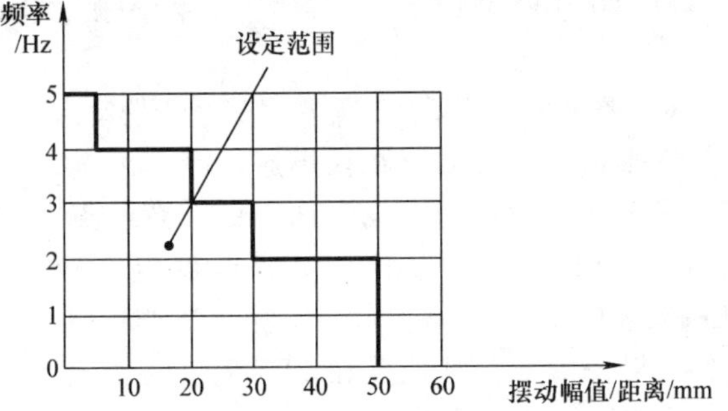

图 4.4-8　摆动频率的设定范围

3）摆动频率：摆动频率用来设定每秒所执行的摆动次数。由于机器人运动速度的限制，摆动频率的设定范围与摆动幅度、摆动距离有关，在 DX100 系统上，摆动频率的允许设定范围如图 4.4-8 所示。

4）摆动方向：摆动方向用来指定摆动开始时首摆运动的平面。单摆、三角形摆、L 形摆的方向规定分别如图 4.4-9 所示。

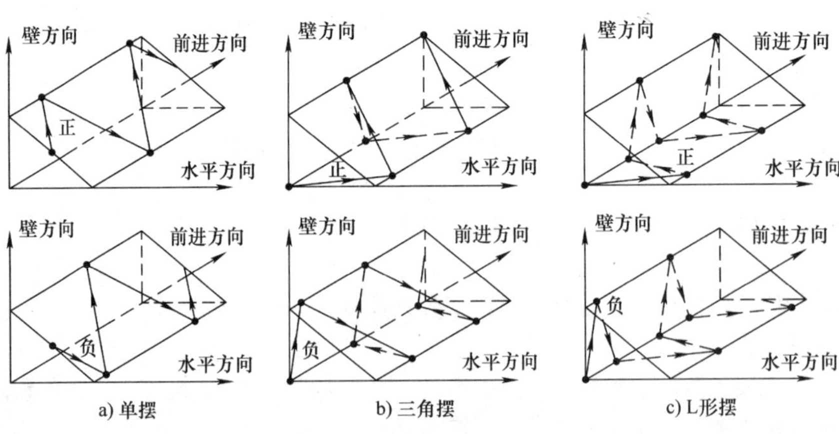

图 4.4-9　摆动方向的定义

5）行进角度：行进角度用来定义三角形摆、L 形摆摆动时的焊枪运动方向，其定义如图 4.4-10 所示，它是焊枪摆动方向和行进方向垂直平面的夹角。

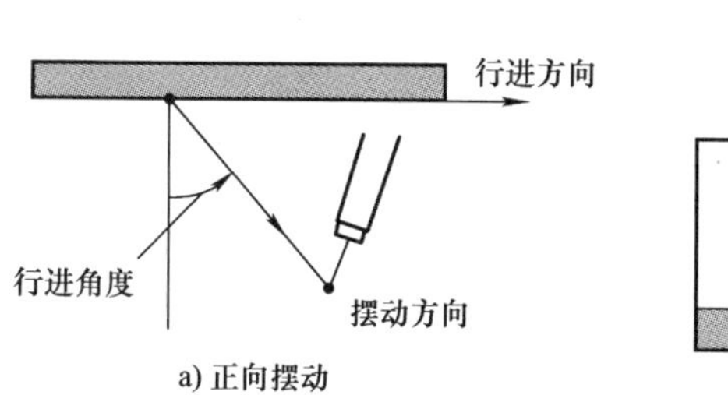

a) 正向摆动

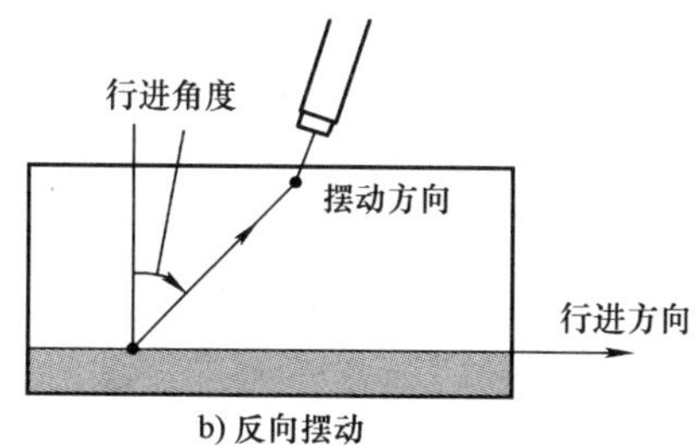

b) 反向摆动

图 4.4-10 行进角度的定义

4.4.2 摆焊命令编程实例

1. WVON 命令编程

摆焊启动命令 WVON 用来启动摆焊，它可根据需要采用“使用摆焊条件文件”和“使用添加项”两种格式编程，其中，“使用摆焊条件文件”格式可用于单摆、三角摆、L 形摆及定点摆焊；“使用添加项”格式只能用于单摆。命令的编程格式分别如下：

1）使用摆焊条件文件：WVON 命令使用摆焊条件文件编程格式时，可对全部摆焊参数进行一次性设定，故可用于单摆、三角摆及 L 形摆。命令的编程格式为

WVON RB1 WEV# (1) DIR = 0

命令添加项的含义：

RBn：机器人控制组号，仅用于多机器人系统，n 可以为 1 ~ 8。单机器人系统不需要该添加项。

WEV# (n)：n 为摆焊条件文件号，可用常数或用户变量 B/I/D、局部变量 LB/LI/LD 指定，输入允许 1 ~ 16；摆焊条件文件可一次性设定全部摆焊参数。有关摆焊文件的编制方法，可参见后述。

DIR = ＊：摆动方向设定，“0”为正方向、“1”为负方向；“＊”可用常数或用户变量 B/I/D、局部变量 LB/LI/LD 指定。

2）使用添加项：WVON 命令使用添加项编程格式时，需要对摆焊参数进行逐一设定，它只能用于单摆。命令的编程格式为

WVON RB1 AMP = 5.0 FREQ = 2.0 ANGL = 60 DIR = 0

命令添加项的含义：

RBn：机器人控制组号，仅用于多机器人系统，n 可以为 1 ~ 8。单机器人系统不需要该添加项。

AMP = ＊＊：单摆焊接的摆动幅度设定，“＊＊”可用常数或用户变量 B/I/D、局部变量 LB/LI/LD 指定，允许输入范围为 0.1 ~ 99.9mm。

FREQ = ＊＊：单摆焊接的摆动频率设定，“＊＊”可用常数或用户变量 B/I/D、局部变量 LB/LI/LD 指定，允许输入范围为 1.0 ~ 5.0Hz。

ANGL = ＊＊：单摆焊接的摆动角度设定，“＊＊”可用常数或用户变量 B/I/D、局部变量 LB/LI/LD 指定，允许输入范围为 0.1° ~ 180°。

DIR = ＊：摆动方向设定，“0”为正方向、“1”为负方向；“＊”可用常数或用户变量 B/I/D、局部变量 LB/LI/LD 指定。

2. WVOF 命令编程

摆焊结束命令 WVOF 用来关闭摆焊功能，命令的编程格式如下：

WVOF RB1，或：

WVOF

命令中的添加项 RBn 为机器人控制组号，仅用于多机器人系统，n 可以为 1 ~ 8。单机器人系统不需要该添加项。

3. 编程示例

对于图 4.4-11 所示的 P3 ~ P4 区间摆焊作业，其程序示例如下：

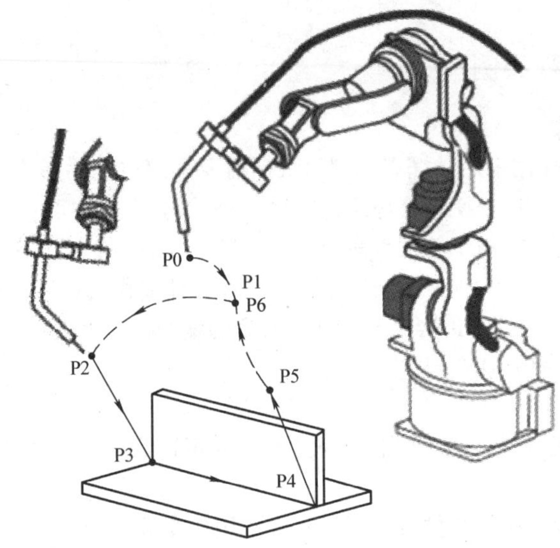

图 4.4-11　摆焊接编程示例

```
…
MOVJ  VJ = 80.00          //P0→P1 点(程序起点)定位
MOVJ  VJ = 50.00          //P1→P2 点(接近点)定位
MOVL  V = 800             //P2→P3 点(摆焊开始点)直线移动
ARCONASF#(1)              //引弧、启动焊接,焊接条件由文件 ASF#(1)设定
MVON  WEV#(1)             //摆焊启动,摆焊条件由文件 WEV#(1)设定
MOVL  V = 50              //P3→P4 点摆焊作业
MVOF                      //摆焊结束
ARCOF  AEF#(1)            //熄弧、关闭焊接,关闭条件由文件 AEF#(1)设定
MOVL  V = 800             //P4→P5 点直线移动,退出机器人
MOVJ  VJ = 80.00          //P5→P6(P1)点定位,回到程序起点
…
```

4.4.3　摆焊文件编制与摆焊禁止

1. 摆焊条件文件编辑

三角形摆、L 形摆及定点摆焊的摆焊参数需要通过系统的“摆焊条件文件”的编辑进行设定；单摆也可利用摆焊条件文件添加项，一次性定义全部摆焊参数。

在安川DX100系统上，摆焊条件文件可通过【示教（TEACH）】操作模式，在前述图4.2-4所示的弧焊系统设定菜单页面上，选择［摆焊条件］选项，示教器便可显示图4.4-12所示的摆焊条件文件；通过设定或修改文件的参数，便可完成文件的编辑。

摆焊条件文件参数的含义及设定方法如下：

条件序号：显示和设定摆焊条件文件号，条件序号和WVON命令的添加项WEV#（n）中的n对应，实际可使用的编号为1～16。

形式：摆动方式选择，可根据需要选择“单摆（单一）”“三角形摆（三角形）”“L形摆（L形）”之一。

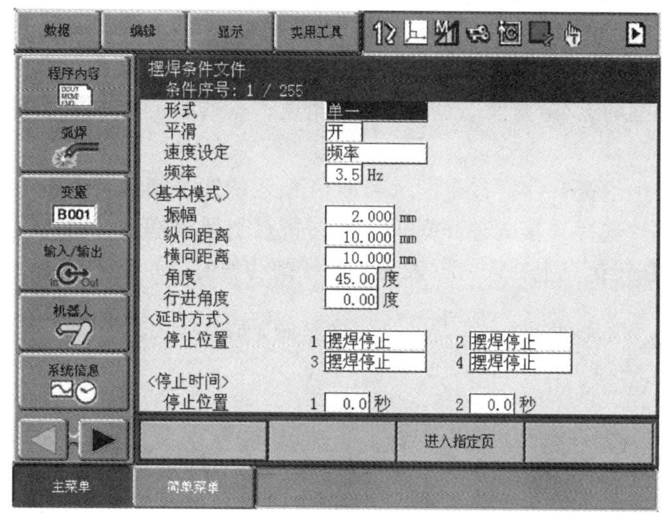

a) 第1页

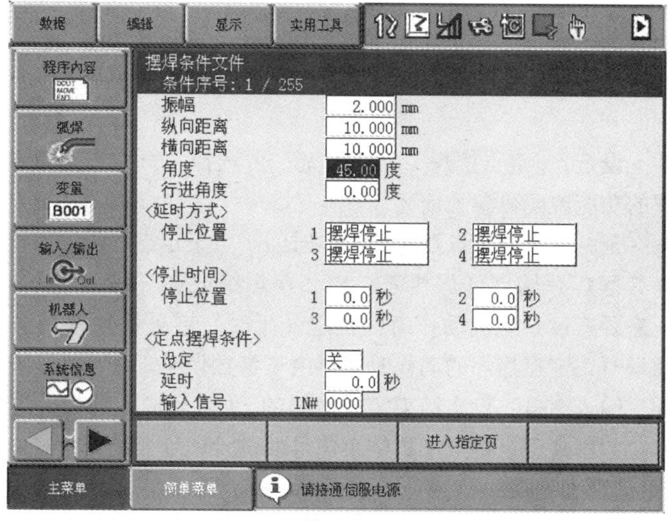

b) 第2页

图4.4-12 摆焊条件文件显示

平滑：选择“开”，可增加摆动点的定位精度等级值PL，使得摆动轨迹为图4.4-13所示的连续平滑运动。

速度设定：摆动速度设定。可选择“频率”或“移动时间”两种设定方式，选择“频率”

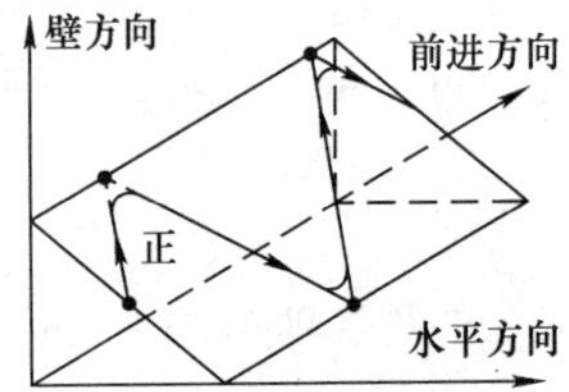

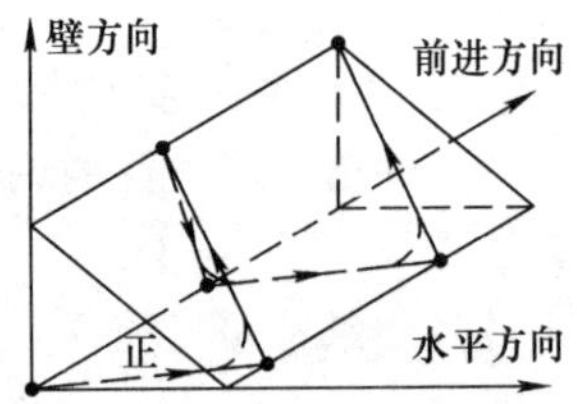

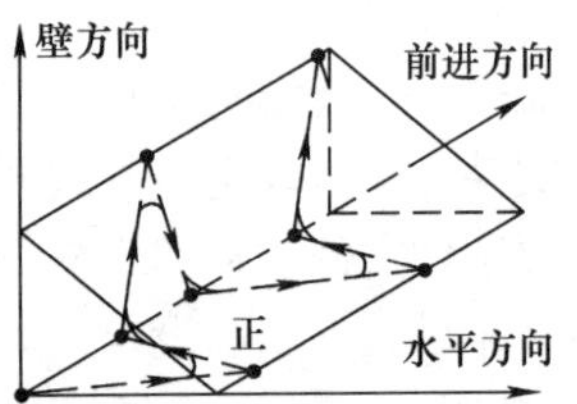

图 4.4-13　平滑摆动轨迹

为单位时间（s）的摆动次数；选择“移动时间”为每次摆动的时间（摆动周期）。

频率：摆动速度设定选择“频率”时，设定摆动频率值。

<基本模式>振幅/纵向距离/横向距离/角度/行进角度：分别设定单摆的摆动幅度、摆动角度；三角形摆和 L 形摆的纵/横向摆动距离、行进角度；参数的定义方法可参见前述的图 4.4-7、图 4.4-10。

<延时方式>停止位置 1 ~ 4：设定图示 4.4-14 所示的四个摆动暂停点① ~ ④（三角形摆为① ~ ③）的停止方式。选择“摆焊停止”时，在转折点上暂停摆动，但机器人继续前行；选择“机器人停止”时，在转折点上暂停机器人的全部（摆动和前行）运动。

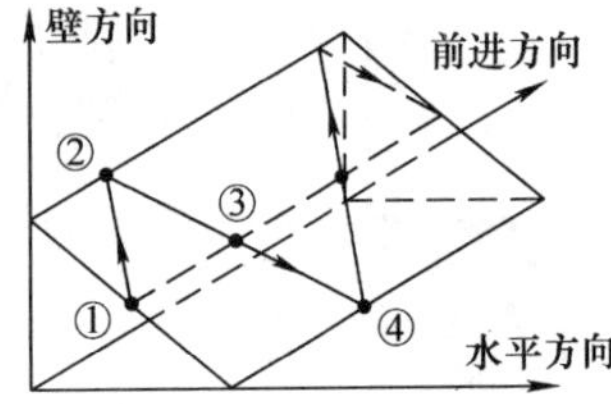

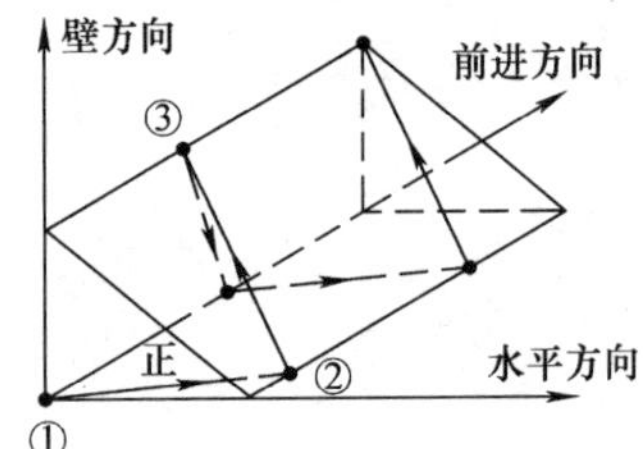

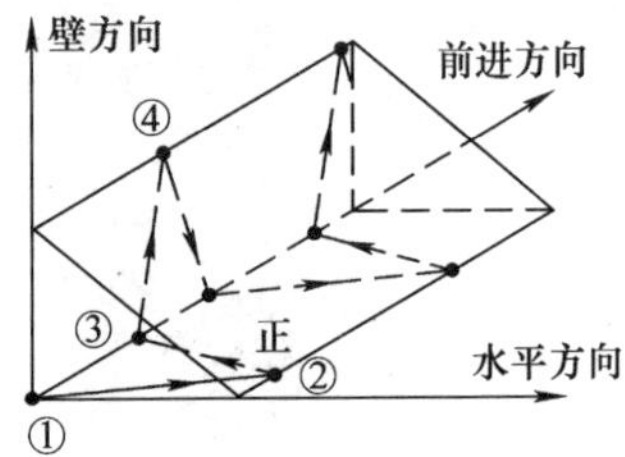

图 4.4-14　摆动暂停点

<停止时间>停止位置 1 ~ 4：设定图示 4.4-14 所示的四个摆动暂停点① ~ ④（三角形摆为① ~ ③）的暂停时间。

<定点摆焊条件>设定：“定点摆焊”功能设定，可选择“开”或“关”，生效或撤销定点摆焊功能。定点摆焊的功能说明可参见前述。

<定点摆焊条件>延时：设定定点摆焊的动作时间。由于定点摆焊时，机器人只是在指定的位置进行摆动运动，其摆焊开始点（焊接起点）和摆焊结束点（焊接终点）为同一点，因此，结束定点摆焊动作，需要通过系统的动作时间设定（延时）或外部输入结束信号实现。当采用延时方式结束定点摆焊时，定点摆焊的动作时间可由本参数设定。

<定点摆焊条件>输入信号：设定结束定点摆焊的 DI 信号输入地址。当采用外部输入信号结束定点摆焊时，本参数用来设定定点摆焊结束信号的输入地址。结束信号一般使用系统外部通用 DI 信号，其输入地址可为 IN01 ~ IN24。

2. 摆焊禁止

摆焊命令一经编程，在正常情况下，机器人在程序试运行或再现时都将执行摆动动作；为了简化程序试运行动作、增加程序的通用型，摆焊命令也可通过以下特殊运行设定操作，或外部专用输入信号予以禁止。

程序试运行时，禁止摆焊的设定方法和操作步骤如下：

1）示教器选择【示教（TEACH）】操作模式，并选择程序内容显示页面。

2）按示教器操作面板的【区域】键，并按图 4.4-15a 所示，选择下拉菜单［实用工具］、选定“设定特殊运行”选项，示教器显示图 4.4-15b 所示的特殊运行设定页面。

3）光标定位到“在试运行/前进中禁止摆焊”输入框，通过示教器操作面板上的【选择】键，选定“有效”选项，程序试运行时系统将不执行摆焊动作。

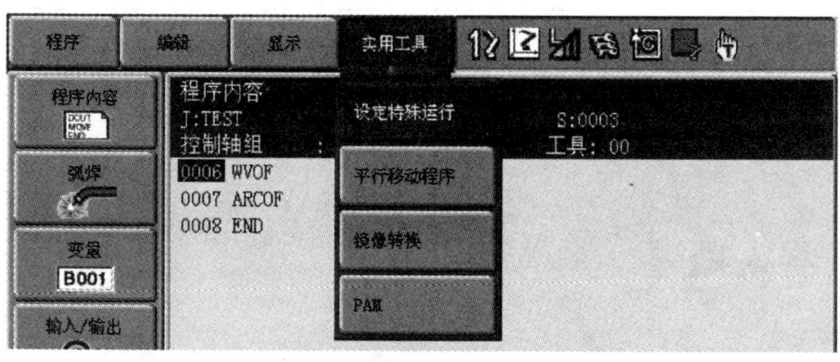

a) 菜单选择

b) 设定显示

图 4.4-15　试运行禁止摆焊设定

此外，当程序再现运行时，如果在再现特殊运行方式设定中，生效了“检查运行”和“检查运行禁止摆焊”设定选项，当机器人自动执行程序时，不但可以忽略程序中的焊接启动、焊接关闭等作业命令，来对机器人的移动轨迹进行单独检查和确认，而且也能忽略摆焊动作。再现特殊运行方式设定的方法可参见第 7 章 7.4 节。

DX100 系统的摆焊也可以直接通过系统的专用 DI 信号 40047 予以禁止；该信号输入 ON，程序再现运行时系统将无条件禁止摆焊动作。

5

第5章 搬运、通用机器人作业命令编程

5.1 搬运机器人概述

5.1.1 搬运机器人及应用

搬运机器人（Transfer Robot）是从事物体移载作业的工业机器人的总称，主要用于物体的输送和装卸。从产品功能上看，装配机器人（Assembly Robot）中的部件装配工业机器人，包装机器人（Packaging Robot）中的物品分拣、物料码垛、成品包装机器人，实际上也属于物体移载的范畴，故也可将其归至搬运工业机器人大类。搬运、装卸、装配、分拣、码垛、包装机器人的作业控制要求类似，其控制系统、编程操作方法相同，因此，在安川等公司将其统称为搬运类机器人，并使用相同的作业命令编程。

搬运类机器人的用途广泛，它们是工业机器人的重要应用领域之一，机器人的基本情况简介如下：

1. 搬运机器人

搬运机器人用于物体的移载作业，主要有输送机器人和装卸机器人两大类。前者通常用于物品的长距离、大范围、批量移动作业；后者主要用于单件物品的小范围、定点移动和装卸作业。

1）无人搬运车：无人搬运车，（Automated Guided Vehicle，AGV），它是输送机器人的代表性产品。工业用AGV主要有图5.1-1所示的电磁引导车、激光引导车等，它们能按规定的导引途径行驶，以输送物品，故可用于机械、电子、纺织、卷烟、医疗、食品、造纸等各种行业的物品输送作业。AGV是现代制造业物流自动化的基础设备，例如，在机械加工业的无人化工厂、柔性制造系统（FMS）中，自动化仓库、刀具中心与数控加工设备、柔性加工单元（FMC）间的工件和刀具搬运、输送，一般都通过AGV实现。

AGV有自身的计算机控制系统和路径识别传感器，能够在无人驾驶的情况下，大范围行走和定位，且具有途径判别、自动避障等基本的智能、安全功能，因此，无论从作业范围、技术性能，还是从操作、控制要求等方面看，它都与服务机器人更为接近；也可以认为，工业AGV是服务机器人在工业领域的应用。AGV的控制系统、操作编程与其他工业机器人有本质的区别，本书不再对此进行说明。

2）装卸机器人：装卸机器人（Loading and Un Loading Robot）俗称上下料机器人，这是一种用于单件物品定点移动的机器人，在机械、电子、食品加工行业及仓储、物流等行业的使用非常广泛。装卸机器人的典型应用如图5.1-2所示。

在机械加工行业，随着技术的进步和社会的发展，以数控机床为代表的各种自动化加工设备，已在各领域得到了极为广泛的应用。数控机床等设备的加工效率高，特别在长时间、连续工作的数控机床、自动生产线、FMS、FMC等高效、自动化加工设备上，工件的装卸频繁，工作单

a) 电磁引导车

b) 激光引导车

图 5.1-1 无人搬运车（AGV）

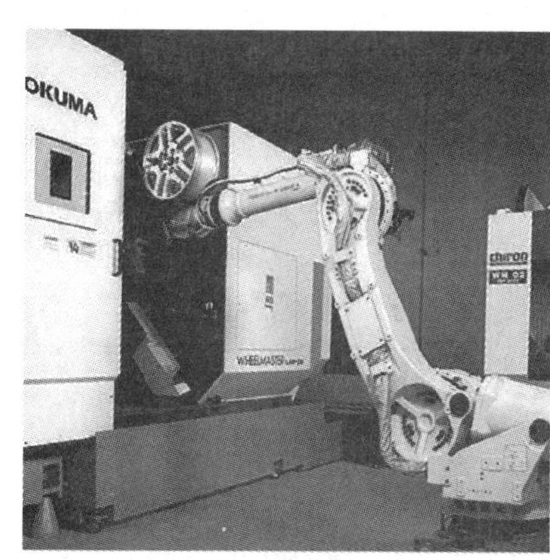

a) 加工

b) 物流

图 5.1-2 装卸机器人的典型应用

调、重复，劳动强度大；尤其在冲剪、锻压、铸造等加工行业，操作人员需要在高危、高温或有粉尘、有毒、易燃、易爆等危险环境下作业；因此，需要用工业机器人来替代人工，完成工件的装卸作业。

用机器人代替工人完成危险环境下的工件装卸作业，这也是人类发明机器人的最初目的。与传统的工业机械手比较，工业机器人是一种可独立运行的完整设备，它具有独立的控制器和操作界面，可对其进行手动、自动操作及编程；能依靠自身的控制能力来实现所需要的功能；因此，它具有适应动作和对象变化的柔性，其作业性能比传统的工业机械手更好，使用更灵活、方便。

仓储、物流等服务业同样是搬运机器人应用的重要领域。物品搬运是仓储、物流的主要工作，它同样存在任务繁重，工作单调、重复，劳动强度大等特点；特别是随着现代物流业的快速发展，物品周转速度已大大加快，在很多场合，已很难依靠人工来完成物品的搬运作业；因此，在自动化仓库、自动输送线上，搬运机器人的应用正在日益普及。

2. 装配机器人

装配机器人是将零件或材料组合成部件或成品的工业机器人，常用的主要有部件装配和涂装两大类。其中，部件装配机器人用于零件组合作业，简称装配机器人，它主要用于图 5.1-3 所示的计算机、通信和消费性电子行业（3C 行业）的产品及大批量生产的减速器、电机等通用机电产品的装配。这些行业是典型的劳动密集型产业，采用人工装配，不仅需要使用大量的员工，而且操作工人的工作高度重复、频繁，劳动强度极大，致使工人难以承受。此外，在 3C 行业，随着电子产品不断向轻薄化、精细化方向发展，产品对零部件装配的精细程度在日益提高，部分作业已是人工无法完成。

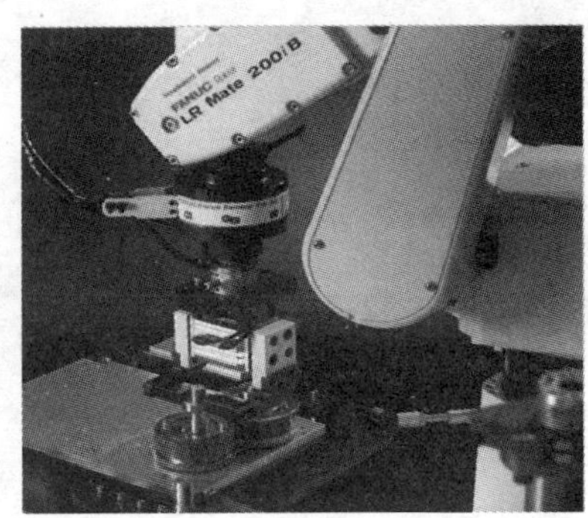

图 5.1-3　装配机器人的应用

部件的装配通常涉及多个零件的安装和组合，其作业较为复杂，一般很难由一个机器人独立完成，因此，在实际使用时往往需要多个机器人，组成图 5.1-4 所示的多机器人协同作业自动装配生产线。

图 5.1-4　FANUC 机器人自动装配生产线

3. 包装机器人

包装机器人是用于物品分类、成品包装、码垛的工业机器人的总称，常用的主要有分拣、包装和码垛三类。3C 行业和化工、食品、饮料、药品工业是包装机器人的主要应用领域。3C 行业的产品产量大、周转速度快，产品包装任务繁重；化工、食品、饮料、药品包装由于行业特殊性，人工作业涉及安全、卫生、清洁、防水、防菌等诸多问题；因此，都需要利用包装机器人，来完成物品的分拣、包装和码垛作业。

从控制要求、作业性质、产品性能等方面看，成品包装机器人与装配机器人十分相似，它一般是在通用型工业机器人的基础上，通过配备专门的作业工具和相关控制装置，来满足不同成品的个性化包装要求，有关内容可参见后述的通用机器人说明。分拣机器人和码垛机器人实际上只是搬运机器人在专门场合的特殊应用，故可归属于搬运机器人的范畴，在此一并说明如下：

1）分拣机器人：分拣机器人（Picking Robot）是一种用于物品拣取、分类作业的机器人，它可按照规定的要求，迅速、准确地将物品从输送线或存储区位拣取出来，并按指定的方式进行分类、集中。

分拣机器人的典型应用如图 5.1-5 所示，它是工厂自动生产线和现代物流的重要设备，被广泛应用于机械、电子、食品、药品生产企业和邮政、快递等行业。生产线的产品流转速度快、分类要求也可能不同，因此，在实际使用时往往也需要由多个分拣机器人，组成图 5.1-5 所示的多机器人自动分拣生产线，进行多重分拣。

a) 药品分拣

b) 零件抽样

图 5.1-5 分拣机器人的典型应用

在工业企业的自动生产线上，分拣机器人多用于产品的分类、成品抽样或不良制品的筛选；在仓储、物流上，则多用于指定物品的拣取、分类作业。分拣机器人与搬运机器人一样，必须具备物品的抓取和搬移功能，因此，机器人的基本动作、控制要求、作业命令等均与搬运机器人基本相同，但它需要配备相应的物品识别、检视等传感器，其检测性能要求比一般的搬运机器人更高。

2）码垛机器人：码垛机器人（Stacking Robot）这是一种用于成品堆垛作业的机器人，在工业企业，它多用于3C 行业以及化工、饮料、食品等行业的袋装、纸箱、罐装、盒装、瓶装等成品的装箱和码垛作业。

码垛机器人的典型应用如图 5.1-6 所示，它一般需要与自动生产线、物流仓储等的物品输送线配套使用，完成物品的堆垛或拆垛作业。码垛机器人与普通搬运机器人的区别仅在于它能够自动调整物品的安放位置，使之有规律地堆积，因此，机器人的物品抓取、搬移等基本动作、控制要求、作业命令等均与搬运机器人相同。

3）包装机器人：包装机器人主要用于食品、饮料、医药及 3C 行业大批量物品的纸盒、包装袋的封装作业，其动作通常较为复杂，机器人功能要求与部件装配类似。

4. 机器人综合搬运系统

由于装卸、分拣、码垛机器人的作业性质类似，操作和控制要求相近，在实际应用时往往难以严格分类。因此，在自动化仓储系统、自动生产线上，通常将机器人与自动化仓库、物料输送

a) 袋装码垛

b) 纸箱码垛

图 5.1-6　码垛机器人的典型应用

线结合，组成具有装卸、分拣、码垛功能的机器人综合搬运系统，部分机器人可能需要同时承担多种功能。

例如，用于图 5.1-7 所示的自动化仓库、自动生产线等零件安放、提取、搬运作业的装卸机器人，实际上也需要有分拣机器人的零件识别、码垛机器人的安放定位功能，才能准确提取、有序安放零件，其控制要求与分拣、码垛机器人并无太大的区别。

图 5.1-7　仓储系统

再如，在无人化工厂、柔性制造系统（FMS）、柔性加工单元（FMC）上，机器人可能需要用于精密零部件的装卸（上下料）作业，这样的机器人不仅需要完成加工设备上的工件装卸动作，而且还需要在自动输送线上准确识别、抓取和有序安放零部件，以防止装卸过程中的零部件损伤；这种装卸机器人也需要具备分拣、码垛机器人的部分功能。

同样，对于分拣、码垛作业的机器人来说，物品的移动和装卸也是机器人所必备的功能，其动作要求与装卸机器人的搬运作业并无区别。因此，在大多数场合，搬运机器人通常是图 5.1-8 所示的、集物体装卸、分拣、码垛功能于一体的综合性设备。

5.1.2　机器人搬运系统

从事物体移载作业的搬运类工业机器人系统的基本组成如图 5.1-9 所示，它通常由机器人基本部件、夹持器、夹持控制装置等部件组成。

机器人基本部件包括机器人本体、控制柜、示教器等，它们是用于机器人本体运动控制、对机器人进行操作编程的基本部件，与其他机器人系统并无区别。夹持器是用来抓取物品的作业部

图 5.1-8 机器人综合搬运系统

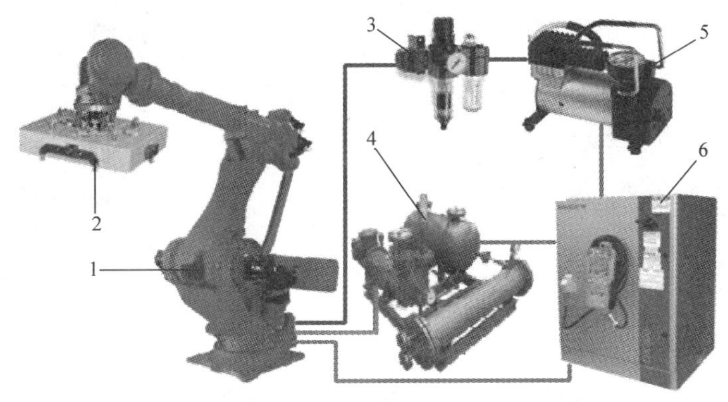

图 5.1-9 机器人搬运系统的组成

1—机器人本体 2—夹持器 3—气动部件 4—真空泵 5—气泵 6—控制柜

件，它与作业对象的外形、体积、质量等因素密切相关，其形式多样，常用的有后述的电磁吸盘、真空吸盘和手爪三类。夹持控制装置包括气泵、真空泵、气动阀、气缸、传感器等，它是用来控制夹持器松、夹的部件，大多数搬运机器人都需要配备。此外，用于分拣、仓储搬运的机器人系统，还需要配备相应的物品识别、检视等传感系统；在码垛机器人系统中，则需要配套重量复检、不合格品剔除、堆垛整形、物品输送带等附加设备及防护网、警示灯等安全保护装置，以构成自动、安全运行的搬运工作站系统。

1. 机器人本体

搬运类机器人的作业对象极为广泛，原则上说，从3C行业的微型电子元器件到大型集装箱，都属于搬运类机器人的作业对象；因此，机器人本体的结构形式多样、规格众多、性能差异极大。可以说，所有结构形式的工业机器人都可以、并可能用于搬运作业。根据机器人的规格及用途，搬运类机器人的本体典型结构如图5.1-10所示，由于龙门式、框架式、摇（悬）臂式搬运装置不具备机器人的“关节”和“手臂”特征，在此不再进行介绍。

1）小型机器人：小型机器人一般是指承载能力在15kg以下、作业空间在2m以内的机器人。根据不同的用途，小型搬运机器人的典型结构有图5.1-11所示的三类。

垂直串联结构的小型机器人的承载能力通常为3~15kg、作业空间为1000~2000mm，它是小型物品搬运、分拣、码垛的通用结构，其运动灵活、作业面宽，故可用于机械、电子、化工、

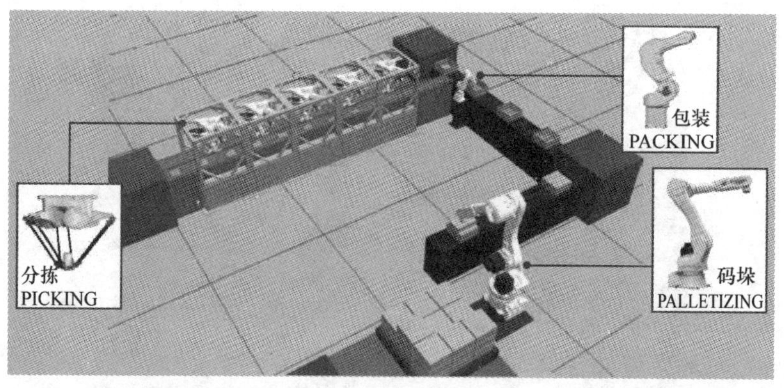

图 5.1-10　搬运类机器人的本体典型结构

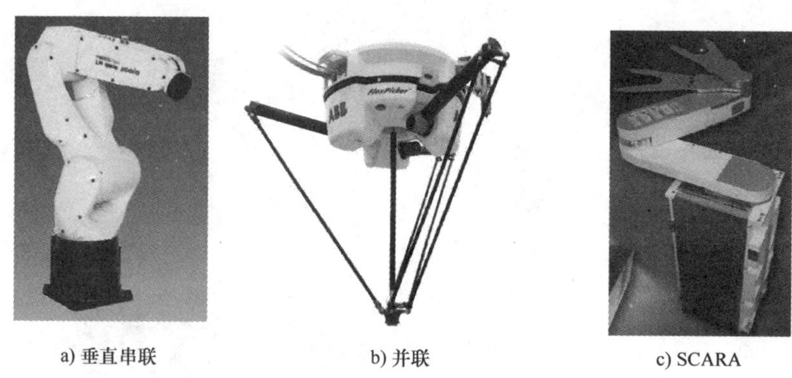

a) 垂直串联　　b) 并联　　c) SCARA

图 5.1-11　小型搬运机器人的典型结构

食品、药品及仓储、物流等各行业。

并联结构机器人的承载能力通常在 12kg 以下、作业范围 ϕ1500mm × 500mm 以内，由于其结构简单、上置式安装可节省空间，因此是机械、电子、食品、药品行业小型物品分拣、搬运作业所普遍使用的典型结构。

对于承载能力 5kg 以下、作业半径 ϕ800 ~ 2000mm 的 3C 行业印制电路板电子器件、液晶屏安装，及光伏行业的小型太阳电池板安装等平面搬运作业，SCARA 结构的机器人是目前常用的典型结构。

2）中型机器人：中型机器人一般是指承载能力为 15 ~ 80kg、作业空间为 2 ~ 3m 的机器人。中型搬运类机器人多采用图 5.1-12a 所示的垂直串联结构，但在中型液晶屏、太阳电池板安装等的平面搬运作业上，也有采用图 5.1-12b 所示的 SCARA 结构的情况。

3）大型机器人：大型机器人包括作业空间 2 ~ 4m、承载能力在 80 ~ 300kg 的大型及承载能力在 300 ~ 1300kg 的重型机器人。大型搬运机器人一般都采用垂直串联结构，由于承载要求高，大型机器人的上、下臂摆动一般采用图 5.1-13 所示的连杆驱动。

2. 夹持器

夹持器是搬运类机器人用来抓取物品的作业工具，夹持稳固、动作可靠，且不损伤被搬运的物品，是对夹持器的基本要求。夹持器的形式与作业对象的外形、体积、重量等因素有关，机器人目前常用的夹持器主要有电磁吸盘、真空吸盘和手爪三类。

1）电磁吸盘：电磁吸盘可通过电磁吸力抓取金属零件，其结构简单、控制方便，夹持力

a) 垂直串联

b) SCARA

图 5.1-12　中型搬运机器人的典型结构

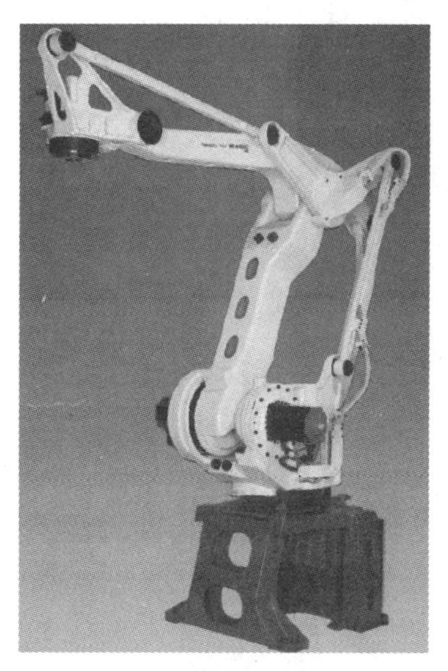

图 5.1-13　大型搬运机器人的典型结构

大、对夹持面的要求不高，夹持时也不会损伤工件，而且还可根据需要制成各种形状。但是，电磁吸盘只能用于导磁材料的抓取，且容易在夹持的零件上留下剩磁，故多用于原材料、集装箱类物品的搬运作业。

2）真空吸盘：真空吸盘如图 5.1-14 所示，它利用吸盘内部和大气压力间的压力差来吸持物品。压力差既可利用伯努利（Bernoulli）原理产生（称伯努利吸盘）；也可直接利用真空发生器将吸盘内部抽真空产生。

真空吸盘对所夹持的材料无要求，其适用范围广、无污染，但它要求吸持面光滑、平整、不透气，且吸持力受大气压力的限制，故多用于玻璃、金属、塑料或木材等轻量平板类物品，或小型密封包装的袋状物品夹持。

3）手爪：手爪是利用机械锁紧或摩擦力来夹持物品的夹持器。搬运机器人的手爪形式多样，它可根据作业对象的外形、重量和夹持要求，设计成各种各样的形状。手爪的夹持力可根据

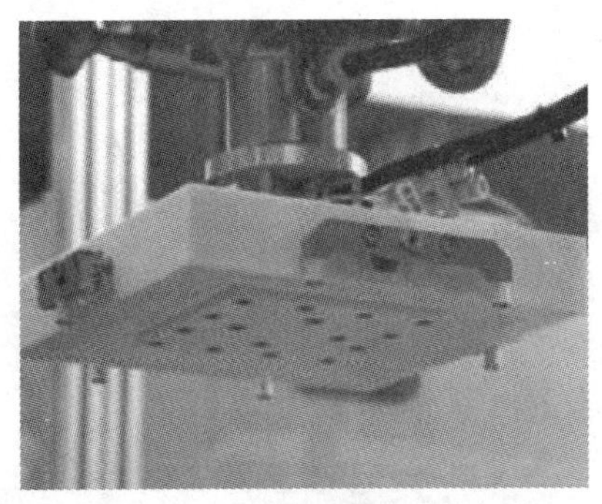
a) 伯努利平板吸盘

b) 真空吸盘

图 5. 1-14　真空吸盘

要求设计并随时调整，其适用范围广、夹持可靠、使用灵活方便、定位精度高，它是搬运类机器人使用最广泛的夹持器。

根据机器人的用途与规格，常用的手爪主要有图 5. 1-15 所示的几类。

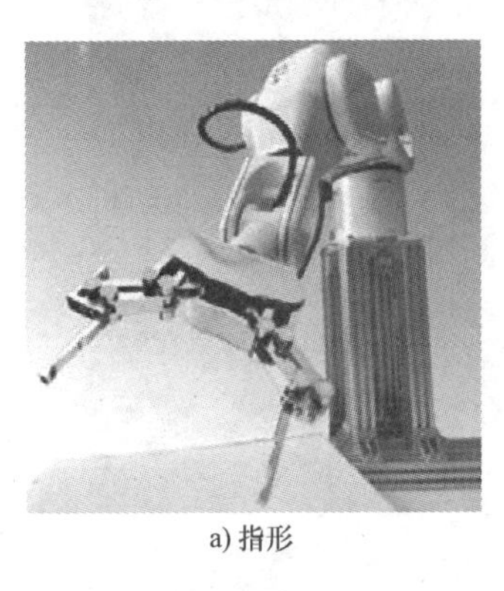
a) 指形

b) 棒料

c) 三爪

d) 铲形

e) 夹板形

图 5. 1-15　手爪夹持器

图 5. 1-15a 所示为指形手爪夹持器，它利用牵引丝或凸轮带动关节运动、控制指状夹持器的开合，以实现工件的松夹动作。指形手爪的动作灵活，适用面广，但其机械结构较为复杂、夹持力相对较小，故通常用于机械、电子、食品、药品等行业的小型装卸机器人、分拣机器人的夹持作业。

图 5. 1-15b 所示为棒料手爪夹持器，它利用气缸或电磁铁控制一对或多对爪子同步开合、实现棒料的松夹。棒料手爪的夹持可靠、定位精度高，且具有自动定心的功能，因此，在数控车

床、数控磨床等棒料加工设备装卸机器人上使用广泛。

图5.1-15c所示为三爪夹持器，其原理与通用三爪卡盘相同，它同样具有夹持可靠、定位精度高、自动定心等特点，可用于圆盘类、法兰类物品的松夹，在数控铣床、加工中心等法兰类加工设备装卸机器人上使用广泛。

图5.1-15d、e所示为大中型搬运、码垛机器人常用的夹持器，多用于化工、食品、药品、饮料及物流业的大宗货物搬运和码垛。铲形夹持器可用于外形不规范的袋装物品搬运、码垛作业；夹板形夹持器多用于正方体、长方体类箱装物品的搬运、码垛作业。

3. 夹持控制装置

夹持控制装置是控制夹持器松夹动作的设备，它需要根据夹持器的控制要求选配。例如，使用电磁吸盘的机器人，需要配套相应的电源及通断控制装置；使用真空吸盘的机器人，需要配套真空泵、电磁阀等部件；使用手爪夹持器的机器人，则需要配套相关的气泵、气动阀、气缸或液压泵、液压阀、油缸等部件。以上控制装置和配套部件均为通用型产品，在此不再一一说明。

5.2 搬运作业命令编程实例

5.2.1 控制信号与作业命令

1. 搬运控制信号

在安川机器人控制系统DX100上，夹持器的松夹需要利用系统I/O单元的DI/DO信号控制。在标准配置的搬运机器人控制系统上，出厂时已经定义10/8点DI/DO作为搬运机器人的夹持器控制信号，其中，2点DI为故障检测信号，需要连接系统专用DI；其他8/8点DI/DO为夹持器检测开关输入/电磁阀控制输出信号，分别利用系统的外部通用DI信号IN17～IN24及外部通用DO信号OUT17～OUT24连接。如果需要，用户也可通过外部通用DI/DO，增加其他检测信号和阀控制信号。

DX100系统出厂标准配置的搬运控制信号及编程地址见表5.2-1。

表5.2-1 DX100系统DI/DO信号及编程地址表

代号	名　称	编程地址		信号说明
		PLC程序	作业程序	
HSEN1	传感器输入1	20050	HSEN1	来自夹持器或控制装置的检测信号输入，标准配置为8点DI，信号功能可由用户定义
…	…	…	…	
HSEN8	传感器输入8	20057	HSEN8	
HAND1 -1	抓手1夹紧输出	30050	HAND1 ON	夹持器夹紧、松开电磁阀通断控制信号输出，标准配置为8点DO，信号功能可由用户定义
HAND1 -2	抓手1松开输出	30051	HAND1 OFF	
	…	…	…	
HAND4 -1	抓手4夹紧输出	30056	HAND4 ON	
HAND4 -2	抓手4松开输出	30057	HAND4 OFF	
—	碰撞检测（常闭）	20026	—	碰撞检测信号，OFF：机器人停止、报警
—	压力不足（常开）	20027	—	欠压检测信号，ON：机器人停止、报警

2. 手动操作键及功能设定

搬运机器人的夹持器松、夹操作既可通过后述的作业命令，利用程序进行控制，也可直接通过示教器的操作面板，利用手动操作按键进行控制。此外，在不使用碰撞检测功能的机器人上，还可撤销碰撞检测功能。手动操作键与碰撞检测功能的设定方法如下：

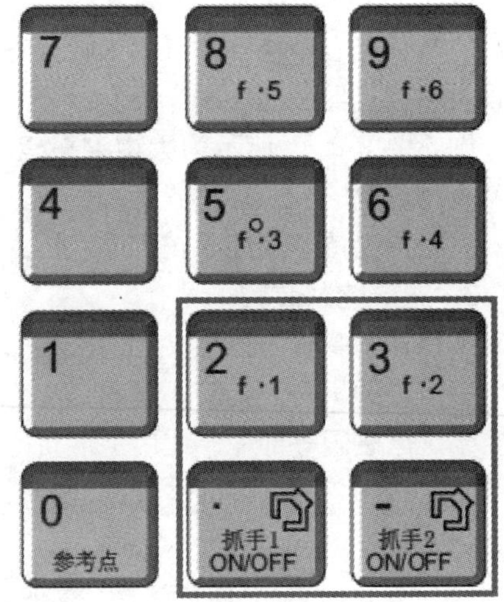

图 5.2-1 手动操作键

1）手动操作键的布置：安川搬运机器人控制用的DX100系统的手动操作键布置如图 5.2-1 所示，按键作用如下：

【抓手1 ON/OFF】：抓手1 手动夹紧/松开键。通过同时按面板的“【联锁】 + 【抓手1 ON/OFF】”键，抓手1 的夹紧、松开输出信号 HAND1 -1、HAND1 -2 可交替通断。

【抓手2 ON/OFF】：抓手2 手动夹紧/松开键。通过同时按面板的“【联锁】 + 【抓手2 ON/OFF】”键，抓手2 的夹紧、松开输出信号 HAND2 -1、HAND2 -2 可交替通断。

【2/f.1】：用户自定义抓手手动夹紧键。通过同时按面板的“【联锁】 + 【2/f.1】”键，利用下述［搬运诊断］设定所定义的、抓手1 ~4 的夹紧输出信号 HAND1 -1 ~ HAND4 -1 或指定的通用输出可交替通断。

【3/f.2】：用户自定义抓手手动松开键。通过同时按面板的“【联锁】 + 【3/f.2】”键，利用下述［搬运诊断］设定所定义的、抓手1 ~4 的松开输出信号 HAND1 -2 ~ HAND4 -2 或指定的通用输出可交替通断。

【5/f.3】【6/f.4】【8/f.5】【9/f.6】：未使用。

2）【2/f.1】/【3/f.2】键与碰撞检测功能的设定：在示教编程操作模式下选择主菜单［搬运］、子菜单［搬运诊断］，便可显示图 5.2 -2 所示的搬运诊断页面，在该页面上可进行【2/f.1】/【3/f.2】键与碰撞检测功能的设定，参数含义与设定方法如下：

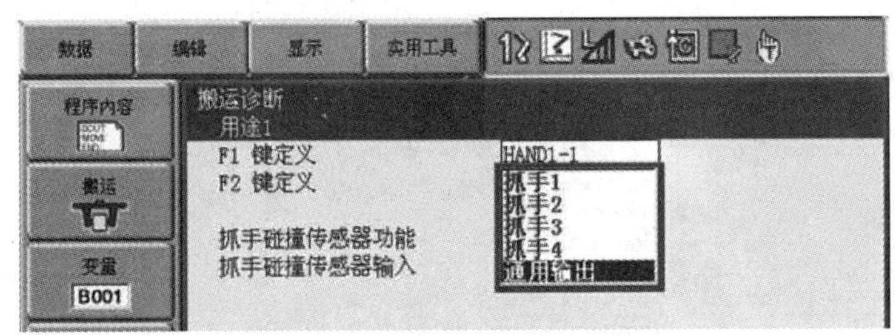

图 5.2-2 搬运诊断显示页面

F1 键定义/ F2 键定义：分别用于【2/f.1】/【3/f.2】键的功能定义，可在输入框上选择“抓手1” ~ “抓手4”、“通用输出”，作为按键的控制对象，控制其交替通断。按键功能也可通过系统参数 AxP002 ~ AxP005 定义。

当输入框选择“抓手1” ~ “抓手4”时，F1 键将被定义为抓手1 ~4 的夹紧输出 HAND1 -1 ~ HAND4 -1 控制信号；F2 键将被定义为抓手1 ~4 的松开输出 HAND1 -2 ~ HAND4 -2 控制信

号。如选择“通用输出”，用户可在外部通用 DO 信号 OUT01 ~ OUT16 中任选两个，分别作为【2/f. 1】/【3/f. 2】键的控制对象，控制其交替通断。

抓手碰撞传感器功能：可通过输入框选择“使用”“未使用”，生效或撤销系统的碰撞检测功能。

抓手碰撞传感器输入：可通过输入框选择“有效”“无效”，生效或撤销表 5. 2-1 中的碰撞检测输入信号。当抓手碰撞传感器功能设定为“使用”、机器人出现碰撞进入暂停状态时，可通过撤销抓手碰撞传感器输入，解除机器人暂停状态，退出碰撞区。

3. 搬运作业命令

安川 DX100 系统搬运机器人可使用的作业命令及编程格式见表 5. 2-2，命令添加项可以根据实际需要选择，作业命令的编程方法详见后述。

表 5. 2-2　DX100 系统搬运作业命令及编程格式

命令	名称	编程格式、功能与示例	
HAND	抓手松夹	命令格式	HAND（添加项 1）…（添加项 4）
		命令功能	抓手夹紧、松开
		添加项 1	#n，n：机器人号，输入允许 1 ~ 2，仅用于多机器人系统
		添加项 2	n：抓手号，输入允许 1 ~ 4，指定夹紧/松开控制对象
		添加项 3	ON 或 OFF：控制夹紧/松开电磁阀通断
		添加项 4	ALL：同时控制功能选择，夹紧/松开电磁阀输出同时通断
		编程示例	HAND #1 1 OFF ALL
HSEN	状态检测	命令格式	HSEN（添加项 1）…（添加项 4）
		命令功能	状态检测
		添加项 1	#n，n：机器人号，输入允许 1 ~ 2，仅用于多机器人系统
		添加项 2	n：传感器号，输入允许 1 ~ 8，指定传感器输入
		添加项 3	ON 或 OFF：传感器状态判断
		添加项 4	T = * *：等待时间，可使用变量，输入允许 0. 01 ~ 655. 35s；或 FOREVER：无限等待
		编程示例	HSEN #1 1 OFF T = 2. 00

5. 2. 2　搬运命令与编程实例

1. TCP 点的定义

搬运机器人作业时，需要正确设定工具控制点（Tool Control Point，TCP 点）。TCP 点是机器人示教编程时的示教点和运动程序的指令点，机器人定位的移动命令都是针对此点进行。

搬运类机器人的 TCP 点选择与夹持器的形状有关，为了便于编程，搬运机器人的 TCP 点通常按照图 5. 2-3 选择。吸盘式夹持器 A 的 TCP 点一般选择在图 5. 2-3a 所示的机器人手腕中心线和工件底平面的交点上；中心定位手爪夹持器 B 的 TCP 点一般应选择在图 5. 2-3b 所示的机器人手腕中心线和手爪夹紧后的底平面交点上；手爪中心线偏移机器人手腕中心线的夹持器 C 的 TCP 点一般应选择在图 5. 2-3c 所示的手爪中心线和手爪夹紧后的底平面交点上。

2. HAND 命令编程

抓手松夹命令 HAND 是直接控制 DX100 系统的电磁阀输出 HAND1 - 1 ~ HAND4 - 2 通断的命

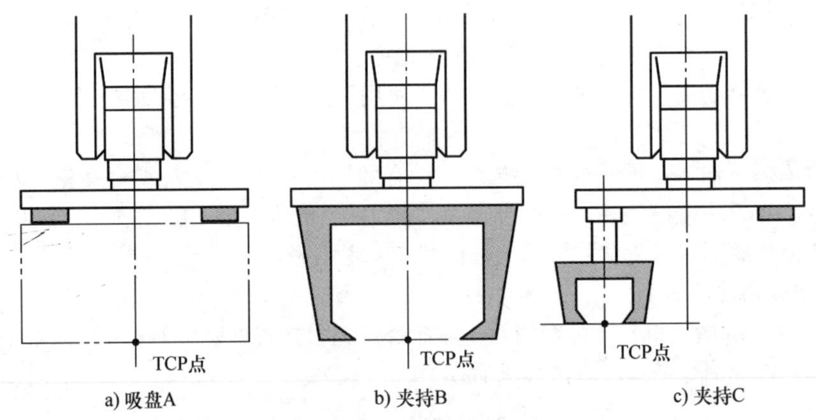

图 5.2-3　TCP 点选择

令，其功能与机器人通用命令 DOUT 类似，命令的编程格式及添加项的含义如下：

HAND #1 1 OFF ALL

#1：机器人编号，当搬运系统有两台机器人时，可以通过#1、#2 选择机器人，仅使用一台机器人的搬运系统上，该添加项可以直接省略。

1：抓手编号，输入值 1~4 与系统输出 HAND1~HAND4 对应，例如，添加项选择 1 时，可控制抓手 1 的夹紧/松开输出 HAND1-1、HAND1-2 的通断等。

ON 或 OFF：抓手 1~4 夹紧/松开信号的输出状态定义，例如，对于抓手 1，如添加项选择 "ON"，其夹紧输出 HAND1-1 接通、松开输出 HAND1-2 断开；如添加项选择 "OFF"，则夹紧输出 HAND1-1 断开、松开输出 HAND1-2 接通等。

ALL：同时输出功能定义，该添加项可使夹紧/松开电磁阀同时通断。如执行 "HAND 1 ON ALL" 命令，抓手 1 的夹紧输出 HAND1-1、松开输出 HAND1-2 将被同时接通等。

3. HSEN 命令编程

状态检测命令 HSEN 是直接检测 DX100 系统的夹持器检测信号 HSEN1~HSEN8 输入状态的命令，其功能机器人通用命令 DIN 类似，命令的编程格式及添加项的含义如下：

HSEN #1 1 ON T=2.00

#1：机器人编号，含义同 HAND 命令，使用一台机器人时，添加项可直接省略。

1：传感器编号，输入值 1~8 与系统传感器输入信号 HSEN1~HSEN8 对应，例如，添加项选择 1 时，可检测夹持器传感器 1 的输入状态等。

ON 或 OFF：输入状态定义，例如，对于传感器 1，如添加项选择 "ON"，则检测系统传感器输入信号 HSEN1 的接通状态；如 HSEN1 输入接通，则继续执行下一命令；如 HSEN1 输入断开，则程序暂停等待。

T= 或 FOREVER**：系统等待输入信号的暂停时间设定，暂停时间到达，系统将继续执行下一命令。"**" 的输入范围为 0.01~655.35s，可使用变量 B/I/D、局部变量 LB/LI/LD 编程；如果使用添加项 "FOREVER"，则延迟时间为无穷大；如省略添加项 T=** 及 FOREVER，则延时时间为 0。

命令 HSEN 的执行结果保存在系统变量 $B014 中，如果输入信号 HSEN1~HSEN8 的状态与命令要求相符，$B014 的状态为 "1"；否则，$B014 的状态为 "0"。如果程序需要检查 HSEN 命令的执行结果，可直接通过机器人的基本命令 GETS，读入系统变量 $B014 的状态。

4. 编程示例

以图 5.2-4 所示的对 6 个工件码垛作业的机器人为例，假设工件的高度已经在变量 D000 上设定；抓手的夹紧/松开气动电磁阀使用 HAND1 -1、HAND1 -2 通断，HAND1 -1 输出 ON、HAND1 -2 输出 OFF 时抓手夹紧工件，HAND1 -1 输出 OFF、HAND1 -2 输出 ON 时抓手松开工件，作业开始前抓手的初始状态为夹紧；抓手夹紧/松开状态的检测开关输入为 HSEN1/ HSEN2。作业程序如下。

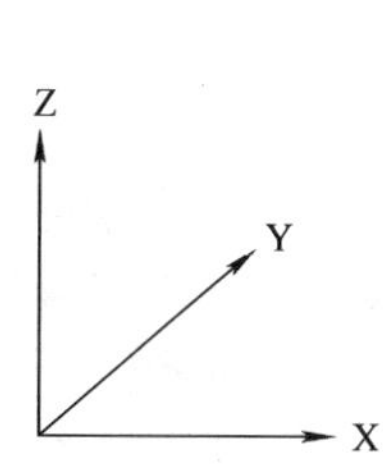

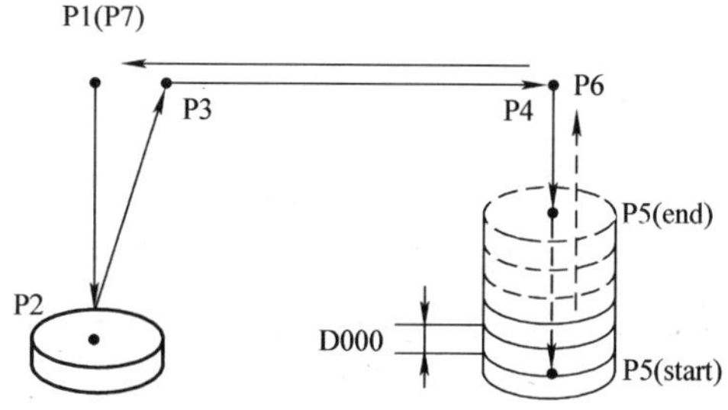

图 5.2-4　码垛作业程序示例

```
NOP
MOVJ VJ=50.00                  //机器人定位到作业起点 P1 点
SET B000 0                     //设定堆垛计数器 B000 的初始值为 0
SET P001(3) D000               //在 P001 的 Z 轴上设定平移量
SUB P000 P000                  //将平移变量 P000 的初始值设定 0
HAND 1 OFF                     //松开抓手
HSEN 2 ON FOREVER              //等待抓手松开信号 HSEN2 输入 ON
*A001                          //程序跳转标记
MOVL V=300.0                   //P1→P2 直线运动
TIMER T=0.50                   //暂停 0.5s
HAND 1 ON                      //抓手夹紧、抓取工件
HSEN 1 ON FOREVER              //等待抓手夹紧信号 HSEN1 输入 ON
MOVL V=500.0                   //P2→P3 直线运动
MOVL V=800.0                   //P3→P4 直线运动
SFTON P000UF#(1)               //启动平移,计算目标位置
MOVL V=300.0                   //P4→P5 直线运动
SFTOF                          //平移停止
TIMER T=0.50                   //暂停 0.5s
HAND 1 OFF                     //抓手松开、放下工件
HSEN 2 ON FOREVER              //等待抓手松开信号 HSEN2 输入 ON
ADD P000 P001                  //平移变量 P000 增加平移量 P001(D000)
MOVL V=800.0                   //P5→P6 直线运动
MOVL V=800.0                   //P6→P1 直线运动(P7 和 P1 点重合)
INC B000                       //堆垛计数器 B000 加 1
JUMP *A001 IF B000<6           //如 B000<6,跳转至*A001 继续
HAND 1 ON                      //堆垛结束、夹紧抓手、恢复初始状态
```

```
HSEN 1  ON FOREVER              //等待抓手夹紧信号 HSEN1 输入 ON
END
```

以上程序使用了平移命令 SFTON 改变工件的安放目标位置 P5，P5 点在 Z 轴方向平移 6 次，每次的平移量为 D000 设定的值；有关平移命令 SFTON 的说明可参见第 2 章 2.5 节。

5.3　通用机器人的应用与组成

5.3.1　通用机器人及应用

工业机器人的主要应用领域有零件加工、部件装配、物体搬运、产品包装等，除了前述的焊接加工、物体搬运几大类典型用途外，还有用于零件切割、雕刻、研磨、抛光等加工的加工机器人；以及用于零件表面油漆、喷涂等涂装类装配机器人等，这些机器人的作业面向广泛、控制要求各异、而生产批量通常较小，很难使用专门的作业命令，对其编程进行一一细分，为此，在机器人生产厂家一般将其统称为通用机器人（Universal Robot），使用简单的作业命令进行编程。

工业企业目前常用的通用机器人主要有如下几类。

1. 加工机器人

加工机器人是用于工业零部件加工作业的工业机器人，除了典型的焊接加工外，机器人还可用于零部件的切削和成型加工。但是，由于研发工业机器人的根本目的是用来协助或代替人类完成那些单调、重复、频繁或长时间、繁重的工作或进行高温、粉尘、有毒、易燃、易爆等危险环境下的作业，它不像数控机床那样专门为高效、高精度、柔性零件加工而研发，因此，无论是结构形式、产品功能等基本特征，还是结构刚性、加工精度、定位精度、切削能力等技术指标，加工工业机器人和数控机床都有显著的区别。

基本上说，机器人的结构形态决定了其结构刚性、加工及定位精度、切削能力等指标都无法达到数控机床那样的性能，因此，加工机器人只适合于加工要求不高、切削力小，但形状复杂、轮廓不规范、不适合数控机床加工的焊接、切割、雕刻、修磨、抛光等简单粗加工作业，而在对零部件加工精度、定位精度、切削能力等指标有要求的传统金属切削加工领域，目前仍需要使用传统机床或数控机床进行加工。作为典型应用，图 5.3-1 所示的异形零件、模具的雕刻、修边、倒棱、修磨是目前加工机器人的主要应用领域。木材、塑料、石材等生活用装饰、家居制品的种类繁多，多数制品的形状复杂、轮廓不规范，有的制品加工还必须在现场进行，有些则很难在机床

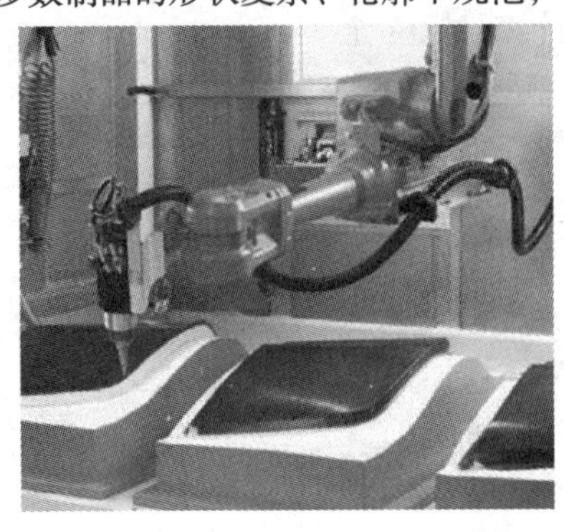

a) 修边

b) 雕刻

图 5.3-1　加工机器人的应用

上装夹、加工，再加上在雕刻、修模、研磨、倒棱的加工过程中一般还会产生对人体有害的粉尘，因此，在工业化生产的场合，已开始采用机器人替代人工作业。

2. 涂装机器人

涂装类机器人（Coating Robot）是用于零部件或成品油漆、喷涂、涂胶等表面处理的机器人，其典型应用如图 5.3-2 所示。

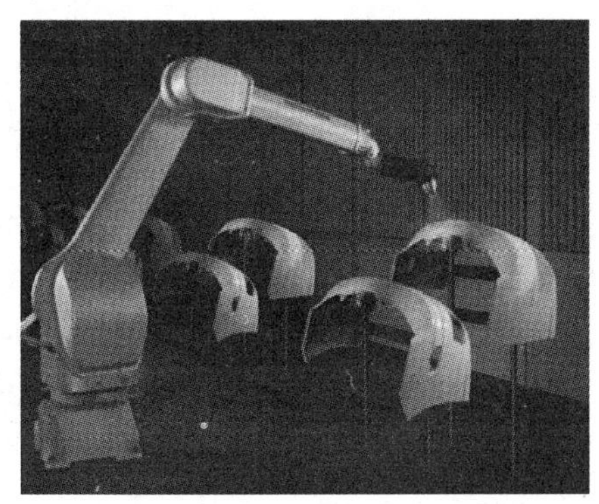

a) 油漆

b) 涂胶

图 5.3-2　涂装机器人的应用

从功能上说，涂装机器人是将不同材料组合为部件或成品的工业机器人，故属于装配机器人大类。但是，涂装的工艺要求与一般的部件装配机器人有很大的区别，它并不需要进行物体的夹持和移动作业，而是需要将涂料喷淋或涂覆至工件表面，因此，从控制要求、作业命令上看，它更接近于弧焊机器人。

油漆、喷涂是零部件、产品生产必不可少的表面处理工艺，它几乎覆盖机械、电子、化工、交通运输设备、航空航天产品及家电、家居等所有的行业；涂胶机器人主要用于电子、食品、药品、化工、家具等行业的部件粘合、封装等处理。油漆、喷涂、涂胶通常都含有影响人体健康的有害、有毒、易爆气体，采用机器人自动作业后，不仅可改善工作环境，避免有害、有毒、易爆气体的危害；而且还可自动连续工作，提高工作效率和改善加工质量。

5.3.2　机器人加工系统

从事切削加工作业的工业机器人系统的基本组成如图 5.3-3 所示，它通常由机器人基本部件、刀具、主轴及驱动器、气动部件等组成。

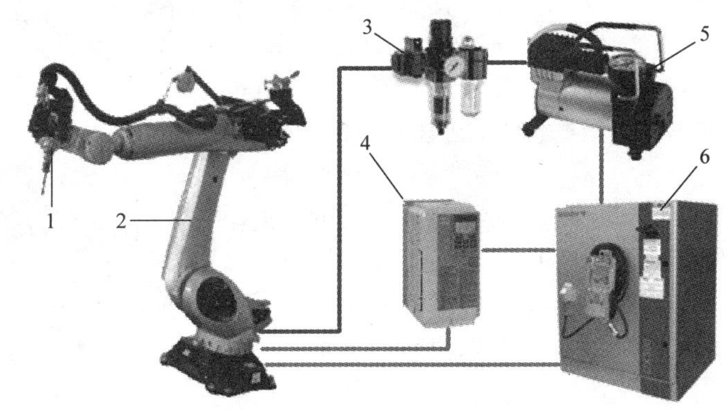

图 5.3-3　机器人加工系统的组成

1—刀具与主轴　2—机器人本体　3—气动部件　4—主轴驱动器　5—气泵　6—控制柜

机器人基本部件包括机器人本体、控制柜、示教器等，它与其他机器人系统无区别。刀具用来实现切削加工的作业工具，它与作业对象的加工要求、加工工艺、工件材料等因素密切相关。主轴是用来安装刀具、驱动刀具旋转的支承部件，机器人的加工以高速为主，故多为高速主轴。主轴驱动器是驱动主轴旋转、调节主轴转速的装置，变频器是机器人常用的主轴驱动装置。气动部件是用来松、夹刀具的控制部件，在大多数加工机器人都需要配备。

1. 机器人本体

如前所述，加工机器人一般是用于形状不适合数控机床装夹或加工的雕刻、修模、研磨、倒棱等简单粗加工，要求作业面宽、运动灵活，但其加工要求不高、切削力小、因此，机器人的本体典型结构通常采用图 5. 3-4 所示的中小规格垂直串联或并联结构。

图 5. 3-4a 所示为垂直串联结构机器人，虽然其结构刚性、加工和定位精度不及数控机床，但其作业范围大、运动灵活，因此是形状复杂、加工要求不高的大型雕塑、模具、家具等产品雕刻、修模、研磨、倒棱加工较为理想的选择。

图 5. 3-4b 所示为并联结构的加工机器人，为了增加结构刚性、提高加工和定位精度，并联结构的加工机器人通常以连杆伸缩运动来替代并联关节摆动，这样的加工机器人实际上就是一台并联轴数控机床。

a) 垂直串联

b) 并联

图 5. 3-4　加工机器人的典型结构

并联机器人的安装方式也可以为侧壁安装（卧式），配上工件回转变位器后，可大幅度提高侧面加工作业性能。此外，并联机器人的 6 连杆驱动也可为 3 连杆驱动，并通过机身或直线移动的变位器，增强刚性、提高加工和定位精度。总之，在技术上，并联结构的加工机器人与并联轴数控机床已相互融合和渗透，形成了全新概念的加工设备。

2. 主轴与刀具

1）主轴：主轴是用来安装刀具、驱动刀具旋转的支承部件，机器人加工以高速、轻切削为主，为了减轻工具重量、缩小体积，它一般不能像数控机床那样通过主轴变速箱来提高切削转矩，而是多采用图 5. 3-5 所示的电机、主轴、刀具松夹机构集成一体的高速主轴或高速主轴单元，即高速加工数控机床所使用的电主轴或电主轴单元。

图 5. 3-5　加工机器人的主轴

2）刀具：刀具是用来实现切削加工的作业工具，它安装在主轴上，由电机驱动旋转。刀具的形式众多，机器人使用的刀具以小规格、高速、轻切削刀具为主，图 5.3-6 所示的钻、铣、锯及成型加工刀具是雕刻、材料切割加工常用的刀具。

图 5.3-6　加工机器人常用的刀具

3. 主轴驱动器和气动部件

1）主轴驱动器：主轴驱动器用来驱动主电机旋转、进行转速调节和控制，变频器是目前机器人最常用的主轴驱动器。变频器是通过脉宽调制（Pulse Width Modulated，PWM）等技术，将电网工频交流电转换为频率、电压、相位可调交流电，改变电机转速的控制装置，它已在各类机电一体化设备上得到了极为广泛的使用，在此不再赘述。

2）气动部件：气动部件主要用来松、夹刀具，实现刀具的装卸和更换。切削加工用的刀具和主轴间，需要通过刀具上的锥柄和主轴上的锥孔啮合后固定；正常加工时，锥柄通常由蝶形弹簧拉紧后与主轴锥孔紧紧啮合；更换刀具时，需要通过气缸松开蝶形弹簧、并将锥柄顶出锥孔。因此，在大多数加工机器人都需要配备刀具松夹用的气动部件。

5.3.3　机器人涂装系统

用于部件或成品油漆、喷涂、涂胶等表面处理的涂装类机器人的系统组成如图 5.3-7 所示，系统一般由机器人基本部件和自动喷涂设备两大部分组成。

图 5.3-7　机器人加工系统的组成

1—机器人本体　2—喷涂枪　3—喷涂设备　4—气泵　5—控制柜

机器人基本部件包括机器人本体、控制柜、示教器等，它们是用于机器人本体运动控制、对机器人进行操作编程的基本部件，在任何机器人系统上都必不可少。自动喷涂设备由喷涂枪、喷涂设备、气泵等组成，喷涂枪用来雾化、喷溅涂料的基本作业工具；喷涂设备是用于涂料混合、配色及流量、压力等喷涂参数调节的控制设备，喷涂枪、喷涂设备的结构和性能与涂装工艺有关。涂料的雾化、喷溅通常都需要有压缩空气，因此，气泵是绝大多数涂装机器人都需要配备的基本设备。

1. 机器人本体

涂装机器人需要有灵活的作业性能和足够大的作业空间，但它对定位精度的要求同样不高，故机器人本体以垂直串联结构居多。涂装机器人的作业环境比较恶劣，周围很可能充满易燃、易爆气体和雾状油漆、涂料，因此，机器人的防护要求很高，在结构上一般需要考虑防爆要求。涂装机器人本体的典型结构如图 5.3-8 所示。

涂装机器人的机器人本体除了需要有较好的安全防护性能外，其手腕与其他机器人也有区别。喷涂枪的质量较轻，故对手腕的承载能力要求较低，但是，要求腕部转动灵活、作业面宽，因此，一般需要采用图 5.3-9a 所示、采用 3 轴回转（Roll）的 3R（RRR）结构，或图 5.3-9b 所示、2 轴回转 + 摆动（Bend）的 BRR 结构，并将涂料输送管线按图 5.3-9c 所示，敷设在手腕内部，以提高防护性能。

图 5.3-8　涂装机器人本体的典型结构

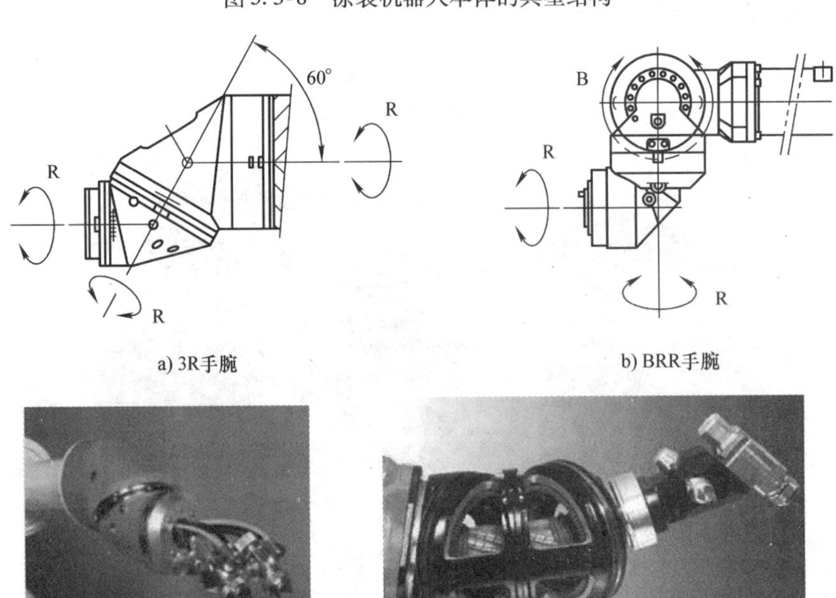

a) 3R手腕　　b) BRR手腕

c) 管线敷设

图 5.3-9　涂装机器人的手腕结构

2. 自动喷涂设备

自动喷涂设备包括喷涂枪、喷涂设备、气泵等。气泵、喷涂设备是提供压缩空气及进行涂料混合、配色以及流量、压力、静电电压等喷涂参数调节的控制设备，需要与涂装工艺相匹配；喷涂枪的结构同样与涂装工艺有关，机器人常用的有图 5.3-10 所示的气动喷枪和静电喷枪两类。

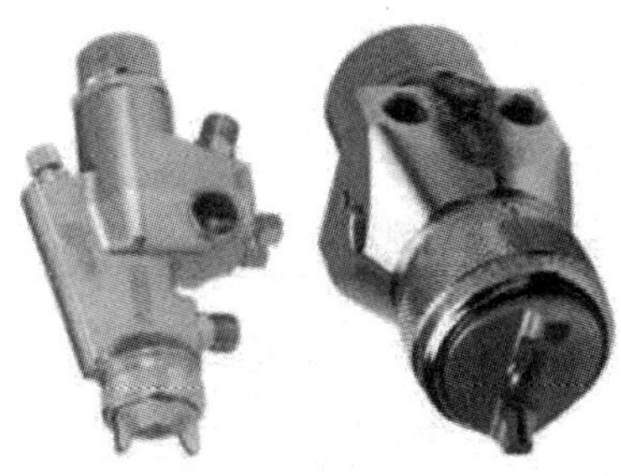
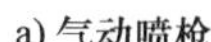

a) 气动喷枪

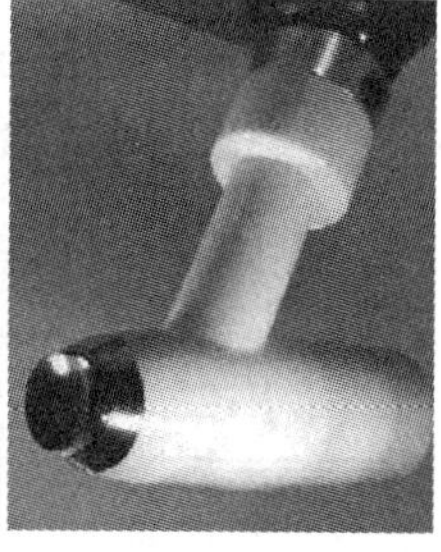

b) 静电喷枪

图 5.3-10　涂装机器人的喷涂枪

气动喷枪多用于机电产品、交通运输设备、航空航天及 3C 产品、家具的油漆等液态涂料的喷涂作业。气动喷枪有利用伯努利（Bernoulli）原理所产生的负压来吸入、吹散、雾化涂料的传统空气喷涂喷枪，以及直接将涂料增压、雾化、喷淋的高压涂料喷枪两类；高压涂料喷涂的作业效率、涂装质量优于空气喷涂。

静电喷涂一般用于金属材料的涂装作业，它以工件为阳极、雾状涂料为阴极，利用静电的作用，使得涂料吸附于工件表面的喷涂作业。静电喷涂的涂枪上通常安装有转速高达数万转的高速气动旋杯，涂料可通过高速旋转所产生的离心力雾化、喷淋，并均匀吸附在工件表面，从而形成光滑、平整的涂膜。

3. 其他

为了保证喷涂质量，涂装作业原则上需要在恒温、恒湿、无尘的环境下进行，因此，通常需要配套专门的喷涂作业间，以及进行有害气体排放、收集、处理的辅助设备。在易爆环境下工作的机器人，还需要对电气控制部分安装压缩空气吹气保护装置，以阻止易爆气体进入电气控制器件；在自动喷涂线上，还需要配套油漆输送系统、喷枪清洗装置等更多的辅助设备。

5.4　通用作业命令编程实例

5.4.1　控制信号与作业命令

1. 控制信号

通用机器人的作业工具同样需要机器人程序命令进行控制，由于通用机器人的作业面广，控制要求各异，在安川机器人控制系统 DX100 上，作业工具可通过系统专用 DI/DO 信号结合 I/O 单元的通用 DI/DO 信号进行联合控制。

在标准配置的 DX100 通用机器人控制系统上，用于作业工具控制的系统专用 DI/DO 为 3/2 点，2 点系统专用 DO 信号分别用于工具的启动/停止控制；3 点系统专用 DI 信号可用来禁止工具启动以及作为程序中的工具启动/停止命令 TOOLON/TOOLOF 的应答信号。“工具启动禁止”信号输入 ON 时，将禁止系统的工具启动专用 DO 信号输出；“工具已启动”信号输入 ON 时，代表作业工具已经启动，系统可结束 TOOLON 命令执行、进入下一程序命令；“工具已停止”信号输入 ON 时，代表作业工具已经停止，系统可结束 TOOLOF 命令执行、进入下一程序命令。

标准配置 DX100 通用机器人控制系统的通用 DI/DO 信号为 24/24 点，DI 输入 IN01 ~ IN24 可用来连接工具及控制装置的开关量输入信号，DO 输出 OUT01 ~ OUT24 可用来连接工具及控制装置的电磁元件通断控制信号，DI/DO 的功能由用户自由定义，DI 信号可直接通过基本命令 DIN 读取状态；DO 信号可直接通过基本命令 DOUT 控制通断。

DX100 系统出厂标准配置的通用机器人控制信号及编程地址见表 5.4-1。

表 5.4-1　DX100 系统 DI/DO 信号及编程地址表

代号	名　称	编程地址		信号说明
		PLC 程序	作业程序	
IN01	通用输入 1	20030	IN#（1）	来自作业工具或控制装置的检测信号输入，标准配置为 24 点 DI，信号功能可由用户定义
…	…	…	…	
IN24	通用输入 24	20057	HSEN8	
OUT01	通用输出 1	30030	OT#（1）	作业工具电磁元件通断控制信号输出，标准配置为 24 点 DO，信号功能可由用户定义
	…	…	…	
OUT24	通用输出 24	30057	OT#（24）	
—	工具禁止	20022	—	禁止作业工具启动
—	工具已启动	41530	TOOLON	工具启动时输入 ON
—	工具已停止	41531	TOOLOF	工具停止时输入 ON
—	工具启动	51530	TOOLON	工具启动，输出 ON 启动工具作业
—	工具停止	51531	TOOLOF	工具停止，输出 ON 停止工具作业

2. 手动操作键及中断功能设定

1）手动操作键：通用机器人的工具启动/停止既可通过后述的作业命令，利用程序进行控制，也可直接通过示教器的操作面板、利用手动操作按键进行控制。安川 DX100 系统的手动操作按键布置如图 5.4-1 所示，操作键的功能如下：

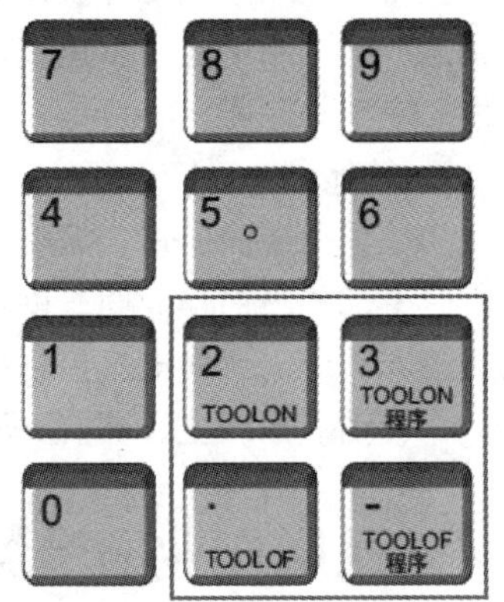

图 5.4-1　手动操作按键

【2/TOOLON】：手动工具启动键。示教编程时，单独按该键可登录 TOOLON 命令；同时按“【联锁】 + 【2/TOOLON】”可直接输出工具启动信号 TOOLON，启动作业工具。作业工具启动后，系统专用输出“工具启动”将保持 ON 状态。

【·/TOOLOF】：手动工具停止键。示教编程时，单独按该键可登录 TOOLOF 命令；同时按“【联锁】 + 【·/TOOLOF】”可直接输出工具停止信号 TOOLOFF，停止作业工具。作业工具停止后，系统专用输出“工具启动”将成为 OFF 状态。

【3/TOOLON 程序】：工具启动预约程序调用命令输入键，用于工具启动预约程序命令 CALL JOB：TOOLON 的登录。

【 -/TOOLOF 程序】：工具停止预约程序调用命令输入键，用于工具停止预约程序命令 CALL JOB：TOOLOF 的登录。

2）中断功能设定：在 DX100 通用机器人控制系统上，当作业工具启动后，如果由于某种原因导致了机器人停止运动，系统的专用输出“工具启动”将立即成为 OFF 状态，以关闭作业工具、中断作业；这时，如机器人重新启动，可通过系统［通用诊断］页面的中断功能设定，选择是否继续进行作业。

DX100 的中断功能设定可在示教编程操作模式下进行。在示教操作模式下选择主菜单［通用］、子菜单［通用诊断］，示教器便可显示图 5.4－2 所示的通用诊断页面，在该页面上的“工作中断处理”输入框上选择“继续”或“停止”，便可进行中断功能的设定，中断“继续”与“停止”选项的含义：

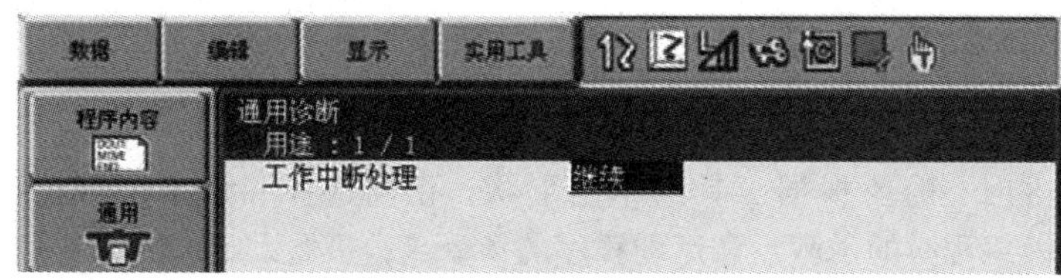

图 5.4-2　中断设定页面显示

继续：机器人重新启动后，系统可自动恢复工具启动状态，继续进行作业。

停止：机器人重新启动后，系统将保持工具停止状态，只进行机器人的运动，而不进行作业。

3. 通用作业命令

安川 DX100 系统搬运机器人可使用的作业命令及编程格式见表 5.4-2。

表 5.4-2　DX100 系统通用作业命令及编程格式

命　令	名　称	编程格式、功能与示例	
TOOLON	工具启动	命令格式	TOOLON（添加项）
		命令功能	输出工具启动信号，启动作业工具
		添加项	TOOL1 或 TOOL2，仅用于多机器人系统的工具 1、2 选择
		编程示例	TOOLON
TOOLOF	工具停止	命令格式	TOOLOF（添加项）
		命令功能	输出工具停止信号，停止作业工具
		添加项	TOOL1 或 TOOL2，仅用于多机器人系统的工具 1、2 选择
		编程示例	TOOLOF
MVON	摆动启动	命令功能	启动摆动作业
		命令格式 1	MVON（添加项 1）（添加项 2）
		添加项 1	RBn，n：机器人号，输入允许 1～8（仅用于多机器人系统）
		添加项 2	WEV#（n），n：摆动文件号，输入允许 1～16，可使用变量
		编程示例	MVONWEV#（1）
		命令格式 2	MVON（添加项 1）（添加项 2）…（添加项 6）
		添加项 1	RBn，n：机器人号，输入允许 1～8（仅用于多机器人系统）
		添加项 2	AMP = ＊＊，摆动幅度，允许输入 0.1～99.9mm，可使用变量
		添加项 3	FREQ = ＊＊，摆动频率，允许输入 1.0～5.0Hz，可使用变量
		添加项 4	ANGL = ＊＊，摆动角度，允许输入 0.1°～180.0°，可使用变量
		添加项 5	DIR = ＊＊，摆动方向，0 为正向，1 为负向，可使用变量
		编程示例	MVONAMP = 5.0　FREQ = 2.0　ANGL = 60　DIR = 0
MVOF	摆动结束	命令功能	结束摆动作业
		命令格式	MVOF（添加项 1）
		添加项 1	RBn，n：机器人号，输入允许 1～8（仅用于多机器人系统）
		编程示例	MVOF

通用机器人控制系统的作业命令有工具启动/停止和摆动启动/停止两种命令。工具启动/停止用于作业工具控制，其编程方法参见后述。摆动启动/停止命令用于机器人的摆动运动控制，由于花纹雕刻、倒角、修边的加工机器人以及喷涂、涂胶用的涂装机器人，有时也需要像弧焊机

器人一样，在机器人前行的同时，进行左右摆动运动，为此，安川 DX100 通用机器人控制系统，可像弧焊机器人控制系统一样，利用命令 WVON/WVOF 来进行摆动作业编程。WVON/WVOF 命令的编程格式、编程要求以及摆动条件文件的编制方法等，均与弧焊机器人完全一致，有关内容可参见第 4 章 4.4 节。

5.4.2 工具启/停命令编程实例

1. TCP 点的定义

通用机器人作业时，需要根据工具的不同形状，正确选择和设定工具控制点（TCP 点）。TCP 点是机器人示教编程时的示教点和运动程序的指令点，机器人定位的移动命令都是针对此点进行。为了便于编程，加工、涂装等通用机器人的 TCP 点通常按照图 5.4-3 选择。

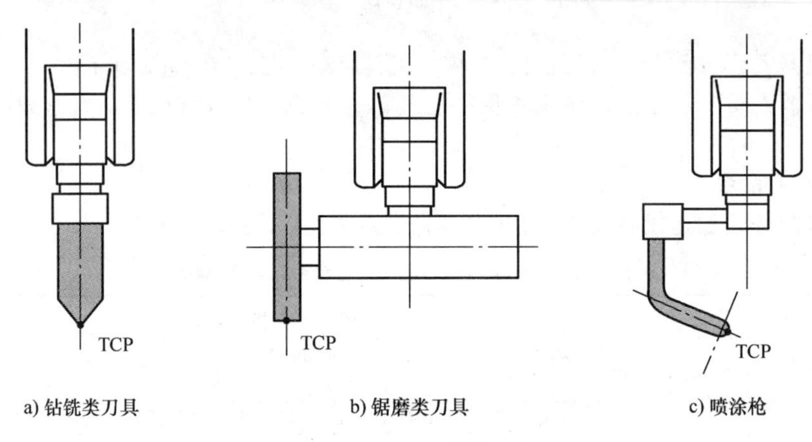

a) 钻铣类刀具　b) 锯磨类刀具　c) 喷涂枪

图 5.4-3　TCP 点的设定

对于加工机器人所使用的雕刻、铣削类加工刀具，TCP 点应选择在图 5.4-3a 所示的刀具顶端的中心点上；对于锯片、砂轮等盘片类加工刀具，TCP 点应选择在图 5.4-3b 所示的刀具加工侧圆柱面的中心点上。对于喷涂枪，TCP 点应选择在图 5.4-3c 所示的喷涂枪端面的中心点上。

2. 命令编程

工具启动/停止命令 TOOLON/TOOLOF 是直接控制 DX100 系统的工具启动/停止专用输出 TOOLON/TOOLOFF 通断的命令，其功能与机器人通用命令 DOUT 类似，命令的编程格式如下：

TOOLON；或

TOOLOF

执行 TOOLON 命令，系统的工具启动专用输出 TOOLON 接通、工具停止专用输出 TOOLOFF 断开；执行 TOOLOF 命令，系统的工具启动专用输出 TOOLON 断开、工具停止专用输出 TOOLOFF 接通。对于双机器人作业系统，可通过添加项 TOOL1 或 TOOL2，单独控制机器人 1 或机器人 2 的作业工具启动或停止。

例如，对于图 5.4-4 所示的简单零件周边铣削加工，TOOLON/TOOLOFF 命令的编程示例如下：

```
NOP
MOVJ  VJ = 50.00                //机器人定位到作业起点 P0
TOOLON                          //工具启动,铣刀旋转
MOVL  V = 800.0                 //直线移动到 P1
```

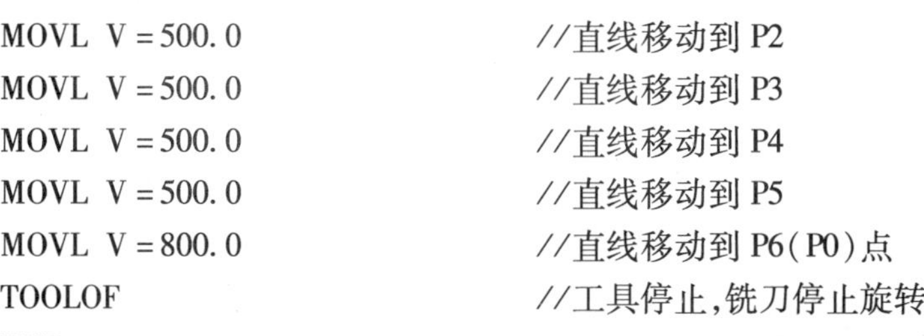

```
MOVL  V=500.0                //直线移动到 P2
MOVL  V=500.0                //直线移动到 P3
MOVL  V=500.0                //直线移动到 P4
MOVL  V=500.0                //直线移动到 P5
MOVL  V=800.0                //直线移动到 P6(P0)点
TOOLOF                       //工具停止,铣刀停止旋转
END
```

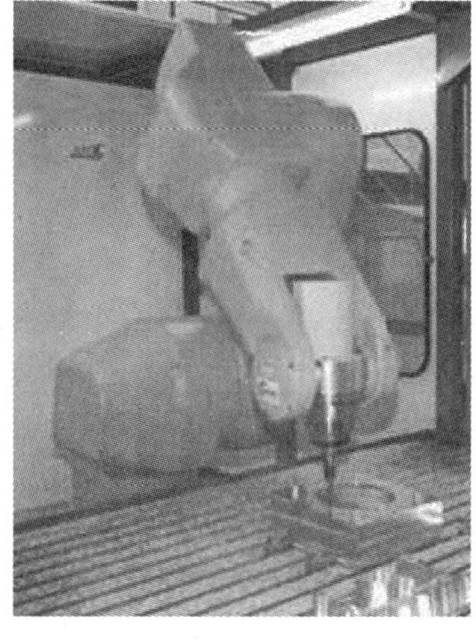

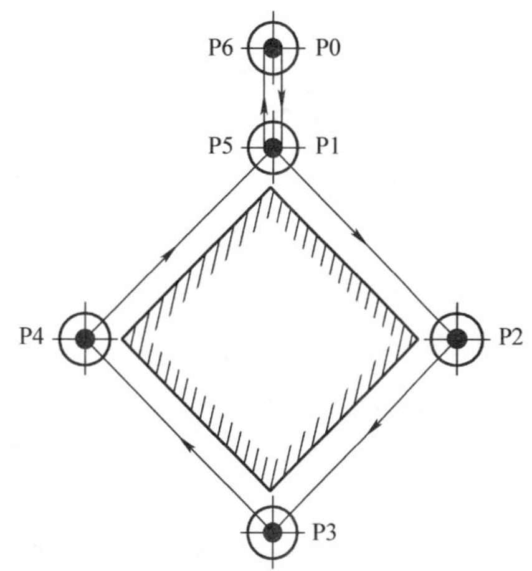

图 5.4-4　TOOLON/TOOLOF 命令编程示例

第 6 章

机器人手动及示教编程操作

6.1　示教器及功能

6.1.1　示教器的结构与组成

1. 示教器的结构

空间运动通常通过笛卡儿坐标系描述。数控机床等大多数机电设备都具有运动导向的导轨，使工具严格按坐标系规定的方向运动，其运动轨迹可预测，操作编程直观简单；程序编制不需要在加工现场进行；操作单元可选择合适的位置，固定安装。

工业机器人的工具运动通常需要通过腰、手臂、手腕等关节的回转摆动合成，即使对于笛卡儿坐标系的直线运动，也有多种运动方式，且存在干涉、碰撞的危险。为此，其作业程序大都需要操作者的现场示教操作生成，它要求操作单元具有良好的移动性能，以便操作者观察机器人的实际运动，生成安全、快捷的轨迹；故需要采用手持可移动式结构。

工业机器人的操作单元又称示教器，其常见结构形式有图 6.1-1 所示的三种。图 6.1-1a 所示为传统的操作单元，它由显示器和按键组成，按键功能固定；这种操作单元的显示器较小，但使用简单，它是目前工业机器人常用的结构。图 6.1-1b 所示为菜单式操作单元，它由显示器和菜单选择键组成，按键无固定功能；这种操作单元的按键少、显示器大，它也是目前普遍使用的结构。图 6.1-1c 所示为智能手机型操作单元，它通过触摸屏和图标界面实现操作，这种操作单元一般可通过 WiFi 连接控制器，它省略了操作单元的连接电缆，其移动范围大、移动性能好；是适合网络环境下使用的新型操作单元。

a) 传统型

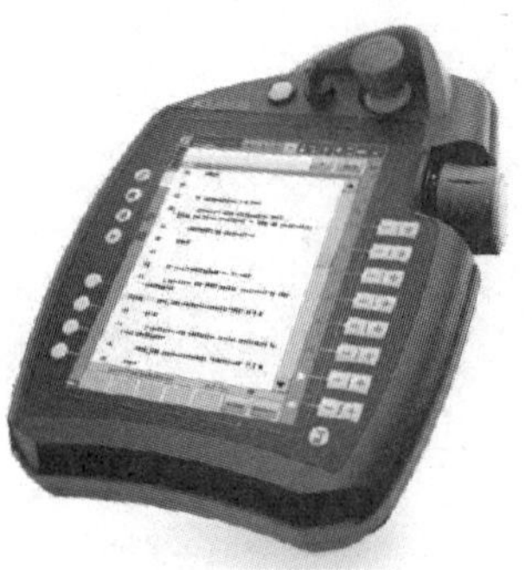

b) 菜单式

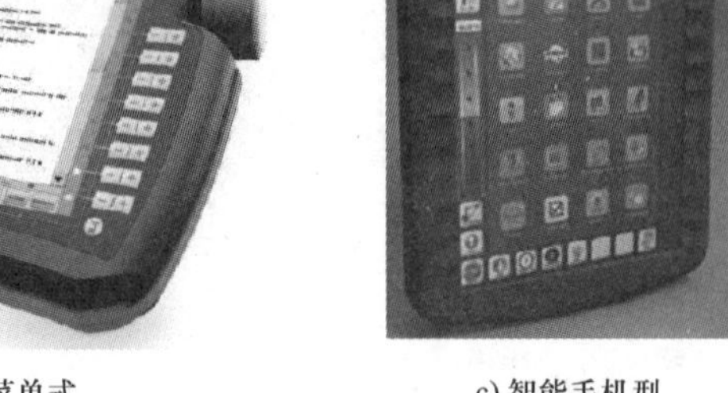

c) 智能手机型

图 6.1-1　操作单元

2. 示教器组成

不同的机器人生产厂、不同控制系统所配套的示教器结构与外形虽有所不同，但同类示教器的功能类似。以安川 DX100 控制系统为例，其示教器的组成如图 6.1-2 所示。

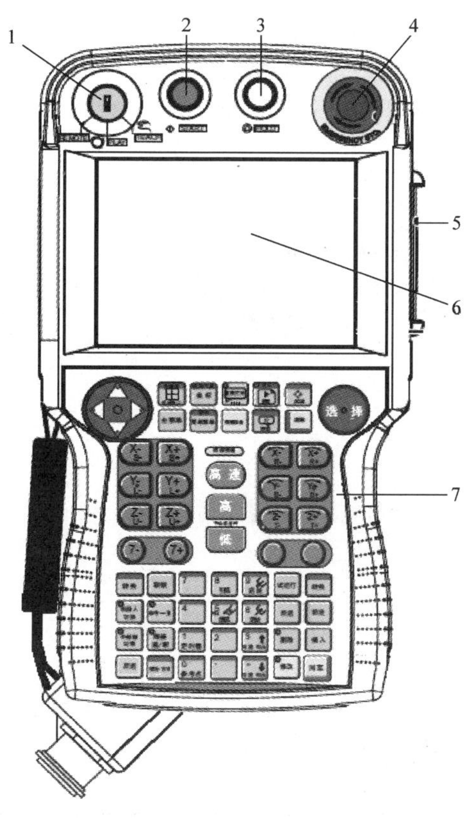

图 6.1-2　DX100 系统的示教器组成与外观

1—模式转换　2—启动　3—停止　4—急停　5—CF 卡插槽　6—显示器　7—操作面板

DX100 示教器采用的是按键式结构，上方设计有模式转换、启动、停止和急停四个基本操作按钮；中间为显示器和 CF 卡插槽；下部为操作按键，背面为伺服 ON/OFF 开关。操作按钮和开关用于开机、关机、操作模式转换；操作按键用于机器人手动操作、命令输入、显示切换等。

3. 操作按钮和开关功能

DX100 示教器的模式转换、启动、停止、急停按钮及开关的功能见表 6.1-1。

表 6.1-1　DX100 示教器操作按钮功能表

操作按钮	名称与功能	备　注
REMOTE　PLAY　TEACH	操作模式转换开关 1. TEACH：示教模式；可进行手动、示教编程操作 2. PLAY：再现模式；可运行示教程序 3. REMOTE：远程操作模式；可通过外部信号选择操作模式，启动程序运行	远程操作模式的控制信号来自 I/O 单元输入，操作功能可通过系统参数 S2C230 设定选择

（续）

操作按钮	名称与功能	备　注
START	程序启动按钮及指示灯 按钮：启动程序再现运行 指示灯：亮，程序运行中；灭，程序停止或暂停运行	指示灯也用于远程操作模式的程序启动
HOLD	程序暂停按钮及指示灯 按钮：程序暂停 指示灯：亮，程序暂停	程序暂停操作对任何模式均有效
EMERGENCY STOP	急停按钮 紧急停止机器人运动；分断伺服驱动器主电源	所有急停按钮、外部急停信号功能相同
	伺服 ON/OFF 开关 示教器【伺服接通】指示灯闪烁时，轻握开关可启动伺服，用力握开关可关闭伺服	伺服也可通过系统参数 S2C229 的设定，用外部信号 EX SVON 启动

6.1.2　操作面板与按键

DX100 示教器下部为按键式操作面板，从上至下依次分显示操作、轴点动操作、数据输入及运行控制三个区域，按键作用分别为，同时按【主菜单】键和光标上/下键，可调整显示器的亮度；在多语言显示的系统上，同时按【区域】键和【转换】键，可切换显示语言。

1. 显示操作键

显示操作键主要用于显示器的显示内容选择和调整，操作按键的功能见表 6.1-2。

表 6.1-2　显示操作键功能一览表

操作按键	名称与功能	备　注
	光标移动键 移动显示器上的光标位置	多用途键，详见下述。同时按【转换】键，可滚动页面或改变设定
选择	选择键 选定光标所在的项目	多用途键，详见下述

（续）

操作按键	名称与功能	备　注
多画面 选择窗口	多画面显示键 多画面显示时，可切换活动画面	同时按【多画面】键和【转换】键，可进行单画面和多画面的显示切换
工具选择 坐标	坐标系或工具选择键 可进行坐标系或工具切换	同时按【转换】键，可变更工具、用户坐标系序号
直接打开	直接打开键 切换到当前命令的详细显示页。直接打开有效时，按键指示灯亮，再次按该键，可返回至原显示页	直接打开的内容可为 CALL 命令调用程序、光标行命令的详细内容、I/O 命令的信号状态；作业命令的作业文件等
返回 翻页	选页键 按键指示灯亮时，按该键，可显示下一页面	同时按【翻页】键和【转换】键，可逐一显示上一页面
区域	区域选择键 按该键，可使光标在菜单区、通用显示区、信息显示区、主菜单区移动	同时按【区域】键和【转换】键，可切换语言。同时按【区域】键和光标上下键，可进行通用显示区/操作键区切换
主菜单	主菜单选择键 选择或关闭主菜单	同时按【主菜单】键和光标上下键，可改变显示器亮度
登录 简单菜单	简单菜单选择 选择或关闭简单菜单	简单菜单显示时，主菜单显示区隐藏、通用显示区扩大至满屏
伺服准备	伺服准备键 接通驱动器主电源。用于开机、急停或超程后的伺服主电源接通	示教模式：可直接接通伺服主电源 再现模式：在安全单元输入 SAF F 信号 ON 时，可接通伺服主电源
!? 帮助	帮助键 显示当前页面的帮助操作菜单	同时按【转换】键，可显示转换操作功能一览表。同时按【联锁】键，可显示联锁操作功能一览表
清除	清除键 撤销当前操作，清除系统一般报警和操作错误	撤销子菜单、清除数据输入、多行信息显示和系统一般报警

DX100 示教器的光标移动键和【区域】【选择】键是示教编程、数据输入、系统设定时最常

用的键，组合使用时，功能与计算机鼠标相当，其使用方法统一介绍如下：

1）菜单与操作提示键选择：当操作者需要选择图 6.1-3 所示的操作菜单或操作提示键时，可先用【区域】键，将光标移动到指定区域，然后，移动光标到指定的菜单或操作提示键上，按【选择】键，便可选定该菜单或操作提示键。

例如，在图 6.1-3a 中，用【区域】键将光标定位到主菜单区后，移动光标到主菜单［程序内容］上、按【选择】键，便可选定并打开主菜单［程序内容］；在此基础上，再将光标移动到子菜单［新建程序］上、按【选择】键，便可在示教器上显示新建程序的编辑页面。

在图 6.1-3b 中，当新建程序的程序名称输入完成后，可用【区域】键，移动光标到通用显示区的操作提示键显示区后，将光标定位到操作提示键［执行］上、按【选择】键，便可完成新建程序的程序名称输入操作。

a) 菜单选择

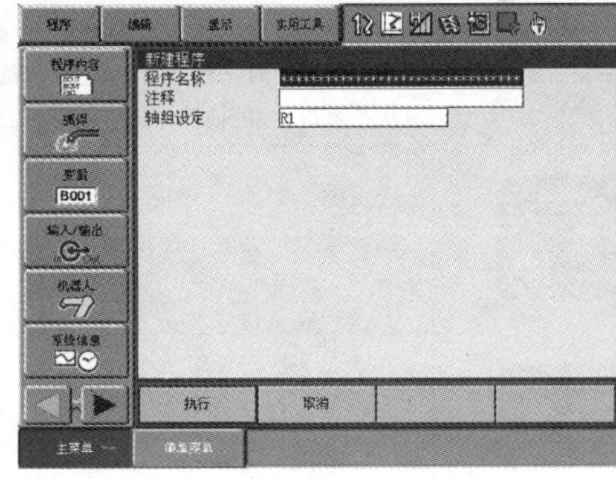

b) 操作键选择

图 6.1-3　光标及区域、选择键的使用 1

2）数据输入和选项选择：在进行数据输入、系统设定等操作时，为了使示教器上的显示变为输入状态，可先将光标定位到需要输入的项目上，然后，按【选择】键，便可使该显示项成为输入状态。

如所选择的项目为图 6.1-4a 所示的数值或字符输入，对应的显示值将变为数据输入框，便可直接用操作面板的数字键或后述的字符输入软键盘输入数值或字符，完成后，用【回车】键确认。如所选择的项目只能是系统规定的选项，按【选择】键后，示教器将自动显示图 6.1-4b 所示的输入选项；此时，可用光标选定所需要的输入选项，然后，再按【选择】键，该选项就被输入。

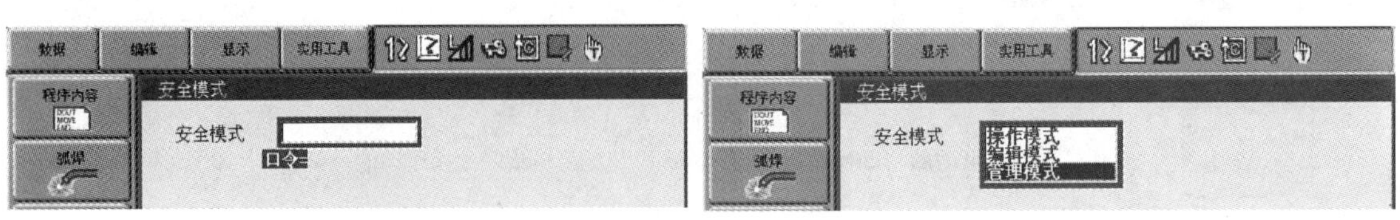

a) 数值或字符输入　　b) 选项选择

图 6.1-4　光标及区域、选择键的使用 2

3）显示页面的选择：当所选内容有多页时，可通过直接通过操作键【翻页】可逐页显示其他内容。或者，可用光标和【选择】选定图 6.1-5a 所示的操作提示键［进入指定页］、显示图

6.1-5b 所示的页面输入框；并在输入框内输入所需要的页面序号，然后，按【回车】键，便可切换为指定页面。

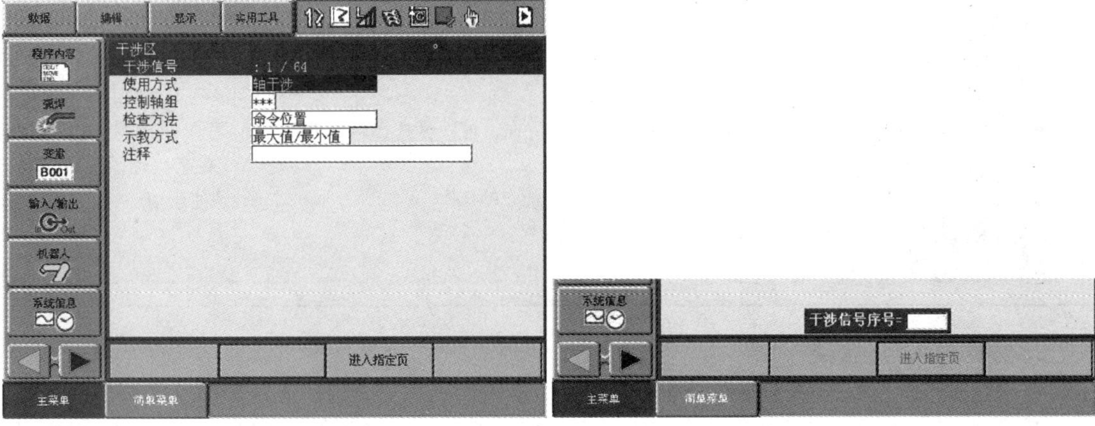

a) 进入指定页　　b) 输入页面序号

图 6.1-5　显示页面的选择

2. 轴点动键

轴点动键用于机器人的运动轴手动移动控制，操作按键的功能见表 6.1-3；安川机器人的运动轴名称及方向规定详见 6.3 节。

表 6.1-3　轴点动操作键功能一览表

操作按键	名称与功能	备　注
伺服接通	伺服 ON 指示灯 亮：驱动器主电源接通、伺服启动 闪烁：主电源接通、伺服未启动	指示灯闪烁时，可通过示教器背面的伺服 ON/OFF 开关启动伺服
高 手动速度 低	手动（点动）速度调节键 选择微动（增量进给）、低/中/高速点动两种方式、三种速度	增量进给距离、点动速度可通过系统参数设定
高速	手动快速键 同时按轴运动方向键，可选择手动快速运动	手动快速速度通过系统参数设定
X- S-　X+ S+ Y- L-　Y+ L+ Z- U-　Z+ U+ E-　E+	定位方向键 选择机器人定位的坐标轴和方向；可同时选择两轴进行点动运动。 在六轴机器人上，【E－】【E＋】用于辅助轴点动操作；在七轴机器人上，【E－】【E＋】用于第 7 轴定向	运动速度由手动速度调节键选择；同时按【高速】键，选择手动快速运动

（续）

操作按键	名称与功能	备　注
X- R- X+ R+ Y- B- Y+ B+ Z- T- Z+ T+ 8- 8+	定向方向键 选择工具定向运动的坐标轴和方向；可同时选择两轴进行点动运动 【8－】【8＋】用于第2辅助轴的点动操作	运动速度由手动速度调节键选择；同时按【高速】键，选择手动快速运动

3. 数据输入与运行控制键

数据输入与运行控制键主要用于机器人程序、参数的输入与编辑，显示页面及语言切换，试运行及前进/后退控制。部分按键还可能定义有专门功能，如焊接通/断、引弧、熄弧、送丝、退丝控制，焊接电压、电流调整等。

DX100示教器的数据输入与程序运行控制按键功能见表6.1-4。

表6.1-4　数据输入与程序运行控制键功能一览表

操作按键	名称与主要功能	备　注
转换	显示切换键 和其他键同时操作，可以切换示教器的控制轴组、显示页面、语言等	同时按【转换】键和【帮助】键，可显示转换操作功能一览表
联锁	连锁键 和【前进】键同时操作，可执行机器人的非移动命令	同时按【联锁】键和【帮助】键，可显示联锁操作功能一览表
命令一览	命令显示键 程序编辑时可显示控制命令菜单	
机器人切换　外部轴切换	机器人、外部轴切换键 可选定机器人、辅助运动轴	仅用于多机器人系统，或带辅助轴的复杂系统
辅助	辅助键	用于移动命令的恢复等操作
插补方式	插补方式选择键 可进行MOVJ、MOVL、MOVC、MOVS的切换	具有选择功能时，同时按【转换】键，可切换插补方式

（续）

操作按键	名称与主要功能	备　注
试运行	机器人试运行键 同时按【联锁】键，可沿示教点连续运动；松开【试运行】键，运动停止	可选择连续、单循环、单步三种循环方式运行
前进　后退	前进、后退键 可使机器人按示教轨迹向前（正向）、向后（逆向）运动	前进时可同时按【联锁】键执行其他命令，后退时只能执行移动命令
删除　插入　修改	删除、插入、修改键 删除、插入、修改命令或数据	灯亮时，按【回车】键，完成删除、插入、修改操作
回车	回车键 确认所选的操作	
7 8 9 4 5. 6 1 2 3 0 . -	数字键 数字0～9及小数点、负号输入键	部分数字键可能定义有专门的功能与用途，可以直接用来输入作业命令

6.1.3 显示器及显示内容

1. 基本说明

DX100系统的示教器为6.5in（1in＝25.4mm）、640×480彩色液晶显示器，显示器分图6.1-6a所示的主菜单、菜单、状态、通用显示和信息显示五个基本区域，显示区域可通过按示教器操作键【区域】选定；如选择［简单菜单］，可将通用显示区扩大至图6.1-6b所示的满屏。

显示器的窗口布局，以及所显示的操作功能键、字符的尺寸和字体，可通过系统的“显示设置”改变，有关内容可参见第9章。由于系统软件版本或操作时所设定的安全模式不同，示教器的显示、菜单键数量及名称有所区别，但其实际作用、操作方法并无太大区别。

为了便于说明，本书后述的内容中，将以如下形式来表示不同的操作键。

【＊＊＊】：表示示教器操作面板上的实际按键，如【选择】【回车】等。

［＊＊＊］：表示显示器上的主菜单、下拉菜单、子菜单、操作提示键等软功能键，如［程序内容］［编辑］［执行］［取消］等。

DX100示教器各显示区域的主要显示功能如下：

2. 主菜单显示

主菜单显示区位于显示器左侧，它可通过示教器操作键【主菜单】选定。主菜单选定后，可通过扩展/隐藏键［▶］/［◀］，显示或隐藏图6.1-6中的扩展主菜单。

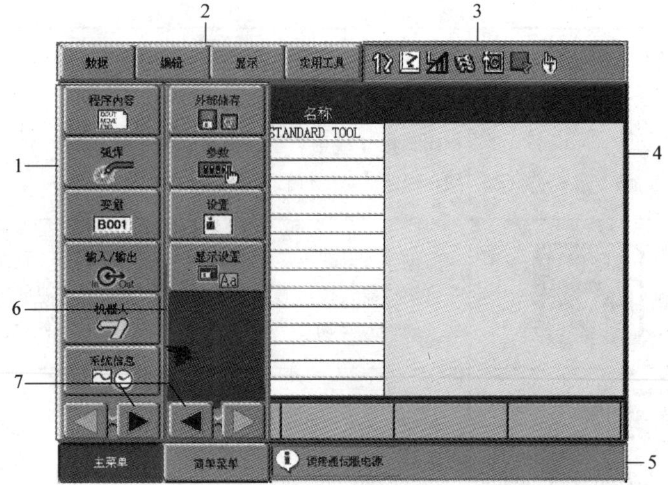

a) 标准显示

b) 简单菜单显示

图 6.1-6 示教器显示

1—主菜单 2—菜单 3—状态 4—通用显示区 5—信息 6—扩展菜单 7—菜单扩展/隐藏键

主菜单的项目显示与示教器的安全模式选择有关，部分项目只能在“编辑模式”或“管理模式”下，才能显示或编辑（详见附录 A)。对于常用的示教模式，常用主菜单及功能见表 6.1-5。

表 6.1-5 常用主菜单功能一览表

主菜单键	显示与编辑的内容（子菜单）
[程序内容] 或 [程序]	程序选择、程序编辑、新建程序、程序容量、作业预约状态等
[弧焊]	本项目用于末端执行器状态的显示与控制，它与机器人的用途有关，菜单键有弧焊、点焊、搬运、通用等，子菜单的内容随用途改变
[变量]	字节型、整数型、双整数（双精度）型、实数型、位置型变量等
[输入/输出]	DI/DO 信号状态、梯形图程序、I/O 报警、I/O 信息等
[机器人]	机器人当前位置、命令位置、偏移量、作业原点、干涉区等

（续）

主菜单键	显示与编辑的内容（子菜单）
［系统信息］	版本、安全模式、监视时间、报警履历、I/O 信息记录等
［外部储存］	安装、保存、系统恢复、对象装置等
［设置］	示教条件、预约程序、用户口令、轴操作键分配等
［显示设置］	字体、按钮、初始化、窗口格式等

3. 下拉菜单显示

下拉菜单就是工具栏，其显示区位于显示器的左上方，四个菜单键的功能与系统所选择的操作有关，对于常用的示教编程操作，菜单的主要功能见表 6.1-6。

表 6.1-6 菜单功能一览表

菜单键	显示与编辑的内容（子菜单）
［程序］或［数据］	与主菜单、子菜单选择有关，下拉菜单［程序］包含程序选择、主程序调用、新建程序、程序重命名、复制程序、删除程序等；下拉菜单［数据］包含［清除数据］等
［编辑］	程序检索、复制、剪切、粘贴，速度修改等
［显示］	循环周期、程序堆栈、程序点编号等
［实用工具］	校验、重心位置测量等

4. 状态显示

状态显示区位于显示器的右上方，它与系统所选择的操作有关，对于常用的示教编程操作，通常有图 6.1-7 所示的 10 个状态图标显示位置，不同位置可显示的图标及含义见表 6.1-7。

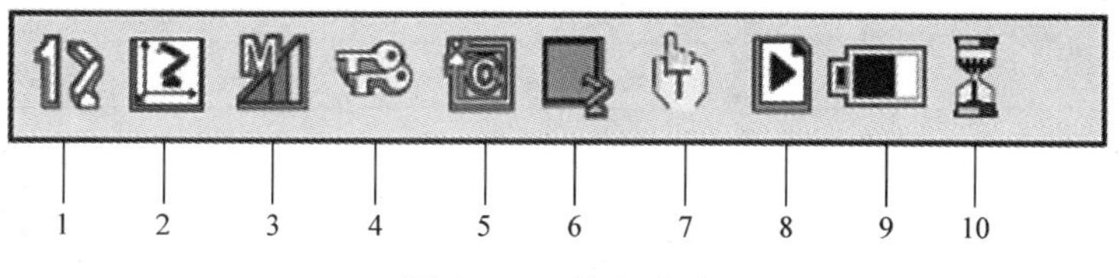

图 6.1-7 状态显示

表 6.1-7 状态显示及图标含义表

位置	显示内容	状态图标及含义				
1	现行控制轴组	机器人 1 ~ 8	基座轴 1 ~ 8	工装轴 1 ~ 24		
2	当前坐标系	关节坐标系	直角坐标系	圆柱坐标系	工具坐标系	用户坐标系

（续）

位置	显示内容	状态图标及含义				
3	点动速度选择	 微动 	低速 	中速 	高速	
4	安全模式选择	 操作模式 	编辑模式 	管理模式		
5	当前动作循环	 单步 	单循环 	连续循环		
6	机器人状态	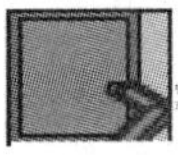 停止 	暂停 	急停 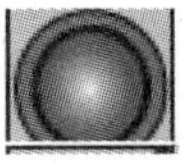	报警 	运动
7	操作模式选择	 示教 	再现			
8	页面显示模式	 可切换页面 	多画面显示			
9	存储器电池	 电池剩余电量显示				
10	数据保存	 正在进行数据保存				

5. 通用显示

通用显示区位于显示器的中间，它分为图 6.1-8 所示的显示区、输入缓冲行、操作键三个基本区域。同时按操作面板的【区域】键和光标向下键，光标可从显示区移到操作键区；同时按操作面板的【区域】键和光标向上键，或选择操作键区的［取消］键，光标可从操作键区返回显示区。

显示区可用来显示所选择的程序、参数、文件等内容。在程序编辑时，按操作面板的【命令一览】键，可在显示区的右侧显示相关的编辑命令键；显示区所选择或需要输入的内容，可在输入缓冲行显示和编辑。

操作键的显示与示教器所选择的操作有关，操作键一般用来执行、取消、结束或中断显示区所选的操作。当操作键区域选定后，可通过操作面板的光标左右移动键，选择操作键，然后，用操作面板的【选择】键执行指定的操作。在不同操作方式下，示教器可使用的操作键及功能见表6.1-8。

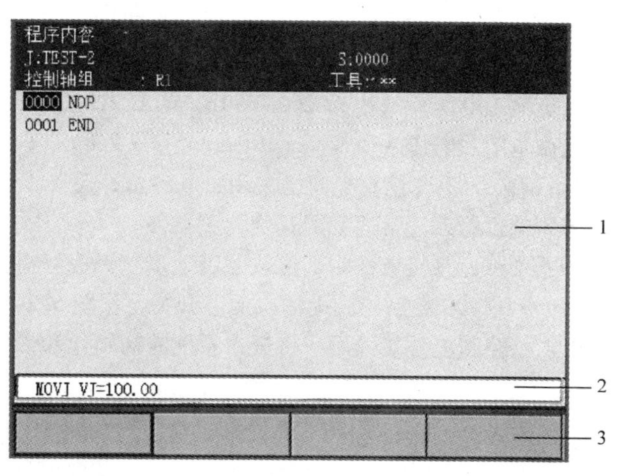

图6.1-8　通用显示区
1—显示区　2—输入缓冲行　3—操作键

表6.1-8　操作键功能一览表

操作键	操作键功能
[执行]	执行当前显示区所选择的操作
[取消]	放弃当前显示区所选择的操作
[结束]	结束当前显示区所选择的操作
[中断]	中断外部存储器安装、保持、校验等操作
[解除]	解除超程、碰撞等报警功能
[清除] 或 [复位]	清除报警
[页面]	对于多页面显示，可输入页面号、按【回车】键，直接显示指定页面

6. 信息显示

信息显示区位于显示器的右下方，它可用来显示操作、报警提示信息。在进行正确的操作或排除故障后，可通过操作面板上的【清除】键，清除操作、报警提示信息。

当系统有多个提示信息显示时，可通过操作面板的【区域】键选定信息显示区、按操作面板的【选择】键，还可进一步显示多行提示信息、错误的详细内容等，有关内容可参见第9章9.5节。

6.2　机器人的安全操作

6.2.1　开/关机与基本信息显示

1. 开机操作

DX100控制系统开机前应检查以下事项：

1）确认DX100控制柜与示教器、机器人的连接电缆，已正确连接并固定。

2）确认系统的三相电源进线（L1/L2/L3）及接地保护线（PE），已按规定正确连接到DX100控制柜的电源总开关进线侧，电源进线的电缆固定接头已拧紧。

DX100 系统对输入电源的基本要求是，机器人工作时应保证进线 L1/L2/L3 的输入电源满足要求。

额定输入电压：三相 AC200V/50Hz 或 AC220V/60Hz；

允许范围：电压 -15% ~ +10%；频率 ±2%。

3）确认 DX100 控制柜门已关闭、电源总开关置于 OFF 位置；机器人运动范围内无操作人员及可能影响机器人正常运动的其他无关器件。

当系统符合开机条件时，可按照以下步骤完成开机操作。

1）将 DX100 控制柜门上的电源总开关，按图 6.2-1 所示旋转到 ON 位置，接通 DX100 系统控制电源。控制电源接通后，将进入系统的初始化和诊断操作，示教器将显示图 6.2-2 所示的开机启动画面。

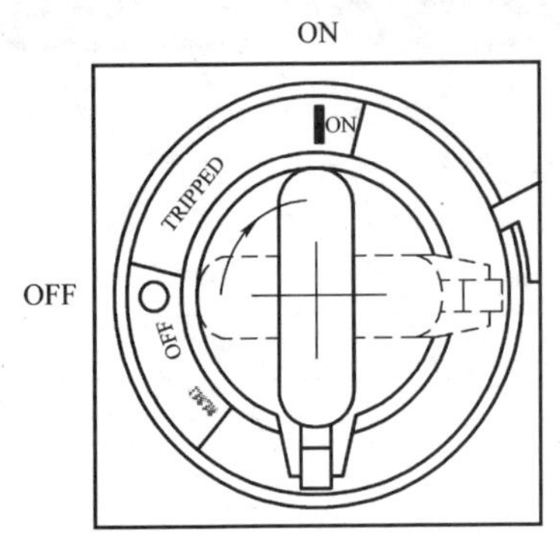

图 6.2-1　接通总电源

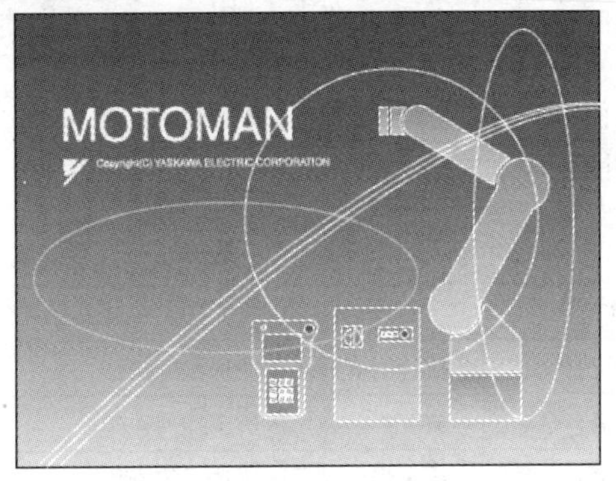

图 6.2-2　DX100 开机启动画面

2）系统完成初始化和诊断操作后，示教器将显示图 6.2-3 所示的开机初始页面，信息显示区显示操作提示信息“请接通伺服电源”。

控制系统的部分操作，如系统设置、参数设定等，可在伺服关闭的情况下进行；但机器人点动、示教编程、再现运行等操作，需要在伺服驱动器启动后进行，此时，需要继续如下操作。

3）复位控制柜门、示教器及其他辅助控制装置、辅助操作台、安全防护罩等上（如存在）的全部急停按钮。

4）当示教器操作模式选择开关选择【再现（PLAY）】模式时，如机器人安装有安全防护门，则应关闭机器人安全防护门；然后，按操作面板上的【伺服准备】键，接通伺服主电源、启动伺服。

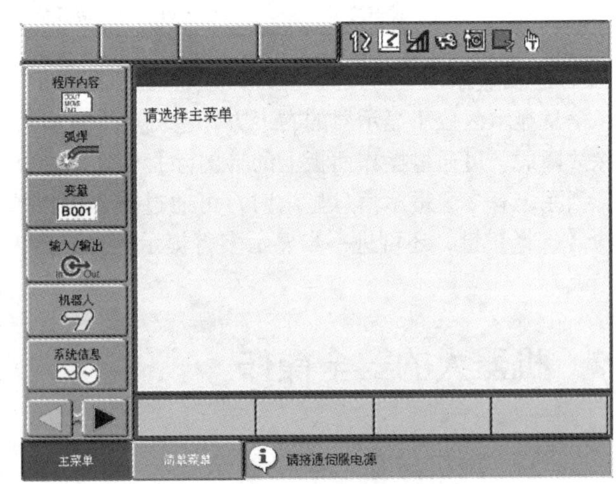

图 6.2-3　DX100 初始显示页面

当示教器操作模式选择开关选择【示教（TEACH）】模式时，按操作面板上的【伺服准备】键，接通伺服主电源；然后，轻握示教器背面的【伺服 ON/OFF】开关，启动伺服。

伺服启动后，示教器上的【伺服接通】指示灯亮。

2. 系统基本信息显示

当系统电源接通、图6.2-3所示的初始页面显示后，选择图6.2-4所示的主菜单［系统信息］、子菜单［版本］，示教器便可在图6.2-5所示的显示页面上，控制系统的软件版本、机器人的型号与用途、示教器显示语言，以及机器人控制器（IR控制器）的CPU模块（YCP01-E）、示教器（YPP01）、伺服驱动器（EAXA＊#0）软件版本号。如需要，还可选择主菜单［机器人］、子菜单［机器人轴配置］，进一步确认机器人的控制轴数。

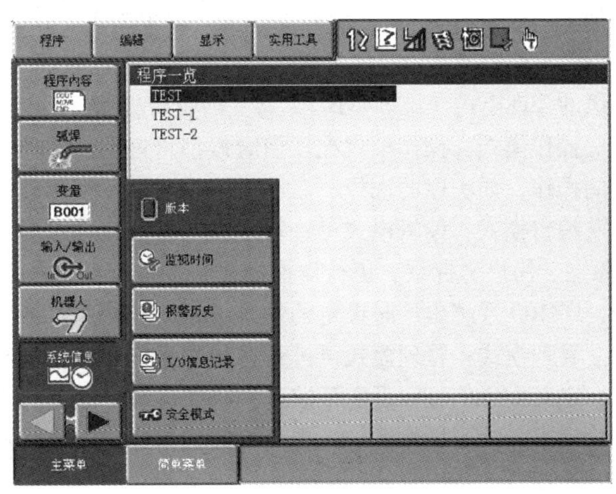

图6.2-4 系统基本信息显示菜单

3. 关机

对于DX100系统的正常关机，关机前应确认机器人的程序运行已结束，机器人已完全停止运动，然后按以下步骤关机；当系统出现紧急情况时，也可直接关机。

1）如伺服已经启动，可用力握示教器的背面的伺服ON/OFF开关，或直接按示教器或控制柜上的急停按钮，切断伺服驱动器主电源、使所有伺服电机的制动器立即制动，禁止机器人运动。

2）伺服驱动器关闭后，将控制柜门上的电源总开关，旋转到OFF位置，关闭DX100系统控制电源。

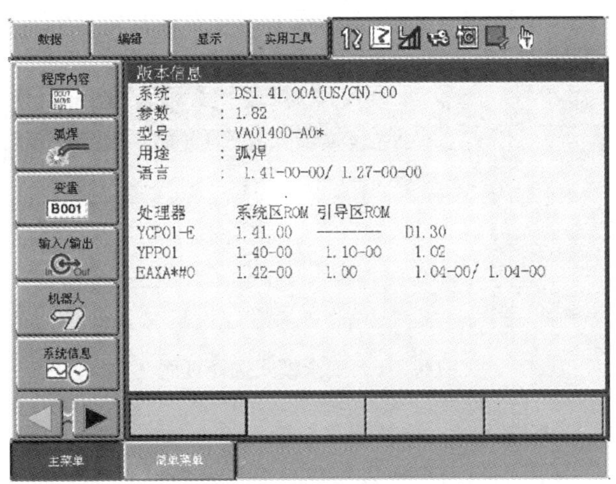

图6.2-5 系统基本信息显示

6.2.2 安全模式及设定

1. 安全模式

为了保证系统安全可靠运行，防止由于误操作等原因影响系统的正常运行，DX100系统通过“安全模式”的设定和选择，对操作者的权限进行了规定。

DX100系统正常可选择“操作模式”“编辑模式”和“管理模式”三种基本安全模式；DX200

增加了“安全模式”“一次管理模式”两种模式，分别用于安全机能和文件编辑、功能参数定义及数据批量传送等高级管理。此外，通过同时按示教器【主菜单】接通系统电源的操作，还可进入更高级的管理模式（维护模式），有关内容可参见第9章。常用安全模式的功能如下：

操作模式：操作模式在任何时候都可进入。选择操作模式时，操作者只能对机器人进行最基本的操作，如程序的选择、启动或停止，显示坐标轴位置、输入/输出信号等。

编辑模式：编辑模式可进行示教和编程，也可对系统的变量、通用输出信号、作业原点和第2原点、用户坐标系、执行器控制装置等进行设定操作。进入编辑模式需要操作者输入正确的口令，DX100系统出厂时设定的进入编辑模式初始口令为“00000000”。

管理模式：管理模式可进行系统的全部操作，如显示和编辑梯形图程序、I/O报警、I/O信息、定义I/O信号；设定干涉区、碰撞等级、原点位置、系统参数、操作条件、解除超程等。进入管理模式需要操作者输入更高一级的口令，DX100系统出厂时设定的进入管理模式初始口令为“99999999”。

安全模式直接影响到机器人的操作、编程、功能，且使示教器的主菜单、子菜单的显示发生变化，DX100系统在不同安全模式下的菜单显示及允许进行的子菜单操作功能，可参见附录A；由于系统生产时间、软件版本的不同，部分子菜单的显示、编辑操作只能在DX100升级版或DX200上使用。

2. 安全模式设定

DX100系统的安全模式可限定操作者权限，避免误操作，它可通过如下操作设定。

1）选择主菜单［系统信息］，示教器可显示前述图6.2-4所示的系统信息子菜单。

2）选定［安全模式］子菜单，示教器将显示安全模式设定对话框。

3）光标定位于安全模式输入框、按操作面板上的【选择】键，输入框将显示图6.2-6所示的输入选项、选择安全模式。

图6.2-6　安全模式选择页面

4）选择编辑模式、管理模式时，示教器将显示图6.2-7所示的“用户口令”输入页面。在该页面可根据安全模式，利用操作面板输入用户口令后，按【回车】键确认。DX100出厂设置的初始口令为编辑模式“00000000”、管理模式“99999999”，口令正确时，系统将进入所选的安全模式。

图6.2-7　用户口令输入页面

3. 更改用户口令

为了保护系统的程序和参数，防止误操作引起的故障，调试、维修人员在完成系统调试或维修后，一般需要对系统出厂时的安全模式初始设定口令进行更改。

安全模式的用户口令设定可在主菜单［设置］下进行，其操作步骤如下：

1）利用主菜单扩展键［▶］，显示扩展主菜单［设置］、并选定，示教器显示图6.2-8所示的设置子菜单。

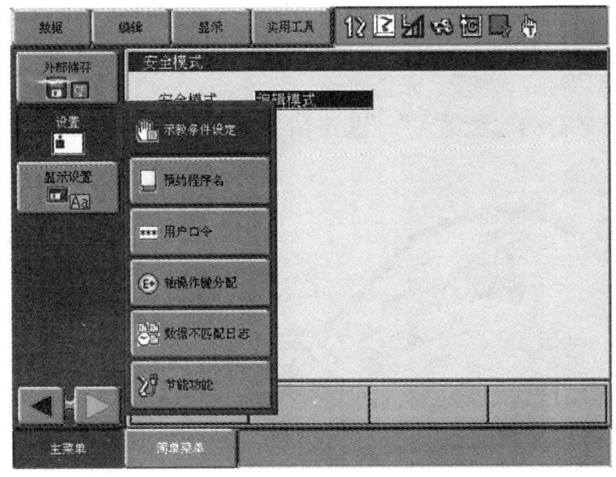

图6.2-8　设置主菜单显示页面

2）用光标选定子菜单［用户口令］，示教器将显示图6.2-9所示的用户口令设定页面。

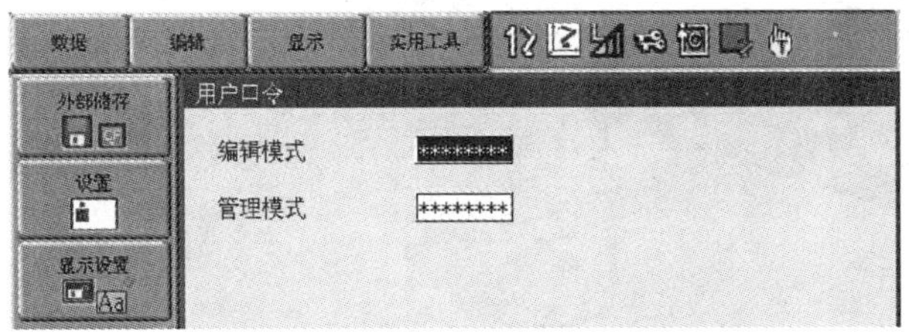

图6.2-9　用户口令设定页面

3）用光标移动键，选定需要修改口令的安全模式，信息显示框将显示“输入当前口令（4到8位）”。

4）输入安全模式原来的口令，并按操作面板的【回车】键。如口令输入准确，示教器将显示图6.2-10所示的新口令设定页面，信息显示框将显示“输入新口令（4到8位）”。

5）输入安全模式新的口令，并按操作面板的【回车】键确认后，新用户口令将生效。

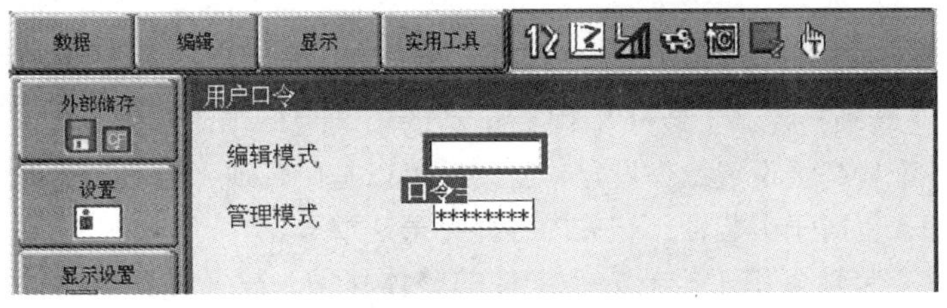

图6.2-10　用户新口令输入页面

6.3 机器人的手动操作

6.3.1 控制轴组及坐标系选择

1. 控制轴组及选择

工业机器人系统的组成形式多样。在复杂系统上，电气控制系统可能需要同时控制多个机器人，或者，需要控制除机器人本体外的其他辅助运动轴。为此，进行手动（点动）操作或程序运行时，需要通过选择“控制轴组”，来选定运动对象。

DX100 系统将控制轴分为“机器人”“基座轴”“工装轴”三个控制轴组（见图 6.3-1），控制轴组的定义如下：

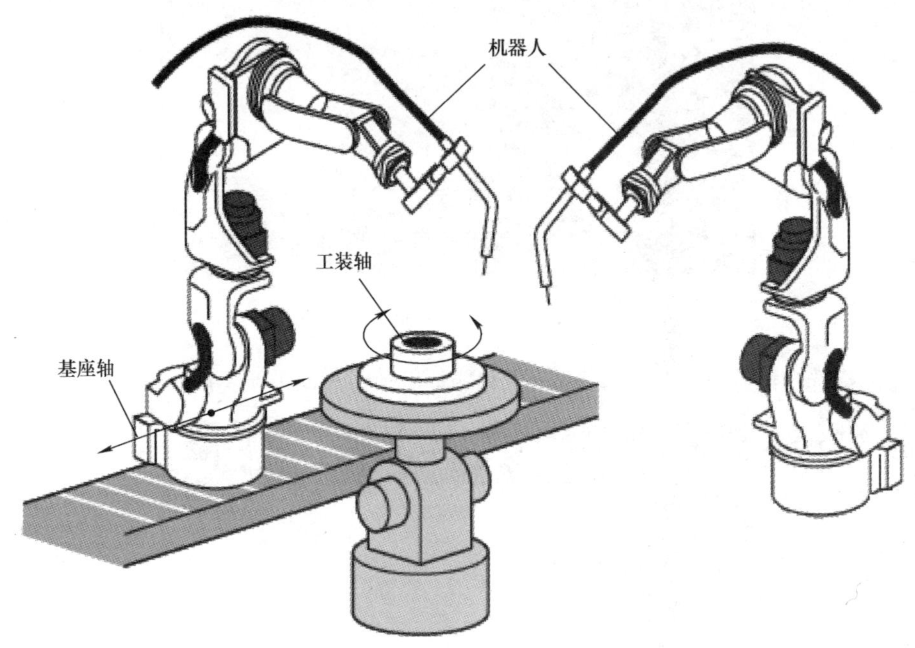

图 6.3-1 DX100 系统的控制轴组

1）机器人：机器人控制轴组用于多机器人控制系统的机器人选择，在单机器人系统上，机器人控制轴组应选择“机器人 1”。机器人控制轴组一旦选定，操作者便可通过示教器，控制对应机器人本体上的轴运动。

2）基座轴：基座轴是控制机器人本体整体移动的辅助坐标轴。DX100 系统可选择的基座轴包括平行 X/Y/Z 轴的直线运动轴（RECT－X/RECT－Y/RECT－Z）、XY/XZ/YZ 平面上的二维运动轴（RECT－XY/RECT－XZ/RECT－YZ）及 XYZ 三维空间上的直线运动轴（RECT－XYZ）三类；基座轴最大可配置 8 轴，有关内容详见第 9 章 9.2 节。

3）工装轴：工装轴是控制工装（工件）运动的辅助坐标轴，最大可配置 24 轴。工装轴需要通过系统的硬件配置高级设置操作设定，工装轴可以是回转轴、摆动轴及直线轴，点焊机器人的伺服焊钳控制轴，也属于工装轴；有关内容详见第 9 章 9.2 节。

通过基座轴、工装轴多用于机器人、工件的整体移动，故又称变位器。在 DX100 系统上，基座轴、工装轴统称外部轴，它们可通过同时按操作面板按键“【转换】＋【外部轴切换】”选

定；如同时按“【转换】+【机器人切换】”，则可以选定机器人。

2. 坐标系

点动操作是通过操作面板的方向键、手动控制机器人运动的操作。DX100 系统的点动操作，可在示教模式下进行。点动运动前，首先应选定机器人的坐标系，然后通过方向键，选择运动轴和方向。

多关节型机器人的运动复杂多样，可选择多种坐标系来控制轴运动。DX100 系统可使用的坐标系有图 6.3-2 所示的关节、直角、圆柱、工具、用户坐标系五种。

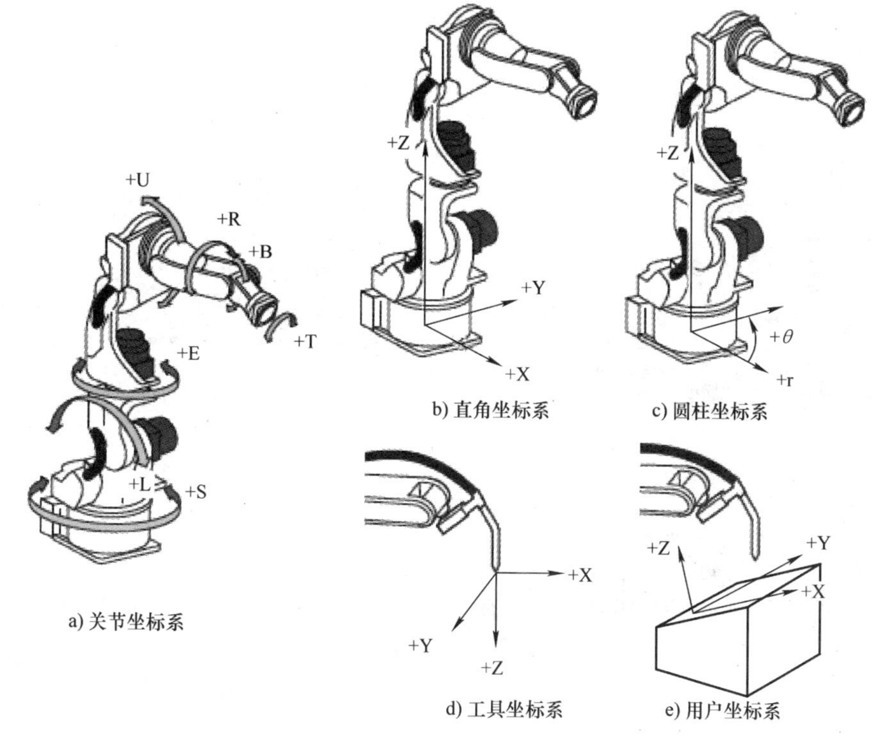

图 6.3-2　DX100 系统的坐标系

1）关节坐标系：关节坐标系是与机器人本体关节运动轴一一对应的基本坐标系。对于常用的六轴机器人，腰回转为 S 轴、下臂摆动为 L 轴、上臂摆动为 U 轴、手腕回转为 R 轴、腕摆动为 B 轴、手回转为 T 轴。选择关节坐标系时，可对机器人的每一关节进行独立的回转、摆动操作。

2）直角坐标系：直角坐标系是机器人本体上的虚拟笛卡儿坐标系。选择直角坐标系时，可通过 X/Y/Z 坐标来指定手腕工具安装基准点的位置，或通过若干关节轴的合成运动，使手腕基准点进行 X、Y、Z 轴运动。

3）圆柱坐标系：圆柱坐标系由平面极坐标运动轴 r、θ 和上下运动轴 Z 构成。极坐标的角度 θ 通常直接由腰回转轴 S 控制；半径 r 和上下 Z 的运动需要通过若干关节轴的运动合成。选择圆柱坐标系时，可用半径、高度和转角来指定或改变手腕基准点位置。

4）工具坐标系：工具坐标系是用来定义控制点（TCP 点）位置和工具姿态的坐标系。选择工具坐标系时，机器人可通过 X/Y/Z 来指定 TCP 点位置，或通过若干个关节轴的合成运动，使 TCP 点进行 X、Y、Z 轴运动。

5）用户坐标系：用户坐标系是以工件为基准、定义 TCP 点位置的虚拟笛卡儿坐标系，通常是以工件的安装平面为 XY 平面、以工具离开工件的方向为 Z 轴正向。选择用户坐标系时，机器人可通过 X/Y/Z 来指定 TCP 点位置，或通过若干个关节轴的合成运动，使 TCP 点进行 X、Y、Z 轴运动。

工具坐标系、用户坐标系是控制 TCP 点运动的坐标系，它们与工具形状密切相关，点焊、弧焊及搬运、通用机器人的 TCP 点的确定方法，可参见第 3 ~ 5 章的相关内容。在使用多工具的机器人上，需要设定多个工具坐标系和用户坐标系；DX100 最大可设定工具和用户坐标系均为 63 个。

3. 坐标系选择

DX100 系统的坐标系选择方法如图 6.3-3 所示，操作步骤：

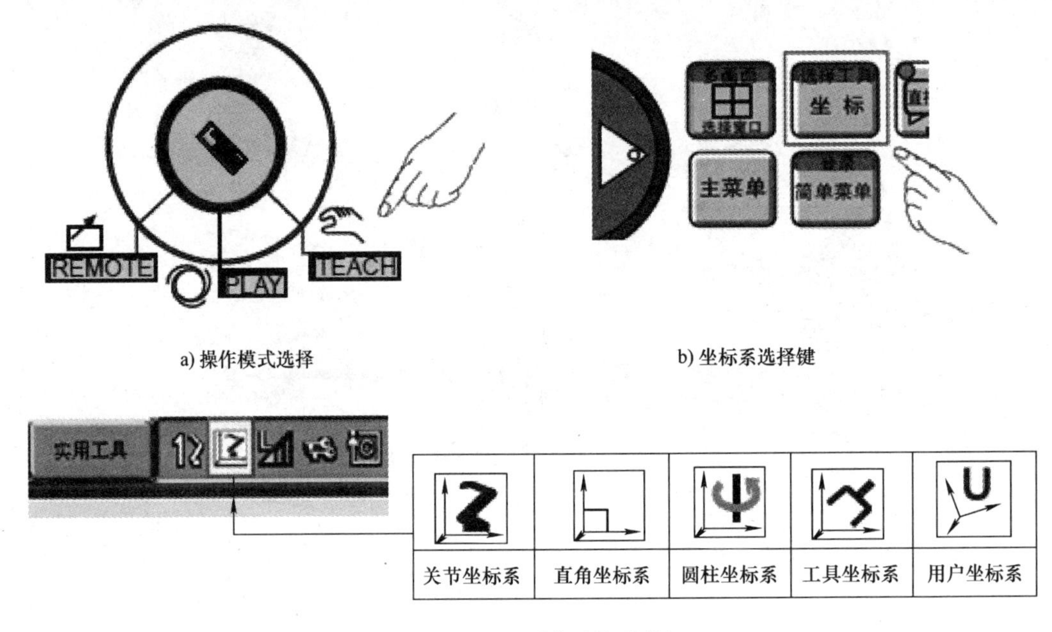

a) 操作模式选择　b) 坐标系选择键

c) 坐标系显示图标

图 6.3-3　坐标系的选择操作

1）示教器操作模式选择【示教（TEACH)】。

2）对于多机器人控制或带有外部轴的控制系统，同时按操作面板上的“【转换】 + 【机器人切换】”键，或“【转换】 + 【外部轴切换】”键，选定机器人或运动轴，并通过显示器上的状态栏显示确认。

3）重复按示教器操作面板上的【选择工具/坐标】键，可进行机器人的关节坐标系→直角坐标系→圆柱坐标系→工具坐标系→用户坐标系→关节坐标系→……的循环变换。根据操作需要，选择所需的坐标系，并通过显示器的状态栏图标确认。

4）工具坐标系与工具形状有关，使用多工具时，工具坐标系选定后，同时按操作面板上的“【转换】 + 【选择工具/坐标】”键，便可显示工具选择页面，并用光标键选定所需的工具号。工具号选定后，同时按操作面板上的“【转换】 + 【选择工具/坐标】”键，可返回原显示页面。手动操作时的工具坐标系切换可通过系统参数 S2C197 的设定禁止。

5）用户坐标系与工具、工件的形状密切相关，对于使用多个用户坐标系的机器人，在选定用户坐标系后，需要同时按操作面板上的“【转换】+【选择工具/坐标】”键，显示用户坐标系选择页面，然后，利用光标移动键选定所需要的用户坐标号。用户坐标号选定后，可同时按操作面板上的“【转换】+【选择工具/坐标】”键，返回原显示页面。手动操作时的用户坐标系切换可通过系统参数 S2C197 的设定禁止。

6.3.2 关节坐标系点动操作

1. 运动方式和点动键

多关节机器人的运动分为定位运动和定向运动两类，用来改变手腕基准点或 TCP 点位置的运动称为定位；用来改变作业工具姿态的运动称为定向。

在 6~7 轴垂直串联结构的机器人上，机器人本体的定位一般通过机身上的腰回转轴 S、下臂摆动轴 L、上臂摆动轴 U 运动实现，称为机器人的定位机构。机器人手腕回转轴 R、摆动轴 B 和手回转轴 T，及七轴机器人的下臂回转轴 E，一般用来改变工具姿态，称为机器人的定向机构。如系统配置有基座轴或工装轴，还可通过基座轴或工装轴运动，改变手腕基准点和工件的相对位置，实现定位运动。

在 DX100 系统示教器的点动键布置如图 6.3-4 所示。

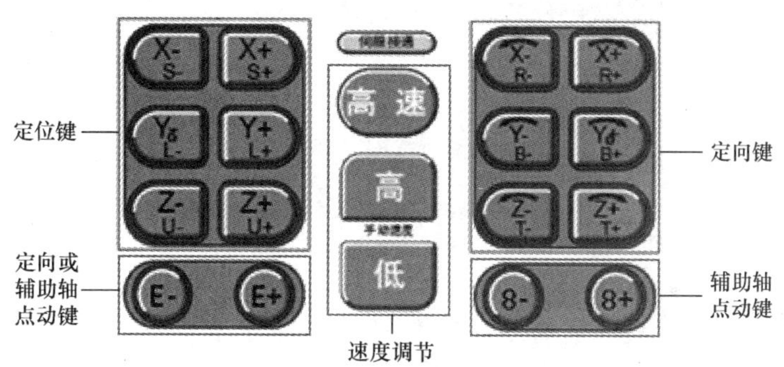

图 6.3-4 DX100 的点动操作键

示教器操作面板左侧的 6 个方向键【X-/S-】~【Z+/U+】，用于点动定位操作；右侧的 6 个方向键【X-/R-】~【Z+/T+】，用于点动定向操作。左下方的【E-】【E+】键，在七轴机器人，可用于下臂回转轴 E 的点动操作；在六轴机器人上，则用于基座轴或工装轴的点动定位。右下方的【8-】【8+】键，一般用于基座轴或工装轴的点动定位。

2. 进给方式和速度调节

图 6.3-4 上的【高速】【高】【低】键，用于点动进给方式和速度选择。重复按速度调节键【高】，可进行“微动（增量进给）”→“低速点动”→“中速点动”→“高速点动”的转换；重复按速度调节键【低】，则反之。点动进给各速度级的移动速度可通过系统参数 S1CxG045~048 设定；增量进给距离可在系统参数 S1CxG030 上设定。

1）微动进给：机器人的“微动”进给和数控机床的增量进给（INC）相同。选择“微动”时，按一次方向键，可使指定的轴、在指定方向移动指定的距离；运动距离到达后，坐标轴即停止运动。增量进给的坐标轴与方向，可通过示教器操作面板的方向键选择。

2）点动进给：机器人的“点动”进给和数控机床的手动连续进给（JOG）相同。选择“点动”时，只要按住方向键，指定的坐标轴便可在指定的方向上连续移动，松开方向键即停止。点动进给的速度有高、中、低三档；坐标轴与方向可通过示教器操作面板的方向键选择。

3. 机器人位置显示

为了检查、监控机器人的位置和运动过程，进行机器人点动操作时，可通过如下操作，使得示教器进入位置显示页面。

1）选择图 6.3-5a 所示的主菜单［机器人］、子菜单［当前位置］，示教器可显示机器人关节坐标系的位置值。

2）光标选定坐标显示与设定框，按操作面板的【选择】键，便可通过图 6.3-5b 所示的输入选项，选定坐标系；坐标系选定后，示教器便可显示图 6.3-5c 所示的机器人在所选坐标系中的位置值。

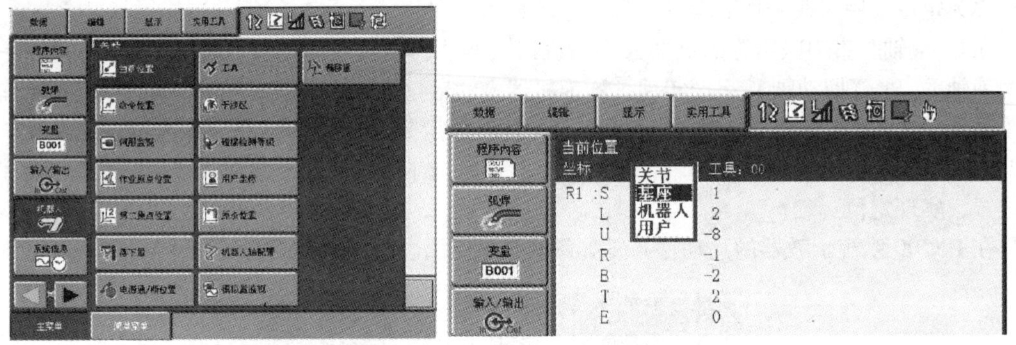

a) 菜单选择　　b) 坐标系选择

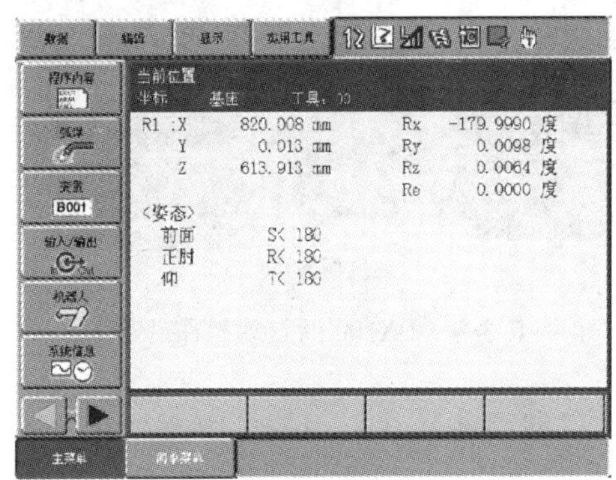

c) 位置显示

图 6.3-5　机器人位置的显示

4. 机器人本体的点动

机器人本体的点动可通过关节坐标系的轴运动实现，选择关节坐标系时，操作者可对机器人本体的所有运动轴进行直观的操作，而无需考虑定位、定向运动。安川机器人的关节轴及方向规定如图 6.3-6 所示，点动操作的步骤：

1）示教器操作模式选择【示教（TEACH）】。

2）同时按示教器操作面板上的“【转换】+【机器人切换】”键，选定机器人本体运动轴，并通过显示器上的状态栏显示确认。

3）重复按示教器操作面板上的【选择工具/坐标】键，直至关节坐标系被选择、显示器的状态栏显示关节坐标系图标。

4）按速度调节键【高】或【低】，选定坐标轴初始的点动进给方式或点动运行速度。

5）确认机器人运动范围内无操作人员及可能影响机器人正常运动的其他无关器件。

6）按操作面板的【伺服准备】键，接通伺服驱动器主电源；主电源接通后，【伺服接通】指示灯闪烁。

7）轻握示教器背面的【伺服 ON/OFF】开关、启动伺服，伺服驱动后，操作面板上的【伺服接通】指示灯亮。

8）按方向键，对应的坐标轴即进行指定方向的运动。当同时按不同轴的多个方向键时，多个轴可同时运动。

9）点动运动期间，可通过同时按速度调节键改变点动进给方式和进给速度；如果同时按方向键和【高速】键，指定轴将以点动快速的速度移动，点动快速速度可通过机器人的参数进行设定。

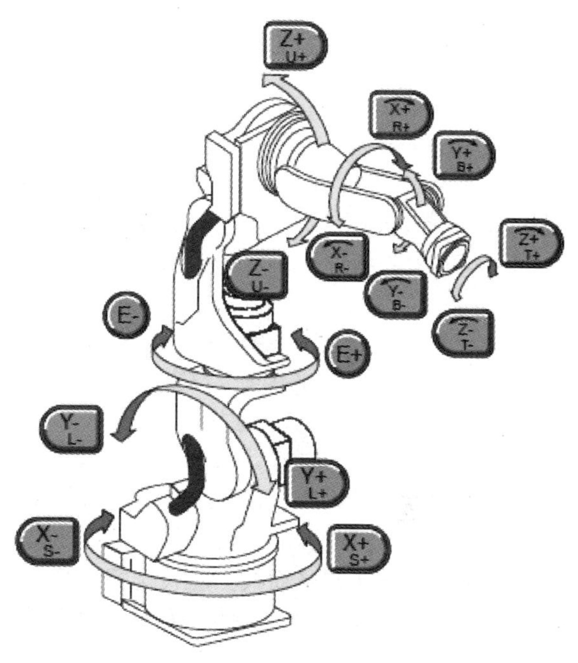

图 6.3-6 关节坐标系的点动操作

5. 辅助轴点动操作

如机器人系统装备有变位器，变位器的运动可进行机器人本体或工件的整体移动。在 DX100 系统上，用于机器人本体变位的运动轴称为“基座轴”，最大可配置 8 轴；用于工件变位的运动轴称为“工装轴”，最大可配置 24 轴。

辅助轴可在选定控制轴组后，通过定位方向键点动。当基座轴、工装轴的数量在 3 轴以下时，点动操作可直接通过操作面板上的 6 个定位方向键【X－/S－】～【Z＋/U＋】控制，方向键和辅助轴运动的对应关系如图 6.3-7 所示；轴数为 4～6 轴时，第 4～6 轴的点动可通过操作面板上的 6 个定向方向键【X－/R－】～【Z＋/T＋】控制；第 7、8 辅助轴的点动可由【＋E】/【－E】、【＋8】/【－8】键控制。

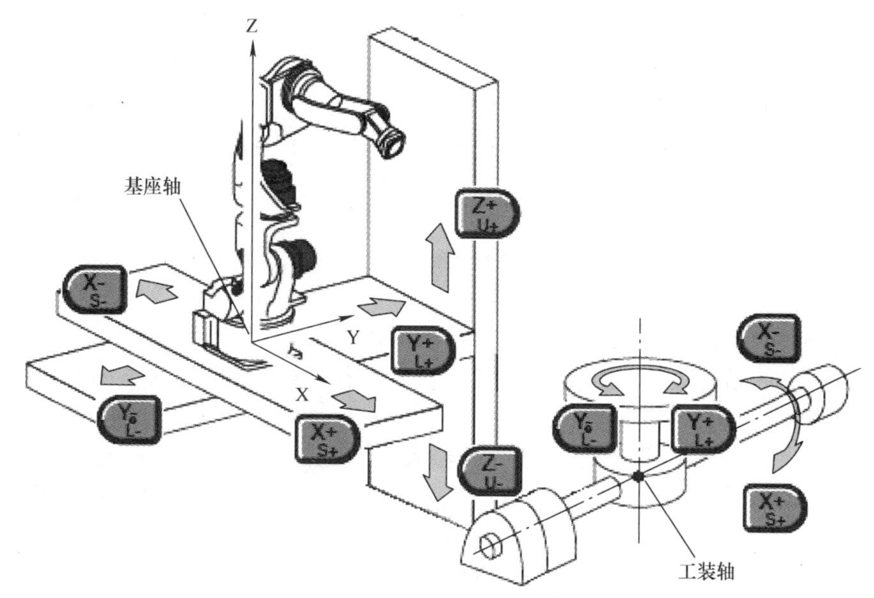

图 6.3-7 辅助轴点动操作

辅助轴的点动操作，除了步骤2）需要通过“【转换】+【外部轴切换】”键，选定机器人基座轴或工装轴外，其他均与机器人本体点动相同。

6.3.3 其他坐标系点动操作

1. 基本操作

除关节坐标系外，机器人也可进行直角坐标系、圆柱坐标系、工具坐标系和用户坐标系的点动操作。选择这些坐标系时，机器人可通过腰回转轴S和上下臂摆动轴U/L的合成运动，使手腕基准点或控制点沿指定轴、指定方向运动。

机器人在直角坐标系、圆柱坐标系、工具坐标系、用户坐标系的点动操作，可通过示教器操作面板左侧的6个方向键【X-/S-】~【Z+/U+】控制，并可选择微动（增量进给）和点动两种方式，直角/圆柱坐标系点动的速度，可通过系统参数S1CxG026~S1CxG029设定；增量进给距离可在系统参数S1CxG031上设定。

机器人点动操作的基本步骤如下：

1）示教器操作模式选择【示教（TEACH）】。

2）同时按示教器操作面板上的“【转换】+【机器人切换】”键，选定机器人，并通过显示器上的状态栏显示确认。

3）重复按示教器操作面板上的【选择工具/坐标】键，直至直角、圆柱或工具、用户坐标系被选择、显示器的状态栏显示相应的坐标系图标。

4）选择工具、用户坐标系时，还需要同时按操作面板上的“【转换】+【选择工具/坐标】”键，在显示的工具或用户坐标系选择页面上，利用光标选定工具号或用户坐标号。工具号、用户坐标号选定后，同时按操作面板上的“【转换】+【选择工具/坐标】”键返回。

5）按速度调节键【高】或【低】，选定坐标轴初始的点动进给方式或点动运行速度。

6）确认机器人运动范围内无操作人员及可能影响机器人运动的其他器件后，按操作面板的【伺服准备】键，接通驱动器主电源；当主电源接通、【伺服接通】灯闪烁后，轻握示教器背面的【伺服ON/OFF】开关、启动伺服，使操作面板上的【伺服接通】指示灯亮。

7）按方向键，对应的坐标轴即进行指定方向的运动。当同时按不同轴的多个方向键时，多个轴可同时运动。

8）点动运动期间，可通过同时按速度调节键改变点动进给方式和进给速度；如果同时按方向键和【高速】键，指定轴将以点动快速的速度移动，点动快速速度可通过机器人的参数进行设定。

2. 方向键定义

选择直角坐标系、圆柱坐标系、工具坐标系和用户坐标系，进行点动操作时，在不同坐标系下，示教器操作面板上的方向键【X-/S-】~【Z+/U+】有不同的含义：

1）直角坐标系：选择直角坐标系进行点动定位操作时，方向键【X-/S-】~【Z+/U+】，用于机器人手腕基准点沿X、Y、Z轴直线移动控制。操作面板的点动定位方向键和机器人运动的对应关系如图6.3-8所示。

2）圆柱坐标系：选择圆柱坐标系进行机器人点动定位操作时，方向键【X-/S-】~【Z+/U+】，可使手腕基准点绕机器人的中心线回转，或沿半径方向、上下方向进行直线移动。方向键和机器人θ轴、r轴运动的对应关系如图6.3-9所示。

圆柱坐标系的θ轴点动回转进给由方向键【X+/S+】【X-/S-】控制，逆时针为正向，运动直接通过腰回转轴S实现；沿半径方向的r轴点动进给，由方向键【Y+/L+】【Y-/L-】

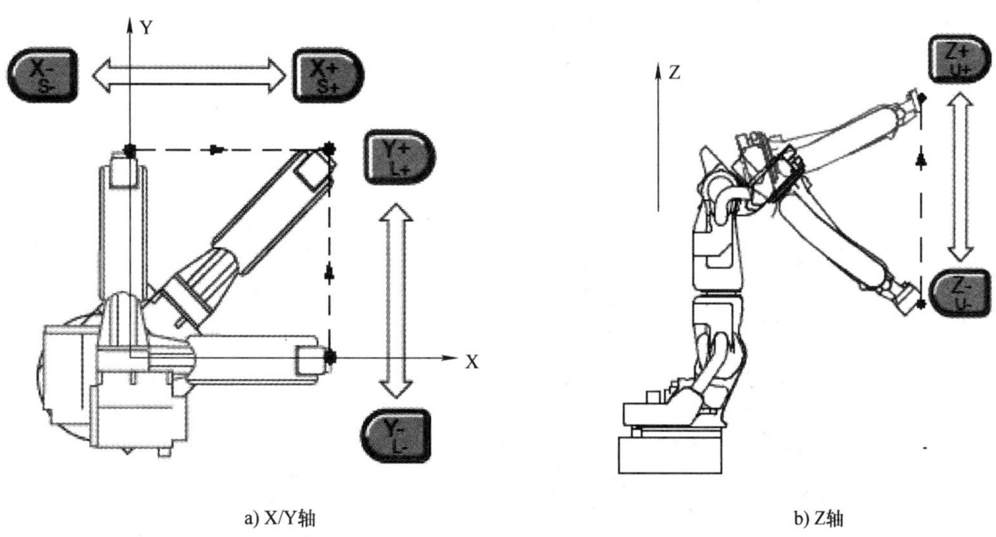

图 6.3-8　直角坐标系的点动操作

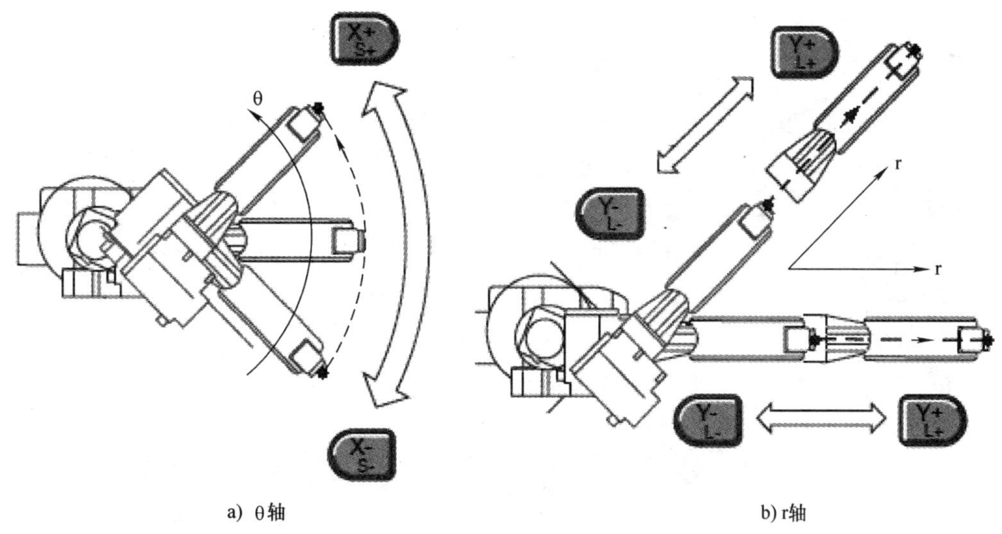

图 6.3-9　圆柱坐标系的 θ/r 轴点动操作

控制，正向运动时半径增加；进给运动需要通过上下臂摆动轴 U/L 的合成实现。Z 轴点动进给由方向键【Z +/U +】【Z -/U -】控制，进给运动和直角坐标系相同。

3）工具坐标系：选择工具坐标系进行点动定位操作时，方向键【X -/S -】 ~ 【Z +/U +】，可使机器人的控制点进行工具坐标系的 X、Y、Z 轴运动，方向键和机器人运动的对应关系如图 6.3-10 所示。工具坐标系的坐标轴方向，可通过系统的工具坐标系设置操作确定，有关内容可参见第 8 章 8.2 节。

4）用户坐标系：选择用户坐标系的点动操作时，可使机器人的控制点进行用户坐标系的 X、Y、Z 轴运动，方向键和机器人运动的对应关系如图 6.3-11 所示。用户坐标系的坐标轴方向，可通过系统的用户坐标系设置操作确定，有关内容可参见第 8 章 8.4 节。

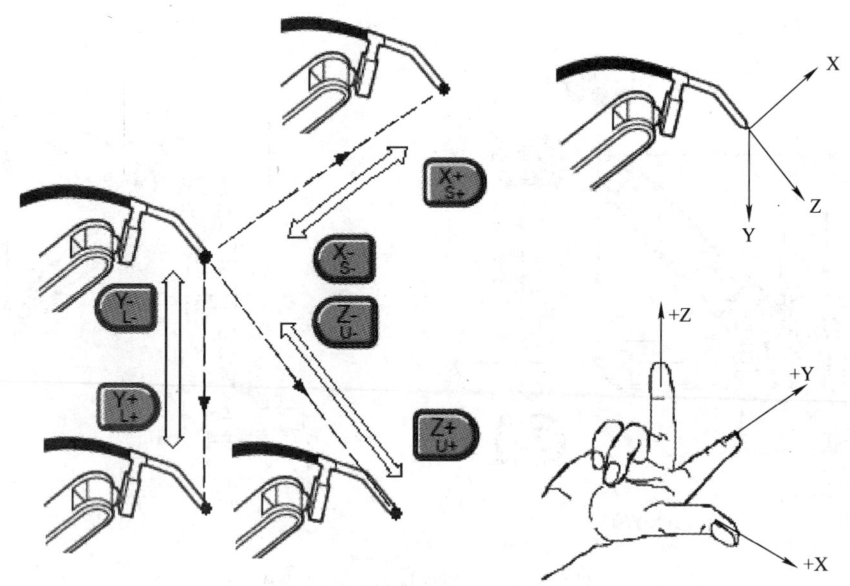

图 6.3-10　工具坐标系的点动操作

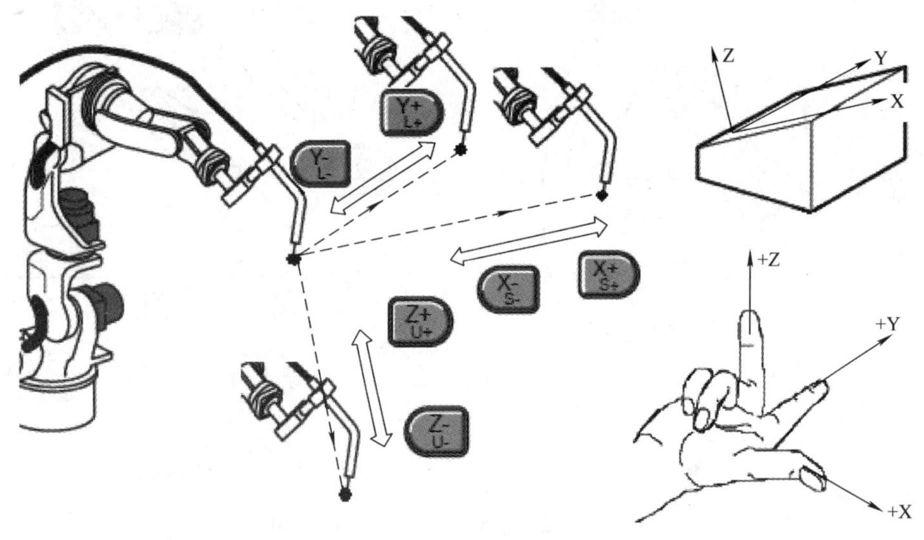

图 6.3-11　用户坐标系的点动操作

6.3.4　工具的点动定向操作

1. 定向方式

改变机器人工具（末端执行器）姿态的运动称为定向。六轴垂直串联机器人的工具定向，可通过手腕回转轴 R、摆动轴 B 和手回转轴 T 的运动实现；在七轴机器人上，下臂回转轴 E（第 7 轴）也可用于定向控制。

工业机器人的定向有“控制点保持不变”和“变更控制点”两种运动方式。控制点（TCP 点）通常是末端执行器（工具）的作业端点，它可通过工具控制点设置操作进行设定，有关内容可参见第8章8.2节。

1）控制点保持不变定向：控制点保持不变的定向运动如图6.3-12所示，这是一种TCP点位置保持不变、只改变工具姿态的操作。执行这一操作，可使得机器人上所安装的工具，回绕TCP点进行回转运动。

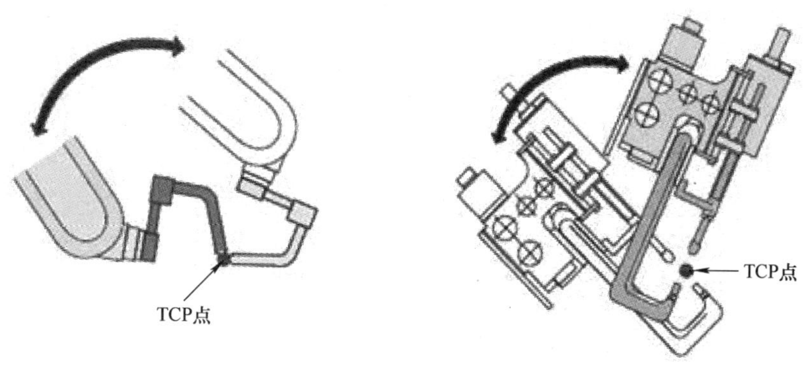

图6.3-12 TCP点保持不变的定向

在七轴机器人上，还可通过下臂回转轴E（第7轴）的运动，进一步实现图6.3-13所示的控制点不变的运动。

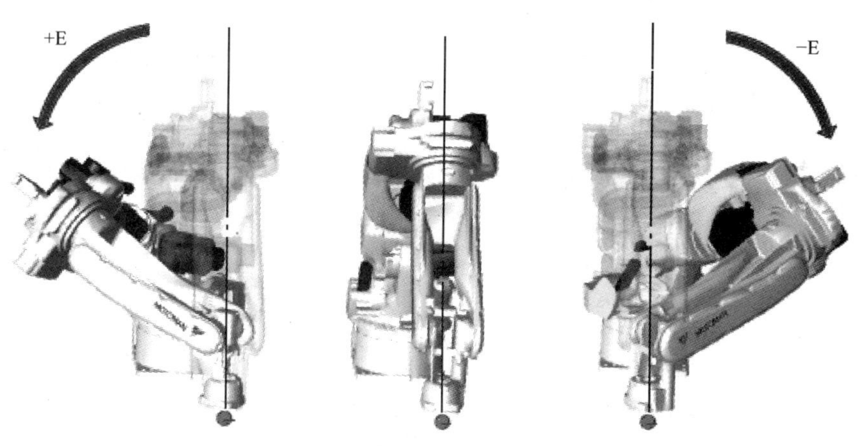

图6.3-13 七轴机器人的机身摆动

2）变更控制点定向：变更控制点的定向运动是一种同时改变TCP点和姿态的操作。执行变更控制点定向操作，可使得机器人根据所选择的作业端点，进行如图6.3-14所示的回转运动。

图6.3-14a为机器人安装有两把工具时，变更TCP点的定向运动。如使用TCP点为P1的工具1，机器人将进行左图所示的P1点定向运动；如使用TCP点为P2的工具2，机器人将进行右图所示的定向运动。

图6.3-14b为机器人安装有1把工具、但工具上设定有两个TCP点时的定向运动。如选择P1点为控制点，机器人将进行左图所示的定向运动；如选择P2点为控制点，机器人将进行右图所示的定向运动。

2. 方向键定义

机器人定向操作是以TCP点为原点，所进行的手腕绕X、Y、Z轴的回转运动，因此，它除了不能在关节坐标系上执行外，在直角坐标系、圆柱坐标系、工具坐标系和用户坐标系上均可

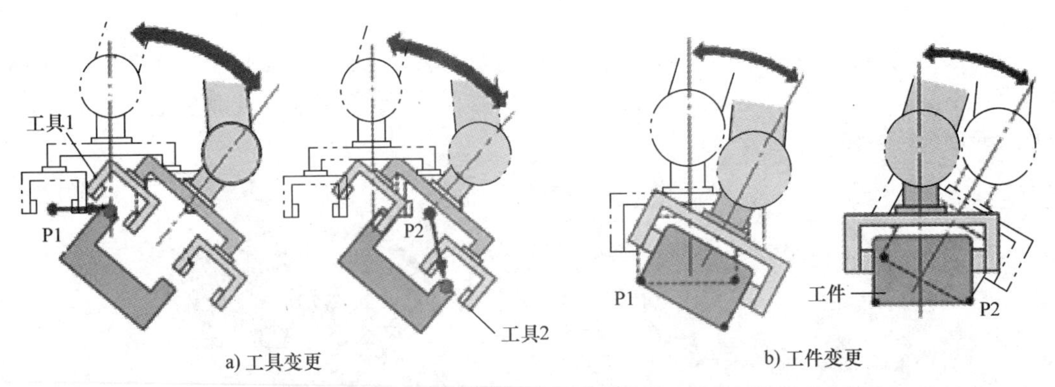

a) 工具变更　　b) 工件变更

图 6.3-14　变更控制点的定向

进行。

机器人的点动定向操作，可通过示教器操作面板右侧的 6 个方向键【X -/R -】 ~ 【Z +/T +】控制，在不同的坐标系上，方向键和机器人运动的对应关系如图 6.3-15 所示，手腕回转方向符合右手定则。

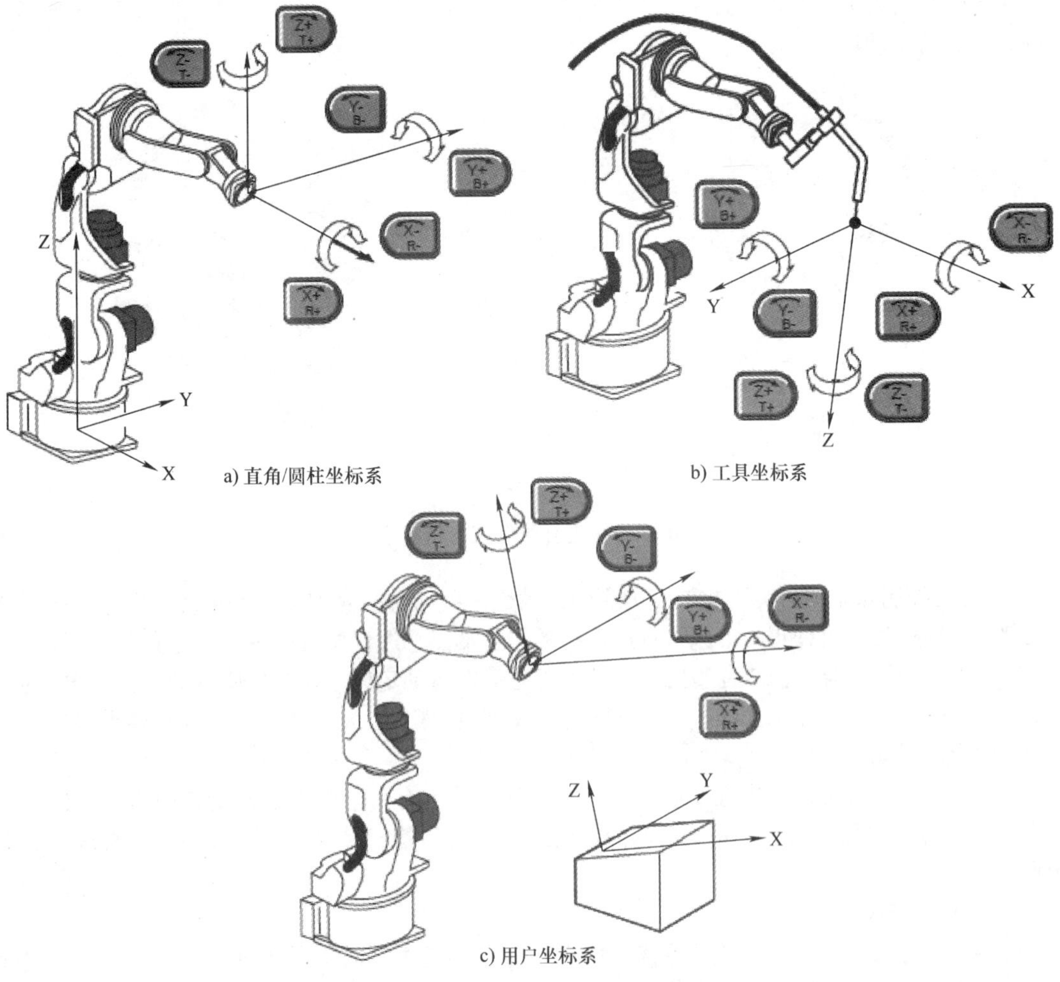

a) 直角/圆柱坐标系　　b) 工具坐标系

c) 用户坐标系

图 6.3-15　不同坐标系的定向操作

3. 点动操作

机器人的工件点动定向操作进给同样可选择微动（增量进给）和点动两种方式，点动操作的基本步骤和定位操作相同，控制点的变更可通过同时按“【转换】+【坐标】”键，在显示的工具选择页面上进行。

6.4 机器人的示教编程

6.4.1 示教条件及其设定

1. 示教编程的作用

示教编程是通过作业现场的人机对话操作，通过操作者对机器人进行的作业引导，由控制系统生成、记录命令，产生程序的方法，编程简单易行，编制的程序正确、可靠，它是目前工业机器人最常用的编程方法。

以第2章2.1节、图2.1-2所示的DX100系统弧焊机器人程序为例，由程序可见，机器人程序中的命令实际上并不完整，移动命令中并没有定义需要进行运动的坐标轴以及定位、直线插补的运动终点坐标等重要参数。

关节型机器人和数控机床等设备的最大区别在于，机器人的笛卡儿坐标系是虚拟的，运动轴没有对应的导向机构（导轨），控制点（TCP点）的运动需要通过若干个关节的旋转、摆动实现，其运动形式复杂多样；即使是对于同一空间位置，也可通过不同关节、不同形式的旋转、摆动实现。此外，由于机器人的作业工具姿态是可变的，对于同一控制点，还可通过手腕的运动，任意改变工具姿态。

因此，关节型机器人不能像数控机床那样，简单地利用程序中的坐标位置来规定其运动，而是需要进一步明确需要“哪些关节运动?”“向什么方向运动?”“工具的姿态如何?”等诸多的运动参数。而这些运动参数的改变，都将直接影响机器人的动作，甚至可能导致运动时的干涉、碰撞和危险。为此，需要通过操作编程人员在作业现场，通过人机对话操作，手把手地引导机器人运动，确定具体的运动参数、完成程序编制工作。

2. 示教条件设定操作

进行示教编程前，首先需要根据程序的要求，设定系统的示教编程条件。安川DX100系统的示教编程条件及设定操作步骤如下：

1）按6.2节的操作步骤，将安全模式设定至“编辑模式”或“管理模式”。

2）将示教器上的操作模式选择开关置“示教【TEACH】”模式。

3）按示教器操作面板的【主菜单】键，显示主菜单页面。

4）选择主菜单扩展软功能键［▶］，显示系统的扩展主菜单，并选定图6.4-1所示的扩展主菜单［设置］。

5）选定扩展主菜单［设置］中的［示教条件设定］子菜单，示教器便可显示图6.4-2所示的示教条件设定页面。

6）光标定位至相应的选项输入框，按示教器操作面板上的【选择】键，输入框将显示图6.4-3所示的输入选项，选择不同选项，便可进行示教条件的切换。

示教条件的不同设定，将直接影响系统的示教器显示、命令输入及程序编辑功能，DX100系统的各示教条件设定选项的功能如下：

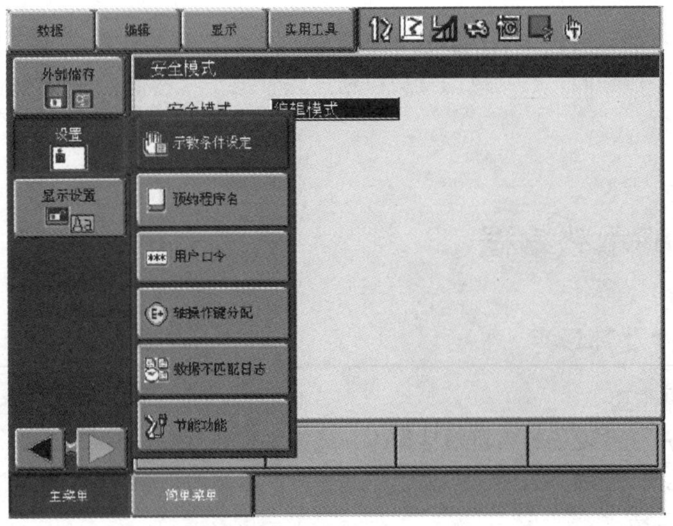

图 6.4-1　扩展主菜单的显示

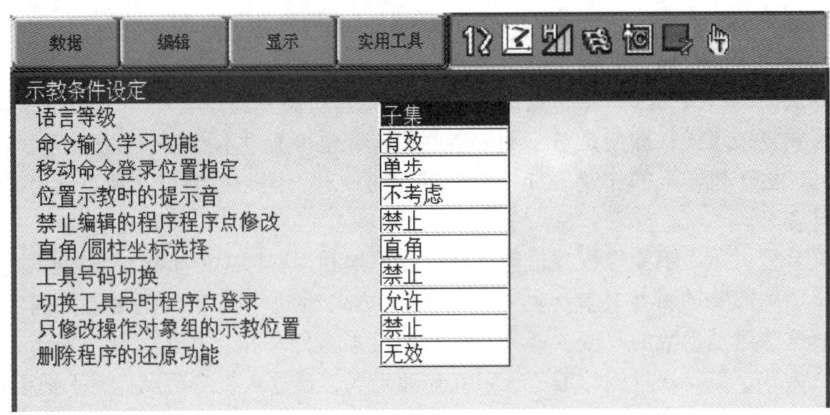

图 6.4-2　示教条件设定页面

图 6.4-3　输入选项显示

3. 示教条件的选择

1）语言等级：语言等级有“子集”“标准”“扩展”三个选项，可用于示教编程、程序编辑时的命令选择。“子集”可用于简单程序的编辑；选择“子集”时，示教器的命令一览表只能显示最常用的程序命令。选择“标准”，命令一览表可显示全部程序命令，但不能在程序标题栏设定局部变量；也不能在添加项中使用变量。选择“扩展”时，可显示、输入、编辑系统的全部程序命令和变量。命令集也可通过系统参数 S2C211 的设定选择。

语言等级只影响程序的输入和编辑操作，不影响再现运行时的功能。即当程序编辑完成、进行再现运行时，即使将语言等级设定成“子集”，命令一览表中不能显示的命令仍然能够正常执行。

语言等级设定将直接影响示教器的操作显示，本书所介绍的内容中，有部分需要通过将语言等级设定成“扩展”才能进行，对此，不再一一说明。

2）命令输入学习功能：该项有“有效”“无效”两个选项，选择“有效”时，系统将具有命令添加项记忆功能，下次输入同样命令时，可在输入缓冲行同时显示命令和本次编辑相同的添加项。选择“无效”时，则输入缓冲行只显示命令，添加项需要通过命令的“详细编辑”页面进行编辑。命令学习功能也可通过系统参数 S2C214 的设定选择。输入学习功能的设定也将影响命令的输入和编辑操作，本书所介绍的内容中，有部分是针对输入学习功能设定为“有效”情况下的操作。

3）移动命令登录位置指定：该选项用于移动命令插入操作时的插入位置选择，有“下一行”“下一程序点前”两个选项。选择“下一行”，所输入的移动命令直接插入在光标选定行之后；选择“下一程序点前”，所输入的移动命令将被插入到光标选定行之后的下一条移动命令之前。本选项也可通过系统参数 S2C206 的设定选择。

例如，对于图 6.4-4a 所示的程序，如光标定位于程序行 0006 位置时，进行移动命令“MOVL V=558”的插入，当本选项设定为“下一行”时，命令“MOVL V=558”被直接插入在图 6.4-4b 所示的光标行后，行号自动成为 0007；当选项设定为“下一程序点前”时，命令“MOVL V=558”被插入到图 6.4-5c 所示的下一条移动命令“0009 MOVJ VJ=100.0”之前，行号自动成为 0009。

0006 MOVL V=276
0007 TIMER T=1.00
0008 DOUT OT#(1) ON
0009 MOVJ VJ=100.0

a) 光标定位

0006 MOVL V=276
0007 MOVL V=558
0008 TIMER T=1.00
0009 DOUT OT#(1) ON
0010 MOVJ VJ=100.0

b) 下一行

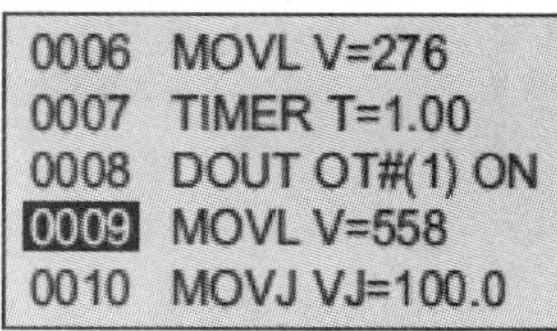

c) 下一程序点前

图 6.4-4 移动命令登录位置的选择

4）位置示教时的提示音：通过输入选项“考虑”“不考虑”，可打开、关闭位置示教操作时的提示音。

5）禁止编辑程序的程序点修改：当程序通过标题栏的“编辑锁定”设定、禁止程序编辑操作时，如本项设定选择“允许”，移动命令中的程序点仍可进行修改；如本项设定选择“禁止”，程序点修改将被禁止。本选项也可通过系统参数 S2C203 设定。

6）直角/圆柱坐标系选择：用于机器人基本坐标系的选择。通过 X/Y/Z 定义程序点位置时，选择“直角”；通过 r、θ、Z 定义程序点位置时，选择“圆柱”。

7）工具号切换：选择“允许”“禁止”可生效、撤销程序编辑时的工具号修改功能。

8）切换工具号时的程序点登录：选择“允许”“禁止”可生效、撤销工具号修改时的程序点修改功能。

9）只修改操作对象组的示教位置：选择“允许”“禁止”可生效、撤销除了操作对象外的其他轴的位置示教功能。

10）删除程序的还原功能：选择“有效”“无效”可生效、撤销系统恢复（UNDO）已删除程序的功能。

6.4.2 程序创建和程序名输入

机器人的示教编程时一般按程序创建、命令输入、命令编辑等步骤进行。DX100 系统的程序创建、程序名输入操作步骤：

1）按 6.2 节的操作步骤，完成开机操作，并将安全模式设定至“编辑模式”。

2）将示教器上的操作模式选择开关置“示教【TEACH】”模式。

3）按操作面板上的【主菜单】键，选择主菜单；用光标调节键，将光标定位到［程序内容］上，按【选择】键选定后，示教器将显示图 6.4-5 所示的子菜单。

图 6.4-5 程序内容子菜单显示

4）用光标调节键，将光标定位到［新建程序］子菜单上，按【选择】键选定，示教器将显示图 6.4-6 所示的新建程序登录和程序名输入页面。

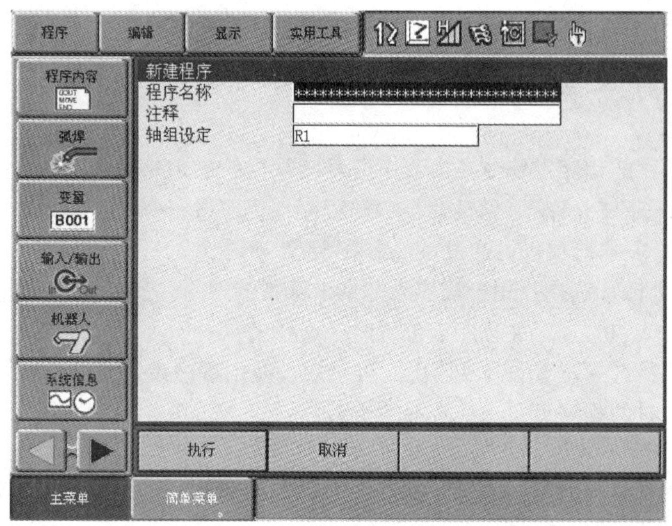

图 6.4-6 新建程序登录页面

5）纯数字的程序名可直接通过示教器的操作面板输入；如程序名中包含字母、字符，可按选页键【返回/翻页】，使示教器显示图6.4-7a所示的字符输入软键盘。

6）按操作面板的【区域】键，使光标定位到软键盘的输入区。如果程序名中包含小写字母、符号时，可通过光标定位，选择数字/字母输入区的大/小写转换键［CapsLook ON］，进一步显示图6.4-7b所示的小写字母输入软键盘，或者，选择数字/字母输入区的符号输入切换键［SYMBOL］，显示图6.4-7c所示的符号输入软键盘。

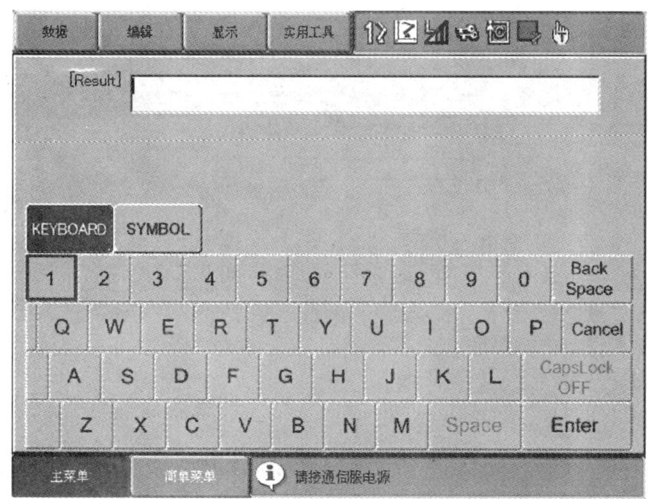

a) 大写输入

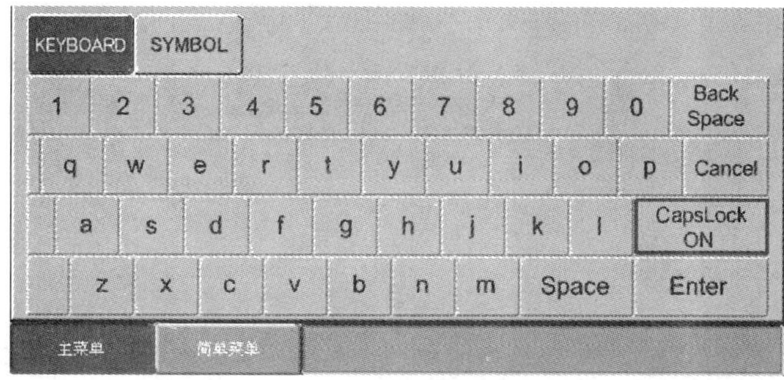

b) 小写输入

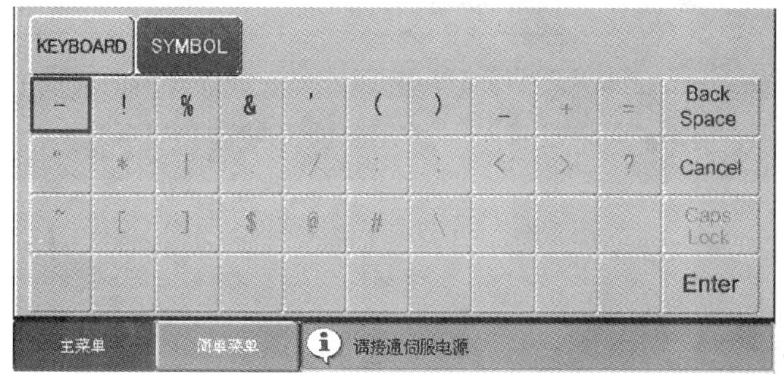

c) 符号输入

图6.4-7　字符输入软键盘显示

7）在选定的软键盘上，利用光标选定需要输入的数字、字母或符号，并通过［Enter］键输入；例如，对于程序名 TEST，可在图 6.4-7a 所示的页面上，依次选定字母 T、[Enter] →选定字母 E、[Enter] ……完成程序名输入。DX100 系统的程序名最大允许为 32（半角）或 16（全角）个字符，同样的程序名不能在同一系统上重复使用。输入的字符可在 [Result] 栏显示，按 [Cancel] 可以逐一删除输入的字符，按操作面板的【清除】键，可删除全部输入；再次按【清除】键，可关闭字符输入软键盘，返回程序登录页面。

8）程序名输入完成后，按操作面板的【回车】键，程序名即被输入，示教器显示图 6.4-8 所示的程序登录页面。

图 6.4-8　程序登录页面

9）将光标定位到操作键显示区的 [执行] 键上，按操作面板上的【选择】键，程序即被登录，示教器将显示图 6.4-9 所示的程序编辑页面。

程序编辑页面的开始命令“0000 NOP”和结束标记“0001 END”由系统自动生成，在该页面上，操作者便可通过下述的命令输入操作，输入程序命令。

图 6.4-9　示教程序编辑页面显示

6.4.3　移动命令输入操作

移动命令的输入必须在伺服启动时进行。以前述第 2 章 2.1 节中图 2.1-2 所示的程序为例，DX100 系统的示教编程移动命令输入的操作步骤：

1）按表 6.4-1，输入机器人从开机位置 P0，向程序起点 P1 移动的定位命令。

表 6.4-1　P0 到 P1 定位命令输入操作步骤

步骤	操作与检查	操作说明
1	 伺服接通	轻握示教器背面的【伺服 ON/OFF】开关，启动伺服、【伺服接通】指示灯亮
2	 转换 + 机器人切换 外部轴切换 控制轴组 : R1	对于多机器人控制系统或带有变位器的控制系统，同时按示教器操作面板上的“【转换】+【机器人切换】”键，或“【转换】+【外部轴切换】”键，选定控制轴组
3	 工具选择 坐标	按示教器操作面板上的【选择工具/坐标】键，选定坐标系。重复按该键，可进行关节→直角→圆柱→工具→用户坐标系的循环变换
4	 转换 + 工具选择 坐标	使用多工具时，同时按“【转换】+【选择工具/坐标】”键，显示工具选择页面后，选定工具号。然后，同时按“【转换】+【选择工具/坐标】”键返回
5	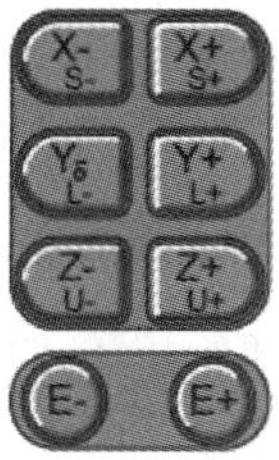 X- S- X+ S+ Y- L- Y+ L+ Z- U- Z+ U+ E- E+	按点动操作步骤，将机器人由开机位置 P0，手动移动到程序起始位置 P1 示教编程时，移动指令要求的只是终点位置，它与点动操作时的移动轨迹、坐标轴运动次序无关
6	 插补方式　=> MOVJ VJ=0.78	按操作面板上的【插补方式】（或【插补】）键，输入缓冲行将显示关节插补指令 MOVJ
7	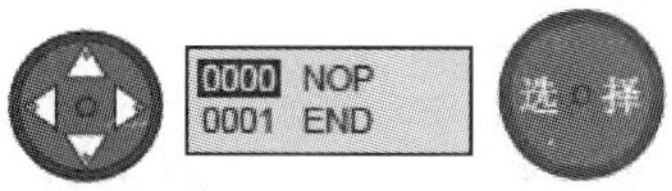 0000 NOP 0001 END 选择	用光标移动键，将光标调节到程序行号 0000 上，按操作面板的【选择】，选定命令输入行
8	 => MOVJ VJ=0.78	用光标移动键，将光标定位到命令输入行的速度倍率上
9	 转换 + => MOVJ VJ=10.00	同时按【转换】键和光标向上键【↑】，速度倍率将上升；如同时按【转换】键和光标向下键【↓】，则速度倍率下降；速度倍率按级变化，每级的具体值可通过再现速度设定规定（详见 9.1 节）。根据程序要求，将速度倍率调节至 10.00（10%）
10	 回车　0000 NOP 0001 MOVJ VJ=10.00 0002 END	按【回车】键输入，机器人由 P0 向 P1 的定位命令 MOVJ VJ=10.00，将被输入到程序行 0001 上

2）如需要，按表6.4-2，调整机器人的工具位置和姿态；并输入从程序起点P1，向接近作业位置的定位点P2移动的定向命令。

表6.4-2　P1到P2定向命令输入操作步骤

步骤	操作与检查	操作说明
1	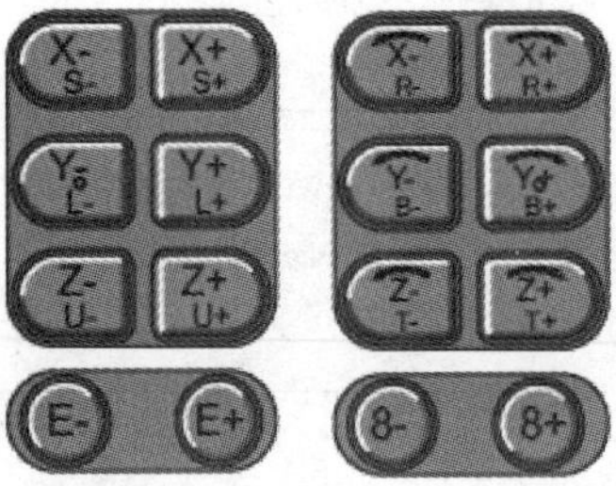 X- S- X+ S+ Y- L- Y+ L+ Z- U- Z+ U+ E- E+ X- R- X+ R+ Y- B- Y+ B+ Z- T- Z+ T+ 8- 8+	用操作面板的点动键，将机器人由程序起始位置P1，移动到接近作业位置的定位点P2。如需要，还可用操作面板的点动定向键，调整工具姿态 示教编程时，移动指令只需要正确的终点位置，与操作时的移动轨迹、坐标轴运动次序无关
2～5	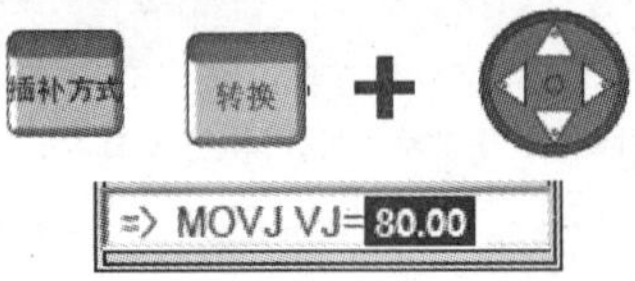 插补方式　转换　+ => MOVJ VJ=80.00	通过【插补方式】（或【插补】）键、【转换】键+光标【↑】/【↓】键，输入命令MOVJ VJ=80.00 操作同表6.4-1步骤6～9
6	 回车 0000 NOP 0001 MOVJ VJ=10.00 0002 MOVJ VJ=80.00 0003 END	按操作面板的【回车】键，机器人由P1向P2的移动命令MOVJ VJ=80.00被输入到程序行0002上

3）按表6.4-3，输入从接近作业位置的定位点P2，向作业开始位置P3移动的直线插补命令。

表6.4-3　P2到P3直线插补命令输入操作步骤

步骤	操作与检查	操作说明
1	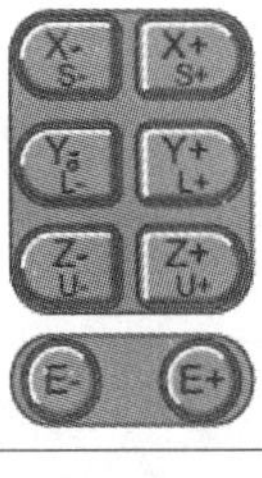 X- S- X+ S+ Y- L- Y+ L+ Z- U- Z+ U+ E- E+	保持P2点的工具姿态不变，用操作面板的点动定位键，将机器人由接近作业位置的定位点P2，移动到作业开始点P3
2	 插补方式 => MOVL V=66	按【插补方式】（或【插补】）键数次，直至命令输入行显示直线插补指令MOVL
3	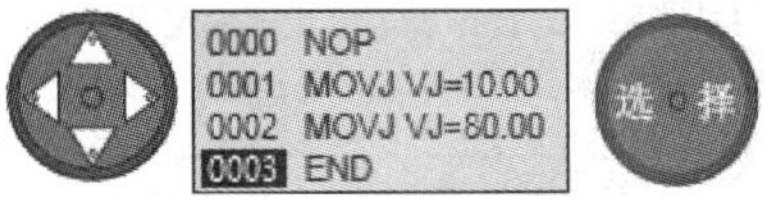 0000 NOP 0001 MOVJ VJ=10.00 0002 MOVJ VJ=80.00 0003 END 选择	用光标移动键，将光标调节到程序行号0003上，按操作面板的【选择】，选定命令输入行
4	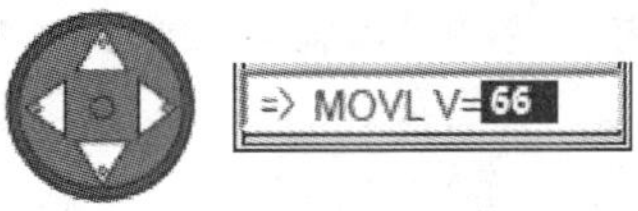 => MOVL V=66	用光标移动键，将光标定位到命令输入行的直线插补速度显示值上

（续）

步骤	操作与检查	操作说明
5	转换 + ⊕ => MOVL V=800	同时按【转换】键和光标上/下键【↑】/【↓】，将速度调节至800cm/min。移动速度按速度级变化，每级速度的具体值可通过再现速度设定规定（详见第9章9.1节）
6	回车 0000 NOP 0001 MOVJ VJ=10.00 0002 MOVJ VJ=80.00 0003 MOVL V=800 0004 END	按【回车】键，机器人由P2向P3的直线插补移动命令MOVL V=800输入到程序行0003上

4）输入作业时的移动命令：机器人从P3→P4、P4→P5点的移动为焊接作业的直线插补运动。按程序的次序，P3→P4点的移动命令“0005 MOVL V=50”，应在完成P3点的焊接启动命令“0004 ARCON ASF#（1）”的输入后进行；而P4→P5点的移动命令“0007 MOVL V=50”，则应在完成P4点的焊接条件设定命令“0006 ARCSET AC=200 AVP=100”的输入后进行。但是，实际编程时也可先完成所有移动命令的输入，然后，通过程序编辑的命令插入操作，增补作业命令“0004 ARCON ASF#（1）”“0006 ARCSET AC=200 AVP=100”。

移动命令“0005 MOVL V=50”“0007 MOVL V=50”的输入方法，与P2→P3点的直线插补命令“0003 MOVL V=800”相同。示教编程时，移动命令只需要P4、P5点正确的终点位置，它对机器人示教时的移动轨迹、坐标轴运动次序等并无要求，因此，为了避免示教移动过程中可能产生的碰撞，进行P3→P4、P4→P5点动定位时，可应先将焊枪退出工件加工面，然后，从安全位置进入P4点、P5点。

5）输入作业完成后的移动命令：机器人在P5点执行焊接关闭（熄弧）命令“0008 ARCOF AEF#（1）”后，需要通过移动命令“0009 MOVL V=800”“0010 MOVJ VJ=50.00”退出作业位置，回到程序起点P1（即P7点）。按程序的次序，P5→P6点、P6→P7点的移动命令应在完成焊接关闭命令“0008 ARCOF AEF#（1）”的输入后进行，但实际编程时也可先输入移动命令，然后，通过程序编辑的命令插入操作，增补作业命令“0008 ARCOF AEF#（1）”。

移动命令“0009 MOVL V=800”为直线插补命令，其输入方法与P2→P3点的直线插补命令“0003 MOVL V=800”相同；移动命令“0010 MOVJ VJ=50.00”为点定位（关节插补）命令，其输入方法与P0→P1点的定位命令“0001 MOVJ JV=10.00”相同。通过后述的“点重合”编辑操作，还可使退出点P7和起始点P1重合。

6.4.4 作业命令输入操作

机器人到达前述第2章2.1节中图2.1-2所示的作业开始点P3后，需要输入焊接启动命令“0004 ARCON ASF#（1）”，在P4点需要输入焊接条件设定命令“0006 ARCSET AC=200 AVP=100”，在P5点需要输入焊接关闭（熄弧）命令“0008 ARCOF AEF#（1）”。

作业命令的输入既可按照程序的次序依次输入，也可在全部移动命令输入完成后，再通过命令编辑的插入操作，在指定位置插入作业命令。按照程序的次序依次输入作业命令的操作步骤如下：

1. 焊接启动命令的输入

1）当机器人完成表6.4-3的定位点P2→作业开始位置P3的直线插补移动程序行0003的输

入后，按表 6.4-4，输入作业起点 P3 的焊接起动（引弧）命令 ARCON。

表 6.4-4　P3 点的焊接起动命令输入操作步骤

步骤	操作与检查	操作说明
1	7　8 引弧　9 送丝 4　5 熄弧　6 退丝 1 定时器　2 气体　3 电流电压 0 参考点　.　- 电流电压	按弧焊机器人示教器操作面板上的弧焊命令快捷输入键【引弧】，直接输入焊接起动命令 ARCON 或 ① 按操作面板上的【命令一览】键，使示教器显示全部命令选择对话框 ② 在显示的命令选择对话框中，通过光标调节键、【选择】键，选择［作业］→［ARCON］命令
2	回车　ARCON	按操作面板的【回车】键输入，输入缓冲行将显示 ARCON 命令
3	选择	按操作面板的【选择】键，使示教器显示 ARCON 命令的详细编辑页面

2）ARCON 命令的详细编辑页面显示如图 6.4-10a 所示，在该页面上，可进行 ARCON 命令的添加项输入与编辑。进行 ARCON 命令的添加项输入与编辑时，可将光标调节到“未使用”输入栏上，然后进行以下操作。

a) ARCON命令编辑页面

图 6.4-10　ARCON 命令编辑显示

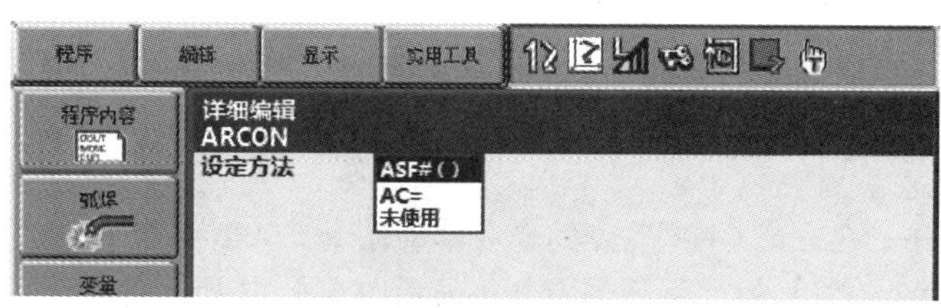

b) 焊接特性设定选项显示

图 6.4-10 ARCON 命令编辑显示（续）

3）按操作面板的【选择】键，示教器将显示图 6.4-10b 所示的焊接特性设定选择输入框，当焊接作业条件以引弧条件文件的形式输入时，应在输入框中选定“ASF#（)”。

4）焊接作业条件的输入形式选定后，示教器将显示图 6.4-11a 所示的焊接作业条件文件的选择页面。为了输入所需的焊接作业条件文件号，可根据将光标调节到文件号上，按【选择】键、选定文件号输入操作。

5）文件号输入操作选择后，系统将显示图 6.4-11b 所示的引弧文件号输入对话框，在对话框中，可用数字键输入文件号后，按【回车】键输入。

a) 作业文件选择页面

b) 引弧文件号输入

图 6.4-11 作业文件输入显示

6）再次按【回车】键，输入缓冲行将显示命令“ARCON ASF#（1)”。

7）再次按【回车】键，作业命令“0004 ARCON ASF#（1)”将被输入到程序中。

2. 焊接条件设定命令输入

机器人焊接到P4点后，需要输入焊接条件设定命令“0006 ARCSET AC＝200 AVP＝100”修改焊接条件。因示教器操作面板上无直接输入焊接条件设定命令ARCSET命令的快捷键，命令需要通过如下操作输入。

1）按程序的次序，在完成P4→P5点的作业移动命令“0007 MOVL V＝50”输入后，按示教器操作面板上的【命令一览】键，示教器右侧将显示图6.4-12所示的命令一览表。

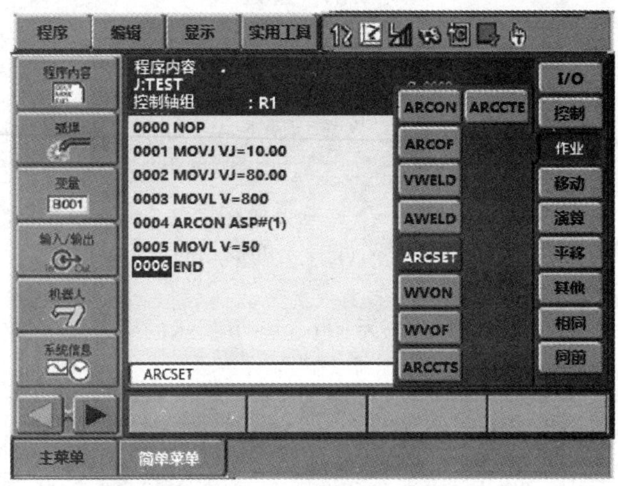

图6.4-12 命令一览表显示

2）用光标调节键和【选择】键，在命令一览表上依次选定［作业］→［ARCSET］，命令输入行将显示命令“ARCSET”。

3）按操作面板的【选择】键，示教器显示图6.4-13a所示的ARCSET命令编辑页面。

4）将光标调节到焊接参数的输入位置，按【选择】键，示教器将显示图6.4-13b所示的输入方式选择项。输入方式选择项的含义如下：

AC＝（或AVP＝等）：直接通过操作面板输入焊接参数；

ASF#（）：选择焊接作业文件，设定焊接参数；

未使用：删除该项参数。

5）根据程序需要，用光标选定输入方式选择项“AC ＝”，直接用数字键输入焊接电流设定值AC＝200，按【回车】键确认。

6）用焊接电流设定同样的方法，完成焊接电压设定参数AVP＝100的输入。

7）按【回车】键，输入缓冲行将显示焊接条件设定命令ARCSET AC＝200 AVP＝100。

8）再次按【回车】键，命令将输入到程序中。

3. 焊接关闭命令输入

机器人完成焊接、到达P5点后，需要通过焊接关闭命令“0008 ARCOF AEF#（1）”结束焊接作业。焊接关闭命令ARCOF的输入操作方法、命令编辑的显示等，均与前述的焊接启动命令ARCON相似，操作步骤简述如下：

1）按弧焊机器人示教器操作面板的弧焊专用键【5/熄弧】，然后按【回车】键输入焊接关闭命令ARCOF；或者，按操作面板上的【命令一览】键，在显示的机器人命令一览表中，用光标调节键和【回车】键选定［作业］→［ARCOF］输入ARCOF命令。

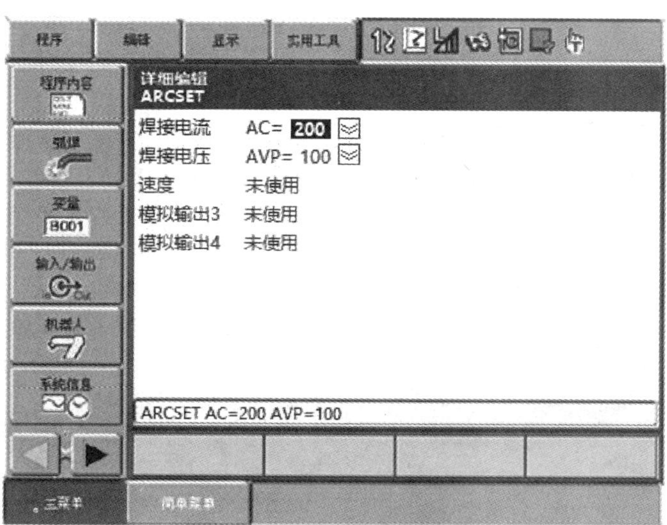

a) ARCSET命令编辑页面

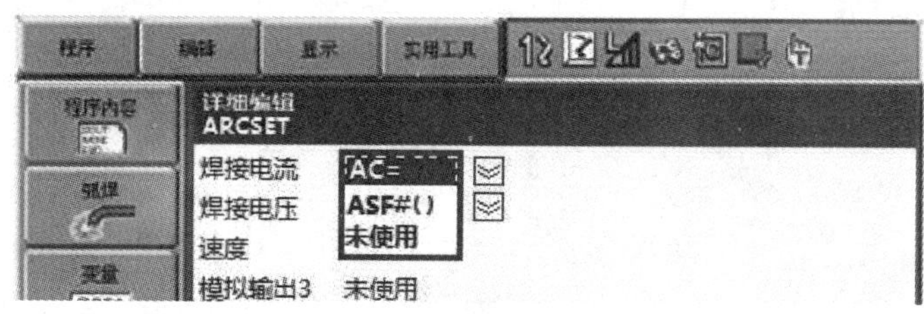

b) 焊接参数输入选项

图 6.4-13 ARCSET 命令编辑显示

2）按操作面板的【选择】键，使示教器显示 ARCOF 命令的编辑页面。

3）在 ARCOF 命令编辑页面上，用光标调节键选定“设定方法”输入栏。

4）按操作面板的【选择】键，显示焊接特性设定对话框，当焊接关闭条件以熄弧条件文件的形式设定时，在对话框中选定“AEF#（）”，示教器显示熄弧文件选择页面。

5）在熄弧文件选择页面上，将光标调节到文件号上，按【选择】键选择文件号输入操作，在熄弧文件号输入对话框中，用数字键输入文件号，按【回车】键输入。

6）再按【回车】键输入命令，输入缓冲行将显示命令“ARCOF AEF#（1）”。

7）再次按【回车】键，作业命令“0008 ARCOF AEF#（1）”将被插入到程序中。

6.5 命令编辑操作

6.5.1 程序的编辑设置与搜索

在示教编程过程中或程序编制完成后，可通过程序的编辑设置，生效或撤销部分程序显示和编辑功能，或对已编制的程序进行命令插入、删除、修改等编辑操作。

程序编辑时，为了快速查找需要编辑的命令或位置，可在编辑程序选定后，通过系统的程序搜索功能，将光标自动定位至所需的编辑位置。安川 DX100 系统的编辑程序选择、程序编辑设置和程序搜索操作如下：

1. 编辑程序选择

程序的编辑既可对当前的程序进行，也可对存储在系统中的已有程序进行。在程序编辑前，应通过如下操作，先选定需要编辑的程序。

1）将安全模式设定至“编辑模式”或“管理模式”；操作模式选择【示教（TEACH)】。

2）选择主菜单［程序内容］，示教器可显示图6.5-1a所示的子菜单。

3）编辑当前程序时，可直接选择主菜单［程序内容］、子菜单［程序内容］，直接显示程序。编辑存储在系统中的已有程序时，需要选择子菜单［选择程序］，在显示的图6.5-1b所示的程序一览表页面上，用光标调节键、【选择】键选定需要编辑的程序名（如TEST等）。

a) 程序内容子菜单显示

b) 程序一览表显示

图6.5-1　编辑程序的选定

程序选定后，示教器便可显示所选择的编辑程序，操作者便可通过程序的编辑设置，生效或撤销部分程序显示和编辑功能，或通过系统的程序搜索功能，快速查找所需的位置。

2. 程序编辑设置

程序编辑设置可通过程序显示页面的下拉菜单［编辑］进行，其功能和操作步骤如下：

1）按照上述步骤，选定需要编辑的程序。

2）选择下拉菜单［编辑］，示教器可显示图6.5-2所示的程序编辑子菜单。

程序编辑子菜单中的［起始行］［终止行］［搜索］，用于程序搜索（光标定位）操作。选择［起始行］［终止行］子菜单，可直接将光标定位到程序的开始行或结束行上；选择［搜索］子菜单，可启动程序搜索功能，将光标定位快速定位到所需的位置（详见后述）。

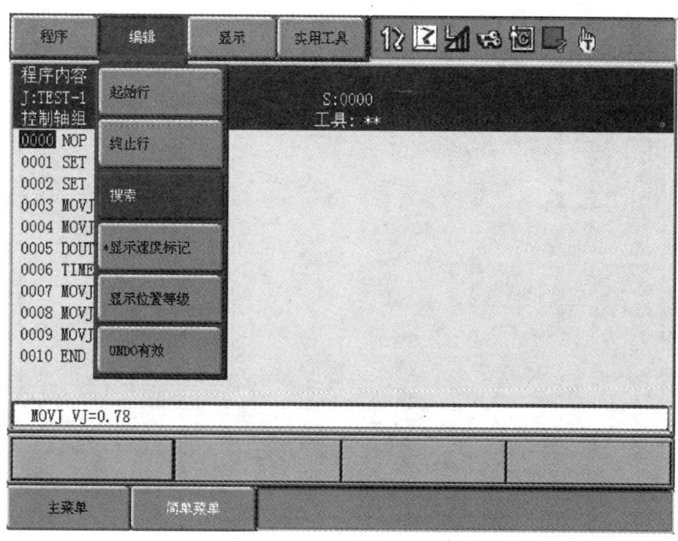

图 6.5-2 程序编辑子菜单

程序编辑子菜单中的［显示速度标记］［显示位置等级］［UNDO 有效］用于程序显示和编辑功能设置，其作用分别如下：

［＊显示速度标记］/［显示速度标记］：撤销/生效移动命令的速度添加项（VJ＝50.00、V＝200 等）显示功能。当程序中的移动命令显示速度添加项时，可通过选择［＊显示速度标记］子菜单，将命令中的速度添加项隐藏；当移动命令不显示速度添加项时，子菜单将成为［显示速度标记］，选择该子菜单，可恢复程序中的移动命令速度添加项显示。

［＊显示位置等级］/［显示位置等级］：撤销/生效移动命令的位置等级添加项 PL 的显示功能。当程序中的移动命令显示位置等级添加项时，可通过选择［＊显示位置等级］子菜单，将命令中的位置等级添加项隐藏；当移动命令不显示位置等级添加项时，子菜单将成为［显示位置等级］，选择该子菜单，可恢复程序中的移动命令位置等级添加项显示。

［＊UNDO 有效/［UNDO 有效］：撤销/生效移动命令的恢复功能。移动命令被编辑后，如发现所进行的编辑存在错误，可通过恢复（UNDO）操作，恢复为编辑前的程序；利用安川 DX100 的恢复功能，可恢复最近的 5 次编辑操作。当程序编辑的移动命令恢复功能有效时，可通过选择［＊UNDO 有效］子菜单，撤销移动命令的恢复功能；当移动命令恢复功能无效时，子菜单将成为［UNDO 有效］，选择该子菜单，可生效程序编辑时的移动命令恢复功能。

3. 程序搜索操作

程序搜索可通过下拉菜单［编辑］中的子菜单［搜索］进行，当系统按照前述步骤，选定需要编辑的程序，并在图 6.5-2 所示的下拉菜单［编辑］下，选定［搜索］子菜单后，示教器可显示图 6.5-3 所示的程序搜索内容选择对话框。

对话框中各选项的含义如下：

［行搜索］：可通过输入行号，将光标定位到指定的命令行上。

［程序点搜索］：可通过输入程序点号，将光标定位到指定程序点所在的移动命令行上。

［标号搜索］：可通过输入字符，将光标定位到标号（如跳转标记等）所在的命令行上。

［命令搜索］：可通过命令码的选择，将光标定位到指定的命令行上。

［目标搜索］：可通过添加项的选择，将光标定位到使用该添加项的命令行上。

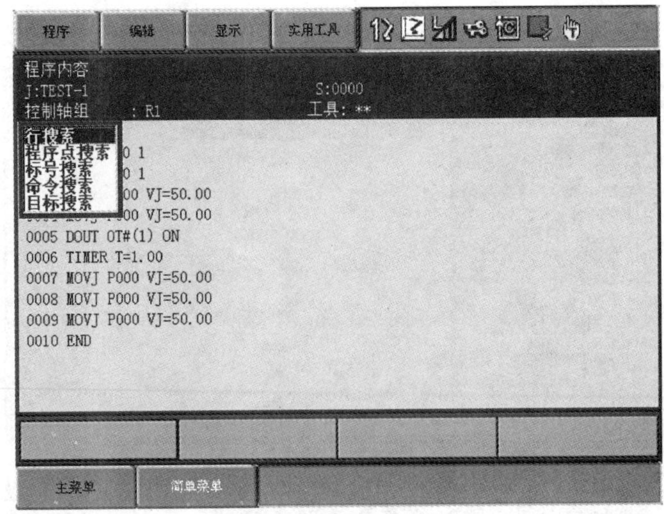

图 6.5-3　程序搜索选项显示

当搜索内容选择后，系统将自动弹出相应的对话框，以确定具体的搜索目标。搜索目标的输入和搜索操作分别如下：

1）行搜索和程序点搜索：选择［行搜索］与［程序点搜索］时，示教器将弹出图 6.5-4 所示的行号或程序点号输入对话框；在对话框上输入行号或程序点号后，按操作面板的【回车】，便可将光标定位至指定行。

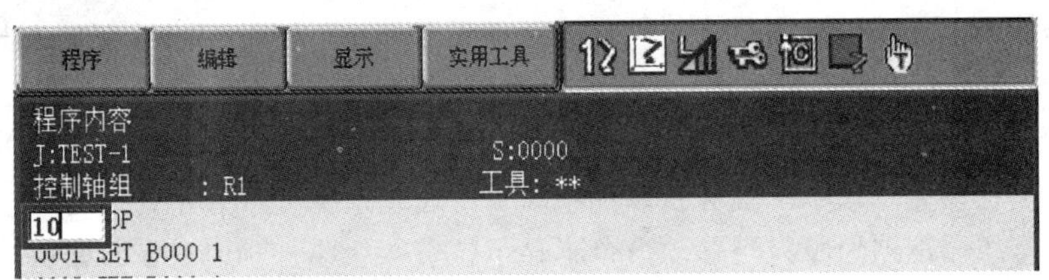

图 6.5-4　行和程序点搜索对话框

2）标号搜索：选择［标号搜索］时，示教器将自动显示字符输入软键盘（见 6.4 节图 6.4-4）。在该页面上，可通过光标选择字符，在［Result］输入框内输入字符；其操作步骤可参见 6.4.1 节。为了简化操作，当标号（标记）为字符时，一般只需输入前面的一个或少数几个字符，例如，搜索跳转标记“ * Start”时，通常只需要输入“S”。

字符输入完成后，按操作面板的【回车】，便可将光标定位至标号（标记）所在的命令行。如字符输入所指定的标记有多个，还可通过操作面板的光标移动键，继续搜索下一个或上一个标号（标记）。

［标号搜索］生效时，前述图 6.5-2 所示的［编辑］下拉菜单中的子菜单［搜索］，将变成为［终止搜索］。所需的搜索目标找到后，通过选择下拉菜单［编辑］、子菜单［终止搜索］、按操作面板上的【选择】键，结束搜索操作。

3）命令搜索：选择［命令搜索］时，系统首先可在示教器的右侧第 1 列上，自动显示图 6.5-5 所示命令的大类［I/O］［控制］……［其他］。用光标选定命令大类后，系统将在示教器的右侧自第 2 列起的位置上，依次显示该类命令的详细列表，例如，选择［I/O］大类时，右侧第 2 列可显示输入/输出命令［DOUT］［DIN］……［PULSE］等。用光标选定指定命令，系统

便可搜索该命令，并将光标自动定位到该命令的程序行上；如所选择的命令在程序中有多条，还可通过操作面板的光标移动键，继续搜索下一条或上一条命令。

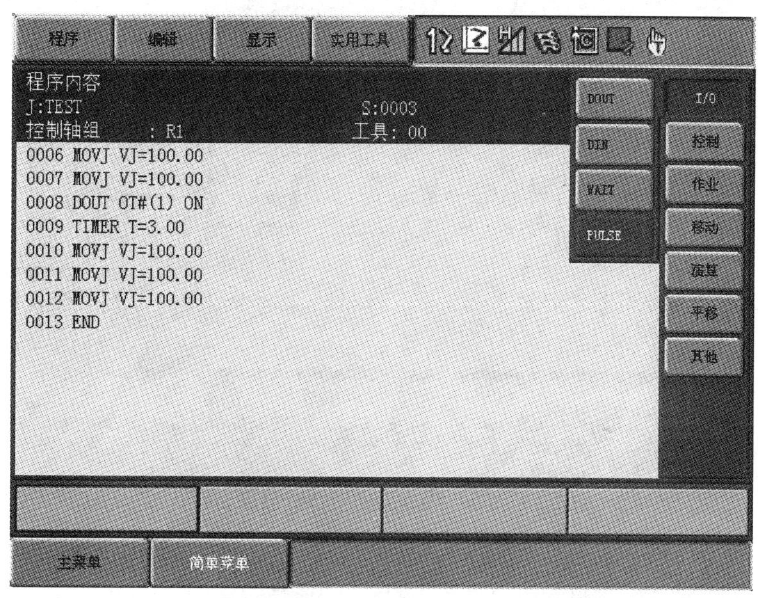

图6.5-5 命令搜索显示页

［命令搜索］生效时，前述图6.5-2所示的［编辑］下拉菜单中的子菜单［搜索］，也将变成为［终止搜索］。所需的搜索目标位置找到后，同样可通过选择下拉菜单［编辑］、子菜单［终止搜索］，用操作面板上的【选择】键，中断命令搜索。命令搜索中断后，示教器将自动显示操作键［取消］，选择［取消］键，系统便可结束命令搜索操作。

4）目标搜索。选择［目标搜索］时，系统同样可首先在示教器的右侧第1列上，自动显示命令的大类；选定命令大类后，再显示该类命令的详细列表。例如，选择［移动］大类时，右侧第2列可显示图6.5-6所示的移动命令［MOVJ］［MOVL］……［REFP］列表。目标搜索时，选定命令后系统还可继续显示指定命令的添加项列表，例如，选择移动命令MOVJ时，可显示图6.5-6所示的、MOVJ命令可使用的全部添加项“//”“ACC =”……“VJ =”列表。用光标选定指定的添加项（目标），系统便可搜索该添加项，并将光标自动定位到该添加项所在的程序行上；如所选择的添加项在程序中被多次使用，还可通过操作面板的光标移动键，继续搜索下一个或上一个添加项。

结束［目标搜索］的操作与［命令搜索］相同。选择下拉菜单［编辑］、子菜单［终止搜索］，用操作面板上的【选择】键，可中断目标搜索；搜索中断后，示教器将自动显示操作键［取消］，选择［取消］键，系统便可结束目标搜索操作。

6.5.2 移动命令的编辑

机器人移动命令的插入、删除、修改等编辑操作一般需要在伺服启动后进行；命令的插入位置及需要删除或修改的命令，均可通过前述的程序搜索操作选定。对于程序点位置少量的变化，移动命令的编辑还可通过“程序点位置调整（Position Adjustment Manual，PAM设定）”操作实现。利用PAM设定，可直接以表格的形式，对程序中的多个程序点位置值、移动速度、位置等级进行调整，它不仅可用于程序编辑操作，而且也可以用于程序再现运行的设定。有关PAM设

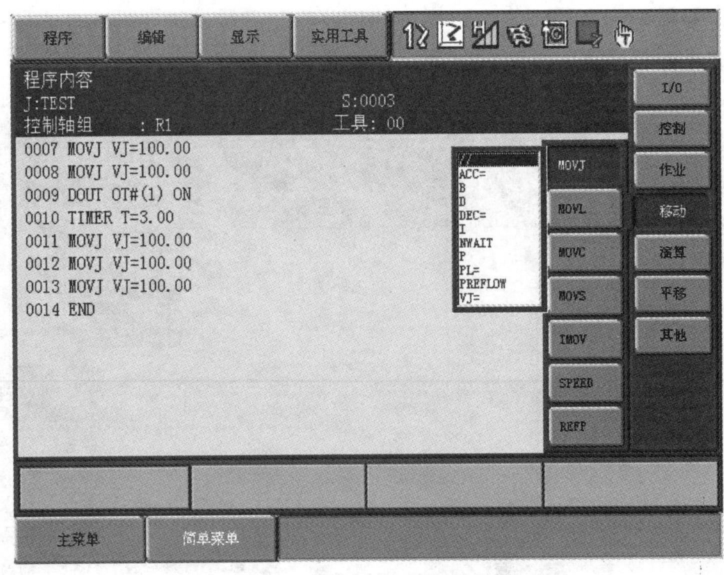

图 6.5-6 命令添加项搜索显示页

定的详细内容及操作步骤，可参见第 7 章 7.4 节。

改变工具后的移动命令编辑，可通过系统参数 S2C234 的设定禁止或允许。

1. 移动命令的插入

在已有的程序中插入移动命令的操作步骤见表 6.5-1。

表 6.5-1 插入移动命令的操作步骤

步骤	操作与检查	操作说明
1	0006 MOVL V=276 0007 TIMER T=1.00 0008 DOUT OT#(1) ON 0009 MOVJ VJ=100.0	选定插入位置，将光标定位到需要插入命令前一行的行号上
2	X- S- X+ S+ Y- L- Y+ L+ Z- U- Z+ U+ E- E+ 插补方式 转换 + => MOVL V=558	启动伺服，利用示教编程同样的方法，移动机器人到定位点；然后，通过操作【插补方式】键、【转换】键 + 光标【↑】/【↓】键，输入需要插入的命令，如 MOVL V = 558 等
3	插入 插入	按【插入】键，键上的指示灯亮。如移动命令插入在程序的最后，可不按【插入】键
4	回车	按【回车】键插入。插入点为非移动命令时，插入位置决定于 6.4.1 节的示教条件设定
5	回车	按【回车】键，结束插入操作

2. 移动命令的删除

在已有的程序中删除移动命令的操作步骤见表6.5-2。

表6.5-2 删除移动命令的操作步骤

步骤	操作与检查	操作说明
1	0003 MOVL V=138 0004 MOVL V=558 0005 MOVJ VJ=50.00	选择命令，将光标定位到需要删除的移动命令的“行号”上。例如，需要删除命令“0004 MOVL V = 558”时，光标定位到行号0004上
2	修改 → 回车 或 前进	如光标闪烁，代表机器人实际位置和光标行的位置不一致，需按【修改】→【回车】键或按【前进】键，机器人移动到光标行位置 如光标保持亮，代表现行位置和光标行的位置一致，可直接进行下一步操作，删除移动命令
3	删除　删除	按【删除】键，按键上的指示灯亮
4	回车 0003 MOVL V=138 0004 MOVJ VJ=50.00	按【回车】键，结束删除操作。指定的移动命令被删除

3. 移动命令的修改

对已有程序中的移动命令进行修改时，可根据需要修改的内容，按照表6.5-3中的操作步骤进行。

表6.5-3 修改移动命令的操作步骤

修改内容	步骤	操作与检查	操作说明
程序点位置修改	1	0003 MOVL V=138 0004 MOVL V=558 0005 MOVJ VJ=50.00	用光标调节键，将光标定位到需要修改的移动命令的“行号”上
	2	X- S- X+ S+ Y- L- Y+ L+ Z- U- Z+ U+ E- E+ X- R- X+ R+ Y- B- Y+ B+ Z- T- Z+ T+ 8- 8+	利用示教编程同样的方法，移动机器人到新的位置上
	3	修改　修改	按【修改】键，按键上的指示灯亮
	4	回车	按【回车】键，结束修改操作。新的位置将作为移动命令的程序点

（续）

修改内容	步骤	操作与检查	操作说明
再现速度修改	1	 0003 MOVL V=138 0004 MOVL V=558 0005 MOVJ VJ=50.00	用光标调节键，将光标定位到需要修改的移动命令上
	2	 选择 => MOVL V=558	按【选择】键，输入行显示移动命令
	3	 => MOVL V=558	光标定位到再现速度上
	4	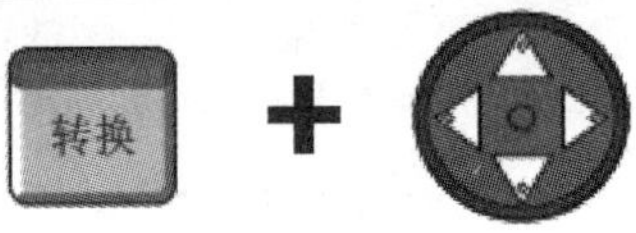 转换 +	同时按【转换】+光标【↑】/【↓】键，修改再现速度
	5	 回车	按【回车】键，结束修改操作
插补方式修改	注意：移动命令中的插补方式不能单独修改，修改插补方式需要将机器人移动到程序点上、记录位置，然后，通过删除移动命令、插入新命令的方法修改		
	1	 0003 MOVL V=138 0004 MOVL V=558 0005 MOVJ VJ=50.00	用光标调节键，将光标定位到需要修改的移动命令的“行号”上
	2	 前进	按【前进】键，机器人自动移动到光标行的程序点上
	3	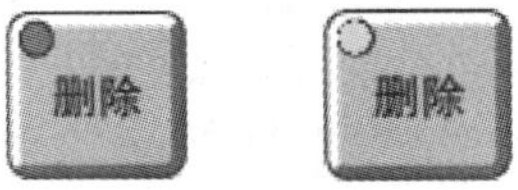 删除　删除	按【删除】键，按键上的指示灯亮
	4	 回车	按【回车】键，删除原移动命令
	5	 插补方式　转换 +	按示教编程同样的方法，通过【插补方式】键、【转换】+光标【↑】/【↓】键，输入新的移动命令
	6	插入　插入	按【插入】键，按键上的指示灯亮
	7	 回车	按【回车】键，新的移动命令被输入，命令的程序点保持不变

4. 命令添加项的编辑

机器人的移动命令可通过其他命令添加项，改变执行条件。以“位置等级”添加项编程为例，添加项的输入和编辑操作步骤如下：

1）将光标定位于输入缓冲行的移动命令上。

2）按【选择】键，示教器显示图6.5-7a所示的移动命令详细编辑页面。

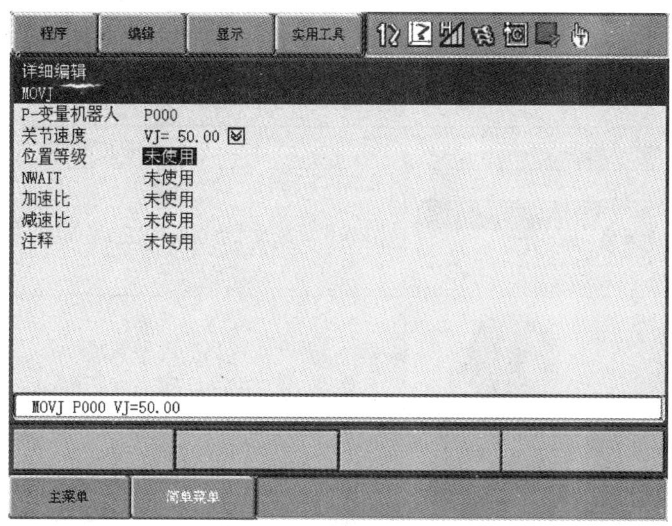

a) 详细编辑页面

b) 位置等级输入对话框

图6.5-7 移动命令添加项的编辑

3）光标定位到位置等级输入选项上，按【选择】键，示教器显示图6.5-7b所示的位置等级输入对话框。

4）调节光标、选定位置等级设定选项“PL =”。

5）输入所需的位置等级值后，按【回车】键完成命令输入或编辑操作。

利用同样的方法，还可对移动命令进行加速比、减速比等添加项的设定。

如果通过前述6.5.1节的程序编辑设置操作，生效了位置等级显示功能，移动命令的位置等级可在程序中显示。

5. 移动命令的恢复

移动命令被编辑后，如发现所进行的编辑存在错误，可通过恢复（还原）操作，放弃所进行的编辑操作，重新恢复为编辑前的程序。

在安川DX100系统上，移动命令的恢复对最近的5次编辑操作（插入、删除、修改）有效，即使在程序编辑过程中，机器人通过【前进】【后退】【试运行】等操作，使得机器人位置发生了变化，系统仍能够恢复移动命令。然而，如程序编辑完成后，已经进行过再现运行；或者，程序编辑完成后，又对其他的程序进行了编辑操作（程序被切换），则不能再恢复为编辑前的程序。

进行移动命令恢复操作时，需要通过前述6.5.1节的程序编辑设置操作，将恢复选项设定为"UNDO有效"，然后，可按表6.5-4中的操作步骤恢复移动命令。需要注意的是，当恢复选项生效时，下拉菜单【编辑】中的恢复选项将成为［＊UNDO有效］显示，如选择这一选项，可取消恢复功能。

表6.5-4　恢复移动命令的操作步骤

步骤	操作与检查	操作说明
1	辅助　恢复(UNDO) 重做(REDO)	按操作面板的【辅助】键，显示编辑恢复对话框
2	选择	选择［恢复（UNDO）］，可恢复最近一次编辑操作 选择［重做（REDO）］，可放弃最近一次恢复操作

6.5.3　其他命令的编辑

1. 命令的插入

如果要在已有的程序中，插入输入/输出、控制命令等基本命令或作业命令，其操作步骤见表6.5-5。

表6.5-5　插入其他命令的操作步骤

步骤	操作与检查	操作说明
1	0006 MOVL V=276 0007 TIMER T=1.00 0008 DOUT OT#(1) ON 0009 MOVJ VJ=100.0	用光标调节键，将光标定位到需要插入命令前一行的"行号"上
2	命令一览　或　7　8 引弧　9 送丝　4　5 熄弧　6 退丝　1 定时器　2 气体　3 电流电压　0 参考点　.　- 电流电压 选择	① 按操作面板的【命令一览】键，使示教器显示命令选择对话框（参见6.4节的图6.4-12）；部分作业命令可直接按示教器操作面板上的快捷键输入 ② 在显示的命令选择对话框中，通过光标调节键、【选择】键，选择需要插入的命令
3	回车	按操作面板【回车】键，输入命令

（续）

步骤	操作与检查		操作说明
4	无修改命令	 插入 → 回车	不需要修改添加项的命令，可直接按操作面板【插入】→【回车】，插入命令
	只需修改数值命令	 PULSE OT#(1)	将光标定位到需要修改的数值项上
		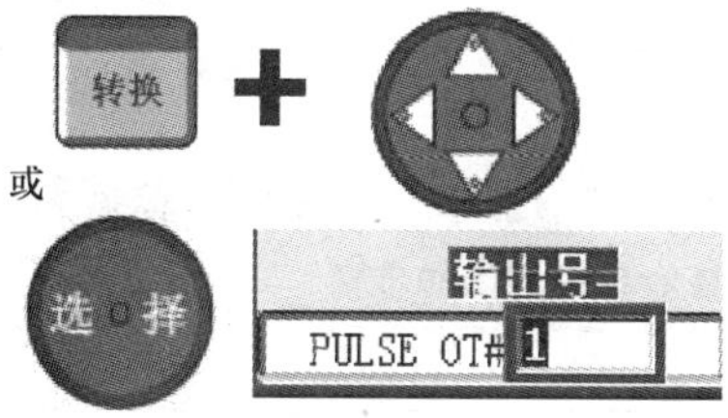 转换 + 或 选择 输出号 PULSE OT# 1	同时按【转换】键和光标【↑】/【↓】键，修改数值。或 按【选择】键，在对话框中直接输入数值
		 回车	按操作面板【回车】键完成数值修改
		 插入 → 回车	按操作面板【插入】→【回车】，插入命令
	需编辑添加项命令	 选择	将光标定位到命令上，按【选择】键显示“详细编辑”页面
		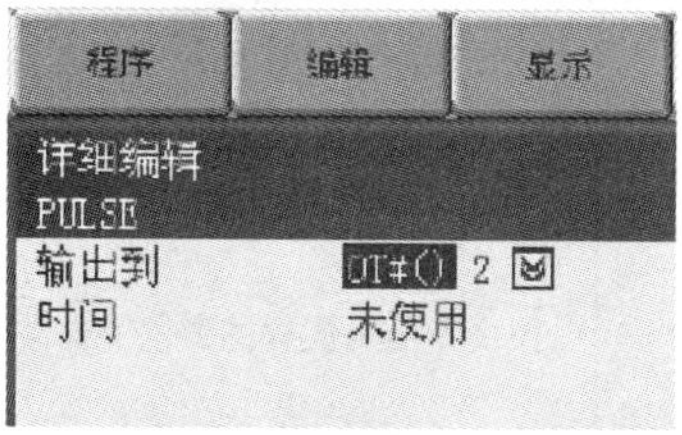 程序 编辑 显示 详细编辑 PULSE 输出到 OT#() 2 时间 未使用	按6.4节、ARCSET命令编辑同样的操作，在“详细编辑”页面，对添加项进行修改，或者选择“未使用”、取消添加项
		 回车	按操作面板【回车】键完成添加项修改
		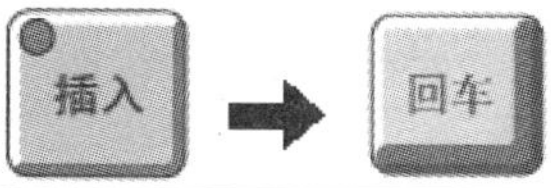 插入 → 回车	按操作面板【插入】→【回车】，插入命令

2. 命令的删除

如果要在已有的程序中，删除移动命令外的其他命令，其操作步骤见表6.5-6。

表6.5-6 删除其他命令的操作步骤

步骤	操作与检查	操作说明
1	 0020 MOVL V=138 0021 PULSE OT#(2) T=I001 0022 MOVJ VJ=100.00	用光标调节键，将光标定位到需要删除的命令“行号”上

（续）

步骤	操作与检查	操作说明
2	删除	按【删除】键，选择删除操作
3	回车 0021 MOVL V=138 0022 MOVJ VJ=100.00 0023 DOUT OT#(1) ON	按操作面板【回车】键完成命令删除

3. 命令的修改

如果要在已有的程序中，修改除移动命令外的其他命令，其操作步骤见表6.5-7。

表6.5-7　修改其他命令的操作步骤

步骤	操作与检查	操作说明
1	0020 MOVL V=138 0021 PULSE OT#(2) T=I001 0022 MOVJ VJ=100.00	用光标调节键，将光标定位到需要修改的命令“行号”上
2	命令一览　选择	按操作面板的【命令一览】键，显示命令选择对话框；并通过光标调节键、【选择】键选择需要修改的命令
3	回车	按操作面板【回车】键，选择命令
4	转换　选择	按命令插入同样的方法，修改命令添加项
5	回车	按操作面板【回车】键完成命令修改
6	修改 → 回车	按操作面板【修改】→【回车】，完成命令修改操作

6.5.4　程序暂停及点重合命令编辑

1. 程序暂停命令编辑

通过程序暂停命令，机器人可暂停运动，等待外部执行器完成相关动作。在DX100系统上，程序的暂停命令可通过定时器命令TIMER实现，该命令可直接利用快捷键输入，其操作步骤见表6.5-8。

表 6.5-8 程序暂停命令的编辑步骤

步骤		操作与检查	操作说明
1		0006 MOVL V=276 0007 TIMER T=1.00 0008 DOUT OT#(1) ON 0009 MOVJ VJ=100.0	用光标调节键，将光标定位到需要插入定时命令前一行的“行号”上
2		7 / 8 引弧 / 9 送丝 / 4 / 5 熄弧 / 6 退丝 / 1 定时器 / 2 气体 / 3 电流电压 / 0 参考点 / . / - 电流电压	按示教器操作面板上的快捷键【定时器】，输入定时命令 TIMER。或 ① 按操作面板上的【命令一览】键，使示教器显示全部命令选择对话框 ② 在显示的命令选择对话框中，通过光标调节键、【选择】键，选择［控制］→［TIMER］命令
3		回车　TIMER T=3.00	按操作面板【回车】键，选择命令，输入缓冲行显示命令 TIMER
4		TIMER T=3.00	移动光标到暂停时间值上
5	定时值的修改	转换 + TIMER T=2.00	同时按【转换】键和光标【↑】/【↓】键，修改暂停时间值
	定时值的输入	选择　时间= TIMER T 3.00	按【选择】键，在显示的对话框中直接输入定时时间值
6		插入 → 回车	按操作面板【插入】→【回车】，插入命令

2. 定位点重合命令编辑

移动命令的定位点又称程序点。定位点重合命令多用于重复作业的机器人，为了提高程序的可靠性和作业效率，机器人进行重复作业时，一般需要将完成作业后的退出点和作业开始点重合时，以保证机器人能够连续作业。DX100 系统的程序点重合可通过对移动命令的编辑实现，例如，在图 6.4-1 的示例程序中，为了使机器人作业完成后的退出点 P7 点和作业开始点 P1 重合，可以进行表 6.5-9 中的编辑操作。

表 6.5-9　程序点重合命令的编辑步骤

步骤	操作与检查	操作说明
1	0000 NOP 0001 MOVJ VJ=10.00 0002 MOVJ VJ=80.00 0003 MOVL V=800 0004 ARCON ASF#(1)	用光标调节键，将光标定位到以目标位置作为定位点的移动命令上，如 0001 MOVJ VJ = 10.00
2	前进	按操作面板的【前进】键，使机器人自动运动到该命令的定位点 P1
3	0007 MOVL V=50 0008 ARCOF AEF#(1) 0009 MOVL V=800 0010 MOVJ VJ=50.00 0011 END	将光标定位到需要进行定位点重合编辑的移动命令上，如 0010 MOVJ VJ = 50.00 如两移动命令的定位点（程序点）不重合，光标开始闪烁
4	修改 → 回车	按操作面板【修改】→【回车】，命令 0010 MOVJ VJ = 50.00 的定位点 P7，被修改成与命令 0001 MOVJ VJ = 10.00 的定位点 P1 重合

需要注意的是，定位点重合命令的编辑操作，只能改变定位点的位置数据，但不能改变移动命令的插补方式和移动速度。

第 7 章 程序编辑和再现运行

7

7.1 程序的编辑操作

7.1.1 程序复制、删除和重命名

1. 程序复制

如果工业机器人使用同样的工具、进行同类作业时，作业程序往往只有运动轨迹、作业参数上的不同，程序的结构和命令差别并不大。为了加快示教编程的速度，实际使用时可先复制一个相近的程序，然后通过命令编辑、程序点修改等操作，快速生成新程序。

在安川 DX100 系统上，需要进行复制的程序既可以是系统当前使用的现行程序，也可以是存储器中所保存的其他程序，两者的操作稍有区别。

通过复制系统当前使用的现行程序，生成新程序的操作步骤如下：

1）按第 6 章 6.2 节的操作步骤，将安全模式设定至“编辑模式”或“管理模式”；操作模式选择【示教（TEACH)】。

2）选择主菜单［程序内容］，示教器可显示当前生效的程序内容（如 TEST－1)。

3）选择下拉菜单［程序］，示教器可显示图 7.1-1 所示的程序编辑子菜单，选择子菜单［复制程序］，可直接将当前程序复制到粘贴板中。

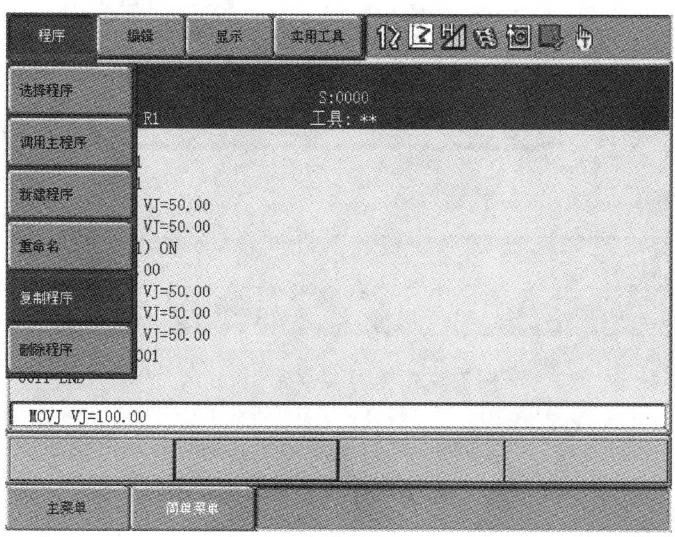

图 7.1-1　程序编辑子菜单显示

4）当前程序复制到粘贴板后，示教器将显示图7.1-2所示的字符输入软键盘。在该页面上，可通过程序创建时同样的程序名输入方法，用光标选择字符，在［Result］输入框内修改、输入新的程序名，如“JOBA”等。程序名输入的操作步骤详见第6章6.4节。

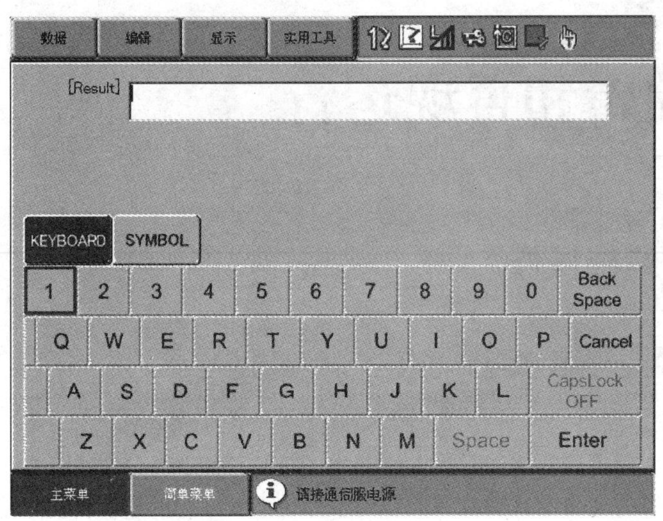

图7.1-2　字符输入软键盘

5）程序名输入完成后，按示教器操作面板的【回车】键，新程序名即被输入，示教器显示图7.1-3所示的程序复制提示对话框。

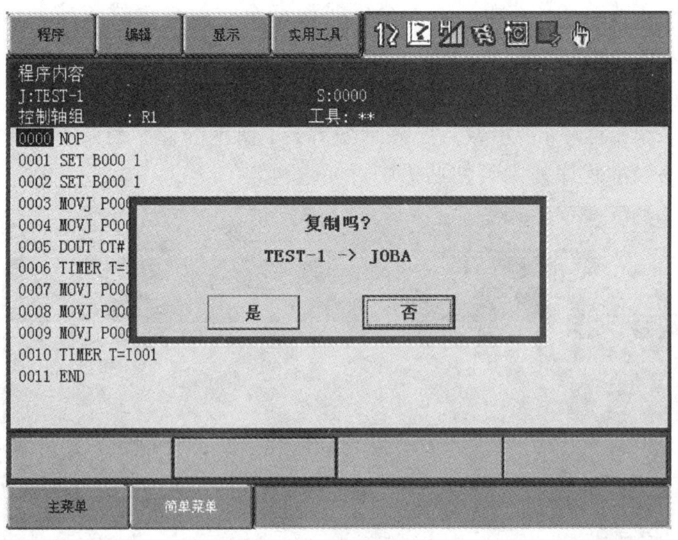

图7.1-3　程序复制提示框显示

6）选择对话框中的［是］，当前程序即被复制，示教器将显示复制后的新程序（如JOBA）显示页面；如选择对话框中的［否］，可放弃程序复制操作，回到原程序（如TEST-1）的显示页面。

如需要复制系统存储器中保存的其他程序，生成新程序，可在图7.1-1所示的程序编辑子菜单显示后，选择子菜单［选择程序］，使示教器显示图7.1-4所示的程序一览表，并进行如下操作：

图 7.1-4 程序一览表显示页面

1）~3）通过现行程序复制同样的操作，显示程序编辑菜单，并选择子菜单［选择程序］，显示程序一览表。

4）用光标选定需要复制的源程序名（如 TEST－1），再选择下拉菜单［程序］，示教器可显示图 7.1-5 所示的程序编辑子菜单。

图 7.1-5 程序一览表编辑子菜单显示

5）选择子菜单［复制程序］，可直接将所选择的源程序（如 TEST－1）复制到粘贴板中；示教器将显示前述图 7.1-2 所示的字符输入软键盘。

6）在字符输入页上，可通过操作面板的光标键选定字符，在［Result］输入框内输入新的程序名。

7）程序名输入完成后，按示教器操作面板的【回车】键，示教器可显示图 7.1-3 所示同样的程序复制提示对话框。

8）在对话框中选择［是］，程序即被复制，示教器将显示复制后的新程序显示页面；如在对话框中选择［否］，可放弃程序复制操作，回到原程序的显示页面。

2. 程序删除

利用程序删除操作，可将指定的程序从系统存储器中删除，需要删除的程序既可以是系统当前使用的现行程序，也可以是存储器中所保存的其他指定程序或全部程序。

程序删除操作的基本步骤与复制类似，具体如下：

1）如果只需要对系统中的指定程序进行删除，可利用程序复制同样的操作，选定当前程序，或从程序一览表中选定需要删除的程序；如需要将系统存储器中的所有程序进行一次性删除，可选择下拉菜单［编辑］中的子菜单［选择全部］，选定全部程序。

2）选择下拉菜单［程序］，使示教器显示图 7.1-1 或图 7.1-5 所示的程序编辑子菜单。

3）在子菜单中选择［删除程序］，示教器将显示图 7.1-6 所示的程序删除提示对话框。

4）选择对话框中的［是］，所选定的程序（如 TEST－1）即被删除，示教器将显示程序一览表显示页面；如选择对话框中的［否］，可放弃程序删除操作，回到原程序（如 TEST－1）的显示页面。

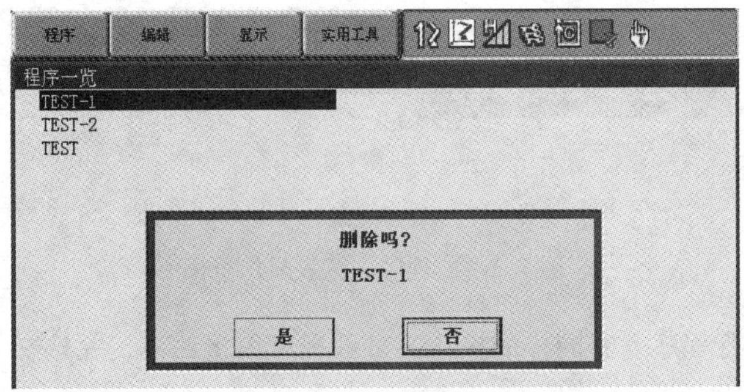

图 7.1-6　程序删除提示对话框显示

3. 程序重命名

利用程序重命名操作，可将更改程序的名称。需要重命名的程序同样既可以是系统当前使用的现行程序，也可以是存储器中的其他指定程序。程序重命名的操作步骤如下：

1）利用程序复制同样的操作，选定当前程序，或从程序一览表中选定需要重命名的程序；然后，在下拉菜单［程序］中选择子菜单［重命名］，示教器便可显示图 7.1-2 所示的字符输入软键盘。

2）按 6.4.1 节程序名输入操作步骤，用光标选择字符，在［Result］输入框内输入新程序名后，按示教器操作面板上的【回车】键，便可显示图 7.1-7 所示的程序重命名提示对话框。

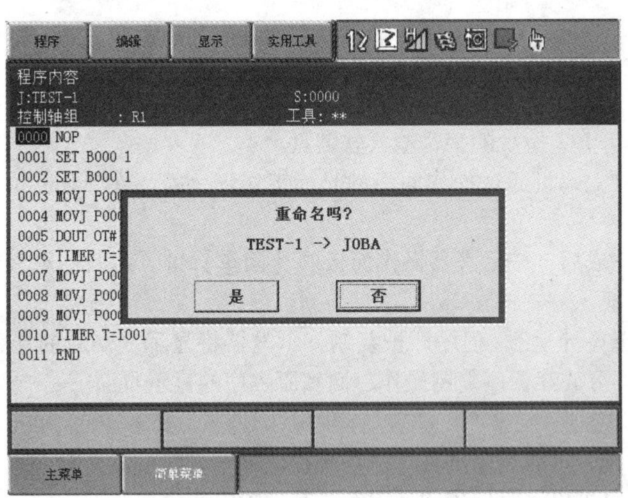

图 7.1-7　程序重命名提示对话框显示

3）选择对话框中的［是］，所选定的程序即更名；如选择对话框中的［否］，可放弃程序重命名操作，回到原程序的显示页面。

7.1.2　注释编辑和程序编辑禁止

1. 标题栏显示

DX100 系统的程序不但可定义程序名，而且允许添加最大 32（半角）或 16（全角）个字符的程序注释，对程序进行简要的说明。此外，为了防止经常使用的存储被操作者误删除或修改，

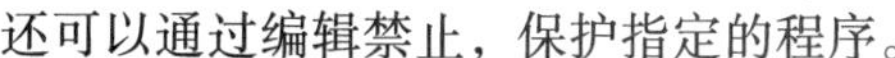

还可以通过编辑禁止，保护指定的程序。

注释编辑和程序编辑禁止可通过对程序标题的编辑实现，标题栏的编辑需要在标题栏编辑页面进行，进入标题栏编辑页面的操作步骤：

1）按第6章6.2节的操作步骤，将安全模式设定至“编辑模式”或“管理模式”；操作模式选择【示教（TEACH）】。

2）选择主菜单［程序内容］，示教器显示当前程序（如TEST－1）显示页面。

3）选择下拉菜单［显示］，并选择子菜单［程序标题］，示教器可显示图7.1-8所示的程序标题栏编辑页面。

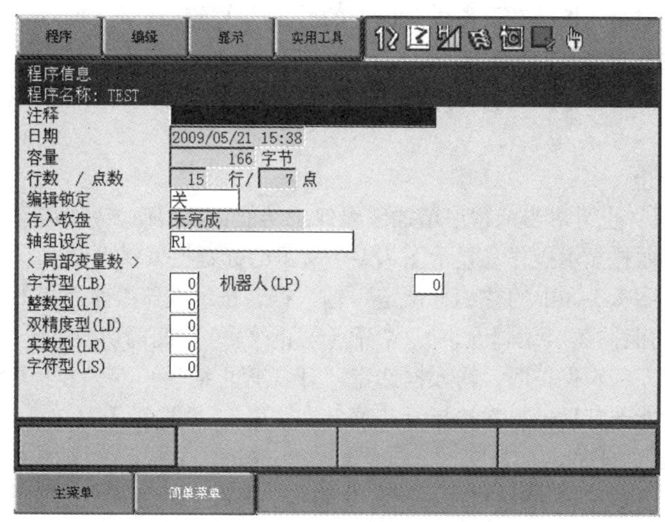

图7.1-8　程序标题栏编辑页面

该页面各显示栏的含义如下：

程序名称：显示当前编辑的程序名。

注释：现有的程序注释显示或编辑注释。

日期：显示最近一次编辑和保存的日期和时间。

容量：显示程序的实际长度（字节数）。

行数/点数：显示程序中的命令行数及全部移动命令中的定位点总数。

编辑锁定：显示或设定程序编辑禁止功能，输入栏显示“关（或编辑允许）”，为程序编辑允许；显示“开（或禁止编辑）”，为程序编辑禁止。

存入软盘：存储保存显示，如果程序已通过相关操作保存到外部存储器上，显示“完成”；否则，均显示“未完成”。

轴组设定：可显示或修改程序的控制轴组。

<局部变量数>：当第6章6.4节所述的示教条件设定中的［语言等级］设定为“扩展”时，可显示和设定程序中所使用的各类局部变量的数量。

需要编辑的程序一旦选定，以上显示栏中的“程序名称”“日期”“容量”“行数/点数”“存入软盘”等栏目的内容将由系统自动生成；“注释”“编辑锁定”“轴组设定”栏可以根据需要进行输入、修改等编辑。

4）如果需要回到程序内容显示页面，可再次选择下拉菜单［显示］，并选择子菜单［程序内容］，示教器可返回程序内容显示页面。

2. 注释编辑

通过标题栏编辑，可对现有程序增加或修改注释，其操作步骤如下：

1）利用上述标题栏显示操作，显示图 7.1-8 所示的标题栏编辑页面。

2）用光标选定图 7.1-8 中的“注释”输入框，示教器将显示和前述程序名输入同样的、图 7.1-2 所示的字符输入软键盘。

3）程序注释最大允许使用 32（半角）或 16（全角）个字符，通过第 6 章 6.4 节程序名输入同样的操作，可进行字母大小写、字符的切换，并在［Result］框内显示新输入或修改后的注释内容。

4）注释输入完成后，按示教器操作面板上的【回车】键，便可将［Result］框的字符，输入到“注释”显示栏，完成注释编辑。

5）再次选择下拉菜单［显示］，并选择子菜单［程序内容］，示教器可返回到程序内容显示页面。

3. 程序编辑禁止

通过标题栏编辑，也可对当前程序增加编辑保护功能，其操作步骤如下：

1）利用上述标题栏显示操作，显示图 7.1-7 所示的标题栏编辑页面。

2）用光标选定图 7.1-8 中的“编辑锁定”输入框，按示教器操作面板的【选择】键，输入框可进行编辑锁定功能“关（编辑允许）”“开（禁止编辑）”间的切换。

3）需要进行程序编辑保护时，输入框选定“开（禁止编辑）”、禁止程序编辑。

4）编辑禁止功能选定后，再次选择下拉菜单［显示］，并选择子菜单［程序内容］，示教器可返回到程序内容显示页面。

程序编辑被禁止后，就不能对程序进行命令插入、修改、删除或程序删除等编辑操作，但移动命令的定位点（程序点）修改可通过第 6 章 6.4 节所述的示教条件设定中的“禁止编辑程序的程序点修改”选项或系统参数 S2C203 的设定，予以生效或禁止。

4. 轴组和局部变量数设定

轴组设定栏可显示或修改程序的控制轴组。对于多机器人系统或复杂系统，可用光标选定输入框后，按示教器操作面板的【选择】键，便可进行 R1 ~ R8（机器人 1 ~ 8）、B1 ~ B8（基座轴 1 ~ 8）、S1 ~ S24（工装轴 1 ~ 24）间的切换，并根据需要选定。

局部变量数设定栏可显示和设定程序中所使用的各类局部变量的数量。程序中需要使用局部变量时，可用光标选定输入框后，按示教器操作面板的【选择】键，便可通过操作面板的数字键，直接设定各类局部变量的变量范围（最大变量号）。

7.1.3 程序块剪切、复制和粘贴

1. 程序块编辑功能

机器人示教编程需要在机器人作业现场进行，示教编程时，机器人需要停止正常作业，在操作者的引导下生成作业程序。为了简化编程操作、加快编程速度，机器人控制系统不但可和其他计算机一样，通过粘贴板，对指定区域的程序块进行剪切、复制、粘贴等编辑操作，且还可进行特殊的“反转粘贴”。

安川 DX100 系统的程序块编辑功能如图 7.1-9 所示。

复制：程序块复制可将选定区的命令复制到系统粘贴板中，原程序保持不变。

剪切：程序块剪切也可将选定区的命令复制到系统粘贴板中，但原程序中选定区域的内容将被删除。

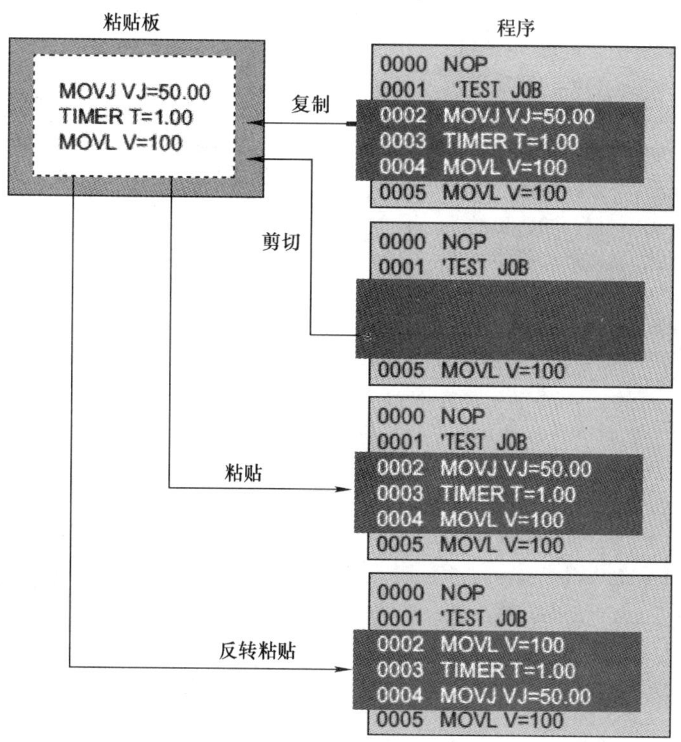

图 7.1-9 程序块编辑功能

粘贴：程序块粘贴可将系统粘贴板中的内容，原封不动地写入到程序的指定位置。

反转粘贴：程序块反转粘贴可将系统粘贴板中的命令次序取反，然后，再写入到程序的指定位置。

2. 行反转与轨迹反转粘贴

反转粘贴功能多用于机器人沿原轨迹返回的程序块编辑，使用该功能时需要注意程序块复制时的范围选择。

如图 7.1-10a 所示，如选择程序行①~④，并将其反转粘贴到行⑤之后，虽机器人能够沿原轨迹返回，但在返回时各移动段的速度将与前进时不同，这种反转粘贴方式只是进行了命令行的反转，故称“行反转粘贴”。如图 7.1-10b 所示，如选择程序行②~⑤，并将其反转粘贴在行⑤之后，则可使返回、前进时的轨迹和速度均相同，从而实现轨迹的反转，这种反转粘贴方式称“轨迹反转粘贴”。

3. 程序块的复制和剪切

在进行程序块的粘贴、反转粘贴操作前，首先需要通过程序块的复制或剪切操作，将程序中指定区域的命令写入到系统的粘贴板中，然后，再将粘贴板中的命令粘贴到指定位置。程序块复制或剪切的操作步骤如下：

1）按第 6 章 6.2 节的操作步骤，将安全模式设定至“编辑模式”或“管理模式”。

2）将示教器上的操作模式选择开关置“示教【TEACH】”模式。

3）选择主菜单［程序内容］，示教器显示当前程序显示页面。

4）移动光标，将光标定位于图 7.1-11a 所示的复制、剪切区的起始行命令上。

5）按示教器操作面板上的“【转换】+【选择】”键。

6）移动光标，选择需要复制、剪切的区域；被选中的区域的程序行号将以图 7.1-11b 所示

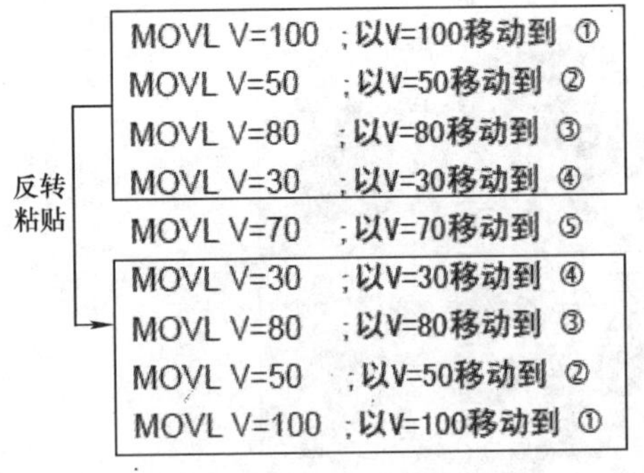

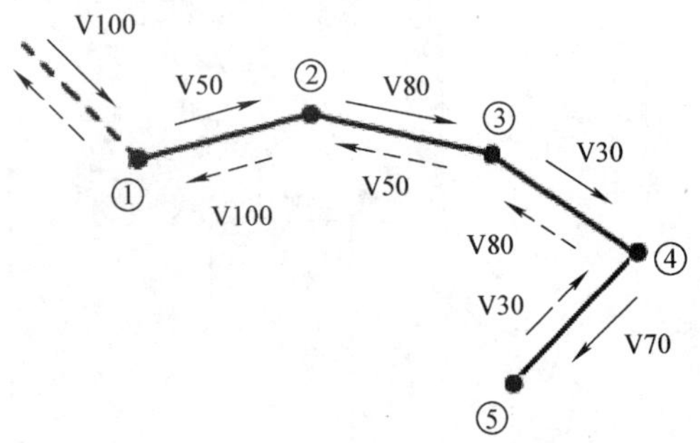

a) 行反转粘贴

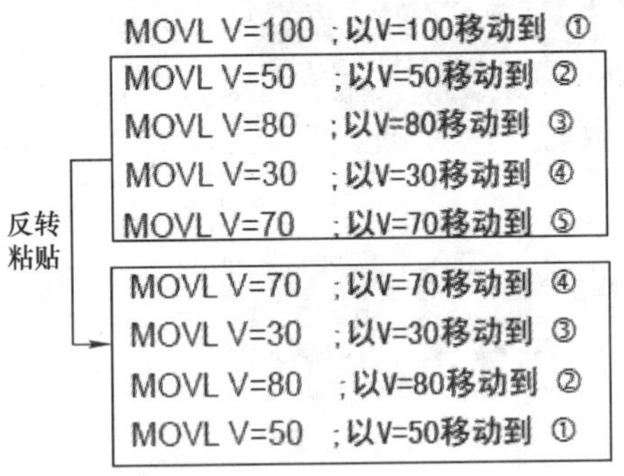

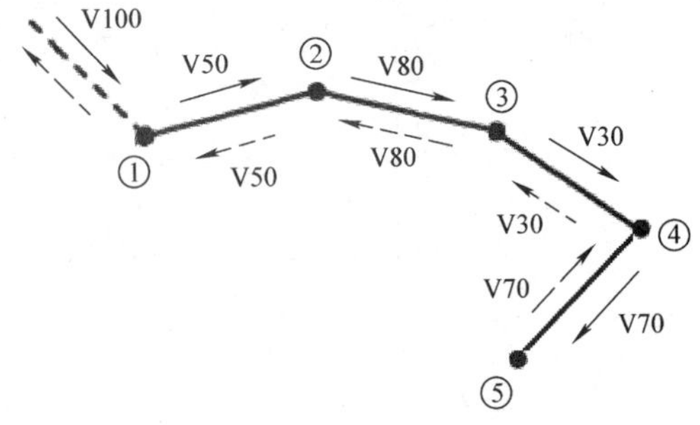

b) 轨迹反转粘贴

图 7.1-10 反转粘贴的选择

的反色进行显示。

7）选择下拉菜单［编辑］，示教器将显示图 7.1-12 所示的程序编辑子菜单。

8）根据需要，选择子菜单［剪切］或［复制］，便可将选定区域的程序命令剪切或复制到系统粘贴板中。

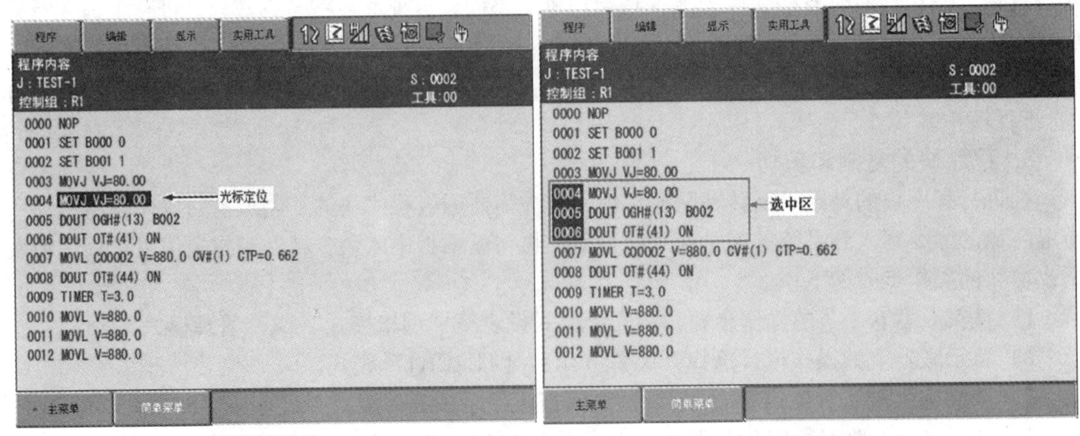

a) 起始位置选择　　b) 选择区域显示

图 7.1-11 程序区域的选择

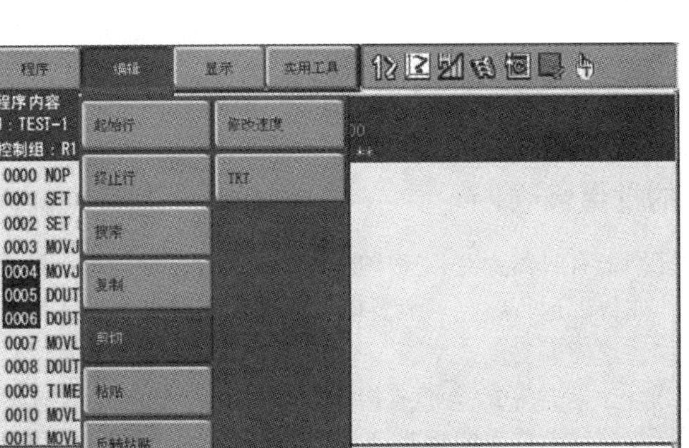

图 7.1-12 程序编辑子菜单

9）选择［剪切］操作时，将删除原程序中所选区域的程序命令，为此，系统可显示图 7.1-13所示的剪切确认对话框；如选择对话框中的［是］，执行剪切操作、删除选定区域的命令；选择［否］，可放弃剪切操作，回到程序显示页面。

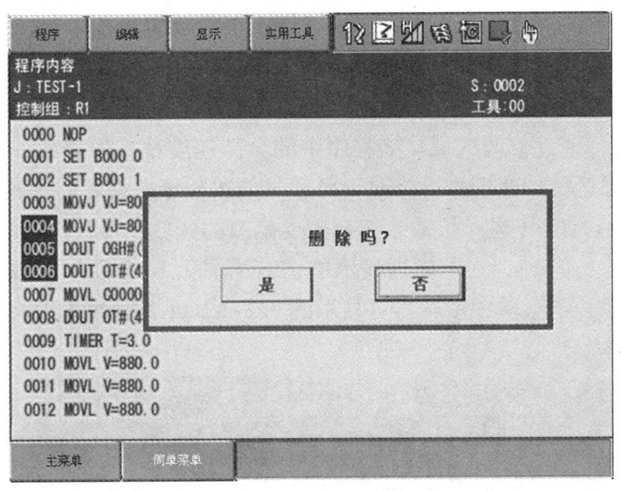

图 7.1-13 剪切确认对话框显示

4. 程序块的粘贴和反转粘贴

利用程序块的粘贴、反转粘贴操作，可将系统粘贴板中的程序命令直接（粘贴）或逆序（反转粘贴）插入到选定的位置，插入位置的选择与粘贴操作的步骤如下：

1）选择主菜单［程序内容］，在示教器上显示需要粘贴的程序页面。

2）移动光标，将光标定位于需要粘贴的前一行命令上。

3）选择下拉菜单［编辑］，在示教器显示的如图 7.1-12 所示的程序块编辑子菜单显示页面上，根据需要选择［粘贴］或［反转粘贴］子菜单。

4）粘贴板的命令将被插入到所选定行的下方、行号发色显示，同时，显示粘贴确认对话框［粘贴吗?］及提示［是］［否］；选择对话框中的［是］，执行粘贴操作；选择［否］，可放弃粘贴操作，回到程序显示页面。

7.2 速度修改、程序点检查与试运行

7.2.1 移动速度的批量修改

由于作业情况的区别，有时需要对程序中的全部或部分区域的移动速度进行一次性修改。例如，在试运行或首次作业再现运行时，一般要以较低速度，验证机器人的动作；试运行完成、需要批量作业时，可以加快速度、提高效率。

在安川 DX100 系统上，程序中的全部或指定区域移动命令所规定的移动速度，可通过程序编辑功能进行一次性修改。移动速度的修改可采用分类修改、比例修改和移动时间修改（TRT）三种方法，其作用和修改操作步骤分别如下：

1. 速度的分类修改和比例修改

移动速度的分类修改，可对程序中的指定类速度（VJ 或 V、VR、VE）进行一次性修改，其他类的速度保持不变。移动速度的比例修改，可将程序中的全部速度（VJ、V、VR、VE）均按比例进行一次性修改。

移动速度的分类修改和比例修改，需要通过系统速度修改页面的设定实现，修改速度的操作步骤：

1）按第 6 章 6.2 节的操作步骤，将安全模式设定至“编辑模式”或“管理模式”。

2）将示教器上的操作模式选择开关置“示教【TEACH】”模式。

3）选择主菜单［程序内容］，在示教器上显示需要修改的程序。

4）根据需要，选择速度修改区域。如程序中的全部速度都需要修改，可直接进入下一步操作；如只需对程序局部区域的速度进行修改，可通过前述程序块编辑同样的方法，利用操作面板的光标调节键、【转换】键、【选择】键，选择需要修改的区域，使被选中的区呈反色显示。

5）选择下拉菜单［编辑］，在示教器显示的、前述图 7.1-12 所示的程序块编辑子菜单显示页面上选择［修改速度］子菜单，示教器可显示图 7.2-1 所示的速度修改页面。速度修改页面各显示栏的含义：

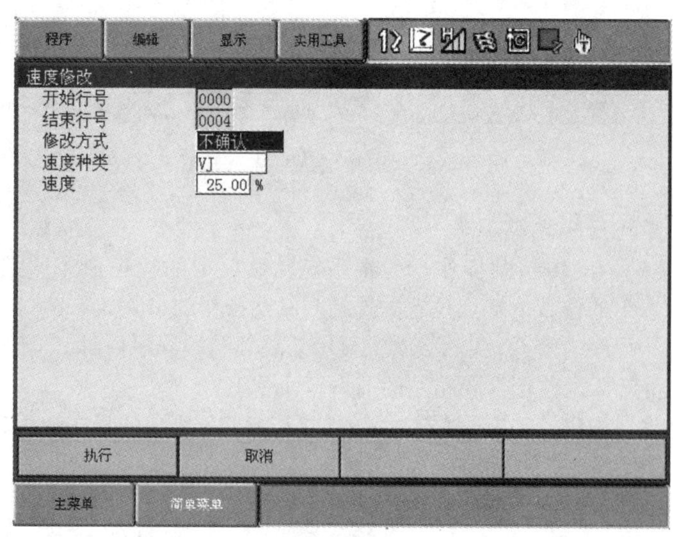

图 7.2-1　速度修改页面

开始行号：显示所选择的速度修改区域程序起始行号。

结束行号：显示所选择的速度修改区域程序结束行号。

修改方式：选择速度修改操作的方法，光标选定输入框后，按操作面板的【选择】键，可进行“不确认”和“确认”间的切换。选择“确认”时，执行速度修改操作时，选择区域内的每一速度修改，系统均会自动显示修改提示信息［速度修改中］，并需要操作者用操作面板上的【回车】键进行逐一确认；选择“不确认”时，执行速度修改操作时，选择区域内的全部速度将直接修改。

速度种类：选择需要修改的速度。按类别修改速度时，可用光标选定输入框，按操作面板的【选择】键，在输入框所显示的速度选项“VJ（关节移动速度）”“V（控制点移动速度）”“VR（工具定向移动速度）”“VE（外部轴移动速度）”中，用【选择】键选定需要修改的速度类别；如选择比例，则选定区域的全部速度都将按规定的比例进行一次性修改。

速度：设定新的速度值或修改比例值。

6）根据需要，用操作面板的【选择】，在“修改方式”、“速度种类”的输入框内选定所需的修改方式、速度类别。

7）光标选定“速度”栏的输入框，按操作面板的【选择】键选定后，便可输入新的速度值或比例值，速度输入完成后，用操作面板的【回车】键确认。

8）用光标选择［执行］［取消］，执行或退出速度修改操作。选择［执行］时，如“修改方式”选择“不确认”，选择区域内的全部速度将被一次性修改；当“修改方式”选择“确认”时，每一命令的速度修改都需要通过操作面板的【回车】键确认，不需要修改的速度可以通过光标选择［执行］［取消］跳过或退出速度修改操作。

2. 移动时间修改（TRT）

使用移动速度的移动时间修改（TRT）功能，可利用移动命令执行时间的设定，对程序中的所有速度（VJ、V、VR、VE）进行一次性修改。但是，移动时间修改方式不能改变程序中利用再现速度设定命令 SPEED、作业命令 ARCON 设定的速度，因此，在这种情况下，实际的程序执行时间和移动时间修改所设定的时间并不一致。

移动速度的移动时间修改操作步骤如下：

1）按第 6 章 6.2 节的操作步骤，将安全模式设定至“编辑模式”或“管理模式”。

2）将示教器上的操作模式选择开关置“示教【TEACH】”模式。

3）选择主菜单［程序内容］，在示教器上显示需要修改速度的程序。

4）根据需要，选择速度修改区域。如需对程序中的全部速度进行一次性修改，可直接进行下一步操作；如只需对程序中局部区域的速度进行修改，可通过前述程序块编辑同样的方法，利用操作面板的光标调节键、【转换】键、【选择】键，选择需要进行速度修改的区域，使被选中的区被呈反色显示。

5）选择下拉菜单［编辑］，在示教器显示的、前述图 7.1-12 所示的程序块编辑子菜单显示页面上，选择［TRT］子菜单，示教器可显示图 7.2-2 所示的移动时间修改页面。

移动时间修改页面各显示栏的含义如下：

开始行号：显示所选择的速度修改区域程序起始行号。

结束行号：显示所选择的速度修改区域程序结束行号。

移动时间：所选择的速度修改区的当前移动时间。

设定时间：需要设定的移动时间。

6）光标定位于“设定时间”输入框，按操作面板的【选择】键。

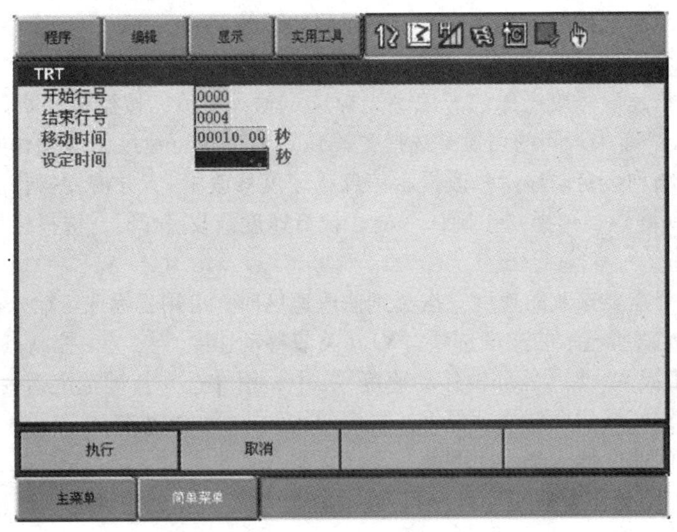

图 7.2-2　移动时间修改页面

7）用数字键输入需要设定的运动时间，按操作面板的【回车】键确认。

7.2.2　程序点检查与程序试运行

1. 程序点确认

程序点确认是通过机器人执行移动命令，检查和确认定位点位置的操作。程序点检查可对任意移动命令进行，如圆弧插补、自由曲线插补的中间点移动命令等，因此，这一操作一般不能用来检查程序的运动轨迹；程序运动轨迹的检查，可通过后述的程序试运行、再现模式的“检查运行”等方式进行。

程序点确认操作既可从程序起始命令开始，对每一条移动命令进行依次检查，也可对程序中的任意一条移动命令进行单独检查，或者，从指定的移动命令开始，依次向下或向上进行检查。如果需要，还可通过同时按操作面板上的【前进】和【联锁】键，连续执行机器人的全部命令；但后退时只能执行移动命令。

DX100 系统的程序点确认操作需要在【示教（TEACH）】操作模式下进行，操作前需要选定程序、并启动伺服。程序点确认操作步骤见表 7.2-1。

表 7.2-1　程序点确认操作步骤

步骤	操作与检查	操作说明
1	0003 MOVL V=800 0004 ARCON ASF#(1) 0005 MOVL V=50 0006 ARCSET AC=200 AVP=100	用光标调节键，将光标定位到需要检查定位点的移动命令上
2	高 手动速度 低	按手动速度调节键【高】/【低】键，设定移动速度。 注：手动高速对【后退】操作无效（后退只能使用低速）

（续）

步骤	操作与检查	操作说明
3	前进 或 后退	按操作面板的【前进】或【后退】键，可检查下一条或上一条移动命令的定位点
4	前进 + 联锁	按【前进】+【联锁】键可执行所有命令（见系统参数 S2C199 说明），但后退时不能执行非移动命令

2. 程序试运行

试运行是利用示教模式，模拟机器人再现运行的功能。通过程序的试运行，不仅可检查程序点，也可检查程序的运动轨迹。

程序试运行可连续执行移动命令，也可通过同时操作【试运行】+【联锁】键，连续执行其他基本命令。但是，为了运行安全，程序试运行时，机器人的移动速度将被限制在系统参数设定的“示教最高速度”之内；试运行时也不能执行引弧、熄弧等作业命令；此外，如选择了“【试运行】+【联锁】”运行，则【试运行】键必须始终保持，一旦松开【试运行】，机器人动作将立即停止。

DX100 系统的程序试运行操作需要在【示教（TEACH）】操作模式下进行，操作前同样需要选定程序、并启动伺服。程序试运行操作步骤如下：

1）操作模式选择【示教（TEACH）】。

2）选定需要进行试运行的程序。

3）按操作面板的【试运行】键，机器人连续执行移动命令，如在操作【试运行】键时，【联锁】键被按下，可同时执行程序的其他基本命令。联锁试运行时，按键【试运行】必须始终保持，但【联锁】键可在命令启动后松开。

如需要，DX100 系统还可通过再现特殊运行设定中的“机械锁定运行”或“检查运行”选项设定，禁止机器人移动命令或作业命令。机械锁定运行生效时，可在示教模式下，通过操作【前进】、【后退】键，执行程序中除移动命令外的其他命令；检查运行生效时，可以忽略作业命令，对机器人的移动轨迹进行单独检查。机械锁定运行、检查运行在下拉菜单［实用工具］、子菜单［设定特殊运行］上设定；运行方式设定后，即使切换系统的操作模式，功能仍将保持有效，有关内容详见本章 7.4 节。

7.3 变量的编辑操作

7.3.1 数值及文字型变量的编辑

1. 变量与编辑

变量（Variable）不仅可在程序命令中，代替添加项中的数值，也可以作为运算命令、平移命令的基本操作数，安川 DX100 系统的变量分为系统变量和用户变量两大类。系统变量是反映控制系统本身状态的量，如机器人的当前位置、报警号等，系统变量的功能由系统生产厂家定义，状态由系统自动生成，用户不能改变。用户变量是可供用户自由使用的变量，它可以为数值或逻辑状态。

安川 DX100 系统的用户变量又有局部变量和公共变量两类。局部变量（Local Variable）用来保存指定程序的中间状态，它只对指定程序有效，程序执行完成，变量将自动清除，故一般只需要在程序标题栏编辑页面上设定变量的数量（见7.1节），而不需要进行变量值的设定。公共变量是程序常用的变量，有时直接称为用户变量或变量，它是系统中所有程序可共用的变量，其值或状态具有唯一性，且可断电保持。用户变量的值或状态既可通过程序中的赋值、运算命令生成，也可通过变量编辑操作进行设定。

根据变量的长度和数据格式，公共变量可分为数值型（包括字节型、整数型、双整数型、实数型）、文字型、位置型三类，其数量、变量号及数据长度和格式、设定范围见表7.3-1；数值型变量是纯数据，变量的单位可由根据程序变量的要求，由系统自动转换。

表7.3-1　公共变量及设定范围

变量种类		数量	变量号	数据长度和格式	设定范围
数值型	字节型	100	B000～B099	1字节整数（常数或逻辑状态）	0～255
	整数型	100	I000～I099	2字节整数（常数或逻辑状态）	-32768～+32767
	双整数型	100	D000～D099	4字节整数（常数或逻辑状态）	-2^{31}～$+2^{31}-1$
	实数	100	R000～R099	4字节实数（常数）	-3.4E38～+3.4E38
文字型		100	S000～S099	16字节ASCII编码	16字符
位置型		128	P000～P127	多字节机器人轴位置	复合数据
		128	BP000～BP127	多字节基座轴位置	复合数据
		128	EX000～EX127	多字节工装轴位置	复合数据

变量编辑操作包括变量值（状态）的输入或修改、变量名称的输入或修改两方面内容，数值型、文字型变量的编辑可直接通过面板的输入操作实现；位置型变量的编辑既可通过面板的输入操作实现，也可通过机器人的移动实现，其操作方法详见后述。

2. 数值型变量的编辑

数值型变量的值或状态，可直接利用示教器操作面板的数字键，以十进制数的形式输入，其操作步骤：

1）按第6章6.2节的操作步骤，将安全模式设定至“编辑模式”或“管理模式”。

2）将示教器上的操作模式选择开关置“示教【TEACH】”模式。

3）选择主菜单［变量］，并在通过相应的子菜单选定变量类型，如［字节型］等，示教器便可显示图7.3-1中的变量显示页面。

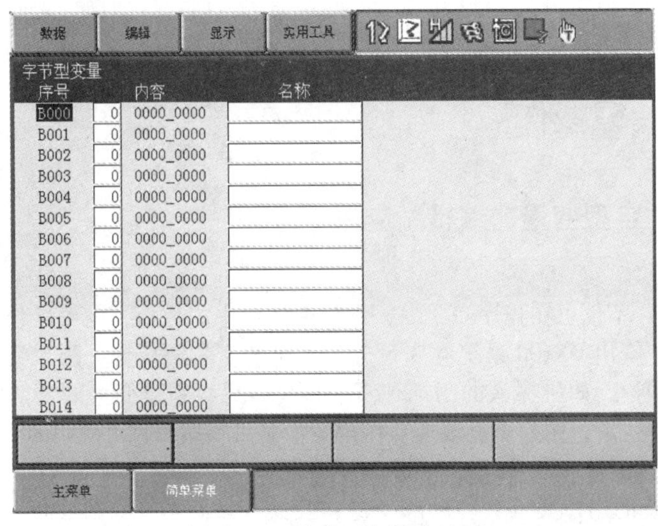

图7.3-1　数值型变量的显示

4）选择需要编辑的变量号（序号）。变量号的选择可以采用三种方法：第一，直接用操作面板的【翻页】键、光标调节键选定；第二，将光标定位于任一变量号上、按操作面板的【选择】键，然后，在示教器弹出的输入框内输入变量号、按【回车】键，光标可自动定位到指定的变量号上；第三，选择下拉菜单［编辑］，在图7.3-2所示的编辑菜单中，选择子菜单［搜索］，然后，在示教器弹出的输入框内输入变量号、按【回车】键，光标同样可自动定位到指定的变量号上。

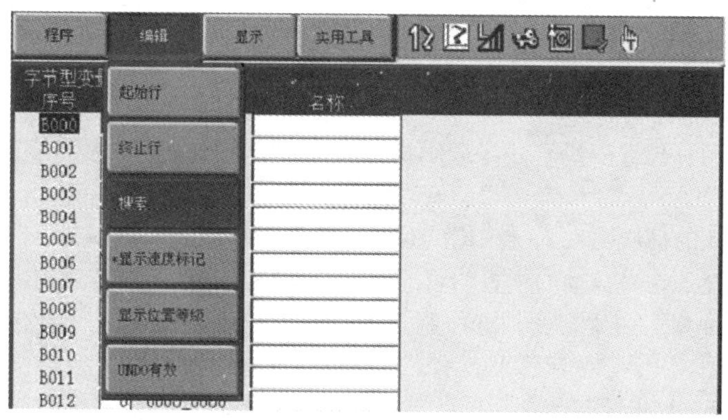

图7.3-2　变量的搜索

5）光标选定内容栏中的十进制数值输入框。部分数值型变量的“内容”栏，有十进制和二进制两个显示框，两者的显示值相同。

6）用操作面板上的数字键输入变量值后，按【回车】键确认。

7）如需要，还可将光标移动到名称输入框、并选定，示教器便可显示前述图7.1-2所示的字符输入软键盘；然后，按第6章6.4节的程序名输入同样的操作步骤，用光标选择字符，在［Result］输入框内输入变量名后，按示教器操作面板上的【回车】键，便输入变量名。

3. 文字型变量的编辑

文字型变量的编辑操作与数值型类似，它同样可直接通过面板的输入操作实现，其操作步骤简述如下：

1）在主菜单［变量］下，选择子菜单［文字型］，示教器将显示图7.3-3所示的页面。

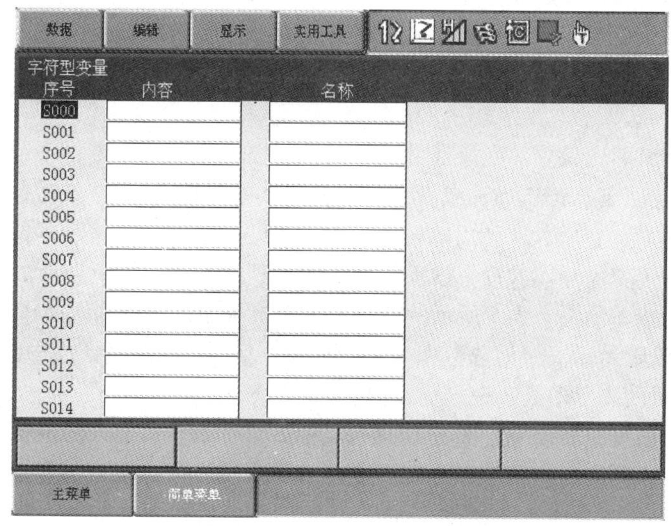

图7.3-3　文字型变量的显示

2）通过上述数值型变量同样的操作，选定变量号。

3）光标选定“内容”或“名称”栏的输入框，示教器可显示前述图 7.1-2 所示的字符输入软键盘。

4）通过第 6 章 6.4 节程序名输入同样的操作，输入变量内容或变量名。输入完成后，按示教器操作面板上的【回车】键确认。

7.3.2 位置型变量的编辑

1. 位置型变量的表示

位置型变量（简称位置变量）用来表示机器人控制点在各坐标轴上的位置，它有“脉冲型”和“XYZ 型”两种表示形式。

由于工业机器人的伺服驱动系统采用的是带断电保持功能的绝对型编码器，坐标轴的原点一经设定，在任何情况下，坐标轴的位置均可通过电机从原点开始，所转过的脉冲数来表示，这种表示方法称为“脉冲型”位置。此外，控制点的位置也能以机器人在三维空间的坐标原点为基准、用 X/Y/Z、Rx/Ry/Rz 等坐标值来表示，这种表示方法称为“XYZ 型”位置。

“脉冲型”位置直接反映了各坐标轴驱动电机的绝对位置，它是一个唯一的值，故可用于机器人本体轴（机器人）、基座轴（基座）、工装轴等全部位置变量的设定。采用“XYZ 型”位置定义控制点位置时，由于机器人的运动需要通过多个关节的旋转、摆动实现，其形式复杂多样，即使是对于同一空间位置，也可用不同关节、不同形式的运动实现，因此，还需要通过“姿态”参数，来规定机器人的实际状态和运动方式。“XYZ 型”位置变量可用来定义机器人本体坐标轴和基座轴的位置，但工装轴的运动并不能直接改变机器人控制点的位置，因此，一般不能以“XYZ 型”位置变量表示工装轴。有关“XYZ 型”位置变量的详细说明，可参见第 2 章 2.1 节。

位置型变量的输入与修改可通过面板的数据直接输入和机器人移动位置读入两种方式实现，其操作步骤分别如下：

2. 数据直接输入编辑

直接通过操作面板的数据输入，输入与修改位置变量的操作步骤如下：

1）按第 6 章 6.2 节的操作步骤，将安全模式设定至“编辑模式”或“管理模式”。

2）将示教器上的操作模式选择开关置“示教【TEACH】”模式。

3）选择主菜单［变量］，并在通过相应的子菜单［位置型（机器人）］［位置型（基座）］［位置型（工装轴）］选定所需的位置变量类型，示教器可显示图 7.3-4 所示的变量显示页面，变量未设定时，输入框显示“ * ”（初始状态）。

4）选择需要编辑的变量号。变量号可通过操作面板的【翻页】键，在示教器弹出的输入框内输入变量号、按【回车】键选择；或者，选择下拉菜单［编辑］，并选定前述图 7.3-2 所示的子菜单［搜索］，然后，在示教器弹出的输入框内输入变量号后、按【回车】键搜索。

5）将光标定位于变量号输入框，按操作面板的【选择】键，如所选择的变量未经设定（无初值），示教器可直接显示图 7.3-5 所示的变量形式选择选项，进行输入操作；如变量具有初值，示教器将显示数据清除对话框“清除数据吗？［是］、［否］”，选择对话框中的［是］，可删除原设定，重新定义变量的表示形式、设定变量值。

6）用操作面板的【选择】键，选定位置变量形式。如对于机器人的位置，选择“脉冲”便可输入“脉冲型”位置值；选择“机器人”“用户”或“工具”，则可分别输入控制点在机器人坐标系、用户坐标系或工具坐标系上的“XYZ 型”位置值及机器人的姿态参数；在使用多机器人的系统上，还可选择“主工具坐标系”的“XYZ 型”位置值和姿态参数。

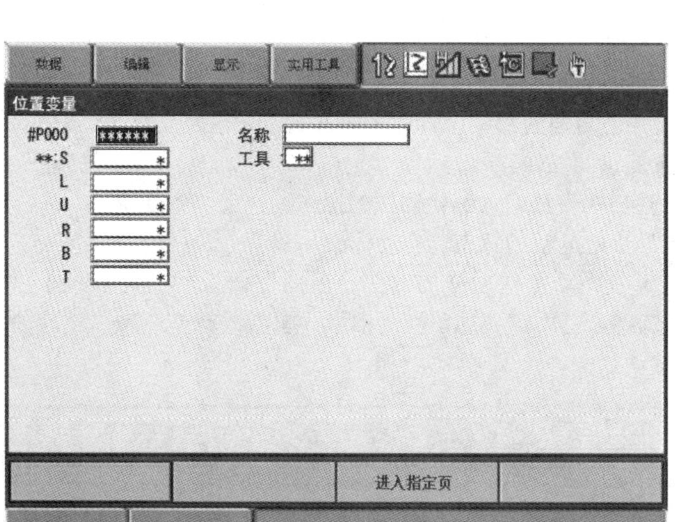

图 7.3-4 位置型变量的显示

图 7.3-5 位置变量的表示形式选择

7）“脉冲型”位置可在图 7.3-4 所示的显示页上，直接用操作面板上的数字键输入，完成后按【回车】键确认；选择“机器人”“用户”或“工具”等“XYZ 型”位置设定时，示教器将显示图 7.3-6 所示的设定页面，然后，通过操作面板的数字键输入位置值、用【选择】键选定“形态”参数，按【回车】键确认。

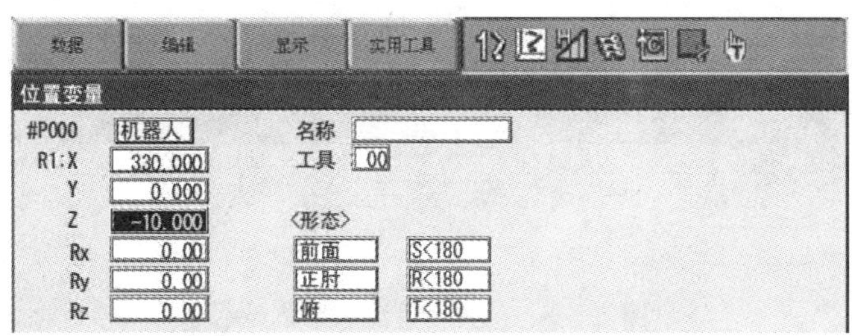

图 7.3-6 XYZ 型位置变量设定页面

8）如需要，还可将光标移动到名称输入框、并选定，示教器便可显示前述图 7.1-2 所示的字符输入软键盘；然后，按 6.4 节程序名输入同样的操作步骤，用光标选择字符，在［Result］输入框内输入变量名后，按示教器操作面板上的【回车】键，输入变量名。

3. 移动位置读入编辑

机器人的形态多样，直接用数值来描述控制点的位置、特别是"脉冲型"位置，通常比较困难，为此，实际使用时可通过移动位置读入的方式，来输入或修改位置变量。利用移动位置读入，输入与修改位置变量的操作步骤如下：

1）~4）通过上述数据直接输入编辑同样的操作，选定位置变量。

5）确认机器人处于可运动的状态、启动伺服。

6）按第6章6.3节手动操作同样的方法，用操作面板的"【转换】+【机器人切换】"、"【转换】+【外部轴切换】"键，选定控制轴组（机器人或基座轴、工装轴），并通过图7.3-7所示的状态显示栏确认。

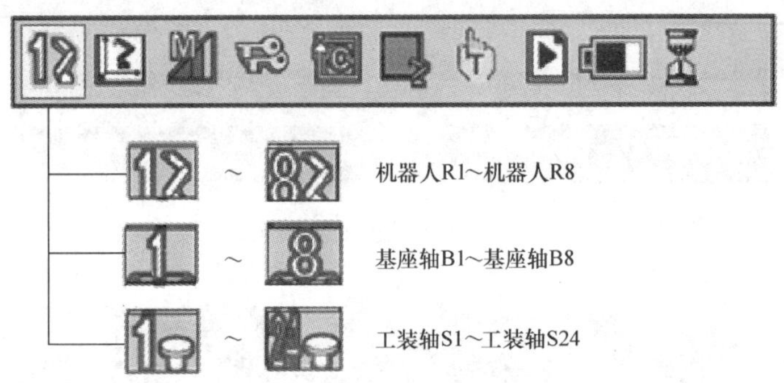

图7.3-7　控制轴组的状态显示

7）按第6章6.3节同样的方法，通过手动操作，将机器人移动到与位置变量设定值完全一致的位置。

8）按操作面板的【修改】键，机器人现行位置值将被读入到所选定的位置变量上。

9）按操作面板上的【回车】键确认，完成位置变量编辑。

4. 位置变量的清除和确认

当位置变量设定错误或需要删除指定位置变量时，可通过以下操作清除位置变量的设定值、回到初始状态。

1）~4）通过位置变量编辑同样的操作，选定需要清除的位置变量。

5）选定下拉菜单［数据］，示教器将显示图7.3-8所示的数据清除菜单。

图7.3-8　位置变量清除菜单显示

6）选择子菜单［清除当前值］，所选位置变量的全部值将被一次性删除，变量恢复至前述图7.3-4所示的初始状态。

如果需要对位置变量的设定值进行检查，可按照以下操作步骤，通过机器人的实际运动，确认设定值。

1）~4）通过位置变量编辑同样的操作，选定需要清除的位置变量。

5）确认机器人处于可运动的状态、启动伺服。

6）按第6章6.3节同样的方法，用操作面板的“【转换】+【机器人切换】”、“【转换】+【外部轴切换】”键，选定控制轴组（机器人或基座轴、工装轴），并通过上述图7.3-7所示的状态显示栏确认。

7）按操作面板的【前进】键，机器人将自动运动到位置变量设定值所定义的位置上。

8）如位置不正确，可通过手动操作，将机器人移动到所需要的位置，然后，按操作面板的【修改】键、【回车】键进行重新输入。

7.4 再现方式与运行条件设定

7.4.1 主程序设置与调用

再现（PLAY）是系统自动执行示教编程所记录的程序，重复机器人动作的过程。再现程序既可通过程序编辑同样的方法选定，也可将其设置为主程序进行登录。程序作为主程序登录后，其调用比普通调用更简单，故可用于经常重复作业的场合。

1. 主程序登录

主程序的登录需要在示教操作模式下进行，其操作步骤如下：

1）示教器操作模式选择【示教（TEACH）】。

2）用光标调节键、【选择】键，选择主菜单［程序内容］，示教器可显示图7.4-1a所示的子菜单；选择子菜单［主程序］，示教器可显示图7.4-1b所示的主程序编辑页面。

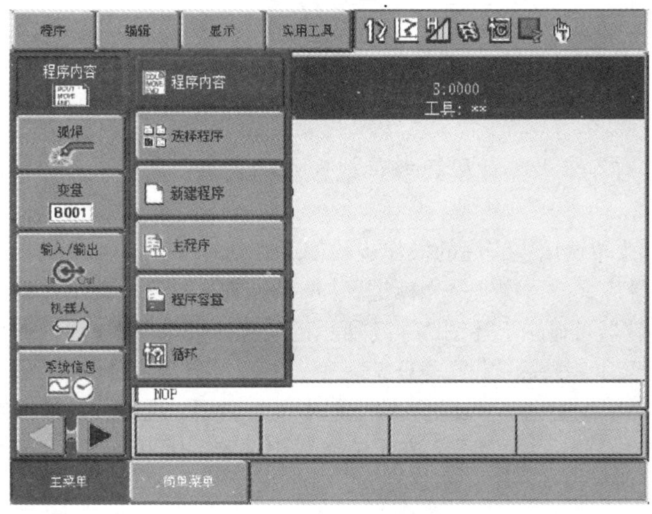

a) 程序内容子菜单

b) 主程序编辑页面

图7.4-1 主程序编辑页面

3）选定主程序编辑框，便可显示图7.4-2a所示的主程序编辑输入选项。

4）选择“设置主程序”选项，示教器将显示图7.4-2b所示的系统现有程序一览表。

a) 主程序编辑输入选项

b) 程序一览表显示

图7.4-2　主程序的设置

5）调节光标键到需要登录的程序名上（如TEST－1）、按【选择】键选定，该程序将被设置成主程序进行登录，示教器显示图7.4-3所示的登录页面。

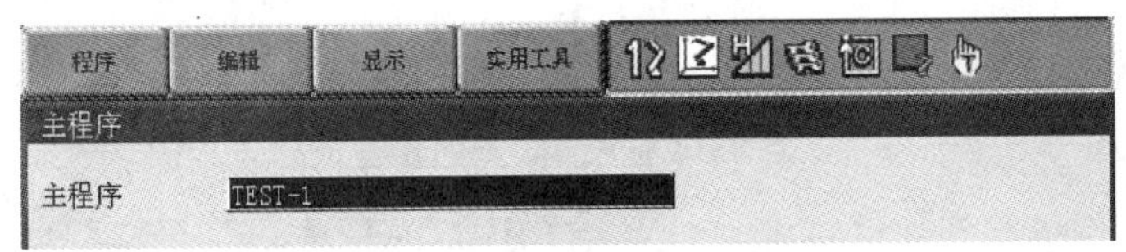

图7.4-3　主程序登录页面

2. 主程序调用

被登录的主程序可在示教操作模式或再现操作模式下，通过主程序编辑菜单或下拉菜单[程序]调用。

通过主程序编辑菜单调用主程序的操作步骤如下：

1）当主程序登录后，如再次通过光标键、【选择】键，打开主菜单[程序内容]，并选择子菜单[主程序]；示教器可显示上述图7.4-3所示的主程序登录页面。

2）将光标定位于主程序编辑框“TEST－1”上，按【选择】键，示教器可显示上述图7.4-2a所示的主程序编辑选项，对已登录的主程序进行调用、设置、取消操作。

3）选择输入选项“调用主程序”、按【选择】键选定，便可调用该主程序（如TEST－1）。

通过下拉菜单调用主程序的操作步骤如下：

1）用光标调节键、【选择】键，在图7.4-1a所示的主菜单[程序内容]下，选择子菜单[程序内容]。

2）选择下拉菜单[程序]，示教器可显示图7.4-4所示的程序编程子菜单，选定子菜单[调用主程序]，便进行主程序的调用。

7.4.2　再现显示、速度及运行方式设定

1. 再现显示及设定

在DX100系统上，当示教器的操作模式选择【再现（PLAY）】、并选定再现程序后，如选择

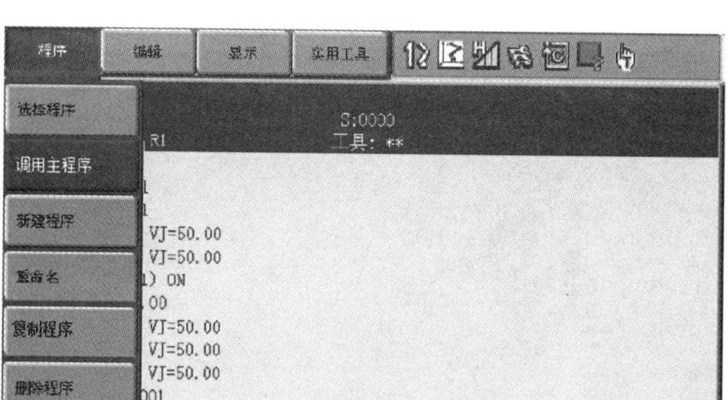

图 7.4-4　主程序调用页面

主菜单［程序内容］，示教器将显示图 7.4-5 所示的再现运行基本显示页面。

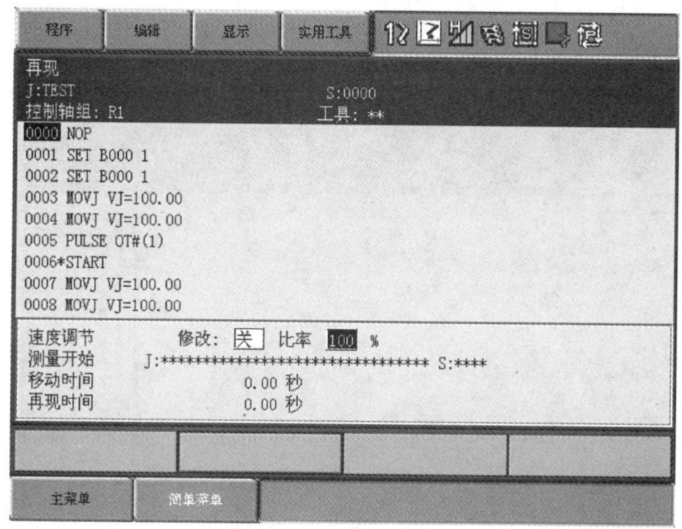

图 7.4-5　再现基本显示页面

再现运行基本页面的上方为当前执行及即将执行的程序命令显示。程序运行时，显示区的内容可随着程序的执行而自动更新；光标所指的程序行是系统当前执行中的命令，后续的若干行命令，为将要执行的命令。再现运行页面的下方为程序执行状态显示的含义如下：

速度调节：显示移动速度修改情况及当前的倍率值，再现速度修改的方法见下述。

测量开始：显示系统计算“再现时间”的测量起始点。在通常情况下，再现时间从按下示教器上的【START】按钮、按钮上的指示灯亮（再现程序开始运行）时开始计算。

移动时间/循环时间：显示机器人执行移动命令的时间（移动时间）或程序执行时间（循环时间）。移动时间/循环时间的显示可通过下述的［显示］设定操作进行切换。

再现时间：显示再现的程序运行时间，再现时间从按下示教器上的【START】按钮、按钮上的指示灯亮（再现程序开始运行）的时刻开始计时，【START】按钮上的指示灯灭时，将停止计时。

再现运行基本页面的内容，可通过再现显示设定改变。改变显示的操作步骤如下：

操作模式选择【再现（PLAY）】，在再现运行基本显示页面上，选择下拉子菜单［显示］，示教器将显示图7.4-6所示的再现显示设定子菜单。子菜单的作用如下：

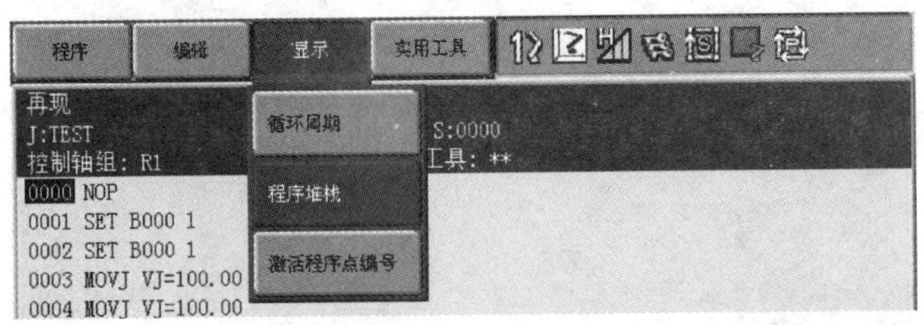

图7.4-6　再现显示设定子菜单

［循环周期］：当再现显示页面上的程序执行状态显示为“移动时间”时，选择该子菜单，执行状态显示栏的“移动时间”将切换为循环时间，或反之。

［程序堆栈］：当再现显示页面上未显示程序堆栈时，选择该子菜单，可在显示器的右侧显示图7.4-7所示的CALL、JUMP命令调用程序时的堆栈状态；堆栈状态显示时，再次选择该子菜单，可以关闭堆栈显示。

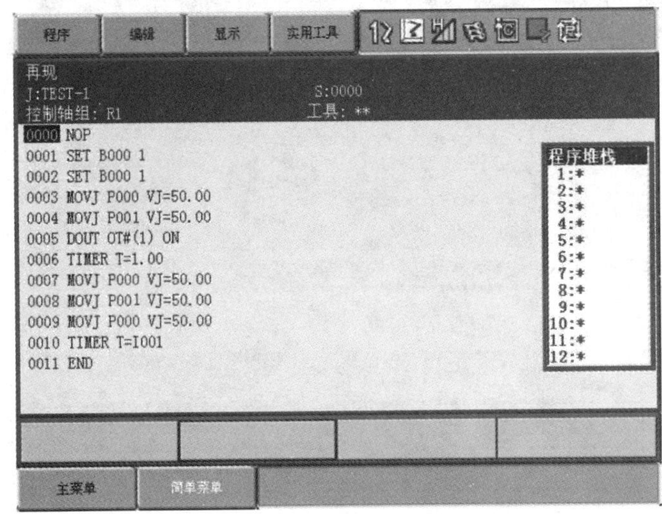

图7.4-7　堆栈与程序点编号显示

［激活程序点编号］：当再现显示页面上的命令未显示程序点编号时，选择该子菜单，可在命令中显示图7.4-7所示的程序点编号；程序点编号显示时，再次选择该子菜单，可以关闭程序点编号显示。

2. 再现速度的设定与调整

再现运行时，可对程序中的编程速度进行调节。再现速度调节的通过倍率设定实现，DX100系统允许的调节范围为10%～150%（单位1%），速度调节既可在再现运行前进行，也可以在程序时进行。再现速度调节需要注意以下几点：

1）再现速度调节不能改变通过命令SPEED设定的速度。

2）利用倍率调节后的速度如超过了系统参数设定的最高和最低移动速度，将被限制为系统参数设定的最高和最低移动速度。

3）当后述的再现特殊运行方式“空运行”生效时，再现速度倍率调节无效，全部移动命令仍以系统参数 S1CxG001（空运行速度）设定的速度运动。

4）修改选项选择“关”时，程序运行结束、执行 END 指令将撤销速度倍率调节值。此外，在系统的操作模式被改变、系统发生报警、关闭系统电源，调节值将成为无效。

再现运行速度调节的操作步骤：

1）操作模式选择【再现（PLAY）】，在再现运行基本显示页面上，选择下拉子菜单［实用工具］。

2）选择［实用工具］中的子菜单［速度调节］，示教器将显示图 7.4-8 所示的速度调节和倍率（比率）设定页面。

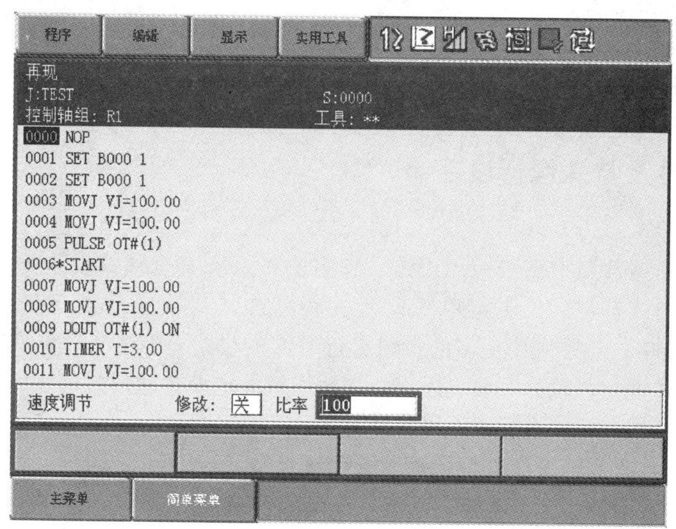

图 7.4-8　再现速度调节显示

3）光标选择速度调节栏的“修改”输入框，按操作面板的【选择】键，可显示输入选项“关”或“开”。选择“关”，速度倍率调节仅改变本次程序运行的速度，而程序中的速度保持原值；选择“开”，修改后的速度将被同时保存到程序中。

4）光标选择速度调节栏的“比率”输入框，同时按操作面板的【转换】键和光标上/下移动键，可改变输入框中的速度倍率值。

5）按操作面板的【选择】键，完成速度倍率的输入与设定。

3. 程序运行方式设定

再现的程序运行方式就是系统的程序执行方式，在安川说明书上有时被译为“动作循环”“循环模式”等。DX100 系统的程序执行方式，可根据实际需要，选择单步、单循环和连续三种基本方式。

单步：单步执行程序。系统可按程序的行号，逐行执行命令；命令执行完成后，自动停止。单步执行也可通过系统参数 S2C218 选择仅在移动命令停止。

单循环：连续执行全部程序命令一次，执行到程序结束命令 END 时，自动停止。

连续：循环执行全部程序命令，执行结束命令 END，可自动回到程序起始行，再次执行程序，直至操作者停止再现运行。

程序再现的执行方式可通过以下操作进行设定。

1）操作模式选择【再现（PLAY）】。

2）用光标键、【选择】键，在前述图7.4-1a所示的主菜单［程序内容］上，选择子菜单［循环］，示教器将显示“指定动作”输入框。

3）用【选择】键选定“指定动作”输入框，可显示图7.4-9所示的执行方式输入选项，选定相应的输入选项，可改变程序的执行方式。

图7.4-9　程序执行方式选择

7.4.3　操作条件及特殊运行设定

1. 操作条件设定

再现运行的操作条件属于高级应用设定，它需要将系统安全模式设定为“管理模式”时才能进行。系统管理模式选定后，主菜单［设置］将增加［操作条件设定］［日期/时间设定］［速度设置］等子菜单，对系统中更多的参数进行所需的设定。其中，［操作条件设定］子菜单可设定系统操作模式进行再现、示教、远程、本地切换及电源接通时的程序运行方式，它与再现运行直接相关，可根据需要，进行以下操作和设定。

1）按照第6章6.2节的操作，将系统的安全模式设定为“管理模式”。

2）选择主菜单［设置］、子菜单［操作条件设定］，可显示图7.4-10a所示的操作条件设定页面。设定页各栏的含义和作用如下（设定状态也可通过系统参数设定选择）：

速度数据输入格式：该栏一般有“mm/秒”和“cm/分”两个输入选项，选择对应的输入选项，可将直线插补、圆弧插补等移动命令的速度单位设定为mm/s或cm/min。

切换为示教模式的循环模式：该栏用于系统操作模式由【再现（PLAY）】【远程（REMOTE）】切换为【示教（TEACH）】时，系统自动选择的程序执行方式。该栏有图7.4-8b所示的“单步”“单循环”“连续”“无”四个输入选项；选项“单步”“单循环”“连续”，分别为单步执行程序、连续执行全部程序命令一次和循环执行全部程序命令；选择“无”，则保持上一操作模式（如再现）所选定的执行方式不变。

切换为再现模式的循环模式：该栏用于系统操作模式由【示教（TEACH）】【远程（REMOTE）】切换为【再现（PLAY）】时，系统自动选择的程序执行方式；其输入选项和含义同“切换为示教模式的循环模式”栏。

本地模式的循环模式：该栏用于系统操作模式由【远程（REMOTE）】切换到本地时，系统自动选择的程序执行方式；其输入选项和含义同“切换为示教模式的循环模式”栏。

远程模式的循环模式：该栏用于系统操作模式由选择【远程（REMOTE）】时，系统自动选择的程序执行方式；其输入选项和含义同“切换为示教模式的循环模式”栏。

电源接通时的循环模式：该栏用于系统电源接通时的初始程序执行方式选择；其输入选项和含义同“切换为示教模式的循环模式”栏。

电源接通时的安全模式：该栏用于系统电源接通时的初始安全模式选择。DX100系统一般有“操作模式”“编程模式”“管理模式”三个输入选项，在DX200上还可增加“安全模式”“一次管理模式”两种模式，安全模式的含义可参见第6章6.2节。

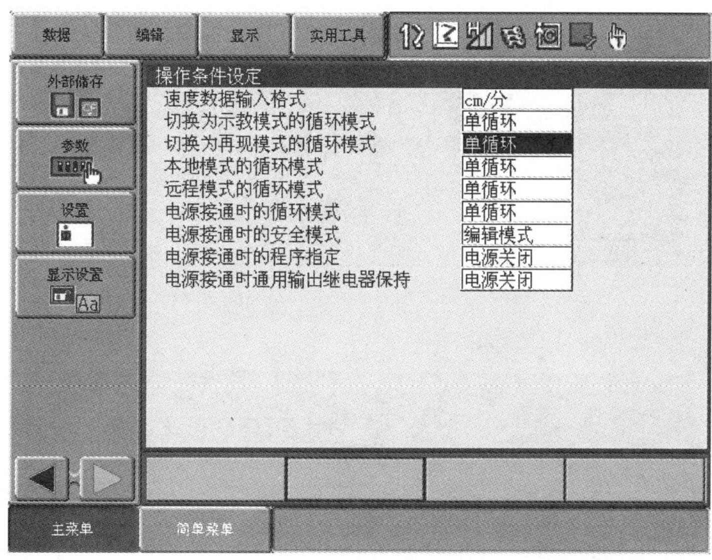

a) 操作条件显示

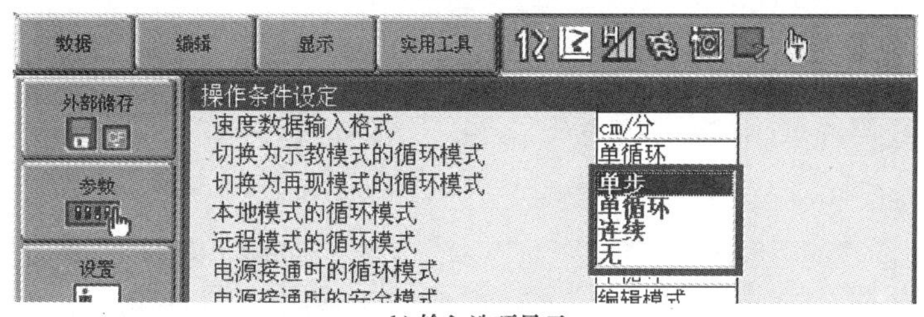

b) 输入选项显示

图 7.4-10　操作条件设定

电源接通时的程序指定：该栏用于系统电源接通时的程序自动选择。输入选项一般选择“电源关闭”，以便系统直接选择上次关闭电源时所生效的程序，简化操作。

电源接通时通用输出继电器保持：该栏用于系统电源接通时的通用输出信号 OUT01 ~ OUT24 的状态自动设定。输入选项一般选择“电源关闭”，以便系统直接保持上次关闭电源时的状态，以保证机器人动作的连续，防止出现误动作。

3）根据需要，用光标选择相应设定栏的输入框、按【选择】键，示教器可显示图 7.4-10b 所示的输入选项；调节光标、选择所需的输入选项，便可完成设定。

2. 特殊运行方式设定

在 DX100 系统上，程序再现还可以选择低速启动、限速运行、空运行、机械锁定运行、检查运行等特殊的运行方式，用于程序的运行检查。特殊运行方式的设定操作如下：

1）选定再现程序、选择主菜单［程序内容］，示教器显示再现基本显示页面。

2）选择下拉菜单［实用工具］，示教器显示图 7.4-11 所示的再现设定子菜单。

3）选择［设定特殊运行］子菜单，示教器显示图 7.4-12 所示的特殊运行设定页面。

再现特殊运行方式各设定栏的含义和功能如下：

低速启动：低速启动是一种安全保护功能，它只对程序中的首条移动命令有效。低速启动有效时，按【START】按钮将启动程序运行，但是，系统在执行第一条移动命令、机器人由初始位置向第一个程序点运动时，其移动速度被自动限制在“低速”；同时，在系统完成第一个程序点

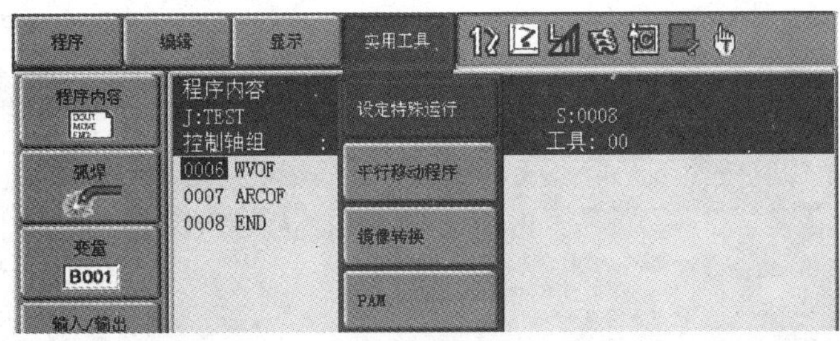

图 7.4-11　实用工具子菜单显示

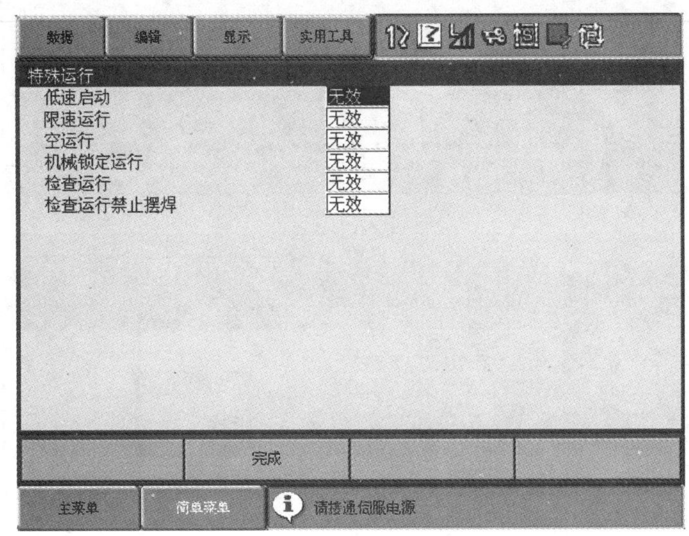

图 7.4-12　特殊运行设定显示

定位后，无论何种程序执行方式，机器人都将停止运动。在此基础上，如再次按【START】按钮，将自动取消速度限制、生效程序执行方式，机器人便可按程序规定的速度、所选的程序执行方式，正常执行后续的全部命令。

限速运行：程序再现运行时，如移动命令所定义的机器人控制点运动速度，超过了系统参数 S1CxG000（限速运行最高速度）的设定值，运动速度自动成为参数 S1CxG000 设定的速度；速度小于参数 S1CxG000 设定的移动命令，可按照程序规定的速度正常运行。

空运行：程序运行时，程序中的全部移动命令均以系统参数 S1CxG001（空运行速度）设定的速度运动，对于低速作业频繁的程序试运行检查，采用“空运行”方式可加快程序检查速度，但需要确保速度提高后的运行安全。

机械锁定运行：程序运行时，可禁止执行机器人的移动，而其他命令正常执行。机械锁定运行方式一旦选定，即使转换操作模式，它仍保持有效。需要注意的是，机器人进行机械锁定运行后，由于系统位置和机器人实际位置可能存在不同，因而导致机器人的误动作，因此，机械锁定运行必须通过下述的“解除全部设定”操作、通过关闭系统电源才可解除。

检查运行：程序运行时，系统将不执行引弧、焊接启动等作业命令，但移动指令正常执行；检查运行多用于机器人运动轨迹的确认。

检查运行禁止摆焊：在具有摆焊功能的系统上，利用该设定，可用来以禁止检查运行时的摆焊运动。

4）根据要求，调节光标、在对应的设定栏中选择输入选项“有效”“无效”，完成特殊运行功能设定；如需要，多种特殊运行方式可同时选择。

5）按操作显示区的［完成］，完成设定操作，返回显示再现程序显示页面。

特殊运行方式设定可通过以下操作一次性予以全部解除。

1）选择【再现（PLAY）】操作模式。

2）选定再现程序、选择主菜单［程序内容］，示教器显示再现运行页面。

3）通过光标调节键、【选择】键，选择下拉菜单［编辑］→子菜单［解除全部设定］，示教器显示操作提示信息“所有特殊功能的设定被取消”。

4）关闭系统电源、取消全部设定。

7.4.4 程序的平移转换设定

1. 功能与使用要点

平移是机器人控制系统特有的功能，它不但可以通过第2章所述的平移命令SFTON、SFT-OF、MSHIFT将程序中的程序点进行整体偏移，以简化程序和示教编程操作，而且还可以通过系统的平移和转换功能设定，在再现运行时对全部或部分程序进行平移，从而使机器人或工装位置改变时，仍然能够快速完成程序的转换功能，避免重复编程。

安川DX100系统使用平移和转换功能时，需要注意以下问题：

1）程序平移功能只能对程序中的全部位置，以同样的偏移量进行一次性修改；平移后的程序点也不能超出机器人的作业范围。

2）程序平移不能改变原程序中的位置型变量值。

3）没有定义轴组的程序，不能进行平移转换。

4）进行程序平移后，其程序点的位置将被全部改变，为此，一般需要将转换后程序以新的程序名重新保存，否则，原程序中的程序点数据将被全部修改。

5）程序平移的基准点和平移量设定方式，可通过系统参数S2C652的设定，选择数值/示教设定（S2C652 = 0）、位置变量设定（S2C652 = 1）两类三种。采用数值/示教设定时，可直接输入各坐标轴的基准点位置和偏移位置值，或通过示教操作输入基准点位置和偏移量；采用位置变量设定时，需要通过位置变量设定基准点位置和偏移量。两类设定方法的设定页面、设定项目均有所不同（见下述）。

2. 平移转换的数值/示教设定

利用数值/示教设定方法，设定程序平移转换的操作步骤：

1）选定再现程序、选择主菜单［程序内容］，示教器显示再现基本页面。

2）在前述图7.4-11所示的、下拉菜单［实用工具］下，选择子菜单［平行移动程序］，示教器显示图7.4-13所示的程序平移转换设定页面。

程序平移转换设定页面各设定项的含义与作用如下：

变换源程序：需要进行平移转换的源程序选择。在默认情况下，系统将自动选择当前生效的再现运行程序；如需要选择其他程序作为变换的源程序，可将光标定位到输入框、按操作面板的【选择】键，在示教器所显示的程序一览表上，用光标、【选择】键选择系统的其他程序作为源程序。

平移程序点区间：平移转换范围选择。程序的平移转换既可对程序中的全部程序点进行，也可对程序的局部区域进行；选择区域时，可将光标定位到输入框、按操作面板的【选择】键后，

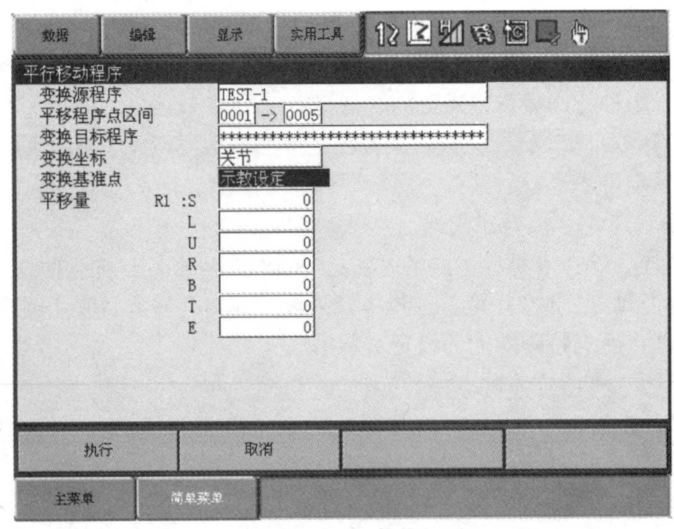

图 7.4-13　平移转换的数值/示教设定页面

输入转换区的起始、结束行号，并用【回车】键输入。如起始、结束行号显示为“＊＊＊”，表明源程序中没有程序点。

变换目标程序：设定平移转换后的新程序名称。输入框显示“＊＊＊”，表示不改变程序名，此时，源程序的内容将被平移变换后的程序所覆盖。如需要以新程序的形式保存变换后的程序，可将光标定位到输入框、按操作面板的【选择】键，在示教器显示的字符输入软键盘上，按照第 6 章 6.4 节程序名输入同样的方法，输入新的程序名。

变换坐标：设定确定平移量的坐标系。可将光标定位到输入框、按操作面板的【选择】键后，在显示的输入选项上选择“关节”“机器人”“用户”“工具”等坐标系；坐标系编号可用数字键、【回车】键输入。

变换基准点/平移量：可显示和设定平移变换的基准点位置和偏移量。采用数值输入时，可直接用【选择】键选定对应的输入框后，利用操作面板的数字键、【回车】键直接输入各坐标轴的基准点位置和偏移值；选择“示教设定”时，可通过下述的示教操作输入基准点位置和偏移量。

3）按要求完成程序平移转换设定页面各设定项的设定。

4）选定显示页面上的操作功能键［执行］，系统将执行程序转换操作；选定显示页面上的操作功能键［取消］，可放弃转换操作，返回再现基本页面。如果“变换目标程序”选项未设定平移转换后的新程序名，选择操作功能键［执行］后，系统将显示图 7.4-14 所示的程序覆盖提示框，选择对话框中的［是］，源程序的内容将被平移变换后的程序所覆盖；选择［否］，则返回平移变换设定页面，需要进行“变换目标程序”选项的重新设定。

3. 变换基准点/平移量的示教设定

在系统参数 S2C652 设定为“0”、基准点和平移量的数值输入/示教设定生效时，如变换基准点输入选项选择“示教设定”，示教器可显示图 7.4-15a 所示的基准点、目标点设定页面。并通过如下操作，设定基准点和平移量。

1）光标选定 7.4-15a 所示的“基准位置”选项，并选择一个位置作为程序平移的基准点，然后，通过操作面板的坐标轴手动方向键，将机器人移动到平移的基准点上。

2）按操作面板的【修改】键、【回车】键，机器人当前的 X/Y/Z 位置值将被自动读入到

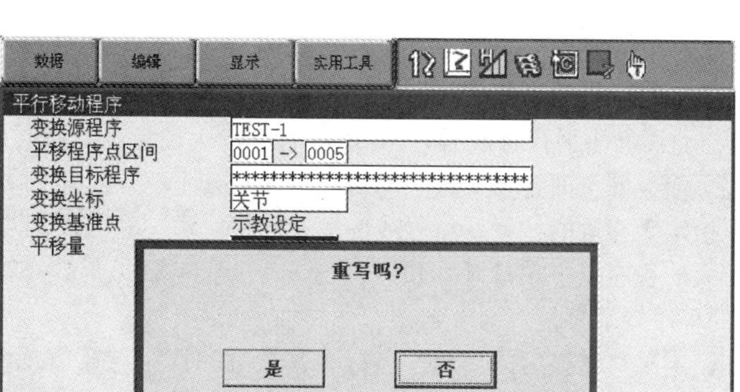

图 7.4-14　程序覆盖提示框显示

“基准位置”的输入框内。

3）光标选定 7.4-15a 所示的“目标位置”选项；并通过操作面板的坐标轴手动方向键，将机器人移动到平移的目标位置上。

4）按操作面板的【修改】键、【回车】键，机器人当前的 X/Y/Z 位置值将被自动读入到“目标位置”的输入框内。

5）选定页面上的操作功能键［执行］，系统可自动完成平移量的计算和设定，并显示图 7.4-15b 所示的设定页面。

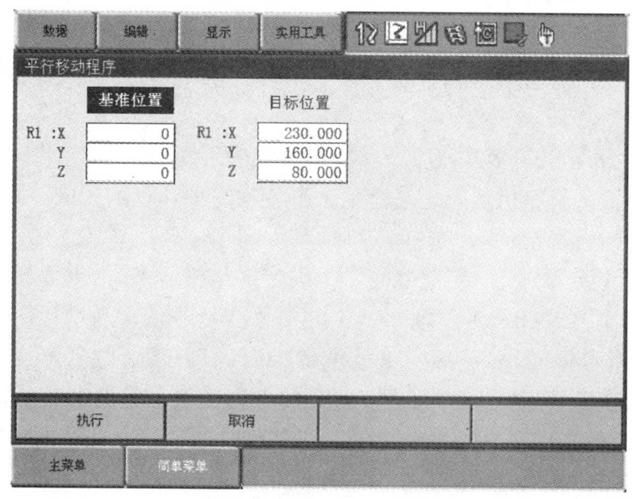

a) 基准点、目标点设定页面

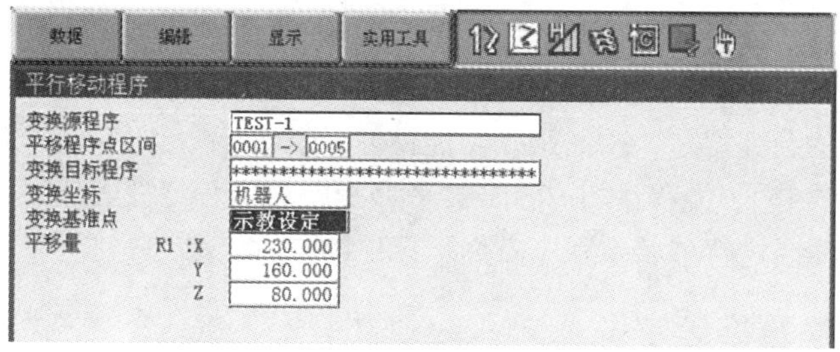

b) 平移量设定

图 7.4-15　基准点/平移量的示教设定

4. 平移转换的位置变量设定

当系统参数 S2C652 设定“1”，采用位置变量设定方式，设定程序平移变换参数时，利用下拉菜单［实用工具］、子菜单［平行移动程序］进行平移转换设定时，示教器将显示图 7.4-16 所示的平移转换设定页面。该页面各设定选项的含义与作用如下：

变量号码：设定指定平移量的位置变量号或变量起始号。DX100 可设定两个不同类型的位置变量，分别指定机器人的程序点平移量（变量#P＊＊＊）、基座轴（变量#BP＊＊＊）或工装轴（变量#EX＊＊＊）的程序点平移量。

转换程序名称：设定平移转换后的新程序名称，其含义和作用与数值/示教设定的“变换目标程序”设定项相同。

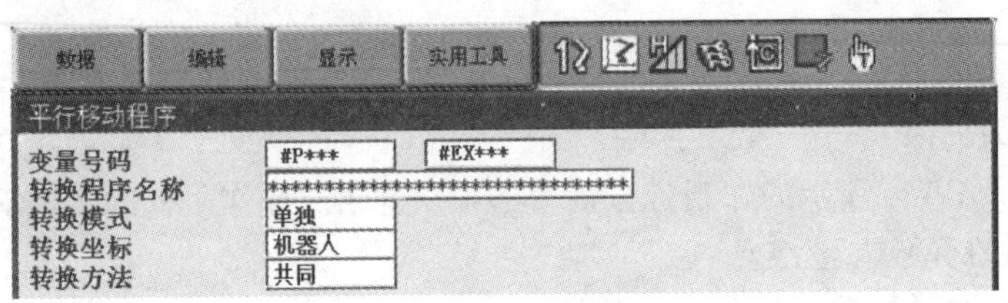

图 7.4-16　平移转换的位置变量设定页面

转换模式：有“单独”和“相关”两个输入选项，选择“单独”，平移转换只对所选择的程序有效；选择“相关”，平移转换不仅对所选择的程序有效，而且，在程序中通过 CALL、JMP 等命令调用的程序也将被同时转换。

转换坐标：设定确定平移量的坐标系。其含义和作用与数值/示教设定的“变换坐标”设定项相同。

转换方法：用于多机器人、多基座轴、多工装轴的复杂系统，有“共同”和“单独”两个输入选项。选择“共同”，所有机器人、基座轴、工装轴的平移量均相同，只需要使用“变量号码”上设定的两个平移量设定变量。选择“单独”，不同机器人及基座轴、工装轴的平移量不同，需要过多个平移量设定变量，“变量号码”上设定的是机器人 1、基座轴 1、工装轴 1 的起始变量号，机器人 2、基座轴 2－8、工装轴 2－24 的平移变量号依次递增；例如，对于双机器人、3 个工装轴的复杂系统，当机器人平移变量号设定为#P001、工装轴平移变量号设定为#EX005 时，机器人 R1 的平移变量号为#P001、机器人 R2 的平移变量号为#P002；工装轴 1 的平移变量号为#EX005、工装轴 2 的平移变量号为#EX006、工装轴 3 的平移变量号为#EX007 等。

平移转换选项的设定操作与数值/示教设定相同。将光标定位到输入框、按操作面板的【选择】键后，便可显示、选择相应的输入选项；数值可以操作面板的数字键、【回车】键输入；按要求完成设定后，选定显示页面上的操作功能键［执行］，系统将执行程序转换操作；选定显示页面上的操作功能键［取消］，可放弃转换操作，返回再现基本页面。如果“转换程序名称”选项未设定平移转换后的新程序名，选择操作功能键［执行］后，系统将同样显示程序覆盖提示框，选择对话框中的［是］，源程序的内容将被平移变换后的程序所覆盖；选择［否］，则返回平移变换设定页面，需要进行“转换程序名称”选项的重新设定。

7.4.5　程序的镜像转换设定

1. 功能与使用要点

镜像是利用同一程序完成对称作业任务的功能。例如，对于图 7.4-17 所示的作业，如果程序编制的机器人运动轨迹为 P0→P1→P2→P0，如果生效以 XZ 平面为对称面的镜像功能，运行同样的程序，机器人的运动轨迹将成为 P0′→P1′→P2′→P0′。

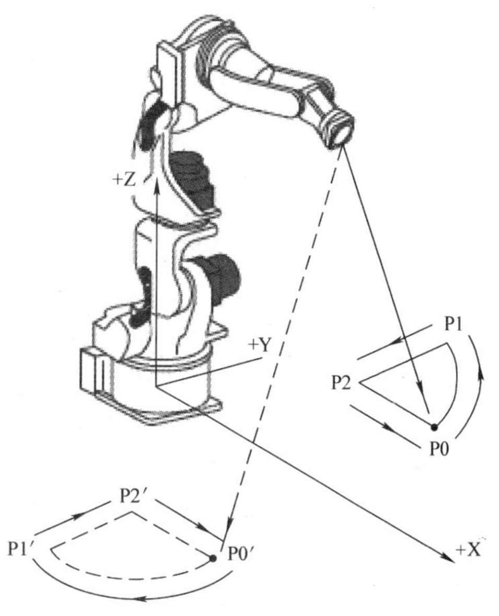

图 7.4-17 镜像作业

镜像作业一般可通过以下两种方式实现：

1）直接改变驱动电机的转向。在安川 DX100 系统上，改变电机转向可通过系统参数 S1CxG065 的设定实现。驱动电机转向的改变将使得指定轴的实际运动方向完全相反，从而导致机器人动作、作业范围的完全改变，因此，实际上不宜用于镜像作业。

2）驱动电机的转向保持不变，但程序中的程序点坐标值取反。在安川机器人上，对关节坐标系中的坐标值取反，称为“关节坐标镜像”；对机器人坐标系中的坐标值取反，称为“机器人坐标镜像”；对用户坐标系中的坐标值取反称为“用户坐标镜像”。

安川 DX100 系统使用平移和转换功能时，需要注意以下问题：

1）镜像作业时，机器人必须且只能进行原程序轨迹的对称运动，因此，它受机器人结构的限制；结构上无法实现的对称运动，不能进行镜像转换。

例如，进行机器人坐标镜像转换时，由于机器人坐标系的 Z 原点在机器人安装底平面上，因此，其对称平面（转换基准）不能为 XY 平面；而改变机器人作业面的方向，必须增加腰回转等运动才能实现，故其对称平面（转换基准）也不能为 YZ 平面。此外，机器人工具坐标系的原点位于手腕的工具安装基准面上，程序变换不能改变工具的安装方式，因而，也不能使用“工具坐标镜像”功能。

2）使用机器人坐标镜像时，没有设定控制组的作业程序不能进行镜像转换。

3）镜像转换对工装轴位置有效，但对基座轴位置、位置型变量无效。

4）进行程序镜像转换后，程序点的位置将被全部改变，为此，一般需要将转换后程序以新的程序名重新保存，否则，原程序中的程序点数据将被全部修改。

2. 镜像转换的设定

程序镜像转换设定的操作步骤：

1）选定再现程序、选择主菜单［程序内容］，示教器显示再现基本页面。

2）在前述图 7.4-11 所示的下拉菜单［实用工具］下，选择子菜单［镜像转换］，示教器显示图 7.4-18 所示的程序镜像转换设定页面。

程序镜像转换设定页面各设定项的含义与作用如下：

转换源程序：需要进行镜像转换的源程序选择。在默认情况下，系统将自动选择当前生效的再现运行程序；如需要选择其他程序作为变换的源程序，可将光标定位到输入框、按操作面板的【选择】键，在示教器所显示的程序一览表上，用光标、【选择】键选择系统的其他程序作为源程序。

控制组：显示和设定程序控制组。

转换程序点区间：镜像转换范围选择。程序的镜像转换既可对程序中的全部程序点进行，也

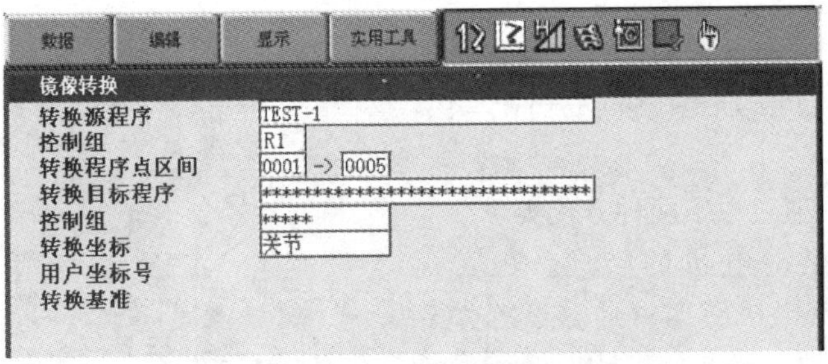

图 7.4-18　程序镜像转换设定页面

可对程序的局部区域进行；选择区域时，可将光标定位到输入框、按操作面板的【选择】键后，输入转换区的起始、结束行号，并用【回车】键输入。如起始、结束行号显示为“＊＊＊”，表明源程序中没有程序点。

转换目标程序：设定镜像转换后的新程序名称。输入框显示“＊＊＊”，表示不改变程序名，此时，源程序的内容将被镜像变换后的程序所覆盖。如需要以新程序的形式保存变换后的程序，可将光标定位到输入框、按操作面板的【选择】键，在示教器显示的字符输入软键盘上，按照第 6 章 6.4 节程序名输入同样的方法，输入新的程序名。

转换坐标：设定镜像转换的坐标系。可将光标定位到输入框、按操作面板的【选择】键后，在显示的输入选项上选择“关节”“机器人”“用户”，可分别进行关节、机器人、用户坐标系的镜像转换。

用户坐标号：“转换坐标”输入选项选定“用户”时，可显示和输入用户坐标系的编号，编号可用数字键、【回车】键输入。

转换基准：“转换坐标”输入选项选定“机器人”“用户”时，可显示和输入镜像作业的对称平面。机器人坐标镜像的对称平面只能是 XZ；用户坐标镜像的对称平面可以选择 XZ、YZ 和 XY；选择时可将光标定位到输入框、按操作面板的【选择】键后，在显示的输入选项上选择“XZ”“YZ”或“XY”。

3）按要求完成程序镜像转换设定页面各设定项的设定。

4）选定显示页面上的操作功能键［执行］，系统将执行程序转换操作；选定显示页面上的操作功能键［取消］，可放弃转换操作，返回再现基本页面。如果“转换目标程序”选项未设定镜像转换后的新程序名，选择操作功能键［执行］后，系统将显示与前述图 7.4-14 同样的程序覆盖提示框，选择对话框中的［是］，源程序的内容将被镜像变换后的程序所覆盖；选择［否］，则返回镜像变换设定页面，需要进行“转换目标程序”选项的重新设定。

7.4.6　程序点的调整（PAM 设定）

1. 功能与使用要点

程序点位置的调整在安川机器人上又称 PAM（Position Adjustment Manual）设定。这是一种直接以表格的形式，对程序中的多个程序点位置值、移动速度、位置等级进行修改的功能，它不仅可用于程序再现运行的设定，而且也可以用于示教编程的程序编辑操作。

安川 DX100 系统使用 PAM 功能调整程序点时，需要注意以下问题：

1）为了防止因程序点位置调整而产生的机器人运动干涉，一般而言，PAM 功能只用于程序点位置、移动速度的少量调整；其位置、速度设定值将以“增量”的形式与原数据相加后，得

到新的位置、速度。

2）PAM 功能的调整范围可以通过系统参数进行设定，DX100 系统的程序点位置调整参数及出厂设定的调整范围见表 7.4-1。

表 7.4-1 程序点位置调整参数及出厂设定的调整范围表

调整项目	系统参数号	设定单位	出厂设定	备 注
可调整的程序点数量	—	—	—	DX100 最大允许 10 点
可调整的位置等级	—	—	—	DX100 允许 PL0 ~ PL8
X/Y/Z 位置调整范围	S3C1098	0.01mm	10.00	出厂允许 ±10.00mm
移动速度调整范围	S3C1099	0.01%	50.00	出厂允许 0.01% ~50%
修改坐标系设定	S3C1100	—	机器人	可选机器人、工具、用户
Rx/Ry/Rz 位置调整范围	S3C1102	0.01deg	10.00	出厂允许 ±10.00 deg

3）如果程序中的移动命令没有定义位置等级 PL、移动速度，则不能对其进行位置等级 PL、移动速度的调整。

4）不能对程序中的基座轴、工装轴位置进行调整。

5）不能对程序中以位置变量、参考点命令规定的程序点位置进行调整。

6）调整后的位置不能超出机器人的作业范围。

7）在示教编程时，利用 PAM 设定所进行的修改，可直接通过后述的撤销操作予以全部撤销，将程序点数据恢复为原值。

2. PAM 设定

利用 PAM 设定调整程序点位置的操作步骤如下：

1）选定程序、选择主菜单［程序内容］，示教器显示程序页面或再现基本页面。

2）在前述图 7.4-11 所示的下拉菜单［实用工具］下，选择子菜单［PAM］，示教器显示图 7.4-19 所示的 PAM 设定页面。

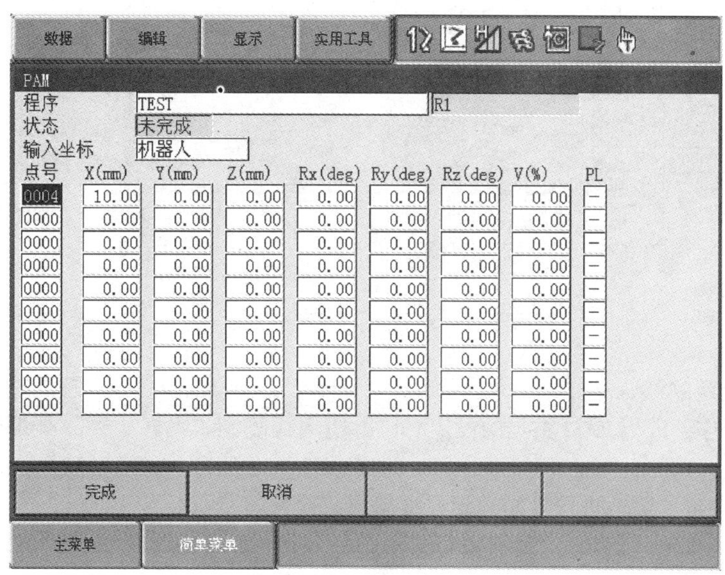

图 7.4-19 PAM 设定页面

PAM 设定页面各设定项的含义与作用如下：

程序：需要进行 PAM 设定的程序选择。在默认情况下，系统将自动选择当前生效的程序；如需要选择其他程序，可将光标定位到输入框、按操作面板的【选择】键，在示教器所显示的程序一览表上，用光标、【选择】键选择系统的其他程序进行设定。

状态：显示 PAM 设定状态，“未完成”为 PAM 设定中，或设定完成后未通过显示页面上的操作功能键［完成］确认。

输入坐标：设定和显示位置调整的坐标系。可将光标定位到输入框、按操作面板的【选择】键后，在显示的输入选项上选择“机器人”“用户”“工具”，可分别进行机器人、用户、工具坐标系的位置调整。选定“用户”时，可用数字键、【回车】键输入用户坐标系编号。

程序点调整数据：可将光标定位到对应的输入框、按操作面板的【选择】键选定后，用数字键、【回车】键输入需要调整的数值。输入框显示“—”时，表明该程序点的移动命令没有定义位置等级 PL、移动速度，也不能对其进行设定。

3）按要求完成 PAM 设定页面各设定项的设定。为了简化操作，数据设定可使用下述的数据行复制、粘贴、删除等编辑操作。

4）选定显示页面上的操作功能键［完成］，系统将显示图 7.4-20 所示的位置调整确认提示框；选择对话框中的［是］，系统执行程序点位置调整操作；选择［否］，可返回设定页面。

系统的程序点位置调整操作与操作模式有关。操作模式选择示教时，程序点位置将被立即修改；操作模式选择再现时，程序点位置在执行程序首行命令（NOP）时，才进行程序点位置的修改；修改完成后，设定页的数据将被自动清除。

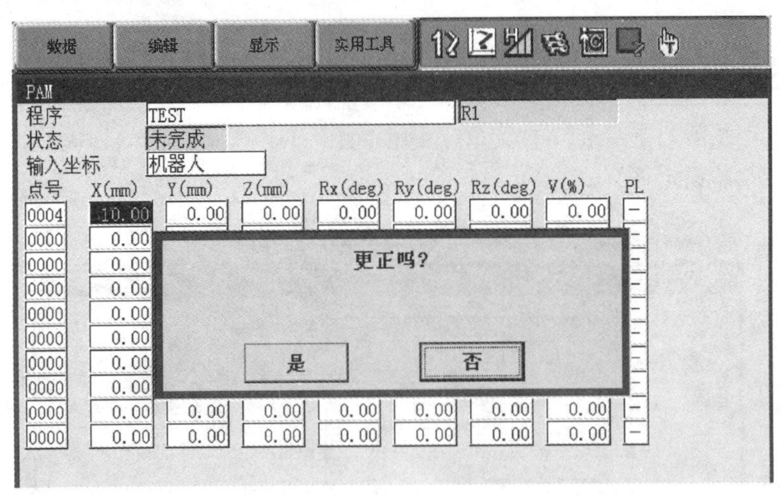

图 7.4-20　位置调整确认提示框

3. PAM 设定的编辑

为了简化操作，进行 PAM 数据的设定时，可使用行复制、粘贴、删除等编辑操作，其操作步骤：

1）将光标定位到需要进行复制、删除操作的数据行的“点号”上。

2）选择下拉菜单［编辑］，示教器可显示图 7.4-21 所示的数据行编辑子菜单。

3）选择子菜单［行清除］，可删除该程序点的全部调整数据。选择［行复制］，可将该程序点的全部调整数据复制到系统粘贴板中；然后，将光标定位到需要粘贴的数据行“点号”上，再选定下拉菜单［编辑］、子菜单［行粘贴］，便可将粘贴板中的数据粘贴到指定行上。

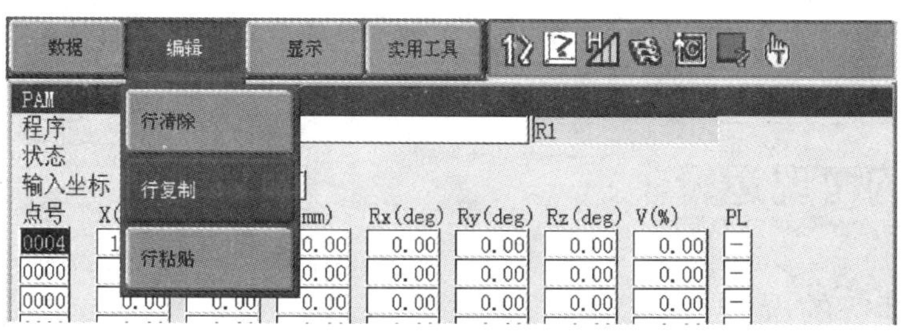

图 7.4-21　数据行编辑子菜单显示

4. PAM 修改的撤销

PAM 修改撤销只能用于示教编程。程序再现运行时，由于机器人已完成的程序点定位，系统不能执行撤销操作。示教编程模式取消 PAM 设定、恢复程序原值的操作步骤如下：

1）确认 PAM 修改已完成，PAM 设定页的状态栏显示为图 7.4-22a 所示的“完成”。

2）选择下拉菜单［编辑］，示教器可显示图 7.4-22b 所示的编辑子菜单。

3）选择编辑子菜单［撤销］，示教器可显示图 7.4-22c 所示的确认提示对话框。

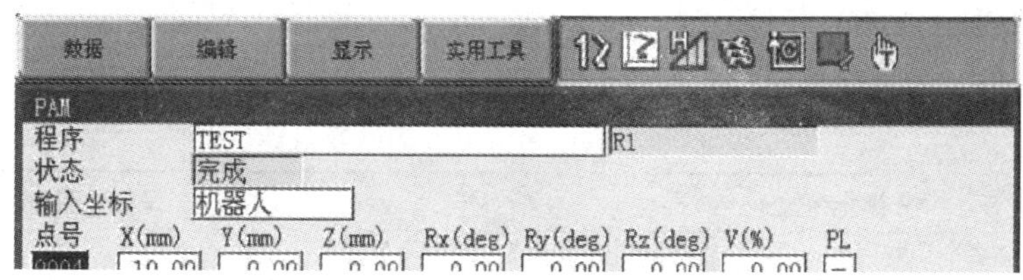

a) PAM修改完成状态显示

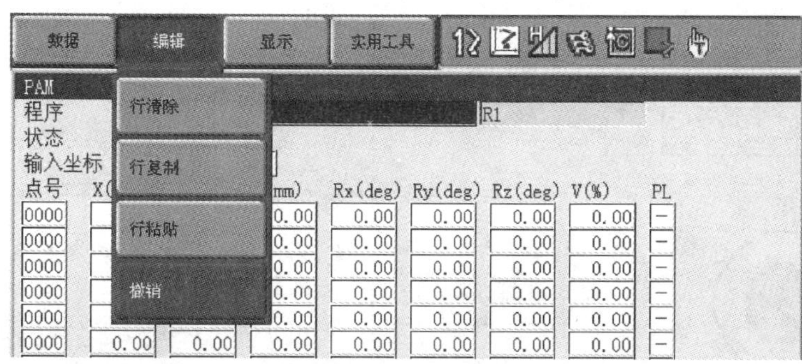

b) 撤销PAM修改菜单

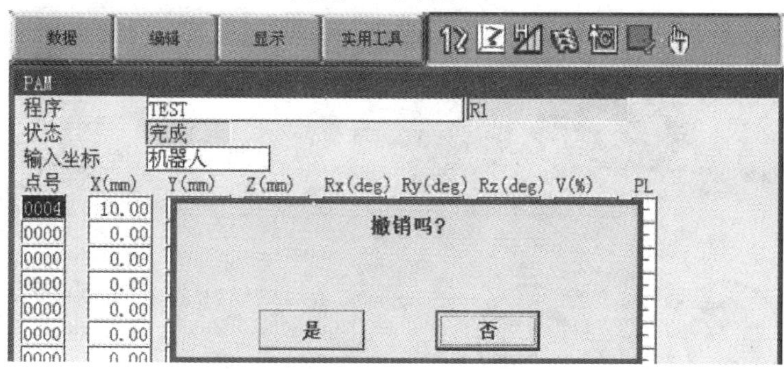

c) PAM修改撤销确认提示

图 7.4-22　PAM 修改的撤销

4）选择对话框中的［是］，系统撤销 PAM 修改、恢复程序原值，同时，修改状态栏的显示成为“未完成”。选择［否］，放弃撤销操作，回到修改完成状态显示。

7.5 程序的再现运行

7.5.1 再现运行的操作

机器人的程序再现运行可在【再现（PLAY）】或【远程（REMOTE）】操作模式下进行，两种运行方式的区别在于程序的启动方式有所不同：【再现（PLAY）】模式的程序运行，需要通过示教器上的操作按钮【START】/【HOLD】，控制程序的启/停；I/O 单元上的外部循环启动信号通常无效（可通过系统参数 S2C219 设定），但安全单元的外部停止输入信号 EX HOLD 总是有效（如使用）。【远程（REMOTE）】的程序运行，则可通过 I/O 单元上的外部循环启动信号及安全单元的外部停止输入信号 EX HOLD，控制程序的启/停；示教器上的按钮【START】通常无效（可通过系统参数 S2C220 设定），但【HOLD】按钮总是有效。

1. 程序的启动和暂停

DX100 系统的示教程序再现，可按照表 7.5-1 中的操作步骤启动或暂停。

表 7.5-1 程序再现运行的操作步骤

步骤	操作与检查	操作说明
1	ON OFF EMERGENCY STOP	确认机器人符合开机条件、接通系统的总电源 复位控制柜、示教器及辅助控制装置、操作台上的全部急停按钮，解除急停
2	REMOTE PLAY TEACH 伺服准备 伺服接通	将示教器上的操作模式选择开关置“【再现（PLAY）】”模式 按【伺服准备】键，接通伺服主电源、【伺服接通】指示灯亮
3	主菜单 选择	用【主菜单】、光标、【选择】键，选定再现运行程序 通过 7.4 节的操作，完成再现运行的设定
4	START HOLD	按【START】按钮，启动再现程序；按【HOLD】按钮可暂停程序运行。程序运行时，【START】按钮的指示灯亮；程序暂停、急停、系统报警时，指示灯灭。程序暂停可用【START】按钮再次启动

2. 运动速度的调节

在程序再现运行过程中，可以随时通过前述7.4节介绍的再现速度调节操作，利用下拉菜单［实用工具］→子菜单［速度调节］修改机器人的运动速度。速度调节选项“修改”设定为“开”时，速度倍率调节的结果被保存到程序中，速度调节结果可用于下次再现运行；“修改”设定为“关”时，速度调节仅对本次运行有效。

速度倍率的调节对程序中尚未执行的移动命令均有效，但在以下情况下，速度倍率调节被无效。

1）“修改”选项选择“关”时，执行程序结束END指令将自动撤销速度倍率调节值。

2）利用SPEED命令设定的移动速度，不能通过速度调节改变。

3）前述7.4节所介绍的再现特殊运行设定选项“空运行”选择“有效”时，系统参数S1CxG001（空运行速度）设定的速度不能被改变。

4）利用倍率调节后的速度如超过了系统参数设定的最高和最低移动速度，将被限制为系统参数设定的最高和最低移动速度。

3. 急停及重新启动

当再现运行过程中出现紧急情况时，可随时通过示教器或控制柜上的【急停】按钮，直接切断伺服驱动器主电源，使系统进入紧急停止状态。

急停状态解除后，可在再现模式下，通过表7.5-2的操作，重新启动程序再现运行。

表7.5-2 急停后的重新启动操作步骤

步骤	操作与检查	操作说明
1	EMERGENCY STOP　伺服准备　伺服接通	复位控制柜、示教器及辅助控制装置、操作台上的急停按钮，解除急停 按【伺服准备】键，重新接通伺服主电源、【伺服接通】指示灯闪烁
2	伺服接通	轻握示教器背面的【伺服ON/OFF】开关，启动伺服、【伺服接通】指示灯亮
3	选择　前进	用光标调节键、【选择】键，选定重新启动位置；按面板的【前进】键，使机器人移动到系统参数S2C422~424设定的再定位点
4	START	按操作面板的【START】按钮，重新启动程序再现运行

4. 报警及重新启动

再现运行过程中如果出现系统报警，程序运行将立即停止，并自动显示图7.5-1所示的报警显示页面。如果系统发生一页无法显示的多个报警时，可同时按【转换】键+光标键，滚动页面、显示其他报警。

系统出现报警时，示教器只能进行显示切换、模式转换、报警解除和急停等操作。当显示页

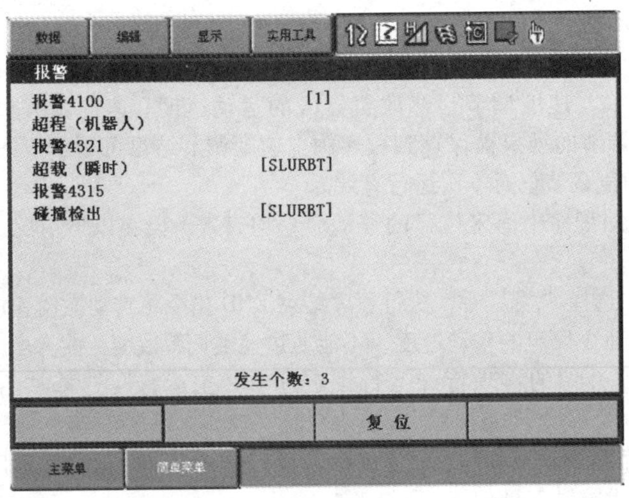

图 7.5-1　系统报警显示页面

面被切换时，可选择主菜单［系统信息］→子菜单［报警］，恢复报警显示页。

如系统发生的只是操作错误等轻微故障，在故障排除后，可选择显示页的操作键［复位］，直接清除报警。

发生重大故障时，系统将自动切断伺服驱动器主电源、进入急停状态。操作者需要在排除故障后，通过上述急停同样的方法，重新启动再现运行；或者在关闭系统电源维修处理后，重新启动系统和再现运行。

7.5.2　预约启动运行

1. 功能与使用要点

所谓“预约启动”是不通过系统的示教器操作，直接利用外部输入的预约启动信号，来选定程序、并启动再现运行的一种功能。预约启动信号既可在机器人等待作业时输入，也可以在机器人进行其他作业时输入；对于前者，可立即启动程序的再现运行；对于后者，机器人可在完成当前作业任务后，再转入到指定程序的再现运行；故称“预约启动”。

例如，对于图 7.5-2 所示的机器人，需要利用程序 JOB1 ~ JOB3，来进行工装 1 ~ 3 上的三种不同零件的焊接作业任务；为了提高作业效率、方便操作，可以在 3 个工装上分别安装不同的启动按钮 1 ~ 3，直接通过预约启动功能，自动选择程序 JOB1 ~ JOB3、并启动程序的再现运行。

预约启动属于高级应用功能，它需要配套工装、操作台等机械部件及连接按钮、指示灯等输入/输出信号的电气控制线路，因此，这一功能通常需要由机器人生产厂家配置与提供；用户可使用，但一般不进行硬件的配置和更改。

用户使用预约启动功能时，需要注意以下几点：

1）预约启动的程序可有多个，系统可根据预约启动信号的输入顺序，依次启动不同程序的再现运行；但已启动再现运行、正在进行的作业程序，不能再进行预约。

2）程序预约后，如果再次按下同一预约启动按钮，可取消该程序的预约启动功能。

3）预约启动功能生效时，示教器上的循环启动按钮【START】、I/O 单元上的外部启动信号 EX START 将无效；但程序暂停按钮【HOLD】、安全单元上的外部暂停信号 EX HOLD 仍将有效。

4）预约程序的再现运行方式固定为“单循环”，即连续执行程序中的全部命令一次。即使

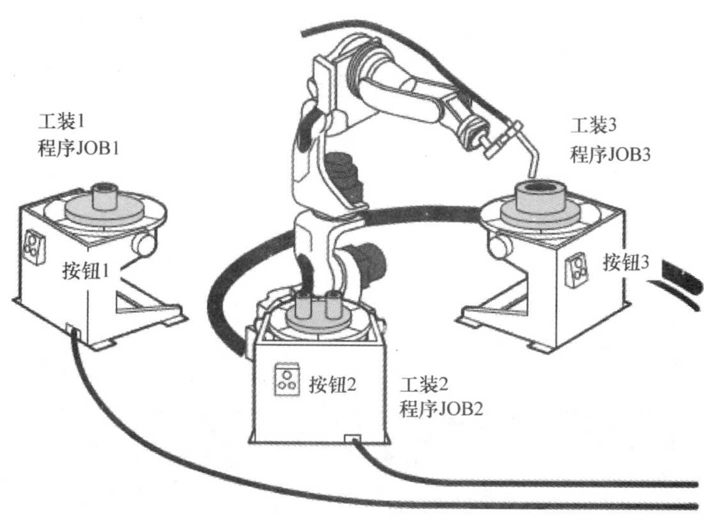

图 7.5-2 预约启动作业

7.4 节再现运行操作条件中，将程序执行方式设定为“单步”“连续”，也不能改变预约启动的程序执行方式。

5）程序被作为系统预约程序登录后，还可通过快捷键定义功能，直接利用示教器面板上的快捷键，输入该程序的调用命令 CALL，有关内容可参见第 9 章 9.1 节。

预约启动功能需要进行功能有效、控制信号、预约程序等高级应用设定，这些设定需要在系统的安全模式选择为“管理模式”时才能进行。系统进入管理模式后，选择主菜单［设置］，将增加［操作条件设定］（见 7.4 节）［日期/时间］［设置轴组］［再现速度登录］［键定义］［自动升级设定］［功能有效设定］［预约启动连接］等子菜单，对系统中更多的参数进行所需的设定。其中，［功能有效设定］［预约启动连接］与预约启动功能有关，需要进行如下设定。

2. 预约启动的功能设定

预约启动的功能设定用来生效系统的预约启动功能。在 DX100 系统上，生效预约启动功能的操作步骤如下（程序的预约启动功能也可通过系统参数的设定选择）：

1）按第 6 章 6.2 节的操作步骤，将安全模式设定至“管理模式”。

2）将示教器的操作模式置【示教（TEACH）】。

3）选择主菜单［设置］，示教器可显示管理模式下的系统设置子菜单［操作条件设定］［日期/时间］［功能有效设定］［预约启动连接］等。

4）选择子菜单［功能有效设定］，示教器将显示图 7.5-3a 所示的系统功能设定页面。

5）光标定位相应的功能选项、按操作面板的【选择】键，可进行输入选项“禁止”“允许”的切换，生效或撤销系统的相关功能。

6）将“预约启动”及与预约启动相关的功能选项“主程序变更”“预约启动程序变更”“远程或再现时的程序选择”均设定为图 7.5-3b 所示的“允许”，生效预约启动功能。

预约启动功能也可通过系统参数 S2C207/209 进行设定。预约启动功能一旦选定，示教器上的循环启动按钮【START】、I/O 单元上的外部启动信号 EX START 将被系统禁止，操作者不能利用按钮【START】、信号 EX START 启动程序的再现运行。

3. 预约启动信号的连接设定

预约启动信号连接设定用来定义预约启动的启动信号和指示灯信号地址，它只能在系统的安

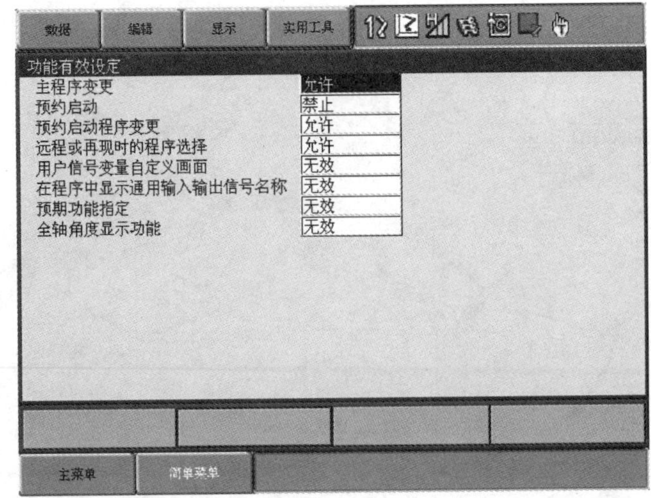

a) 功能有效设定显示

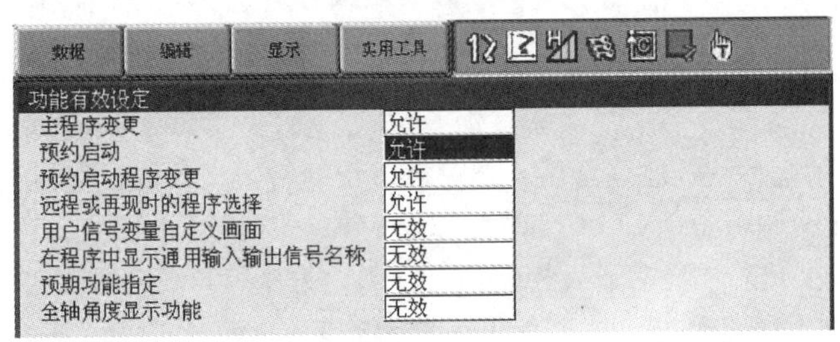

b) 预约启动设定

图 7.5-3　预约启动功能的设定

全模式选择“管理模式”、预约启动功能生效后才能进行。

在 DX100 系统上，预约启动信号连接设定的操作步骤如下：

1）按第 6 章 6.2 节的操作步骤，将安全模式设定至“管理模式”。

2）将示教器的操作模式置【示教（TEACH)】。

3）确认主菜单［设置］、子菜单［功能有效设定］中的“预约启动”功能选项已经设定为“允许”状态。

4）选择主菜单［设置］、子菜单［预约启动连接］，示教器将显示图 7.5-4 所示的预约启动信号的连接设定页面。

5）将光标定位到“输入信号”栏的输入框、按操作面板的【选择】键，便可用数字键、【回车】键输入预约启动信号 1 ~ 6 的系统输入地址。预约启动信号的输入地址决定于系统电气控制线路的设计，信号地址的设定必须与电气连接一致。

6）将光标定位到“输出信号”栏的输入框、按操作面板的【选择】键，便可用数字键、【回车】键输入预约启动 1 ~ 6 的系统指示灯输出信号地址。预约启动状态输出信号的地址，同样决定于系统电气控制线路的设计，信号地址的设定必须与电气连接一致。

4. 预约程序的登录和删除

预约程序登录用来建立预约启动信号和作业程序的对应关系，它可在系统安全模式“编程模式”下进行，但系统的预约启动、预约启动程序变更的功能设定必须为“允许”状态。登录

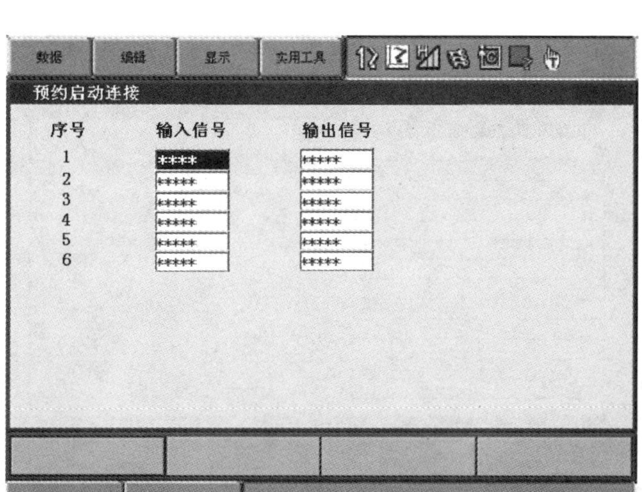

图 7.5-4 预约启动信号的连接设定页面

预约程序的操作步骤：

1）确认主菜单［设置］、子菜单［功能有效设定］中的“预约启动”“预约启动程序变更”功能选项已设定为“允许”状态。

2）将示教器的操作模式置【示教（TEACH）】。

3）选择主菜单［程序］、子菜单［预约启动程序］，示教器显示图 7.5-5a 所示的预约程序登录编辑页面。

4）光标定位到预约启动信号对应行的“程序名称”输入框、按操作面板的【选择】键，便可用显示图 7.5-5b 所示的登录、删除预约启动程序的输入选项。

5）选择“登录启动程序”选项，示教器可显示程序一览表页面，在一览表上选择预约启动程序后，该程序即被作为预约启动程序登录，并在图 7.5-5c 的程序名称栏显示。

6）删除预约启动程序时，可光标定位到预约启动信号对应行的“程序名称”输入框、按操作面板的【选择】键，并选择“取消启动程序”输入选项，即可删除预约启动程序。

预约启动程序也可以通过以下方式予以清除。

1）通过前述“预约启动的功能设定”操作，在主菜单［设置］、子菜单［功能有效设定］中，将“预约启动”功能选项设定为“禁止”状态。

2）选择下拉菜单［程序］中的子菜单［预约清除］或［全部清除］，并在示教器显示的“是否清除数据”操作提示对话框中选择［是］，可清除预约启动程序。

5. 预约程序的启动与状态显示

启动和暂停预约程序的操作步骤：

1）确认工件安装完成、预约作业区符合作业条件，启动伺服。

2）操作模式选择【再现（PLAY）】。

3）按作业次序，按相应的预约启动按钮，即可对应地启动预约程序，并以“单循环”方式运行。程序运行时，对应的预约启动按钮指示灯亮。

预约程序启动后，如果选择主菜单［程序内容］、子菜单［作业预约状态］，示教器可显示图 7.5-6 所示的预约启动状态显示页面，显示页状态显示栏的含义：

连接状态：显示“开始中”，代表该程序正在执行中；显示“中断”，代表该程序处于暂停

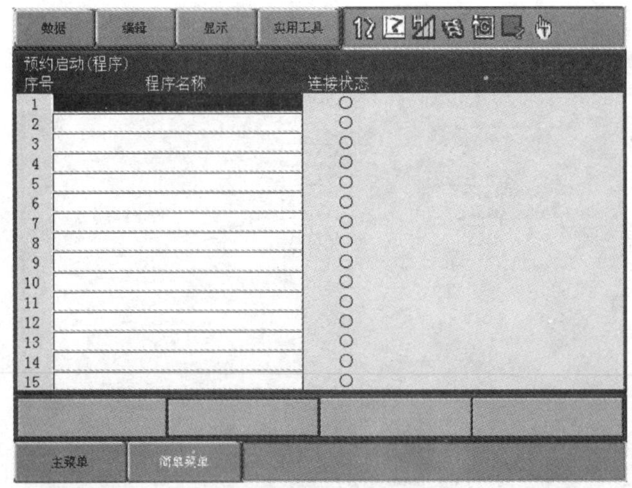

a) 编辑页面

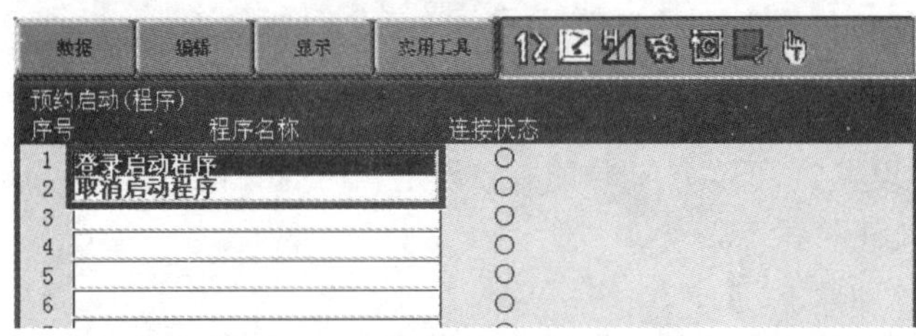

b) 输入选项

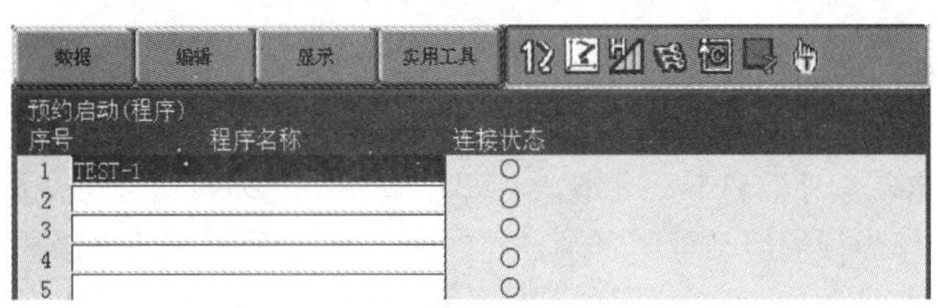

c) 登录程序显示

图 7.5-5　预约程序的登录

状态；显示“预约中 1、预约中 2、……”，代表该程序已被预约及预约执行次序。

启动输入：显示作业预约启动信号的输入状态。“●”为有输入；“○”为无输入。

6. 预约程序的暂停与清除

连接状态显示为“开始中”的当前运行程序，可直接通过示教器上的进给保持按钮【HOLD】或安全单元输入信号 EX HOLD，暂停程序运行。程序暂停时，示教器上的进给保持按钮【HOLD】指示灯亮、循环启动按钮【START】指示灯灭。程序暂停后，连接状态显示为“中断”。

连接状态显示为“中断”的程序，可通过再次输入预约启动信号，重新启动程序的继续运行。也可以通过选择下拉菜单［程序］中的子菜单［全部清除］，并在示教器显示的“是否清除数据”操作提示对话框中选择［是］，清除中断运行的程序及其他全部预约启动程序。但是，连接状态显示为“开始中”的程序不能进行清除操作。

连接状态显示为“预约中 1、预约中 2、……”、等待运行预约程序，可通过以下方式取消预

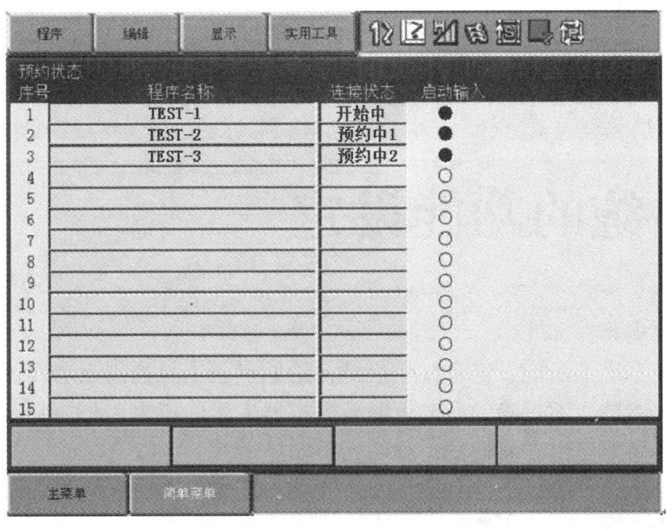

图 7.5-6 预约启动的状态显示

约作业。

1）再次操作预约启动按钮，可取消指定的预约作业。

2）选择下拉菜单［程序］中的子菜单［预约清除］（或［全部清除］），并在示教器显示的“是否清除数据”操作提示对话框中选择［是］，可清除预约启动程序。

第 8 章

控制系统的功能设定

重要提示！

控制系统的功能设定可改变机器人的原点、工具控制点、作业范围、运动保护等重要参数，不正确的设定可能导致机器人不能正常工作、甚至发生危险。功能设定一般需要由专业调试、维修人员实施。

8.1 机器人的原点设定

8.1.1 绝对原点的设定

1. 功能与使用要点

在使用伺服电机驱动的工业机器人上，坐标轴的位置决定于伺服电机内置编码器所转过的脉冲数。目前伺服电机所使用的编码器，实际上是一种通过脉冲计数来确定位置的增量检测器件，为了能够在电源切断时记忆坐标轴位置，工业机器人所使用的编码器，一般都可以通过后备电池，来保持其脉冲计数值，这样的编码器具有了绝对位置检测编码器同样的功能，故也被称为“绝对编码器”。

依靠增量脉冲计数的编码器，需要有一个基准位置作为计数的零位，这一计数零位就是工业机器人的绝对原点。绝对原点一旦设定，控制系统将以该位置作为基准，通过电机转过的脉冲数，来计算、确定坐标轴位置。

绝对原点是机器人所有坐标系的基准，改变绝对原点，将改变机器人的程序点位置、作业范围、软件限位保护区等所有与位置相关的参数。因此，绝对原点的设定一般只用于以下场合；反之，如机器人出现下述情况，也必须进行绝对原点的重新设定。

1）机器人的首次调试。

2）后备电池耗尽，或电池连接线被意外断开时。

3）更换伺服电机或编码器后。

4）控制系统或主板、存储器板被更换时。

5）机械传动系统被重新安装或因碰撞等原因，导致机械位置被强制改变，机器人需要重新调整时。

机器人的绝对原点位置由机器人生产厂设定，它与机器人的结构形式有关，即使同一公司的产品，由于结构不同，绝对原点的位置也有区别，具体应参见机器人的使用说明书，例如，安川公司 MA1400 机器人的绝对原点设定如图 8.1-1 所示。

在垂直串联型机器人上，通过机器人上、下臂回转中心的直线称为下臂中心线；通过手腕回转轴 R 和摆动轴 B 回转中心的直线称为上臂中心线；通过手腕工具安装法兰中心且与法兰面垂直的直线称为法兰中心线；它们是确定机器人绝对原点的基准。

垂直串联机器人的S、L、U轴的绝对原点位置基本统一，使上臂中心线和底座前端面垂直的位置，通常是S轴的绝对原点S0；使下臂中心线和水平面垂直的位置，通常是L轴的绝对原点L0；使上臂中心线和水平面平行的位置，通常是U轴的绝对原点U0。但手腕回转摆动轴R、B、T的绝对原点位置区别较大，例如，安川MA1400机器人是以图8.1-1所示法兰中心线垂直水平面的位置，作为B轴的绝对原点B0，R轴的绝对原点R0是使法兰中心线垂直向下的位置；而在MH6机器人上，则是以法兰中心线平行水平面的位置作为B轴绝对原点B0（见第2章2.1节）等。

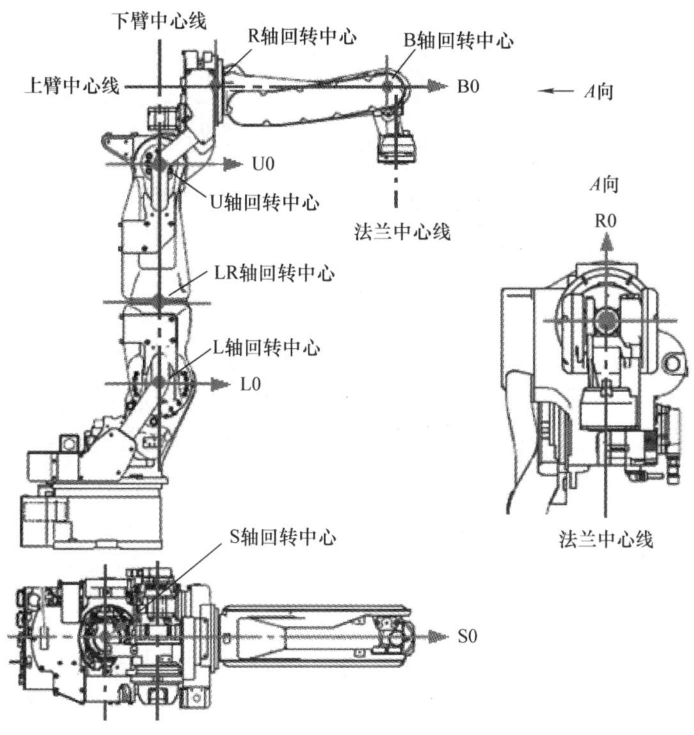

图8.1-1 MA1400机器人的绝对原点设定

安川DX100系统的绝对原点设定属于高级应用功能，它只能在系统安全模式选择“管理模式”时进行；绝对原点设定可根据实际需要，通过“全轴登录”或“单独登录”两种不同方式，对机器人的全部轴或指定轴进行绝对原点的设定；或者，对原点位置数据进行修改、清除等操作；其操作步骤分别如下：

2. 全轴登录设定

全轴登录可一次性完成机器人全部坐标轴的绝对原点设定，它通常用于机器人首次调试、控制系统（或系统主板、存储器板）被更换、机器人发生严重碰撞等可能影响到所有坐标轴绝对原点位置的场合。全轴登录的操作步骤如下：

1）在确保安全的前提下，接通系统电源、启动伺服。

2）按照第6章6.2节的操作，将系统的安全模式设定为“管理模式”；示教器的操作模式选择【示教（TEACH）】。

3）通过手动操作，将机器人的全部坐标轴均准确定位到绝对原点位置上。

4）按主菜单【机器人】，示教器将显示图8.1-2所示的子菜单显示页面。

5）选择子菜单［原点位置］，示教器将显示图 8.1-3 所示的绝对原点设定页面。

图 8.1-2　主菜单机器人的子菜单显示页面

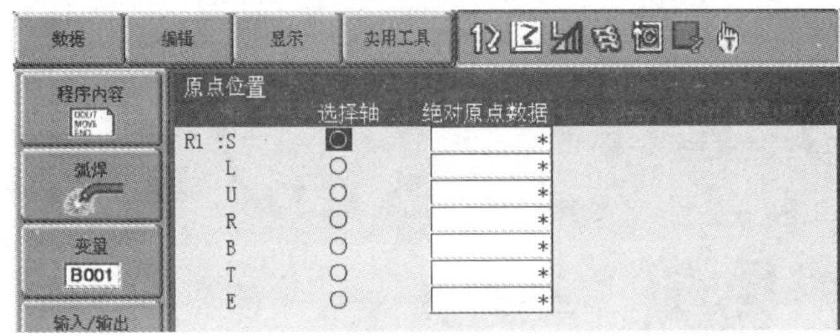

图 8.1-3　绝对原点设定页面

6）在多机器人系统或带有工装轴的系统上，可通过图 8.1-4a 所示的下拉菜单［显示］中的选项，选择需要设定的控制轴组（机器人或工装轴）；或利用示教器操作面板上的【翻页】键，或选择显示页的操作提示键［进入指定页］，在图 8.1-4b 所示的选择框中选定需要设定的控制轴组（机器人或工装轴），显示该控制轴组的原点设定页面。

a) 下拉菜单选择

b) 翻页键选择

图 8.1-4　控制轴组的切换

7）将光标定位到“选择轴”栏，选择下拉菜单［编辑］、并选定图 8.1-5a 所示的子菜单［选择全部轴］，绝对原点设定页面的“选择轴”栏将全部成为图 8.1-5b 所示的“●”（选定）状态，同时，示教器将显示“创建原点位置吗?”的操作确认对话框。

8）选择对话框中的［是］，机器人的当前位置将被设定为绝对原点；选择［否］，则可以放弃原点设置操作。

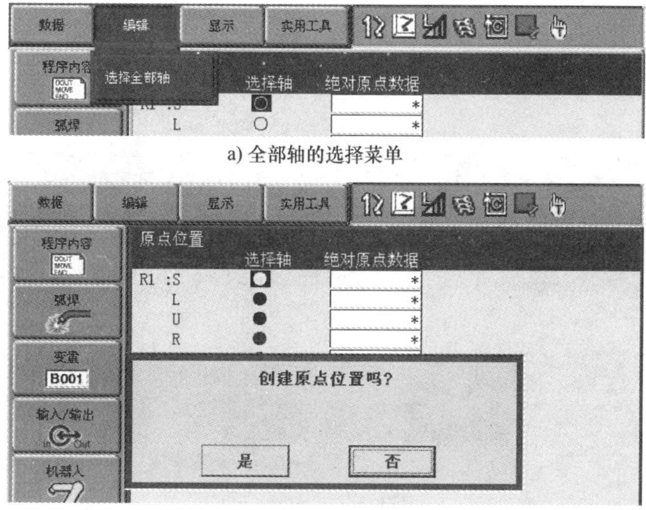

a) 全部轴的选择菜单

b) 轴选择与操作确认

图 8.1-5　全轴登录原点设定

3. 单独登录设定

单独登录可完成机器人指定轴的绝对原点设定，它通常用于机器人某一轴的电池连接线被意外断开或伺服电机、编码器、机械传动系统更换、维修后的绝对原点恢复。单独登录的操作步骤和全轴登录类似，但它只需通过手动操作，将需要设定原点的轴准确定位到绝对原点上，对其他轴的位置无要求。在此基础上，进行如下操作：

1）在图 8.1-3 所示的绝对原点设定页面，调节光标到指定轴（如 S 轴）的“选择轴”栏，按操作面板的【选择】键，使其显示为“●”（选定）状态；示教器将显示图 8.1-5b 同样的“创建原点位置吗?”操作确认对话框。

2）选择对话框中的［是］，机器人指定轴的当前位置将被设定为该轴的绝对原点，其他轴的原点位置不变；选择［否］，则可以放弃指定轴的原点设置操作。

4. 原点位置的修改和清除

绝对原点位置数据也可直接以数值（脉冲数）的形式输入、修改或清除，在这种情况下，无须再进行机器人的原点定位操作。原点位置数据的输入、修改与清除操作步骤如下：

1）原点位置数据的输入及修改：在图 8.1-3 所示的绝对原点设定页面，调节光标到指定轴（如 L 轴）的“绝对原点数据”栏的输入框上，按操作面板的【选择】键选定后，输入框将成为图 8.1-6a 所示的数据输入状态。然后，直接通过操作面板的数字键输入原点位置，并用【回车】键确认，便可完成原点位置数据的输入及修改。

2）原点位置数据的清除：在图 8.1-3 所示的绝对原点设定页面，选择下拉菜单［数据］、并选定图 8.1-6b 所示的子菜单［清除全部数据］，示教器将显示图 8.1-6c 所示的“清除数据吗?”操作确认对话框。选择对话框中的［是］，可清除全部绝对原点数据；选择［否］，则可以放弃数据清除操作。

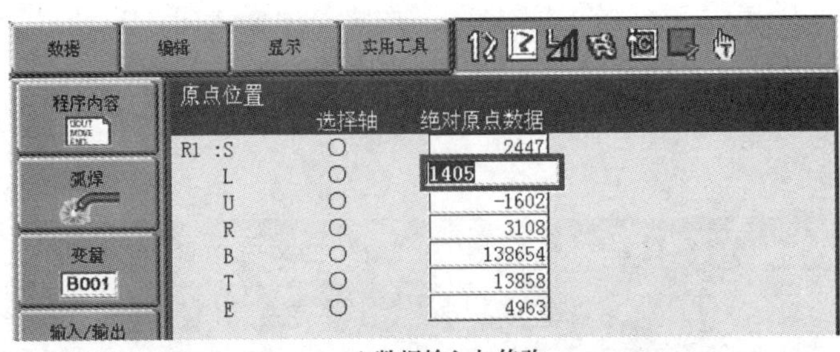

a) 数据输入与修改

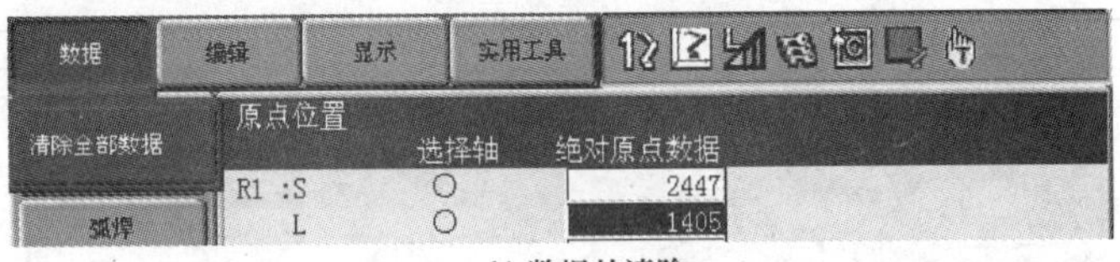

b) 数据的清除

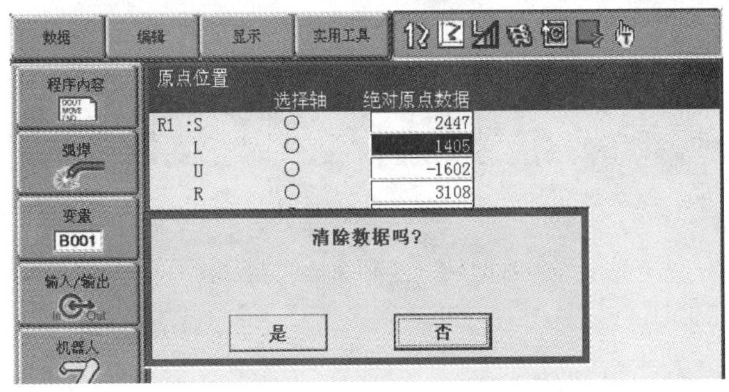

c) 数据清除确认对话框

图 8.1-6　绝对原点数据的输入、修改与清除

8.1.2　第二原点的设定

1. 功能与使用要点

第二原点是用来检查、确认机器人位置的基准点。如前所述，由于绝对编码器是一种能在断电情况下，利用电池记录、保存位置的检测器件；而控制系统的位置数据也同样具有断电保持功能。因此，如果在系统断电的情况下，进行了机械部件更换、电机重新安装等处理，使得伺服电机轴（即编码器）的位置发生了改变，系统启动后，将会导致系统的位置记忆值和编码器位置不一致，从而发生“绝对编码器数据异常”等报警，使系统无法正常运行。

系统发生绝对编码器数据异常报警时，如果电机轴和机器人之间的相对位置并没有改变，实际上只需要重新读入编码器的位置、更新位置值，便可恢复正常工作。但是，出于安全上的考虑，系统更新位置数据时，需通过机器人的第二原点定位，来确认位置的正确性。

机器人第二原点检查、设定的要点如下：

1）系统发生绝对编码器数据异常报警时，是否需要进行第二原点的检查，可通过系统参数 S2C316 的设定选择，但出于安全的考虑，原则上应进行第二原点检查和确认。

2）如果进行机器人第二原点检查时，系统再次发生报警，通常表明系统断电后，电机轴和

机器人之间的相对位置发生了变化，此时，需要通过前述的绝对原点设定操作，重新设定机器人原点。如系统无报警，则可恢复正常工作。

3）机器人出厂设定的第二原点位置与绝对原点重合；为了方便检查，用户可以通过下述的第二原点设定操作，改变第二原点的位置。

安川 DX100 系统的第二原点设定、机器人位置确认的方法如下：

2. 第二原点的设定

机器人第二原点的设定操作需要在系统安全模式设定为“编辑模式”时，在机器人正常运行的情况下，通过示教操作进行。DX100 系统的机器人第二原点设定操作步骤如下：

1）在确保安全的前提下，接通系统电源、启动伺服。

2）按照第 6 章 6.2 节的操作，将系统的安全模式设定为“编辑模式”；示教器的操作模式选择【示教（TEACH）】。

3）按主菜单【机器人】，并在示教器显示的前述图 8.1-2 所示的子菜单上，选择［第二原点位置］子菜单，使示教器显示图 8.1-7 所示的“第二原点位置”设定页面。显示页的各栏的含义如下：

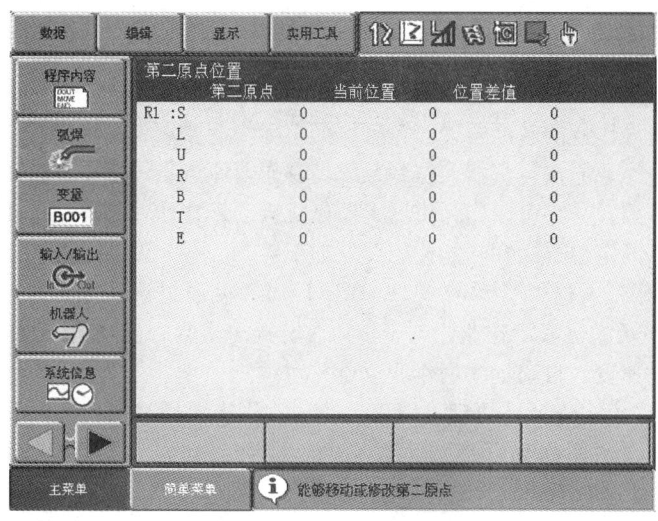

图 8.1-7　第二原点设定页面

第二原点：显示机器人出厂（或上一次第二原点设定操作）所设定的第二原点位置。

当前位置：显示机器人现行实际位置。

位置差值：在进行第二原点确认时，可显示第二原点的误差值。

信息提示栏：显示允许的操作“能够运动或修改第二原点”。

4）在多机器人系统或带有工装轴的系统上，可通过绝对原点设定同样的操作，利用下拉菜单［显示］，或利用操作面板上的【翻页】键，或通过显示页的操作提示键［进入指定页］与控制轴组输入框的选择，选定需要设定的控制轴组（机器人或工装轴）。

5）通过手动操作，将机器人准确定位到需要设定为第二原点的位置上。

6）按操作面板的【修改】【回车】键，机器人的当前位置值，将被自动设定成第二原点位置。

3. 第二原点的确认

第二原点确认操作用于系统发生“绝对编码器数据异常”报警时的位置检查，系统报警的处理及利用第二原点检查机器人位置的操作步骤如下：

1）按操作面板的【清除】键，清除系统报警。

2）在确保安全的情况下，重新启动伺服。

3）确认系统的安全模式为“编辑模式”；示教器的操作模式为【示教（TEACH）】。

4）按主菜单【机器人】、子菜单［第二原点位置］，显示前述图8.1-7所示的第二原点设定页面。

5）在多机器人系统或带有工装轴的系统上，可通过绝对原点设定同样的操作，利用下拉菜单［显示］，或利用操作面板上的【翻页】键，或通过显示页的操作提示键［进入指定页］与控制轴组输入框的选择，选定需要设定的控制轴组（机器人或工装轴）。

6）按操作面板的【前进】键，机器人以手动速度，自动定位到第二原点。

7）选择下拉菜单［数据］、子菜单［位置确认］，第二原点设定页面的“位置差值”栏将自动显示第二原点的位置误差值；信息提示栏显示“已经进行位置确认操作”。

8）系统自动检查“位置差值”栏的误差值，如误差没有超过系统规定的范围，机器人便可恢复正常操作；如误差超过了规定的范围，系统将再次发生数据异常报警，操作者需要在确认故障已排除的情况下，进行绝对原点的重新设定。

8.1.3 作业原点的设定

1. 功能与设定要点

作业原点是机器人作业的基准位置，它可根据实际作业要求，由操作者进行设定，一个机器人通常只能设定一个作业原点。机器人控制系统具有作业原点自动定位、自动检测功能，并可进行到位允差的设定，因此，它可以作为机器人操作或启动重复作业程序的作业基准点。

机器人作业原点的定位方法和功能使用要点如下：

1）当系统的操作模式选择【示教（TEACH）】时，可通过选择主菜单［机器人］、子菜单［作业原点位置］，使示教器显示作业原点显示和设定页面，然后，按操作面板上的【前进】键，机器人便可按照手动速度，自动运动到作业原点并定位。

2）当系统的操作模式选择【再现（PLAY）】时，则需要通过系统的外部输入信号和PLC程序的设计，向系统发送“回作业原点”启动信号，当启动信号出现上升沿时，机器人便能以系统参数S1CxG056所设定的速度，自动运动到作业原点并定位。

3）当机器人的定位位置位于作业原点的允差范围内时，控制系统I/O单元上的系统专用输出信号（PLC编程地址为30022）“作业原点”将成为ON状态。

4）在安川DX100系统上，作业原点的X/Y/Z轴到位允差不能进行独立设定，3轴的到位允差需要通过系统参数S3C1097进行统一设定。当系统参数S3C1097的设定值为a（μm）时，作业原点的到位检测区间为图8.1-8所示的正方体，如果机器人定位点的X/Y/Z坐标轴值均处于（P ± $a/2$）范围内，系统就认为作业原点到达。

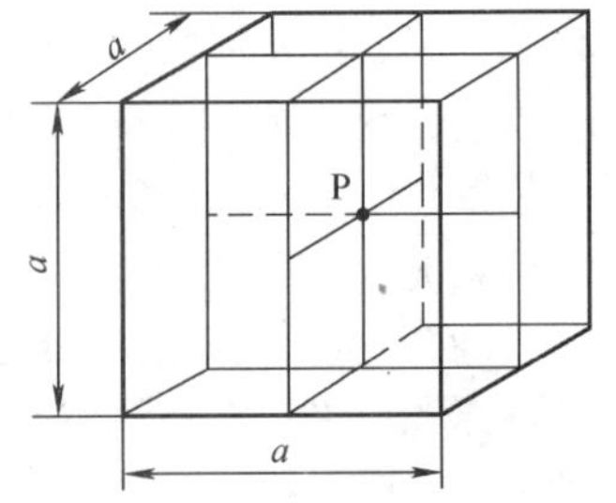

图8.1-8　到位允差设定

5）系统检测作业原点的方法决定于系统参数S2C003bit7的设定。S2C003bit7 = 0为命令位置检测，只要移动命令的程序点处于作业原点允差范围，就认为作业原点到达；S2C003bit7 = 1为实际位置（反馈位置）检测，只有当伺服电机的编码器反馈位置到达作业原点允差范围时，才认为作业原点到达。

2. 作业原点设定操作

机器人的作业原点需要通过示教操作设定，其操作步骤如下：

1）在确保安全的前提下，接通系统电源、并启动伺服。

2）按照第6章6.2节的操作，将系统的安全模式设定为“编辑模式”；示教器的操作模式选择【示教（TEACH）】。

3）按主菜单【机器人】，并在示教器显示的、前述图8.1-2所示的子菜单上，选择［作业原点位置］子菜单，使示教器显示图8.1-9所示的“作业原点位置”设定页面，此时，系统将显示操作提示信息“能够移动或修改作业原点”。

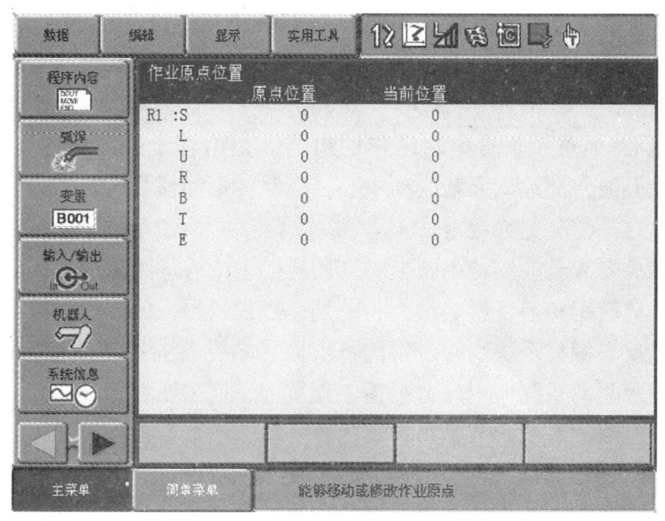

图8.1-9　作业原点位置设定页面

4）在多机器人系统或带有工装轴的系统上，可通过操作面板上的【翻页】键，或通过显示页的操作提示键［进入指定页］与控制轴组输入框的选择，选定需要设定的控制轴组（机器人或工装轴）。

5）通过手动操作，将机器人准确定位到需要设定为作业原点的位置上。

6）按操作面板的【修改】【回车】键，机器人的当前位置值，将被自动设定成作业原点位置。

7）如果需要，可通过操作面板的【前进】键，进行作业原点位置的确认。

8.2　工具文件设定

8.2.1　工具文件的显示和编辑

1. 工具文件与参数

工业机器人所使用的作业工具多种多样，外形重量差异大、安装形式多。为了能够准确控制机器人的定位位置和移动轨迹，保证机器人可靠稳定的运行，避免运动时的干涉，同时，使得伺服驱动系统具有最佳的静动态特性，就需要对与机器人运动直接相关的工具物理特性参数进行设定。

描述机器人作业工具物理特性的参数包括工具控制点（TCP点）、坐标系、重量/重心/惯量等，这些参数如通过程序命令添加项的形式指定，程序编制就会较麻烦，因此，在机器人控制系统上，它需要以工具文件的形式，对工具的物理参数进行统一的定义。在此基础上，再根据工具用途，通过本书第 3 ~ 5 章介绍的作业文件，对工具的控制特性进行相关设置。

通过工具文件定义的物理特性参数的作用和含义如下：

1）工具控制点：工具控制点简称 TCP 点，它是机器人定位和移动的指令点。TCP 点是工具的基准点，它既是工具的作业部位，也是示教编程时的示教点和作业程序的指令点，机器人的手动定位、程序中的移动命令都要针对此点进行；TCP 点通常也是工具坐标系的原点。

2）工具坐标系：工具坐标系用来定义工具的安装方式。由于机器人作业工具的形状不规范、安装形式多样，为了防止作业时的干涉和碰撞，就需要通过工具坐标系的设定，来确定工具的安装方式。

3）工具重量/重心/惯量：垂直串联结构的机器人是由若干关节和连杆串联组成的机械设备，各关节的负载重心通常都远离回转摆动中心，负载转矩和惯量大、受力条件差，特别在大范围作业的机器人上，这一情况更为严重。

作业工具安装在机器人最前端的手腕上，离回转摆动中心的距离最远，因此，工具的重量对关节回转摆动时的负载转矩和惯量影响最大，特别是点焊机器人的焊钳、搬运码垛机器人的抓手等工具，其重量大、重心偏移手腕中心，它们将直接影响机器人运动的稳定性和驱动系统的静、动态特性。为了使伺服驱动系统能更好地平衡工具重力，就需要在工具文件上设定工具重量、重心位置、惯量等参数，以便系统调节驱动系统的静、动态参数，提高机器人运动稳定性、定位精度和运行可靠性。

工业机器人是一种通用设备，它可以通过改变工具完成不同的作业任务，因此，在控制系统上可针对不同工具，编制多个工具文件，并以工具文件号进行区分。安川 DX100 系统最大可定义的 64 种工具，对应的工具文件号为 0 ~ 63。

改变工具将直接改变机器人的定位点和移动轨迹，因此，在通常情况下，一个作业程序原则上只能使用一种工具。但在 DX100 系统上，如果设定系统参数 S2C431 = 1，系统的工具文件扩展功能将生效，并允许在程序中改变工具。

2. 工具文件的显示

在 DX100 系统上，显示工具文件的操作和显示内容如下：

1）按照第 6 章 6.2 节的操作，将系统的安全模式设定为“编辑模式”；示教器的操作模式选择【示教（TEACH）】。

2）按主菜单【机器人】，并在示教器显示的、前述 8.1 节图 8.1-2 所示的子菜单上，选择［工具］子菜单，示教器将显示图 8.2-1a 所示的工具一览表显示页面。

3）将调节光标到需要设定的工具号（序号）上，按操作面板的【选择】键，选定工具号；如系统使用的工具较多，可通过操作面板的【翻页】键，显示更多的工具号，然后，用光标和【选择】键选定。

4）工具一览表显示时，如打开图 8.2-1b 所示的下拉菜单［显示］并选择［坐标数据］，示教器便可切换到图 8.2-2 所示的工具文件设定显示页面；当工具文件显示时，如打开图 8.2-1c 所示的下拉菜单［显示］并选择［列表］，示教器便可返回到图 8.2-1a 所示的工具一览表显示页面。

工具文件的显示和设定页面如图 8.2-2 所示，显示页面的工具参数作用和含义：

工具序号/名称：显示工具文件对应的工具号及工具名称。

X/Y/Z：TCP 点位置，X/Y/Z 为 TCP 点在手腕基准坐标系 $X_F/Y_F/Z_F$ 上的坐标值。

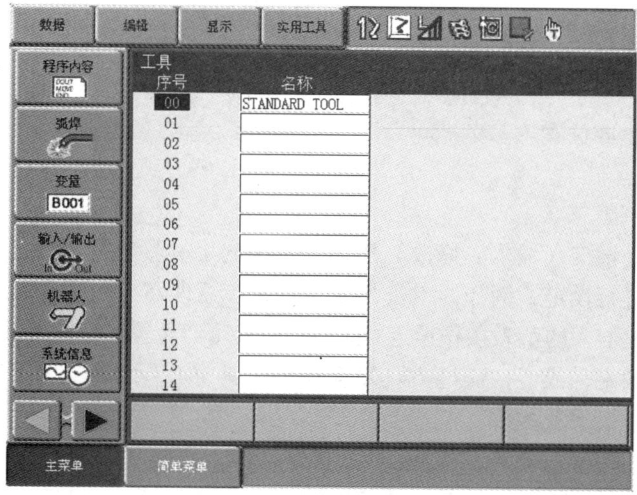

a) 工具一览表

b) 显示工具文件

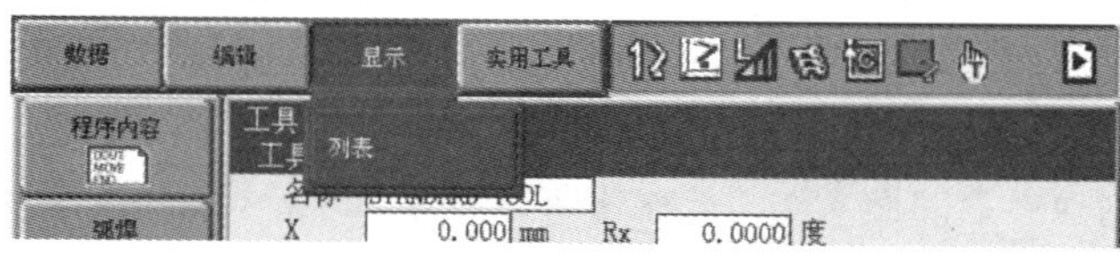

c) 显示工具一览表

图 8.2-1　工具文件的显示

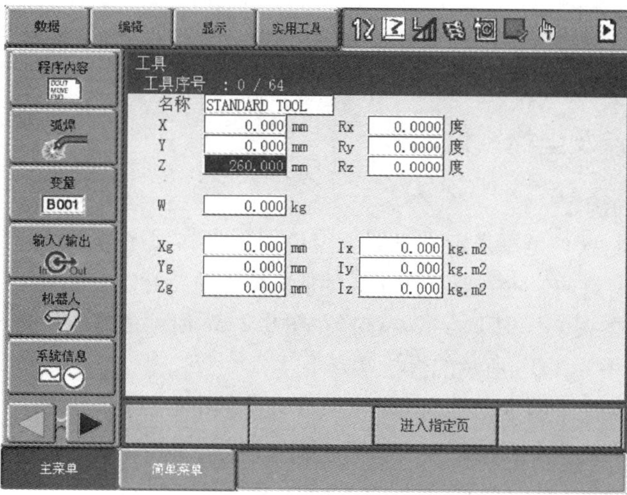

图 8.2-2　工具文件设定页面

Rx/Ry/Rz：工具坐标系变换参数，Rx/Ry/Rz 为手腕基准坐标系的旋转变换角度，在安川说明书上称为“姿态参数”。

W：工具重量。

Xg/Yg/Zg：工具重心位置。

Ix/Iy/Iz：工具惯量。

3. 工具文件的编辑

工具文件编辑就是设定（输入、修改）工具文件中的工具参数的操作。工具文件中的不同参数可用不同的方法进行设定，例如，工具 TCP 点和坐标系既可通过操作面板的数据输入操作直接设定，也可通过机器人的示教操作设定；工具重量、重心位置、惯量等参数，则可通过操作面板的数据输入操作设定，或者，通过 DX100 系统的工具重心位置测量操作，自动测定、计算和设定工具重量、重心、惯量参数。

需要注意的是，DX100 系统的工具重心位置测量操作，是一种针对简单应用的便捷功能，它只适用于水平安装的机器人。而工具重量、重心、惯量的操作面板数据输入设定，则是一种可用于倾斜、壁挂、倒置安装机器人及参数准确设定的机器人高级安装设定（Advanced Robot Motion，ARM）功能，它需要在系统的“管理模式”下，由专业技术人员进行。有关工具重量、重心、惯量设定的内容将统一在本章 8.3 节中详细介绍。

操作面板的数据输入是工具文件编辑的基本操作，它可用于全部工具参数的设定。如果需要设定的工具参数已知，可通过以下操作直接设定相应的工具参数。

1）通过工具文件显示同样的操作，选定工具、并在示教器上显示图 8.2-2 所示的工具文件设定页面；但在进行工具重量、重心、惯量的设定时，必须将系统的安全模式设定为“管理模式”。

2）调节光标到对应参数的输入框，按操作面板的【选择】键选定后，输入框将成为数据输入状态。

3）利用操作面板的数字键，输入参数值，并用【回车】键确认，便可完成工具参数的输入及修改。

4）如果在伺服启动的情况下进行，利用高级设定操作进行了工具重量、重心、惯量等参数的输入和修改，参数一旦输入，系统将自动关闭伺服，并显示“由于修改数据伺服断开”提示信息。

8.2.2 工具控制点及坐标系设定

1. 工具控制点的确定

工具控制点（TCP 点）是用来定义机器人定位控制点和程序指令点的参数，它通常也是工具坐标系的原点。TCP 点的位置需要根据工具的形状和作业特性，在工具上合理选择，例如，采用 C 型焊钳的点焊机器人，其 TCP 点需要选择在图 8.2-3a 所示的焊钳固定电极端点上；而弧焊机器人的 TCP 点则在图 8.2-3b 所示的焊枪端点上等。

机器人的工具安装在手腕上，手腕上的工具安装法兰中心点是工具安装的基准点。以工具安装基准点为原点、垂直法兰面向外的中心线为 Z 轴正向、手腕向外运动方向为 X 正向的坐标系，称为手腕基准坐标系（$X_F/Y_F/Z_F$）；基准坐标系的 Y 轴方向，由图 8.2-3c 所示的右手定则决定。

手腕基准坐标系既是定义 TCP 点、工具坐标系的基准，也是定义工具重心、计算工具惯量的基准。TCP 点以基准坐标系坐标值（X/Y/Z）的形式设定。

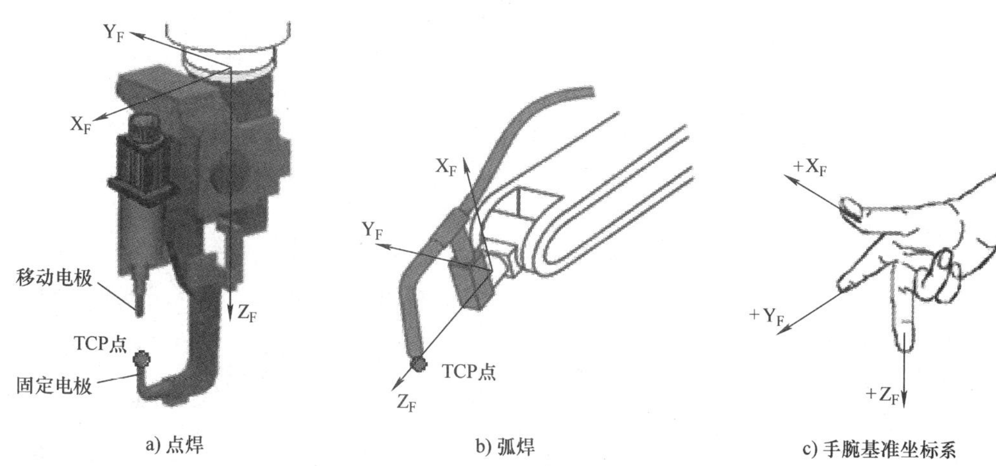

图 8.2-3 TCP 点和基准坐标系

2. 工具坐标系的确定

工具坐标系是来定义工具安装方式的参数。机器人工具坐标系 $X_T/Y_T/Z_T$ 的规定如图 8.2-4a 所示，它是以 TCP 点为原点、以工具作业时接近工件的方向为 Z 轴正向的坐标系；工具坐标系的 X、Y 轴方向通过手腕基准坐标系的旋转得到。

设定工具坐标系变换参数 Rx/Ry/Rz 时，首先需要确定工具坐标系绕基准坐标系 Z_F 轴的回转角度 Rz；然后，再确定绕基准坐标系 Y_F 轴的回转角度 Ry；最后确定绕基准坐标系 X_F 轴的回转角度 Rx；回转角的正负由图 8.2-4b 所示的右手螺旋定则决定。

例如，对图 8.2-4a 所示的工具坐标系的设定，首先，需要设定 Rz = 180，将基准坐标系绕 Z_F 轴回转 180°，使 X_F、Y_F 的方向成为图 8.2-4c 所示的 X'_F、Y'_F；然后，再设定 Ry = 90，将变换后的坐标系绕 Y'_F 回转 90°，使 X'_F、Z'_F 的方向成为图 8.2-4d 所示的 X_T、Y_T；由于此时的坐标系已和要求的工具坐标系一致，故无需进行绕 X 轴的变换，即设定 Rx = 0。

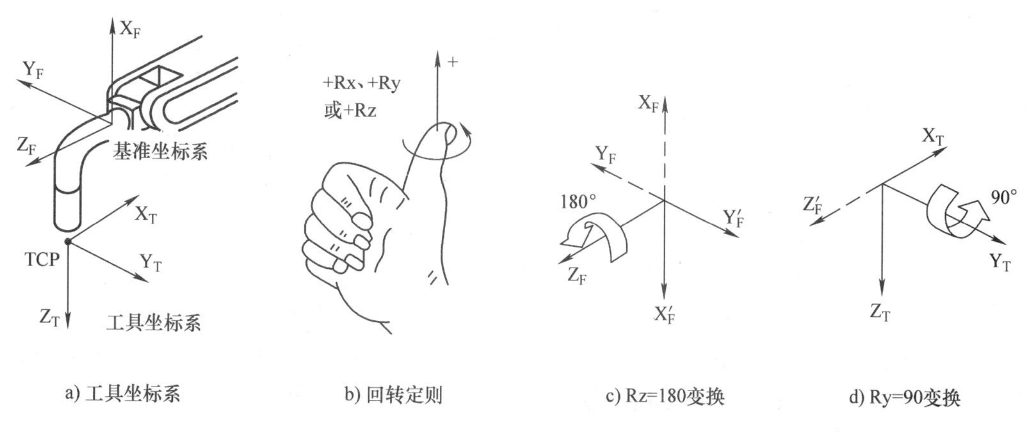

图 8.2-4 工具坐标系及设定

3. 工具校准

工具 TCP 点和工具坐标系参数可通过操作面板的数据输入操作进行直接设定，也可通过机器人的示教操作予以设定，通过示教设定 TCP 点和坐标系的操作称为“工具校准”。

DX100 系统的工具校准可通过系统参数 S2C432 的设定，选择如下三种方法：

S2C432 = 0：仅设定工具 TCP 点位置。此时，利用后述的工具校准操作，系统可自动计算、设定工具 TCP 点的位置参数 X/Y/Z；但工具坐标系变换参数（姿态参数）Rx/Ry/Rz 将被全部清除。

S2C432 = 1：仅设定工具坐标系。此时，利用后述的工具校准操作，系统可将第 1 个校准点的工具姿态作为工具坐标系设定值，写入到工具坐标系变换参数（姿态参数）Rx/Ry/Rz 中，而 TCP 点的位置参数 X/Y/Z 保持原设定值不变。

S2C432 = 2：同时设定工具 TCP 点和坐标系。此时，通过后述的工具校准操作，系统可自动计算、设定工具 TCP 点位置参数 X/Y/Z；并将第 1 个校准点的工具姿态作为工具坐标系设定值，写入到工具坐标系变换参数（姿态参数）Rx/Ry/Rz 中。

用工具校准操作设定工具参数时，系统需要通过 5 种不同的工具姿态（5 个校准点），来自动计算 TCP 点的 X/Y/Z 值，选择工具姿态需要注意以下问题：

1）第 1 个校准点 TC1 是系统计算、设定工具坐标系变换参数（姿态参数）Rx/Ry/Rz 的基准点，在该点上工具应为图 8.2-5a 所示的基准状态，保证工具的轴线与机器人坐标系的 Z 轴平行、方向为垂直向下。

2）利用工具校准操作自动设定的工具坐标系，其 Z 轴方向 Z_T 与机器人坐标系的 Z 轴相反；X 轴方向 X_T 与机器人的 X 轴同向；Y 轴方向 Y_T 通过右手定则确定。

3）图 8.2-5b 所示的第 2～5 个校准点 TC2～TC5 的工具姿态可任意选择，为了保证系统能够准确计算 TCP 位置，应尽可能对 TC2～TC5 的工具姿态做更多的变化。

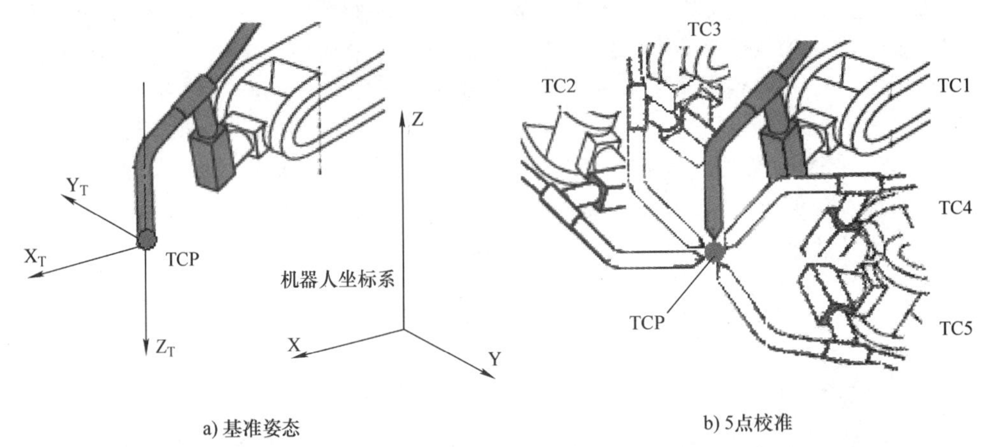

a) 基准姿态　　b) 5点校准

图 8.2-5　校准点的选择

4）如果工具姿态调整受到周边设备的限制，无法在同一 TCP 位置对 TC1～TC5 的工具姿态作更多变化时，可通过修改系统参数 S2C432 的设定，进行分步示教。分步示教时，先设定 S2C432 = 0，选择一个可进行基准姿态外的其他姿态自由调整的位置，通过 5 点示教设定 TCP 点的 X/Y/Z 值；然后，设定 S2C432 = 1，选择一个可进行基准姿态准确定位的位置，通过姿态相近的 5 点示教，单独修整工具坐标系变换参数（姿态参数）Rx/Ry/Rz 的设定值。

8.2.3　工具控制点的示教与确认

1. 工具控制点、坐标系的示教操作

DX100 系统利用示教操作设定 TCP 点、坐标系变换参数的工具校准操作步骤如下：

1）将系统的安全模式设定为“编辑模式”、示教器的操作模式选择【示教（TEACH）】，并

启动伺服。

2）通过工具文件显示同样的操作，选定工具、并在示教器上显示前述图 8.2-2 所示的工具文件设定页面。

3）选择图 8.2-6a 所示的下拉菜单［实用工具］、子菜单［校验］，示教器便可显示图 8.2-6b 所示的工具校准示教操作状态显示页面。

4）选择图 8.2-6c 中的下拉菜单［数据］、子菜单［清除数据］，并在系统弹出的“清除数据吗?”操作提示框中选择［是］，可对 TCP 点位置、坐标系变换参数进行初始化清除。

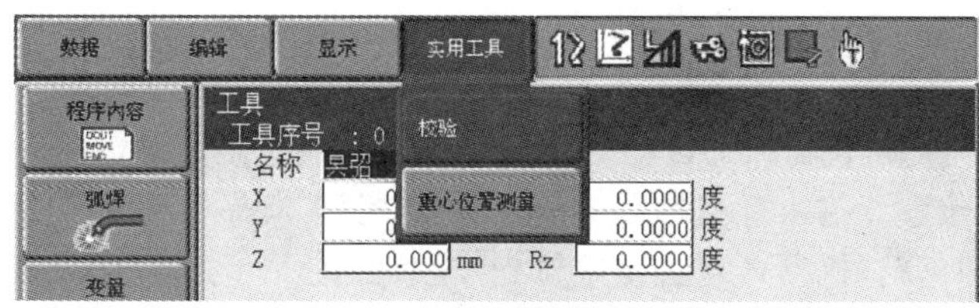

a) 操作菜单

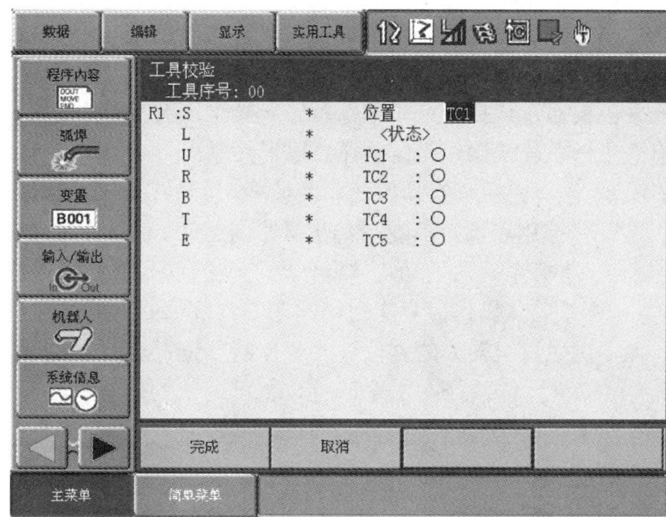

b) 示教状态显示

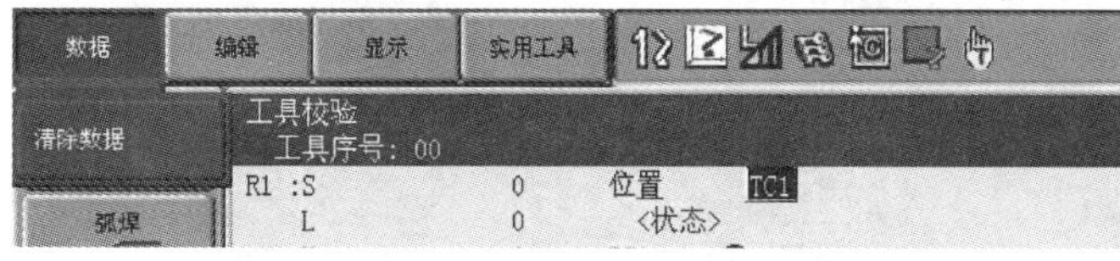

c) 数据初始化

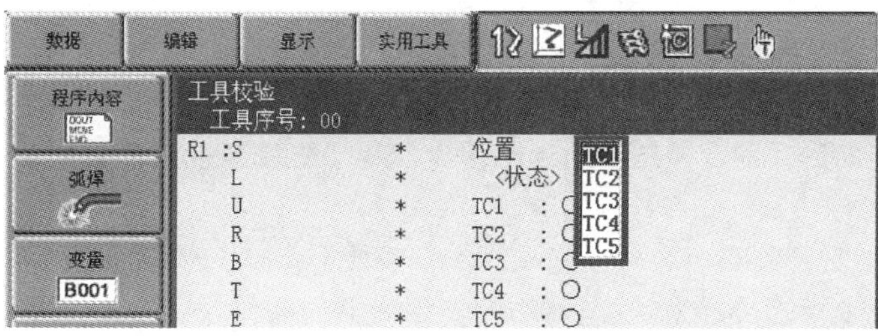

d) 校准点选择

图 8.2-6 工具校准操作

5）将光标定位到“位置”输入框，按操作面板【选择】键，在图 8.2-6d 所示的输入选项上选定需要进行示教的工具校准点。

6）通过手动操作机器人，将工具定位到所需的校准姿态。

7）按操作面板的【修改】键、【回车键】，该点的工具姿态将被读入，校准点的状态显示由“○”变为“●”。

8）重复步骤4）~6)，完成其他工具校准点的示教。

9）全部校准点示教完成后，按图 8.2-6b 显示页中的操作提示键［完成］，结束工具校准示教操作，系统将自动计算工具的 TCP 点位置、坐标系变换参数，并自动写入到工具文件设定页面。

10）如果需要，可通过机器人的自动定位进行校准点位置的确认。确认校准点位置时，只需要将光标定位到“位置”输入框，并用操作面板【选择】键、光标键选定工具校准点，然后按操作面板的【前进】键，机器人可自动定位到该校准点上；此时，如果机器人定位位置和校准点设定不一致，状态显示将成为“○”。

2. 工具控制点、坐标系的确认

工具控制点、坐标系参数是决定机器人定位位置和移动轨迹的重要参数，参数设定不正确，不仅会产生作业位置的偏离，严重时甚至可能引起运动时的干涉和碰撞。因此，工具控制点、坐标系设定完成后，通常需要通过该控制点、坐标系确认操作，检查参数的正确性。

进行工具控制点、坐标系确认操作时需要注意以下几点：

1）进行工具控制点、坐标系确认操作时，不能改变工具号，即在机器人运动时，需要保持系统的控制点不变，进行“控制点保持不变”的工具定向运动。

2）进行工具控制点、坐标系确认手动定向操作时，坐标系不能为关节坐标系。

3）工具控制点、坐标系确认操作，只能利用图 8.2-7 所示的工具定向键，手动改变工具的姿态、确认控制点，而不能通过机器人的定位键改变控制点位置。但在使用下臂回转轴 LR 的七轴机器人，按键【7－】【7＋】（或【E－】【E＋】）也可用于工具定向。

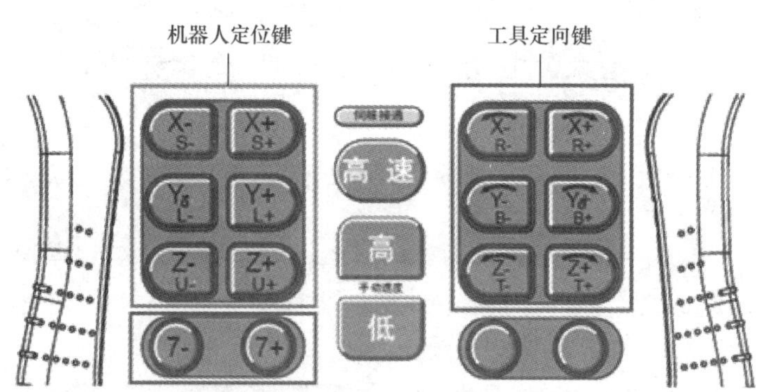

图 8.2-7　控制点确认操作键

4）如果工具定向后，发现控制点出现了偏离，就需要重新设定工具的控制点和坐标系变换参数。

DX100 系统的工具控制点、坐标系确认操作步骤如下：

1）将系统的安全模式设定为“编辑模式”、示教器的操作模式选择【示教（TEACH)】，并启动伺服。

2）在多机器人系统或带有工装轴的系统上，如控制轴组未选定，轴组 R1 的显示为“＊

＊”，此时，可将光标调节到该位置，按操作面板的【选择】选定，然后在输入选项上，选定需要设定的控制轴组（机器人 R1 或机器人 R2）。

3）通过操作面板的“【转换】+【坐标】”键，选择机器人、工具或用户坐标系（不能为关节坐标系），并在示教器的状态显示栏确认。

4）利用工具数据设定同样的方法，选定需要进行控制点和坐标系确认的工具。

5）利用图 8.2-7 所示的操作面板上的工具定向键，改变工具姿态。

6）检查控制点的位置，如果控制点出现图 8.2-8b 所示的偏差，需要重新进行工具控制点和坐标系的设定。

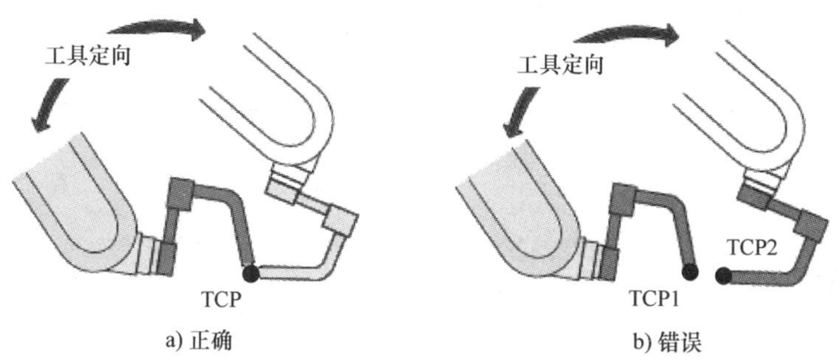

图 8.2-8　工具控制点检查

8.3　机器人高级安装设定

8.3.1　工具重量、重心、惯量的设定

绝大多数工业机器人都采用了关节和连杆串联结构，这种结构的各关节的负载重心通常都远离回转中心，其负载转矩和惯量大、受力条件差，工具的重力、机器人本体构件的重力、安装在机身上的附加部件重力都将直接影响到机器人运动稳定性、定位精度和运行可靠性。特别是在大范围作业、使用焊钳、大型抓手的点焊机器人、搬运码垛机器人上，必须充分考虑以上因素对机器人运动带来的影响。

安川 DX100 系统的机器人高级安装设定（Advanced Robot Motion，ARM）功能，这是一种能够根据机器人的工具、机身安装，工具、机身和附件的重量，自动调整驱动系统参数、平衡重力，提高机器人运动稳定性、定位精度、运行可靠性的高级应用功能。

ARM 功能包括机器人的作业工具重量、重心及惯量的直接输入设定，以及机器人本体的安装方式设定、附加载荷设定等内容。工具重量、重心及惯量的设定方法如下，机器人安装方式和附加载荷的设定方法见后述。

1. 工具重量、重心、惯量的设定方法

作业工具安装在机器人最前端的手腕上，离回转摆动中心的距离最远，它对机器人运动的影响最大。为了使伺服驱动系统能更好地平衡工具重力，DX100 系统可通过工具文件上的工具重量 W、重心位置 Xg/Yg/Zg、惯量 Ix/Iy/Iz 等参数的设定，自动调节驱动系统的静、动态参数，提高机器人运动稳定性、定位精度、运行可靠性。

工具重量、重心及惯量参数可在工具文件上显示和设定，参数的设定方法有面板操作数据直接输入（高级安装设定）和利用系统重心位置测量功能自动设定（简单应用）两种。

1）数据直接输入：面板操作数据直接输入属于机器人高级安装设定（ARM）操作，它可以用于任何机器人。在需要进行工具重量、重心及惯量准确设定的场合，或者当机器人的安装为倾斜、壁挂、倒置时，只能通过面板操作数据直接输入的方式进行设定。

工具重量、重心及惯量参数需要通过详细的数学计算，才能获得准确的数据；而且需要在机器人安全模式选择“管理模式”时才能进行输入操作，因此，这是一种需要专业技术人员实施的操作，故属于高级安装设定的范畴。

2）系统自动设定：工具重心、惯量的计算较为复杂，为了便于普通操作编程人员使用，对于水平安装机器人的简单应用，安川公司在DX100系统上开发了工具重量、重心、惯量自动测定功能，它可通过后述的工具重心位置测量操作，由控制系统自动测量、计算工具重量、重心、惯量，并对工具文件中的参数进行自动设定。

系统的重心位置测量操作属于便捷功能，它只能得到大致的工具参数，也不能用于倾斜、壁挂、倒置安装的机器人。

2. 工具重心位置测量操作

通过DX100系统的工具重心位置测量操作，自动设定工具重量、重心、惯量时，需要注意以下问题：

1）功能只适用于水平安装机器人的简单应用。

2）系统进行工具重心位置测量时，机器人需要进行基准点定位运动。机器人的基准点通常就是出厂设定的机器人绝对原点，即前述图8.1-1所示的上臂中心线和底座前端面垂直、下臂中心线和水平面垂直、上臂中心线和水平面平行的位置。

3）系统进行工具重心位置测量时，需要分析、计算上臂摆动轴U、手腕摆动轴B及手回转轴T的静、动态驱动转矩（电流），因此，测量开始后，机器人将自动以“中速”手动速度，进行如下运动：

U轴：基准点定位→ $-4.5°$ → $+4.5°$；

B轴：基准点定位→ $+4.5°$ → $-4.5°$；

T轴：进行两次运动，第1次（T1）为基准定位→ $+4.5°$ → $-4.5°$，第2次（T2）为基准定位→ $+60°$ → $+4.5°$ → $-4.5°$。

为此，需要确保机器人的基准点定位及U、B、T轴在上述区域的自由运动。

4）为了保证系统能够得到较为准确的工具重量、重心、惯量参数，进行工具重心位置测量操作时，应拆除工具上的连接电缆和管线。

利用DX100工具重心位置测量功能，设定工具重量、重心、惯量的操作步骤如下：

1）将系统的安全模式设定为“编辑模式”、示教器的操作模式选择【示教（TEACH）】，并启动伺服。

2）通过前述工具文件显示同样的操作，选定工具、并在示教器上显示前述图8.2-2所示的工具文件设定页面。

3）选择下拉菜单［实用工具］，并在前述图8.2-6a所示的显示页上，选择子菜单［工具重心测量］，示教器便可显示图8.3-1所示的工具重心测量显示页面。

4）在多机器人系统或带有工装轴的系统上，如控制轴组未选定，轴组R1的显示为“**”，此时，可将光标调节到该位置，按操作面板的【选择】选定，然后在输入选项上，选定需要设定的控制轴组（机器人R1或机器人R2）。

5）按住操作面板的【前进】键，机器人将以“中速”自动定位到基准位置（原点）上，定位完成后，<状态>栏的“原点”状态将由“○”变为“●”。

6）再次按住【前进】键，机器人将以“中速”，依次进行U、B、T轴的自动重心测定运动。正在进行自动重心测定运动的轴，其<状态>栏的显示为“●”闪烁；测定完成的轴，<状态>栏的显示将由“○”变为“●”；未进行测定运动的轴，<状态>栏的显示为“○”。如果在自动重心测定的运动过程中，松开了【前进】键，系统需要从基准点开始，重新进行重心测定运动。

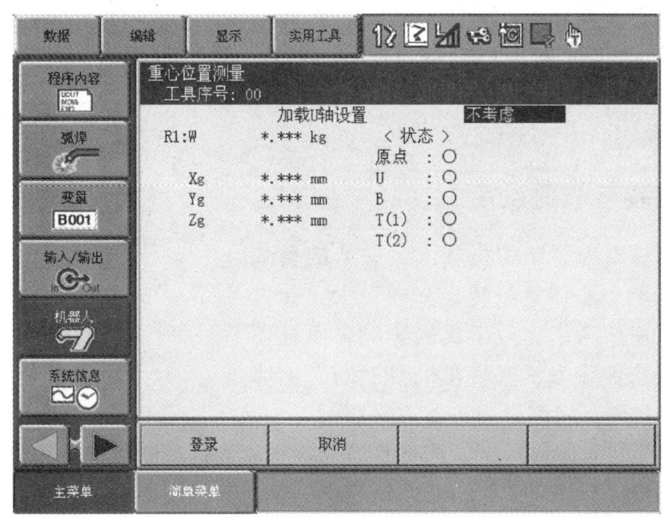

图8.3-1　工具重心测量显示页面

7）自动重心测定结束，<状态>栏的“原点”、U、B、T（1）、T（2）的全部显示均称为完成状态“●”后，如选择显示页面的操作提示键［登录］，系统将自动计算并设定工具文件设定页面的工具重量、重心、惯量参数；如选择操作提示键［取消］，系统将放弃本次测定数据，返回工具文件设定页面。

3. 工具高级安装设定要点

利用面板操作直接输入数据的高级安装设定操作可以用于任何机器人，此时，首先需要通过详细的工程计算，得到工具重量、重心及惯量参数；然后，在“管理模式”下，对数据进行输入操作。工具重量、重心、惯量参数高级设定的要点如下：

1）工具重量、重心、惯量的高级设定操作需要在系统安全模式设定为“管理模式”时进行，参数的输入操作步骤可参见8.2节的工具文件编辑。

2）如果在伺服启动的情况下，利用操作面板数据直接输入对工具重量、重心、惯量参数进行了输入和修改，参数一旦登录，系统将自动关闭伺服，并显示“由于修改数据伺服断开”提示信息。

3）当工具文件中的重量W设定为0，或重心位置Xg/Yg/Zg的设定值均为0时，系统将自动以机器人出厂默认的参数，设定工具。机器人的出厂默认值与机器人规格、型号有关如下：

工具重量W：默认值为机器人允许安装的最大工具重量（承载能力）。

重心位置Xg/Yg/Zg：默认值为Xg=0、Yg=0，Zg取承载能力所对应的手腕基准坐标系的Z轴重心位置。

惯量Ix/Iy/Iz：默认值通常为0。

4）计算工具重心、惯量时，应以机器人手腕上的工具安装基准坐标系作为计算基准，并参照相关机械设计手册，对不同形状零件的重心、惯量进行详细计算。但如果机器人所使用的工具较轻（10kg 以下）、体积较小（外形尺寸在手腕法兰中心到工具重心的 2 倍以内），为了简化计算，也可通过估算法设定工具重量和重心，而不进行工具惯量的计算和设定；此时，工具的重量设定值应略大于工具实际重量。

例如，对于图 8.3-2 所示、实际重量为 6.5kg 的工具，由于工具轻、体积较小，故可直接通过手动数据输入设定，将图 8.2-2 所示的工具文件中参数设定为

工具重量 W：7kg（实际重量 +0.5kg）；

重心位置：Xg = 100mm、Yg = 0、Zg = 70mm；

惯量参数：Ix = 0、Iy = 0、Iz = 0。

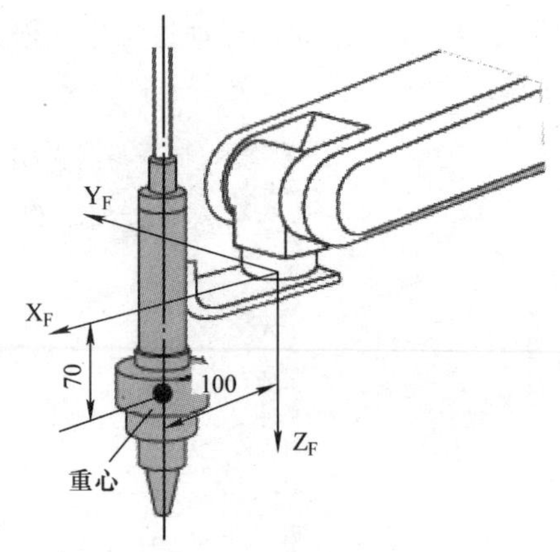

图 8.3-2　工具参数设定示例

8.3.2　机器人安装与载荷设定

如前所述，由于垂直串联结构机器人各关节的负载重心通常远离回转摆动中心，负载转矩和惯量大、受力条件差，因此，不仅需要考虑作业工具的影响，而且还需要考虑机器人本体构件重力、安装在机身上的附加部件重力对驱动系统的影响。特别是当机器人采用倒置、壁挂、倾斜式安装，或机身上安装有阻焊变压器、送丝机构等重量重附件时，同样将直接影响机器人运动的稳定性和驱动系统的静、动态特性。通过机器人高级安装设定，DX100 系统将根据机器人的安装方式、机身和附件重量，自动调整驱动系统参数、平衡重力，提高机器人运动稳定性、定位精度、运行可靠性。机器人安装、载荷设定的基本内容和方法如下：

1. 机器人的安装角度

机器人本体的重力转矩与机器人的安装方式有关。垂直串联型机器人的安装方式主要有水平、倾斜、壁挂和倒置几种，它可通过 ARM 的“对地安装角度”参数进行设定。

DX100 的“对地安装角度”是指当机器人坐标系的 Y 轴与水平面平行、X 轴倾斜时的 X 轴和水平面夹角，并规定 X 轴与水平面平行时的角度为 0°。如机器人采用的是 X 轴与水平面平行、Y 轴倾斜的特殊安装方式，其安装参数需要由机器人生产厂家的技术部门进行设定，用户不能通过常规的 ARM 设定方法，设定安装角度。

机器人安装角度的设定范围为 −180° ~ 180°，对于常见的安装方式，其安装角度如图 8.3-3 所示，“仰”式安装时的安装角度为 0° ~ 180°；“俯”式安装时的安装角度为 0° ~ −180°。

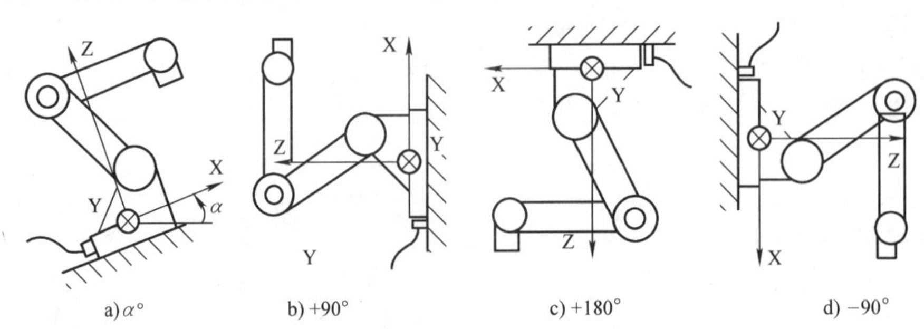

图 8.3-3　机器人的安装角度

2. 机器人的附加载荷

机器人驱动系统的负载，实际上包括机器人本体的机身重力载荷、安装在机器人机身上的作

业附件载荷、工具载荷三部分内容。其机身的重力载荷与机器人本体的结构有关，它属于机器人生产厂家设计人员考虑的问题，产品出厂时，相关参数的设定已由机器人生产厂家完成，用户无需、也不能对其进行设定和改变。机器人的工具载荷可直接通过前述的工具文件进行设定，系统可根据工具文件参数自动计算；因此，在载荷设定时，实际上只需要进行机器人附加载荷的参数设定。

机器人的附件通常安装于机器人上臂或 R 轴回转的上臂延伸段上。在 DX100 系统上，则两部分的载荷可分别通过 ARM 功能的不同载荷参数，进行独立设定。ARM 载荷参数的确定原则如图 8.3-4 所示。

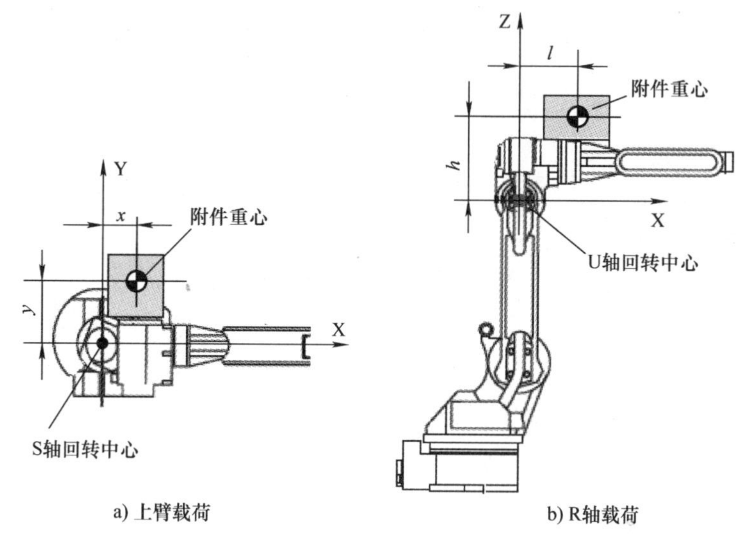

a) 上臂载荷　　b) R轴载荷

图 8.3-4　ARM 载荷参数的确定

1）上臂附加载荷：上臂附加载荷是由安装在机器人上臂上的附加部件所产生的负载，在安川说明书中又称“S 旋转头上的搭载负载”。上臂载荷在 DX100 系统上的设定方法如图 8.3-4a 所示，它需要设定附加部件重量与重心位置两组参数；其中，重心位置 x、y 是以腰回转轴 S 回转中心为基准的、机器人坐标系的 X、Y 坐标值；根据附件安装位置的不同，x、y 可能为正，也可能为负。

2）R 轴附加载荷：R 轴附加载荷是由安装在 R 轴回转的上臂延伸段上的附加部件所产生的负载，在安川说明书中称为“U 臂上搭载负载”。R 轴载荷在 DX100 系统上的设定方法如图 8.3-4b 所示，它同样需要设定附件重量、重心位置两组参数。其中，重心位置 l、h 是在上臂中心线为水平状态时，附件重心在以上臂摆动轴 U 回转中心为基准的、机器人坐标系的 X、Z 坐标值；根据安装位置的不同，l、h 可能为正，也可能为负。

3. 安装及载荷设定操作

安川 DX100 系统的机器人安装及载荷设定操作步骤如下：

1）在确保安全的前提下，接通系统电源、启动伺服。

2）按照第 6 章 6.2 节的操作，将系统的安全模式设定为“管理模式”；示教器的操作模式选择【示教（TEACH)】。

3）按主菜单【机器人】，并在前述图 8.1-2 所示的子菜单上，选择［ARM 控制］子菜单，使示教器显示图 8.3-5 所示的“ARM 控制”设定页面。该显示页面的各栏的含义：

控制轴组：显示当前生效的控制轴组（机器人 1 或机器人 2）。

对地安装角度：可显示和设定机器人的安装角度，角度的定义方法可参见前述。

S 旋转头上的搭载负载：可显示和设定安装在机器人上臂上的附加部件重量和重心，其中，“X 轴坐标位置”“Y 轴坐标位置”就是前述附件重心位置的 x、y 值。

U 臂上搭载负载：可显示和设定安装在机器人 R 轴回转的上臂延伸段上的附加部件的重量和重心，其中，“离开 U 轴距离”“离开 U 轴高度”就是前述附件重心位置的 l、h 值。

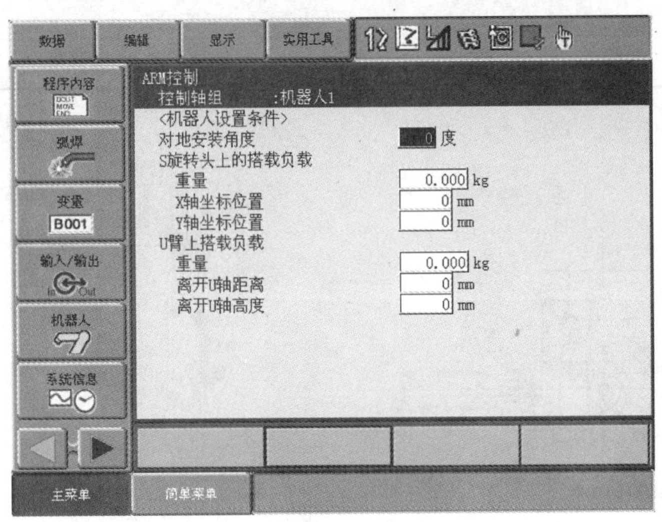

图 8.3-5　ARM 参数设定页面

4）在多机器人系统或带有工装轴的系统上，如控制轴组未选定，控制轴组的显示为“＊＊”，此时，可将光标调节到该位置，按操作面板的【选择】选定，然后在输入选项上，选定需要设定的控制轴组（机器人 R1 或机器人 R2）。

5）调节光标到对应的输入框，按【选择】键选定后，输入框将成为数据输入状态。

6）通过操作面板的数字键，输入 ARM 功能设定参数后，用【回车】键确认，便可完成机器人安装及载荷参数的输入。

8.4　用户坐标系的设定

8.4.1　用户坐标系及设定要点

1. 用户坐标文件的显示与设定

工业机器人通过机器人坐标系（直角/圆柱），保证了它在三维空间的正确运动与定位。但是，由于作业程序的编制通常需要针对某一工件、根据零件图进行，因此，一般都希望机器人的程序点位置能尽可能与零件图上的尺寸统一，以方便操作、尺寸计算、程序检查，这就需要根据工件实际安装，参照零件图，重新建立一个新的坐标系，这一坐标系在机器人上称为用户坐标系。

考虑到机器人需要完成多个零件的作业，安川 DX100 系统最大可设定 63 个用户坐标系，并

以编号1～63区分。不同的用户坐标系，可同时在系统上存在，机器人操作、示教编程时可通过坐标系的选择操作，指定所需的用户坐标系。用户坐标系的参数以“用户坐标文件”的形式保存，用户坐标文件的设定和显示页面如图8.4-1所示。显示页的参数含义如下：

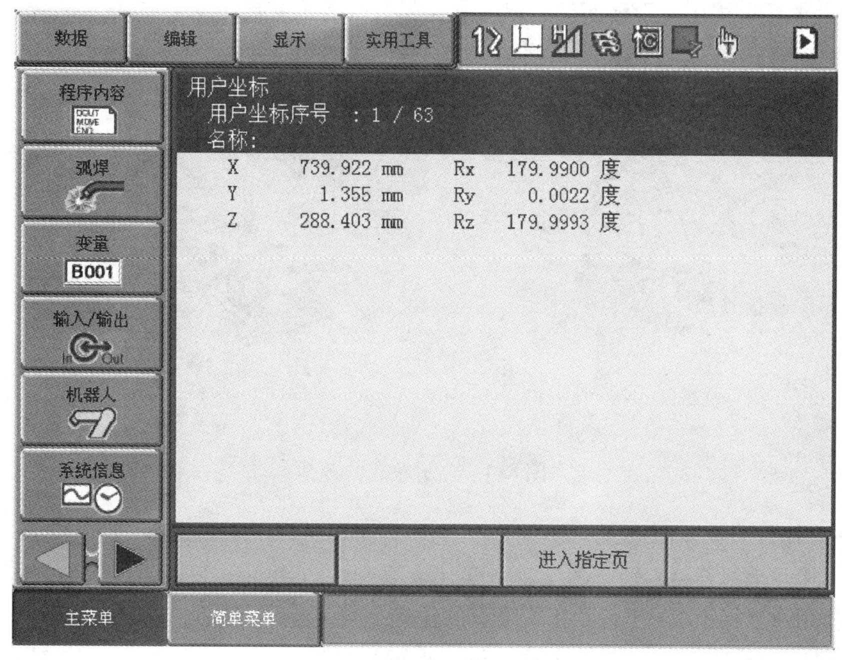

图8.4-1　用户坐标文件的显示

用户坐标序号：用户坐标系编号显示。

X/Y/Z：用户坐标原点位置的显示与设定，原点位置值时用户坐标原点在机器人坐标系上的坐标值。

Rx/Ry/Rz：用户坐标系变换参数的显示与设定。坐标变换参数用来定义用户坐标系的坐标轴方向，其基准是机器人坐标系，参数的含义与设定方法与8.2节所述的工具坐标系设定相同。

建立用户坐标系的要点如下：

1）用户坐标系的坐标轴方向和变换参数的正负定义如图8.4-2所示，为了方便操作和编程，用户坐标系的XY平面通常应平行于工件的安装面；坐标原点一般选择在零件图的尺寸基准上，这样可为程序编制、尺寸检查提供更多的方便。

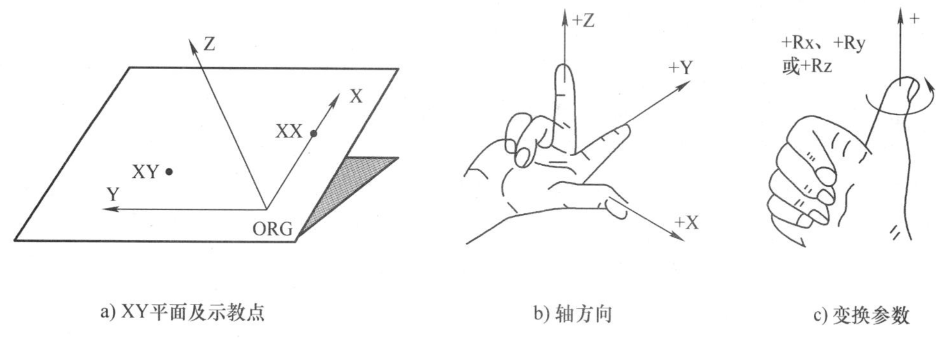

a) XY平面及示教点　　b) 轴方向　　c) 变换参数

图8.4-2　坐标轴方向和变换参数正负的定义

2）用户坐标系可以通过两种方法建立：第一，利用第 2 章 2.5 节的基本命令 MFRAME 建立；第二，通过下述的示教操作，设定用户坐标文件参数，建立用户坐标系。

2. 示教点的选择

通过示教操作设定用户坐标文件参数时，需要有图 8.4-3 所示的“ORG”“XX”和“XY”3 个示教点，示教点的作用和选择要求如下：

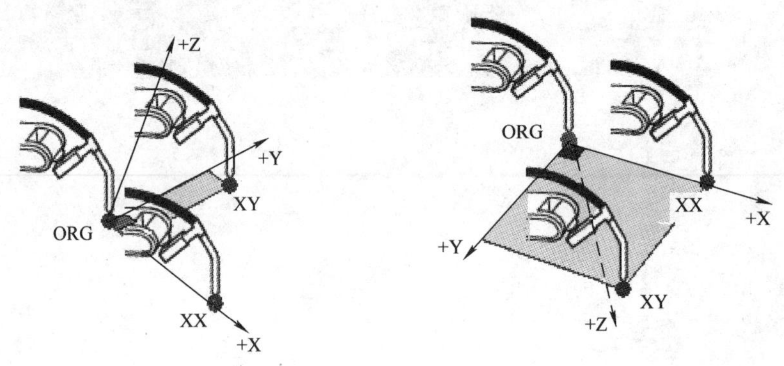

图 8.4-3　示教点的选择

ORG 点：用户坐标系原点。

XX 点：用户坐标系 +X 轴上的任意一点（除原点外），决定 +X 轴的位置和方向。

XY 点：用户坐标系 XY 平面第 I 象限上的任意一点（除原点外），决定 +Y 轴的方向。

因用户坐标系需要符合图 8.4-2b 所示的右手定则规定，因此，当原点、+X 轴及 XY 平面第 I 象限的位置确定后，Y、Z 轴的方向与位置也就被定义。例如，在图 8.4-3 上，当 ORG、XX 点选定后，如需要定义 +Z 轴向上、+Y 轴向内的用户坐标系，则 XY 点应为 X 轴左侧 XY 平面上的任意一点；如需要定义 +Z 轴向下、+Y 轴向外的用户坐标系，则 XY 点应选择在 X 轴右侧 XY 平面上等。

8.4.2　用户坐标系的示教设定

利用示教操作设定用户坐标文件参数、建立用户坐标系的操作步骤如下：

1）接通控制系统电源、启动伺服。

2）按照第 6 章 6.2 节的操作，将系统的安全模式设定为“编辑模式”；示教器的操作模式选择【示教（TEACH）】。

3）按主菜单【机器人】，并在示教器显示的前述图 8.1-2 所示的子菜单上，选择［用户坐标］子菜单，示教器将显示图 8.4-4 所示的用户坐标文件一览表页面。

4）调节光标到需要设定的用户坐标号（序号）上，按操作面板的【选择】键，选定用户坐标号；如系统使用的用户坐标系较多，可通过操作面板的【翻页】键，显示更多的用户坐标号，然后，用光标和【选择】键选定。

5）用户坐标文件一览表显示时，如打开下拉菜单［显示］、并选择［坐标数据］，示教器便可切换到图 8.4-1 所示的用户坐标文件设定显示页面；当用户坐标文件显示时，如打开下拉菜单［显示］、并选择［列表］，示教器可返回到图 8.4-4 所示的用户坐标文件一览表页面。

6）选择下拉菜单［实用工具］、子菜单［设定］，示教器便可显示图 8.4-5 所示的用户坐标文件示教设定显示页面。

7）在多机器人系统或带有工装轴的系统上，如控制轴组未选定，轴组R1的显示为“＊＊”，此时，可将光标调节到该位置，按操作面板的【选择】选定，然后在输入选项上，选定需要设定的控制轴组（机器人R1或机器人R2）。

8）选择下拉菜单［数据］、子菜单［清除数据］，并在系统弹出的操作提示框“清除数据吗?”中选择［是］，可对用户坐标文件中的全部参数进行初始化清除。

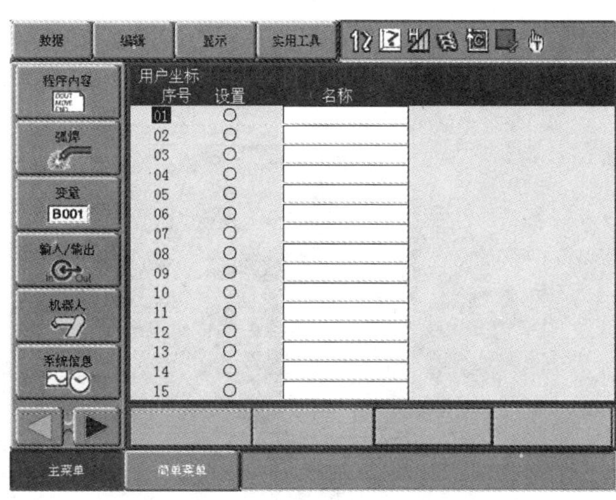

图8.4-4　用户坐标文件一览表显示

9）将光标定位到“设定位置”输入框，按操作面板【选择】键，在图8.4-5所示的输入选项上选定示教点ORG或XX、XY。

10）通过手动操作机器人，将机器人定位到所选的示教点ORG或XX、XY上。

11）按操作面板的【修改】键、【回车键】，机器人的当前位置将作为用户坐标定义点读入系统，示教点ORG或XX、XY的<状态>栏显示由“○”变为“●”。

12）重复步骤9）～11），完成其他示教点的示教。

13）如需要，可通过机器人的自动定位进行示教点位置的确认。确认示教点位置时，只需要将光标定位到“设定位置”输入框，并用操作面板【选择】键、光标键选定该示教点，然后，按操作面板的【前进】键，机器人便可自动定位到指定的示教点上；此时，如果机器人定位位置和示教点设定不一致，<状态>栏的显示将成为“●”闪烁。

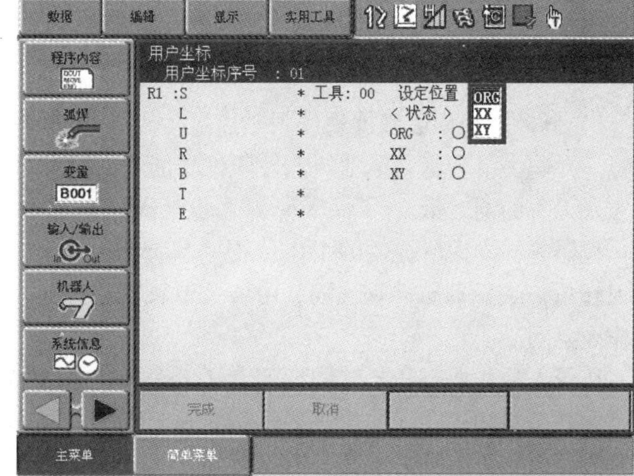

图8.4-5　用户坐标文件示教设定页面

14）全部示教点示教完成后，按图8.4-5显示页面中的操作提示键［完成］，结束用户坐标系示教操作，系统将自动计算用户坐标的原点位置、坐标系变换参数，并写入到用户坐标文件的设定页面。

8.5　机器人的运动保护设定

8.5.1　软极限及硬件保护的设定与解除

1. 软极限与作业空间

软极限又称软件限位，这是一种通过机器人控制系统软件，检查机器人位置、限制坐标轴运动范围、防止坐标轴超程的保护功能。

机器人的软极限可用图 8.5-1 所示的关节坐标系或机器人坐标系描述。在安川公司的使用说明书上，将前者称为“脉冲软极限”，后者称为“立方体软极限”。

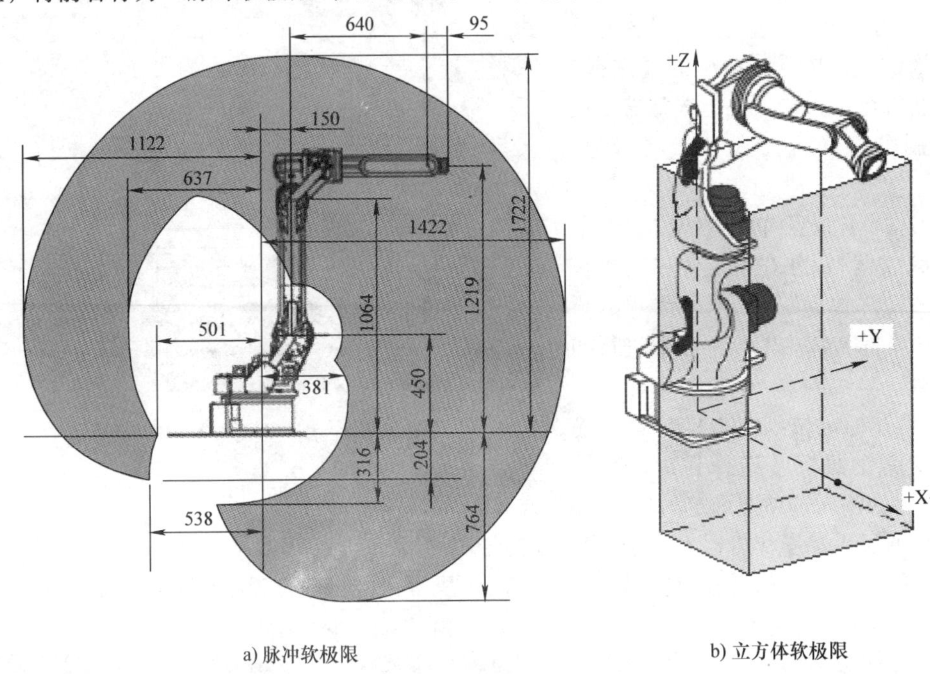

a) 脉冲软极限　　b) 立方体软极限

图 8.5-1　机器人软极限的设定

1）脉冲软极限：脉冲软极限是通过检查关节轴驱动电机的编码器反馈脉冲数，判定机器人位置、限制关节轴运动范围的软件限位功能，它可对每一运动轴进行独立设定，且是一个与轴运动方式无关的绝对量。

机器人样本中所提供的工作范围（Working Range）参数，实际上就是以回转角度（区间或最大转角）表示的脉冲软极限；由各关节轴工作范围所构成的空间，就是图 8.5-1a 所示的机器人作业空间。

机器人的作业空间与结构形态有关。例如，垂直串联关节型机器人的作业空间为不规则球体，并联型结构机器人的作业空间为锥底圆柱体，圆柱坐标型机器人的作业空间为部分圆柱体等，有关内容可参见第 1 章 1.4 节。

2）立方体软极限：立方体软极限是建立在机器人坐标系上的附加软件限位保护功能，其运动保护区为三维空间的立方体，故称为“立方体软极限”。立方体软极限的保护区间在机器人作业空间上截取，但不能超越脉冲软极限所规定的运动范围（工作范围）。

使用立方体软极限可使机器人的操作、编程更简单直观，但它不能全面反映机器人的作业空间，因此，只能作为机器人的附加保护措施；在特殊情况下，机器人实际上也可在立方体软极限以外的部分区域正常运动。

2. 软极限的设定

脉冲软极限直接规定了机器人的作业空间，它是决定机器人使用性能的重要技术参数；脉冲软极限一旦定义，在任何情况下，机器人的运动都不能超越保护区。脉冲软极限与机器人的结构密切相关，它需要由机器人生产厂家的设计、调试人员在系统参数上设定，用户一般不能对其进行修改。出于运行安全上的考虑，在实际机器人上，还可在脉冲软极限的基础上，增加后述的超程开关、碰撞传感器等硬件保护装置，对机器人运动进行进一步的保护。

DX100系统的脉冲软极限和立方体软极限的设定方法与使用要点：

1）脉冲软极限：脉冲软极限可通过系统参数S1CxG400～S1CxG415设定（x为机器人编号，x=1、2……对应机器人R1、R2……）；每一机器人最大可使用8轴，每轴可设定最大值、最小值两个参数。

脉冲软极限参数一旦设定，在任何情况下，只要移动命令的指令位置或机器人的实际位置超出参数规定的范围，系统将发生“报警4416：脉冲极限超值MIN/MAX”报警，并进入停止状态。

2）立方体软极限：使用立方体软极限保护功能时，首先需要通过系统参数S2C001 bit0～bit3，生效机器人R1～R4的立方体软极限保护功能。S2C001的对应位设定为“1”，相应机器人的立方体软极限保护功能将生效；设定“0”，则功能无效。立方体软极限的位置在系统参数S3C000～S3C047上设定，其中，S3C000～S3C002分别为机器人R1的X/Y/Z轴正向限位位置、S3C003～S3C005为机器人R1的X/Y/Z轴负向限位位置；机器人R2～R8依次类推。

立方体软极限功能设定后，在任何情况下，只要移动命令的指令位置或机器人的实际位置超出参数规定的范围，系统将发生“报警4418：立方体极限超值MIN/MAX”报警，并进入停止状态。

3. 软极限的解除

当机器人发生脉冲软极限或立方体软极限超程报警时，所有轴都将无条件停止运动，也不能通过手动操作退出限位位置。为了能够恢复机器人的运动、退出软极限，可暂时解除软极限保护功能，然后，通过坐标轴的反方向运动，退出软极限保护区。

解除机器人软极限保护功能的操作步骤：

1）按照第6章6.2节的操作，将系统的安全模式设定为“管理模式”；示教器的操作模式选择【示教（TEACH）】。

2）按主菜单【机器人】，并在示教器显示的前述图8.1-2所示的子菜单上，选择［解除极限］子菜单，示教器将显示图8.5-2所示的软极限解除页面。

3）将光标调节到“解除软极限”输入框上、按操作面板的【选择】键，可进行输入选项“无效”“有效”的切换。选定“有效”，系统可解除软极限保护功能，并在操作提示信息上显示图8.5-2所示的“软极限已被解除”信息。

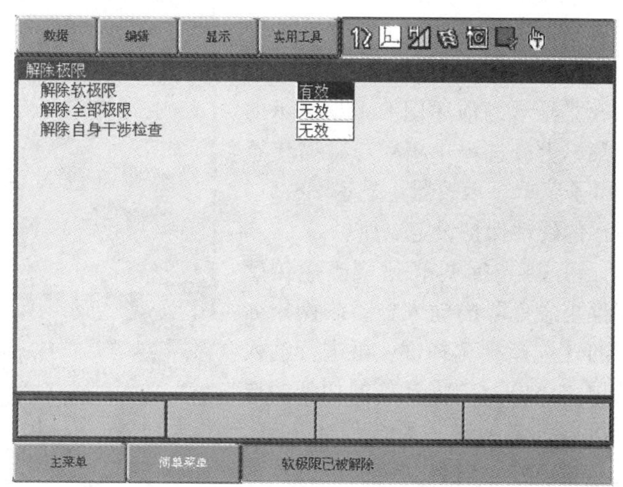

图8.5-2 软极限解除页面

4）通过手动操作，使机器人退出软极限保护区后，将图8.5-2中的“解除软极限”选项恢复为“无效”，重新生效软极限保护功能。

在软极限解除的情况下，如果将示教器的操作模式切换到【再现（PLAY）】，“解除软极限”选项将自动成为“无效”状态。

软极限解除也可通过将图8.5-2中的“解除全部极限”选项选择“有效”的方式解除，在这种情况下，不仅可以解除软极限保护，而且还可同时解除系统的硬件超程保护、干涉区保护等全部保护功能，使得机器人的关节轴成为完全自由状态，因此，使用时务必小心。

图 8.5-2 中的“解除自身干涉检查”可用来撤销后述的作业干涉区保护功能，选项选择“有效”时，机器人可恢复作业干涉区内的运动，故可用于干涉保护区的退出。

4. 硬件保护的设定

软极限及本节后述的干涉区、碰撞检测等系统软件保护功能，只有在系统参数设定准确、系统正常工作时，才能进行可靠保护。如果系统的绝对原点参数、软极限参数及后述的干涉区、碰撞检测保护参数的设定不正确，或系统发生软件出错、编码器数据异常等故障时，系统的软件保护功能将随之失效。

为了确保机器人的安全运行，特别是在系统软件出错情况下，仍能够对机器人进行有效保护，对于可能直接导致机器人部件损坏的超程、碰撞等故障，需要增加超程开关、碰撞传感器等硬件保护措施，保证机器人运行的安全、可靠。

在 DX100 系统上，机器人的硬件超程开关直接连接在控制系统的安全单元上；碰撞检测传感器直接连接至驱动器的控制板；它们比软极限、干涉区、碰撞检测等软件保护的优先级更高，硬件保护动作时，系统可紧急分断驱动器电源，并使系统进入急停状态。DX100 系统的硬件超程开关、碰撞检测传感器的线路连接要求，可参见本书作者编著的由机械工业出版社出版的《工业机器人从入门到应用》一书。

DX100 系统的硬件超程开关、碰撞传感器保护功能，可通过如下操作予以生效或撤销。但必须注意的是，硬件超程开关、碰撞传感器事关机器人的运行安全，不到万不得已，用户切不可随意解除硬件保护功能！

1）按照第 6 章 6.2 节的操作，将系统的安全模式设定为“编辑模式”；示教器的操作模式选择【示教（TEACH）】。

2）按主菜单【机器人】，并在示教器显示的前述图 8.1-2 所示的子菜单上，选择［超程与碰撞传感器］子菜单，示教器将显示图8.5-3 所示的硬件保护设定页面。

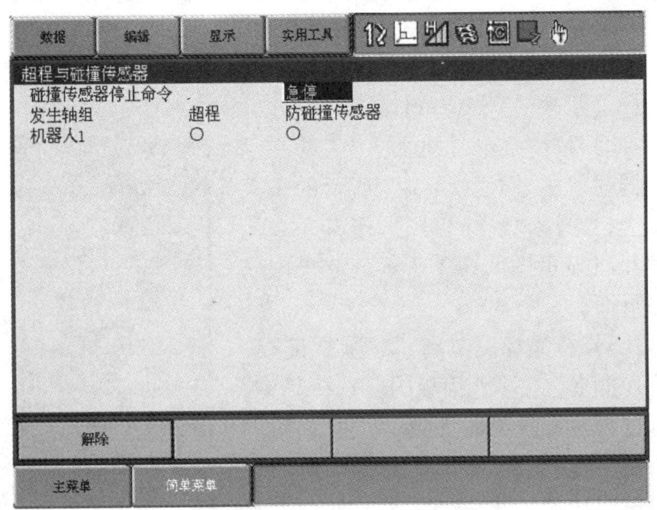

图 8.5-3　硬件保护设定页面

3）将光标调节到“碰撞传感器停止命令”的输入框，按操作面板的【选择】选择键，可进行输入选项“急停”“暂停”的切换，选择机器人碰撞时的系统停止方式。选择“急停”时，如碰撞传感器动作，机器人将立即停止运动，并断开伺服驱动器主电源、系统进入急停状态；选择“暂停”时，机器人将减速停止，系统进入暂停状态、驱动器主电源保持接通。硬件超程保护动作时，系统将自动选择“急停”。

4）选择显示页的操作提示键［解除］，可以暂时撤销硬件超程开关、碰撞传感器的保护功能；保护功能撤销后，显示页面的操作提示键将成为［取消］。

5）在保护功能撤销时，选择显示页面的操作提示键［取消］，或者切换系统的操作模式、选择其他操作、显示页面，均可恢复硬件超程开关、碰撞传感器的保护功能；保护功能生效后，显示页的操作提示键将成为［解除］。

8.5.2 作业干涉区的设定与删除

1. 功能与使用要点

利用软极限、硬件保护开关建立的运动保护区，都是机器人生产厂家针对机器人手腕上的工具安装法兰基准点，所定义的本体结构参数，它没有考虑实际作业时的工具、工件可能对机器人运动所产生的干涉，故只能用于机器人本体的运动保护。

当机器人手腕安装了作业工具、作业区间上存在工件时，机器人作业空间的某些区域将成为实际上不能运动的干涉区，为此，需要通过控制系统的“干涉区”设定，来限制机器人运动、避免碰撞。

机器人的作业干涉区可通过图 8.5-4 所示的两种方法进行定义。

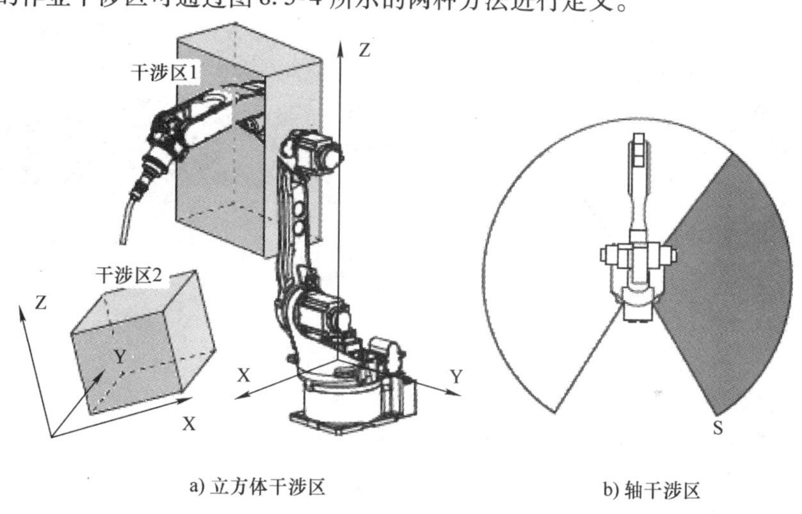

a) 立方体干涉区　　b) 轴干涉区

图 8.5-4　干涉区的定义

图 8.5-4a 所示为在机器人坐标系、用户坐标系或基座坐标系定义的干涉区，它是一个边界与坐标轴平行的三维立方体，安川使用说明书称之为“立方体干涉区”。图 8.5-4b 所示为以关节轴位置设定的干涉区，安川使用说明书称之为“轴干涉区”。

作业干涉区可根据实际作业情况，由机器人操作编程人员自行设定，DX100 系统的干涉区设定要点：

1）机器人可用不同的工具来完成不同工件的作业任务，因此，一个机器人通常需要设定多个干涉区。DX100 系统最大允许设定的立方体干涉区或轴干涉区的总数为 64 个，其中一个用于 8.1 节所述的作业原点到位允差设定，故实际可用的干涉保护区为 63 个。

2）干涉区既可用于机器人的本体运动保护，也可用于基座轴、工装轴的运动保护，用户可根据需要选择。

3）DX100 系统可通过 I/O 单元上的 4 个系统专用输入信号（干涉区 1 ~ 4 禁止，PLC 地址 20020/20021、20024/20024），禁止机器人进入信号所指定的干涉区。干涉区禁止信号 ON 时，只要移动命令的指令位置或机器人的实际位置进入指定的干涉区，系统将发生“报警 4422：机械干涉 MIN/MAX ”报警，并减速停止；与此同时，系统还可在 I/O 单元上输出 4 个专用状态检测信号（进入干涉区 1 ~ 4，PLC 地址 30020/30021、30024/30024），用于外部控制或报警指示。

4）系统判断机器人是否进入干涉区的方法有两种：一是命令值检查，此时，只要移动命令的程序点位于干涉区，系统就发生干涉报警；二是实际位置（反馈位置）检查，它只有当伺服电机的编码器反馈位置到达干涉区时，才发生干涉报警。

5）干涉区保护功能可通过“解除极限”操作解除，以便机器人退出保护区，有关内容可参见前述的软极限解除操作。

6）作业干涉区的设定方法、保护对象、检查方法、干涉范围等参数，既可在系统参数上设定，也可通过示教操作设定。示教操作设定可直接在示教器的干涉区设定页面进行，其操作简单、设定直观、快捷，是一种常用的设定方式。

2. 干涉区设定页面显示

利用示教操作设定干涉区时，可通过以下操作，显示干涉区的显示和设定页面。

1）按照第6章6.2节的操作，将系统的安全模式设定为“编辑模式”；示教器的操作模式选择【示教（TEACH）】。

2）按主菜单【机器人】，并在示教器显示前述图8.1-2所示的子菜单上，选择［干涉区］子菜单，示教器将显示图8.5-5所示的干涉区显示和设定页面。

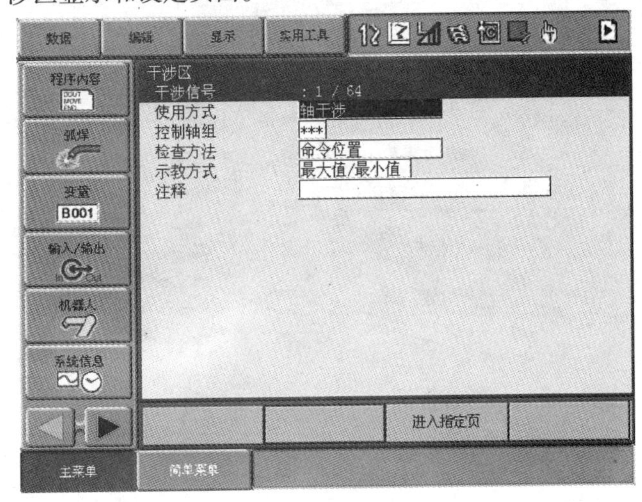

图8.5-5　干涉区显示和设定页面

干涉区显示和设定页面的显示项作用和含义：

干涉信号：干涉区编号，显示值1/64、2/64……代表干涉区1、干涉区2……

使用方式：干涉区定义方法，可通过输入选项选择“立方体干涉”或“轴干涉”。

控制轴组：干涉区保护对象，可通过输入选项选择“机器人1”“机器人2”等。

检查方法：干涉区检查方法，可通过输入选项选择“命令位置”或“反馈位置”。

（参考坐标）：在“使用方式”选项为“立方体干涉”时显示，可通过输入选项选择“基座”“机器人”或“用户”，选择建立干涉区的基准坐标系。

示教方式：干涉区间参数的设定方法，可通过输入选项选择“最大值/最小值”或“中心位置”，两种设定法的参数输入要求见后述。

注释：干涉区注释，注释可用示教器的字符输入软键盘（见第6章6.4节）。

3. 干涉区基本参数的设定

利用示教操作设定干涉区时，可分基本参数设定、干涉区间设定两步进行。基本参数设定的操作步骤如下：

1）将系统安全模式设定为“编辑模式”、操作模式选择【示教（TEACH）】，并通过上述干涉区设定页面显示操作，显示图8.5-5所示的干涉区显示和设定页面。

2）选定干涉区编号。干涉区编号可用操作面板的【翻页】键选择，也可通过显示页的操作提示键［进入指定页］，直接在图8.5-6a所示的“干涉信号序号”输入框内，输入编号、按

【回车】键，选定干涉区编号。

3）将光标调节到“使用方式”“控制轴组”等输入框上，按操作面板的【选择】键选定后，通过图 8.5-6b ~ e 所示的输入选项选择，完成干涉区的基本参数设定。

a) 干涉区编号输入

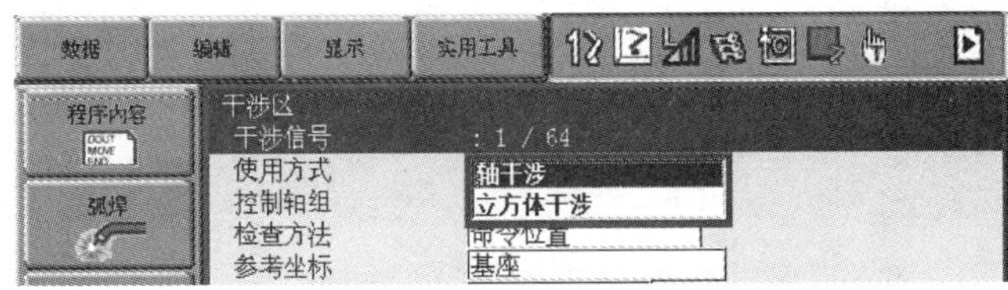

b) 干涉区设定方法

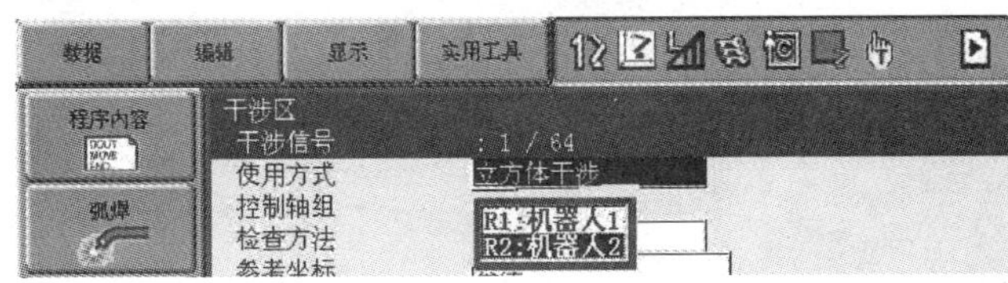

c) 干涉区保护对象

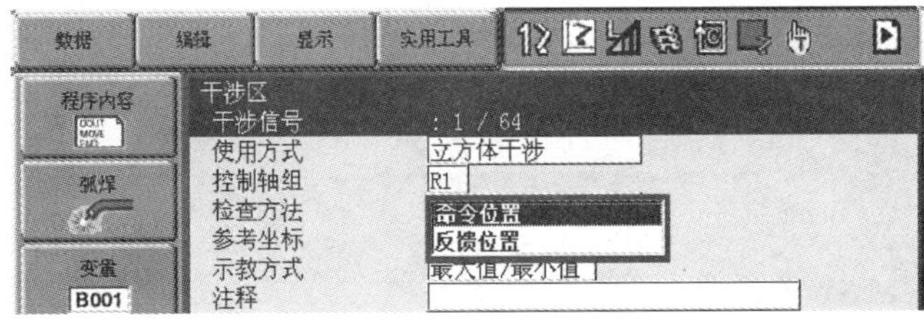

d) 干涉区检查方法

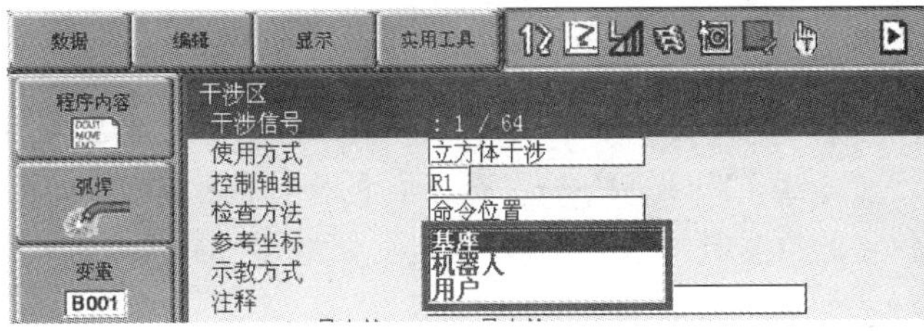

e) 基准坐标

图 8.5-6 干涉区基本参数设定

4. 干涉区间的定义

干涉区间的定义方式可通过基本参数“使用方式”选择。使用方式选择“轴干涉”时，可显示图 8.5-7a 所示的关节轴位置；选择“立方体干涉”时，可显示图 8.5-7b 所示的 X、Y、Z 轴位置。

干涉保护区的参数输入方法可通过基本参数“示教方式”选择。示教方式选择“最大值/最小值”“中心位置”时，相应的参数设定要求如下：

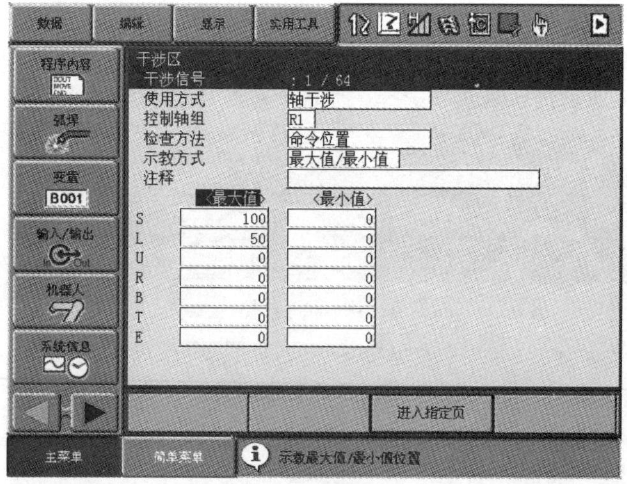

a) 轴干涉

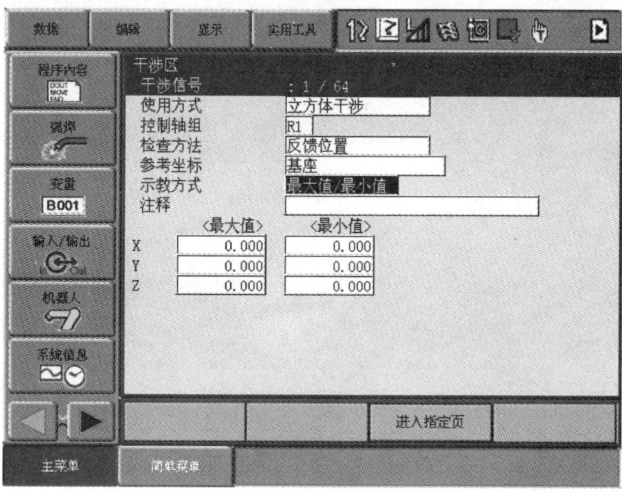

b) 立方体干涉

图 8.5-7　干涉区间的设定显示

“最大值/最小值”输入：选择立方体干涉时，需要输入图 8.5-8a 所示干涉区的起点（Xmin，Ymin，Zmin）和终点（Xmax，Ymax，Zmax）的坐标值；定义轴干涉时，需要输入干涉区的起始位置和结束位置的角度值。

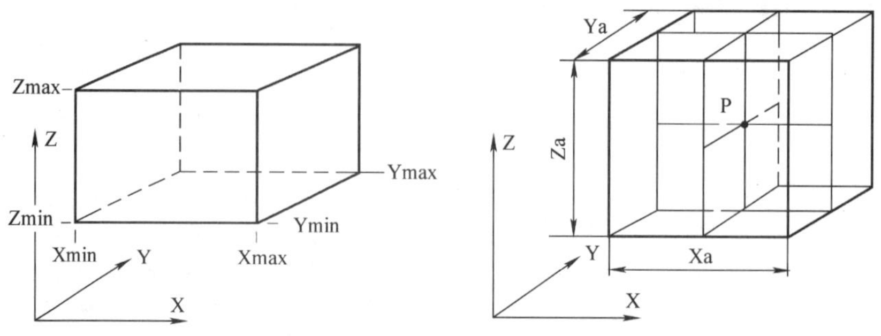

图 8.5-8　立方体干涉的区间设定

“中心位置”设定法：定义立方体干涉时，需要输入图 8.5-8b 所示的干涉区中心点 P 的坐标值及 X/Y/Z 轴的干涉区长度 Xa/Ya/Za；定义轴干涉时，需要输入干涉区中点的角度值，和干涉区的宽度。

5. 干涉区间的设定操作

干涉区间定义参数的输入，可选择“数值直接输入”和“移动位置示教”两种方法。采用数值直接输入设定时，无需移动机器人；采用移动位置示教时，需要手动移动机器人，由系统自动设定参数。当干涉区间以“最大值/最小值”方式定义时，可任选一种输入法；以“中心位置”方式定义时，两者需要结合使用。

（1）最大值/最小值的直接输入

利用最大值/最小值直接输入设定干涉区间时，可在前述基本参数设定步骤 1）~3）的基础上，继续以下操作。

4）将光标调节到“示教方式”的输入框、按操作面板的【选择】键，可进行输入选项“最大值/最小值”“中心位置”的切换。采用数据直接输入时，应选定“最大值/最小值”选项，使示教器显示前述图 8.5-5 所示的最大值/最小值设定页面。

5）调节光标到对应参数的输入框，按操作面板的【选择】键选定后，输入框将成为数据输入状态。

6）对于立方体干涉的最大值/最小值设定，可在 <最小值> 栏，输入干涉区的起点坐标值 Xmin、Ymin、Zmin；在 <最大值> 栏，输入干涉区的终点坐标值 Xmax、Ymax、Zmax。对于轴干涉的最大值/最小值设定，可在 <最小值> 输入栏输入关节轴的干涉区起始角度；在 <最大值> 输入栏输入关节轴的干涉区结束角度。数值输入完成后，用【回车】键确认，便可完成干涉区间的设定。

（2）最大值/最小值的示教设定

通过移动位置示教设定干涉区最大值/最小值时，可在前述基本参数设定步骤 1）~3）的基础上，继续以下操作。

4）将光标调节到“示教方式”的输入框上，通过操作面板的【选择】键，选定输入选项“最大值/最小值”，使示教器显示前述图 8.5-7 所示的最大值/最小值设定页面。

5）进行最大值示教时，用光标选定 <最大值>；进行最小值示教时，用光标选定 <最小值>；如光标无法定位到 <最大值> 或 <最小值> 上，可按操作面板的【清除】键，使光标成为自由状态后再进行选定。

6）按操作面板的【修改】键，示教器将显示提示信息“示教最大值/最小值位置”。

7）进行最大值示教时，将机器人手动移动到干涉区的终点（Xmax，Ymax，Zmax）上；进行最小值示教时，将机器人手动移动到干涉区的起点（Xmin，Ymin，Zmin）上。

8）按操作面板的【回车】键，系统便可读入示教位置，自动设定对应的干涉区参数。

（3）中心位置设定操作

用“中心位置”方式设定干涉区间时，可在前述基本参数设定步骤 1）~3）的基础上，继续以下操作。

4）将光标调节到“示教方式”的输入框上，通过操作面板的【选择】键，选定输入选项“中心位置”，示教器可显示图 8.5-9 所示的中心位置设定页面。

5）调节光标到 <长度> 栏的对应参数输入框，按操作面板的【选择】键选定后，输入框将成为数据输入状态。

6）直接用面板数字键，在 X/Y/Z 轴的 <长度> 栏，输入干涉区长度 Xa/Ya/Za，并用【回车】键确认，完成 <长度> 栏的设定。

7）使光标同时选中图 8.5-9 所示的 <最大值> 和 <最小值> 栏，如光标无法选定，可按操作面板的【清除】键，使光标成为自由状态后选定。

8）按操作面板的【修改】键，示教器将显示提示信息“移到中心点示教”。

9）将机器人手动移动到干涉区的中心点 P 上。

10）按操作面板的【回车】键，系统便可读入示教位置，自动设定干涉区参数。

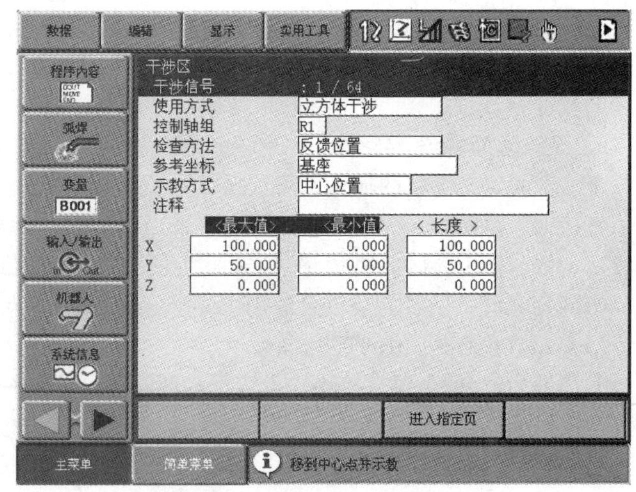

图 8.5-9　中心位置设定页面

6. 干涉区的删除

当机器人作业任务变更时，可通过以下操作删除干涉区设定数据：

1）将系统安全模式设定为“编辑模式”、操作模式选择【示教（TEACH）】，并通过前述基本参数设定同样的操作，选定需要删除的干涉区编号、显示该干涉区的设定页面。

2）选择图 8.5-10a 所示的下拉菜单［数据］、子菜单［清除数据］，示教器将显示图 8.5-10b 所示的数据清除确认提示框。

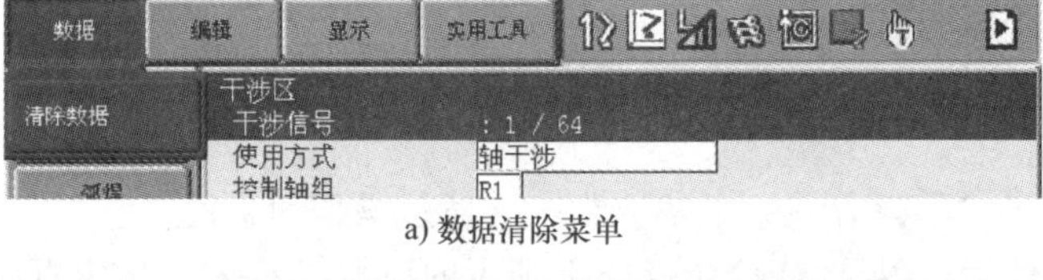

a) 数据清除菜单

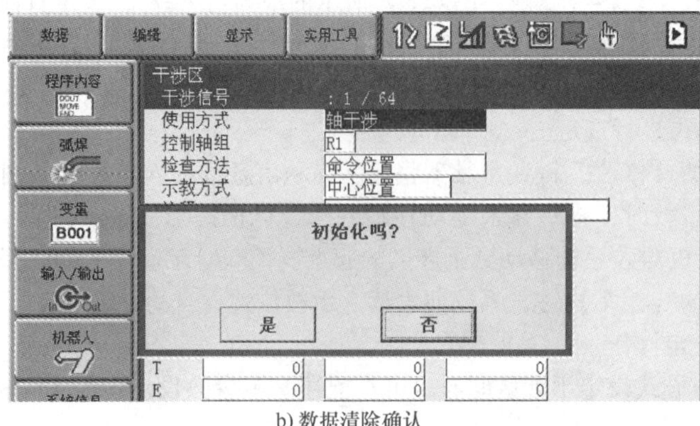

b) 数据清除确认

图 8.5-10　干涉区删除

3）选择数据清除确认提示框中的［是］，所选定的干涉区数据将被全部删除；选择［否］，可返回干涉区数据设定页面。

8.5.3 碰撞检测功能的设定与解除

1. 功能与使用要点

机器人的碰撞检测可通过外部传感器（硬件）或系统软件功能实现，使用外部传感器进行碰撞保护时，其功能设定的解除方法，可参见前述的8.5.1节。

机器人的系统软件碰撞保护功能，实际上是一种驱动电机的过载保护功能，它无须增加任何外部检测装置。当机器人发生碰撞时，关节轴的伺服驱动电机输出转矩将急剧增加，系统便可通过驱动器的过载保护功能，关闭逆变管输出，停止轴运动。

安川DX100系统的软件碰撞检测功能使用要点如下：

1）机器人出厂时，碰撞检测功能按最大承载、最高移动速度设定，如果工具重量较轻、实际移动速度较低时，应重新设定保护参数，使碰撞保护更可靠、更安全。

2）碰撞检测功能需要设定较多的参数，它需要通过系统的“碰撞等级条件文件”进行统一定义。DX100系统可根据不同需要，最多设定9个不同碰撞等级条件文件，并以文件号SSL#（1）～SSL#（9）区分。DX100系统的碰撞文件号使用有以下的规定：

SSL#（1）～SSL#（7）：用于机器人再现运行的特定碰撞保护，它可针对机器人的不同作业、不同区域，设定不同的检测参数，进行特定的保护；它们需要通过程序中的基本命令SHCKSET/SHCKRST生效或撤销。

SSL#（8）：用于机器人再现运行的基本碰撞保护，如不使用特定碰撞保护功能，再现运行时将根据该文件的参数，对机器人进行统一保护。

SSL#（9）：用于机器人示教操作的基本碰撞保护，机器人示教时将根据该文件的参数，对机器人进行统一保护。

3）碰撞检测属于系统的高级应用功能，它需要在系统的“管理模式”下，才能进行设定或修改。

4）为了防止机器人正常运行时可能出现的误报警，碰撞检测的动作阈值（检测等级）的设定值至少应为额定载荷的120%；但设定过大，也会降低保护的灵敏度。

2. 碰撞检测功能设定

DX100系统的碰撞检测功能设定操作步骤：

1）按照第6章6.2节的操作，将系统的安全模式设定为“管理模式”；示教器的操作模式选择【示教（TEACH）】。

2）按主菜单【机器人】，并在示教器显示前述图8.1-2所示的子菜单上，选择［碰撞检测等级］子菜单，示教器将显示图8.5-11所示的碰撞功能设定页面。

设定页面各显示项的含义和作用如下。

条件序号：碰撞等级条件文件号。

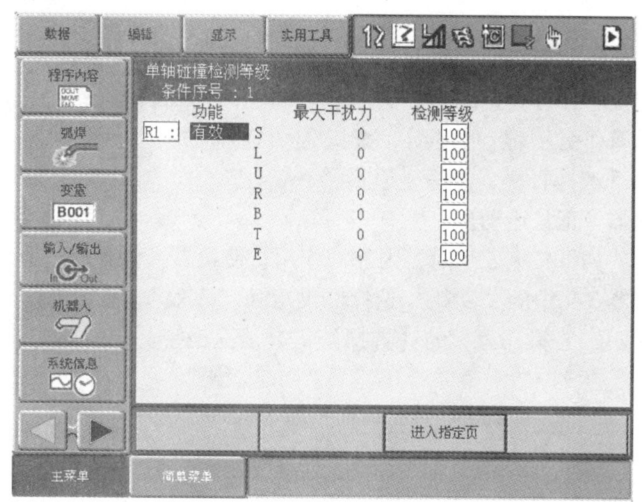

图8.5-11 碰撞功能设定页面

功能：碰撞检测功能生效或撤销。

最大干扰力：各关节轴的正常工作时的额定负载。

检测等级：以额定负载百分率设定的关节轴碰撞报警阈值，输入允许范围为1% ~500%。

3）按操作面板的【翻页】键，或者，选择显示页上的操作提示键［进入指定页］并在弹出的条件号输入对话框内，输入碰撞等级条件文件序号、按【回车】键，显示需要设定的条件文件。

4）调节光标到控制轴组选择框（图8.5-11中的“R1”位置），按操作面板的【选择】键，选定控制轴组（机器人R1、机器人R2等）。

5）调节光标到功能选择框，按操作面板的【选择】键，可进行输入选项“有效”“无效”的切换，生效或撤销当前的碰撞等级条件文件所对应的碰撞检测功能。

6）光标选定“最大干扰力”栏或“检测等级”的输入框，按操作面板的【选择】键选定后，输入框将成为数据输入状态。

7）根据实际需要，在选定的“最大干扰力”栏的输入框上，输入各关节轴的正常工作时的额定负载；在“检测等级”的输入框上，输入各关节轴的碰撞报警动作阈值（百分率），按操作面板的【回车】键确认后，便可完成碰撞检测参数的设定。

8）如果需要，可通过选择下拉菜单［数据］、子菜单［清除数据］，并在弹出的数据清除确认提示框中选择［是］，清除当前文件的全部设定参数。

3. 碰撞报警与解除

系统的碰撞检测功能生效时，如机器人工作时的关节轴驱动电机输出转矩，超过了“检测等级”所设定的碰撞检测动作阈值，系统将立即停止机器人的运动，并显示图8.5-12所示的碰撞检测报警页面（报警：4315）。

图8.5-12　碰撞检测报警显示

碰撞是一种瞬间过载故障，机器人一旦停止运动，在通常情况下，驱动电机的负载便可恢复正常；在这种情况下，可直接用光标选定显示页上的操作提示键［复位］，按操作面板的【选择】键，清除碰撞报警、恢复机器人正常运动。

如果碰撞发生时，因外力作用，使机器人停止后，驱动电机仍然处于过载状态，则需要先将图8.5-9中的“功能”选择框设定为“无效”，撤销当前碰撞检测功能；然后，再用操作提示键［复位］、操作面板的【选择】键，清除报警。

第9章

控制系统的调试与维修

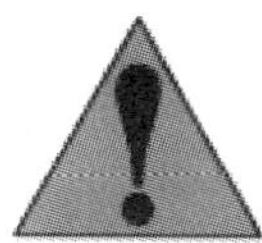

重要提示!
控制系统的调试与维修操作可改变系统功能、清除全部数据，导致机器人不能正常工作、甚至发生危险。操作必须由专业技术人员实施。

9.1 示教器显示与操作设置

9.1.1 示教器显示页面的设置

1. 功能与使用要点

示教器是控制系统的人机界面，也是工业机器人最重要、最基本的操作部件。为了能够适应不同场合的使用要求，使操作更简捷、显示更清晰，如果需要，操作、调试、维修人员可以根据自己的喜好，通过规定的操作，更改操作界面，以满足用户的个性化需求。

示教器设置包括一般应用设置和高级应用设置两方面。高级应用设置包括系统的日历与时间设置、再现速度修改、用户操作键定义等，这些设置将变更系统管理数据，故需要在系统选择“管理模式”下进行，有关内容可参见本节后述。示教器的一般应用设置可用于显示字体、按钮图标、窗口显示格式等显示页面设置，它可在任何操作模式下、直接通过图9.1-1所示的［显示设置］主菜单进行以下设置：

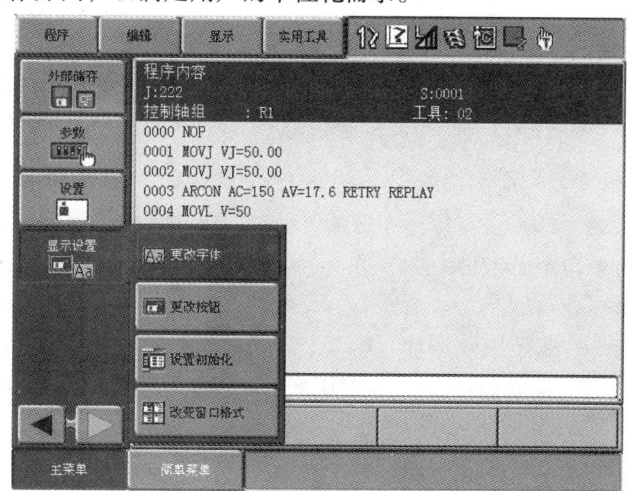

图9.1-1 显示设置子菜单显示

更改字体：用来改变示教器通用显示区的字符规格和字体。DX100系统的字符显示规格有“特大”“大号”“标准”“小号”四种，每一规格的字体均有“标准”“粗体”两种字体可选择。缩小规格、采用标准字体，可使示教器的每一显示页面有更多的内容显示；放大规格、采用粗体，可使显示更醒目。

更改按钮：用来改变示教器主菜单、下拉菜单、命令菜单三部分的菜单操作按键的规格和字体。DX100系统的菜单键显示规格有“大号”“标准”“小号”三种，每一规格的字体均有“标准”“粗体”两种字体可选择。缩小规格、采用标准字体，可放大示教器的内容显示区尺寸，放大规格、采用粗体，可使菜单键更醒目。

改变窗口格式：用来分割示教器通用显示区的窗口，进行多画面同时显示。DX100 系统的通用显示区窗口最多可同时显示四个不同内容的画面，当选择 2 ~ 4 画面显示时，还可选择上下、左右、上部分割、下部分割等多种布局。

设置初始化：可清除用户对示教器显示所做的字体、按钮、窗口格式的全部修改，恢复为系统生产厂家出厂设定的示教器显示界面。

系统生效显示设置、刷新显示器需要一定的时间，在未完成操作前，不能关闭系统电源。显示设置修改完成后，系统将保持这一设置；即在系统电源被关闭后，下次重新启动系统时，显示设置仍将保持有效。

2. 字体更改操作

改变示教器通用显示区的字符规格和字体的操作步骤如下：

1）接通系统电源，将示教器操作模式置【示教（TEACH）】。

2）通过主菜单扩展键［▶］，显示扩展主菜单［显示设置］、并选择，示教器可显示图 9.1-1 所示的显示设置子菜单。

3）选择子菜单［更改字体］，示教器可显示图 9.1-2 所示的字体更改页面。

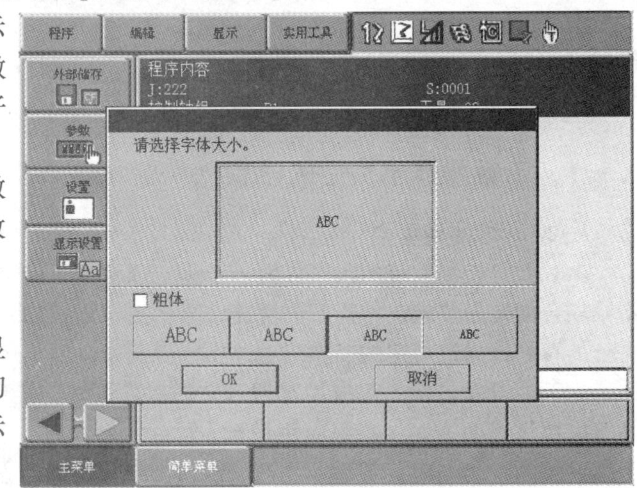

图 9.1-2　字体更改显示页面

显示页面各选项的作用如下：

粗体：光标选择后，可进行通用显示区字符的“标准体”/“粗体”切换，选择框指示“☑”时为粗体，指示“□”为标准体。

ABC/ABC/ABC/ABC：字符规格选择，选择相应的选项，依次可选择“特大”“大号”“标准”“小号”字符显示。

4）按需要选定所需的选项后，如选择操作提示键［OK］，系统将执行字体更改操作；如选择操作提示键［取消］，则可放弃字体更改操作。

5）保持电源接通状态，等待系统完成显示更改和刷新。

2. 按钮更改操作

改变示教器主菜单、下拉菜单、命令显示菜单 3 部分的菜单操作按键的规格和字体的操作步骤如下：

1）接通系统电源，将示教器操作模式置【示教（TEACH）】。

2）通过主菜单扩展键［▶］，显示扩展主菜单［显示设置］、并选择，示教器可显示图 9.1-1所示的显示设置子菜单。

3）选择子菜单［更改按钮］，示教器可显示图 9.1-3 所示的字体更改页面。

显示页面各选项的作用如下：

寄存器/折叠菜单/命令一览：用来选择需要更改的菜单操作按键，由于翻译上的原因，显示页面的“寄存器”实际对应的是显示器左侧的主菜单按键、“折叠菜单”实际对应的是显示器上方的下拉菜单按键、“命令一览”实际对应的是显示器右侧的命令菜单按键；三者可选择其中之一进行修改。

粗体：光标选择后，可进行菜单按键字符的“标准体”/“粗体”切换，选择框指示“☑”

时为粗体，指示“□”为标准体。

ABC/ABC/ABC：菜单按键字符的规格选择，选择相应的选项，依次可选择“大号”“标准”“小号”字符显示。

4）按需要选定所需的选项后，如选择页面关闭操作提示键☒、退出设定页，系统将执行按钮更改操作；如选择操作提示键［取消］，则可放弃按钮更改操作。

5）保持电源接通状态，等待系统完成显示更改和刷新。

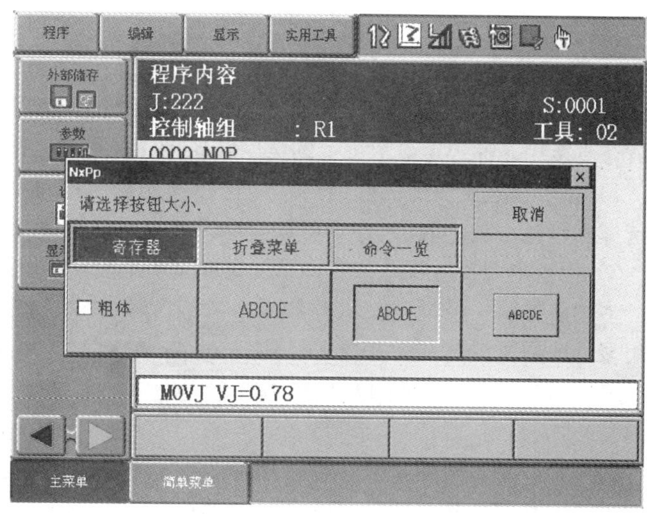

图 9.1-3　按钮更改显示页面

3. 窗口格式更改操作

分割示教器通用显示区的窗口、进行多画面同时显示功能的操作步骤如下：

1）接通系统电源，将示教器操作模式置【示教（TEACH）】。

2）通过主菜单扩展键［▶］，显示扩展主菜单［显示设置］、并选择，示教器可显示图9.1-1所示的显示设置子菜单。

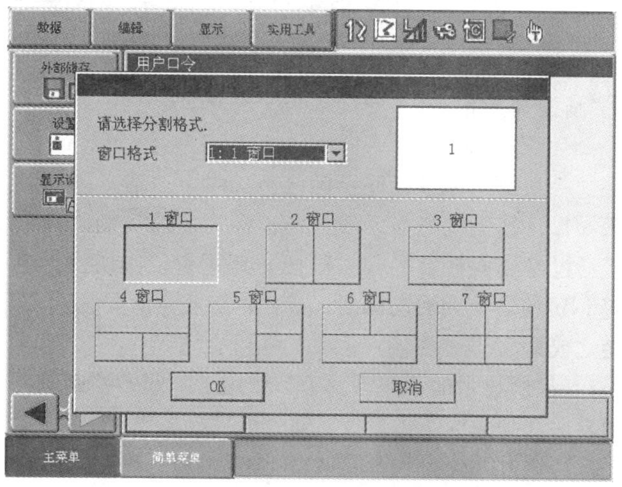

a) 窗口布局显示页面

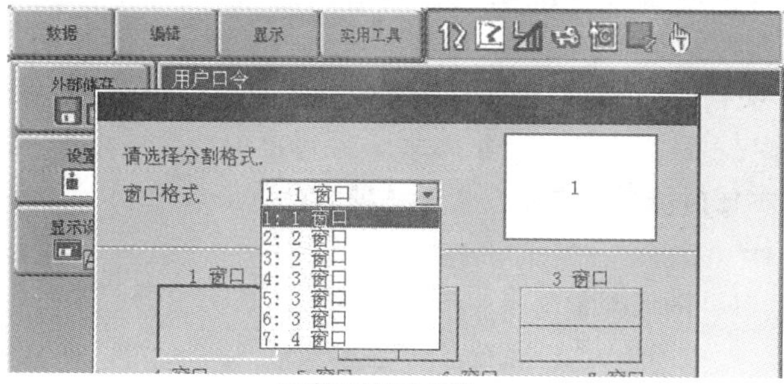

b) 窗口布局选择项

图 9.1-4　窗口格式的更改显示

3）选择子菜单［改变窗口格式］，示教器可显示图 9.1-4a 所示的窗口布局更改页面。

4）将光标定位到“窗口格式”输入框、按操作面板的【选择】键，示教器可显示图 9.1-4b 所示的输入选项；对照显示页上的页面布局，用光标键、【选择】键，选定所需的输入选项。或者，直接用光标选定显示页上的页面布局操作提示键，选定页面布局。

5）按需要选定所需的选项后，如选择操作提示键［OK］，系统将执行窗口布局更改操作；如选择操作提示键［取消］，则可放弃窗口布局更改操作。

6）保持电源接通状态，等待系统完成显示更改和刷新。

多画面显示一经设定，示教器的通用显示区便可同时显示图 9.1-5 所示的多个画面；并增加以下操作功能。

1）单画面/多画面切换：可直接通过示教器操作面板上的按键，进行单画面/多画面间的显示切换。即当多画面显示时，如同时按“【单画面】+【转换】”键，示教器可返回单画面显示；当单画面显示时，如同时按“【多画面】+【转换】”键，示教器可成为多画面显示。

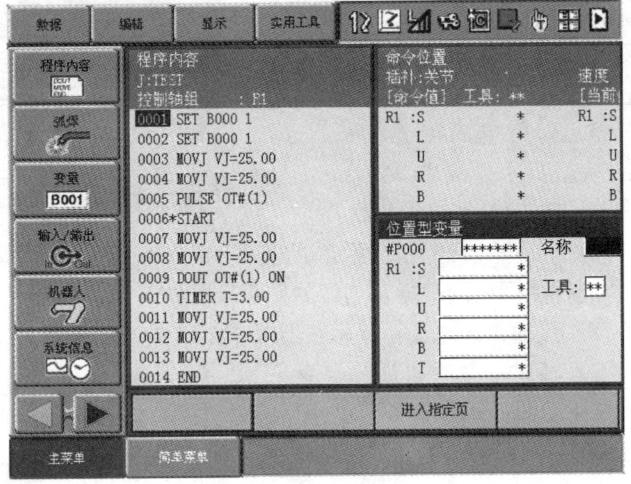

图 9.1-5 多个画面同时显示

2）活动画面/非活动画面切换：为了避免数据混乱，多画面显示时，实际上只有其中的一个画面可以进行数据输入与编辑操作，这一画面的标题栏显示深蓝色，称为“活动画面”；其他画面只能显示、而不能进行输入与编辑操作，其标题栏显示浅蓝色，称为“非活动画面”。活动画面/非活动画面的切换操作，可直接通过操作面板上的【多画面】键进行依次切换，也可以用将光标调节到所需的画面，按【选择】键使之成为活动画面；或者，切换为单页面后，再通过【多画面】键，依次切换显示页面，使之成为活动画面。

3）控制轴组切换：如果所显示的不同画面上，使用了不同的控制轴组，系统将自动生效活动画面的控制轴组；随着活动画面的变化，控制轴组也将随之改变。为了防止控制轴组改变所引起的误操作，DX100 系统可通过系统参数 S2C540 的设定，进行以下操作提示或操作确认设定。

S2C540 =0：系统将在信息栏显示操作提示信息“由于活动画面转换，轴操作的对象组改变”，并保持 3s。

S2C540 =1：系统将弹出对话框“轴操作的对象组变更，是否进行活动画面切换?”，并可通过选择对话框中的操作提示键［是］/［否］，确认活动画面切换操作。

S2C540 =2：不显示任何信息，直接变更控制轴组。

4. 设置初始化操作

清除字体、按钮、窗口格式的全部显示修改，恢复为系统生产厂家出厂显示界面的操作步骤如下：

1）接通系统电源，将示教器操作模式置【示教（TEACH）】。

2）通过主菜单扩展键［▶］，显示扩展主菜单［显示设置］、并选择，示教器可显示图 9.1-1所示的显示设置子菜单。

3）选择子菜单［设置初始化］，示教器可显示图9.1-6所示的初始化确认页面，显示对话框“屏幕设置已更改为标准尺寸”。

4）选择操作提示键［OK］，系统将执行设置初始化操作，恢复为系统生产厂家出厂显示界面；如选择操作提示键［取消］，则可放弃设置初始化操作。

5）保持电源接通状态，等待系统完成显示更改和刷新。

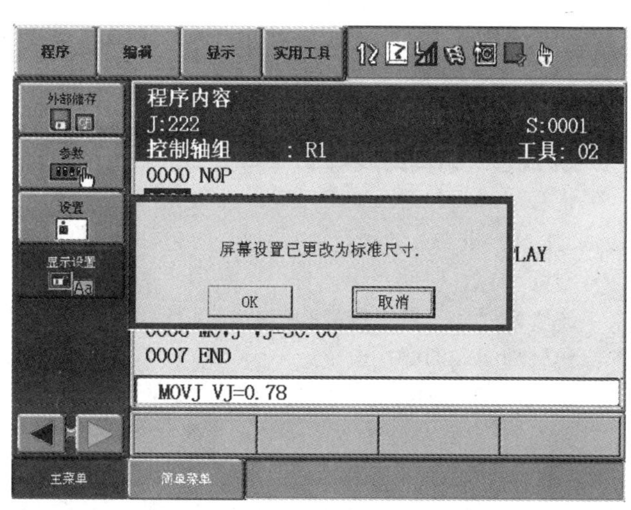

图9.1-6 显示设置初始化确认页面

9.1.2 日历、管理时间及再现速度设定

1. 日期/时间设定

机器人控制系统不仅能够像其他计算机一样显示日历（日期/时间），且还能够记录系统运行、驱动器运行时间，以及机器人的程序运行时间、定位移动时间、实际作业等管理时间（监视时间）。系统日历可用来记录系统发生故障的时间、进行某一操作的时间等运行履历；管理时间可用于系统易损件的寿命监控与定期维护管理。

为了保证系统能够准确、可靠运行，并对易损件进行有效监控和维护管理，当系统发生电池失效、存储器出错等故障，或者，进行主板、易损件更换后，需要对系统日历、管理时间进行确认或修改设定。系统的日历及管理时间设定属于高级应用设置，它们都需要在系统的管理模式下进行。

系统日历包括日期和时间设定，它需要在系统设定为“管理模式”后，在主菜单［设置］所增加的高级设定子菜单［日期/时间］下进行（见附录A）。DX100系统的日期/时间的设定操作步骤如下：

1）接通系统电源，将系统的安全模式设定为“管理模式”，示教器的操作模式置【示教(TEACH)】。

2）选择主菜单［设置］、子菜单［日期/时间］，可显示图9.1-7所示的系统日历设定页面。

3）将光标定位到需要进行设定的显示框，按操作面板上的【选择】键，显示框将成为数据输入框。

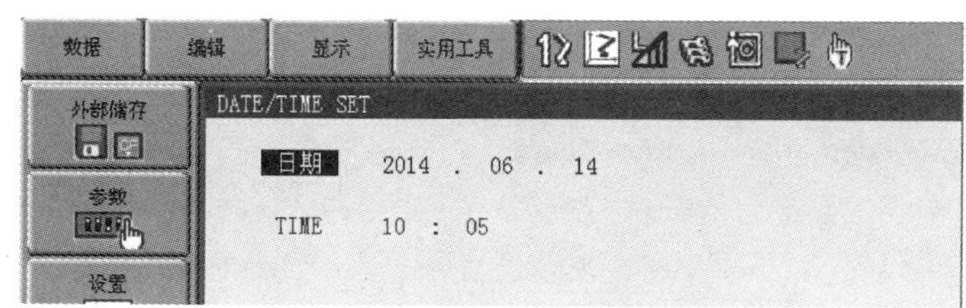

图9.1-7 系统日历设定页面

4）利用操作面板的数字键输入当前的实际日期与时间，其中，日期的年、月、日，时间的

时、分均以小数点分隔。例如，如需要设定2016年4月10日12时30分，可在日期输入框内输入2016.04.10；在时间输入框输入12.30等。

5）输入完成后，按操作面板的【回车】键，完成设定操作，系统随即更新日历。

2. 系统管理时间的清除

系统管理时间包括系统实际运行时间（控制电源接通时间）、驱动器时间运行时间（伺服电源接通时间）、机器人的程序运行时间（再现时间）、机器人实际运动时间（移动时间）、工具实际作业时间（操作时间）等内容。

系统管理时间是系统自动监控的时间值，操作者可以将其清除，当通常不能对其进行更改。清除系统管理时间需要在系统设定为“管理模式”后，在主菜单［系统信息］的高级设定子菜单［监视时间］下进行（见附录A），其操作步骤：

1）接通系统电源，将安全模式设定为“管理模式”，操作模式置【示教（TEACH）】。

2）选择主菜单［系统信息］、子菜单［监视时间］，示教器可显示图9.1-8a所示的系统管理时间综合显示页面，该页面的时间为所有控制轴组的总计时间。

3）如按操作面板的【翻页】键或操作提示键［进入指定页］选择页码，示教器便可逐页显示图9.1-8b所示的、指定控制轴组的某一单项系统管理时间。

4）调节光标到需要清除的显示框（单项或综合均可），按操作面板上的【选择】键，示教器可显示图9.1-9所示的数据清除确认对话框。选择对话框中的［是］，系统将清除选定的监视时间；选择［否］，则可放弃监视时间清除操作。

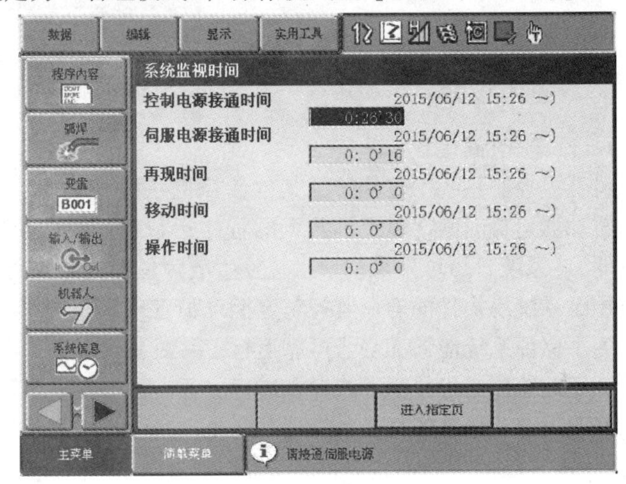

a) 综合显示页

b) 单项显示页

图9.1-8　系统管理时间显示和设定页面

3. 再现速度设定

由第6章的示教编程操作可知，机器人进行示教编程时，其移动速度只能通过光标调节键进行再现速度（编程速度）的“有级”调节，为了方便使用，调试维修人员同样可在“管理模式”下，通过示教器的高级应用设置予以改变。修改再现速度（编程速度）的操作步骤：

1）将系统的安全模式设定为“管理模式”，示教器的操作模式置【示教（TEACH）】。

2）选择主菜单［设置］、子菜单［再现速度登录］，示教器可显示图9.1-10a所示的再现速度显示和设定页面。

3）按操作面板的【翻页】键或通过操作提示键［进入指定页］的操作，选定需要进行设定的控制轴组（机器人1、机器人2或工装轴等）。

4）调节光标到坐标系选择项“关节”或“直线/圆弧”上，按操作面板的【选择】键，可

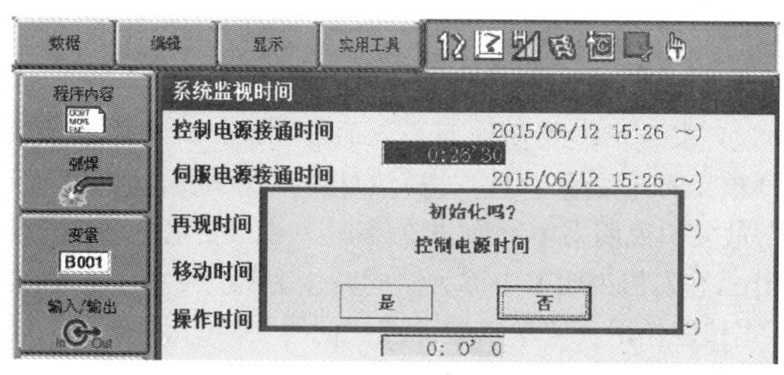

图 9.1-9 数据清除确认对话框

进行图 9.1-10b 所示的“关节”和“直线/圆弧”坐标系间的交替切换。

5）光标选定需要修改的速度后，用操作面板的数字键输入速度值，并按操作面板的【回车】键，便可完成再现速度的设定。

再现速度设定可改变示教编程操作时，用光标调节键改变的 8 级关节坐标系移动速度 VJ 的倍率值，以及用光标调节键改变的 8 级直角/圆柱坐标系的直线、圆弧、自由曲线插补的机器人移动速度 V、外部轴移动速度 VE 的设定值。关节坐标系的最大移动速度（倍率 100%）需要在 9.2 节所述的、机器人的“轴组配置”参数上设定；直角/圆柱坐标系移动速度 V、VE 的单位可通过参数 S2C221 的设定，选择 mm/s、cm/min、inch/min 或 mm/min。如需要，再现速度（编程速度）的设定也可直接用系统参数 S1CxG002 ~ S1CxG009（VJ 速度倍率）、S1CxG010 ~ S1CxG017（V、VE 速度值）、S1CxG018 ~ S1CxG025（VR 速度值）的设定改变。

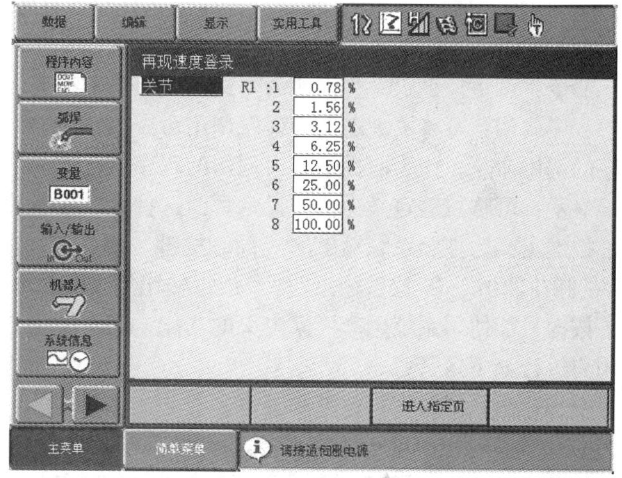

a) 再现速度显示

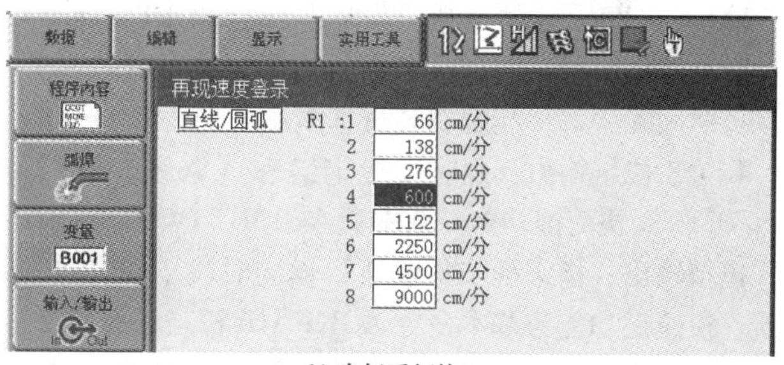

b) 坐标系切换

图 9.1-10 再现速度的设定

9.1.3 示教器快捷操作键的定义

1. 功能与使用要点

机器人控制系统的示教器是一种结构固定的操作装置，用户不能在上面增加其他的控制按钮。为了方便用户使用，DX100 系统可以通过示教器的按键设定操作，将操作面板上的数字键定义为既具有数值输入功能，又具有特殊用途的用户功能键，以扩大示教器功能、减少操作器件、方便操作使用。

示教器按键设定属于高级应用设置，它不仅需要在系统的管理模式下进行，而且还与电气控制系统的硬件设计、执行元件动作有关，原则上只能由机器人的设计、调试技术人员进行。定义示教器数值键功能时需要确定以下基本参数：

1）按键作用：通过定义，示教器操作面板上的数字键，既可作为示教器的快捷操作键使用，也可作为系统I/O单元的开关量（DO）、模拟量（AO）输出控制键使用。对于前者，所定义的按键可单独操作，故安川说明书中称为“单独键”；对于后者，所定义的按键需要与示教器的【联锁】键同时操作，在安川说明书中称为“同时按键”。

2）按键功能：根据按键作用（“单独键”或“同时按键”），按键的功能可以分别进行如下定义：

按键定义为示教器快捷操作的“单独键”时，其功能可选择“厂商”“命令”“程序调用”“显示”四种。选择厂商时，按键只能使用系统生产厂家定义的功能，用户的设定无效；选择其他三种方法时，按键功能可由用户进行如下定义：

命令：可将按键定义为快捷命令选择键，按下按键便可直接调用指定的命令。

程序调用：可将按键定义为程序调用命令CALL的快捷输入键，按下按键便可直接输入指定程序的调用命令，作为前提是需要调用的程序应已作为系统的预约程序登录。

显示：可将按键定义为快捷显示页面选择键，按下按键便可直接显示指定的页面。

按键定义为控制系统输出的“同时按键”时，其功能可选择“厂商”“交替输出”“瞬时输出”“脉冲输出”“4位组输出”“8位组输出”“模拟输出”“模拟增量输出”八种。选择厂商时，按键只能使用系统生产厂家定义的功能，用户设定无效；选择其他七种方法时，按键功能可由用户进行如下定义：

交替输出：同时按指定键和【联锁】键，如原输出状态为OFF，则转换成ON；如原输出状态为ON，则转换成OFF。快捷键功能类似基本命令DOUT OT#（见第2章2.3节）。

瞬时输出：只有指定键和【联锁】键同时按下时，输出才ON；松开任何一个键或同时松开，输出均OFF。快捷键功能与基本命令DOUT OT# ON相当（见第2章2.3节）。

脉冲输出：指定键和【联锁】键同时按下时，输出一个指定宽度的脉冲；信号ON时间与按键保持时间无关。快捷键功能与基本命令PULSE OT#相当（见第2章2.3节）。

4位/8位组输出：同时按指定键和【联锁】键时，可同时控制4或8个输出信号的通断（ON/OFF）。快捷键功能与基本命令DOUT OGH#/DOUT OG#相当（见第2章2.3节）。

模拟输出：指定键和【联锁】键同时按下时，可在系统的模拟量输出接口上输出指定的电压值。快捷键功能与基本命令AOUT AO#相当（见第2章2.3节）。

模拟输出增量：指定键和【联锁】键同时按下时，可在系统原有的模拟量输出基础上，增加指定的电压值。快捷键功能类似基本命令AOUT AO#（见第2章2.3节）。

2. 快捷操作键的设定

将示教器操作面板上的数字键定义为快捷操作键的操作步骤：

1）将系统的安全模式设定为“管理模式”，示教器的操作模式置【示教（TEACH）】。

2）选择主菜单［设置］、子菜单［键定义］，示教器可显示图9.1-11a所示的快捷操作键设定页面。如显示页面为输出控制键，则可选择图9.1-11b所示的下拉菜单［显示］中的子菜单［单独键定义］，切换到快捷操作键设定页面。

显示页的第1栏为需要设定的示教器数字按键（数字0~9及小数点、负号键）；第2栏为按键功能定义输入框，用于快捷操作键的功能选择。

3）用光标选定按键的功能定义输入框（如“-”键），便可显示图9.1-12所示的快捷操作键功能选择输入选项，选定所需的功能后，可分别选择如下相应的操作。

4）快捷键的设定：

a）快捷命令键：当按键（如“-”键）功能选择“命令”时，“定义内容”栏将会显示图9.1-13a所示的命令输入框，选择该输入框，便可显示图9.1-13b所示的命令菜单；选定菜单、子菜单的命令后，按【回车】键，示教编程时便可直接用该键（如“-”键）选择对应的命令。

b）快捷程序调用键：当按键（如小数点键）功能选择“程序调用”时，“定义内容”栏将会显示图9.1-14所示的预约程序的登录序号（参见第7章7.5节），选择该输入框，并输入所需的预约程序登录序号后，按【回车】键，示教编程时，便可直接用该键（如小数点键）来输入该程序的调用命令CALL。

c）快捷显示键：当按键（如数字0键）功能选择“显示”时，“定义内容”栏将会显示图9.1-15所示的显示页面名称输入框，然后，进行以下两步操作：

① 定义显示页面名称。用光标选定显示页面名称输入框，给指定的显示页定义一个名称，如“CURRENT”等，名称输入完成后，按操作面板的【回车】键结束。

② 通过主菜单、子菜单的选择操作，使示教器显示需要快捷显示的页面，如机器人的位置显示页面等；然后，同时按“【联锁】+快捷键（如数字0键）”，该页面就被选定为可通过指定键（如数字0键）快捷显示的页面。

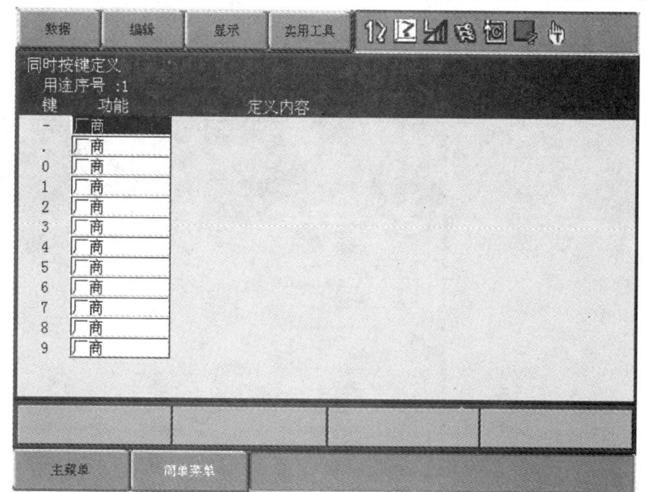

a) 快捷操作键设定页面

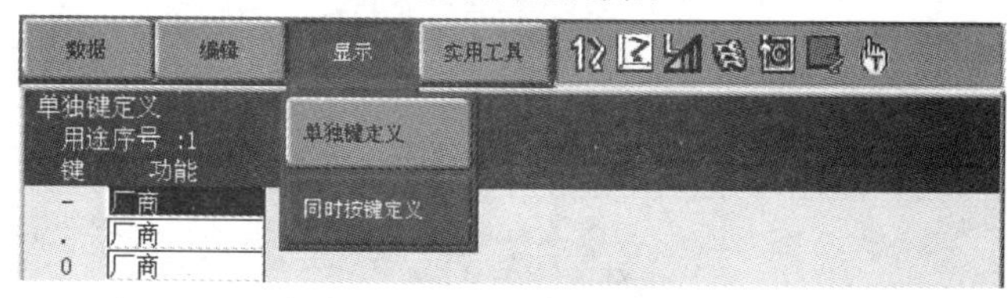

b) 显示页面切换

图9.1-11 快捷操作键的设定显示

图9.1-12 快捷操作键的功能选择

3. 输出控制键的设定

将示教器操作面板上的数字键定义为输出控制键的操作步骤如下：

1）将系统的安全模式设定为“管理模式”，示教器的操作模式置【示教（TEACH）】。

2）选择主菜单［设置］、子菜单［键定义］，示教器可显示前述图9.1-16所示的输出控制键设定页面。如显示页面为快捷操作键，则可选择前述图9.1-11a所示的下拉菜单［显示］中的子菜单［同时按键定义］，切换到输出控制键设定页面。

a) 快捷命令键设定

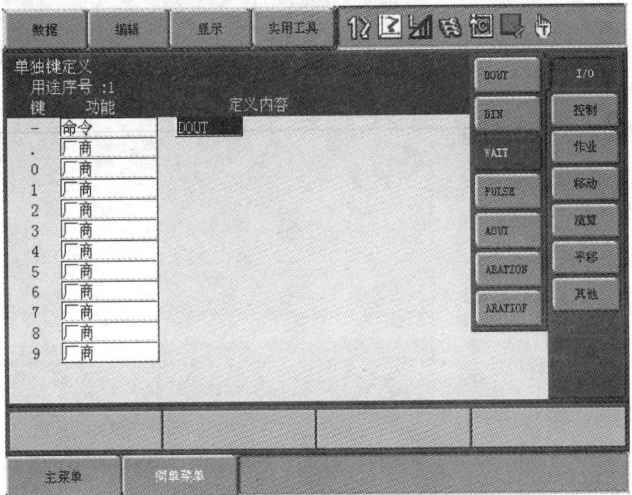

b) 命令选择

图 9.1-13 快捷命令键的设定

图 9.1-14 快捷程序调用键的设定

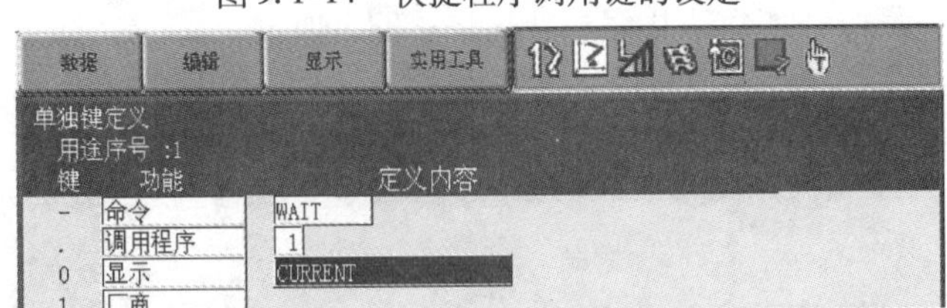

图 9.1-15 快捷显示键的设定

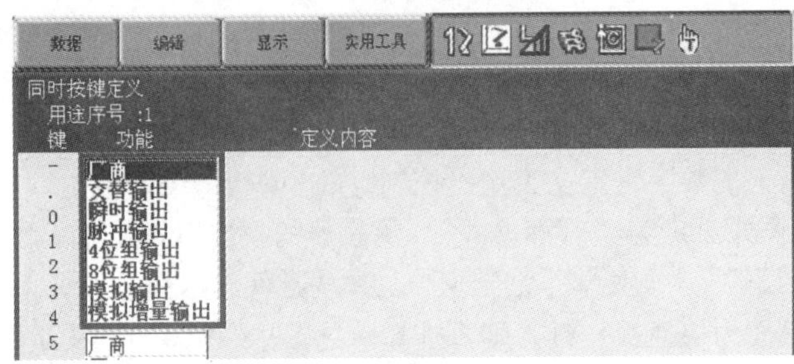

图 9.1-16 输出控制键设定页面

3）用光标选定按键的功能定义输入框（如“－”键），便可显示输出控制键的功能选择输入选项，选定所需的功能后，可根据不同的功能选择以下相应的操作。不同功能的快捷输出控制键的控制对象（输出信号地址）可以相同，也就是说，如需要，控制系统的某一输出信号，可通过用不同的快捷键，来输出不同的状态。

4）输出键的设定：

a）交替输出键：当按键（如“－”键）功能选择“交替输出”时，“定义内容”栏将会显示图9.1-17a所示的DO信号地址输入框（序号），选择序号输入框，并输入需控制的系统通用输出地址信号（OT#号，OT#（1）输入1），按【回车】键，便可直接用同时按“【联锁】＋快捷键（如“－”键）”的操作，控制该通用输出（如OT#（1））的ON/OFF。

b）瞬时输出键：瞬时输出控制键的定义方法与交替输出相同。例如，当小数点键用来控制系统通用输出OT#（1）的瞬时输出时，小数点键的“功能”输入栏应选择“瞬时输出”，然后，在“定义内容”栏显示的图9.1-17b所示的DO信号地址输入框（序号）上，输入系统的通用输出信号地址“1”，并按【回车】键确认；这样，当同时按操作面板的“【联锁】＋小数点键”时，OT#（1）便可输出ON信号。

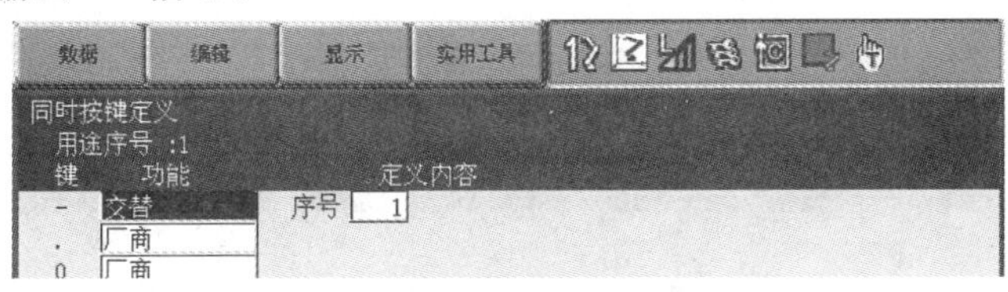

a) 交替输出键

b) 瞬时输出键

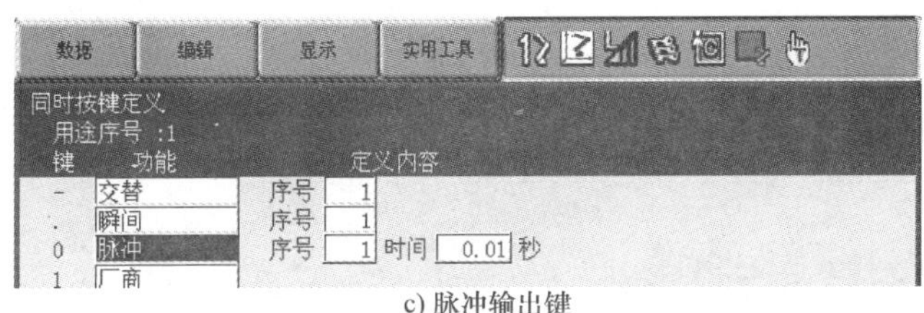

c) 脉冲输出键

图9.1-17 交替/瞬时/脉冲输出控制键的定义

c）脉冲输出键：按键定义为脉冲输出控制键时，其“定义内容”栏将同时显示图9.1-17c所示的DO信号地址（序号）、脉冲宽度（时间）两个输入框，分别用于通用输出信号地址和脉冲宽度的输入，输入完成后可按【回车】键确认，这样，便可通过同时按“【联锁】＋快捷键”的操作，在对应的通用输出（如OT#（1））上，得到一个指定宽度的输出脉冲。

d）4位/8位组输出键：当按键功能定义为“4位组输出”或“8位组输出”时，其“定义内容”栏将显示图9.1-18所示的DO信号起始地址（序号）、输出状态（输出）两个输入框，分别用于输出组的起始地址和输出状态设定。4位/8位组输出的起始地址就是系统通用输出的OGH#、OH#号，其定义方法可参见第2章2.3节；信号的输出状态可输入1（ON）或0（OFF），输入完成后按【回车】键确认。例如，对于图 9.1-18 所示的设定，便可通过同时按“【联锁】+数字键 1”的操作，使系统的通用输出 OUT01 ~ OUT04 同时成为 ON 状态等。

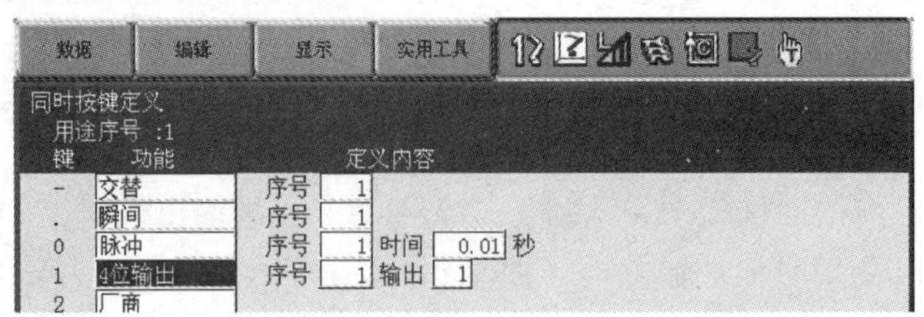

图 9.1-18 组输出控制键的定义

e）模拟输出/模拟增量键：当按键功能定义为“模拟输出”或“模拟增量”时，其“定义内容”栏将显示图 9.1-19 所示的 AO 信号地址（序号）、输出电压（输出）或增量电压（增量）两个输入框，分别用于模拟量输出通道号、输出电压或增量电压的设定。模拟量通道号就是系统模拟量输出的 AO#号，其定义方法可参见第 2 章 2.3 节；输出电压或增量电压的允许输入范围为 -14.00 ~ 14.00V，输入完成后按【回车】键确认。

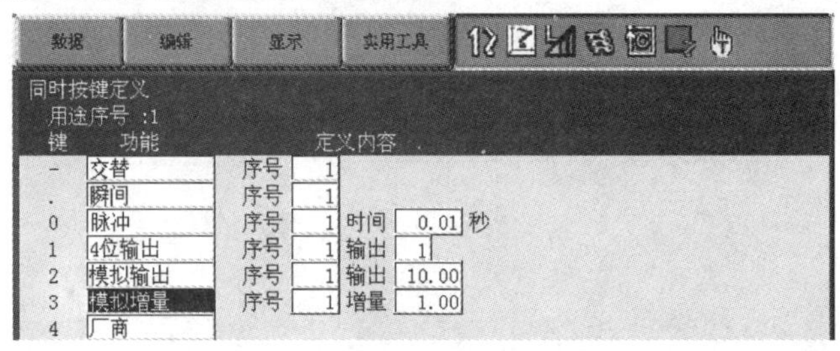

图 9.1-19 模拟量输出控制键的定义

例如，对于图 9.1-19 所示的设定，如果同时按“【联锁】+数字键 2”，便可在系统的模拟量输出通道 CH1 上，输出 10V 模拟电压；如果同时按“【联锁】+数字键 3”，便可将系统模拟量输出通道 CH1 上的输出电压，增加 1V 等。

9.2 系统参数设定与硬件配置

9.2.1 系统参数的显示与设定

1. 参数与表示

正确设定系统参数，是发挥系统功能、保证机器人安全、可靠运行的前提条件。工业机器人的控制是一种通用控制装置，它既可用于点焊、弧焊机器人控制，也能用于搬运、加工等其他用途的机器人控制；即便机器人的型号、规格有所不同，但控制系统通常也只有伺服驱动器、电机的区别。因此，为使控制器能够适应各种机器人控制，就需要通过控制系统的参数设定，来规定机器人的作业范围、功能、动作等控制对象特性参数。

控制系统的参数众多，它不仅涵盖了第 6 ~ 8 章的示教条件设定、再现条件设定、系统功能设定的全部内容，而且，还可对机器人的作业范围、功能、动作等进行设定。

根据参数的作用与功能，系统参数有不同的数据格式。例如，用于系统功能设定的参数通常为二进制格式，用于速度设定的参数一般为十进制格式，用于坐标轴位置设定的参数需要按轴分

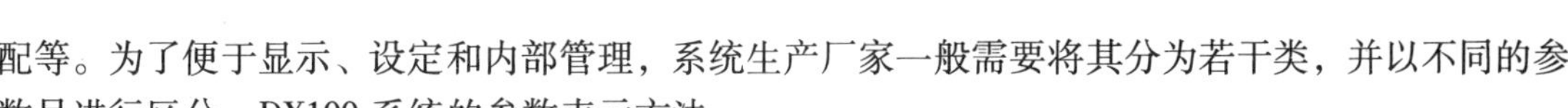

配等。为了便于显示、设定和内部管理，系统生产厂家一般需要将其分为若干类，并以不同的参数号进行区分。DX100 系统的参数表示方法：

S1C　1　G002

类组号　机器人号　参数号

类组号：用来区分参数的作用与功能。DX100 的系统参数分为基本参数 S（System）、应用参数 A（Application）以及系统网络通信参数 RS、伺服系统编码器参数 S＊E 等。其中，基本参数 S、应用参数 A 直接与机器人的控制相关，是任何机器人都需要设定的参数；通信参数 RS、伺服系统编码器参数 S＊E 则与控制系统的总线通信协议、编码器结构与串行通信控制等有关，不向外部公开，因此，用户一般不能修改，本书不再对其进行叙述。

基本参数 S 是与机器人用途无关的本体控制参数，在不同用途的机器人上，其含义和作用统一。由于基本参数的数量多，参数的功能、数据格式、设定方法各异，为了便于显示、设定和内部管理，它又可分速度位置参数（S1C）、功能设定参数（S2C）、范围调整参数（S3C）、I/O 设定参数（S4C）4 组。

应用参数 A 是根据机器人用途设定的参数，其数量较少，但在不同用途的机器人上，同一应用参数可能存在不同的作用和含义：

机器人号：用来区分机器人。DX 系统可用于多机器人复杂系统控制，此时，不同机器人的参数需要分类管理，为此，需要用编号 1～8 来区分机器人。多机器人系统中的不同机器人，需要设定的参数及格式、要求一致，因此，在进行参数说明时，常用“x”来代替机器人号；如 x＝1，为机器人 R1 的参数；如 x＝2，则为机器人 R2 的参数等。

参数号：用来区分同类或同组参数的序号。基本参数的参数号为 G＊＊＊；应用参数的参数号为 P＊＊＊。

2. 参数功能

不同类别的参数有不同的功能，其详细内容可详见附录 B 的参数总表。总体而言，DX100 系统不同类组的参数功能大致如下：

S1C 组：用于机器人本体速度、位置设定的系统基本参数。例如，手动操作和示教编程时的关节回转、插补移动速度，再现运行时的空运行、限速运行、检查运行等特殊运行方式的机器人移动速度等。此外，还可进行手动增量进给距离、不同定位等级（PL）的到位区域，以及软极限等位置设定。DX100 系统的坐标轴运动方向设定也在 S1C 组参数中。

S2C 组：用于机器人功能设定的系统基本参数。该组参数用于系统的操作编程条件和功能设定，它不仅涵盖了第 6～8 章的示教条件设定、再现条件设定、系统功能设定的全部内容，而且还可进行示教器操作键、风机连接与报警信号极性等硬件设定。为了方便操作，对于可利用第 6～8 章操作进行显示和设定的系统参数，如示教条件、再现条件、系统功能等，设定时使用第 6～8 章所介绍的操作更为快捷。

S3C 组：用于机器人干涉区、PAM 设定、模拟量输出滤波时间等的范围调整。同样，为了方便操作，干涉区范围、PAM 调整范围以采用 8.5 节、7.4 节的设定操作更为快捷。

S4C 组：用于控制系统的 DI/DO 信号奇偶校验、数据格式及输出信号的内容、状态等设定。本组参数的设定与机器人控制系统的电气设计（硬件和软件）密切相关，用户原则上不应改变系统设定。

A 类：A 类参数是机器人的用途设定参数，主要用于作业工具、作业文件的设定，它包括了系统的软件和硬件设定参数。例如，点焊机器人的焊钳、电极参数，焊钳开合、焊接条件、故障清除、电极磨损报警等 DI/DO 信号的地址、状态设定；弧焊机器人的引弧/熄弧文件范围、手动送丝/退丝速度、模拟量输出地址设定；搬运、通用机器人的按键地址、DO 输出定义等。

3. 参数的显示和设定

正确的系统参数是保证机器人安全、可靠运行的前提条件，因此，它只有在管理模式下，由调试维修的技术人员进行修改。

DX100 系统的参数显示和设定的基本操作步骤：

1）接通系统电源，并将系统的安全模式设定为“管理模式”，此时，示教器可显示管理模式下的主菜单［参数］。

2）将示教器的操作模式选择【示教（TEACH）】，并选择主菜单［参数］，示教器可显示参数类组选择子菜单［S1CxG］［S2C］…［A1P］［RS］［S1E］等。

3）选择相应的参数类组子菜单，示教器便可显示图 9. 2-1a 所示的系统参数显示页面；功能设定参数的参数值，可同时显示十进制和二进制格式的数值。

4）用光标直接选定参数号，或者将光标定位到任一参数号上、按操作面板的【选择】键，在示教器弹出的图 9. 2-1b 所示的“跳转至”对话框中，用数字键输入参数号，再按【回车】键，可直接跳转、定位到所需的参数号上（包括不在本页的参数号）。

5）将光标定位到十进制或二进制参数值显示栏、按操作面板的【选择】键，参数值将成为图 9. 2-2a 所示的十进制输入框或图 9. 2-2b 所示的二进制输入状态。

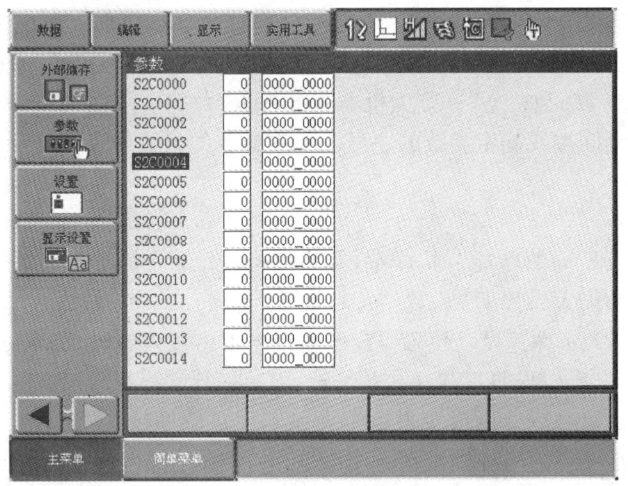

a) 参数显示

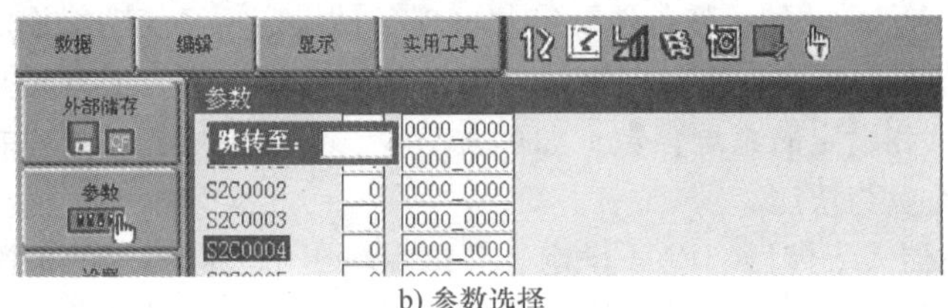

b) 参数选择

图 9. 2-1　参数的显示与选择

6）选择十进制输入时，可直接用操作面板的数字键输入数值后，按【回车】键输入。选择二进制输入时，先用光标移动键选择数据位，然后，按操作面板的【选择】键，切换状态 0/1；全部位设定完成后，按【回车】键输入。

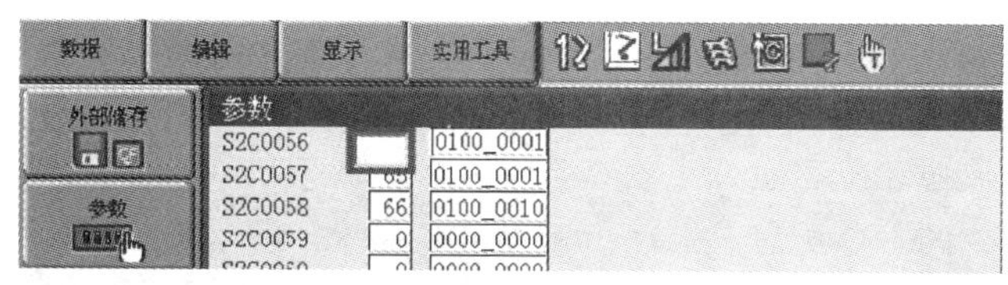

a) 十进制

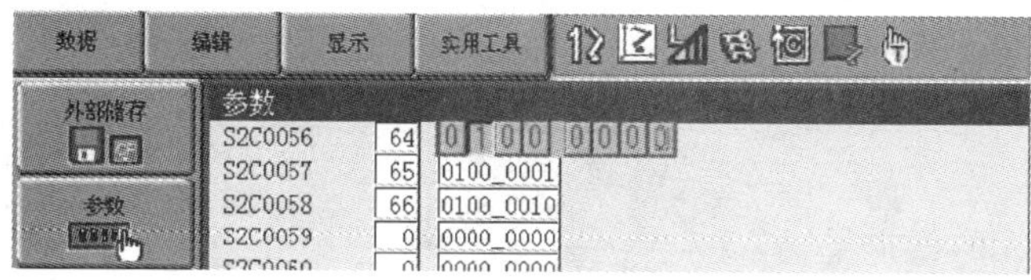

b) 二进制

图 9. 2-2　参数的输入

9. 2. 2　控制系统的 I/O 配置

1. 硬件配置的功能与要点

控制系统硬件配置的修改是用于控制器主板更换后的功能恢复，或者进行工业机器人升级改造的高级调试维修操作。对于后者，还需要进行机器人控制系统软硬件的重新设计，它对操作人员的技术水平要求更高；因此，系统的硬件配置修改，原则上只能由具备工业机器人电气控制系统完整设计、全面调试和系统高级维修能力和经验，高水平的专业技术人员承担。

在安川 DX100 系统上，通过控制系统的硬件配置修改，可实现如下功能：

1）增加控制系统的 I/O 单元，连接与控制更多的检测器件与执行器件。

2）增加基座轴、工装轴，将机器人扩展成复杂控制系统。

3）设定基座轴、工装轴的结构形式和伺服驱动系统的电气连接（硬件）参数。

4）设定基座轴、工装轴的机械传动系统、伺服驱动电机规格参数等。

进行控制系统的硬件配置修改操作时，需要注意以下问题：

1）控制系统所增加或更换的硬件，必须是控制系统生产厂家提供的、集成有系统网络连接接口、且能与现行系统的网络总线直接通信的控制部件。例如，在 DX100 系统上，需要增加或更换的 I/O 单元、伺服驱动器必须能与控制系统的 I/O 总线、Drive 总线进行直接通信，而不能使用用户自制的操作面板、非系统生产厂家提供的驱动器，或无 DX100 系统总线通信接口的其他 I/O 模块、驱动器等。

2）修改控制系统的硬件配置，可使控制系统的结构和功能发生本质的变化，机器人及控制系统需要进行重新设计、安装和调试。

3）硬件配置一经修改，控制系统 I/O 信号的数量、地址，以及控制轴组等参数都将被改变，因此，机器人原有的作业程序、作业文件等用户文件一般不能再继续使用。

4）控制系统的硬件配置修改操作，需要在电气控制系统硬件安装完成、部件通电后，通过系统特殊的“维护模式”进行，配置修改后需要对系统进行初始化，并重新设定全部系统参数。

增加控制系统的 I/O 单元、基座轴、工装轴的硬件配置修改操作分别如下：

2. I/O 配置参数

控制系统的 I/O 单元相当于通用 PLC 的 I/O 模块，它是用来连接与控制机器人检测器件与执行器件的接口部件，进行工业机器人升级改造时，为了使系统能够控制更多的 I/O 信号，可通过增订系统厂家提供的 I/O 单元、追加 I/O 点。增加 I/O 单元，需要对电气控制系统进行重新设计、安装与调试。

DX100 系统的 I/O 单元配置页面如图 9.2-3 所示，各栏的 I/O 配置参数含义：

ST#：I/O 单元在 I/O 总线网中的从站地址。

DI/DO：I/O 单元的开关量输入/输出点数。

AI/AO：I/O 单元的模拟量输入/输出通道数。

基板：I/O 单元的型号与规格。

以上状态均可通过下述的 I/O 配置操作，由系统自动识别。显示“-”的栏，表示该 I/O 单元无此I/O 接口。“基板”栏如显示“无”，代表该位置未安装 I/O 单元；显示“＊＊＊”，则表示该 I/O 单元未在系统中登录，但如 DI/DO/AI/AO 显示正确，单元可正常使用。

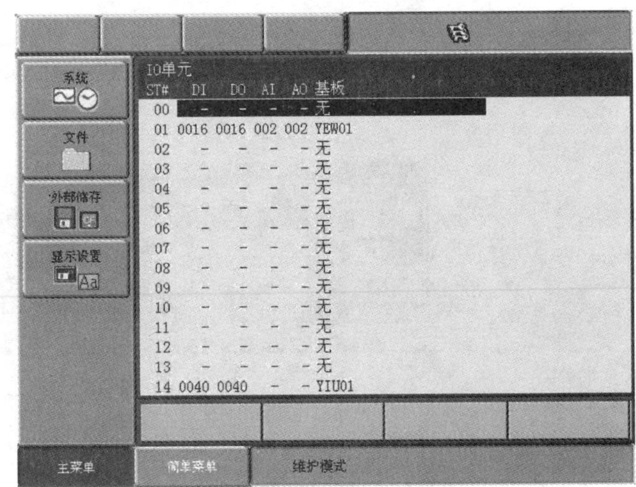

图 9.2-3　I/O 单元配置显示

3. I/O 配置操作

在 DX100 系统上增加 I/O 单元的系统配置操作步骤如下：

1）按要求完成并确认新增的 I/O 单元电气连接，确保电源、总线连接正确。

2）按住示教器操作面板的【主菜单】键，同时启动系统电源。启动完成后，系统可自动进入特殊的管理模式（高级维护模式），并显示图 9.2-4 所示的维护模式主页。

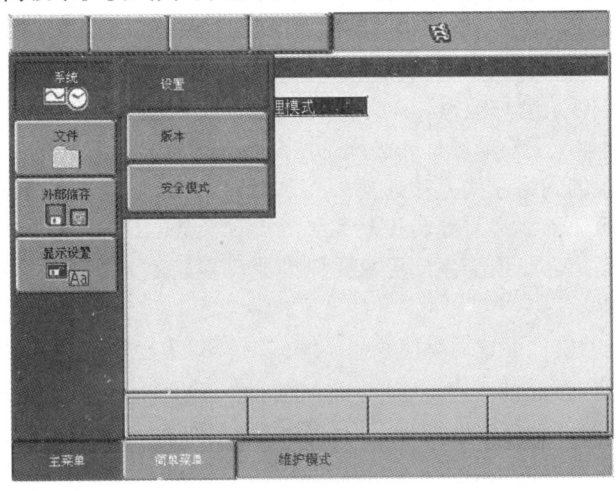

图 9.2-4　维护模式主页

进入高级维护模式后，示教器的信息显示栏将显示“维护模式”信息；此时，系统的主菜单只显示与高级维护操作有关的［系统］［文件］［外部存储］［显示设置］菜单。

3）选择主菜单【系统】、子菜单［设置］，示教器可显示图 9.2-5 所示的硬件配置和系统功能设定主页。

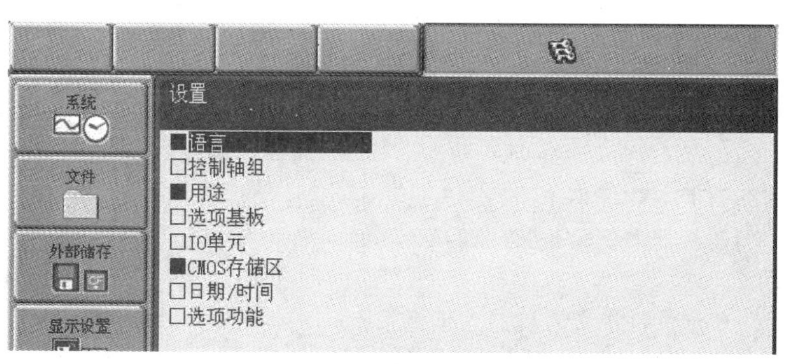

图 9.2-5　硬件配置与功能设定主页

设置页面中带“■”标记的选项，如语言、用途、CMOS 等，均与控制系统主板（主机）所安装的操作系统有关，用户不能对其进行设定。

4）选择“IO 单元”选项，示教器可显示上述图 9.2-3 所示的系统原有 I/O 配置页面。

5）按【回车】键，可继续显示后续的 I/O 单元配置表。

6）再次按【回车】键，示教器将显示图 9.2-6 所示的 I/O 单元配置确认对话框。选择［是］，系统将自动检测 I/O 总线当前的从站链接状态，并自动设定系统的 I/O 单元配置参数。

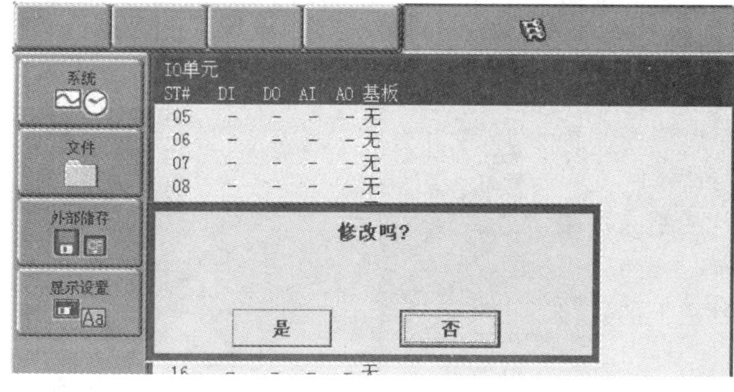

图 9.2-6　I/O 配置确认

9.2.3　控制系统的基座轴配置

基座轴是控制机器人本体整体移动的坐标轴。为了使机器人有更大的作业范围和更灵活的作业性能，进行工业机器人升级改造时，可通过增订系统厂家提供的伺服驱动器、伺服电机等部件，增加基座轴、构成机器人自动作业系统。增加机器人的基座轴，不仅需要有相应的机械传动、结构部件，而且还需要增加伺服驱动器、驱动电机等控制部件；需要对电气控制系统进行重新设计、安装与调试。

基座轴配置需要进行基座轴组构成、驱动系统连接、机械传动系统结构、伺服电机规格等参数的全面设定。

1. 轴组构成参数

基座轴组的构成参数是用来确定基座轴的数量和安装形式的参数。由于机器人本体的倾斜，将直接影响到第 8 章所述的伺服驱动系统负载特性；而本体的回转，则可通过腰回转轴 S 实现；因此，工业机器人的基座轴通常为直线运动轴。

在 DX100 系统上，每一机器人可使用的基座轴数为 1 ~ 3 轴，轴数量与安装形式可按照图

9.2-7 的规定，进行以下定义：

RECT - X/RECT - Y/RECT - Z：1 轴，并可分别定义成机器人坐标系 X/Y/Z 轴方向的直线运动轴。

RECT - XY/RECT - XZ/RECT - YZ：2 轴，并可分别定义成平行于机器人坐标系 XY/XZ/YZ 平面的二维平面运动。

RECT - XYZ：3 轴，可定义为机器人坐标系上的三维空间运动轴。

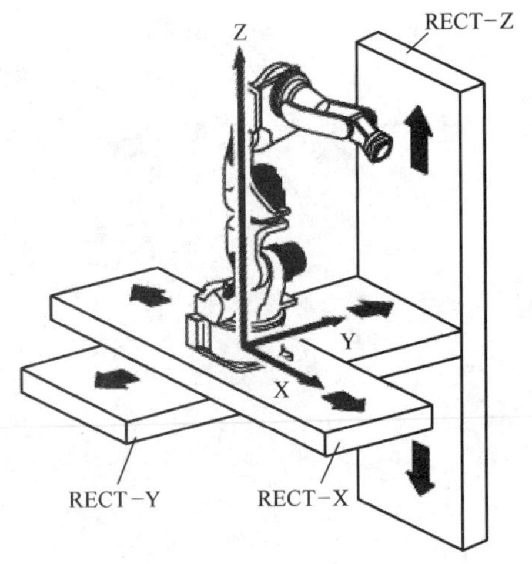

图 9.2-7　轴组构成的定义

2. 驱动系统连接参数

驱动系统连接参数是用来确定基座轴伺服驱动器、电机、制动器、超程开关电气连接的参数。DX100 系统的驱动系统连接参数设定页面如图9.2-8 所示，各栏参数的作用和含义：

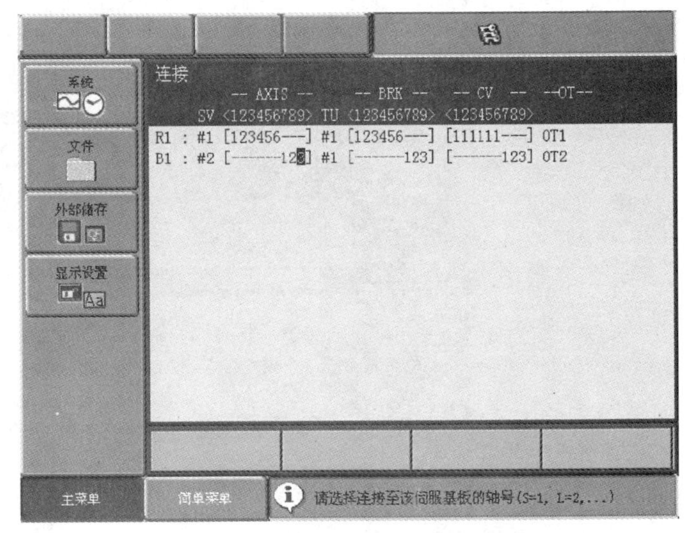

图 9.2-8　驱动系统连接参数设定页

AXIS - SV：驱动器连接设定。DX100 系统使用的是多轴集成一体型驱动器，驱动器的电源模块（整流）、控制板为多轴共用，逆变模块独立。安川集成驱动器最大可控制 9 轴；当控制轴数超过 9 轴时，需要在本栏上设定用于指定轴组控制的驱动器编号（即控制板编号#1、#2），以及每一运动轴在控制板上的连接位置。

BRK - TU：制动器连接设定。DX100 系统的伺服电机内置制动器由系统的 ON/OFF 单元（JZRCR - YPU01，简称 TU）统一控制，其中，主连接器最大可连接 6 轴，辅助连接器可连接 3 轴。如果控制轴组使用了带内置制动器的伺服电机，需要在本栏上设定用于制动器控制的 ON/OFF 单元编号，以及每一运动轴制动器在 ON/OFF 单元上的连接位置。

CV：电源连接设定。集成驱动器电源模块为多轴公用，其中，主连接器最大可连接 6 轴逆变模块，辅助连接器可连接 3 轴。本栏用来设定每一运动轴的逆变模块在电源模块上的连接位置。

OT：超程开关连接设定。DX100 系统的超程保护由系统的安全单元（JZNC - YSU01）统一控制，本栏用来设定控制轴组所使用的超程保护开关在安全单元上的连接位置。

通过以上连接设置，可确定控制轴组中每一轴的伺服驱动器、电机、制动器、超程开关的硬件连接状态。例如，对于图 9.2-8 所示的设置，代表基座轴组 B1 的第 1/2/3 轴，分别连接在第 2 驱动器的第 7/8/9 轴位置上；伺服电机的制动器连接在 ON/OFF 单元 1 的辅助轴连接器（7/8/9 轴）上；逆变模块的电源连接在电源模块的辅助轴连接器（7/8/9 轴）上；超程保护开关连接在

安全单元的第2超程输入 OT2 上。

有关 DX100 系统电气连接的详细内容，可参见本书作者编写的由机械工业出版社出版的《工业机器人从入门到应用》一书。

3. 机械传动系统结构参数

如前所述，工业机器人的基座轴通常为直线运动，因此，其机械传动系统可采用滚珠丝杠或齿轮齿条两种基本类型。滚珠丝杠传动系统的运动平稳、定位精度和传动效率高；但大规格、长行程丝杠的惯量大、生产制造困难，对机械部件的加工和安装精度要求高；故多用于中小规格机器人的基座轴传动。齿轮齿条传动虽定位精度和传动效率较低，但其结构简单、承载能力强、行程不受限制，故可用于大规格机器人的基座轴传动。

DX100 系统的机械传动系统结构参数设定页面如图 9.2-9 所示，设定项作用和含义：

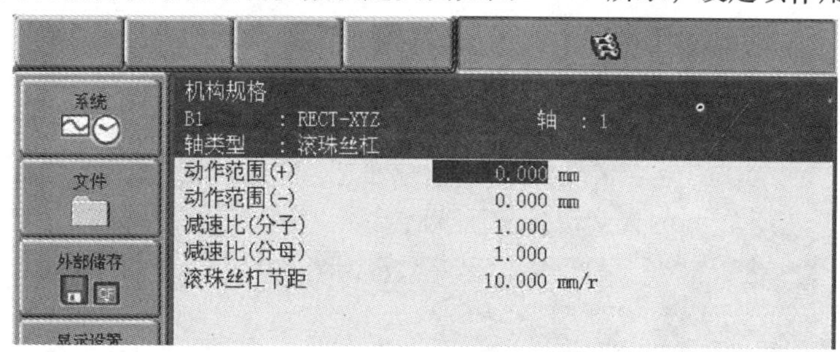

图 9.2-9 机械传动系统结构参数设定页

轴类型：显示机械传动系统的基本类型“滚珠丝杠”或“齿轮齿条”。

动作范围（+）/（-）：显示和设定基座轴的运动范围（行程）。

减速比（分子）/（分母）：显示和设定基座轴减速器的减速比。

滚珠丝杠节距/齿轮直径：显示和设定滚珠丝杠传动的丝杠螺距，或齿轮齿条传动的主动齿轮每转所对应的移动量。

4. 伺服电机规格参数

伺服电机规格参数用来确定基座轴伺服电机、驱动器、电源模块型号，设定电机转向、转速、起制动加速度、负载惯量等。DX100 系统的伺服电机规格参数设定页面如图 9.2-10 所示，各设定项的作用和含义如下：

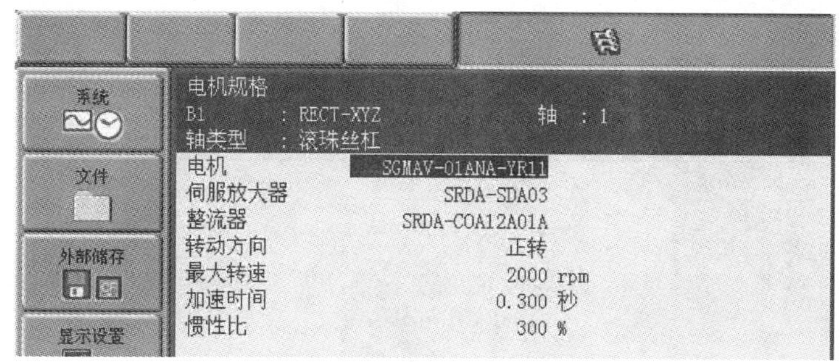

图 9.2-10 伺服电机规格参数设定页

电机/伺服放大器/整流器：显示与设定基座轴的驱动电机、伺服驱动器、驱动器电源模块型号。

转动方向：显示与改变伺服电机的转向；从电机安装面看，逆时针为正转。

最大转速/加速时间：显示与设定电机的最高转速/加减速时间，加速时间是从 0 加速到最高转速的时间。

惯性比：显示与设定负载惯量，设定值是负载惯量/电机转子惯量的比值（百分率）。

5. 基座轴的配置操作

DX100 系统配置基座轴的操作步骤如下：

1）按要求完成并确认伺服驱动器、电机的连接，确保电源、总线连接正确。

2）按住示教器操作面板的【主菜单】键，同时启动系统电源，使系统进入特殊管理模式，示教器显示前述图 9.2-4 所示的维护模式主页。

3）选择主菜单【系统】、子菜单［设置］，并在前述图 9.2-5 所示的硬件配置显示和设定页面上，选定“控制轴组”选项，可显示图 9.2-11a 所示、系统原来的控制轴组配置页面。

4）配置机器人 1 的基座轴组 B1 时，可移动光标到 B1 的“详细”设定框，按操作面板的【选择】键，系统便可进入基座轴配置的第 1 步操作——轴组构成参数设置，示教器可显示图 9.2-11b 所示的轴组构成设定页。在该页面上，可参照前述图 9.2-7 的规定，用光标选定基座轴的数量及安装形式（如 RECT－XYZ）；不使用基座轴时，选择“无”。构成参数选定后，示教器便可显示图 9.2-11c 所示的新的控制轴组配置页面。

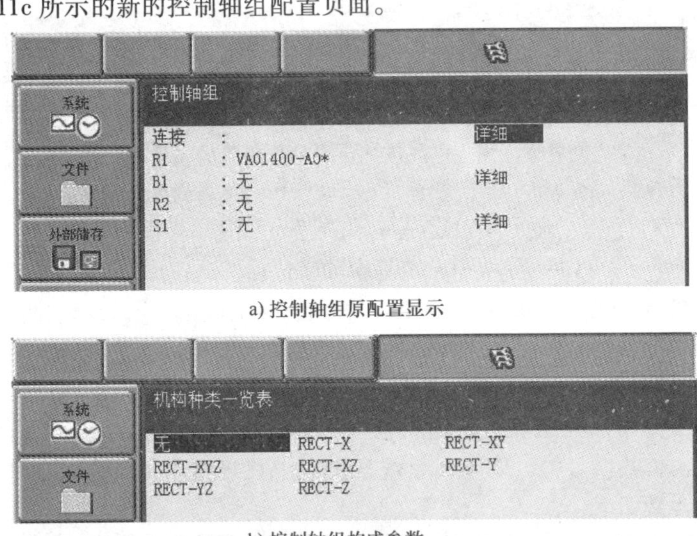

a) 控制轴组原配置显示

b) 控制轴组构成参数

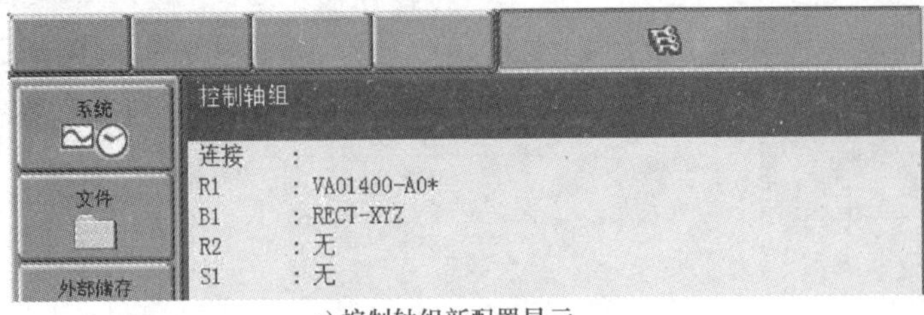

c) 控制轴组新配置显示

图 9.2-11　控制轴组的构成参数设定

5）按操作面板的【回车】键，系统就可进入基座轴配置的第 2 步操作——驱动系统连接参数设置，示教器可显示前述图 9.2-8 所示的连接参数设定页面。在该页面上，可根据实际连接情况，调节光标到基座轴组 B1 的设定行，并根据前述的说明，分别在 AXIS/BRK/CV 栏、连接位置 <1 2…9> 所对应的列上，输入基座轴的序号 1/2/3，确定基座轴 1/2/3 所对应的驱动器、制动器、电源模块的连接位置；并在 OT 栏上设定超程开关的输入连接位置。

6）按操作面板的【回车】键，系统便可进入基座轴配置的第 3 步操作——机械传动系统参数设置，示教器可显示图 9.2-12 所示的传动系统类型选择页。在该页面上，可通过输入选项“滚珠丝杠”“齿轮齿条”的选择，先确定机械传动系统的基本类型。

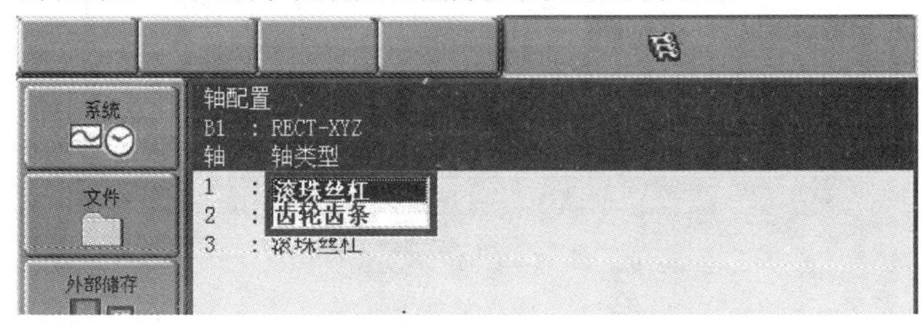

图 9.2-12 机械传动系统类型选择

7）按操作面板的【回车】键，系统便可进入基座轴的机械传动系统结构参数设置操作，示教器可显示前述图 9.2-9 所示的第 1 轴的机械传动系统结构参数设定页面。在该页面上，通过选定“动作范围（+）/（-）”“减速比（分子）/（分母）”“滚珠丝杠节距/齿轮直径”的输入框，便可利用操作面板的数字键、【回车】键，分别输入第 1 轴的运动范围、减速器减速比、滚珠丝杠螺距或齿轮齿条传动的主动齿轮每转移动量等参数。

8）第 1 轴机械传动系统参数设置完成后，按操作面板的【回车】键，便可继续显示第 2 轴的机械传动系统结构参数设定页面。重复步骤 5）和步骤 6）的操作，完成所有基座轴的机械传动系统参数设置。

9）所有基座轴的机械传动系统参数设置完成后，按操作面板的【回车】键，系统便可进入基座轴配置的第 4 步操作——伺服电机规格参数设置，示教器可显示前述图 9.2-10 所示的第 1 轴的电机规格参数设定页面。在该页面上，通过选定“电机”“伺服放大器”“整流器”的输入框，便可利用操作面板的数字键、字符输入软键盘、【回车】键，分别输入第 1 轴的驱动电机、驱动器、电源模块的型号；选定“转动方向”输入框，便可切换输入选项、改变电机转向；选定“最大转速”“加速时间”“惯性比”输入框，便可利用操作面板的数字键、【回车】键，输入电机最高转速、加减速时间和惯量比参数。

10）第 1 轴伺服电机规格参数设置完成后，按操作面板的【回车】键，便可继续显示第 2 轴的伺服电机规格参数设定页面。重复步骤 8）的操作，完成所有基座轴的伺服电机规格参数设置。

11）所有基座轴的伺服电机规格参数设置完成后，按操作面板的【回车】键，系统便可显示图 9.2-13 所示的基座轴组配置确认对话框。选择［是］，系统将自动进行控制轴组及相关文件的更新。

9.2.4 控制系统的工装轴配置

工装轴是控制机器人作业对象（工件）运动的坐标轴。通过工件的运动，可改变机器人和工件的相对位置，扩大机器人的作业范围和作业灵活性；进行工业机器人升级改造时，可通过增订系统厂家提供的伺服驱动器、伺服电机等部件，增加工装轴、构成机器人自动作业系统。

工装轴配置的方法及要求与基座轴配置类似，它同样需要有相应的机械传动、结构部件，以及增加伺服驱动器、驱动电机等控制部件；需要对电气控制系统进行重新设计、安装与调试；也

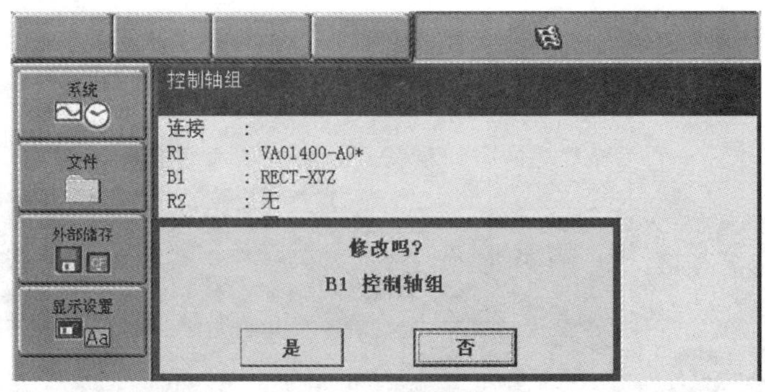

图 9.2-13　基座轴配置更新确认页

需要在系统上进行工装轴组构成、驱动系统连接、机械传动系统结构、伺服电机规格等参数的全面设定。

1. 轴组构成参数

工装轴组的构成参数同样是用来确定运动轴的数量和安装形式的参数。DX100 系统的工装轴组通常可选择的构成形式如图 9.2-14 所示，各构成选项的含义如下：

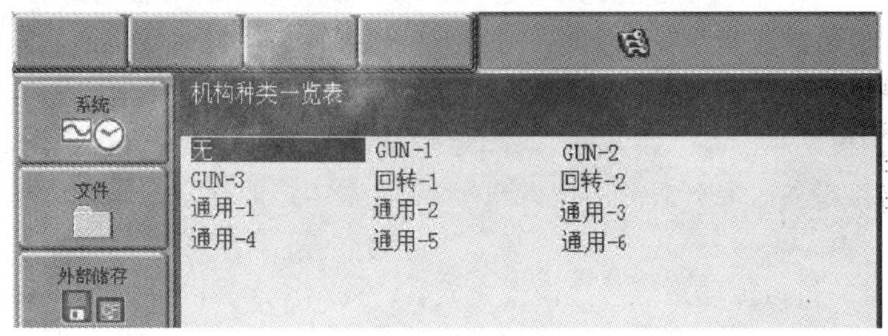

图 9.2-14　工装轴构成参数

无：不使用工装轴组。

GUN－1～3：点焊机器人伺服 1～3 轴焊钳。

回转－1/回转－2：回转轴（1 轴或 2 轴）。

通用－1～6：1～6 轴直线运动或旋转轴。

但是，由于控制系统预装的软件版本不同，在部分机器人上还可能 D500B－S1＊（安川公司的标准变位器）、TWIN－GUN（双焊钳）等其他选项。

对于带有 2 轴回转（回转－2）的工装轴组（见图 9.2-15），还需要定义第 1 回转轴（如 C 轴）和第 2 回转轴（如 B 轴）间的偏移量（中心距）参数。

2. 工装轴的配置操作

DX100 系统配置工装轴的方法与基座轴类似，其操作步骤：

1）按要求完成并确认伺服驱动器、电机的连接，确保电源、总线连接正确。

2）按住示教器操作面板的【主菜单】键，同时启动系统电源，使系统进入特殊管理模式，示教器显示前述图 9.2-4 所示的维护模式主页。

3）选择主菜单【系统】、子菜单［设置］，并在前述图 9.2-5 所示的硬件配置显示和设定页面上，选定“控制轴组”选项，示教器可显示前述图 9.2-11a 所示的系统原来的控制轴组配置页面。

4）配置机器人 1 的工装轴组 S1 时，可移动光标到 S1 的“详细”设定框，按操作面板的

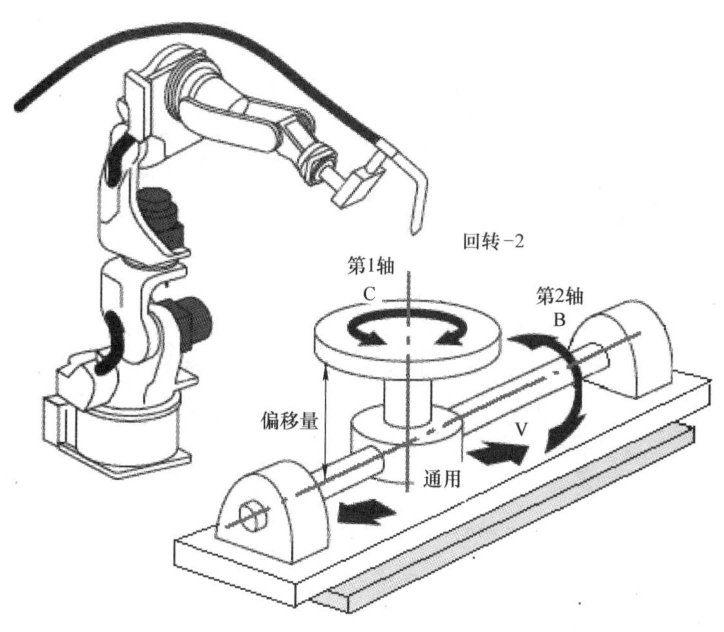

图 9.2-15 工装轴组构成的定义

【选择】键，系统便可进入工装轴配置的第 1 步操作——轴组构成参数设置，示教器可显示上述图 9.2-14 所示的轴组构成设定页。在该页面上，用光标选定工装轴的数量及安装形式，如回转-2、通用-3 等；不使用基座轴时，选择“无”。

5）按操作面板的【回车】键，系统就可进入工装轴配置的第 2 步操作——驱动系统连接参数设置，示教器可显示图 9.2-16 所示的连接参数设定页面。在该页面上，可根据驱动系统的实际连接情况，调节光标到工装轴组 S1 的设定行，并按基座轴配置同样的方法，分别在 AXIS/BRK/CV 栏、连接位置 <1 2…9> 所对应的列上，输入工装轴的序号 1、2 等，确定工装轴所对应的驱动器、制动器、电源模块的连接位置；并在 OT 栏上设定超程开关的输入连接位置。

例如，对于图 9.2-16 所示的设置，代表工装轴组 S1 的第 1、2 轴，分别连接在第 1 驱动器的第 7、8 轴位置；伺服电机的制动器连接在 ON/OFF 单元 1 的第 7、8 辅助轴连接器上；逆变模块的电源连接在电源模块的第 7、8 辅助轴连接器上；超程保护开关连接在安全单元的第 2 超程输入 OT2 上。

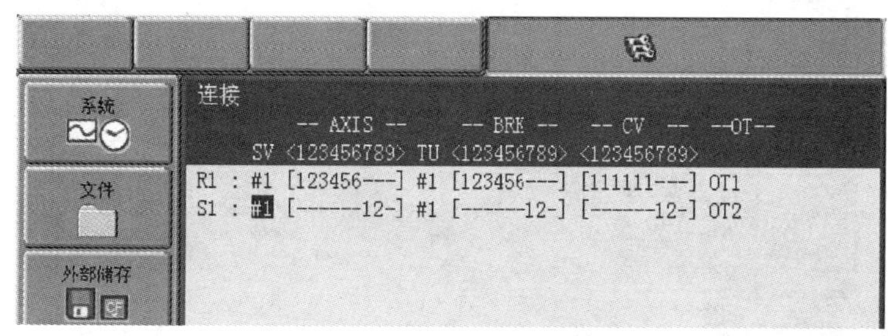

图 9.2-16 工装轴驱动系统连接参数的设定

6）按操作面板的【回车】键，系统便可进入工装轴配置的第 3 步操作——机械传动系统参数设置，示教器可显示传动系统类型选择页。构成定义为“通用-＊”时，传动系统的类型可通过输入选项，选择图 9.2-17a 所示的“滚珠丝杠”“齿轮齿条”“旋转”之一；选择“回转-

1”“回转 -2”时，则选择图 9.2-17b 所示的“回转”选项。

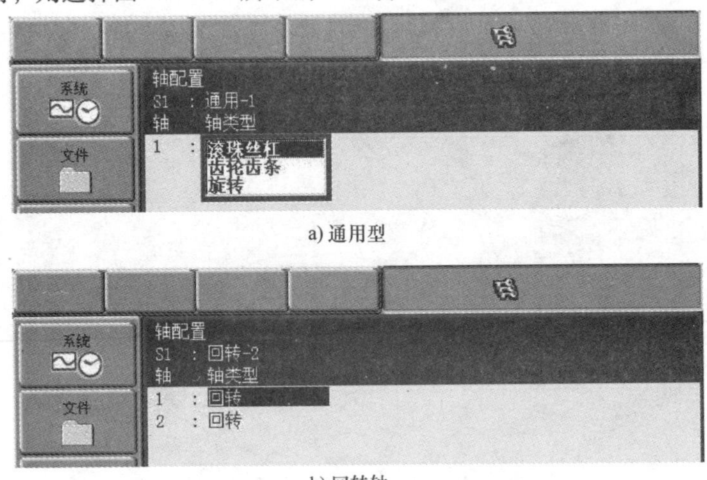

a) 通用型

b) 回转轴

图 9.2-17 机械传动系统类型选择

7）按操作面板的【回车】键，系统便可进入第 1 工装轴的机械传动系统结构参数设置操作。在该页面上，通过选定各设定项的输入框，便可利用操作面板的数字键、【回车】键，分别输入第 1 轴的机械传动系统结构参数。

机械传动系统结构参数设定页面与传动系统类型选择有关。当类型选择“滚珠丝杠”“齿轮齿条”时，结构参数设定页面和前述图 9.2-9 的基座轴相同。类型选择“回转 -1”时，示教器将显示图 9.2-18a 所示的结构参数设定页面。当类型选择“回转 -2”时，其第 1 回转轴的结构参数设定页面如图 9.2-18b 所示，它需要增加“偏移量”设定项，设定第 1 回转轴和第 2 回转轴的中心距；但第 2 轴的结构参数设定页面与“回转 -1”相同。

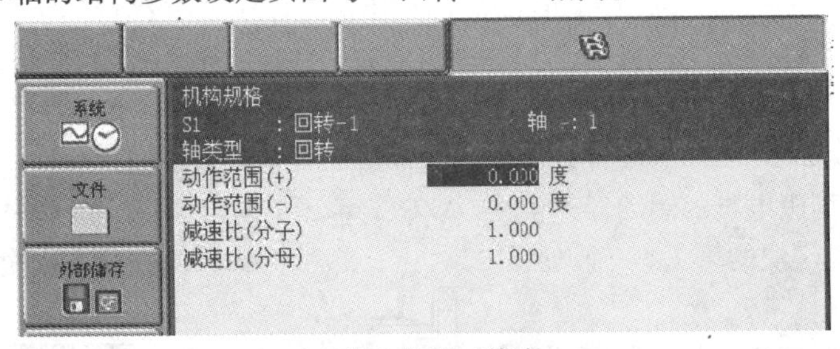

a) 回转-1或回转-2第2轴

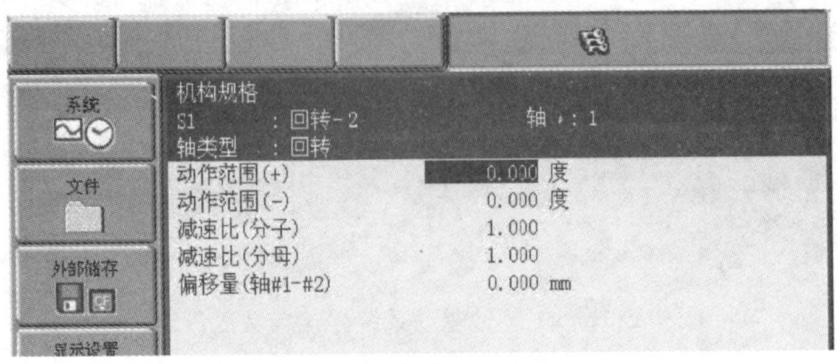

b) 回转-2第1轴

图 9.2-18 机械传动系统结构参数设定

8）第 1 轴机械传动系统参数设置完成后，按操作面板的【回车】键，便可继续显示第 2 轴

的机械传动系统结构参数设定页面。重复步骤5)、6) 的操作，完成所有基座轴的机械传动系统参数设置。

9) 所有基座轴的机械传动系统参数设置完成后，按操作面板的【回车】键，系统便可进入基座轴配置的第4步操作——伺服电机规格参数设置，示教器可显示基座轴配置同样的第1轴的电机规格参数设定页面，并进行驱动电机、驱动器、电源模块型号、电机转向、最高转速、加减速时间和惯量比参数的设定。

10) 第1轴伺服电机规格参数设置完成后，按操作面板的【回车】键，便可继续显示第2轴的伺服电机规格参数设定页面。重复步骤8) 的操作，完成所有基座轴的伺服电机规格参数设置。

11) 所有工装轴的伺服电机规格参数设置完成后，按操作面板的【回车】键，系统便可显示工装轴组配置确认对话框。选择［是］，系统将自动进行控制轴组及相关文件的更新。

9.3　系统数据的保存、恢复和初始化

9.3.1　外部存储器的安装与使用

1. 外部存储器及安装

为了能够在系统发生误操作，或进行存储器、主板故障维修处理后，迅速恢复系统数据，用户通常需要将系统的配置文件、参数、系统设定数据，以及重要的作业程序、作业文件等内容，保存到外部存储设备上，以便快速恢复系统的状态，使机器人进入正常运行。

DX100 系统标准的外部存储设备有U盘、CF卡两种，其安装位置如图9.3-1所示；U盘、CF卡的存储容量一般应在1GB以上，并进行FAT16或FAT32格式化处理。

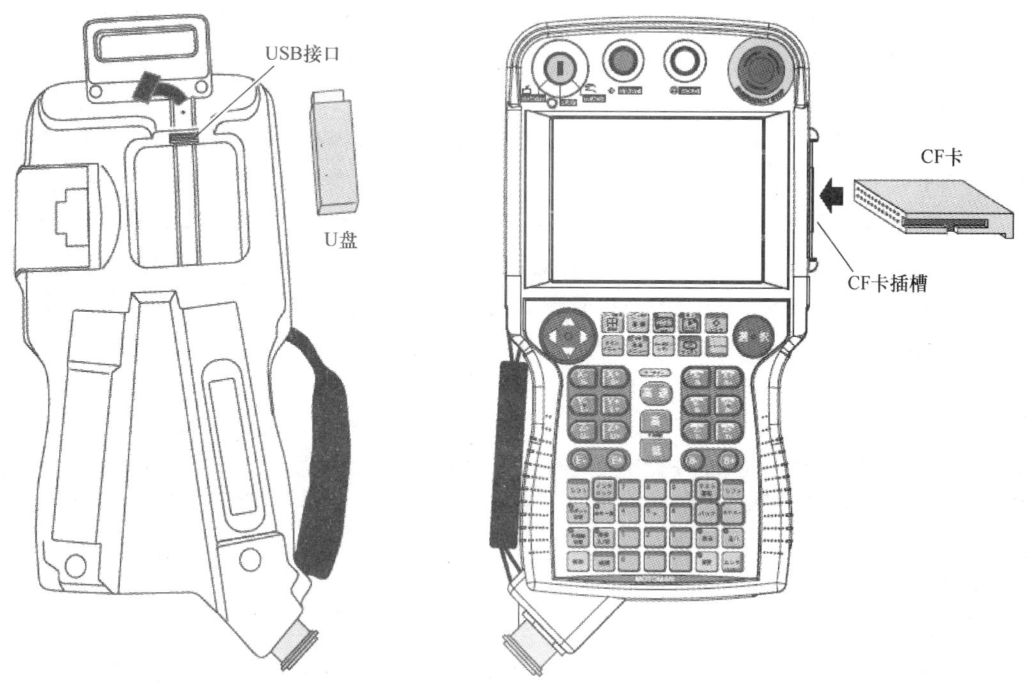

图9.3-1　U盘与CF卡的安装

CF 卡直接安装在示教器内部，不影响示教器的正常使用，故可作为系统的扩展存储器，始终安装在示教器上，存储系统自动保存的数据。U 盘的安装将影响示教器的防护性能，且容易脱落，因此，一般只在数据保存与恢复操作时临时使用。

2. 外部存储器的功能

在 DX100 系统上，利用外部存储器可实现以下功能：

1）文件保存与安装：在系统正常工作时，可在示教操作模式下，通过选择主菜单［外部存储］及相应的子菜单，分类保存或安装系统的用户数据文件。

利用文件保存与安装操作，可进行部分或全部作业程序、作业文件、系统参数、系统信息等用户数据文件的保存与重新安装，文件的格式有＊. DAT、＊. CND 等，但是，这一操作不能进行系统配置文件的保存与重新安装；部分由系统自动生成的状态文件（如报警历史、I/O 状态信息等），则只能保存、不能安装。

用户数据文件可通过 U 盘、CF 卡存储；文件的保存操作可在系统所有安全模式下进行；文件的重新安装操作则只能在规定的安全模式下实施。

作为特殊应用，如果在文件保存时选择了系统的全部数据保存选项（称系统总括），也可将包括系统配置文件在内的全部 CMOS 数据，统一以 ALCMS＊＊. HEX 文件的形式保存到外部存储器上。但是，ALCMS＊＊. HEX 文件的安装，需要由系统生产厂家通过特殊的操作实现，用户通常无法进行安装。

2）系统备份与恢复：系统的备份与恢复操作，可将系统的全部应用数据，统一以 CMOS. BIN 文件的形式，进行保存或重新安装；CMOS. BIN 文件可包含文件保存与安装操作不能保存和安装的系统配置文件。

系统的备份与恢复操作需要在系统高级管理模式（维护模式）下进行，系统数据文件 CMOS. BIN 可通过 U 盘、CF 卡存储备份。

3）系统自动备份与恢复：为了便于使用，机器人控制计算机的操作系统也能像 Word 等应用程序一样，通过相关设定，定期进行系统数据的自动保存；或者，在系统切换操作模式、开机、机器人停止等特定状态下，自动进行系统数据的保存。系统自动备份数据统一以 CMOSBK＊＊. BIN 文件的形式存储，CMOSBK＊＊. BIN 文件同样可包含文件保存与安装操作不能保存和安装的系统配置文件。

系统自动备份的数据保存可在指定条件下进行，并且可保存不同时间、不同状态下的多个文件，这些都可以在管理模式下进行设定。自动备份生成的 CMOSBK＊＊. BIN 文件，同样可用于系统恢复，但恢复操作需要在系统的高级管理模式（维护模式）下进行。用于系统自动备份数据存储的存储器，需要始终安装在示教器上，因此，一般只能使用 CF 卡。

3. 外部存储器的使用

外部存储器可用于系统数据的安装与保存、系统备份与恢复等，其操作可通过图 9. 3-2 所示的系统主菜单［外部存储］下的各子菜单进行。各子菜单的功能：

［安装］：可将外部存储器中的数据文件安装（写入）到系统中。需要安装的文件可以是利用文件保存操作所保存的＊. DAT、＊. CND 等文件，也可以是利用系统备份操作保存的 CMOS. BIN 文件。

［保存］：可将系统中的数据文件保存（写入）到外部存储器中。需要保存的文件可以是＊. DAT、＊. CND 等格式的作业程序、作业文件、系统参数、系统信息；也可是用于系统恢复的备份文件 CMOS. BIN。

［系统恢复］：可将系统自动备份所生成的备份文件，从外部存储器重新安装（写入）到系

统中。由于自动备份生成的CMOSBK＊＊.BIN文件有多个，利用系统恢复操作，可以选定其中之一进行系统恢复。

［装置］：用于外部存储设备的选择，如USB、CF卡等；选定的设备在系统重新启动后仍保持有效。

［文件夹］：用于CF卡的文件夹管理，可对系统数据进行分类与整理。文件夹需要在系统的管理模式下，通过下述的操作选择、创建、删除及设定。

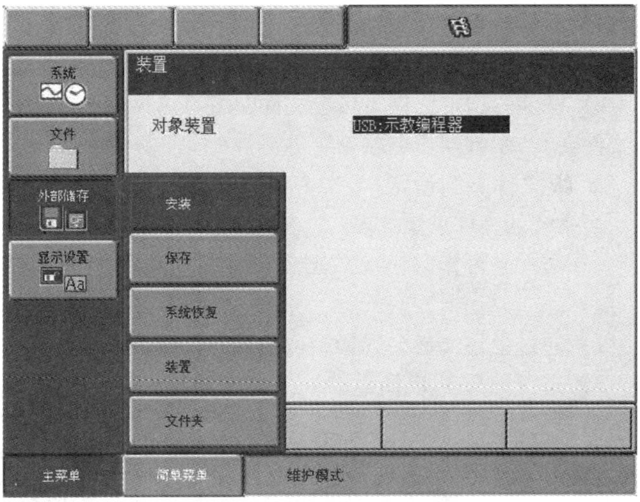

图9.3-2 外部存储器的操作菜单

9.3.2 文件夹及其设定

在文件保存与安装时，为了方便操作，可对需要保存与安装的数据，以文件夹的形式进行分类管理。文件夹可以在系统的管理模式下，通过下述的操作选择、创建、删除及设定。

1. 文件夹的选择、创建与删除

DX100系统文件夹的选择、创建与删除的操作步骤：

1）将系统的安全模式设定为“管理模式”，示教器的操作模式选择【示教】。

2）按【主菜单】键，在扩展主菜单上选择主菜单［外部存储］，示教器可显示上述图9.3-2类似的外部存储器操作子菜单。

3）选择子菜单［文件夹］，示教器可显示上述图9.3-3a所示的文件夹一览表。在该页面可根据需要，进行以下操作：

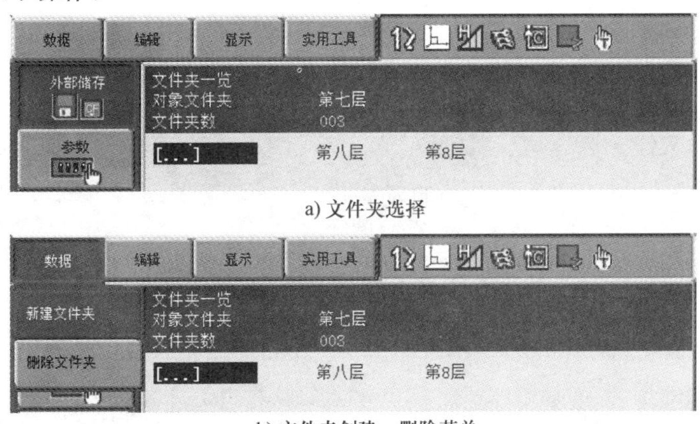

a) 文件夹选择

b) 文件夹创建、删除菜单

图9.3-3 文件夹的选择、创建与删除

4）选择、创建、删除操作：

a）选择：光标定位到“［…］”位置，按操作面板的【选择】键，便可显示上一层的文件夹。

b）创建：选定文件夹层后，选择图9.3-3b所示的下拉菜单［数据］、子菜单［新建文件夹]，示教器可显示文件夹名称输入框。文件夹名称最大可输入 8 个字符，利用数字键或字符输入软键盘输入名称后，按操作面板的【回车】键，便可创建新的文件夹。

c）删除：选定文件夹层、文件夹后，选择图 9.3-3b 所示的下拉菜单［数据］、子菜单［删除文件夹］，示教器可删除指定的文件夹。

2. 根文件夹的设定

当系统的文件夹层较多时，为了简化文件夹选择操作，可将指定的文件夹设定成“根文件夹”。根文件夹可作为系统数据保存、安装时的当前文件夹直接打开，它可通过以下操作进行设定。

1）通过上述文件夹选择同样的操作，选定需要的文件夹。

2）选择图 9.3-4a 所示的下拉菜单［显示］、子菜单［根文件夹］，示教器可显示图 9.3-4b 所示的根文件夹设定页面。该页面显示项含义：

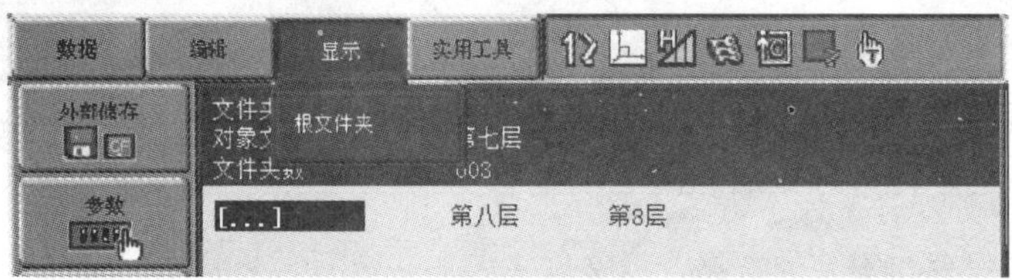

a) 文件夹选择

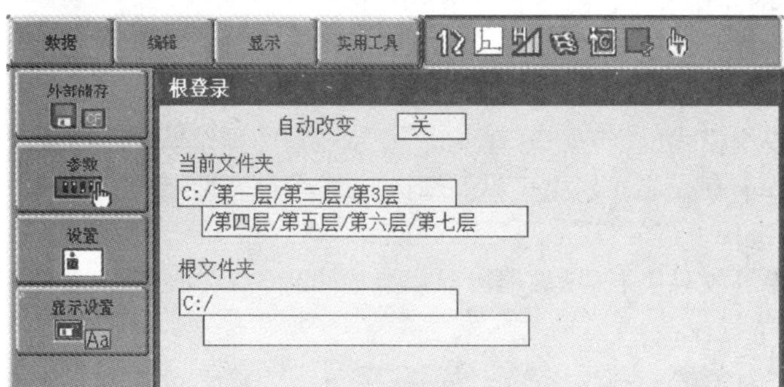

b) 根文件夹设定

图 9.3-4　根文件夹的显示

自动改变：根文件夹选择功能设定。选择“开”，根文件夹可作为系统数据保存、安装时的当前文件夹直接打开；选择“关”，功能无效。

当前文件夹/根文件夹：显示当前文件夹所在的层与当前设定的根文件夹。

3）选择图 9.3-5a 所示的下拉菜单［编辑］、子菜单［设定文件夹］，生效根文件夹设定功能。

4）调节光标到“自动改变”输入框，选定输入选项“开”，

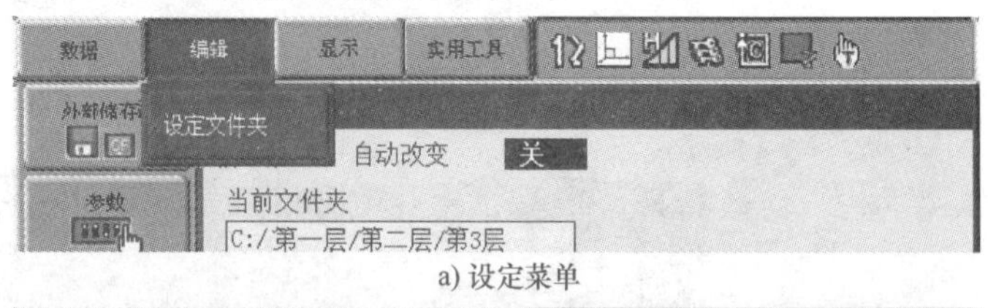

a) 设定菜单

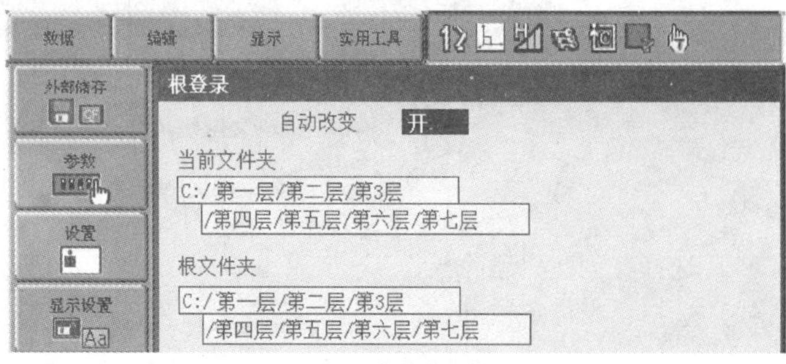

b) 文件夹生效

图 9.3-5　根文件夹的设定

当前文件夹将自动设定成系统的根文件夹，并在图 9.3-5b 所示的“根文件夹”显示栏上显示。

9.3.3 文件的保存与安装

1. 功能与使用要点

利用文件保存与安装操作，可进行作业程序、作业文件、系统参数、系统信息等用户数据文件的保存与重新安装。用户数据文件的保存操作可在任何安全模式下进行；但文件的安装操作则只能在规定的安全模式下进行；部分由系统自动生成的文件，如报警历史、I/O 状态信息等，则只能保存、不能安装。

需要保存与安装的文件，可在系统正常工作时，通过选定主菜单［外部存储］后，通过图 9.3-6 所示的文件夹选项选择；在相应的文件夹下，还有更多子文件夹可供选择。

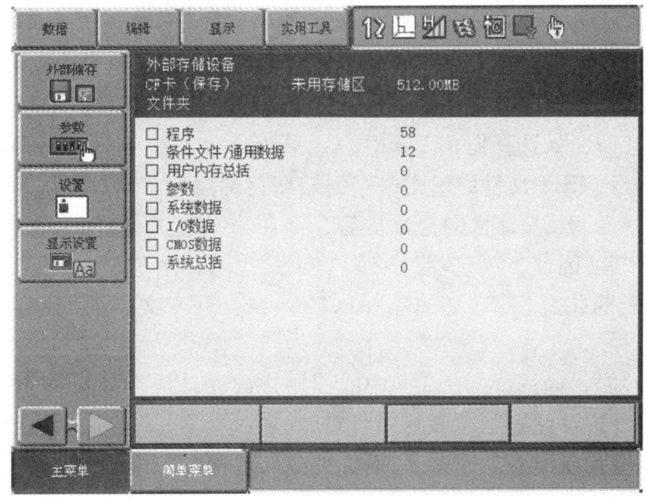

图 9.3-6 用户数据文件选择页面

DX100 系统的用户数据文件分类、名称及安装时的安全模式设定要求见表 9.3-1。

表 9.3-1 用户数据文件的分类及安装要求

数据类别			文件名	安全模式（安装）		
				操作	编辑	管理
用户内存总括			JOB＊＊. HEX	—	●	●
子文件	程序	单独程序	程序名 . JBI	—	●	●
		关联程序	程序名 . JBR	—	●	●
	条件文件/通用数据	条件文件	文件名 . CND	—	●	●
		通用数据	数据文件名 . DAT	—	●	●
参数总括			ALL. PRM	—	—	●
子文件	各类系统参数文件		参数类名 . PRM	—	—	●
I/O 数据			—	—	—	●
子文件	并行 IO 程序		CIOPRG. LST	—	—	●
	IO 名称数据		IONAME. DAT	—	—	●
	虚拟输入信号		PSEUDOIN. DAT	—	—	●

（续）

数据类别		文件名	安全模式（安装）		
			操作	编辑	管理
系统数据		—	—	—	●
子文件	系统设定数据	数据类名.DAT	—	—	●
	系统信息	SYSTEM.SYS	—	—	—
	报警历史信息	ALMHIST.DAT	—	—	—
	I/O 信息历史数据	ALMHIST.DAT	—	—	—

在进行文件保存与安装操作时，需要注意以下问题：

1）进行文件保存或安装时，如选择图 9.3-6 中的“CMOS 数据”选项，可将表 9.3-1 上的全部文件，统一以 CMOS＊＊.HEX 文件的形式保存或安装。但 CMOS＊＊.HEX 文件不包括系统配置文件，此外，安装 CMOS＊＊.HEX 文件时，需要将系统的安全模式设定为管理模式。

2）进行文件保存时，如选择图 9.3-6 中的“系统总括”选项，可将系统存储器中的全部数据，统一以 ALCMS＊＊.HEX 文件的形式保存到外部存储器上。ALCMS＊＊.HEX 文件包括了系统配置文件和 CMOS＊＊.HEX 文件的全部内容，但用户只能进行 CMOS＊＊.HEX 文件的保存，而不能进行文件的安装。因此，当选择［安装］子菜单时，图 9.3-6 中的“系统总括”选项的标记将成为“■”，表明此文件不能安装。ALCMS＊＊.HEX 文件的安装需要由系统生产厂家进行。

3）进行文件保存时，如选择图 9.3-6 中的“用户内存总括”“CMOS 数据”“系统总括”选项，系统将直接覆盖外部存储器上已有的同名文件。但是，选择其他选项保存时，如果外部存储器上已有同名文件，则系统不能执行保存操作；此时，需要先删除存储器中的同名文件，或者，建立新文件夹进行保存。

2. 文件保存与安装操作

用户数据文件的文件夹众多，但其保存、安装和删除的基本方法相同。DX100 系统的文件保存与安装操作步骤：

1）将示教器的操作模式选择【示教】；如果需要安装用户数据文件，则应将系统的安全模式设定为“管理模式”。

2）按【主菜单】键，在扩展主菜单上选择主菜单［外部存储］，示教器便可显示外部存储器操作子菜单。

3）选择子菜单［装置］，示教器可显示图 9.3-7 所示的外部存储器选择页面，在该页面上，可通过“对象装置”输入框的输入选项选择，选定所使用的外部存储器（USB 或 CF 卡）。

图 9.3-7　外部存储器的选择

4）再次选择［外部存储］主菜单，根据实际操作需要，在前述图 9.3-2 所示的外部存储器操作子菜单上，选择［保存］［安装］或删除子菜单，示教器可显示上述图 9.3-6 所示的用户数据文件选择页面。

5）根据需要，选定需要保存（或安装、删除）的数据文件夹、子文件夹（如存在）及文件；被选择的文件将在示教器上显示图 9.3-8a 所示的“★”标记。文件选择时，还可根据需要，通过图 9.3-8b 所示的下拉菜单［编辑］的子菜单［选择全部］或［选择标记（＊）］、［解除选择］，进行以下的编辑操作：

［选择全部］：一次性选定所选文件夹中的全部内容。

［选择标记（＊）］：文件保存时，一次性选定系统存储器中全部可保存的内容；文件安装时，一次性选定外部存储器中全部可安装的内容。

［解除选择］：撤销选择的内容。

6）需要保存（或安装、删除）的文件全部选定后，按操作面板的【回车】键，示教器将显示对应的操作确认对话框；选择对话框中的操作提示键［是］或［否］，可执行或放弃用户数据文件的保存（或安装、删除）操作。

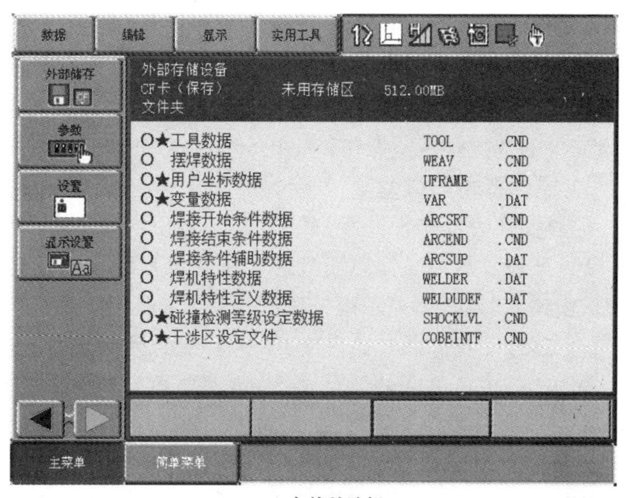

a) 文件的选择

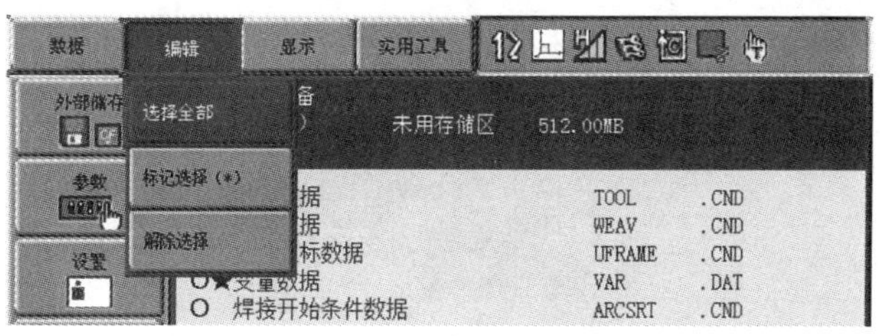

b) 编辑操作

图 9.3-8　数据文件的选择

9.3.4　系统备份与恢复

1. 功能与使用要点

1）系统备份：系统备份可将控制系统中的全部应用数据，统一以＊＊＊. BIN 文件的形式保存到外部存储器上，＊＊＊. BIN 文件可包括系统的全部用户数据文件和系统配置文件，它可直接用于系统恢复（还原）。系统备份的方法有“操作备份”和“系统自动备份”两种。

操作备份需要操作者在系统高级管理模式（维护模式）下，通过维护主菜单［外部存储］及相应子菜单进行，所生成的备份文件名为 CMOS. BIN。操作备份是一种临时性操作，故保存备份文件的外部存储器可以为 U 盘或 CF 卡。

系统自动备份是由系统自动进行的备份文件保存操作，它可替代操作备份。自动备份可定期进行，也可在系统操作模式切换、开机等特定状态下进行。系统自动备份所生成的备份文件名为 CMOSBK＊＊. BIN，该文件同样包含有系统的全部用户数据文件和系统配置文件，并可直接用于系统恢复（还原）。保存系统自动备份文件的外部存储器需要长期安装在示教器上，因此，一般不使用 U 盘；此外，由于自动备份可进行备份文件的多次保存，为了能尽可能多地保留备份文件，CF 卡应有足够的存储容量。

2）系统恢复：系统恢复可将外部存储器上所保存的操作备份文件 CMOS. BIN 或系统自动备份文件 CMOSBK＊＊. BIN，重新写入系统，恢复和还原控制系统中的功能与状态。

系统恢复需要操作者在系统高级管理模式（维护模式）下进行。利用操作备份生成的CMOS. BIN文件，可直接通过维护模式的主菜单［外部存储］、子菜单［安装］恢复；但CMOS. BIN文件不能恢复9.1节的系统管理时间。系统自动备份所生成的CMOSBK＊＊. BIN有多个，因此，系统恢复时，需要通过维护模式的主菜单［外部存储］、子菜单［系统恢复］，进行备份文件的选择和恢复操作，CMOSBK＊＊. BIN能够恢复系统管理时间。

2. 操作备份与恢复

通过操作者操作，进行DX100系统备份的操作步骤如下：

1）按住示教器操作面板上的【主菜单】键、同时接通系统电源，使系统进入特殊管理模式（维护模式），示教器显示维护模式主页。

2）将外部存储器（U盘或CF卡）插入到示教器上。

3）选择主菜单［外部存储］，示教器便可显示前述图9.3-2所示的外部存储器操作子菜单。

4）选择子菜单［装置］，示教器可显示前述图9.3-7同样的外部存储器选择页面，在该页面上，可通过“对象装置”的输入选项，选定备份所使用的外部存储器（USB或CF卡）。

5）再次选择［外部存储］主菜单，并选择［保存］子菜单，示教器可显示图9.3-9所示的系统数据文件选择页面。

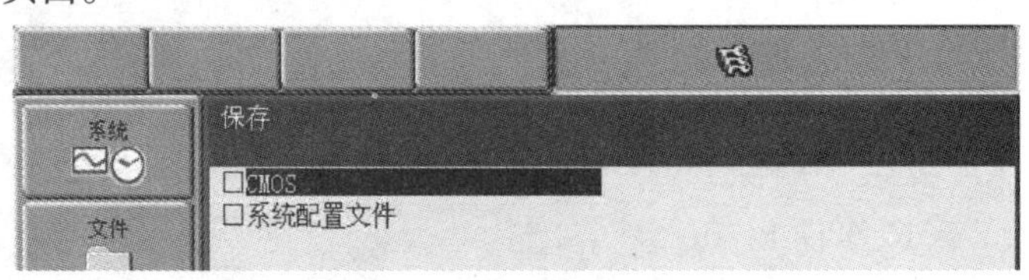

图9.3-9　系统备份/恢复的文件选择

6）选定用户数据文件选项“CMOS”“系统配置文件”选项，按操作面板上的【回车】确认，示教器将显示操作确认对话框，选择对话框中的操作提示键［是］，即可将系统备份文件CMOS. BIN，保存到外部存储器上。

7）如果外部存储器已有同名的CMOS. BIN文件，系统将继续显示文件覆盖操作确认对话框，选择对话框中的操作提示键［是］，即可将当前的系统备份文件覆盖保存到外部存储器上。

利用CMOS. BIN文件恢复系统的操作步骤如下：

1）～4）通过系统备份同样的操作，在系统维护模式下，安装、并选定保存有系统备份文件CMOS. BIN的外部存储器。

5）再次选择［外部存储］主菜单，并选择［安装］子菜单，示教器可显示图9.3-9所示同样的系统数据文件选择页面。

6）选定用户数据文件选项“CMOS”“系统配置文件”选项，按操作面板上的【回车】键确认后，示教器将显示操作确认对话框，选择对话框中的操作提示键［是］，即可将外部存储器上的系统备份文件CMOS. BIN，写入到系统存储器中，使系统恢复到备份时同样的状态。但9.1节所述的系统管理时间，不能通过CMOS. BIN文件恢复。

3. 系统自动备份的设置

系统自动备份可替代操作备份，自动生成可用于系统恢复的备份文件CMOSBK＊＊. BIN。系统自动备份可通过系统参数RS096的设定，选择以下方式自动启动备份文件保存操作，不同的备份方式可同时选择。

RS096 bit0＝1：周期备份。当系统操作模式为【示教】时，可间隔规定的时间，周期性地保存系统备份文件。为了避免保存不必要的数据和不确定的状态，选择周期备份时，如果系统处

于再现程序运行中，系统将不执行备份文件保存操作。

RS096 bit1 =1：模式切换备份。当系统操作模式由【示教】切换到【再现】、并保持【再现】模式2s以上时，系统将自动执行备份文件保存操作。

RS096 bit2 =1：开机备份。系统电源接通时，自动执行备份文件保存操作。

RS096 bit3 =1：重新备份功能有效。如周期备份时间到达时，系统正处于示教编程的存储器数据读写状态，可延时规定时间，重新启动系统备份。

RS096 bit4 =1：系统报警时的备份有效。如系统保存备份文件时发生了其他报警，系统可继续进行备份文件保存。

RS096 bit5 =1：专用输入备份。可通过来自上级控制装置的系统专用输入信号#40560，启动系统的备份文件保存操作。

DX100系统的自动备份功能设定和显示，只有在系统的管理模式才能进行，其操作步骤如下：

1）接通系统电源，并将CF卡安装到示教器上。

2）将系统的安全管理模式设定为管理模式，操作模式选择【示教】。

3）选择主菜单［设置］、子菜单［自动备份设定］（此子菜单仅管理模式显示），示教器可显示图9.3-10所示的自动备份设定页面。

4）选择显示页面的操作提示键［文件整理］，系统自动计算并更新“保存文件设置”“备份文件”“最近备份的文件”等项目的显示。

5）根据需要，按照以下要求，进行图9.3-10中的自动备份参数设定；全部参数完成后，按操作面板上的【回车】键确认。

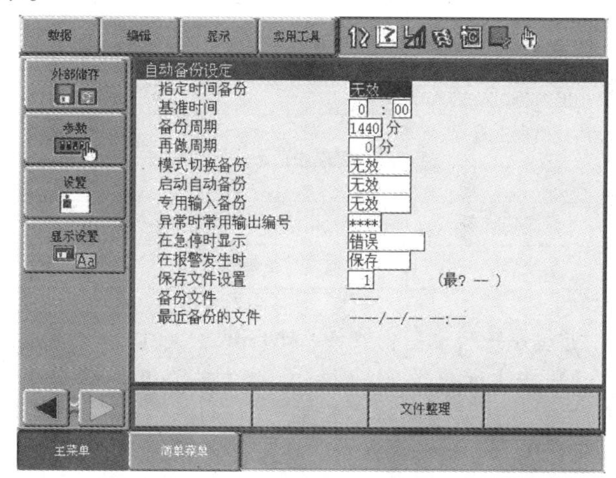

图9.3-10 系统自动备份设定显示

指定时间备份：周期备份功能设定。选择“有效”/“无效”，可生效/撤销系统的周期自动备份功能。

基准时间：周期备份的基准时间设定，设定范围为0～23:59。

备份周期：周期备份的两次备份间隔时间设定。设定范围为10～9999min。

重做时间：如周期备份时间到达时，系统正处于示教编程的存储器数据读写状态，可延时本设定时间后，进行系统自动备份。

系统实际执行周期备份的时间决定于以上3个参数的设定。例如，当基准时间设定为12:00、备份周期设定为240min（4h）、重做时间设定为10min时，系统将在每天的8:00、12:00、16:00进行自动备份；如在8:00，机器人正好处于示教编程的存储器数据读写状态，则备份延时至8:10执行。

模式切换备份：选择“有效”/“无效”，可生效/撤销系统操作模式由【示教】切换至【再现】时的自动备份功能。

启动自动备份：选择“有效”/“无效”，可生效/撤销系统电源接通时的自动备份功能。

专用输入备份：选择“有效”/“无效”，可生效/撤销系统专用输入#40560的备份功能。

异常时常用（通用）输出编号：设定自动备份出现异常中断时的系统通用输出信号地址，“＊＊＊”为无中断信号输出。自动备份的中断可参见表9.3-2。

在急停时显示：如系统执行自动备份时，系统被急停，选择“错误”/“报警”，可使系统进入操作出错/系统报警状态。

在报警发生时：如系统执行自动备份时，系统出现报警，选择“保存”/“不保存”，可继续/中断自动备份文件保存操作。

保存文件设置：外部存储器中允许保留的最大备份文件数量设定，以及CF卡可保存的最大备份文件数量显示。

备份文件：外部存储器中现有的备份文件数显示。

最近备份的文件：外部存储器中最新的备份文件保存日期和时间显示。

4. 系统自动备份中断与系统恢复

在自动备份不同的启动方式下，DX100系统的自动备份执行情况及中断操作见表9.3-2。

表9.3-2　系统的自动备份执行情况及中断操作

启动方式	操作模式	系统状态	CF卡正常	CF卡未安装或容量不足
周期备份、启动时间到达	示教	存储器读写中	延时备份	延时报警
		其他情况	执行	报警
	再现或远程	程序执行中	不执行	不执行
		程序停止	执行	报警
专用输入备份、输入信号出现上升沿	示教	存储器读写中	报警	报警
		其他情况	执行	报警
	再现或远程	程序执行中	不执行	不执行
		程序停止	执行	报警
模式切换	示教切换再现	—	执行	报警
系统启动	接通系统电源	—	执行	报警

通过系统自动备份文件CMOSBK＊＊.BIN，恢复系统的操作步骤如下：

1）按住示教器操作面板上的【主菜单】键、同时接通系统电源，使系统进入特殊管理模式，示教器显示维护模式主页。

2）在示教器上确认或安装保存有CMOSBK＊＊.BIN文件的CF卡。

3）选择主菜单［外部存储］、子菜单［装置］，选定或确认外部存储器（CF卡）。

4）再次选择［外部存储］主菜单，并选择［系统恢复］子菜单，示教器可显示图9.3-11所示的自动备份文件选择页面。

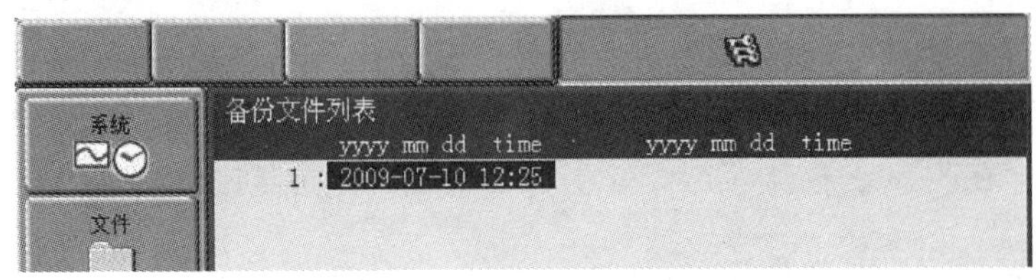

图9.3-11　系统自动备份选择页面

5）选定需要重新安装的备份文件后，按操作面板上的【回车】键，示教器将显示YIF/YCR

板更换确认对话框。选择对话框中的操作提示键［是］，可恢复系统的管理时间；选择［否］，则不进行系统管理时间的恢复。

6）YIF/YCR板更换确认对话框选定后，示教器将显示系统备份确认对话框，选择对话框中的操作提示键［是］，执行系统恢复操作；CF卡上的系统备份文件CMOSBK＊＊.BIN，重新写入到系统中，使系统恢复到自动备份时同样的状态。

9.3.5 系统初始化操作

1. 功能与使用要点

系统的初始化操作可以将控制系统的程序、作业文件、参数、I/O设定、系统管理数据全部恢复至出厂设定值，快速恢复机器人的出厂状态。通过系统的初始化操作，可有效地解决以下问题：

1）恢复由于外部电源干扰或接地、屏蔽不良引起的系统存储器故障。

2）恢复由原因不明的故障所引起的系统软件偶尔出错。

3）恢复由于系统参数设定错误等使用不当引起的软件故障。

4）系统电池失效后的出厂数据恢复。

但是，系统初始化将清除由用户编制、设定的程序、作业文件、系统设定等全部数据，因此，操作前应通过数据保存、系统备份等操作，准备好系统恢复的备份文件。

系统初始化时，可根据需要，通过下述的初始化选项，分类选择其中的部分或全部数据进行初始化操作。例如，选择“程序”数据恢复选项时，将清除系统的全部用户坐标设定、工具校准等参数，并将再现运行程序与操作条件、特殊运行条件等设定数据恢复至出厂设定值；选择“参数”恢复选项时，则可选择类组，进行部分或全部参数的恢复等。

2. 系统初始化操作

DX100系统的初始化操作步骤如下：

1）按住示教器操作面板的【主菜单】键，同时启动系统电源；系统自动进入特殊的管理模式（高级维护模式），并显示维护模式主页。

2）选择主菜单【文件】、子菜单［初始化］，示教器可显示图9.3-12所示的初始化选项。

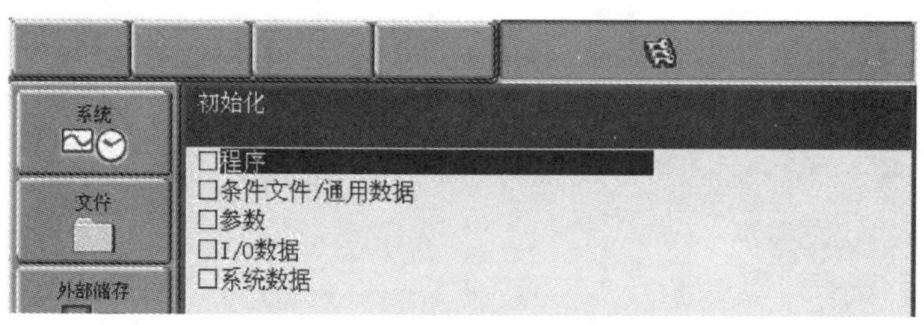

图9.3-12 系统初始化选项显示

3）根据需要，用光标选择初始化选项后，根据选项分别进行以下操作：

a）选择“程序”初始化选项时，系统将直接显示图9.3-13所示的系统初始化确认对话框，如选择［是］，系统将进行以下初始化操作：

① 清除全部用户坐标设定参数、机器人工具校准参数、系统作业监控参数。

② 将再现运行程序、操作条件及特殊运行条件设定数据、系统内部管理与定义参数，以及其他与程序运行相关的系统参数，全部恢复至出厂默认值。

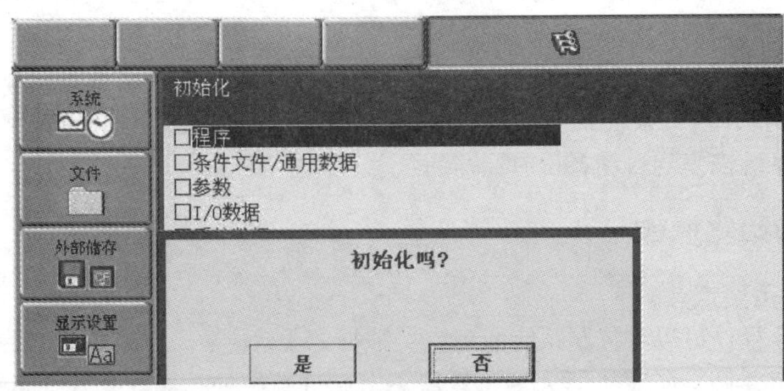

图 9.3-13　系统初始化确认对话框

b）选择“条件文件/通用数据”“参数”“I/O 数据”“系统数据”初始化选项时，系统将显示对应项目中文件；例如，选择“条件文件/通用数据”时，可显示图 9.3-14 所示的文件和数据选项。此时，可用光标、【选择】键选定需要初始化的文件，被选定的文件数据将显示标记“★”；如果该文件数据无法进行初始化，将显示标记“■”（下同）。选项选择完成后，按【回车】键，示教器可显示图 9.3-13 同样的系统初始化确认对话框，如选择［是］，系统将对所选的文件及数据进行初始化操作。

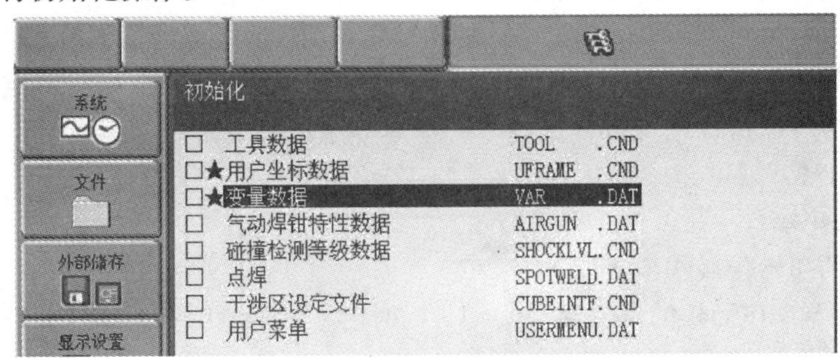

图 9.3-14　条件文件/通用数据初始化的选择

9.4　系统状态的监控操作

9.4.1　I/O 监控、命名与输出强制

1. I/O 信号的状态显示

控制系统的 I/O 信号状态可以在系统的任何安全模式下，通过选择图 9.4-1 所示的主菜单［输入/输出］及相应的子菜单，在示教器上显示。

DX100 系统的 I/O 信号众多，其中，通用输入/输出信号、模拟量输入/输出等少量 I/O 信号可以进行编辑操作；其余绝大多数信号均为系统的内部接口信号，这些 I/O 信号只能显示状态，但不能对其进行编辑。

I/O 信号可选择图 9.4-2a 详细显示和图 9.4-2b 的简单显示两种显示方式，两者可通过下拉菜单［显示］下的子菜单［详细］［简单］进行切换。详细显示可在标题栏上显示指定 I/O 组（IG#、OG#）的十进制状态、十六进制状态；在内容栏，则可依次显示每一 I/O 信号的代号（IN #0001、SOUT#0001 等）、PLC 地址（又称继电器号，#00010、#50010 等）、二进制状态（○或

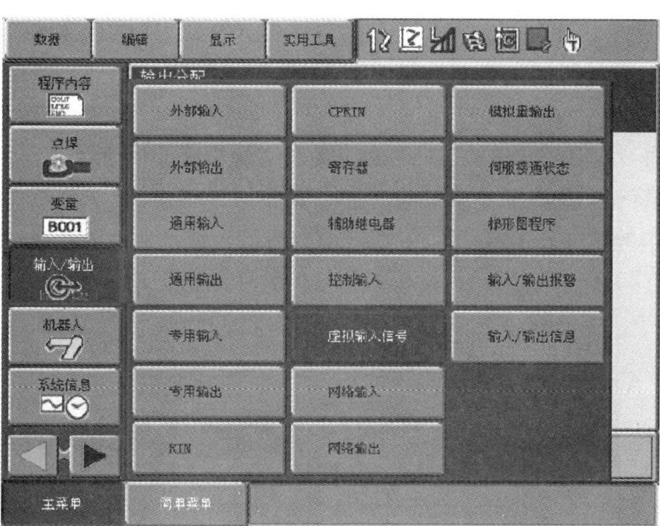

数据
编辑
显示
实用工具
程序内容
点焊
变量
B001
输入/输出
机器人
系统信息
外部输入
CPRIN
模拟量输出
外部输出
寄存器
伺服接通状态
通用输入
辅助继电器
梯形图程序
通用输出
控制输入
输入/输出报警
专用输入
虚拟输入信号
输入/输出信息
专用输出
网络输入
RIN
网络输出
主菜单
简单菜单

图 9.4-1 I/O 信号选择菜单

数据
编辑
显示
实用工具
专用输出
组
0:10进 00:16进
SOUT#0001 #50010 ○ 发生严重报警
SOUT#0002 #50011 ○ 发生轻微报警
SOUT#0003 #50012 ○ 发生系统报警
SOUT#0004 #50013 ○ 发生用户报警
SOUT#0005 #50014 ○ 发生错误
SOUT#0006 #50015 ○ 存储器电池电不足
SOUT#0007 #50016 ○ 编码器电池电不足
SOUT#0008 #50017 ○ 冷却扇错误
进入指定页
主菜单
简单菜单

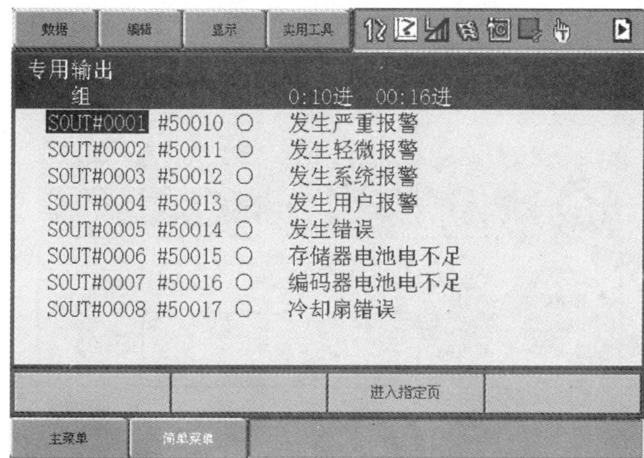

a) 详细显示

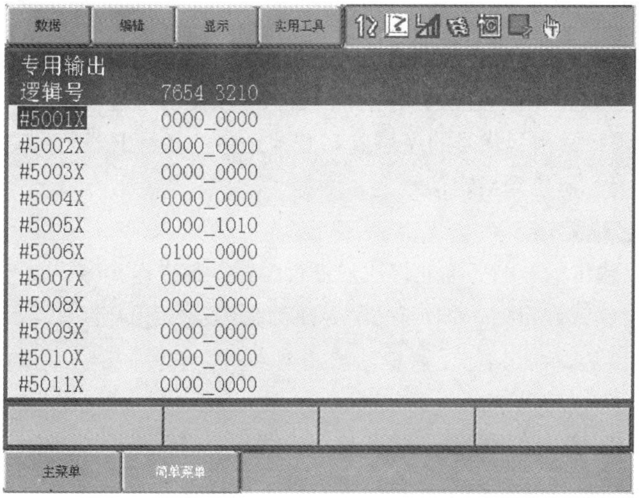

数据
编辑
显示
实用工具
专用输出
逻辑号 7654 3210
#5001X 0000_0000
#5002X 0000_0000
#5003X 0000_0000
#5004X 0000_0000
#5005X 0000_1010
#5006X 0100_0000
#5007X 0000_0000
#5008X 0000_0000
#5009X 0000_0000
#5010X 0000_0000
#5011X 0000_0000
主菜单
简单菜单

b) 简单显示

图 9.4-2 I/O 信号的显示形式

●）及信号名称，并可用于输出“强制”操作；简单显示只能以字节的形式显示信号的状态。

2. I/O 信号的检索

为了显示指定的I/O信号状态，可通过以下两种方法检索I/O信号。

1）在详细显示页面，选择图9.4-3a所示的下拉菜单［编辑］、子菜单［搜索信号号码］或［搜索继电器号］，示教器可显示图9.4-3b所示的数值输入框，在输入框内输入需检索信号代号的序号或PLC地址序号（继电器号），按操作面板上的【回车】键，便可直接将光标定位到指定信号上。

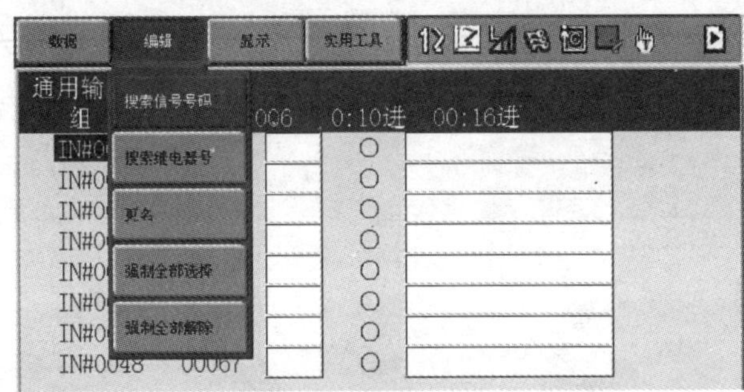

a) 编辑菜单

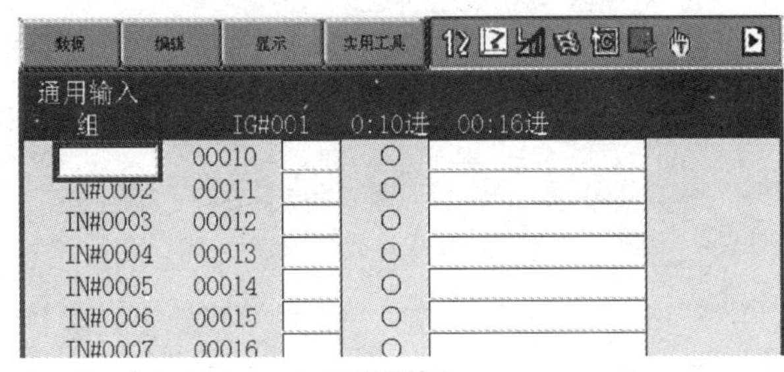

b) 序号输入

图9.4-3　I/O信号检索

2）在详细显示页面，将光标定位到任一信号名称（IN#0001、SOUT#0001等）或PLC编程地址（继电器号）上，按操作面板上的【选择】键，示教器也可显示图9.4-3b所示的数值输入框，在输入框内输入需检索信号代号的序号或PLC地址序号（继电器号），按操作面板上的【回车】键，便可直接将光标定位到指定信号上。

3. 通用I/O的名称编辑

系统的通用输入/输出信号的名称允许用户进行编辑，其操作步骤：

1）将系统的安全模式设定为“编辑模式”，示教器的操作模式选择【示教】。

2）选择主菜单［输入/输出］、子菜单［通用输入］（或［通用输出］），并选择信号的详细显示页面。

3）通过上述的I/O信号检索操作，将光标定位到指定的信号上。

4）移动光标到图9.4-4所示的信号名称输入框，按操作面板的【选择】键，或者，选择图9.4-3a所示的下拉菜单［编辑］、子菜单［更名］；示教器便可显示用于信号名称输入的字符输入软键盘。

5）利用第 6 章 6.4 节程序名称输入同样的方法，输入信号名称后，按操作面板上的【回车】键，便可完成名称编辑。

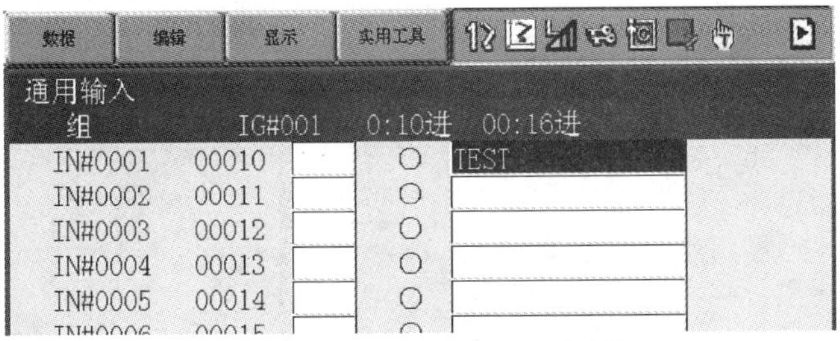

图 9.4-4　通用 I/O 信号名称编辑

4. 通用输出的强制

系统的通用输出信号状态可强制 ON/OFF，这一操作可以方便外部执行元件的动作检查和调试。通用输出信号的强制操作步骤如下：

1）将系统的安全模式设定为“编辑模式”，示教器的操作模式选择【示教】。

2）选择主菜单［输入/输出］、子菜单［通用输出］，并选择信号的详细显示页面。

3）通过上述的 I/O 信号检索操作，将光标定位到指定的通用输出信号上。

4）移动光标到图 9.4-5 所示的信号状态设定框，同时按操作面板的“【联锁】＋【选择】”键，便可使通用输出信号的状态从 ON（●）强制为 OFF（○），或反之。

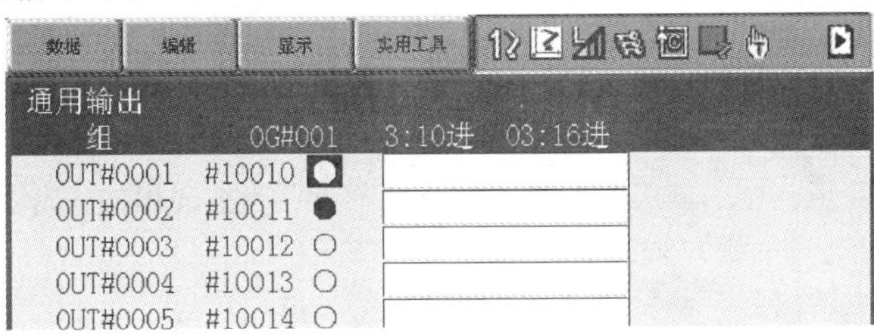

图 9.4-5　通用输出的强制

5）如果需要，可通过选择图 9.4-3a 所示的下拉菜单［编辑］、子菜单［强制全部选择］，使该组的全部通用同时执行输出强制操作；选择子菜单［强制全部解除］，则可撤销该组的全部输出强制操作。

9.4.2　伺服运行状态监控

1. 功能与说明

伺服运行状态监控是利用示教器显示、观察机器人各运动轴伺服驱动系统实际运行状态的功能，它主要用于机器人的调试与维修。通过监控，机器人调试、维修人员可以了解伺服系统的静动态性能，并通过驱动器参数的调整，提高运动轴定位精度、轨迹插补精度和动态稳定性，使之系统的运行状态成为最佳。

伺服运行监控页面只能在系统的管理模式下才能显示，每一页面可显示两项状态监控参数。监控参数以关节轴的形式显示，显示值均来自伺服驱动系统的实际测量和反馈，因此，操作者只能观察、不能对其进行设定与修改。

DX100 系统可进行监控的伺服参数如图 9.4-6 所示，参数含义如下：

图 9.4-6　伺服监控参数

反馈脉冲：来自伺服电机编码器的实际位置反馈值，即绝对编码器当前的计数脉冲值。

误差脉冲：来自伺服驱动器位置比较器的误差脉冲值，它是系统指令脉冲与电机编码器反馈脉冲的差值，反映了伺服电机及关节轴的实际定位精度。

速度偏差：机器人运动时，可显示伺服电机当前的实际转速（反馈转速）和系统指令转速（速度命令）间的差值。

速度命令/反馈速度：机器人运动时，可显示伺服驱动器当前的系统指令转速值以及伺服电机的实际转速值。

给定转矩/最大转矩：显示伺服驱动器内部速度调节器当前输出的实际指令转矩（电流）以及瞬间输出的最大转矩（电流）采样值。

编码器转数/在 1 转位置：增量型编码器的输出信号由“零脉冲”和“计数脉冲”两部分组成，零脉冲用来确定伺服电机的 0°位置（零位）和计算回转圈数，计数脉冲用来计算伺服电机偏离零位的角度（脉冲数）。为了保存增量型编码器的位置，使之具有绝对编码器同样的功能，关节轴的实际位置（即绝对位置）计算式如下：

实际位置（脉冲）＝（编码器每转脉冲数）×回转圈数＋偏离零位的脉冲数

伺服监控参数中的“编码器转数/在 1 转位置”，就是上式中的“回转圈数/偏离零位的脉冲数”值。

电机绝对原点位置：显示机器人关节轴绝对原点所对应的编码器实际位置值。为了便于使用，此值通常调整为 0。

编码器温度：显示伺服电机当前的内部温度值。由于机器人的编码器采用伺服电机内置式安装，电机的内部温度检测信号直接从编码器上输出。

最大转矩（CONST）/最小转矩（CONST）：显示伺服驱动器内部设定的、长时间连续工作时的速度调节器允许输出的最大转矩/最小转矩（电流）值。

2. 伺服运行监控操作

利用示教器显示，监控伺服驱动系统运行状态的操作步骤如下：

1）将系统的安全模式设定为“管理模式”，示教器的操作模式选择【示教】。

2）选择主菜单［机器人］、子菜单［伺服监视］，示教器可显示图 9.4-7a 所示的伺服运行监控页面。

3）选择图 9.4-7b 所示的下拉菜单［显示］、子菜单［监视项目 1 >］或［监视项目 2 >］，可显示上述图 9.4-6 所示的监视参数选择页面。需要监视参数的选定后，示教器可同时显示所选的监视项目 1 和 2。其中，“最大转矩”监控参数显示的是瞬间采样值，其显示值可通过图 9.4-7a所示的下拉菜单［数据］、子菜单［清除最大转矩］予以清除。

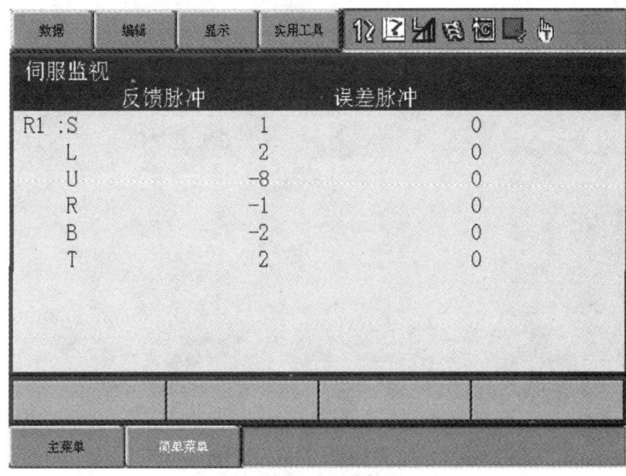

a) 伺服监视显示

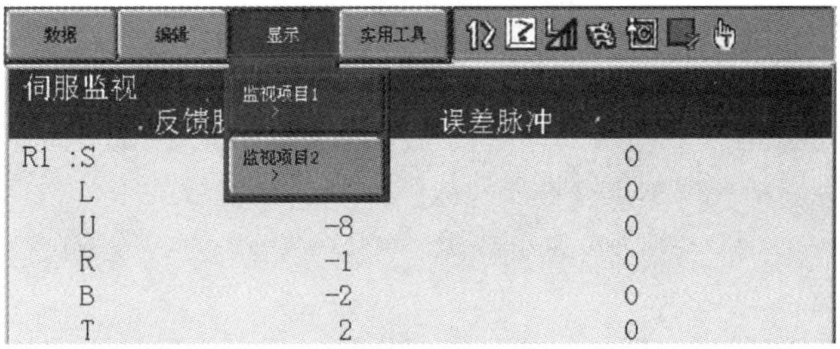

数据
编辑
显示
实用工具
伺服监视
监视项目1
监视项目2
反馈脉冲
误差脉冲
R1 :S 0
L 0
U -8 0
R -1 0
B -2 0
T 2 0

b) 伺服项目选择

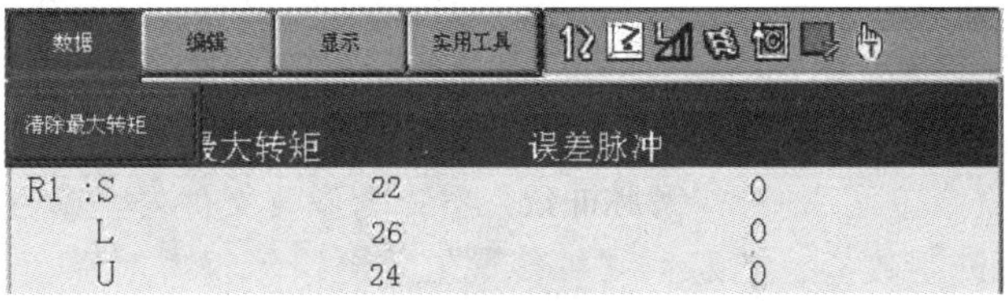

数据
编辑
显示
实用工具
清除最大转矩
最大转矩
误差脉冲
R1 :S 22 0
L 26 0
U 24 0

c) 最大转矩清除

图 9.4-7 伺服监控操作

9.5 系统报警与故障处理

9.5.1 报警显示、分类及处理

1. 报警显示

系统报警属于控制系统或机器人故障，系统一旦发生报警，机器人将立即停止运动，并自动显示报警显示页面。系统发生报警时，不但机器人不能继续运动，而且示教器也只能进行显示切换、操作模式切换、急停或解除报警等操作。

DX100 系统的报警显示如图 9.5-1 所示。当多个报警同时发生且一个显示页面无法显示时，可同时按【转换】键和光标【↑】/【↓】键，显示其他报警。

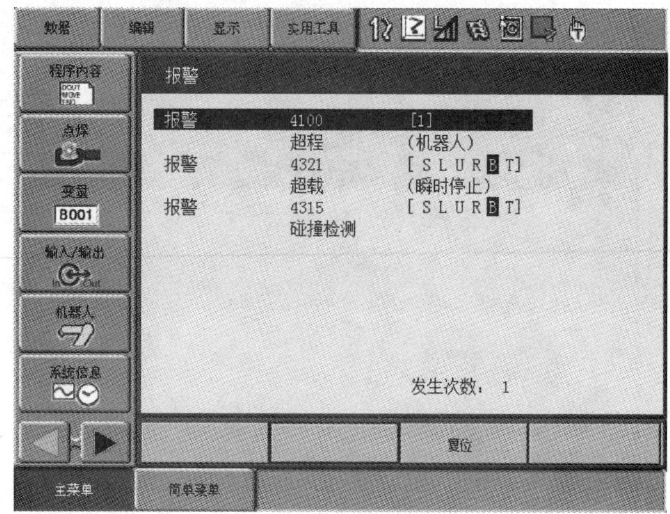

图 9.5-1　系统报警显示

系统的每一报警一般有两行显示，第 1 行为报警号码显示，如“4100［1］”等；第 2 行为报警信息显示，如“超程（机器人）”等。

报警号码显示包括报警号（如 4100）和子代码（如［1］）两部分。

1）报警号：报警号用来指示报警性质及故障原因。报警号的千位数字 0～4 表示故障性质，0000～0999 为严重故障、1000～3999 为重故障、4000～4999 为一般故障；报警号的后 3 位数字用来指示故障原因。

例如，报警号“4100”表示系统发生了一般故障，原因为机器人本体轴超程（100）；而报警号“4321”则表示系统发生了一般故障，原因为机器人轴出现瞬间过载（321）等。

2）子代码：子代码通常用来指示故障部位。根据不同的故障，它有以下显示方式：

① 数值：数值显示一般用来区分故障部件、数据类别、网络节点（从站）等，如系统的组成部件安全单元 1、安全单元 2、ON/OFF 单元，系统的作业文件号、参数文件号等。部分报警还可能显示负值或二进制数值，如发生“4203”位置出错等报警时，“-1”表示数据溢出、“-2”表示轴数为 0；发生“1204”等通信报警时，还可能以二进制状态“0000 0011”等，表示从站地址等。

② 轴名称：轴名称显示用来指示故障的坐标轴。例如，机器人的关节轴以［S L U R B T］中的反色显示，来指示故障的轴；基座轴、工装轴以［1 2 3 …］的发色显示来指示发生故障的轴号等。

③ 位置显示：位置显示用来指示出错的位置数据。例如，以［X Y Z］中的发色显示，来指示出错的机器人定位位置数据，或以［X Y Z $T_XT_YT_Z$］中的发色显示，来指示出错的机器人定位、姿态位置数据等。

④ 轴组显示：轴组用来指示出错的控制轴组。例如，以［R1 R2］中的发色显示，来指示出错的机器人，或以［S1 S2 S3］中的发色显示，来指示出错的基座轴组等。

在复杂系统中，子代码还可用来指示驱动器序号、多任务选项等，有关内容可参见安川公司的系统维修说明书。

2. 报警的分类与处理

系统的报警分为严重故障（报警号0000～0999）、重故障（报警号1000～3999）和一般故障（报警号4000～4999）三类。

严重故障包括系统基本部件、网络连接、CPU模块、存储器等核心部件，或操作系统、系统配置文件等关键软件的故障等，故障将直接导致系统停止工作；重故障包括存储器数据出错、应用软件或作业文件错误、伺服驱动器报警以及控制柜、驱动器、电机过热等，故障时必须立即中断系统运行。系统出现严重故障、重故障时，将直接切断驱动器主电源、进入急停状态；报警需要在故障排除后，通过重新起动伺服，才能清除。

一般故障多为机器人运行过程中出现通常的超程、碰撞、干涉或系统设定、参数、变量、作业文件、作业程序等错误。一般故障可以在机器人退出超程、负载恢复正常后，直接通过选择显示页面的操作提示键［复位］，或利用I/O单元的"报警清除"信号（PLC编程地址20013），予以清除。

DX100系统的报警分类、主要原因及处理方法见表9.5-1。

表9.5-1 DX100的报警分类、主要原因及处理方法

等级	报警号	性质	系统处理	故障原因	处理方法
0	0000～0999	严重故障	1. 直接断开驱动器主电源 2. 系统显示报警	1. CPU模块不良或通信出错 2. 驱动器不良或通信出错 3. 系统存储器故障 4. I/O单元不良或通信出错 5. 系统软、硬件配置错误 6. 系统组成部件时钟监控出错	关机，排除故障后重新启动
1～3	1000～3999	重故障	1. 直接断开驱动器主电源 2. 系统显示报警	1. 系统存储器故障 2. 应用软件或作业文件错误 3. 安全单元、I/O模块报警 4. 伺服驱动器报警 5. 控制柜、驱动器、电机过热 6. 外部通信出错	关机，排除故障后重新启动
4～8	4000～4999	一般故障	系统显示报警	1. 轴超程，机器人碰撞、干涉 2. 驱动器一般故障（过载、过电流、欠电压、过电压等）、风机报警 3. 安全单元、I/O模块一般故障 4. 系统设定、系统参数、变量错误 5. 作业文件、作业程序错误 6. 外设通信出错	排除故障后，用显示页面的［复位］提示键或I/O单元的"报警清除"信号清除

系统报警的内容众多，限于篇幅，本书不再对此进行一一叙述，有关内容可参见安川DX100系统维修手册。

9.5.2 操作错误的显示与处理

1. 操作错误的显示

操作错误是由于外部不正确操作所引起的故障，机器人及控制系统本身并无问题。例如，操作者操作了当前状态下不允许的示教器按键，或上级控制器通过系统的通信接口，输入了当前不允许的命令等。

发生操作错误时，系统将在示教器上显示错误信息，并自动阻止不正确的操作，但不会停止机器人当前的运动或程序的再现运行。

DX100 系统的操作错误信息，可在图 9.5-2a 所示的示教器信息显示行上显示。当系统同时发生多个操作错误时，在信息显示行的左侧，将出现多行信息显示提示符。此时，可通过操作面板的【区域】键，将光标定位到信息显示区，然后，按操作面板的【选择】键，便可打开信息显示区，显示图 9.5-2b 所示的多行操作错误信息。

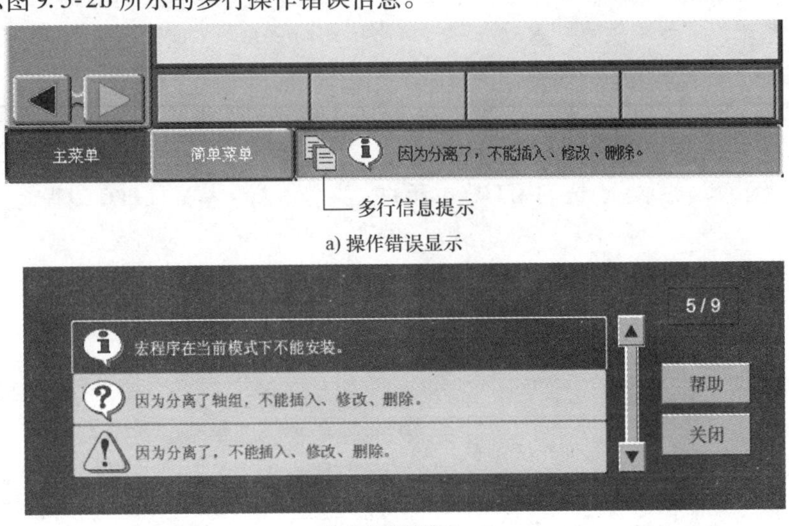

a) 操作错误显示

b) 多行错误显示

图 9.5-2　操作错误的显示

多行信息显示区有以下操作提示键可供使用。

[▲] / [▼]：显示行上/下移动键。当操作错误较多、信息显示区无法一次显示时，可通过该提示键，查看其他操作错误。

[帮助]：选定该操作提示键，信息显示区可显示指定行的详细错误内容。

[关闭]：选定该操作提示键，将关闭多行信息显示功能。

2. 操作错误的分类与处理

DX100 系统的操作错误包括一般操作出错、程序编辑出错、数据输入错误、外部存储器出错、梯形图出错、维护模式出错等，其错误号及出错原因、处理方法见表 9.5-2。

表 9.5-2　DX100 的操作错误分类、原因及处理

错误号	类别	出错原因	处　理
0000 ~ 0999	一般操作错误	1. 示教器操作模式选择错误 2. 示教编程操作不正确 3. 伺服驱动器状态不正确 4. 控制轴组、坐标系、工具选择错误 5. 使用了被系统设定禁止的操作 6. 作业文件选择错误等	按示教器的【清除】键，清除错误后，进行正确的操作
1000 ~ 1999	程序编辑错误	1. 程序编辑被禁止 2. 口令错误 3. 日期/时间输入错误等	按示教器的【清除】键，清除错误后，进行正确的输入或操作

（续）

错误号	类别	出错原因	处　理
2000～2999	数据输入错误	1. 输入了不允许的字符 2. 进行的输入、修改等操作不允许 3. 命令格式错误 4. 程序登录、名称出错 5. 不能进行的复制、粘贴等	按示教器的【清除】键，清除错误后，进行正确的输入或操作
3000～3999	外部存储设备出错	1. 存储卡被写保护 2. 存储卡未格式化 3. 存储卡中的数据不正确等	检查或更换存储卡，按示教器的【清除】键，清除错误
4000～4999	梯形图程序出错	1. 梯形图格式错误 2. 梯形图指令不正确 3. 无梯形图程序或程序长度超过 4. 使用了重复线圈	检查、重新编辑梯形图程序
8000～8999	维护模式出错	1. 系统配置参数设定错误 2. 存储器出错等	重新配置系统

DX100系统的一般操作出错、程序编辑出错、数据输入错误，可以直接通过按示教器操作面板上的【清除】键，或利用I/O单元的“报警清除”信号（PLC编程地址20013）清除；错误清除后，进行正确的操作、编辑或输入，便可排除故障。外部存储器出错时，需要检查、更换存储设备，或进行存储器格式化操作。梯形图出错、维护模式出错时，需要重新编辑梯形图或重新配置系统，才能恢复系统运行。系统错误的内容众多，限于篇幅，本书不再对此进行一一叙述，有关内容可参见安川DX100系统维修手册。

9.5.3 模块工作状态指示

1. IR控制器的状态指示

示教器的系统报警、错误显示可在控制系统的CPU模块、通信接口模块以及操作系统、显示驱动等基本软件工作正常的情况下，较为详细地指示系统的故障原因。但是，如果以上软硬件工作存在问题，示教器将不能正常显示，此时，需要通过安装在控制系统组成模块上的指示灯，判断故障原因。

在DX100系统的机器人控制器（IR控制器）上，控制器的CPU模块及接口模块的指示灯安装如图9.5-3所示。CPU模块（JZNC－YCP01）上安装有两个LED，用来指示模块的工作状态；接口模块（JZNC－YIF01）上安装有一个LED和一只7段数码管（含小数点），用来指示后备电池及系统的通信状态。

接口模块的LED为后备电池报警指示；指示灯亮，代表后备电池电压过低，需要充电或予以更换。CPU模块的LED1/LED2为模块工作状态指示；指示灯不同状态所代表的含义见表9.5-3。

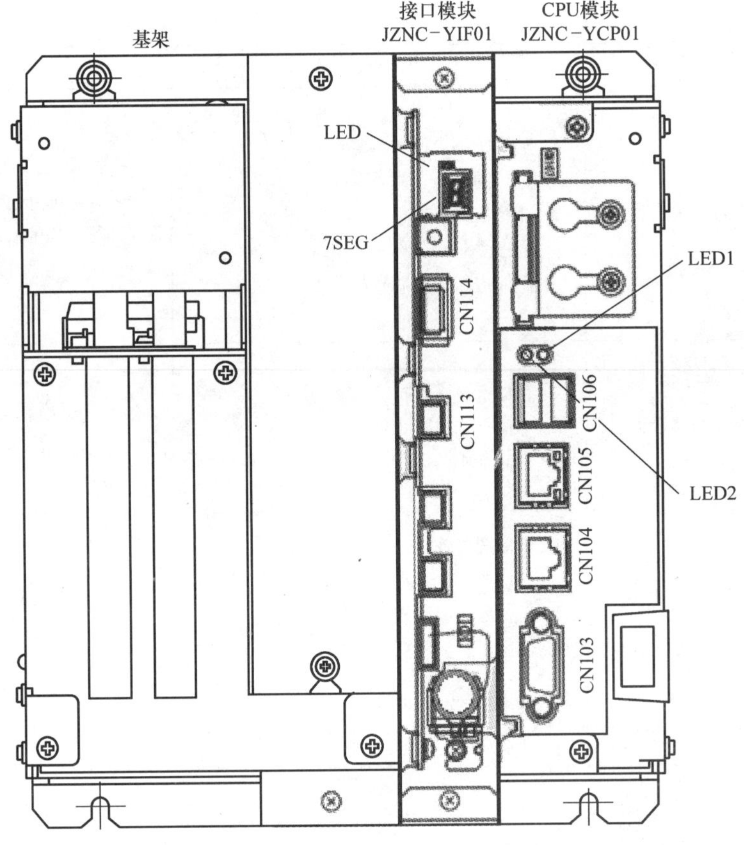

图 9.5-3　IR 控制器的状态指示灯

表 9.5-3　CPU 模块指示灯的状态指示

LED1	LED2	CPU 模块工作状态
暗	暗	DC5V 电源未输入、故障，或硬件安装检测中
暗	闪烁	网络从站检测、BIOS 初始化
亮	闪烁	BIOS 初始化完成，OS 引导系统正常工作

2. 接口模块数码管指示

接口模块的 7 段数码管和小数点，用于指示接口模块的工作状态。在正常情况下，模块的启动步骤，以及状态显示次序如下：

① 电源接通：数码管显示“8”、小数点亮（全部显示亮）。

② 模块初始化：按照规定的步骤，完成模块初始化；数码管显示从“0”→“d”。接口模块的初始化步骤及数码管的状态显示如下：

0：引导程序启动；

1：系统初始化；

2：系统硬件配置检测；

3：传送系统程序；

4：启动系统程序；

5：系统模块启动确认；

6：接收模块启动信息；
7：传送 CMOS 数据；
8：发送数据链接请求；
9：等待伺服同步；
b：发送系统启动请求；
c：系统启动；
d：初始化完成，允许伺服驱动。

③ 模块正常工作：数码管显示状态 d 和小数点，以 1Hz 频率闪烁。

当接口模块启动发生出错或进入特殊工作模式时，数码管将显示以下状态，指示模块不能正常工作的原因。

E：系统安装出错；
F：进入系统高级维护模式；
P：示教器通信出错；
U：系统软件版本升级中。

如果接口模块启动时，检测到模块不能正常工作的重大故障，数码管和小数点的显示状态将按规定的次序依次变化并重复，以显示模块的错误代码，如“-”→“0”→“2”→“0”→“0”→“.”→“-”→“0”→“0”→“0”→“0”→“F”→“F”→“0”→“4”等。

当接口模块数码管指示正常，但系统仍无法正常工作时，还可通过伺服驱动器控制板上的 7 段数码管，检查出错原因，驱动器控制板的数码管显示如下：

3. 伺服控制板的状态指示

DX100 系统采用的是多轴集成驱动器，其控制板（SRDA-EAXA01A）为多轴共用。驱动器控制板上安装有图 9.5-4 所示的若干电源指示灯和一个 7 段数码管，电源指示灯的标记和含义清晰，在此不再说明；7 段数码管的状态显示含义如下：

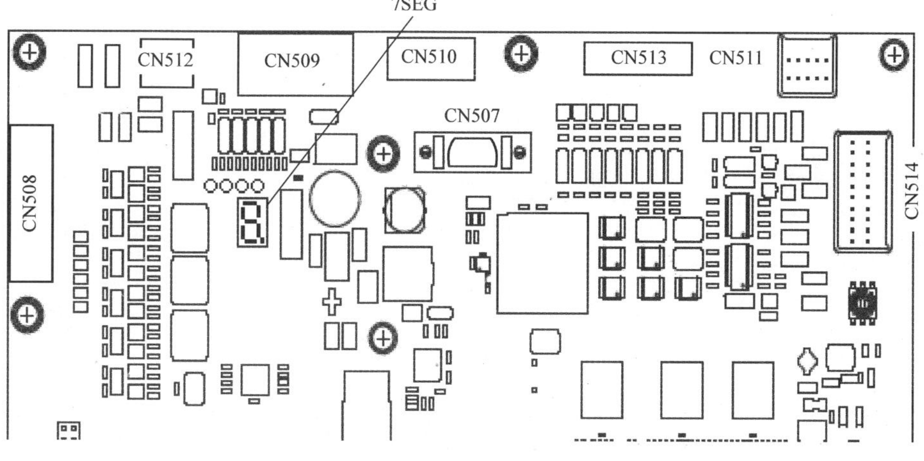

图 9.5-4 伺服控制板的状态指示

0：ROM/RAM/FP 测试；
1：初始化完成，引导系统启动；
2：数据接收准备完成；
3：等待 IR 控制器通信；

4：硬件初始化开始；

5：驱动器操作系统启动；

6：CMOS 数据传送开始；

7：CMOS 数据接收；

8：伺服系统启动，驱动器状态初始化；

9：等待 IR 控制器同步；

b：等待 IR 控制器驱动；

d：伺服驱动器启动完成，等待伺服启动。

当接口模块启动完成，当伺服驱动器启动异常时，数码管和小数点的显示状态将按规定的次序依次变化并重复，以显示驱动器的错误代码，如“F”→“0”→“0”→“3”→“0”→“.”等。

接口模块、驱动器控制板的错误内容众多，限于篇幅，本书不再对此进行一一叙述，有关内容可参见安川 DX100 系统维修手册。

附　　录

附录 A　不同安全模式的菜单显示表

表 A-1　安全模式的菜单显示、编辑一览表

主菜单	子菜单	子菜单显示			子菜单编辑		
		操作模式	编辑模式	管理模式	操作模式	编辑模式	管理模式
程序内容	程序内容	●	●	●	—	●	●
	程序选择	●	●	●	●	●	●
	主程序	●	●	●	—	●	●
	程序容量	●	●	●	—	—	—
	循环	●	●	●	●	●	●
	作业预约状态	☆	—	—	—	—	—
	新建程序	—	●	●	—	○	○
	预约启动程序	—	●	●	—	○	○
	再现程序编辑	—	●	●	—	●	●
	再现编辑程序一览	—	●	●	—	●	●
	删除程序一览	—	★	★	—	★	★
变量	字节型	●	●	●	—	●	●
	整数型	●	●	●	—	●	●
	双精度型	●	●	●	—	●	●
	实数型	●	●	●	—	●	●
	文字型	●	●	●	—	●	●
	位置型（机器人）	●	●	●	—	●	●
	位置型（基座轴）	●	●	●	—	●	●
	位置型（工装轴）	●	●	●	—	●	●
	局部变量	●	●	●	—	—	—
输入输出	外部输入	●	●	●	—	—	—
	外部输出	●	●	●	—	—	—
	通用输入	●	●	●	—	●	●
	通用输出	●	●	●	—	●	●
	专用输入	●	●	●	—	—	—
	专用输出	●	●	●	—	—	—
	RIN	●	●	●	—	—	—
	CPRIN	●	●	●	—	—	—
	寄存器	●	●	●	—	—	●
	辅助继电器	●	●	●	—	—	—
	控制输入	●	●	●	—	—	—

（续）

主菜单	子菜单	子菜单显示			子菜单编辑		
		操作模式	编辑模式	管理模式	操作模式	编辑模式	管理模式
输入输出	模拟输入信号	●	●	●	—	—	●
	网络输入	●	●	●	—	—	—
	网络输出	●	●	●	—	—	—
	模拟量输出	●	●	●	—	—	—
	伺服接通状态	●	●	●	—	—	—
	端子	●	●	●	—	—	●
	I/O 模拟一览	●	●	●	—	—	●
	伺服断开监视	●	●	●	—	—	—
	梯形图程序	—	—	●	—	—	●
	输入/输出报警	—	—	●	—	—	●
	输入/输出信息	—	—	●	—	—	●
	接通条件	—	—	●	—	—	—
机器人	当前位置	●	●	●	—	—	—
	命令位置	●	●	●	—	—	—
	作业原点	●	●	●	—	●	●
	第二原点位置	●	●	●	—	●	●
	电源通断位置	●	●	●	—	—	—
	碰撞检测等级	●	●	●	—	—	●
	偏移量	●	●	●	—	—	—
	轴冲突检测等级	●	●	●	—	—	—
	工具	—	●	●	—	●	●
	用户坐标	—	●	●	—	●	●
	超程和碰撞传感器	—	●	●	—	○	○
	解除极限	—	●	●	—	○	○
	伺服监视	—	—	●	—	—	—
	落下量	—	—	●	—	—	●
	干涉区	—	—	●	—	—	●
	原点位置	—	—	●	—	—	●
	机种	—	—	●	—	—	—
	模拟量监视	—	—	●	—	—	●
	ARM 控制设定	—	—	●	—	—	●
	软限位设定	—	—	●	—	—	●
系统信息	版本	●	●	●	—	—	—
	监视时间	●	●	●	—	—	●
	报警历史	●	●	●	—	—	●
	I/O 信息历史	●	●	●	—	—	●
	用户自定义菜单	●	●	●	—	●	●
	安全	●	●	●	●	●	●

（续）

主菜单	子菜单	子菜单显示			子菜单编辑		
		操作模式	编辑模式	管理模式	操作模式	编辑模式	管理模式
外部存储	保存	●	●	●	—	—	—
	校验	●	●	●	—	—	—
	删除	●	●	●	—	—	—
	设备	●	●	●	●	●	●
	文件	●	●	●	—	—	●
	初始化	●	●	●	○	○	○
	安装	—	●	●	—	—	—
设置	数据不匹配日志	●	●	●	—	—	●
	示教条件设定	—	●	●	—	●	●
	显示颜色设定	—	●	●	—	●	●
	设置语言	—	●	●	—	●	●
	预约程序名	—	●	●	—	●	●
	用户口令	—	●	●	—	●	●
	轴操作键分配	—	●	●	—	—	●
	节能功能	—	●	●	—	—	●
	编码器维护	—	●	●	—	—	●
	操作条件设定	—	—	●	—	—	●
	操作允许设定	—	—	●	—	—	●
	功能有效设定	—	—	●	—	—	●
	程序动作设定	—	—	●	—	—	●
	再现条件设定	—	—	●	—	—	●
	机能条件设定	—	—	●	—	—	●
	日期时间	—	—	●	—	—	●
	设置轴组	—	—	●	—	—	☆
	再现速度登录	—	—	●	—	—	●
	键定义	—	—	●	—	—	●
	预约启动连接	—	—	●	—	—	●
	自动备份设定	—	—	●	—	—	●
	自动升级设定	—	—	●	—	—	●
参数	全部，见第 9 章	—	—	●	—	—	●
显示设置	更改字体	●	●	●	●	●	●
	更改按钮	●	●	●	●	●	●
	设置初始化	●	●	●	●	●	●
	改变窗口格式	●	●	●	●	●	●
安全功能	机械安全信号设定	●	●	●	—	—	●
	延时设定	●	●	●	—	—	●
	安全逻辑设定	●	●	●	—	—	●
预防保养	减速器预防保养	●	●	●	—	—	●
	维护更换记录	●	●	●	—	—	●

（续）

主菜单	子菜单	子菜单显示			子菜单编辑		
		操作模式	编辑模式	管理模式	操作模式	编辑模式	管理模式
弧焊	引弧条件	●	●	●	—	●	●
	熄弧条件	●	●	●	—	●	●
	焊机特性	●	●	●	—	●	●
	弧焊诊断	●	●	●	—	●	●
	摆焊	●	●	●	—	●	●
	电弧监视	●	●	●	—	●	●
	电弧监视取样	●	●	●	—	—	—
	焊接辅助条件	—	●	●	—	●	●
	用途相关设定	—	—	●	—	—	●
点焊	焊接诊断	●	●	●	—	●	●
	间隙设定	●	●	●	—	●	●
	电极更换管理	●	●	●	—	—	●
	焊钳压力	—	●	●	—	●	●
	空打压力	—	●	●	—	●	●
	I/O 信号分配	—	—	●	—	—	●
	焊钳特性	—	—	●	—	—	●
	用途相关设定	—	—	●	—	—	●
通用	摆焊	●	●	●	—	●	●
	通用用途诊断	●	●	●	—	●	●
	I/O 变量定义	●	●	●	●	●	●
系统	设置	仅在特殊的维护模式下才能显示和操作（见第 9 章）					
	版本						
	安全模式						
文件	系统初始化	仅在特殊的维护模式下才能显示和操作（见第 9 章）					

注：●：操作允许；—：操作不允许；○：仅示教模式允许；☆：仅再现模式允许；★：仅“删除程序还原功能”有效时允许。

附录 B　DX100 常用系统参数及索引表

表 B-1　常用速度及位置参数一览表

参数号	名称	设定单位	功能说明	参见章节
S1CxG000	再现限速运行速度	0.01%	最大关节回转速度的百分率，最大 100% 特殊再现运行方式用	7.4
S1CxG001	再现空运行速度	0.01%		
S1CxG002	示教编程 VJ 预设 1	0.01%	最大关节回转速度的百分率，最大 100% 示教编程时，可通过光标上下键，改变 VJ 预设值	2.2、6.4、9.1
…	…	…		
S1CxG009	示教编程 VJ 预设 8	0.01%		
S1CxG010	示教编程 V 预设 1	0.1	示教编程时，可通过光标上下键，改变 V 预设值；单位由参数 S2C221 设定	2.2、6.4、9.1
…	…	0.1		
S1CxG017	示教编程 V 预设 8	0.1		

（续）

参数号	名称	设定单位	功能说明	参见章节
S1CxG018	示教编程 VR 预设 1	0.1°/s	示教编程时，可通过光标上下键，改变 VR 预设值；单位由 S2C221 设定	2.2、9.1
…	…	…		
S1CxG025	示教编程 VR 预设 8	0.1°/s		
S1CxG026	手动速度“低”	0.1	直接用操作面板的【高速】、手动速度【高】/【低】键选择的直角坐标系运动速度；单位由参数 S2C221 设定	6.3
S1CxG027	手动速度“中”	0.1		
S1CxG028	手动速度“高”	0.1		
S1CxG029	手动速度“高速”	0.1		
S1CxG030	关节坐标增量	脉冲	用操作面板的手动速度【高】/【低】键选择“微动（增量进给）”时的进给增量	6.3
S1CxG031	直角/圆柱坐标增量	0.001mm		
S1CxG032	姿态调整增量	0.001°		
S1CxG033	PL1 到位区间	0.001mm/0.001°	位置等级（PL）1～8 对应的到位检测区间，关节坐标/直角坐标定位的单位为 0.001°/0.001mm	2.2
…	…			
S1CxG040	PL8 到位区间			
S1CxG044	低速启动速度	0.01%	特殊再现运行方式用，最大 100%	7.4
S1CxG045	关节手动速度“低”	0.01%	直接用操作面板的【高速】、手动速度【高】/【低】键选择的关节坐标系运动速度；直角坐标系运动速度由参数 S1CxG026 ～ S1CxG020 定义	6.3
S1CxG046	关节手动速度“中”	0.01%		
S1CxG047	关节手动速度“高”	0.01%		
S1CxG048	关节手动速度“高速”	0.01%		
S1CxG049	小圆加工特殊参数	—	用于特殊的小圆加工	—
…	…			
S1CxG055	小圆加工特殊参数			
S1CxG056	作业原点定位速度	0.01%		8.1
S1CxG057	再现检查运行速度	0.1	特殊再现运行方式用	7.4
S1CxG063	切割圆最小直径	—	用于特殊的圆切割加工	—
S1CxG064	切割圆最大直径			
S1CxG065	轴运动方向设定	—	bit0～bit8 的 0/1 变化可改变轴 1～8 的方向	7.4
S1CxG400	第 1 轴软极限 +	脉冲	第 1 轴正向软极限	8.5
…	…	…	…	
S1CxG415	第 8 轴软极限 -	脉冲	第 8 轴负向软极限	

表 B-2　常用功能设定参数一览表

参数号	名称	功能说明	参见章节
S2C001	立方体软极限功能设定	bit0～bit3：对应机器人 1～4；“1”有效；“0”无效	8.5
S2C002	S 轴干涉保护功能设定	“1”有效；“0”无效	8.5
S2C003	干涉区 1 保护对象选择	“0”：无效；1～40：保护对象 1～8：机器人 1～8；9～16：基座轴 1～8； 17～40：工装轴 1～24	8.5
…	…		
S2C066	干涉区 63 保护对象选择		
S2C067	干涉区检查方法与对象	二进制形式设定的机器人 1、2 的干涉区 1～64 检查方法与对象。bit0～bit6：对象；bit7：“0”命令值；“1”反馈值	8.5
…	…		
S2C194	干涉区检查方法与对象		

（续）

参数号	名称	功能说明	参见章节
S2C195	电源接通时的安全模式	0：操作；1：编辑；2：管理	6.2、7.4
S2C196	手动时的机器人坐标系	0：圆柱；1：直角	6.3
S2C197	手动时禁止切换的坐标系	0：无；1：工具；2：用户；3：用户和工具	6.3
S2C198	【前进】键的停止位置	0：所有命令均停止；1：仅移动命令停止	7.2
S2C199	非移动命令的【前进】	0：需按【联锁】键；1：直接执行；2：不执行	7.2
S2C201	直角坐标系手动姿态控制	1：有效；0：无效	2.1
S2C202	用户坐标系运动基准	1：机器人 TCP 点；0：外部基准点	2.1
S2C203	禁止编辑时的程序点修改	0：允许；1：禁止	6.4、7.1
S2C204	坐标系切换时的手动速度	0：保持不变；1：根据坐标系修改	6.3
S2C206	移动命令插入位置选择	0：下一移动命令前；1：光标下一行	6.4
S2C207	主程序变更设定	0：允许；1：禁止	7.5
S2C208	再现时的特殊运行切换	0：允许；1：禁止	7.4
S2C209	预约程序变更设定	0：允许；1：禁止	7.5
S2C210	平移变换的转换模式选择	0：共同；1：单独	7.4
S2C211	示教的语言等级选择	0：子集；1：标准；2：扩展	6.4
S2C212	机器人主/从控制参数	多机器人系统控制参数	—
S2C213	机器人主/从控制参数	多机器人系统控制参数	—
S2C214	示教的命令学习功能选择	0：无效；1：有效	6.4
S2C215	电源接通时的光标位置	0：电源关闭时的位置；1：程序起始位置	—
S2C216	程序一览表的显示顺序	0：按名称；1：按日期	—
S2C217	低速启动功能的生效	0：再现特殊方式设定；1：程序编辑后自动生效	7.4
S2C218	单步运行的停止方式	0：所有命令均停止；1：仅移动命令停止	7.4
S2C219	再现运行的外部启动	0：允许；1：禁止	7.5
S2C220	再现运行的示教器启动	0：允许；1：禁止	7.5
S2C221	速度 V 的单位选择	0：mm/s；1：cm/min；2：inch/min；3：mm/min	2.2
S2C222	预约启动功能设定	0：允许；1：禁止	7.5
S2C224	远程控制的程序选择	0：允许；1：禁止	7.5
S2C227	外部循环模式切换	0：允许；1：禁止	7.5
S2C228	示教循环模式切换	0：允许；1：禁止	7.5
S2C229	伺服 ON 信号禁止	0：允许；1：外部输入禁止；2：示教器禁止	6.1
S2C230	远程模式时的示教器操作功能设定	bit0：伺服准备；bit1：伺服 ON；bit2：模式切换；bit3：主程序调用；bit4：循环模式转换；bit5：程序启动。设定 1 时，对应的示教器操作有效	6.1
S2C231	机器人主/从控制参数	多机器人系统控制参数	—
S2C232	机器人主/从控制参数	多机器人系统控制参数	—
S2C234	改变工具的移动命令编辑	0：允许；1：禁止	6.5

（续）

参数号	名称	功能说明	参见章节
S2C235	电源接通的通用输出状态	0：保持断电前状态；1：全部 OFF	7.4
S2C264	机器人主/从控制参数	多机器人系统控制参数	—
…	…	…	—
S2C288	机器人主/从控制参数	多机器人系统控制参数	—
S2C293	切换远程模式的循环模式	0：单步；1：单循环；2：连续；3：无（不变）	7.4
S2C294	切换本地模式的循环模式	0：单步；1：单循环；2：连续；3：无（不变）	7.4
S2C312	电源接通时的循环模式	0：单步；1：单循环；2：连续；3：无（不变）	7.4
S2C313	切换远程模式的循环模式	0：单步；1：单循环；2：连续；3：无（不变）	7.4
S2C314	切换再现模式的循环模式	0：单步；1：单循环；2：连续；3：无（不变）	7.4
S2C316	绝对数据异常时的启动	0：需要确认第二原点；1：低速启动	8.1
S2C320	轴组改变的示教位置	1：改变；0：不改变	6.3
S2C395	通用 DI/DO 信号名显示	0：允许；1：禁止	2.3、9.4
S2C397	I/O 用户定义功能	0：无效；1：有效	9.1
S2C415	电源接通时间复位	0：禁止；1：允许	9.1
S2C416	伺服 ON 时间复位	0：禁止；1：允许	9.1
S2C417	再现运行时间复位	0：禁止；1：允许	7.4
S2C418	作业时间复位	0：禁止；1：允许	7.4
S2C419	移动时间复位	0：禁止；1：允许	7.4
S2C420	机器人主/从控制参数	多机器人系统控制参数	—
S2C421	机器人主/从控制参数	多机器人系统控制参数	—
S2C422	手动后的再定位点	插入手动操作、急停后的重新启动定位点选择，0：下一程序点；1：停止位置；2：指定的程序点	7.5
S2C423	急停后的再定位点		
S2C424	再定位位置选择	0：实际停止位置；1：命令指令位置	7.5
S2C425	圆弧插补姿态控制	0：不变；1：自动调整，工具垂直圆心	2.2
S2C430	关联程序运行设定	用于特殊的关联程序运行	—
S2C431	工具文件扩展功能设定	0：无效；1：有效	8.1
S2C431	工具校准功能设定	0：TCP；1：坐标系；2：TCP 和坐标系	8.2
S2C433	示教器的蜂鸣器提示音	0：开启；1：关闭	—
S2C433	多机器人的从动运动	0：禁止；1：允许	—
S2C437	再现重新启动位置选择	0：光标选择；1：中断位置或光标选择	7.5
S2C540	活动画面切换提示	0：显示提示信息；1：显示确认框；2：直接改变	9.1
S2C646	定位完成信号输出选择	0：无效；1：可在 I/O 单元通用 DO 上输出	?
S2C652	平移量输入方式	平移变换时的平移量输入方式选择	7.4
S2C653	光标前进控制设定	0：功能无效；1：功能有效	9.5

（续）

参数号	名称	功能说明	参见章节
S2C654	光标前进位置设定	定位允差的百分率，大于设定值指向下一程序点	9.5
S2C655	作业命令定位延时	设定作业命令执行前的移动命令定位延时（ms）	6.4
S2C687	机器人主/从控制参数	多机器人系统控制参数	—
S2C688	机器人主/从控制参数	多机器人系统控制参数	—
S2C698	基座轴点动键定义	0：X/Y/Z 控制轴 1/2/3；1：X/Y/Z 键控制方向	6.3
S2C786	风机报警功能设定	0：无效；1：显示提示信息；2：系统报警	—
S2C789	风机 1 连接地址设定	设定驱动器 1～8 的风机在系统 ON/OFF 单元的连接地址（S2C789～792：风机 1；S2C793～796：风机 2；S2C797～800：风机 3）	—
…	…		
S2C800	风机 3 连接地址设定		
S2C801	风机 1 检测信号极性	设定驱动器 1～8 的风机检测信号极性（S2C789～792：风机 1；S2C793～796：风机 2；S2C797～800：风机 3）。0：常开；1：常闭	
…	…		
S2C812	风机 3 检测信号极性		

表 B-3　常用范围调整参数一览表

参数号	名称	功能说明	参见章节
S3C000	立方体干涉区设定	立方体干涉区 X/Y/Z 起始/结束点位置值（机器人 1～8）	8.5
…	…		
S3C047	立方体干涉区设定		
S3C048	S 轴干涉区设定	机器人 1～8 的 S 轴干涉区起始/结束位置	8.5
…	…		
S3C063	S 轴干涉区设定		
S3C064	干涉参数设定	机器人 1～8、干涉区 1～64 参数设定	8.5
…	…		
S3C1096	干涉参数设定		
S3C1097	作业原点到位允差	作业原点到位的检测范围设定	8.1
S3C1098	PAM 位置调整范围	允许调整的最大值，单位 0.001mm	7.4
S3C1099	PAM 速度调整范围	允许调整的最大速度倍率，单位 0.01%	7.4
S3C1100	PAM 调整坐标系	0/1/2：基座/机器人/工具；3～65：用户坐标 1～63	7.4
S3C1101	机器人主/从控制参数	多机器人系统控制参数	—
S3C1102	PAM 姿态调整范围	允许调整的最大值，单位 0.01°	7.4
S3C1111	模拟量输出滤波时间	模拟量输出滤波时间	2.3
…	…	…	
S3C1190	模拟量输出滤波时间	模拟量输出滤波时间	
S3C1191	特殊切割加工参数	特殊切割加工参数	—

表 B-4　常用 DI/DO 设定参数一览表

参数号	名称	功能说明	参见章节
S4C000	通用输入奇偶校验设定	通用输入组 IG#（1）～IG#（48）奇偶校验设定	2.3
…	…		
S4C015	通用输入奇偶校验设定		
S4C016	通用输出奇偶校验设定	通用输出组 OG#（1）～OG#（48）奇偶校验设定	2.3
…	…		
S4C031	通用输出奇偶校验设定		
S4C032	通用输入的数据格式	通用输入组 IG#（1）～IG#（48）的二进制/BCD 格式选择	2.3
…	…		
S4C047	通用输入的数据格式		
S4C048	通用输出的数据格式	通用输出组 OG#（1）～OG#（48）的二进制/BCD 格式选择	2.3
…	…		
S4C063	通用输出的数据格式		
S4C064	模式切换的通用输出状态	操作模式切换时，通用输出组 OG#（1）～OG#（48）的状态是否 OFF	2.3
…	…		
S4C079	模式切换的通用输出状态		
S4C240	重力自落超差报警设定	1：输出 DO 信号；0：不输出	8.3
S4C327	示教器输出控制信号设定	可设定 64 个可通过示教器控制 ON/OFF 的输出信号	9.1
…	…		
S4C390	示教器输出控制信号设定		
S4C391	示教器输出控制形式设定	64 个可示教器控制 ON/OFF 的信号输出形式： 0：ON/OFF 键控制通断 1：由 ON 键控制，按下 ON，松开 OFF	9.1
…	…		
S4C454	示教器输出控制形式设定		

表 B-5　点焊机器人常用应用参数一览表

参数号	名称	功能说明	参见章节
AxP003	可使用的焊机数	机器人最多可使用的焊机数	3.3
AxP004	焊钳大开状态信号输出	bit0～7 对应焊钳 1～8，0：无，1：输出	3.3
AxP005	双行程焊钳切换时间	设定焊钳行程切换开始到加压结束的时间	3.4
AxP006	焊接启动延时	设定移动命令执行完成到焊接启动的默认延时	3.4
AxP010	示教操作允许磨损量	设定需要考虑磨损量的磨损值（单位 0.001mm）	3.4
AxP014	示教操作磨损量修正方式	0：直接修正；1：显示修正提示对话框	3.4
AxP015	故障清除信号输出时间	设定故障清除信号的输出保持时间	3.3
AxP016	移动侧电极磨损报警值	设定移动侧电极磨损报警的检测值	3.4
AxP017	固定侧电极磨损报警值	设定固定侧电极磨损报警的检测值	3.4
AxP031	焊接条件输出组号设定	0：组号 1～16；1：组号 0～15	3.3
AxP056	电极安装异常信号地址	设定电极安装异常报警信号的输出地址	3.4
AxP057	移动侧电极安装允差	设定移动侧电极安装允差（单位 0.001mm）	3.4
AxP058	固定侧电极安装允差	设定固定侧电极安装允差（单位 0.001mm）	3.4

表 B-6　弧焊机器人常用应用参数一览表

参数号	名称	功能说明	参见章节
AxP000	机器人用途设定	0：弧焊	4.1
AxP003	焊机 2 引弧文件起始号	设定焊机 2 的引弧条件文件起始号	4.3
AxP004	焊机 2 熄弧文件起始号	设定焊机 2 的熄弧条件文件起始号	4.3
AxP005	焊接移动速度优先选择	0：MOV 命令；1：ARCON 命令	4.3
AxP009	再启动引弧功能设定	0：无效；1：有效	4.2
AxP010	模拟量输出起始地址设定	0：无效；1～12：模拟量输出通道 CH1～12	4.3
AxP011/012	手动进丝/退丝速度	以最大速度百分率设定的手动送丝/退丝速度	4.2
AxP013/014	焊接管理文件时间设定	弧焊管理的更换导电嘴/清理喷嘴时间设定	4.2
AxP015～AxP017	焊接管理文件次数设定	弧焊管理的再引弧/再启动/解除粘丝次数设定	4.2
AxP026～AxP029	夹具控制输出地址	设定用专用键控制 ON/OFF 的通用输出地址	4.2

表 B-7　搬运、通用机器人常用应用参数一览表

参数号	名称	功能说明	参见章节
AxP002	按键 f1 输出功能定义	0：无；1～4：输出 HAND1－1～4－1；5：通用输出	5.2
AxP003	按键 f2 输出功能定义	0：无；1～4：输出 HAND1－2～4－2；5：通用输出	5.2
AxP004	按键 f1 输出地址定义	按键 f1 的通用输出地址	5.2
AxP005	按键 f2 输出地址定义	按键 f1 的通用输出地址	5.2
AxP009	再启动 TOOLON 输出	0：无效；1：有效	5.4